BIM工程师
职业技能培训丛书

Revit 2020中文版从入门到精通

胡仁喜 刘炳辉 编著

人民邮电出版社
北京

图书在版编目（CIP）数据

Revit 2020中文版从入门到精通 / 胡仁喜，刘炳辉编著. -- 北京 : 人民邮电出版社，2020.5（2024.1重印）
ISBN 978-7-115-52845-2

Ⅰ. ①R… Ⅱ. ①胡… ②刘… Ⅲ. ①建筑设计－计算机辅助设计－应用软件 Ⅳ. ①TU201.4

中国版本图书馆CIP数据核字(2020)第043221号

内 容 提 要

本书结合具体实例由浅入深、从易到难地讲述了 Revit 2020 的基本知识，并以培训大楼为例，介绍了 Revit 2020 在工程设计中的应用。本书内容按知识结构分为 17 章，包括 Revit 2020 简介、Revit 2020 基本操作、基本绘图工具、主体建筑绘制、楼板设计、门窗设计、屋顶设计、楼梯设计、外部设计、场地设计、家具布置、渲染视图和施工图设计等内容。

本书适合作为从事建筑设计相关专业的工程技术人员的学习参考书，也可作为大、中专院校和培训机构相关教程的教材和参考书。

◆ 编　　著　胡仁喜　刘炳辉
责任编辑　俞　彬
责任印制　王　郁　马振武

◆ 人民邮电出版社出版发行　　北京市丰台区成寿寺路 11 号
邮编　100164　　电子邮件　315@ptpress.com.cn
网址　http://www.ptpress.com.cn
北京科印技术咨询服务有限公司数码印刷分部印刷

◆ 开本：787×1092　1/16
印张：22.5　　　　2020 年 5 月第 1 版
字数：619 千字　　　　2024 年 1 月北京第 16 次印刷

定价：69.00 元

读者服务热线：(010)81055410　印装质量热线：(010)81055316
反盗版热线：(010)81055315
广告经营许可证：京东市监广登字20170147号

前 言
PREFACE

Autodesk Revit Architecture 软件专为建筑信息模型（BIM）而构建。Autodesk Revit Architecture 是以从设计、施工到运营的协调、可靠的项目信息为基础而构建的集成流程。通过采用 Autodesk Revit Architecture，建筑公司可以在整个流程中使用一致的信息来设计和绘制创新项目，并且还可以通过精确实现建筑外观的可视化来支持更好的沟通，模拟真实性能以便让项目各方了解成本、工期与环境影响。

一、本书特色

本书具有以下五大特色。

作者专业

本书由 Autodesk 中国认证考试官方教材指定执笔作者胡仁喜博士领衔编写，所有编者都是高校从事计算机辅助设计教学研究多年的一线人员，具有丰富的教学实践经验与教材编写经验。作者前期出版的一些相关书籍经过市场检验很受读者欢迎。多年的教学工作使他们能够准确地把握读者的心理与实际需求，本书是作者总结多年的设计经验以及教学的心得体会，精心准备，力求全面、细致地展现 Revit 软件在建筑设计应用领域的各种功能和使用方法。

知行合一

本书围绕某商业大楼的设计逐次展开讲解，结合实例详细讲解 Revit 知识要点，让读者在学习案例的过程中潜移默化地掌握 Revit 软件的操作技巧，同时培养工程设计实践的能力。

由浅入深

本书编者根据自己多年的计算机辅助设计领域工作经验和教学经验，针对初级用户学习 Revit 的难点和疑点，由浅入深全面、细致地讲解了 Revit 在建筑设计应用领域的各种功能和使用方法。

实例丰富

本书中有很多实例本身就是工程设计项目案例，经过编者精心提炼和改编，不仅保证了读者能够学好知识点，更重要的是能帮助读者掌握实际的操作技能。

内容全面

本书在有限的篇幅内，讲解了 Revit 的常用功能，内容涵盖了 Revit 2020 简介、Revit 2020 基本操作、基本绘图工具、主体建筑绘制、楼板设计、门窗设计、屋顶设计、楼梯设计、外部设计、场地设计、家具布置、渲染视图和施工图设计等知识。本书不仅有透彻的讲解，还有丰富的实例。通过这些实例的演练，读者能够找到一条学习 Revit 的捷径。

二、本书的组织结构和主要内容

本书是以 Revit 2020 版本为演示平台，以一栋培训大楼的设计过程为例，全面介绍 Revit 软件从基础到实例制作的全部知识，帮助读者从入门走向精通。全书分为 17 章，各部分内容如下。

第 1 章主要为 Revit 2020 简介；
第 2 章主要介绍绘图环境设置；
第 3 章主要介绍基本绘图工具；
第 4 章主要介绍概念体量；
第 5 章主要介绍绘图准备；
第 6 章主要介绍一层主体建筑；
第 7 章主要介绍其他层的主体建筑；
第 8 章主要介绍楼板设计；
第 9 章主要介绍创建门窗族；
第 10 章主要介绍布置门窗；
第 11 章主要介绍屋顶设计；
第 12 章主要介绍楼梯设计；
第 13 章主要介绍外部设计；
第 14 章主要介绍场地设计；
第 15 章主要介绍家具布置；
第 16 章主要介绍渲染视图；
第 17 章主要介绍施工图设计。

三、本书的配套资源

本书为读者提供了极为丰富的学习配套资源，以便读者朋友在最短的时间内学会并精通这门技术。

1. 配套教学视频

编者针对本书实例专门制作了配套教学视频，读者可以先看视频，像看电影一样轻松愉悦地学习本书内容，然后对照课本加以实践和练习，能大大提高学习效率。

2. 全书实例的源文件和素材

本书附带了很多实例素材，包含实例和练习实例的源文件和素材。

扫描“资源下载”二维码即可获得所有资源的下载方式。

资源下载

为了方便读者学习，本书以二维码的形式提供了全书实例的视频教程。扫描“云课”二维码，即可播放全书视频，也可以扫描正文中的二维码观看对应章节的视频。

云课

提示：关注“职场研究社”公众号，回复关键词“52845”，即可获得所有资源的下载方式。

四、本书编写人员

本书由河北职业交通技术学院的胡仁喜博士和河北省人民医院的刘炳辉高级工程师编写，其中胡仁喜执笔编写了第 1 ～ 10 章，刘炳辉执笔编写了第 11 ～ 17 章。卢园、刘昌丽、王敏、李亚莉、康士廷等人员也参加了部分章节的编写与整理工作。

由于时间仓促，编者水平有限，疏漏之处在所难免，广大读者可以联系 yanjingyan@ptpress.com.cn 提出宝贵意见。读者也可以加入 QQ 群 725195807 参与交流和讨论。

作者

2019 年 8 月

目 录

CONTENTS

第 1 章 Revit 2020 简介

知识导引

Revit 作为一款专为建筑行业 BIM 构建的软件，可以帮助建筑专业的设计和施工人员使用协调一致的基于模型的新办公方法与流程，将设计创意从最初的概念变为现实的构造。本章主要介绍了 Revit 特性、Autodesk Revit 2020 新增功能、Revit 2020 界面和文件管理。

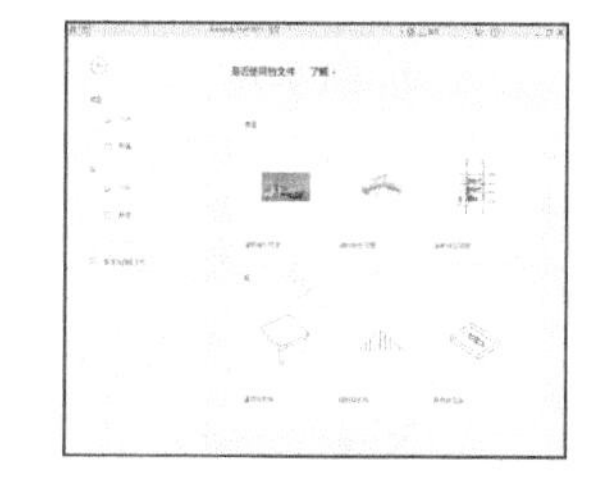

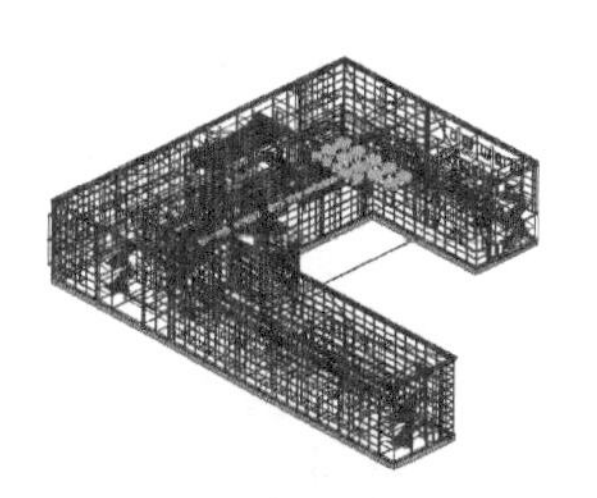

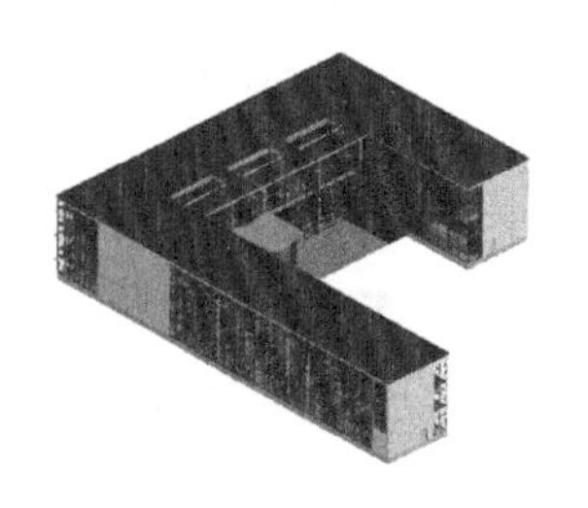

1.1 Autodesk Revit 概述

在 Revit 模型中，所有的图纸、二维视图和三维视图以及明细表都是同一个基本模型数据库的信息表现形式。在图纸视图和明细表视图中操作时，Revit 将收集有关建筑项目的信息，并在项目的其他所有表现形式中协调该信息。Revit 参数化修改引擎可自动协调在任何位置（模型视图、图纸、明细表、剖面和平面中）进行的修改。

1.1.1 软件介绍

Autodesk Revit 提供支持建筑设计、MEP 工程设计和结构工程的工具。

1. Architecture

Autodesk Revit 软件可以按照建筑师和设计师的思考方式进行设计，因此，可以提供更高质量、更加精确的建筑设计。Revit 通过使用专为支持建筑信息模型工作流而构建的工具，可以获取并分析概念，并可通过设计文档和建筑模型保持用户的视野。强大的建筑设计工具可帮助用户捕捉和分析概念，以及保持从设计到建筑的各个阶段的一致性。

2. MEP

Autodesk Revit 向暖通、电气和给排水（MEP）工程师提供工具，可以设计最复杂的建筑系统。Revit 支持建筑信息建模（BIM），可帮助导出更高效的建筑系统，涵盖从概念到建筑的精确设计、分析和文档。Revit 使用信息丰富的模型在整个建筑生命周期中支持建筑系统。为暖通、电气和给排水（MEP）工程师构建的工具可帮助用户设计和分析高效的建筑系统以及为这些系统编档。

3. Structure

Autodesk Revit 软件为结构工程师和设计师提供了工具，可以更加精确地设计和建造高效的建筑结构。

1.1.2 Revit 特性

BIM 支持建筑师在施工前更好地预测竣工后的建筑，使他们在如今日益复杂的商业环境中保持竞争优势。Autodesk Revit Architecture 软件专为建筑信息模型（BIM）而构建。BIM 是以从设计、施工到运营的协调、可靠的项目信息为基础而构建的集成流程。通过采用 BIM，建筑公司可以在整个流程中使用一致的信息来设计和绘制创新项目，并且还可以通过精确实现建筑外观的可视化来支持更好的沟通，模拟真实性能，以便让项目各方了解成本、工期与环境影响。

建筑行业中的竞争极为激烈，我们需要采用独特的技术来充分发挥专业人员的技能和丰富经验。

Autodesk Revit Architecture 软件能够帮助用户在项目设计流程前期探究最新颖的设计概念和外观，并能在整个施工文档中忠实传达用户的设计理念。Autodesk Revit Architecture 面向建筑信息模型（BIM）而构建，支持可持续设计、碰撞检测、施工规划和建造，同时帮助与工程师、承包商与业主更好地沟通协作。设计过程中的所有变更都会在相关设计与文档中自动更新，实现更加协调一致的流程，获得更加可靠的设计文档。

Autodesk Revit Architecture 全面创新的概念设计功能带来易用工具，帮助用户进行自由形状建模和参数化设计，并且还能够让用户对早期设计进行分析。借助这些功能，用户可以自由绘制草图，快速创建三维形状，交互地处理各个形状。可以利用内置的工具进行复杂形状的概念澄清，为建造和施工准备模型。随着设计的持续推进，Autodesk Revit Architecture 能够围绕最复杂的形状自动构建参数化框架，并为用户提供更高的创建控制能力、精确性和灵活性。从概念模型到施工文档的整个设计流程都在一个直观环境中完成。

1.2　Autodesk Revit 2020 新增功能

（1）PDF 导入支持。Revit 2020 支持导入 PDF 文件，该功能与导入图像非常相似，它们甚至共享相同的“管理图像”对话框。用户可以通过桌面连接器从 BIM 360 导入 PDF。在 PDF 导入过程中，可以选择特定工作表（对于多页 PDF）以及分辨率。

（2）行进路径。Revit 2020 另一个全新的功能是行进路径工具。用它来检查一个人如何通过你的设计从 A 点移动到 B 点，可以排除某些 Revit 类别，例如门。可以调节每个行进路径中的要素，包括时间和长度，但速度不可调。

（3）椭圆形墙。使用椭圆形墙和幕墙绘制功能，创建更高级的墙壁几何图形。

（4）跟踪和编辑视图列表中的范围框参数。将范围框参数加入到视图列表中，调整跨越多个视图的剪裁区域，而无须打开每个视图。

（5）在多张图纸之间复制和粘贴图例。适用于图例的增强复制和粘贴功能，使用户能够高效复制图例，以便在其他地方使用。

（6）增强的多钢筋注释。对平面平行自由形式钢筋集和混凝土面使用多钢筋注释。

（7）钢结构连接节点的传输。通过传输现有钢结构连接节点，快速将类似钢结构连接节点添加到项目中。

（8）电气直连布线改进。通过更好地控制箭头和刻度标记，创建更易于理解和使用的电气文档。

（9）更改服务改进。更改服务现在支持通过单次操作保存或替换多图形服务。

（10）立面图的标记、安排以及视图筛选器。计划图元的立面图并使用视图筛选器中的值，从而简化与属性选项板中图元交互的能力。

（11）使用导入的几何图形创建零件。现在可以将导入的几何图形（直接形状）拆分为多个部分。使用 Revit 的“打开”和“切割”工具将图形切割并调整为多个部分。

（12）Steel Connections for Dynamo。根据用户定义的规则使用 Dynamo 加快多个钢结构连接节点的速度。

（13）电气配电盘馈线片连接。通过馈线片模拟配电盘的连接，更加准确地记录系统设计。

（14）Revit Extension for Fabrication 导出。直接从 Revit 中生成在电子表格或其他数据环境中使用的 CSV 文件。

1.3　Revit 2020 界面

在学习 Revit 软件之前，首先要了解 2020 版 Revit 的操作界面。新版软件更加人性化，不仅提供了便捷的操作工具，便于初级用户快速熟悉操作环境，同时对于熟悉该软件的用户而言，操作将更加方便。

单击桌面上的 Revit 2020 图标，进入如图 1-1 所示的 Revit 2020 开始界面，单击“新建”按钮，新建一项目文件，进入 Revit 2020 绘图界面，如图 1-2 所示。

图 1-1　Revit 2020 主页

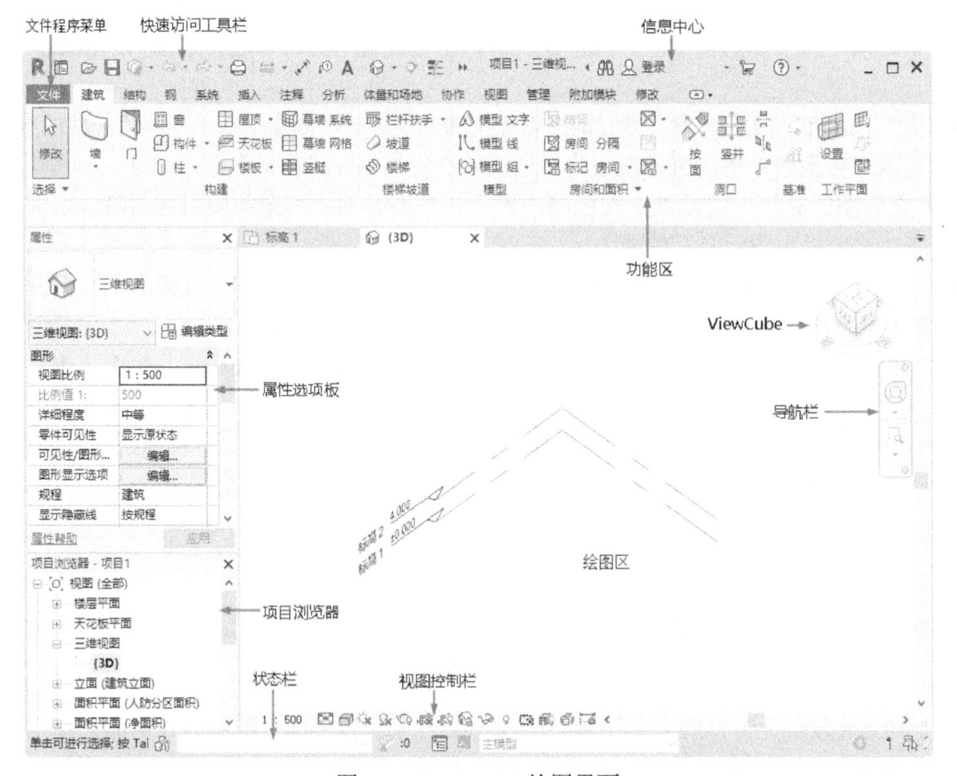

图 1-2　Revit 2020 绘图界面

1.3.1　文件程序菜单

文件程序菜单上提供了常用文件操作，如“新建”“打开”和“保存”等。还允许使用更高级的工具（如“导出”和“发布”）来管理文件。单击“文件”按钮打开程序菜单，如图 1-3 所示。“文件”程序菜单无法在功能区中移动。

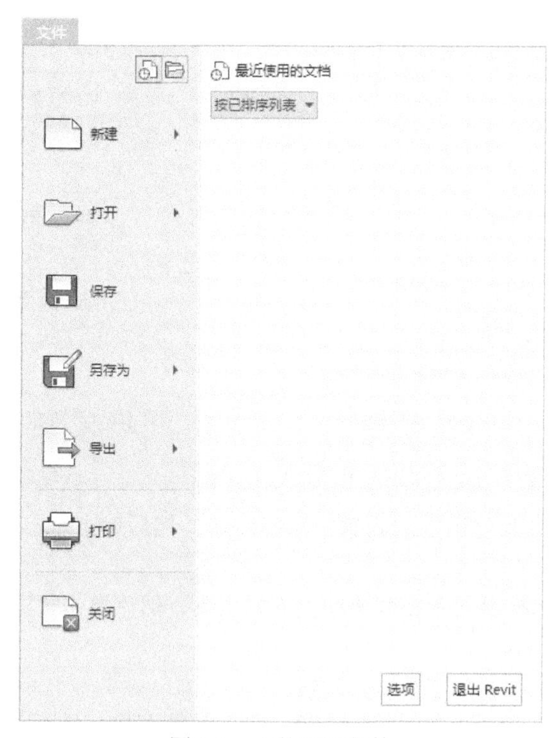

图 1-3　文件程序菜单

要查看每个菜单的选择项，单击其右侧的下拉按钮，打开下一级菜单，单击所需的项进行操作。

可以直接单击应用程序菜单中左侧的主要按钮来执行默认的操作。

1.3.2　快速访问工具栏

在主界面左上角图标的右侧，系统列出了一排相应的工具图标，即快速访问工具栏，用户可以直接单击相应的按钮进行命令操作。

单击快速访问工具栏上的“自定义访问工具栏”按钮，打开如图 1-4 所示的下拉菜单，可以对该工具栏进行自定义，勾选命令在快速访问工具栏上显示，取消勾选命令则隐藏。

在快速访问工具栏的某个工具按钮上单击鼠标右键，打开如图 1-5 所示的快捷菜单，选择“从快速访问工具栏中删除”命令，将删除选中工具按钮。选择“添加分隔符”命令，在工具的右侧添加分隔符线。单击“在功能区下方显示快速访问工具栏”命令，快速访问工具栏可以显示在功能区的上方或下方。单击“自定义快速访问工具栏”命令，打开如图 1-6 所示的“自定义快速访问工具栏”对话框，可以对快速访问工具栏中的工具按钮进行排序、添加或删除分割线。

图 1-4　下拉菜单

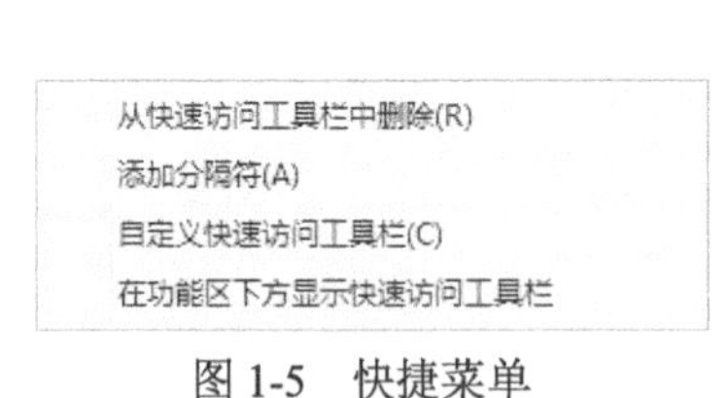

图 1-5　快捷菜单

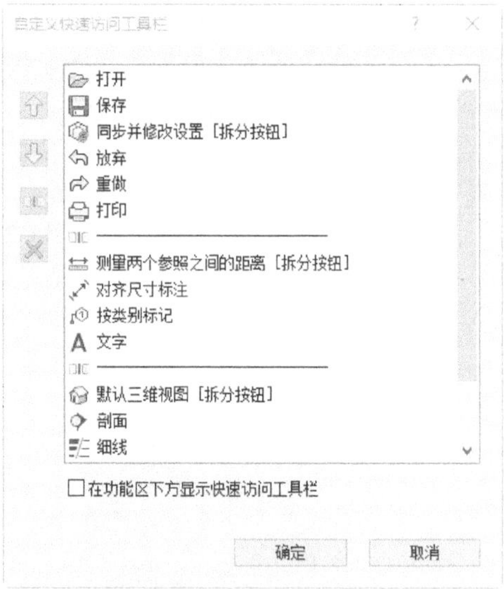

图 1-6　“自定义快速访问工具栏”对话框

“自定义快速访问工具栏”对话框中的选项说明如下。

- 上移或下移：在对话框的列表中选择命令，然后单击（上移）或（下移）将该工具移动到所需位置。
- 添加分隔符：选择要显示在分隔线上方的工具，然后单击“添加分隔符”按钮，添加分隔线。
- 删除：从工具栏中删除工具或分隔线。

在功能区上的任意工具按钮上单击鼠标右键，打开快捷菜单，然后单击“添加到快速访问工具栏”命令，该工具按钮即可添加到快速访问工具栏中默认命令的右侧。

注意

上下文选项卡中的某些工具无法添加到快速访问工具栏中。

1.3.3　信息中心

该工具栏包括一些常用的数据交互访问工具，如图 1-7 所示，可以访问许多与产品相关的信息源。

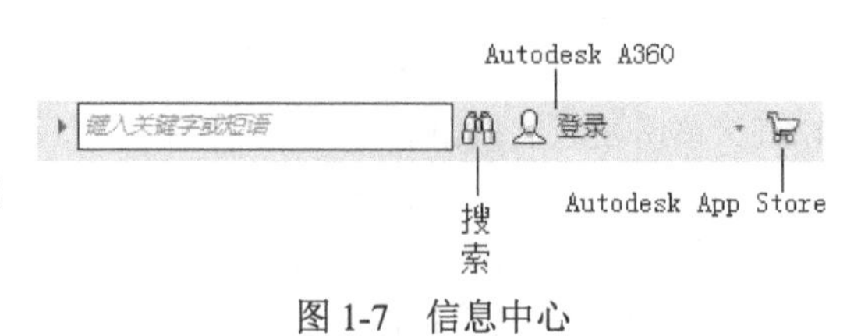

图 1-7　信息中心

（1）搜索。在搜索框中输入要搜索信息的关键字，然后单击“搜索”按钮，可以在联机帮助中快速查找信息。

（2）Autodesk A360。使用该工具可以访问与 Autodesk Account 相同的服务，但增加了 Autodesk 360 的移动性和协作优势。个人用户通过申请的 Autodesk 账户，登录到自己的云平台。

（3）Autodesk App Store。单击此按钮，可以登录到 Autodesk 官方的 App 网站下载不同系列软件的插件。

1.3.4　功能区

功能区位于快速访问工具栏的下方，是创建建筑设计项目所有工具的集合。Revit 2020 将这些命令工具按类别放在不同的选项卡面板中，如图 1-8 所示。

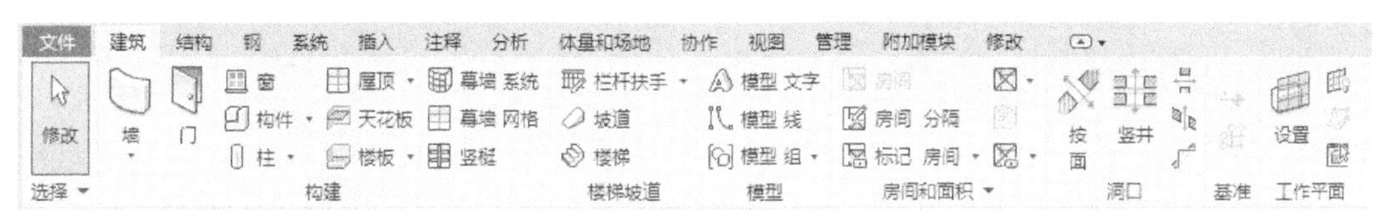

图 1-8　功能区

功能区包含功能区选项卡、功能区子选项卡和面板等部分。其中，每个选项卡都将其命令工具细分为几个面板进行集中管理。而当选择某图元或者激活某命令时，系统将在功能区主选项卡后添加相应的子选项卡，且该子选项卡中列出了和该图元或命令相关的所有子命令工具，用户不必再在下拉菜单中逐级查找子命令。

创建或打开文件时，功能区会显示系统提供创建项目或族所需的全部工具。调整窗口的大小时，功能区中的工具会根据可用的空间自动调整大小。每个选项卡集成了相关的操作工具，方便了用户的使用。用户可以单击功能区选项后面的按钮控制功能的展开与收缩。

（1）修改功能区。单击功能区选项卡右侧的下拉按钮，系统提供了 3 种功能区的显示方式：“最小化为选项卡”“最小化为面板标题”“最小化为面板按钮”或“循环浏览所有项”，如图 1-9 所示。

（2）移动面板。面板可以在绘图区“浮动”，在面板上按住鼠标左键并拖曳（图 1-10），将其放置到绘图区域或桌面上即可。将鼠标指针放到浮动面板的右上角位置处，显示“将面板返回到功能区”，如图 1-11 所示。鼠标左键单击此处，使它变为“固定”面板。将鼠标指针移动到面板上以显示一个夹子，拖曳该夹子到所需位置，移动面板。

图 1-9　下拉菜单　　图 1-10　拖曳面板　　图 1-11　固定面板

（3）展开面板。单击面板标题旁的下拉按钮▾表示该面板可以展开，来显示相关的工具和控件，如图 1-12 所示。默认情况下，单击面板以外的区域时，展开的面板会自动关闭。单击“图钉”按钮，面板在其功能区选项卡显示期间始终保持展开状态。

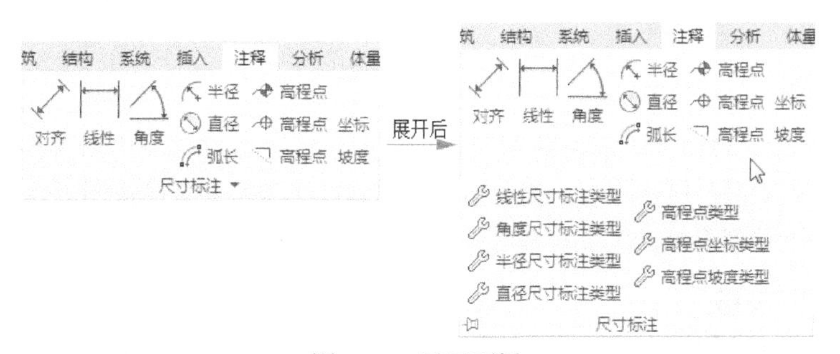

图 1-12　展开面板

（4）上下文功能区选项卡。使用某些工具或者选择图元时，上下文功能区选项卡中会显示与该工具或图元的上下文相关的工具，如图 1-13 所示。退出该工具或清除选择时，该选项卡将关闭。

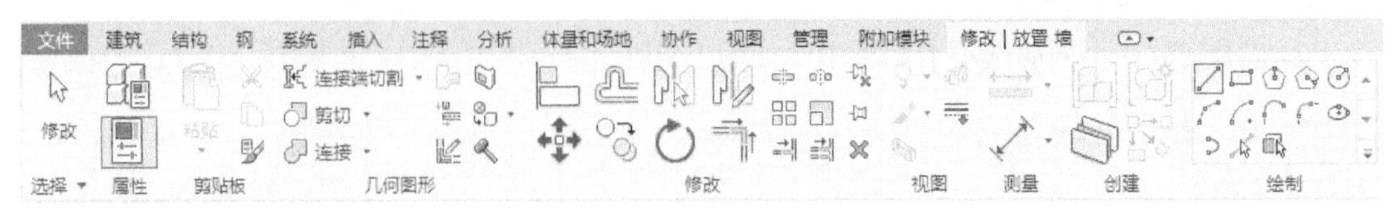

图 1-13　上下文功能区选项卡

1.3.5　属性选项板

“属性”选项板是一个无模式对话框，通过该对话框，可以查看和修改用来定义图元属性的参数。

项目浏览器下方的浮动面板即为属性选项板。当选择某图元时，属性选项板会显示该图元的图元类型和属性参数等，如图 1-14 所示。

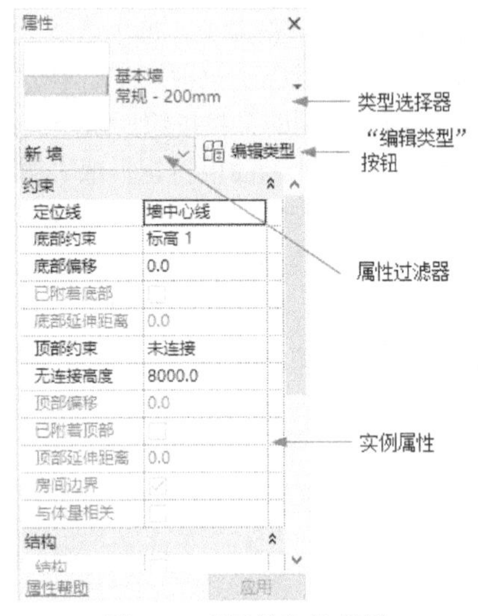

图 1-14　“属性”选项板

1. 类型选择器

选项板上面一行的预览框和类型名称即为图元类型选择器。用户可以单击右侧的下拉按钮，从列表中选择已有的合适的构件类型来直接替换现有类型，而不需要反复修改图元参数，如图 1-15 所示。

2. 属性过滤器

该过滤器用来标识将由工具放置的图元类别，或者标识绘图区域中所选图元的类别和数量。如果选择多个类别或类型，则选项板上仅显示所有类别或类型所共有的实例属性。当选择多个类别时，使用过滤器的下拉列表可以仅查看特定类别或视图本身的属性。

3. “编辑类型”按钮

单击此按钮，打开相关的“类型属性”对话框，用户可以复制、重命名对象类型，并可以通过编辑其中的类型参数值来改变与当前选择图元同类型的所有图元的外观尺寸等，如图 1-16 所示。

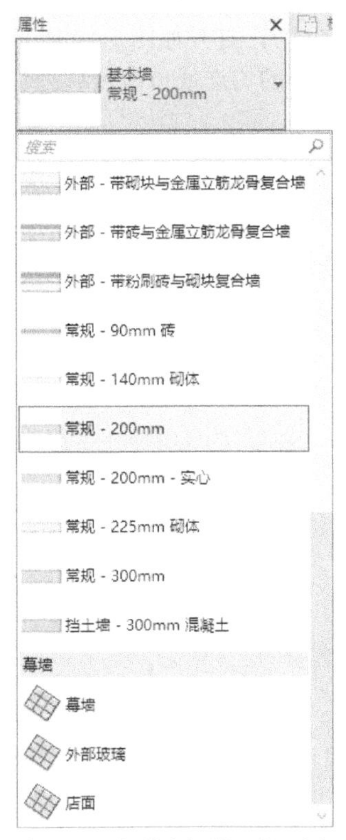

图 1-15　类型选择器下拉列表

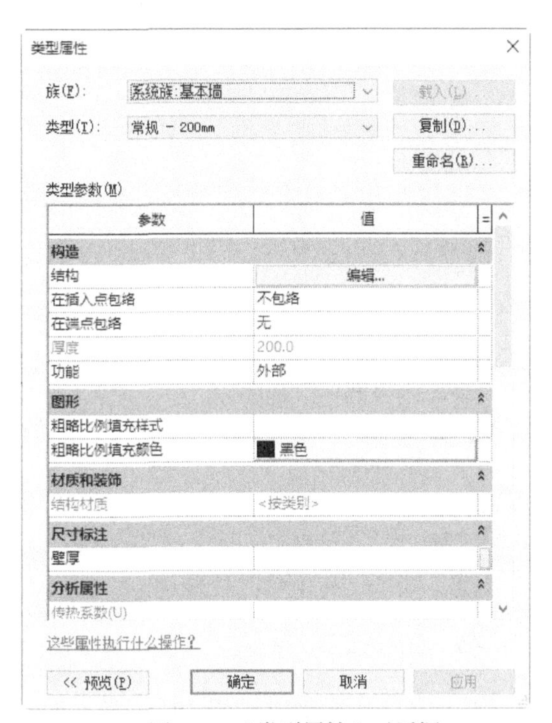

图 1-16　“类型属性”对话框

4. 实例属性

在大多数情况下，“属性”选项板中既显示可由用户编辑的实例属性，又显示只读实例属性。当某属性的值由软件自动计算或赋值，或者取决于其他属性的设置时，该属性可能是只读属性，不可编辑。

1.3.6　项目浏览器

Revit 2020 将所有可访问的视图和图纸等都放置在项目浏览器中进行管理，使用项目浏览器可以方便地在各视图间进行切换操作。

项目浏览器用于组织和管理当前项目中的所有信息，包括视图、明细表、图纸、族、组和链接的 Revit 模型等项目资源。Revit 2020 按逻辑层次关系组织这些项目资源，展开和折叠各分支时，系统将显示下一层集的内容，如图 1-17 所示。

（1）打开视图。双击视图名称打开视图，也可以在视图名称上单击鼠标右键，打开如图 1-18 所示的快捷菜单，选择“打开”选项，打开视图。

（2）打开放置了视图的图纸。在视图名称上单击鼠标右键，打开如图 1-18 所示的快捷菜单，选择“打开图纸”选项，打开放置了视图的图纸。如果快捷菜单中的“打开图纸”选项不可用，则表明视图未放置在图纸上，或者视图是明细表或可放置在多个图纸上的图例视图。

（3）将视图添加到图纸中。将视图名称拖曳到图纸名称或绘图区域中的图纸上。

（4）从图纸中删除视图。在图纸名称下的视图名称上单击鼠标右键，在打开的快捷菜单中单击“从图纸中删除”选项，删除视图。

（5）单击“视图”选项卡“窗口”面板中的“用户界面”按钮，打开如图 1-19 所示的下拉列表，选中“项目浏览器”复选框。如果取消“项目浏览器”复选框的勾选或单击项目浏览器顶部的“关闭”按钮×，隐藏项目浏览器。

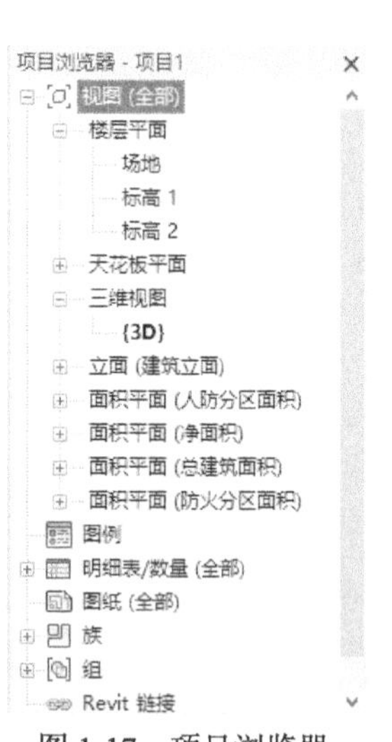

图 1-17　项目浏览器

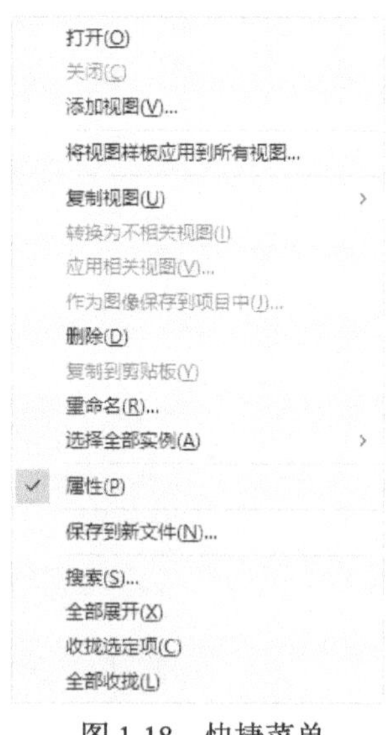

图 1-18　快捷菜单

图 1-19　下拉列表

（6）拖曳项目浏览器的边框调整项目浏览器的大小。

（7）在 Revit 窗口中拖曳浏览器移动鼠标指针时会显示一个轮廓，该轮廓指示浏览器将移动到的位置时松开鼠标，将浏览器放置到所需位置，还可以将项目浏览器从 Revit 窗口拖曳到桌面。

1.3.7　视图控制栏

视图控制栏位于视图窗口的底部、状态栏的上方，它可以快速访问影响当前视图的功能，如图 1-20 所示。

（1）比例。是指在图纸中用于表示对象的比例，可以为项目中的每个视图指定不同比例，也可以创建自定义视图比例。在比例上单击打开如图 1-21 所示的比例列表，选择需要的比例，也可以单击“自定义比例”选项，打开“自定义比例”对话框，输入比率，如图 1-22 所示。

不能将自定义视图比例应用于该项目中的其他视图。

（2）详细程度。可根据视图比例设置新建视图的详细程度，包括粗略、中等和精细 3 种程度。当在项目中创建新视图并设置其视图比例后，视图的详细程度将会自动根据表格中的排列进行设置。通过预定义详细程度，可以影响不同视图比例下同一几何图形的显示。

（3）视觉样式。可以为项目视图指定许多不同的图形样式，如图 1-23 所示。

- 线框：显示绘制了所有边和线而未绘制表面的模型图像。视图显示线框视觉样式时，可以将材质应用于选定的图元类型。这些材质不会显示在线框视图中，但是表面填充图案仍会显示，如图 1-24 所示。

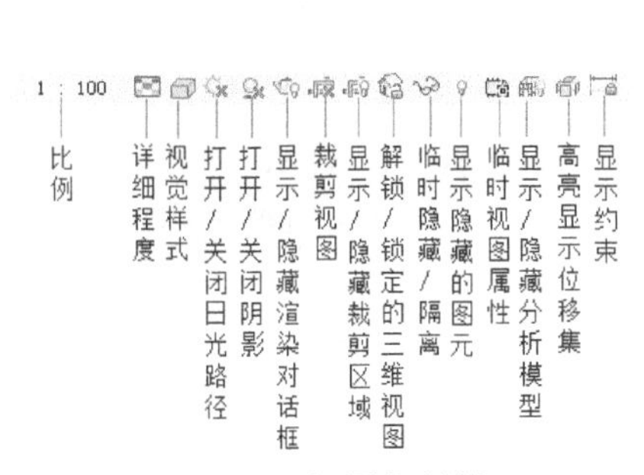

图1-20 视图控制栏

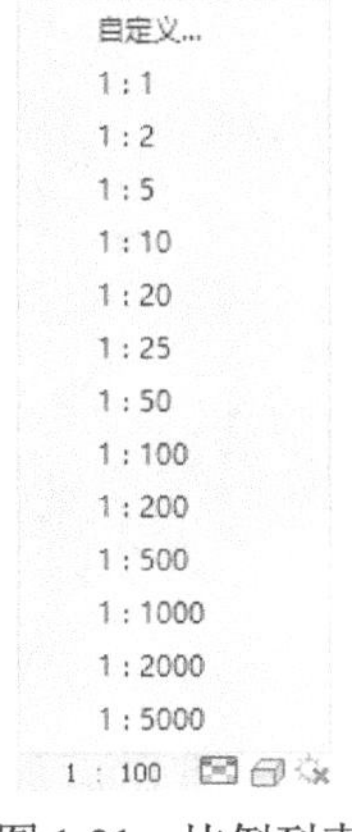

图1-21 比例列表

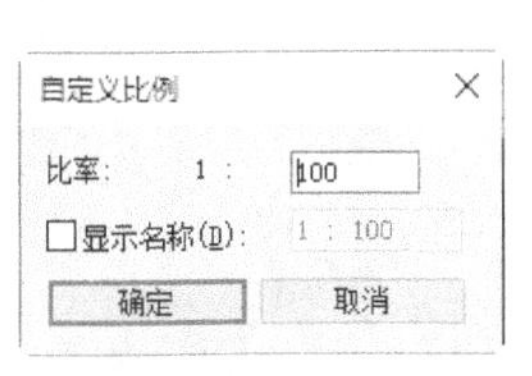

图1-22 “自定义比例”对话框

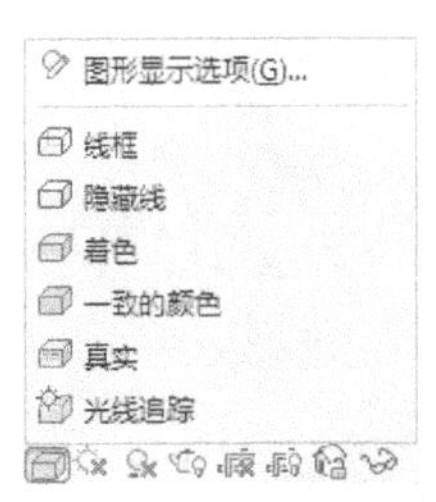

图1-23 视觉样式

- 隐藏线：显示绘制了除被表面遮挡部分以外的所有边和线的图像，如图1-25所示。

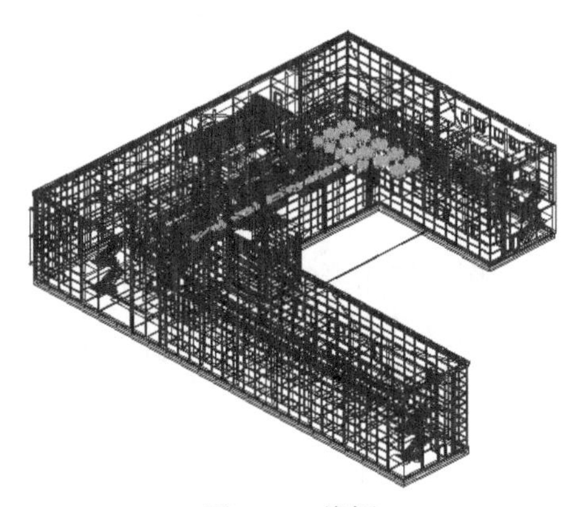

图1-24 线框

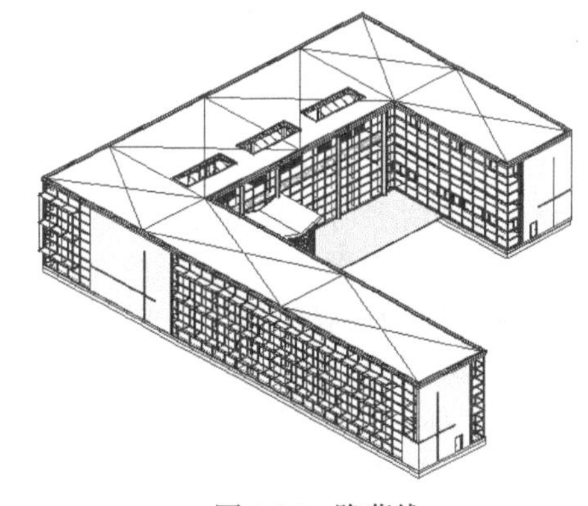

图1-25 隐藏线

- 着色：显示处于着色模式下的图像，而且具有显示间接光及其阴影的选项，如图1-26所示。
- 一致的颜色：显示所有表面都按照表面材质颜色设置进行着色的图像。该样式会保持一致的着色颜色，使材质始终以相同的颜色显示，而无论以何种方式将其定向到光源，如图1-27所示。
- 真实：可在模型视图中即时显示真实材质外观。旋转模型时，表面会显示在各种照明条件下呈现的外观，如图1-28所示。

注意

“真实”视觉视图中不会显示人造灯光。

- 光线追踪：该视觉样式是一种照片级真实感渲染模式，该模式允许平移和缩放模型，如图1-29所示。

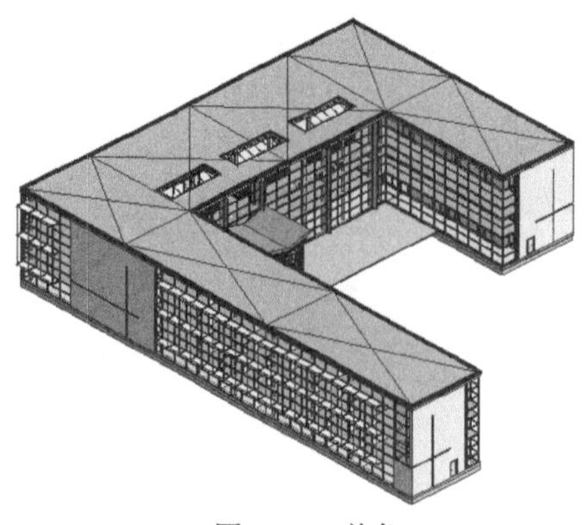

图 1-26　着色

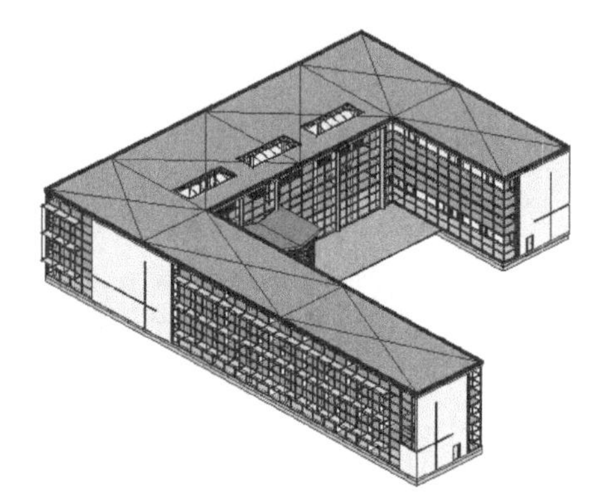

图 1-27　一致的颜色

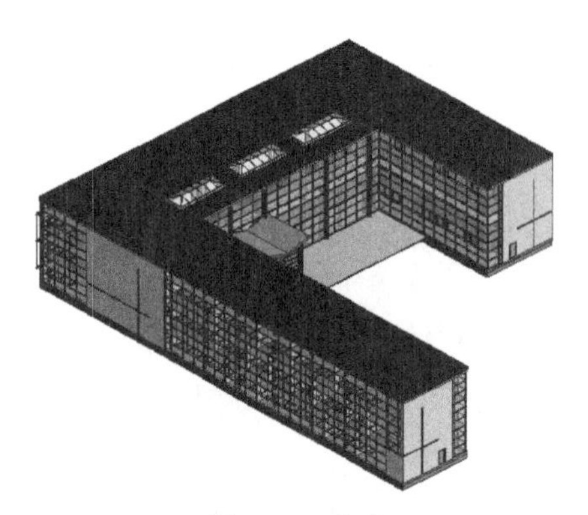

图 1-28　真实

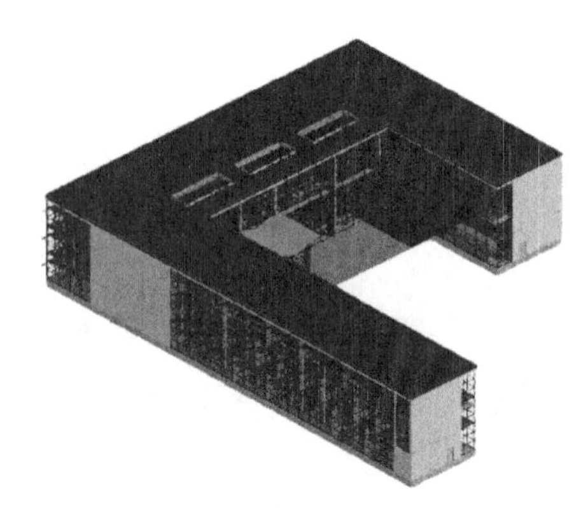

图 1-29　光线追踪

（4）打开/关闭日光路径。控制日光路径可见性。在一个视图中打开或关闭日光路径时，其他任何视图都不受影响。

（5）打开/关闭阴影。控制阴影的可见性。在一个视图中打开或关闭阴影时，其他任何视图都不受影响。

（6）显示/隐藏渲染对话框。单击此按钮，打开“渲染”对话框，定义控制照明、曝光、分辨率、背景和图像质量，如图 1-30 所示。

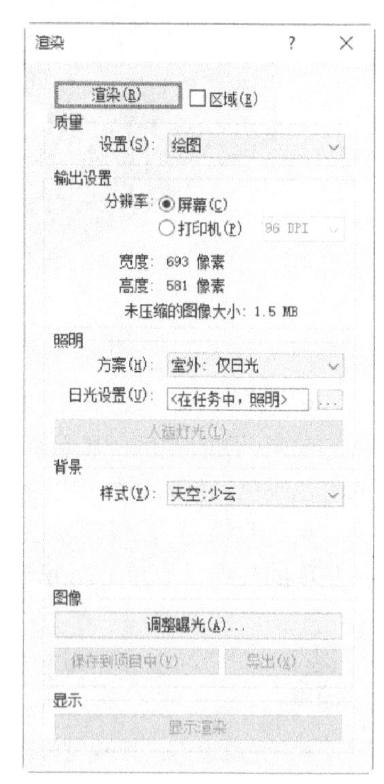

图 1-30　“渲染”对话框

（7）裁剪视图。定义了项目视图的边界。在所有图形项目视图中，显示模型裁剪区域和注释裁剪区域。

（8）显示/隐藏裁剪区域。可以根据需要显示或隐藏裁剪区域。在绘图区域中，选择裁剪区域，则会显示注释和模型裁剪。内部裁剪是模型裁剪，外部裁剪则是注释裁剪。

（9）解锁/锁定的三维视图。锁定三维视图的方向，以在视图中标记图元并添加注释记号。包括保存方向并锁定视图、恢复方向并锁定视图和解锁视图 3 个选项。

- 保存方向并锁定视图：将视图锁定在当前方向。在该模式中无法动态观察模型。
- 恢复方向并锁定视图：将解锁的、旋转方向的视图恢复到其原来锁定的方向。

- 解锁视图：解锁当前方向，从而允许定位和动态观察三维视图。

（10）临时隐藏 / 隔离。“隐藏”工具可在视图中隐藏所选图元，“隔离”工具可在视图中显示所选图元并隐藏所有其他图元。

（11）显示隐藏的图元。临时查看隐藏图元或将其取消隐藏。

（12）临时视图属性。包括启用临时视图属性、临时应用样板属性、最近使用的模板和恢复视图属性 4 种视图选项。

（13）显示 / 隐藏分析模型。可以在任何视图中显示分析模型。

（14）高亮显示位移集。单击此按钮，启用高亮显示模型中所有位移集的视图。

（15）显示约束。在视图中临时查看尺寸标注和对齐约束，以解决或修改模型中的图元。“显示约束”绘图区域将显示一个彩色边框，以指示处于“显示约束”模式。所有约束都以彩色显示，而模型图元以半色调（灰色）显示。

1.3.8 状态栏

状态栏在屏幕的底部，如图 1-31 所示。状态栏会提供有关要执行的操作的提示。高亮显示图元或构件时，状态栏会显示族和类型的名称。

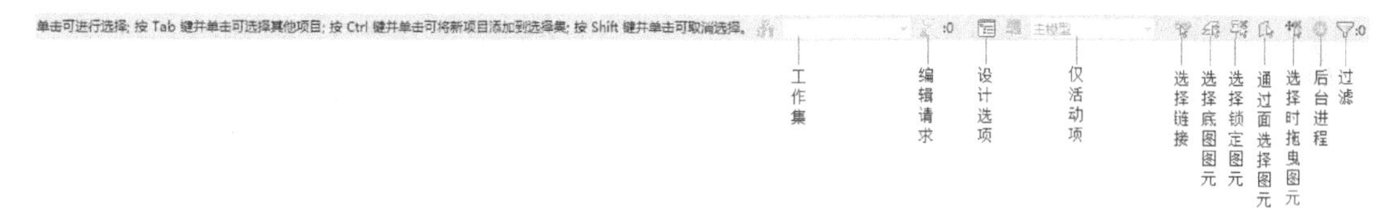

图 1-31 状态栏

（1）工作集。显示处于活动状态的工作集。

（2）编辑请求。对于工作共享项目，表示未决的编辑请求数。

（3）设计选项。显示处于活动状态的设计选项。

（4）仅活动项。用于过滤所选内容，以便仅选择活动的设计选项构件。

（5）选择链接。可在已链接的文件中选择链接和单个图元。

（6）选择底图图元。可在底图中选择图元。

（7）选择锁定图元。可选择锁定的图元。

（8）通过面选择图元。可通过单击某个面，来选中某个图元。

（9）选择时拖曳图元。不用先选择图元，就可以通过拖曳操作移动图元。

（10）后台进程。显示在后台运行的进程列表。

（11）过滤。用于优化在视图中选定的图元类别。

1.3.9 ViewCube

ViewCube 默认在绘图区的右上方。通过 ViewCube 可以在标准视图和等轴测视图之间切换。

（1）单击 ViewCube 上的某个角，可以根据由模型的 3 个侧面定义的视口将模型的当前视图重定向到 3/4 视图，单击其中一条边缘，可以根据模型的两个侧面将模型的视图重定向到 1/2 视图，单击相应面，将视图切换到相应的主视图。

（2）如果在从某个面视图中查看模型时 ViewCube 处于活动状态，则 4 个正交三角形会显示在

ViewCube 附近。使用这些三角形可以切换到某个相邻的面视图。

（3）单击或拖曳 ViewCube 中指南针的东、南、西、北字样，切换到西南、东南、西北、东北等方向视图，或者绕上视图旋转到任意方向视图。

（4）单击“主视图”图标，不管视图目前是何种视图都会恢复到主视图方向。

（5）从某个面视图查看模型时，两个滚动箭头按钮会显示在 ViewCube 附近。单击图标，视图以 90° 逆时针或顺时针进行旋转。

（6）单击“关联菜单”按钮，打开如图 1-32 所示的关联菜单。

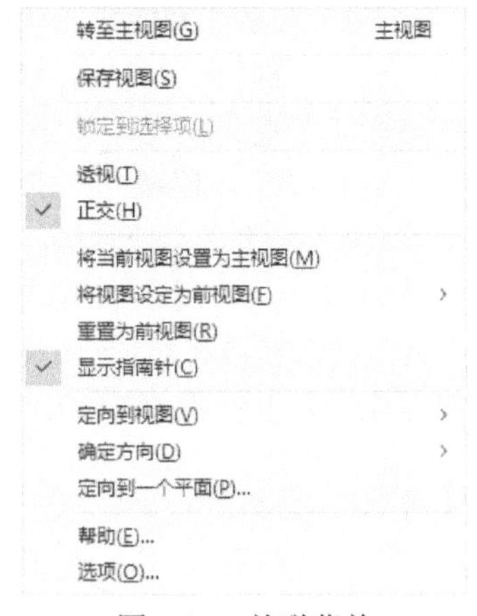

图 1-32　关联菜单

● 转至主视图：恢复随模型一同保存的主视图。

● 保存视图：使用唯一的名称保存当前的视图方向。此选项只允许在查看默认三维视图时使用唯一的名称保存三维视图。如果查看的是以前保存的正交三维视图或透视（相机）三维视图，则视图仅以新方向保存，而且系统不会提示用户提供唯一名称。

● 锁定到选择项：当视图方向随 ViewCube 发生更改时，使用选定对象可以定义视图的中心。

● 透视 / 正交：在三维视图的平行和透视模式之间切换。

● 将当前视图设定为主视图：根据当前视图定义模型的主视图。

● 将视图设定为前视图：在 ViewCube 上更改定义为前视图的方向，并将三维视图定向到该方向。

● 重置为前视图：将模型的前视图重置为其默认方向。

● 显示指南针：显示或隐藏围绕 ViewCube 的指南针。

● 定向到视图：将三维视图设置为项目中的任何平面、立面、剖面或三维视图的方向。

● 确定方向：将相机定向到北、南、东、西、东北、西北、东南、西南或顶部。

● 定向到一个平面：将视图定向到指定的平面。

1.3.10　导航栏

Revit 提供了多种视图导航工具，可以对视图进行平移和缩放等操作。一般位于绘图区右侧，并用于视图控制的导航栏是一种常用的工具集。在默认情况下，视图导航栏为 50% 透明显示，不会遮挡视图。它包括“控制盘”和“缩放控制”两大工具，包括“SteeringWheels”和缩放工具，如图 1-33 所示。

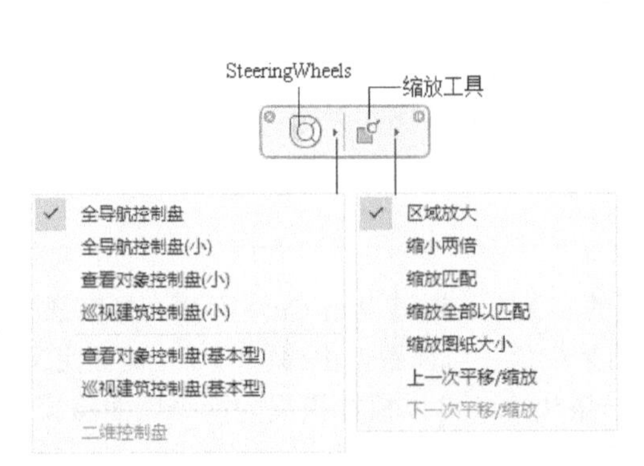

图 1-33　导航栏

1. SteeringWheels

控制盘的集合，通过这些控制盘，可以在专门的导航工具之间快速切换。每个控制盘都被分成不同的按钮。每个按钮都包含一个导航工具，用于重新定位模型的当前视图。SteeringWheels 包含如图 1-34 所示几种形式。

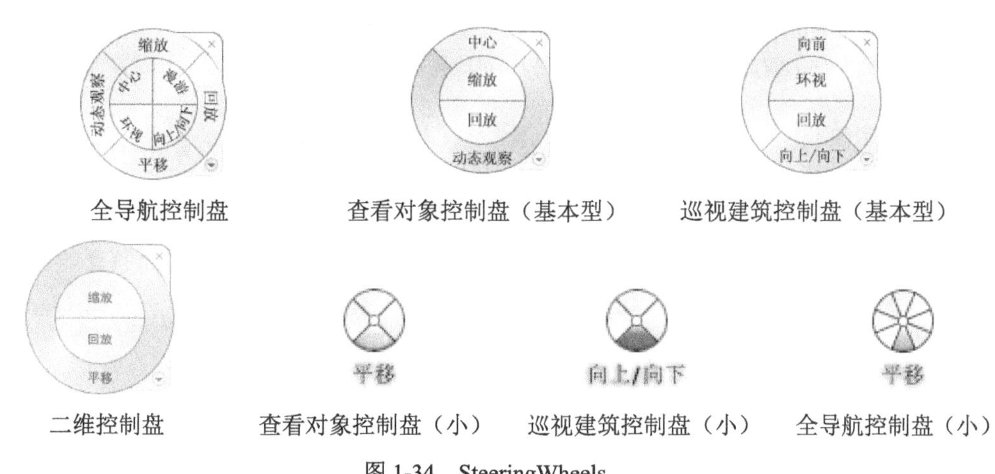

图 1-34 SteeringWheels

单击控制盘右下角的“显示控制盘菜单”按钮，打开如图 1-35 所示的控制盘菜单，菜单中包含所有全导航控制盘的视图工具，单击“关闭控制盘”选项或单击控制盘上的“关闭”按钮，可关闭控制盘。

查看对象控制盘(小)(V)
巡视建筑控制盘(小)(T)
全导航控制盘(小)(F)
全导航控制盘(N)
基本控制盘(B)
转至主视图(G)
布满窗口(W)
恢复原始中心(R)
使相机水平
提高漫游速度
降低漫游速度
定向到视图(E)
定向到一个平面(P)...
撤消视图方向修改
保存视图(S)
帮助(H)...
选项(O)...
关闭控制盘

图 1-35 控制盘菜单

全导航控制盘中的各个工具含义说明如下。

（1）平移。单击此按钮并按住鼠标左键不放。此时，拖曳鼠标左键即可平移视图。

（2）缩放。单击此按钮并按住鼠标左键不放，系统将在鼠标指针位置放置一个绿色的球体，把当前鼠标指针位置作为缩放轴心。此时，按住鼠标左键拖曳即可缩放视图，且轴心随着鼠标指针位置变化。

（3）动态观察。单击此按钮并按住鼠标左键不放，且同时在模型的中心位置将显示绿色轴心球体。此时，按住鼠标左键拖曳即可围绕轴心点旋转模型。

（4）回放。利用该工具可以从导航历史记录中检索以前的视图，并可以快速恢复到以前的视图，还可以滚动浏览所有保存的视图。单击“回放”按钮并按住鼠标左键不放，此时向左侧移动鼠标左键即可滚动浏览以前的导航历史记录。若要恢复到以前的视图，只要在该视图记录上松开鼠标左键即可。

（5）中心。单击此按钮并按住鼠标左键不放，鼠标指针将变为一个球体，此时拖曳鼠标左键到某构件模型上松开放置球体，即可将该球体作为模型的中心位置。

（6）环视。利用该工具可以沿垂直和水平方向旋转当前视图，且旋转视图时，人的视线将围绕当前视点旋转。单击此按钮并按住鼠标左键拖曳，模型将围绕当前视图的位置旋转。

（7）向上 / 向下。利用该工具可以沿模型的 Z 轴调整当前视点的高度。

2. 缩放工具

缩放工具包括区域放大、缩小两倍、缩放匹配、缩放全部以匹配和缩放图纸大小等工具。

（1）区域放大。放大所选区域内的对象。

（2）缩小两倍。将视图窗口显示的内容缩小到原来的 1/4。

（3）缩放匹配。在当前视图窗口中自动缩放以显示所有对象。

（4）缩放全部以匹配。缩放以显示所有对象的最大范围。

（5）缩放图纸大小。将视图自动缩放为实际打印大小。

（6）上一次平移 / 缩放。显示上一次平移或缩放结果。

（7）下一次平移 / 缩放。显示下一次平移或缩放结果。

1.3.11 绘图区

Revit 窗口中的绘图区显示当前项目的视图以及图纸和明细表，每次打开项目中的某一视图时，默认情况下，此视图会显示在绘图区中其他打开的视图的上面。其他视图仍处于打开的状态，但是这些视图在当前视图下面。

绘图区的背景颜色默认为白色。

1.4 文件管理

1.4.1 新建文件

单击“文件”程序菜单→“新建”下拉按钮，打开“新建”菜单，如图 1-36 所示，用于创建项目文件、族文件、概念体量等。

下面以新建项目文件为例介绍新建文件的步骤。

（1）单击“文件”程序菜单→“新建”→“项目”命令，打开“新建项目”对话框，如图 1-37 所示。

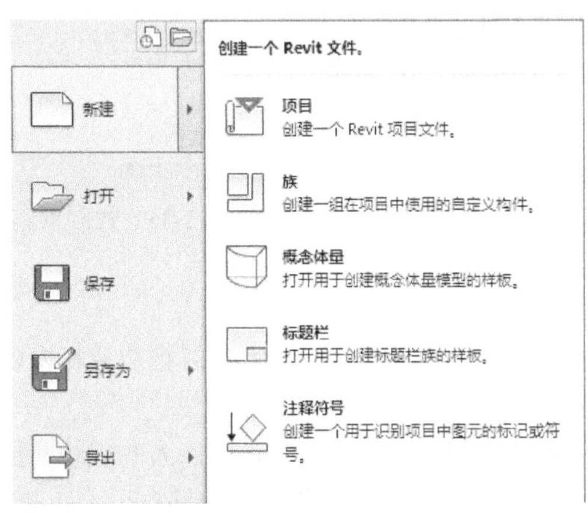

图 1-36 “新建”菜单

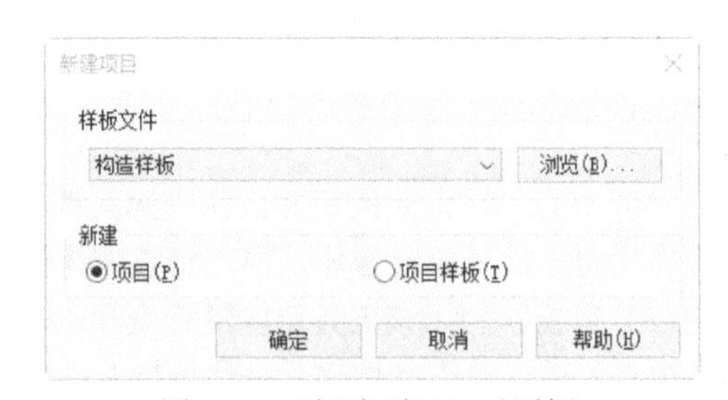

图 1-37 “新建项目”对话框

（2）在“样板文件”下拉列表中选择样板，也可以单击“浏览”按钮，打开如图 1-38 所示的“选择样板”对话框，选择需要的样板，单击“打开”按钮，打开样板文件。

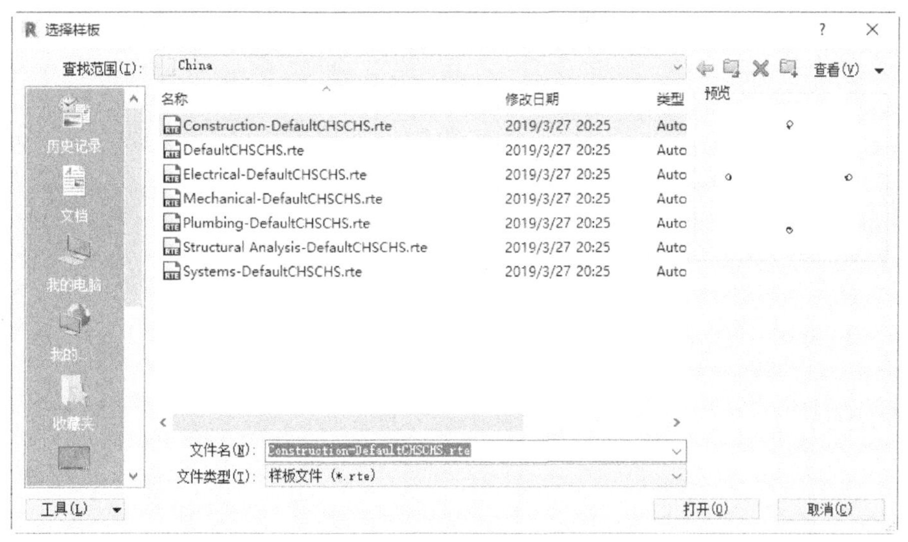

图 1-38 “选择样板”对话框

（3）选择“项目”选项，单击“确定”按钮，创建一个新项目文件。

注意

在 Revit 中，项目是整个建筑物设计的联合文件。建筑的所有标准视图、建筑设计图以及明细表都包含在项目文件中，只要修改模型，所有相关的视图、施工图和明细表都会随之自动更新。

1.4.2 打开文件

单击“文件程序菜单”→“打开”下拉按钮，打开“打开”菜单，如图 1-39 所示，用于打开项目文件、族文件、IFC 文件、样例文件等。

图 1-39 “打开”文件

（1）项目。单击此命令，打开“打开”对话框，在对话框中可以选择要打开的 Revit 项目文件和族文件，如图 1-40 所示。

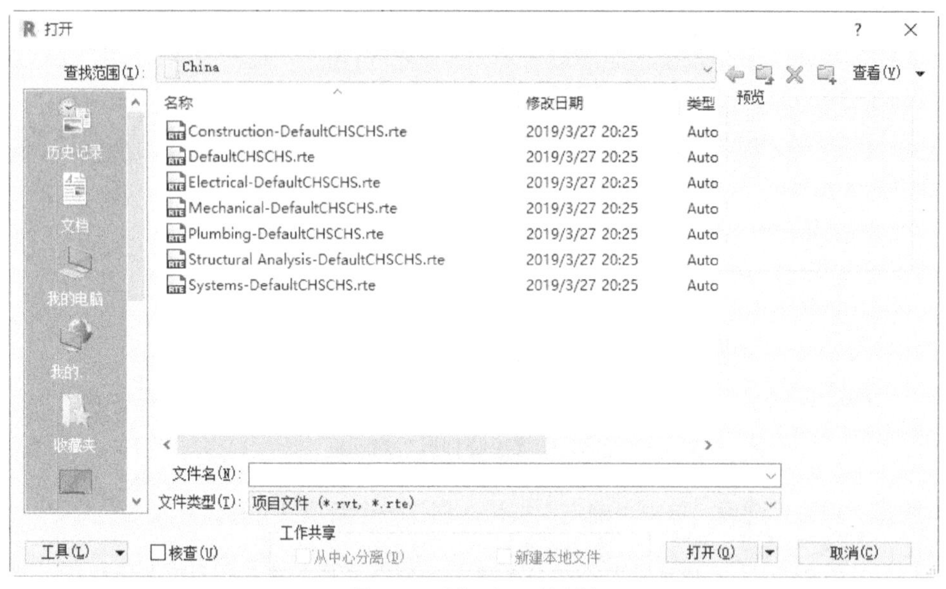

图 1-40 “打开”对话框

● 核查：扫描、检测并修复模型中损坏的图元，此选项可能会大大增加打开模型所需的时间。

● 从中心分离：独立于中心模型而打开工作共享的本地模型。

● 新建本地文件：打开中心模型的本地副本。

（2）族。单击此命令，打开“打开”对话框，可以打开软件自带族库中的族文件，或用户自己创建的族文件，如图 1-41 所示。

图 1-41 “打开”对话框

（3）Revit 文件。单击此命令，可以打开 Revit 所支持的文件，例如 .rvt、.rfa、.adsk 和 .rte 文件，如图 1-42 所示。

图 1-42 “打开”对话框

（4）建筑构件。单击此命令，在对话框中选择要打开的 Autodesk 交换文件，如图 1-43 所示。

图 1-43 “打开 ADSK 文件”对话框

（5）IFC。单击此命令，在对话框中可以打开 IFC 类型文件，如图 1-44 所示。IFC 文件格式含有模型的建筑物或设施，也包括空间的元素、材料和形状。IFC 文件通常用于 BIM 工业程序之间的交互。

（6）IFC 选项。单击此命令，打开“导入 IFC 选项”对话框，在对话框中可以设置 IFC 类型名称对应的 Revit 类别，如图 1-45 所示。此命令只有在打开 Revit 文件的状态下才可以使用。

图 1-44 “打开 IFC 文件”对话框

图 1-45 “导入 IFC 选项”对话框

（7）样例文件。单击此命令，打开“打开”对话框，可以打开软件自带的样例项目文件和族文件，如图 1-46 所示。

图 1-46　“打开”对话框

1.4.3　保存文件

单击“文件程序菜单”→“保存”命令，可以保存当前项目、族文件、样板文件等。若文件已命名，则 Revit 自动保存。若文件未命名，则系统打开“另存为”对话框，用户可以命名保存，如图 1-47 所示。在“保存于”下拉列表框中可以指定保存文件的路径；在“文件类型”下拉列表框中可以指定保存文件的类型。为了防止因意外操作或计算机系统故障导致正在绘制的图形文件丢失，可以对当前图形文件设置自动保存。

图 1-47　“另存为”对话框

单击“选项”按钮，打开如图 1-48 所示的“文件保存选项”对话框，可以指定备份文件的最大数量以及与文件保存相关的其他设置。

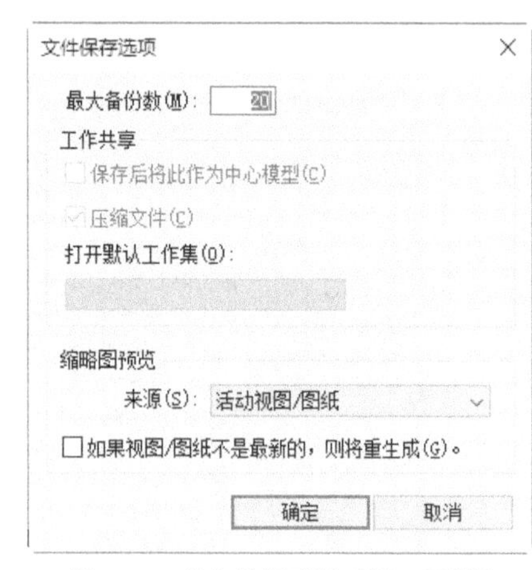

图 1-48 “文件保存选项”对话框

“文件保存选项”对话框中的选项说明如下。

- 最大备份数：指定最多备份文件的数量。默认情况下，非工作共享项目有 3 个备份，工作共享项目最多有 20 个备份。
- 保存后将此作为中心模型：将当前已启用工作集的文件设置为中心模型。
- 压缩文件：保存已启用工作集的文件时减小文件的大小。在正常保存时，Revit 仅将新图元和经过修改的图元写入现有文件。这可能会导致文件变得非常大，但会加快保存的速度。压缩过程会将整个文件进行重写并删除旧的部分以节省空间。
- 打开默认工作集：设置中心模型在本地打开时所对应的工作集默认设置。从该列表中，可以将一个工作共享文件保存为始终以下列选项之一为默认设置：“全部”“可编辑”“上次查看的”或者“指定”。用户修改该选项的唯一方式是选择“文件保存选项”对话框中的“保存后将此作为中心模型”，以重新保存新的中心模型。
- 缩略图预览：指定打开或保存项目时显示的预览图像。此选项的默认值为“活动视图 / 图纸”。Revit 只能从打开的视图创建预览图像。如果勾选“如果视图 / 图纸不是最新的，则将重生成”复选框，则无论用户何时打开或保存项目，Revit 都会更新预览图像。

1.4.4 另存为文件

单击“文件程序菜单”→“另存为”下拉按钮，打开“另存为”菜单，如图 1-49 所示，可以将文件保存为项目、族、样板和库 4 种类型文件。

执行其中一种命令后，打开图形“另存为”对话框，如图 1-50 所示。Revit 用另存名保存，并把当前图形更名。

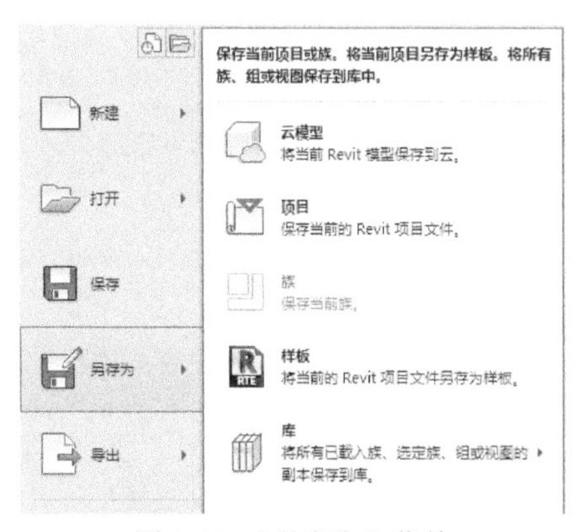

图 1-49 “另存为”菜单

图 1-50 “另存为”对话框

第 2 章 绘图环境设置

知识导引

用户可以根据自己需要设置绘图环境，可以分别对系统、项目和图形进行设置，通过定义设置，使用样板来执行办公标准并提高效率。本章主要介绍了系统设置、项目设置和图形设置。

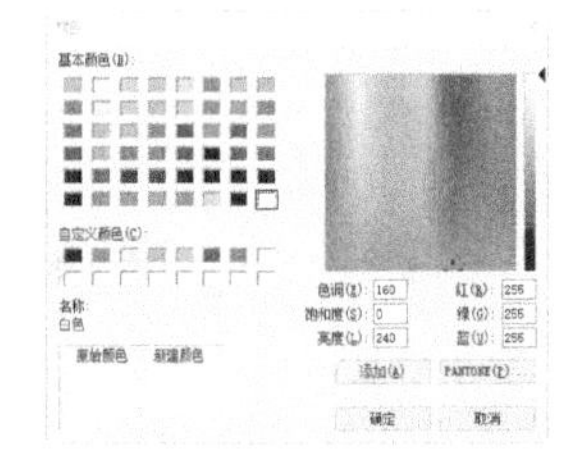

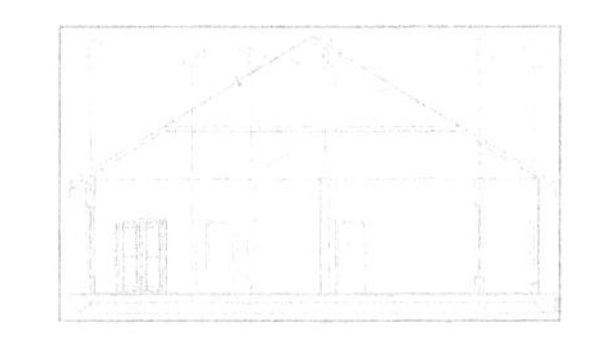

2.1 系统设置

“选项”对话框控制软件及其用户界面的各个方面。

单击“文件程序菜单”中的“选项”按钮，打开“选项”对话框，如图 2-1 所示。

图 2-1 “选项”对话框

2.1.1 “常规”设置

在“常规”选项卡中可以设置通知、用户名和日志文件清理参数。

1. “通知”选项组

Revit 不能自动保存文件，可以通过“通知”选项组设置用户建立项目文件或族文件保存文档的提醒时间。在“保存提醒间隔”下拉列表中选择保存提醒时间，设置保存提醒时间最少是 15 分钟。

2. “用户名”选项组

Revit 首次在工作站中运行时，使用 Windows 登录名作为默认用户名。在以后的设计中可以修改和保存用户名。如果需要使用其他用户名，以便在某个用户不可用时放弃该用户的图元，先注销 Autodesk 账户，然后在“用户名”字段中输入另一个用户的 Autodesk 用户名。

3. “日志文件清理”选项组

日志文件是记录 Revit 任务中每个步骤的文本文档。这些文件主要用于软件支持进程。要检测问题或重新创建丢失的步骤或文件时，可运行日志。设置要保留的日志文件数量以及要保留的天数后，系统会自动进行清理，并始终保留设定数量的日志文件，后面产生的新日志会自动覆盖前面的日志文件。

4. “工作共享更新频率”选项组

工作共享是一种设计方法，此方法允许多名团队成员同时处理同一项目模型，拖曳对话框中的滑块，用来设置工作共享的更新频率。

5. “视图选项”选项组

对于不存在默认视图样板，或存在视图样板但未指定视图规程的视图，指定其默认规程，系统提供了 6 种视图样板，如图 2-2 所示。

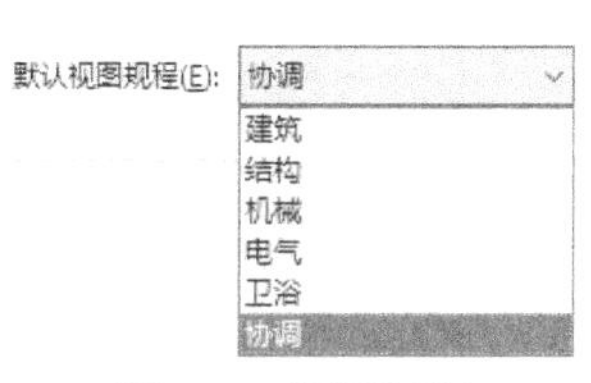

图 2-2　视图规程

2.1.2　“用户界面”设置

“用户界面”选项卡用来设置用户界面，包括功能区的设置、活动主题、快捷键的设置和选项卡的切换等，如图 2-3 所示。

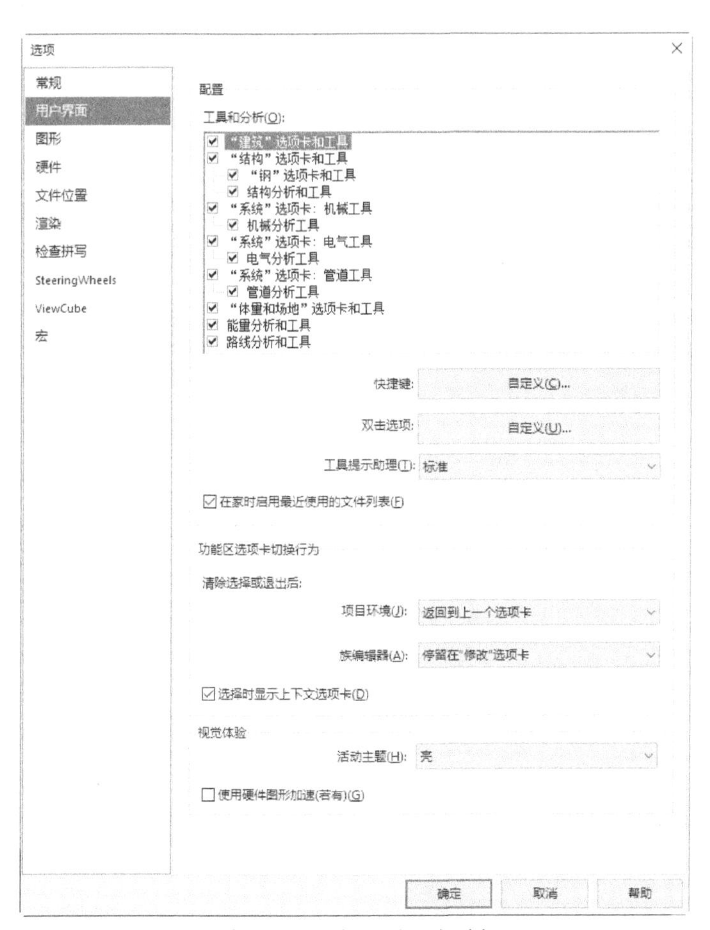

图 2-3　“用户界面”选项卡

1．“配置”选项组

（1）工具和分析。可以通过选择或清除“工具和分析”列表框中的复选框，控制用户界面功能区中选项卡的显示和关闭。例如：取消“‘建筑’选项卡和工具”复选框的勾选，单击“确定”按钮后，功能区中“建筑”选项卡不再显示，如图 2-4 所示。

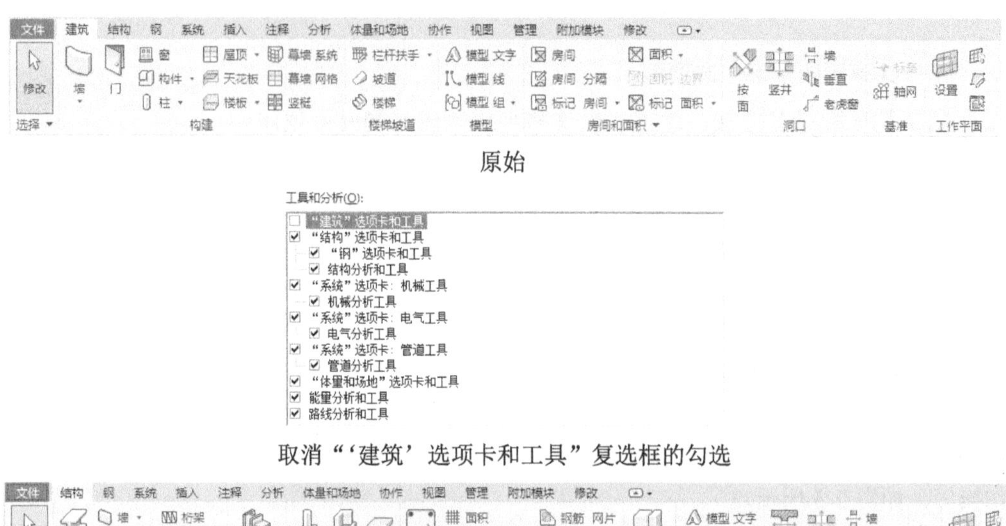

原始

取消“‘建筑’选项卡和工具”复选框的勾选

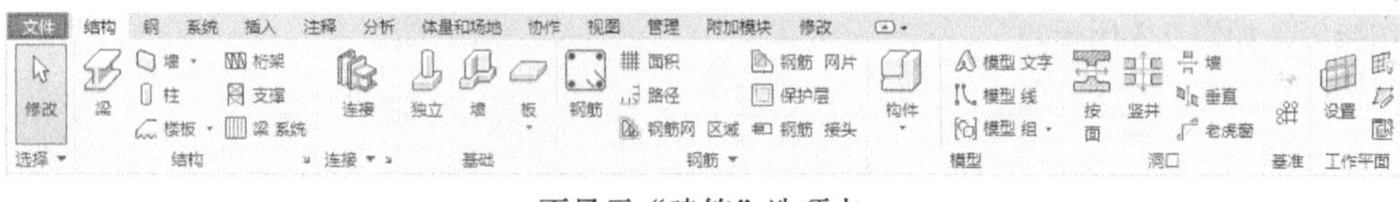

不显示“建筑”选项卡

图 2-4　选项卡的关闭

（2）快捷键。用于设置命令的快捷键。单击“自定义”按钮，打开“快捷键”对话框，如图 2-5 所示。也可以在“视图”选项卡“用户界面”下拉列表（图 2-6）中单击“快捷键”按钮，打开“快捷键”对话框。

图 2-5　“快捷键”对话框

图 2-6　“用户界面”下拉列表

设置快捷键的方法：搜索要设置快捷键的命令，或者在列表中选择要设置快捷键的命令，然后在“新建”文本框中输入快捷键，单击“指定”按钮 指定(A)，添加快捷键。

提示

Revit 与 AutoCAD 快捷键不同，AutoCAD 快捷键是单个字母，一般是命令的英文首字母，但是 Revit 快捷键只能是两个字母。Revit 与 AutoCAD 稍有不同是，AutoCAD 中 Enter 键或者空格键都能重复上个命令，但 Revit 重复上个命令只能用 Enter 键，空格键不能重复上个命令。

（3）双击选项。指定用于进入族、绘制的图元、部件、组等类型的编辑模式的双击动作。单击“自定义”按钮，打开如图 2-7 所示“自定义双击设置”对话框，选择图元类型，然后在对应的双击栏中单击，右侧会出现下拉按钮，在打开的下拉列表中选择对应的双击操作，单击“确定”按钮，完成双击设置。

（4）工具提示助理。工具提示提供有关用户界面中某个工具或绘图区域中某个项目的信息，或者在工具使用过程中提供下一步操作的说明。将鼠标指针停留在功能区的某个工具之上时，默认情况下，Revit 会显示工具提示。工具提示提供该工具的简要说明。如果鼠标指针在该功能区工具上再停留片刻，则会显示附加的信息（如果有），如图 2-8 所示。系统提供了无、最小、标准和高 4 种类型。

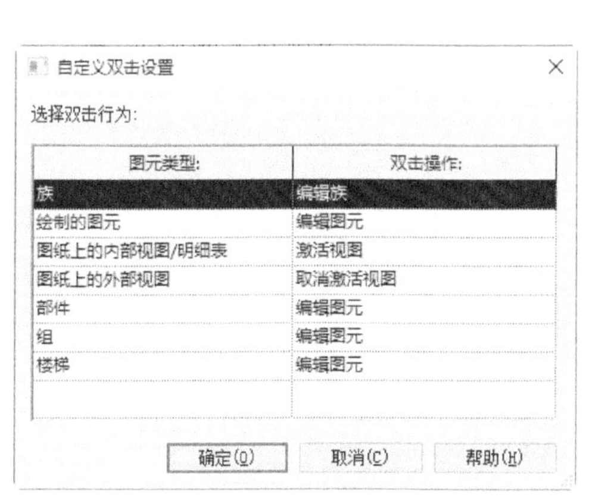

图 2-7 “自定义双击设置”对话框

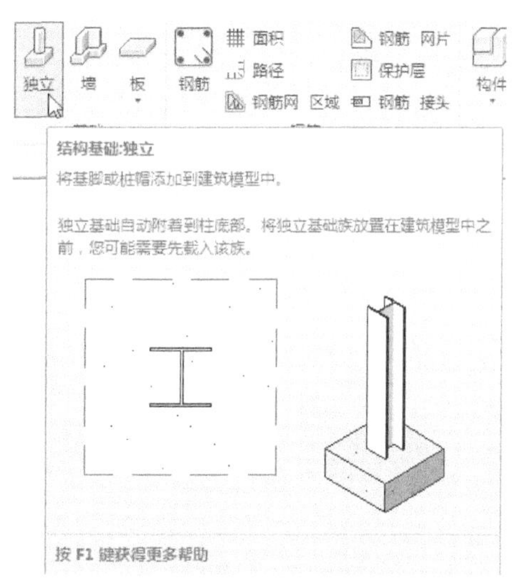

图 2-8 工具提示

1）无。关闭功能区工具提示和画布中工具提示，使它们不再显示。

2）最小。只显示简要的说明，而隐藏其他信息。

3）标准。为默认选项。当鼠标指针移动到工具上时，显示简要的说明。如果鼠标指针再停留片刻，则接着显示更多信息。

4）高。同时显示有关工具的简要说明和更多信息（如果有），没有时间延迟。

（5）启动时启用“最近使用的文件”页面。在启动 Revit 时显示“最近使用的文件”页面。该页面列出用户最近处理过的项目和族的列表，还提供对联机帮助和视频的访问。

2. “选项卡切换行为”选项组

用来设置上下文选项卡在功能区中的行为。

（1）清除选择或退出后。项目环境或族编辑器中指定所需的行为。列表中包括“返回到上一个选项卡”和“停留在‘修改’选项卡”选项。

1）返回到上一个选项卡。在取消选择图元或者退出工具之后，Revit 显示上一次出现的功能区选项卡。

2）停留在“修改”选项卡。在取消选择图元或者退出工具之后，仍保留在“修改”选项卡上。

（2）选择时显示选项卡。勾选此复选框，当激活某些工具或者编辑图元会自动增加并切换到“修改 |××”选项卡，如图 2-9 所示。其中包含一组只与该工具或图元的上下文相关的工具。

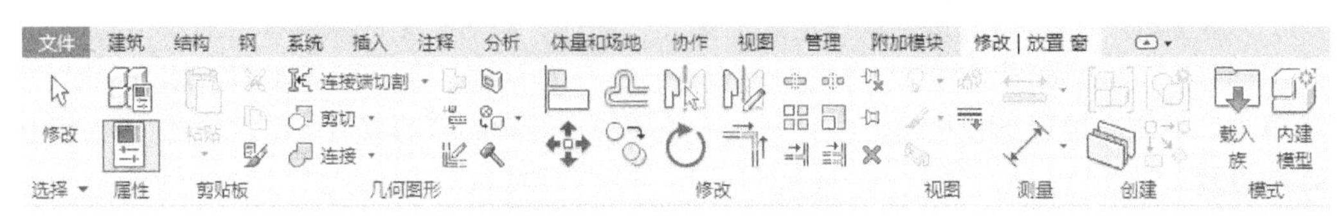

图 2-9 “修改 |××”选项卡

3. “视觉体验”选项组

（1）活动主题。用于设置 Revit 用户界面的视觉效果，包括明和暗两种，如图 2-10 所示。

亮

暗

图 2-10 活动主题

（2）使用硬件图形加速。通过使用可用的硬件，提高了渲染 Revit 用户界面时的性能。

2.1.3 “图形”设置

“图形”选项卡主要用于控制图形和文字在绘图区域中的显示，如图 2-11 所示。

1. “视图导航器性能”选项组

（1）重绘期间允许导航。可以在二维或三维视图中导航模型（平移、缩放和动态观察视图），而无须再等待软件完成图元绘制。软件会中断视图中模型图元的绘制，从而可以更快和更平滑地导航。在大型模型的导航视图中使用该选项可以改进性能。

（2）在视图导航期间简化显示。通过减少显示的细节量并暂停某些图形效果，提供导航视图（平移、动态观察和缩放）时的性能。

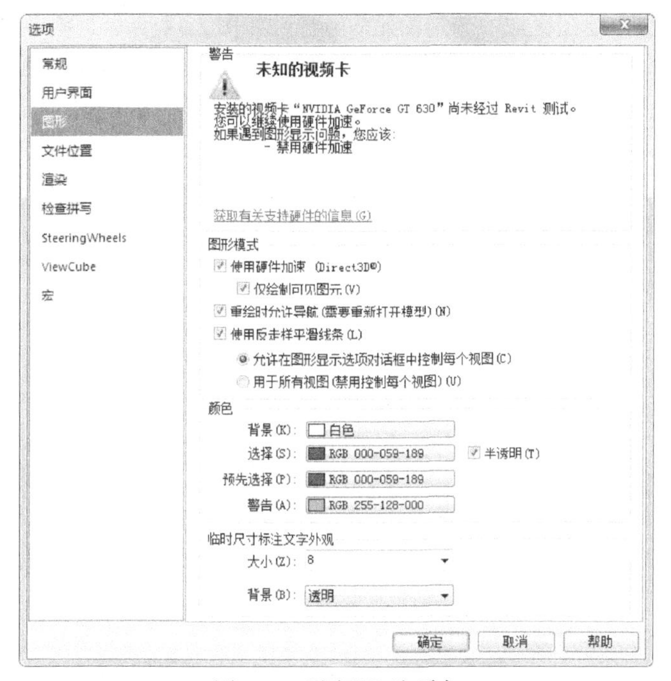

图 2-11　“图形”选项卡

2. “图形模式”选项组

勾选“使用反走样平滑线条”复选框，提高视图中的线条质量，使边显示得更平滑。如果要在使用反失真时体验最佳性能，则勾选“使用硬件加速”复选框，启用硬件加速。如果没有启用硬件加速，并使用反失真，则在缩放、平移和操纵视图时性能会降低。

3. “颜色”选项组

（1）背景。更改绘图区域中背景和图元的颜色。单击“颜色”按钮，打开如图 2-12 所示的“颜色”对话框，指定新的背景颜色。系统会自动根据背景色调整图元颜色，例如较暗的颜色将导致图元显示为白色，如图 2-13 所示。

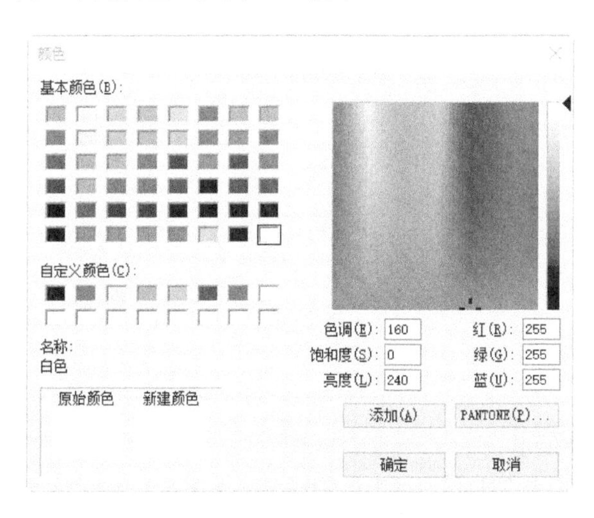

图 2-12　“颜色”对话框

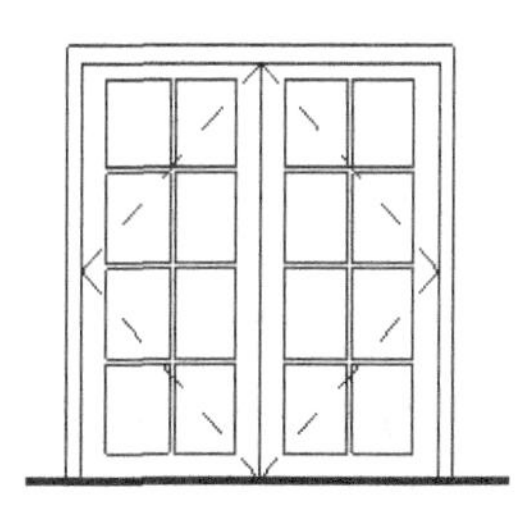
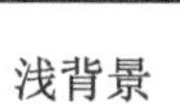

图 2-13　背景色和图元颜色

（2）选择。用于显示绘图区域中选定图元的颜色，如图 2-14 所示。单击颜色按钮可在“颜色”对话框中指定新的选择颜色。勾选“半透明”复选框，可以查看选定图元下面的图元。

（3）预先选择。设置在将鼠标指针移动到绘图区域中的图元时，用于显示高亮显示的图元的颜色，如图 2-15 所示。单击颜色按钮可在“颜色”对话框中指定高亮显示颜色。

（4）警告。设置在出现警告或错误时选择的用于显示图元的颜色，如图 2-16 所示。单击颜色按钮可在“颜色”对话框中指定新的警告颜色。

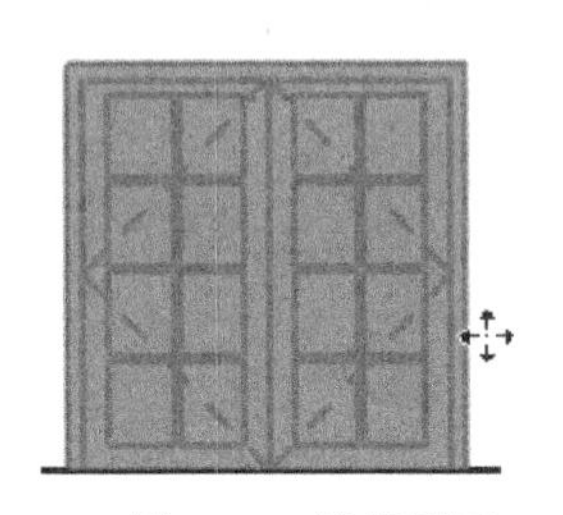

图 2-14　选择图元

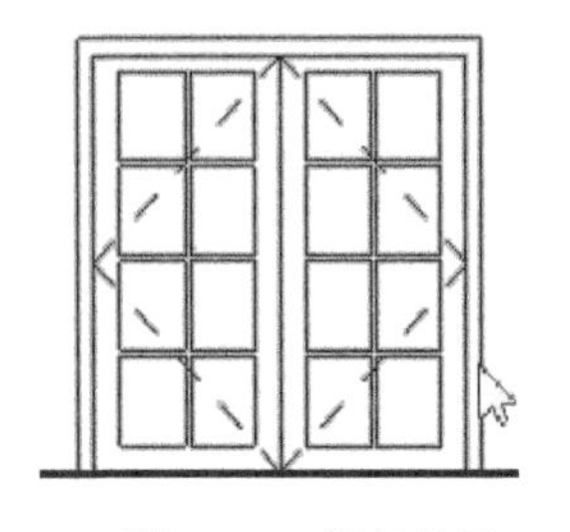

图 2-15　高亮显示

图 2-16　警告颜色

4.“临时尺寸标注文字外观”选项组

（1）大小。用于设置临时尺寸标注中文字的字体大小，如图 2-17 所示。

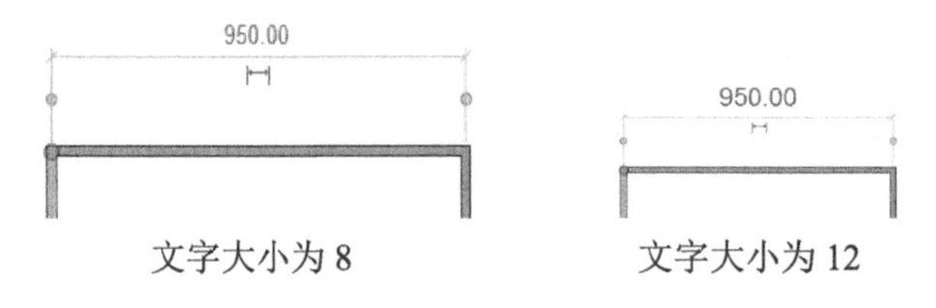

图 2-17　字体大小

（2）背景。用于指定临时尺寸标注中的文字背景为透明或不透明，如图 2-18 所示。

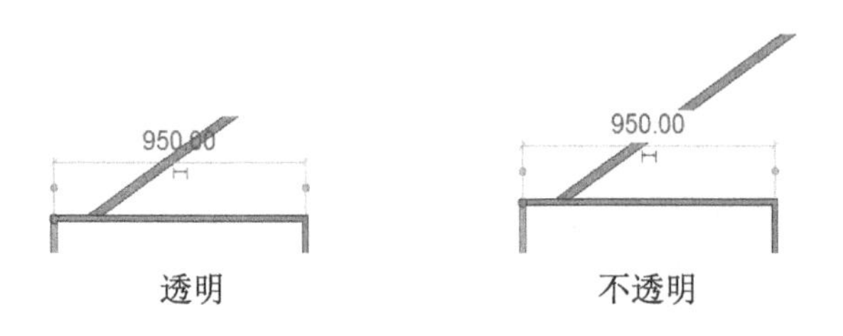

图 2-18　设置文字背景

2.1.4　“硬件”设置

“硬件”选项卡用来设置硬件加速，如图 2-19 所示。

（1）使用硬件加速。勾选此选项，Revit 会使用系统的图形卡来渲染模型的视图。

（2）仅绘制可见图元。仅生成和绘制每个视图中可见的图元（也称为阻挡消隐）。Revit 不会尝试渲染在导航时视图中隐藏的任何图元，例如墙后的楼梯，从而提高性能。

图 2-19 “硬件”选项卡

2.1.5 “文件位置”设置

“文件位置”选项卡用来设置 Revit 文件和目录的路径，如图 2-20 所示。

图 2-20 “文件位置”选项卡

（1）项目样板文件。指定在创建新模型时要在“最近使用的文件”窗口和“新建项目”对话框中列出的样板文件。

（2）用户文件默认路径。指定 Revit 保存当前文件的默认路径。

（3）族样板文件默认路径。指定样板和库的路径。

（4）点云根路径。指定点云文件的根路径。

（5）放置。添加公司专用的第二个库。单击“放置”按钮，打开如图 2-21 所示的“放置”对话框，添加或删除库路径。

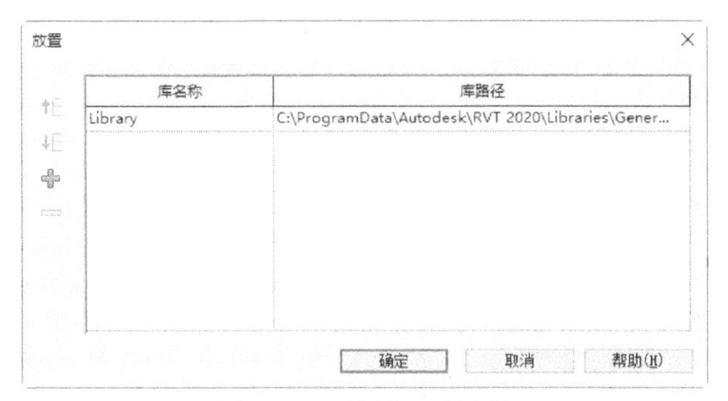

图 2-21 “放置”对话框

2.1.6 “渲染”设置

“渲染”选项卡提供有关在渲染三维模型时如何访问要使用的图像的信息，如图 2-22 所示。在此选项卡中可以指定用于渲染外观的文件路径以及贴花的文件路径。单击“添加值”按钮，输入路径，或单击按钮，打开“浏览器文件夹”对话框设置路径。选择列表中的路径，单击“删除值”按钮，删除路径。

图 2-22 “渲染”选项卡

2.1.7 “检查拼写”设置

“检查拼写”选项卡用于文字输入时的语法设置，如图 2-23 所示。

图 2-23 “检查拼写”选项卡

（1）设置。勾选或取消相应的复选框，以指示拼写检查工具是否应忽略特定单词或查找重复单词。

（2）恢复默认值。单击此按钮，恢复到安装软件时的默认设置。

（3）主字典。在列表中选择所需的字典。

（4）其他词典。指定要用于定义拼写检查工具可能会忽略的自定义单词和建筑行业术语的词典文件的位置。

2.1.8 “SteeringWheels”设置

“SteeringWheels”选项卡用来设置 SteeringWheels 视图导航工具的选项，如图 2-24 所示。

1. “文字可见性”选项组

（1）显示工具消息。显示或隐藏工具消息，如图 2-25 所示。不管该设置如何，对于基本控制盘工具消息始终显示。

图 2-24 “SteeringWheels”选项卡

（2）显示工具提示。显示或隐藏工具提示，如图 2-26 所示。

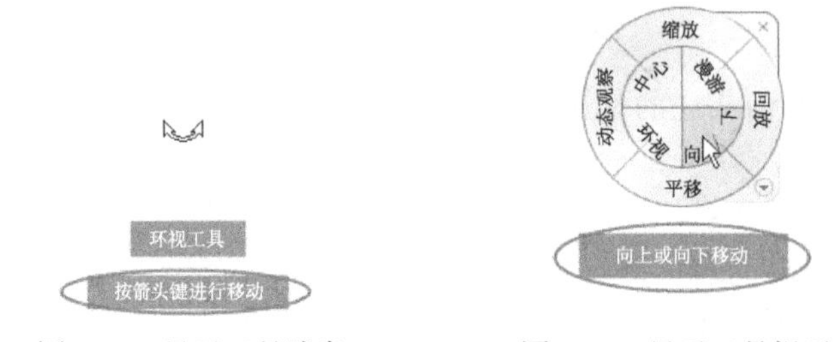

图 2-25 显示工具消息　　图 2-26 显示工具提示

（3）显示工具光标文字。工具处于活动状态时，显示或隐藏光标文字。

2. “大控制盘外观”/“小控制盘外观”选项组

（1）尺寸。用来设置大 / 小控制盘的大小，包括大、中、小 3 种尺寸。

（2）不透明度。用来设置大 / 小控制盘的不透明度，可以在其下拉列表中选择不透明度值。

3. “环视工具行为”选项组

反转垂直轴：反转环视工具的向上或向下查找操作。

4. “漫游工具”选项组

（1）将平行移动到地平面。使用“漫游”工具漫游模型时，勾选此复选框可将移动角度约束到地平面。取消此复选框的勾选，漫游角度将不受约束，将沿查看的方向“飞行”，可沿任何方向或角度在模型中漫游。

（2）速度系数。使用“漫游”工具漫游模型或在模型中“飞行”时，可以控制移动速度。移动速度由鼠标指针从“中心圆”图标移动的距离控制。拖曳滑块调整速度因子，也可以直接在文本框中输入。

5. “缩放工具”选项组

单击一次鼠标左键放大一个增量：允许通过单次单击缩放视图。

6. “动态观察工具”选项组

保持场景正立：使视图的边垂直于地平面。取消此复选框的勾选，可以按 360° 旋转动态观察模型，此功能在编辑一个族时很有用。

2.1.9 “ViewCube”设置

“ViewCube”选项卡用于设置 ViewCube 导航工具的选项，如图 2-27 所示。

图 2-27 “ViewCube”选项卡

1. “ViewCube 外观”选项组

（1）显示 ViewCube。在三维视图中显示或隐藏 ViewCube。

（2）显示位置。指定在全部三维视图或仅活动视图中显示 ViewCube。

（3）屏幕位置。指定 ViewCube 在绘图区域中的位置，如右上、右下、左下和左上。

（4）ViewCube 大小。指定 ViewCube 的大小，包括自动、微型、小、中和大。

（5）不活动时的不透明度。指定未使用 ViewCube 时的不透明度。如果选择 0%，需要将鼠标指针移至 ViewCube 位置上方，否则 ViewCube 不会显示在绘图区域中。

2. “拖曳 ViewCube 时”选项组

捕捉到最近的视图：勾选此复选框，将捕捉到最近的 ViewCube 的视图方向。

3. “在 ViewCube 上单击时”选项组

（1）视图更改时布满视图。勾选此复选框后，在绘图区中选择图元或构件，并在 ViewCube 上单击，则视图将相应地进行旋转，并进行缩放，以匹配绘图区域中的该图元。

（2）切换视图时使用动画转场。勾选此复选框，切换视图方向时显示动画操作。

（3）保持场景正立。使 ViewCube 和视图的边垂直于地平面。取消此复选框的勾选，可以按 360°动态观察模型。

4. “指南针”选项组

同时显示指南针和 ViewCube：勾选此复选框，在显示 ViewCube 的同时显示指南针。

2.1.10 “宏”设置

“宏”选项卡定义用于创建自动化重复任务的宏的安全性设置，如图 2-28 所示。

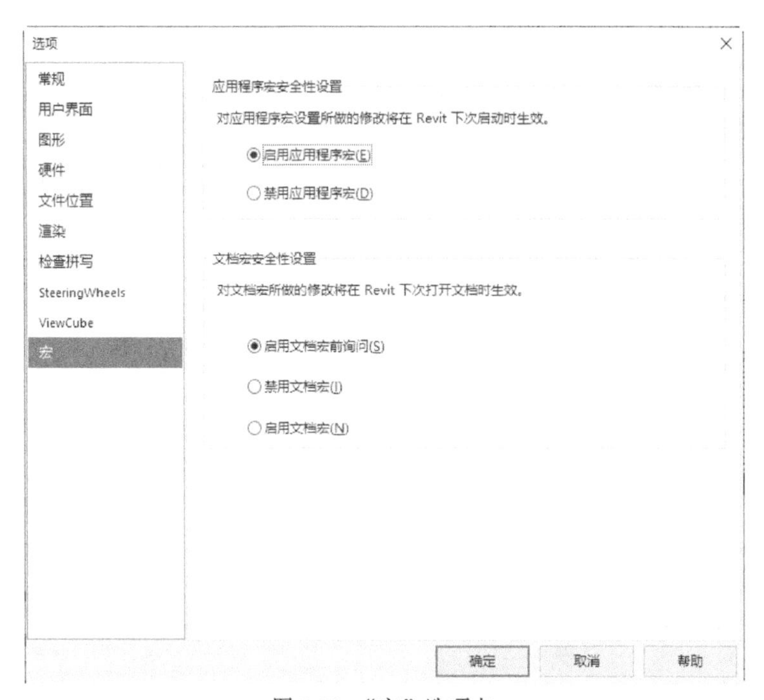

图 2-28 “宏”选项卡

1. “应用程序宏安全性设置”选项组

（1）启用应用程序宏。选择此选项，打开应用程序宏。

（2）禁用应用程序宏。选择此选项，关闭应用程序宏，但是仍然可以查看、编辑和构建代码，但是修改后不会改变当前模块状态。

2. “文档宏安全性设置”选项组

（1）启用文档宏前询问。系统默认选择此选项，如果在打开 Revit 项目时存在宏，系统会提示启用宏，用户可以选择在检测到宏时启用宏。

（2）禁用文档宏。在打开项目时关闭文档级宏，但是仍然可以查看、编辑和构建代码，修改后不会改变当前模块状态。

（3）启用文档宏。打开文档宏。

2.2 项目设置

指定用于自定义项目的选项，包括项目单位、材质、填充样式、线样式等。

2.2.1 对象样式

可为项目中不同类别和子类别的模型图元、注释图元和导入对象指定线宽、线颜色、线型图案和材质。

（1）单击“管理”选项卡“设置”面板中的“对象样式”按钮，打开“对象样式”对话框，如图 2-29 所示。

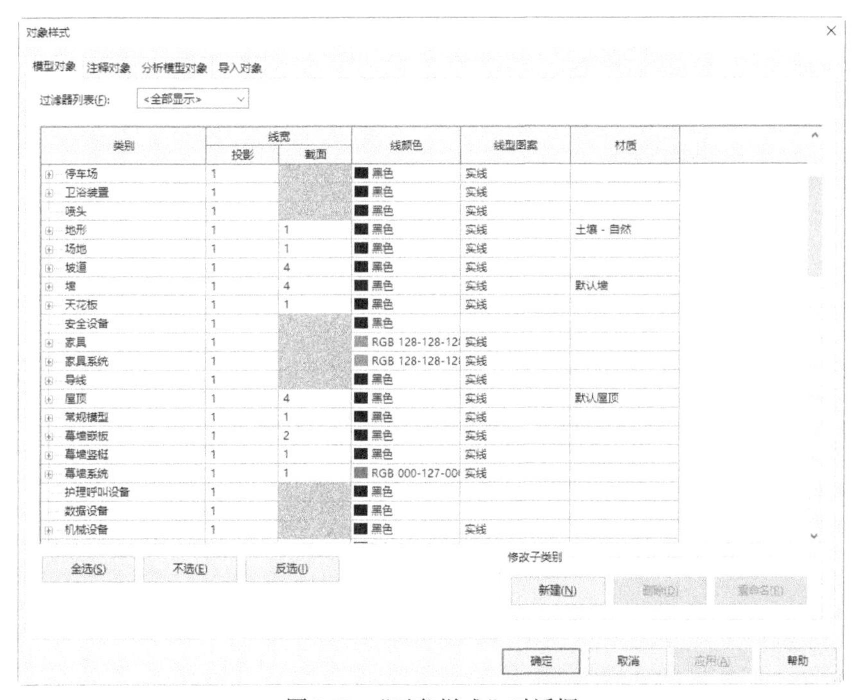

图 2-29 “对象样式”对话框

（2）在各类别对应的线宽栏中指定投影和截面的线宽度，例如在投影栏中单击，打开如图 2-30 所示的线宽列表，选择所需的线宽即可。

（3）在线颜色列表对应的栏中单击颜色块，打开“颜色”对话框，选择颜色设置颜色。

（4）单击对应的线型图案栏，打开如图 2-31 所示的线型下拉列表，选择所需的线型。

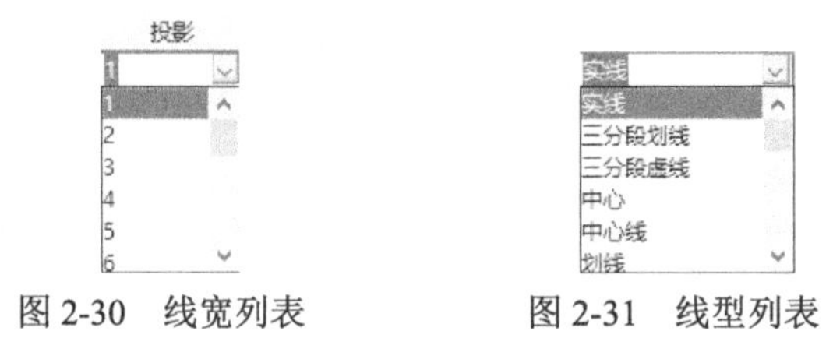

图 2-30 线宽列表　　图 2-31 线型列表

（5）单击对应的材质栏中的按钮，打开“材质浏览器”对话框，在对话框中选择族类别的材质，还可以通过修改族的材质类型属性来替换族的材质。

2.2.2 捕捉

在放置图元或绘制线（直线、弧线或圆形线）时，Revit 将显示捕捉点和捕捉线，以帮助现有的几何图形排列图元、构件或线。

单击“管理”选项卡“设置”面板中的“捕捉”按钮，打开“捕捉”对话框，如图 2-32 所示。通过该对话框设置捕捉对象以及捕捉增量，对话框中还列出了对象捕捉的键盘快捷键。

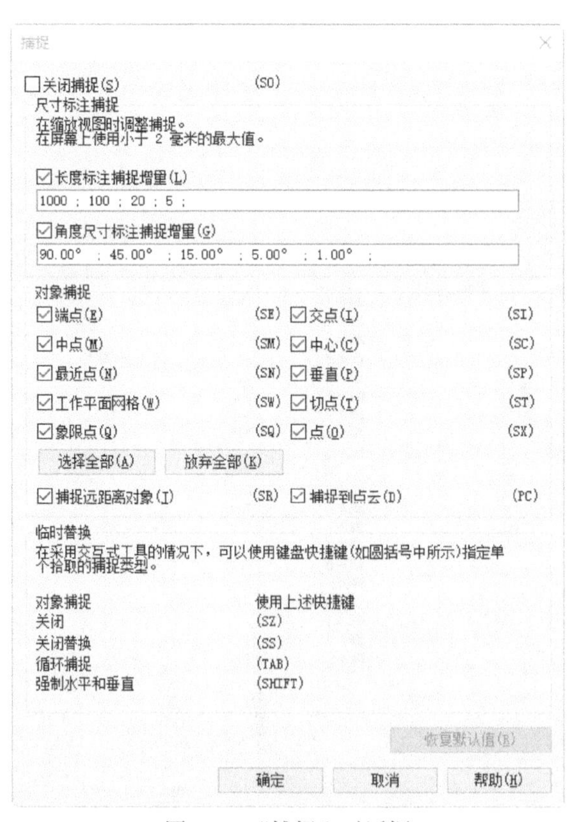

图 2-32 “捕捉”对话框

（1）关闭捕捉。勾选此复选框，禁用所有的捕捉设置。

（2）长度标注捕捉增量。用于在由远到近放大视图时，对基于长度的尺寸标注指定捕捉增量。对于每个捕捉增量集，用分号分隔输入的数值。第一个列出的增量会在缩小时使用，最后一个列出的增量会在放大时使用。

（3）角度尺寸标注捕捉增量。用于在由远到近放大视图时，对角度标注指定捕捉增量。

（4）对象捕捉。分别勾选列表中的复选框启动对应的对象捕捉类型，单击“选择全部”按钮，勾选全部的对象捕捉类型，单击“放弃全部”按钮，取消全部对象捕捉对象的勾选。每个捕捉对象后面对应的是键盘快捷键。

2.2.3 项目信息

指定项目信息，例如项目名称、状态、地址和其他信息。项目信息包含在明细表中，该明细表包含链接模型中的图元信息。还可以用在图纸上的标题栏中。

单击“管理”选项卡“设置”面板中的“项目信息”按钮，打开“项目信息”对话框，如图 2-33 所示。通过此对话框可以指定项目的组织名称、组织描述、建筑名称、项目发布日期、项目状态、项目名称等项目信息。

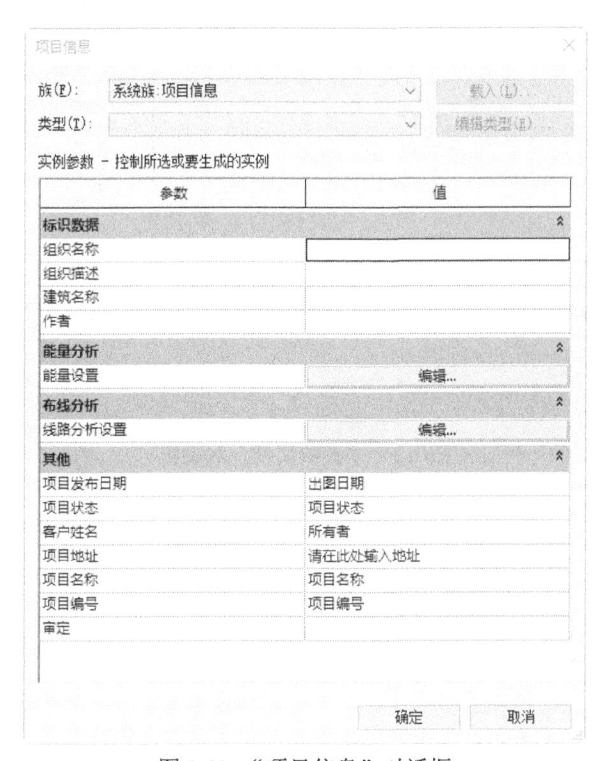

图 2-33 “项目信息”对话框

2.2.4 项目参数

项目参数是定义后添加到项目多类别图元中的信息容器。

（1）单击“管理”选项卡“设置”面板中的“项目参数”按钮，打开“项目参数”对话框，如图 2-34 所示。

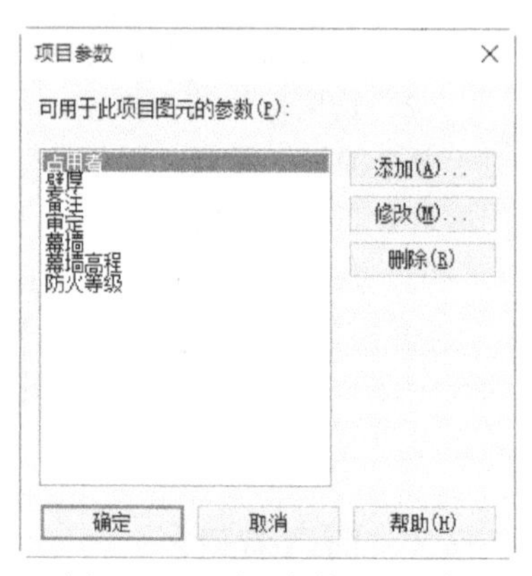

图 2-34 “项目参数”对话框

（2）单击“添加”按钮，打开如图 2-35 所示“参数属性”对话框，选择“项目参数”选项，输入项目参数名称，例如输入面积，然后选择规程、参数类型、参数分组方式以及类型等，单击“确定”按钮，返回“项目参数”对话框。

（3）新建的项目参数添加到“项目参数”对话框中。

（4）选择参数，单击“修改”按钮，打开“参数属性”对话框，可以在对话框中对参数属性进行修改。

（5）选择不需要的参数，单击“删除”按钮，打开如图 2-36 所示的“删除参数”提示对话框，提示删除选择的参数将会丢失与之关联的所有数据。

图 2-35 “参数属性”对话框

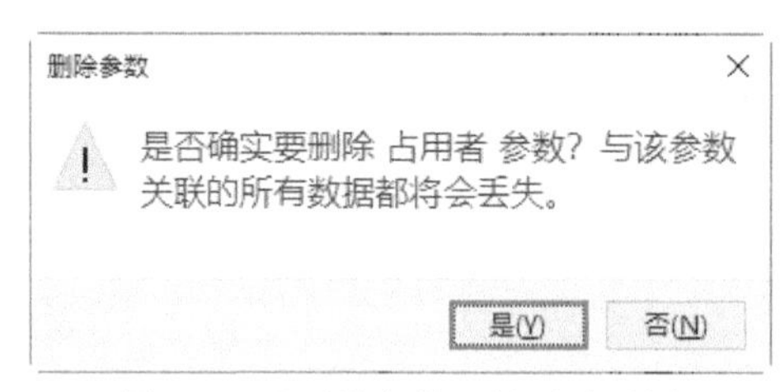

图 2-36 “删除参数”提示对话框

2.2.5 全局参数

（1）单击“管理”选项卡“设置”面板中的“全局参数”按钮，打开“全局参数”对话框，如图 2-37 所示。

“全局参数”对话框中选项说明如下。

- 编辑全局参数：单击此按钮，打开“全局参数属性”对话框，更改参数的属性。
- 新建全局参数：单击此按钮，打开“全局参数属性”对话框，新建一个全局参数。
- 删除全局参数：删除选定的全局参数。如果要删除的参数同时用于另一个参数的公式中，则该公式也将被删除。
- 上移全局参数：将选中的参数上移一行。
- 下移全局参数：将选中的参数下移一行。
- 按升序排序全局参数：参数列表按字母顺序排序。
- 按降序排序全局参数：参数列表按字母逆序排序。

图 2-37　“全局参数”对话框

（2）单击“新建全局参数”按钮，打开“全局参数属性”对话框，可以设置参数名称、规程、参数类型、参数分组方式，单击“确定”按钮，如图 2-38 所示。

（3）返回“全局参数”对话框，设置参数对应的值和公式，如图 2-39 所示。

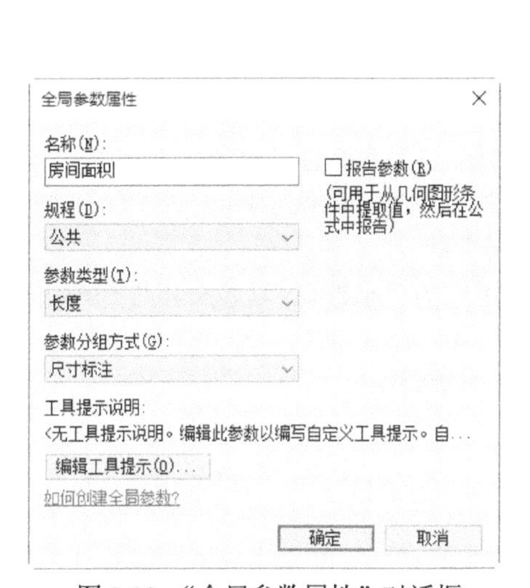

图 2-38　“全局参数属性”对话框

图 2-39　设置全局参数

2.2.6　项目单位

可以指定项目中各种数量的显示格式，指定的格式将影响数量在屏幕上和打印输出的外观。可以对用于报告或演示目的的数据进行格式设置。

（1）单击“管理”选项卡“设置”面板中的“项目单位”按钮，打开“项目单位”对话框，如图 2-40 所示。

（2）在对话框中选择规程。

（3）单击格式列表中的值按钮，打开如图 2-41 所示的“格式”对话框，在该对话框中可以设置各种类型的单位格式。

图 2-40 “项目单位”对话框

图 2-41 “格式”对话框

“格式”对话框中的选项说明如下。

- 单位：在此下拉列表中选择对应的单位。
- 舍入：在此列表中选择一个合适的值，如果选择“自定义”，则在“舍入增量”文本框中输入值。
- 单位符号：在此列表中选择适合的选项作为单位的符号。
- 消除后续零：勾选此复选框，将不显示后续零，例如，123.400 将显示为 123.4。
- 消除零英尺：勾选此复选框，将不显示零英尺，例如 0'-4" 将显示为 4"。
- 正值显示“+”：勾选此复选框，将在正数前面添加“+”号。
- 使用数位分组：勾选此复选框，“项目单位”对话框中的“小数点 / 数位分组”选项将应用于单位值。
- 消除空格：勾选此复选框，将消除英尺和分式英寸两侧的空格。

（4）单击“确定”按钮，完成项目单位的设置。

2.2.7 材质

将材质应用到建筑模型的图元中，材质控制模型图元在视图和渲染图像中的显示方式如图 2-42 所示。

单击“管理”选项卡“设置”面板中的“材质”按钮，打开“材质浏览器”对话框，如图 2-43 所示。

“材质浏览器”对话框中的选项说明如下。

1. “图形”选项卡

（1）在“材质浏览器”对话框中选择要更改的材质，然后单击“图形”选项卡。

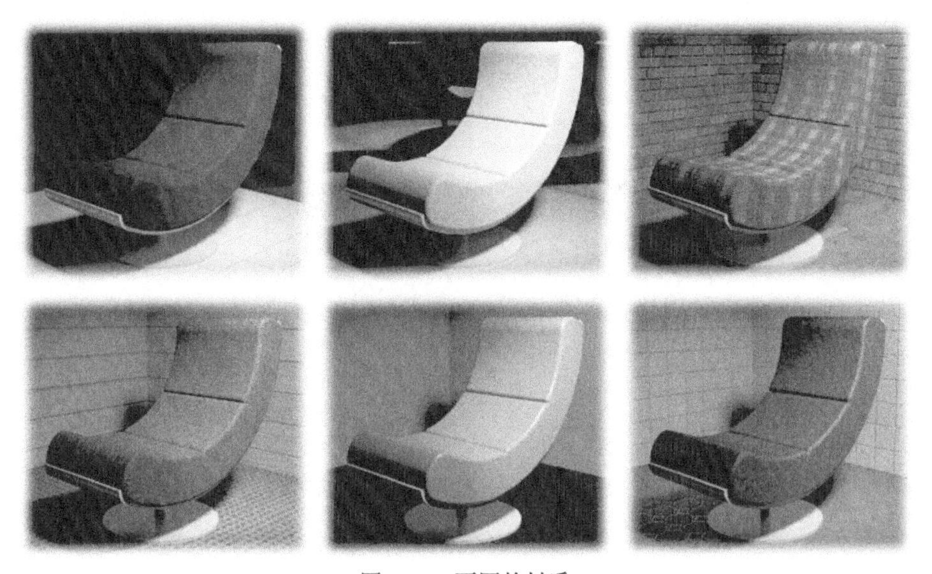

图 2-42　不同的材质

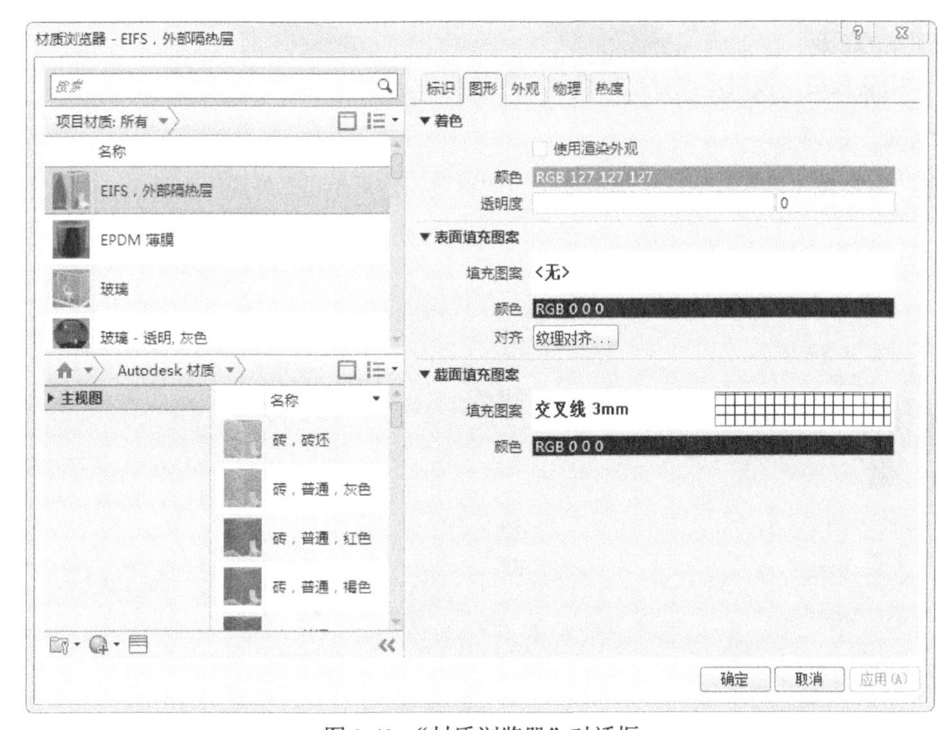

图 2-43　“材质浏览器”对话框

（2）勾选“使用渲染外观”复选框，将使用渲染外观表示着色视图中的材质，单击颜色色块，打开“颜色”对话框，选择着色的颜色，可以直接输入透明度的值，也可以拖曳滑块到所需的位置。

（3）单击表面填充图案下“填充”的右侧区域，打开如图 2-44 所示的“填充样式”对话框，在列表中选择一种填充图案。单击“颜色”色块，打开“颜色”对话框，选择用于绘制表面填充图案的颜色。单击“纹理对齐” 纹理对齐... 按钮，打开“将渲染外观与表面填充图案对齐”对话框，将外观纹理与材质的表面填充图案对齐。

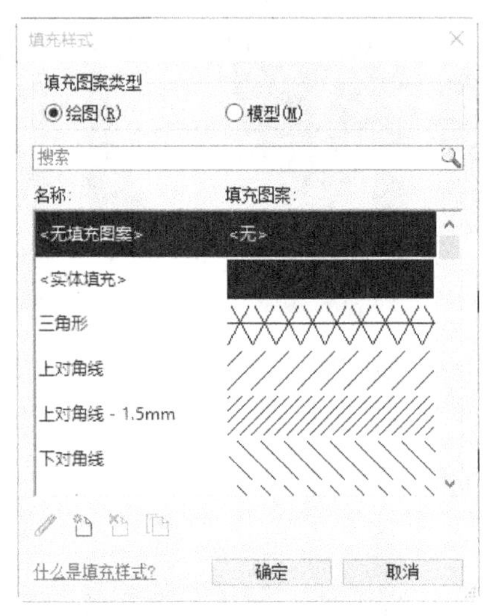

图 2-44 “填充样式”对话框

（4）单击截面填充图案下“填充图案”，打开如图 2-44 所示的“填充样式”对话框，在列表中选择一种填充图案作为截面的填充图案。单击“颜色”色块，打开“颜色”对话框，选择用于绘制截面填充图案的颜色。

（5）单击“应用”按钮，保存材质图形属性的更改。

2. “外观”选项卡

（1）在“材质浏览器”对话框中选择要更改的材质，然后单击“外观”选项卡，如图 2-45 所示。

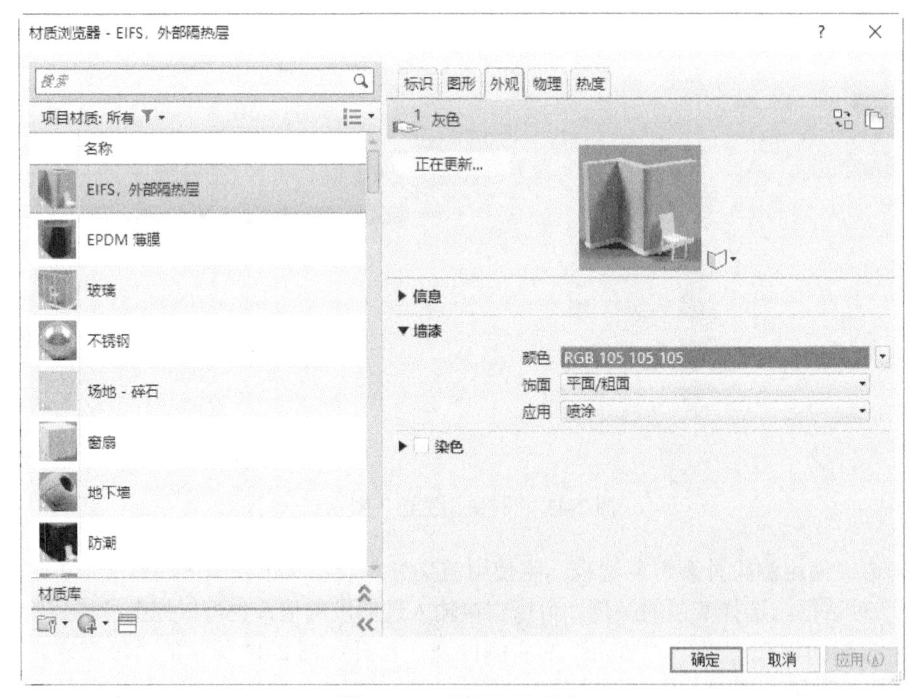

图 2-45 “外观”选项卡

（2）单击样例图像旁边的下拉按钮，单击“场景”选项，然后从列表中选择所需设置，如图

2-46所示。该预览是材质的渲染图像。Revit渲染预览场景时，更新预览需要花费一段时间。

（3）分别设置墙漆的颜色、表面处理来更改外观属性。

（4）单击“应用”按钮，保存材质外观的更改。

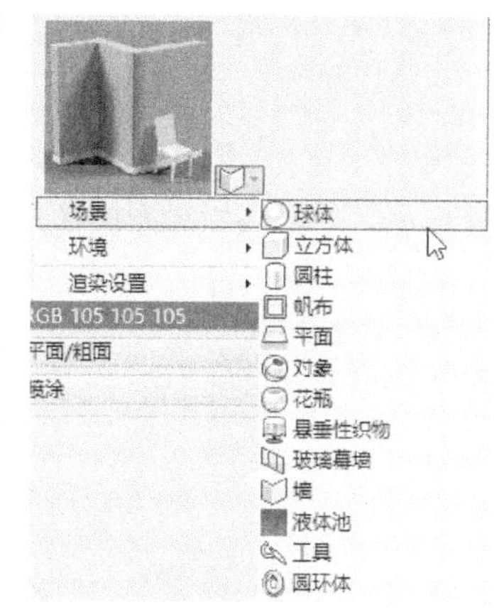

图2-46　设置样例图样

3.“物理”选项卡

（1）在“材质浏览器”对话框中选择要更改的材质，然后单击“物理”选项卡，如图2-47所示。如果选择的材质没有“物理”选项卡，表示物理资源尚未添加到此材质。

（2）单击属性类别左侧的三角形以显示属性及其设置。

（3）更改其信息、密度等为所需的值。

（4）单击“应用”按钮，保存材质物理属性的更改。

图2-47　“物理”选项卡

4.“热度”选项卡

（1）在“材质浏览器”对话框中选择要更改的材质，然后单击“热度”选项卡，如图2-48所示。如果选择的材质没有“热度”选项卡，表示热资源尚未添加到此材质。

（2）单击属性类别左侧的三角形以显示属性及其设置。

（3）更改材质的比热、密度、发射率、渗透性等热度特性。

（4）单击“应用”按钮，保存材质热属性的更改。

5.“标识”选项卡

此选项卡提供有关材质的常规信息，如说明、制造商和成本数据。

（1）在“材质浏览器”对话框中选择要更改的材质，然后单击“标识”选项卡，如图2-49所示。

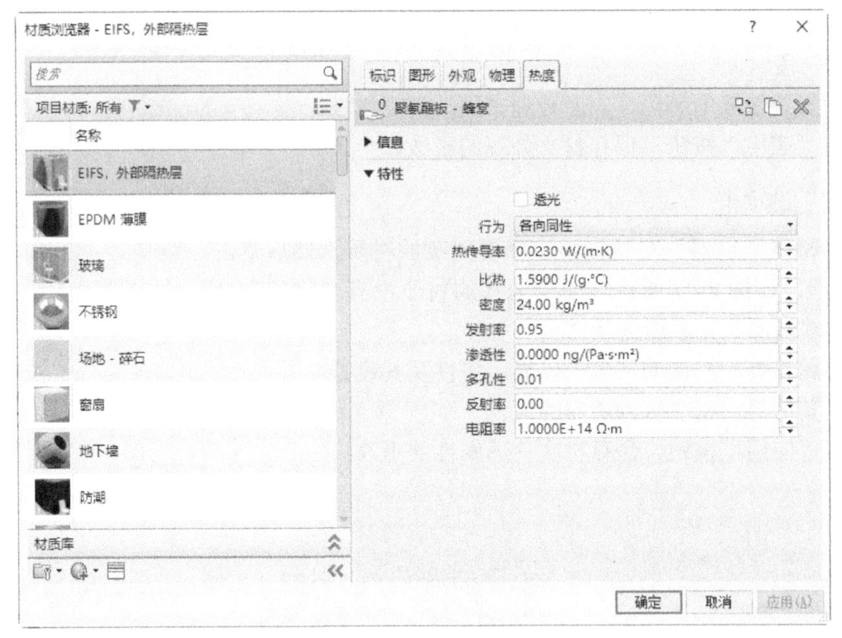

图 2-48 “热度”选项卡

图 2-49 “标识”选项卡

（2）更改材质的说明信息、产品信息以及 Revit 注释信息。

（3）单击“应用”按钮，保存材质常规信息的更改。

2.3 图形设置

本节将介绍图形的显示设置、视图样板、图形的可见性以及剖切面轮廓等。

2.3.1 图形显示设置

单击“视图”选项卡“图形”面板上的“图形显示选项”按钮↘，打开“图形显示选项”对话框，如图 2-50 所示。

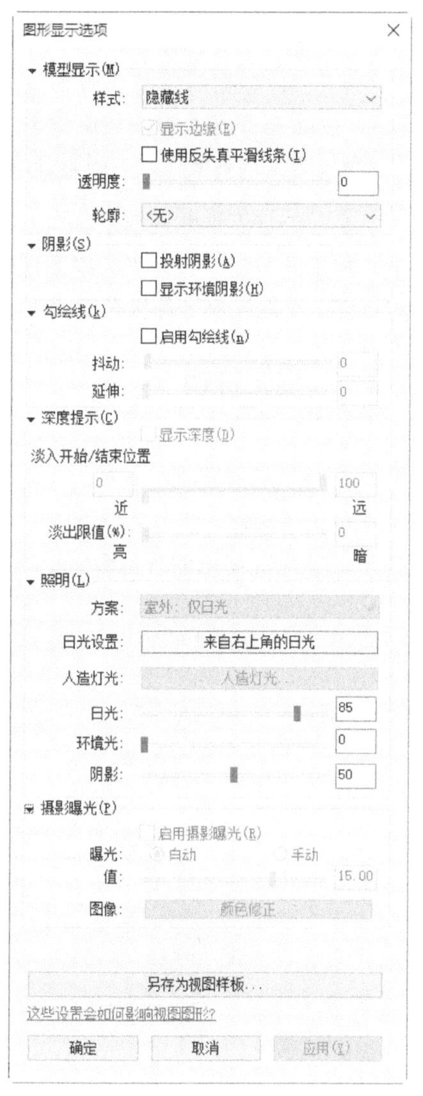

图 2-50 “图形显示选项”对话框

1. “模型显示”选项组

- 样式：设置视图的视觉样式，包括线框、隐藏线、着色、一致的颜色和真实 5 种视觉样式。
  - ✓ 显示边缘：勾选此复选框在视图中显示边缘上的线。
  - ✓ 使用反失真平滑线条：勾选此复选框，提高视图中线的质量，使边显示更平滑。
- 透明度：移动滑块更改模型的透明度，也可以直接输入值。
- 轮廓：从列表中选择线样式为轮廓线。

2. “阴影”选项组

勾选“投射阴影”或“显示环境阴影”复选框以管理视图中的阴影。

3. “勾绘线”选项组

- 启用勾绘线：勾选此复选框，启用当前视图的勾绘线。
- 抖动：移动滑块更改绘制线中的可变性程度，也可以直接输入 0 至 10 之间的数字。值为 0 时，将导致直线不具有手绘图形样式。值为 10 时，将导致每个模型线都具有包含高波度的多个绘制线。
- 延伸：移动滑块更改模型线端点延伸超越交点的距离，也可以直接输入 0 至 10 之间的数字。值为 0 时，将导致线与交点相交。值为 10 时，将导致线延伸到交点的范围之外。

4. “深度提示”选项组

- 显示深度：勾选此复选框，启用当前视图的深度提示。
- 淡入开始 / 结束位置：移动双滑块开始和结束控件以指定渐变色效果边界。“近”和“远”值代表距离前 / 后视图剪裁平面百分比。
- 淡出限值：移动滑块指定“远”位置图元的强度。

5. “照明”选项组

- 方案：从室内和室外日光以及人造光组合中选择方案。
- 日光设置：单击此按钮，打开“日光设置”对话框，为重要日期和时间预定义的日光设置中进行选择。
- 人造灯光：在“真实”视图中提供，当“方案”设置为人造光时，添加和编辑灯光组。
- 日光：移动滑块调整直接光的亮度，也可以直接输入 0 到 100 之间的数字。
- 环境光：移动滑块调整漫射光的亮度，也可以直接输入 0 到 100 之间的数字。在着色视觉样式、立面、图纸和剖面中可用。

- 阴影：移动滑块调整阴影的暗度。也可以直接输入 0 到 100 之间的数字。

6. “摄影曝光”选项组

- 曝光：以手动或自动调整曝光度。
- 值：根据需要在 0 和 21 之间移动滑块调整曝光值。接近 0 的值会减少高光细节（曝光过度），接近 21 的值会减少阴影细节（曝光不足）。
- 图像：调整高光、阴影强度、颜色饱和度及白点值。

7. “另存为视图样板”按钮

单击此按钮，打开“新视图样板”对话框，输入名称，单击“确定”按钮，打开“视图样板”对话框，设置样板已备将来使用。

2.3.2 视图样板

1. 管理视图样板

单击“视图”选项卡“图形”面板“视图样板”下拉列表中的“管理视图样板”按钮，打开如图 2-51 所示的“视图样板”对话框。

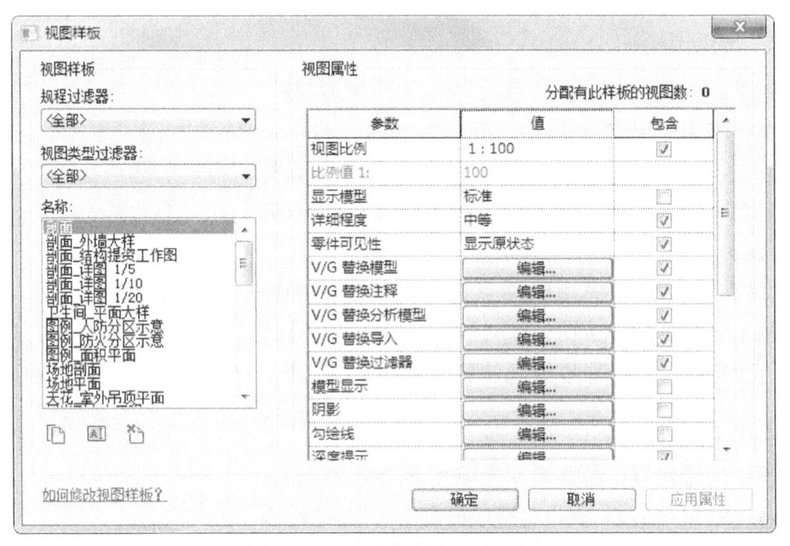

图 2-51 “视图样板”对话框

“视图样板”对话框中的选项说明如下。

- 视图比例：在对应的值文本框中单击，打开下拉列表选择视图比例，也可以直接输入比例值。
- 比例值：指定来自视图比例的比率，例如，如果视图比例设置为 1∶100，则比例值为长宽比 100/1 或 100。
- 显示模型：在详图中隐藏模型，包括标准、不显示和半色调 3 种。
  - ✓ 标准：设置显示所有图元。该值适用于所有非详图视图。
  - ✓ 不显示：设置只显示详图视图专有图元，这些图元包括线、区域、尺寸标注、文字和符号。
  - ✓ 半色调：设置通常显示详图视图特定的所有图元，而模型图元以半色调显示。可以使用半色调模型图元作为线、尺寸标注和对齐的追踪参照。

- 详细程度：设置视图显示的详细程度，包括粗略、中等和精细 3 种。也可以直接在视图控制栏中更改详细程度。
- 零件可见性：指定是否在特定视图中显示零件以及用来创建它们的图元，包括显示零件、显示原状态和显示两者 3 种。
  - ✓ 显示零件：各个零件在视图中可见，当鼠标指针移动到这些零件上时，它们将高亮显示。从中创建零件的原始图元不可见且无法高亮显示或选择。
  - ✓ 显示原状态：各个零件不可见，但用来创建零件的图元是可见并且可以选择。
  - ✓ 显示两者：零件和原始图元均可见，并能够单独高亮显示和选择。
- V/G 替换模型（/ 注释 / 分析模型 / 导入 / 过滤器 / 工作集 / 设计选项）：分别定义模型 / 注释 / 分析模型 / 导入类别 / 过滤器 / 工作集 / 设计选项的可见性 / 图形替换，单击“编辑”按钮，打开“可见性 / 图形替换”对话框进行设置。
- 模型显示：定义表面（视觉样式，如线框、隐藏线等）、透明度和轮廓的模型显示选项。单击“编辑”按钮，打开“图形显示选项”对话框来进行设置。
- 阴影：设置视图中的阴影。
- 勾绘线：设置视图中的勾绘线。
- 深度提示：定义立面和剖面视图中的深度提示。
- 照明：定义照明设置，包括照明方法、日光设置、人造灯光和日光梁、环境光和阴影。
- 摄影曝光：设置曝光参数来渲染图像，在三维视图中适用。
- 背景：指定图形的背景，包括天空、渐变色和图像，在三维视图中适用。
- 远剪裁：对于立面和剖面图形，指定远剪裁平面设置。单击对应的“不剪裁”按钮，打开如图 2-52 所示“远剪裁”对话框，设置剪裁的方式。
- 阶段过滤器：将阶段属性应用于视图中。
- 规程：确定非承重墙的可见性和规程特定的注释符号。
- 显示隐藏线：设置隐藏线是按照规程、全部显示还是不显示。
- 颜色方案位置：指定是否将颜色方案应用于背景或前景。
- 颜色方案：指定应用到视图中的房间、面积、空间或分区的颜色方案。

2. 从当前视图创建样板

可通过复制现有的视图样板，并进行必要的修改来创建新的视图样板。

（1）打开一个项目文件，在项目浏览器中，选择要从中创建视图样板的视图。

（2）单击“视图”选项卡“图形”面板“视图样板”下拉列表中的“从当前视图创建样板”按钮，打开“新视图样板”对话框，输入名称“新样板”，如图 2-53 所示。

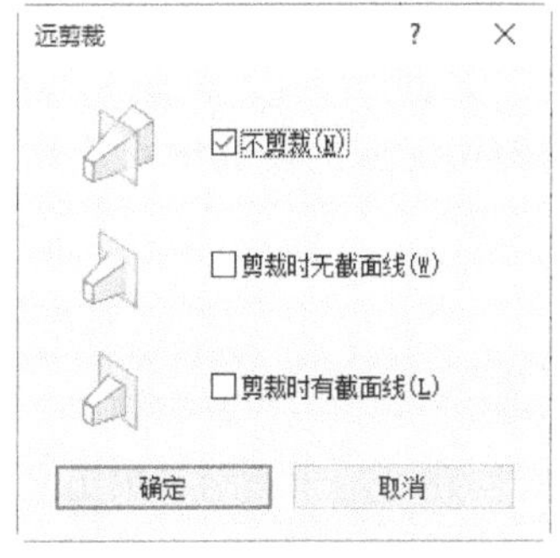

图 2-52　“远剪裁”对话框

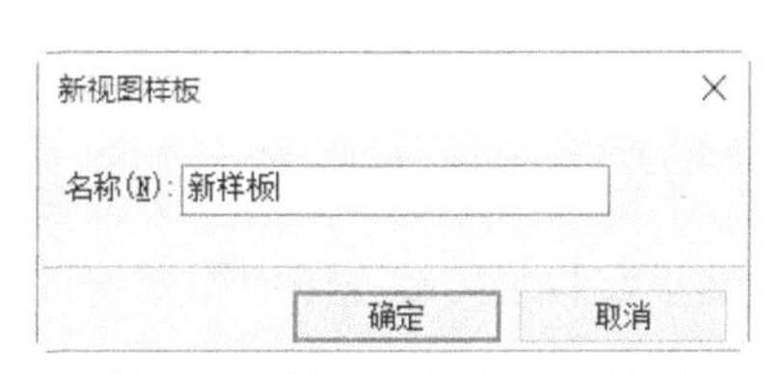

图 2-53　“新视图样板”对话框

（3）单击“确定”按钮，打开“视图样板”对话框，对新建的样板设置属性值。

（4）设置完成后，单击“确定”按钮，完成新样板的创建。

3. 将样板属性应用于当前视图

将视图样板应用到视图时，视图样板属性会立即影响视图。但是，以后对视图样板所做的修改不会影响该视图。

（1）打开一个项目文件，在项目浏览器中，选择要应用视图样板的视图。

（2）单击“视图”选项卡“图形”面板“视图样板”下拉列表中的“将样板属性应用于当前视图”按钮，打开“应用视图样板”对话框，如图 2-54 所示。

（3）在“名称”列表中选择要应用的视图样板，还可以根据需要修改视图样板。

（4）单击“确定”按钮，视图样板的属性将应用于选定的视图。

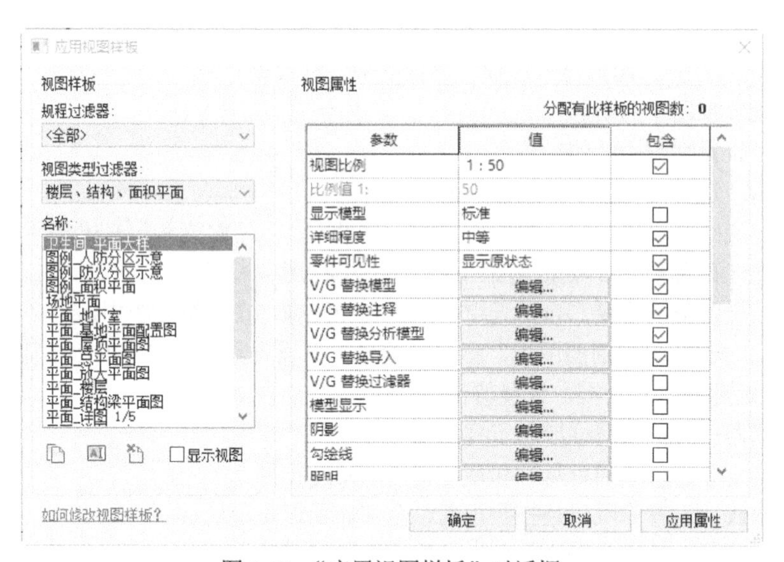

图 2-54 “应用视图样板”对话框

2.3.3 可见性 / 图形

控制项目中各个视图的模型图元、基准图元和视图专有图元的可见性和图形显示。

单击“视图”选项卡“图形”面板中的“可见性 / 图形”按钮，打开“可见性 / 图形替换”对话框，如图 2-55 所示。

对话框中的选项卡可将类别组织为逻辑分组：“模型类别”“注释类别”“分析模型类别”“导入的类别”“过滤器”。每个选项卡下的类别表可按规程进一步过滤为：“建筑”“结构”“机械”“电气”“管道”。在相应选项卡的可见性列表框中取消勾选对应的复选框，使其在视图中不显示。

2.3.4 过滤器

若要基于参数值控制视图中图元的可见性或图形显示，则创建可基于类别参数定义规则的过滤器。

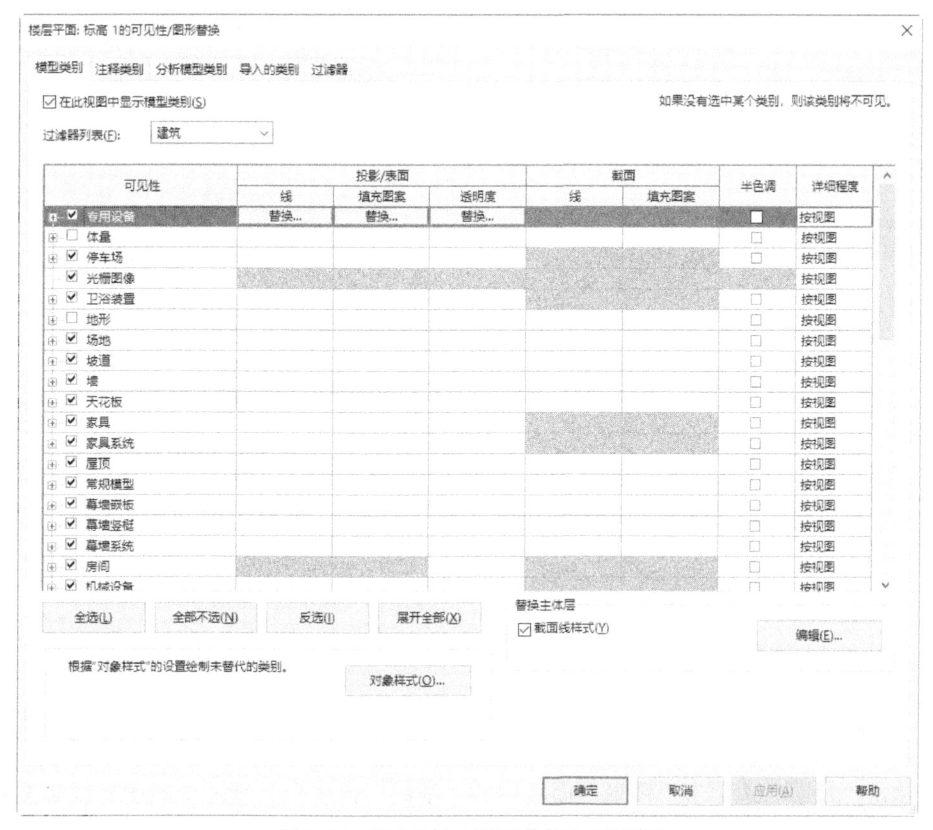

图 2-55　“可见性 / 图形替换”对话框

（1）单击“视图”选项卡“图形”面板中的“过滤器”按钮，打开“过滤器”对话框，如图 2-56 所示。对话框中按字母顺序列出过滤器并按基于规则和基于选择的树状结构给过滤器排序。

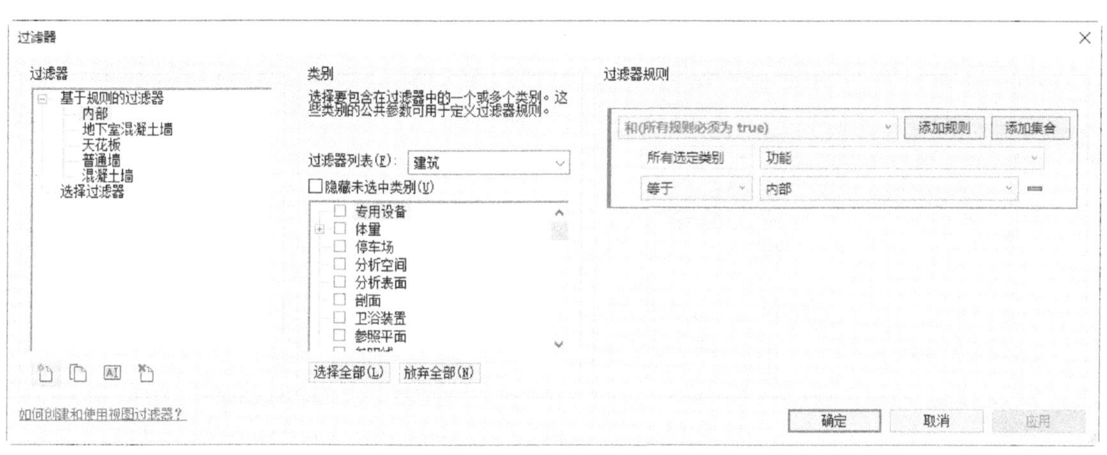

图 2-56　“过滤器”对话框

（2）单击“新建”按钮，打开如图 2-57 所示的“过滤器名称”对话框，输入过滤器名称。

（3）选择过滤器，单击“复制”按钮，复制的新过滤器将显示在“过滤器”列表中，然后单击“重命名”按钮，打开“重命名”对话框，输入新名称，单击“确定”按钮，如图 2-58 所示。

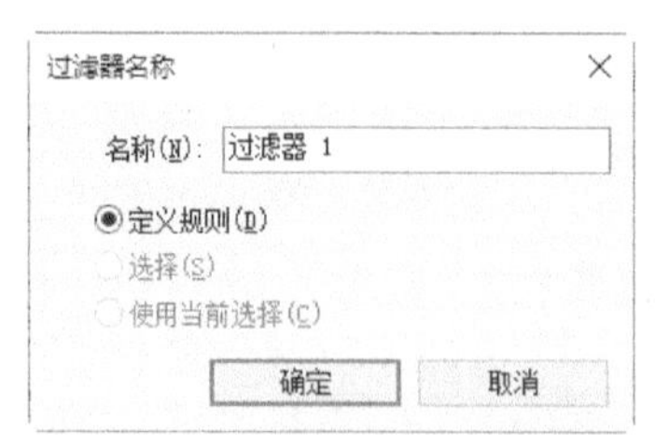

图 2-57 “过滤器名称”对话框

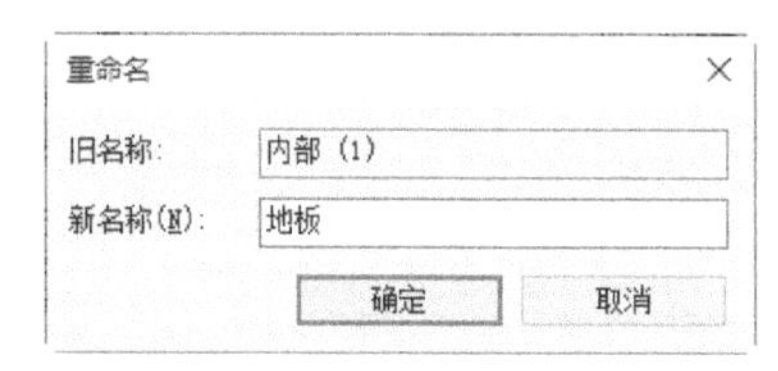

图 2-58 “重命名”对话框

（4）在“类别”中选择将包含在过滤器中的一个或多个类别。选定类别将确定可用于过滤器规则中的参数。

（5）在“过滤器规则”中选择过滤器条件，过滤器运算符等根据需要输入其他过滤器添加，最多可以添加 3 个条件。

（6）在操作符下拉列表中选择过滤器的运算符，包括等于、不等于、大于、大于或等于、小于、小于或等于、包含、不包含、开始部分是、开始部分不是、末尾是、末尾不是、有一个值和没有值。

（7）完成过滤器条件的创建后，单击“确定”按钮。

2.3.5 线处理

用于替代活动视图中的选定线的线样式。

（1）单击“视图”选项卡“图形”面板中的“细线”按钮，视图中的所有线都按照单一宽度显示，如图 2-59 所示。

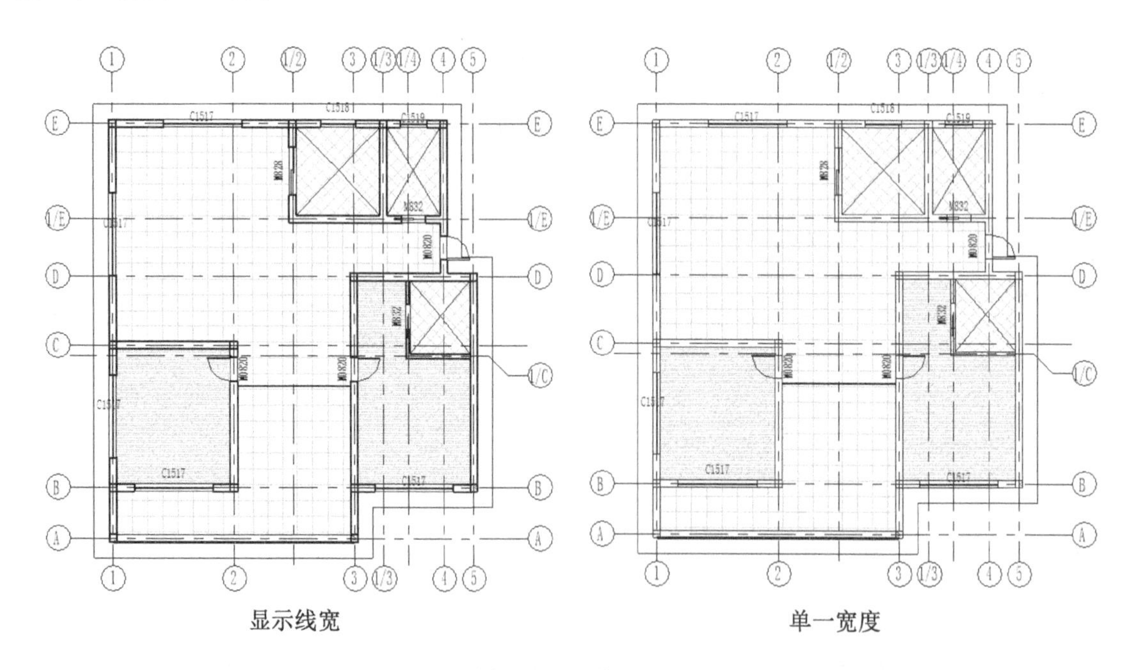

图 2-59 细线处理

（2）按 Esc 键退出“细线”命令，单击“修改”选项卡“视图”面板中的“线处理”按钮，打开“修改 | 线处理”选项卡，如图 2-60 所示。

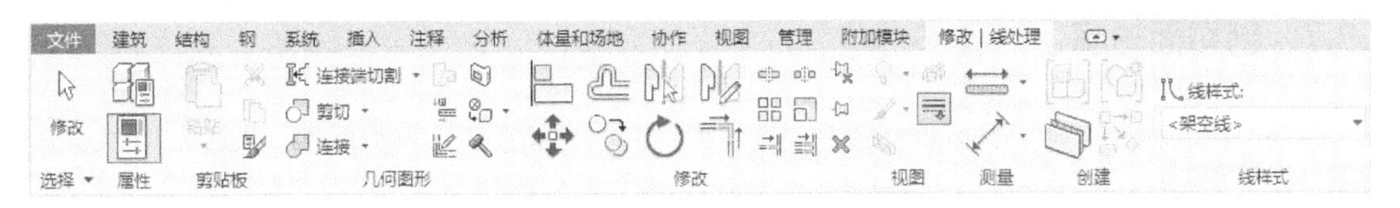

图 2-60　“修改 | 线处理”选项卡

（3）在线样式下拉列表中选择“宽线”，如图 2-61 所示，在图形中选择要修改线样式的图形线，这里选择门上的圆弧线，圆弧线由细线样式变为宽线，如图 2-62 所示。

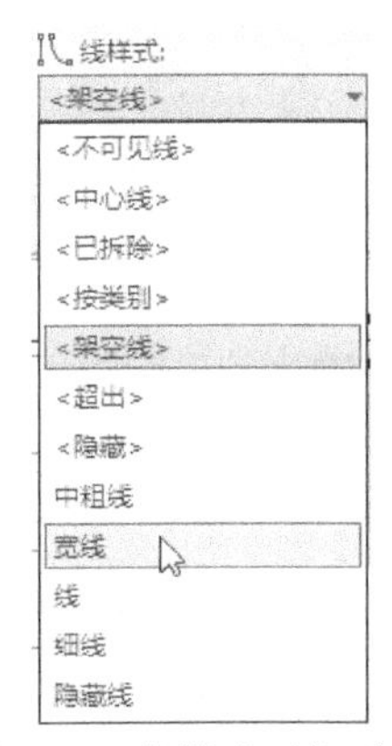

图 2-61　线样式下拉列表

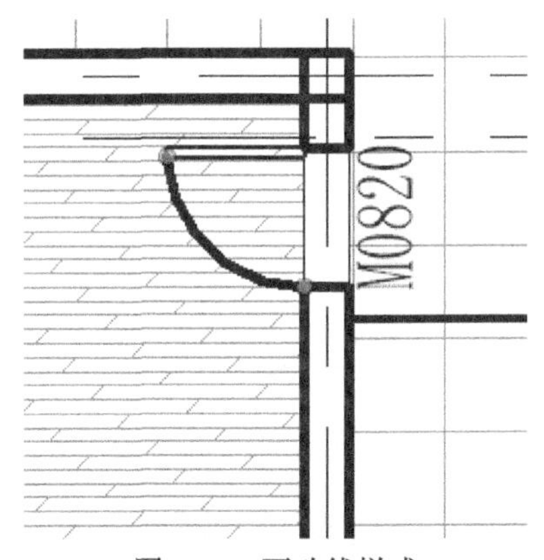

图 2-62　更改线样式

（4）采用相同的方法，更改视图中其他边缘的线样式。

2.3.6　显示隐藏线

使用“显示隐藏线”工具显示当前视图中被其他图元遮挡的模型图元和详图图元。

（1）打开一个要在其中显示被遮挡图元隐藏线的视图，在视图控制栏中设置视觉样式为隐藏线，如图 2-63 所示。

（2）单击“视图”选项卡“图形”面板中的“显示隐藏线”按钮，选择隐藏了另一个图元的图元，这里选择楼板。

（3）选择一个或多个要显示隐藏线的图元，这里选择坡道。

（4）被遮挡的图元中的线将在此图元中显示，如图 2-64 所示。

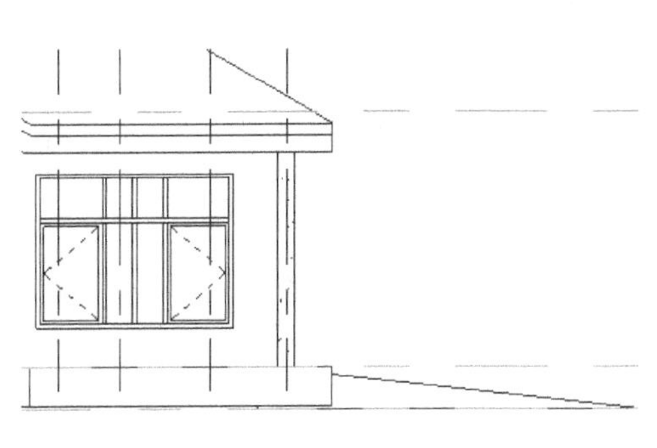

图 2-63　打开视图

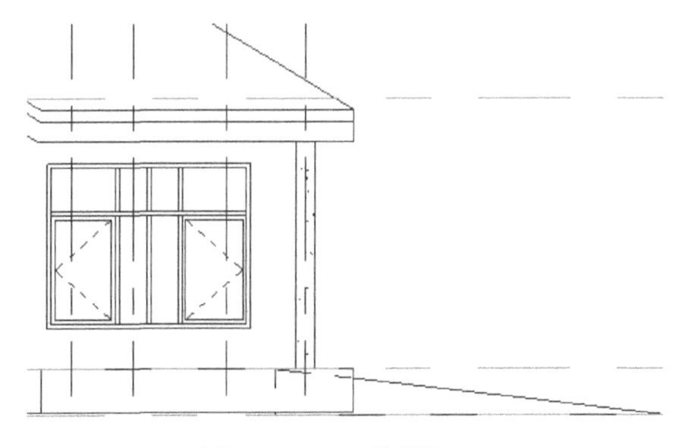

图 2-64　显示隐藏线

2.3.7 剖切面轮廓

使用“剖切面轮廓”工具可以修改在视图中剖切的图元的形状，例如屋顶、楼板、墙和复合结构的层。

（1）打开剖面视图，如图 2-65 所示。

（2）单击“视图”选项卡“图形”面板中的“剖切面轮廓”按钮，在视图中选择要编辑的截面，这里选择屋顶轮廓，如图 2-66 所示。

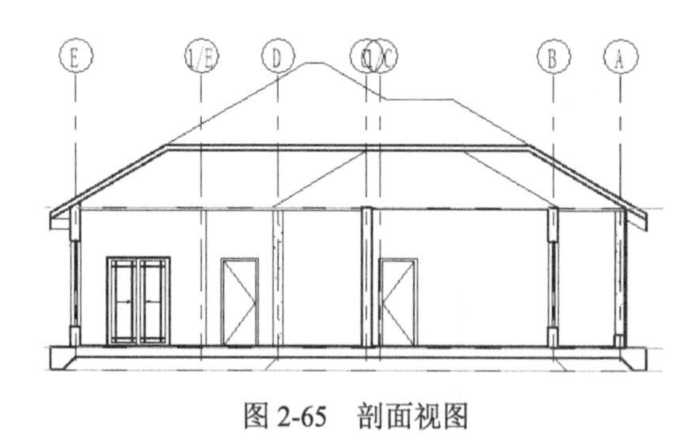

图 2-65 剖面视图　　图 2-66 选择屋顶轮廓

（3）打开如图 2-67 所示的“修改 | 创建剖切面轮廓草图”选项卡和选项栏。

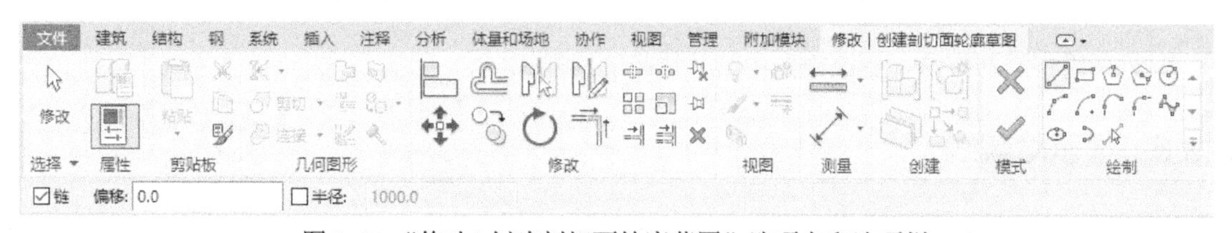

图 2-67 “修改 | 创建剖切面轮廓草图”选项卡和选项栏

（4）单击“绘制”面板中的“线”按钮，绘制屋顶轮廓，如图 2-68 所示。

（5）单击“模式”面板中的“完成编辑模式”按钮，完成剖切面中屋顶轮廓的编辑，如图 2-69 所示。

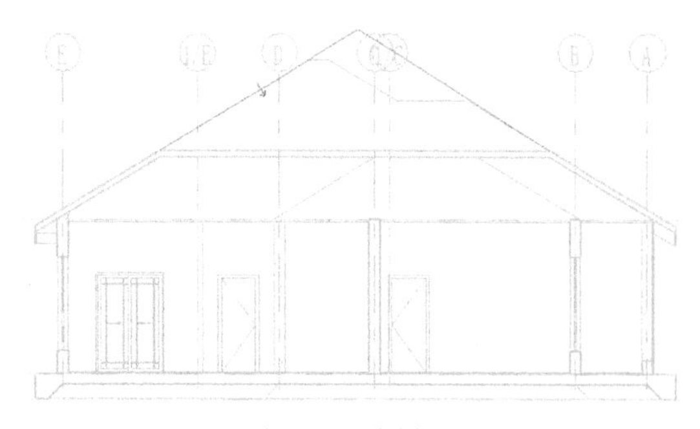

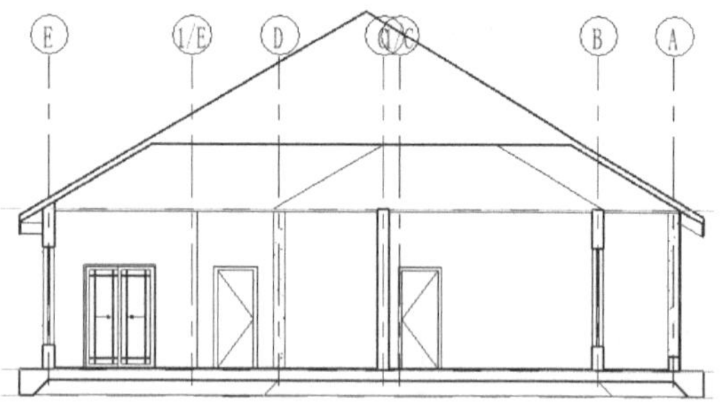

图 2-68 绘制屋顶　　图 2-69 屋顶轮廓

第 3 章 基本绘图工具

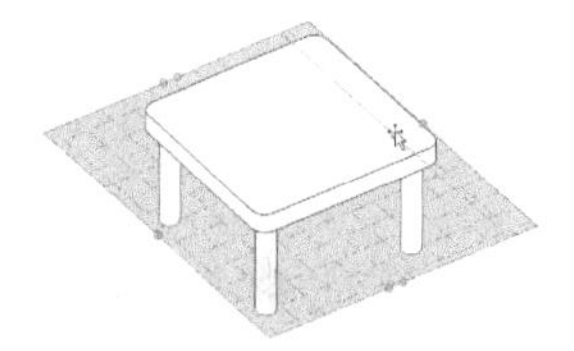

知识导引

Revit 提供了丰富的实体操作工具，可实现工作平面、模型修改以及几何图形的编辑等功能，借助这些工具，用户可轻松、方便、快捷地绘制图形。本章主要介绍了工作平面、模型创建和图元修改。

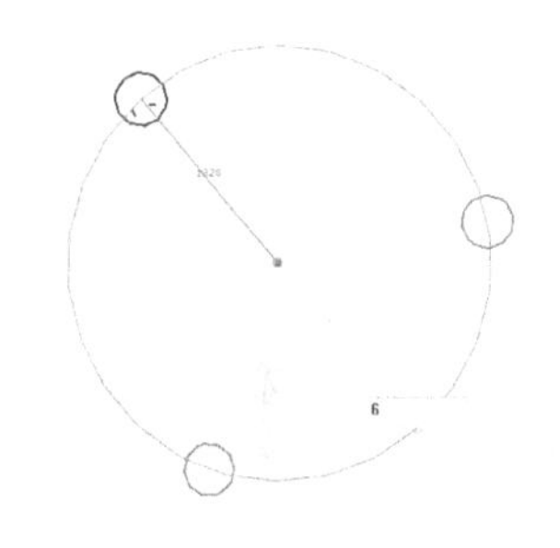

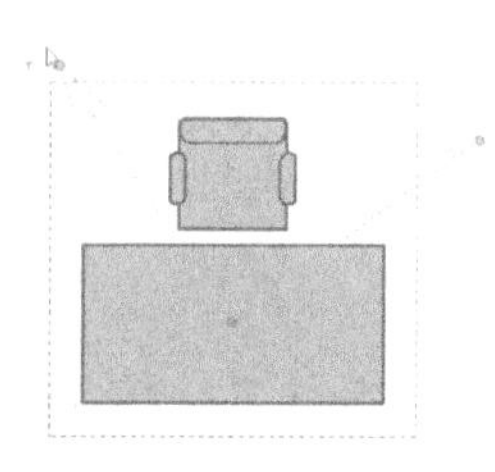

3.1 工作平面

工作平面是一个用作视图或绘制图元起始位置的虚拟二维表面。工作平面可以作为视图的原点，可以用来绘制图元，还可以用于放置基于工作平面的构件。

3.1.1 设置工作平面

每个视图都与工作平面相关联。在视图中设置工作平面时，则工作平面与该视图一起保存。

在某些视图（如平面视图、三维视图和绘图视图）以及族编辑器的视图中，工作平面是自动设置的。在其他视图（如立面视图和剖面视图）中，则必须设置工作平面。

单击“建筑”选项卡“工作平面”面板中的“设置”按钮，打开如图 3-1 所示的“工作平面”对话框，使用该对话框可以显示或更改视图的工作平面，也可以显示、设置、更改或取消关联基于工作平面图元的工作平面。

（1）名称。从列表中选择一个可用的工作平面。此列表中包括标高、网格和已命名的参照平面。

（2）拾取一个平面。选择此选项，可以选择任何可以进行尺寸标注的平面为所需平面，包括墙面、链接模型中的面、拉伸面、标高、网格和参照平面等，Revit 会创建与所选平面重合的平面。

（3）拾取线并使用绘制该线的工作平面。Revit 会创建与选定线的工作平面共面的工作平面。

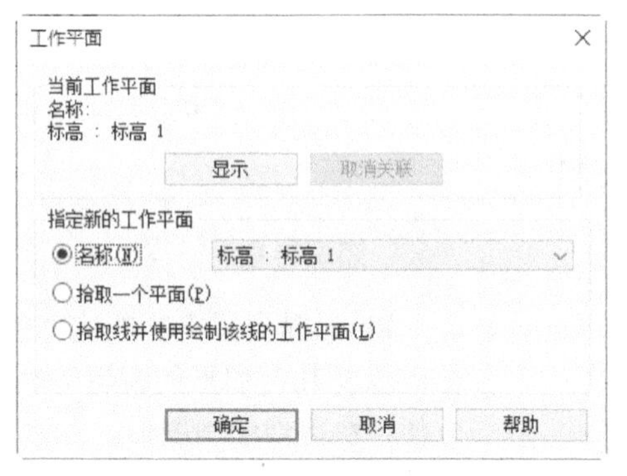

图 3-1 “工作平面”对话框

3.1.2 显示工作平面

在视图中可以显示或隐藏活动的工作平面，工作平面在视图中以网格显示。

单击“建筑”选项卡“工作平面”面板上的“显示工作平面”按钮，显示工作平面，如图 3-2 所示。再次单击“显示工作平面”按钮，隐藏工作平面。

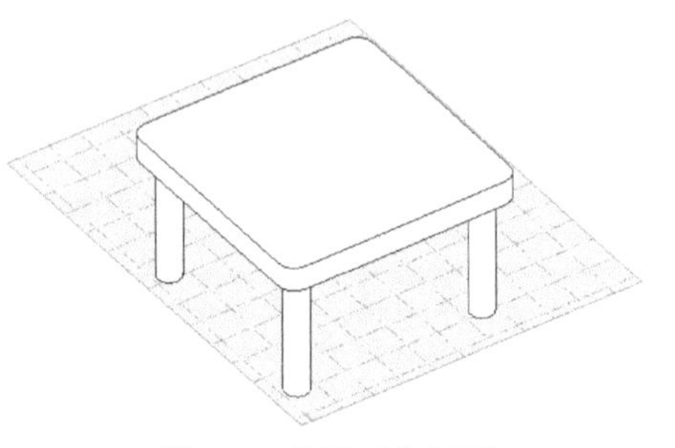

图 3-2 显示工作平面

3.1.3 编辑工作平面

可以修改工作平面的边界大小和网格大小。

（1）选择视图中的工作平面，拖曳平面的边界控制点，改变大小，如图 3-3 所示。

（2）在属性选项板中的工作平面网格间距中输入新的间距值，或者在选项栏中输入新的间距值，然后按 Enter 键或单击“应用”按钮，更改网格间距大小，如图 3-4 所示。

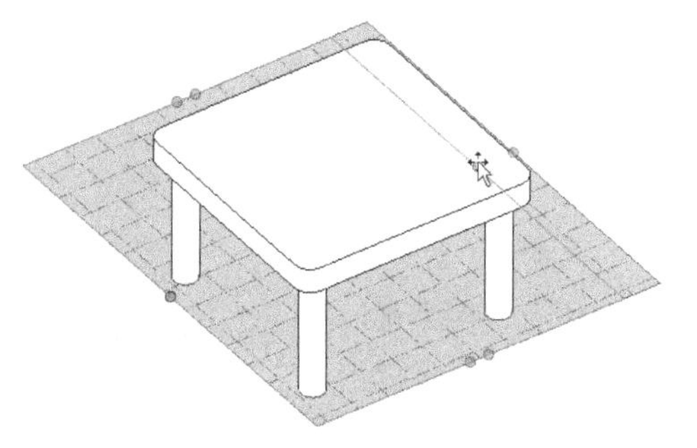

图 3-3 拖曳更改大小

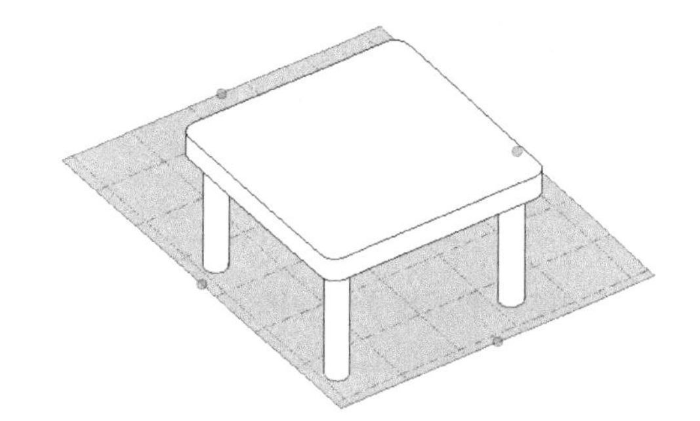

图 3-4 更改网格间距

3.1.4 工作平面查看器

使用“工作平面查看器”可以修改模型中基于工作平面的图元。工作平面查看器提供一个临时性的视图，不会保留在“项目浏览器”中，这对于编辑形状、放样和放样融合中的轮廓非常有用。

（1）单击“快速访问”工具栏中的“打开”按钮，打开放样 .rfa 图形，如图 3-5 所示。

（2）单击“创建”选项卡“工作平面”面板上的“工作平面查看器”按钮，打开“工作平面查看器”窗口，如图 3-6 所示。

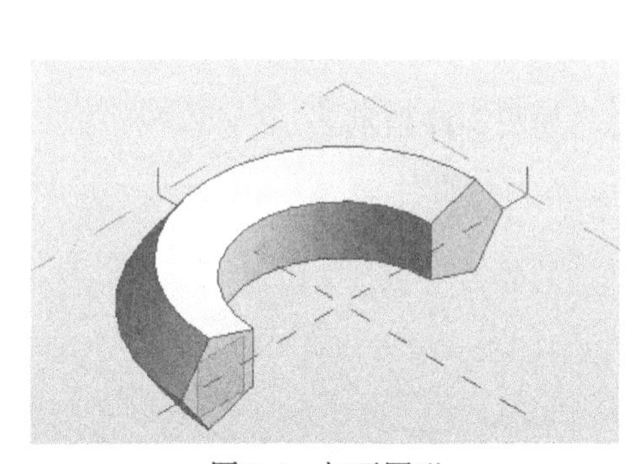

图 3-5 打开图形

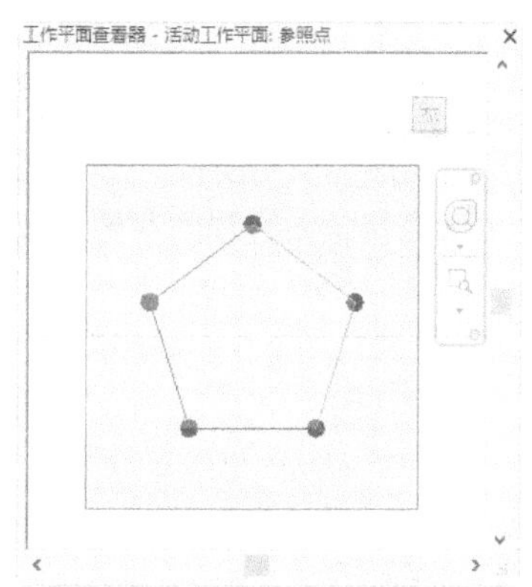

图 3-6 “工作平面查看器”窗口

（3）根据需要编辑模型，如图 3-7 所示。

（4）当在项目视图或工作平面查看器中进行更改时，其他视图会实时更新，结果如图 3-8 所示。

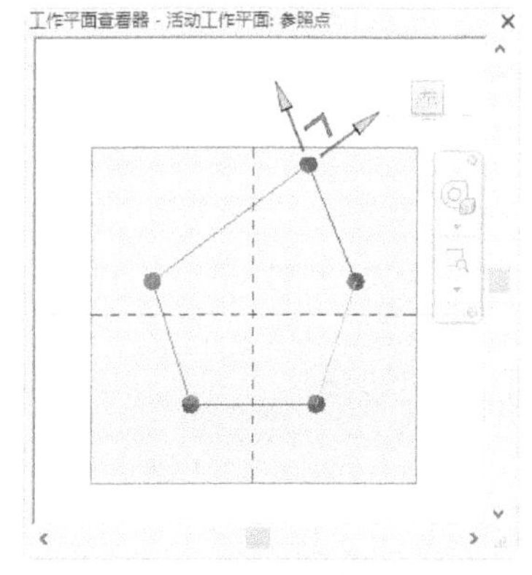

图 3-7 更改图形

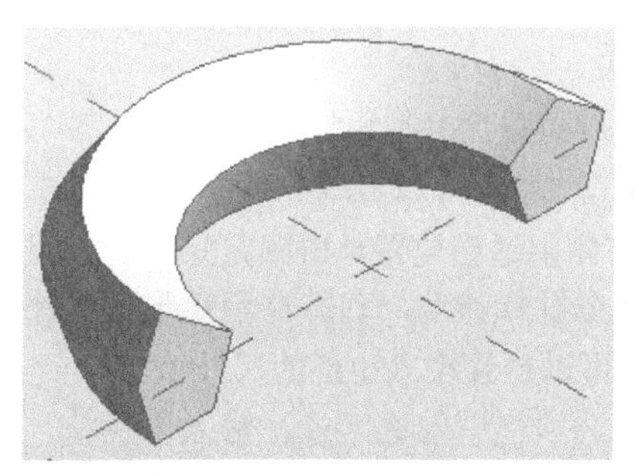

图 3-8 更改后的图形

3.2 模型创建

3.2.1 模型线

模型线是基于工作平面的图元，存在于三维空间且在所有视图中都可见。模型线可以绘制成直线或曲线，可以单独绘制、链状绘制或者以矩形、圆形、椭圆形或其他多边形的形状进行绘制。

单击“建筑”选项卡“模型”面板上“模型线”按钮，打开“修改 | 放置线”选项卡，其中“绘制”面板和“线样式”面板中包含了所有用于绘制模型线的绘图工具与线样式设置，如图 3-9 所示。

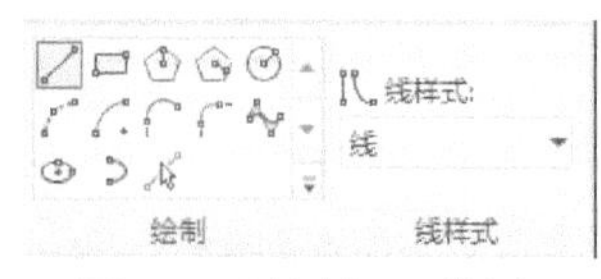

图 3-9 “绘制”面板和“线样式”面板

1. 直线

（1）单击“修改 | 放置线”选项卡“绘制”面板上“直线”按钮，鼠标指针变成形状，并在功能区的下方显示选项栏，如图 3-10 所示。

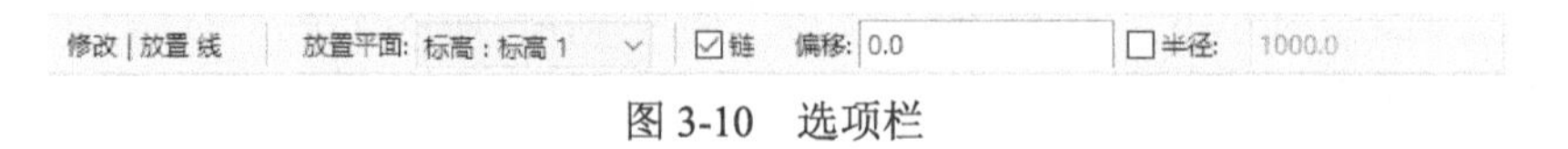

图 3-10 选项栏

（2）在视图区中指定直线的起点，按住左键开始拖曳鼠标，直到直线终点放开。视图中绘制显示直线的参数如图 3-11 所示。

（3）可以直接输入直线的参数，按 Enter 键确认，如图 3-12 所示。

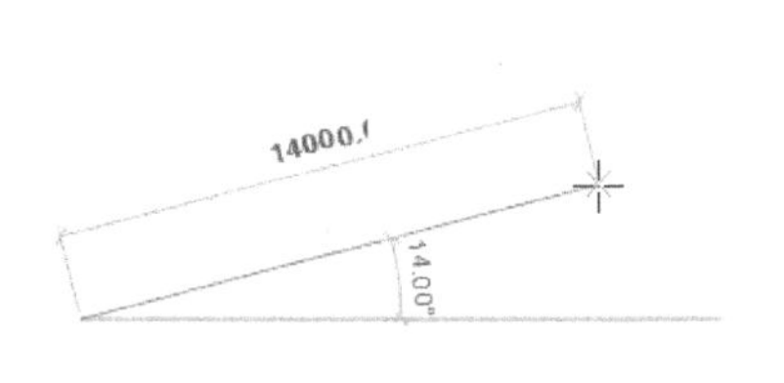

图 3-11 直线参数

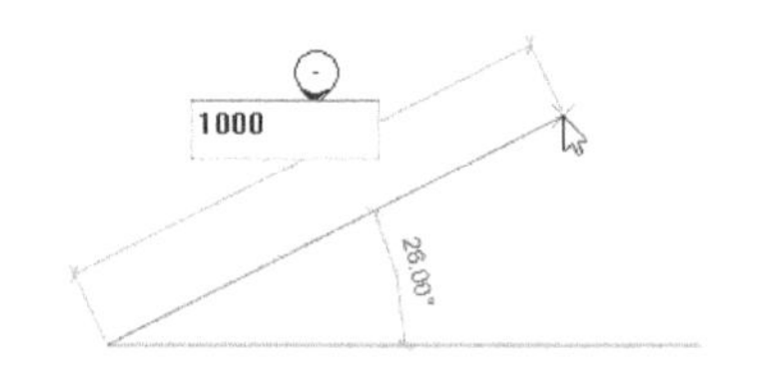

图 3-12 输入直线参数

- 放置平面：显示当前的工作平面，可以从列表中选择标高或拾取新工作平面为工作平面。
- 链：勾选此复选框，绘制连续线段。
- 偏移：在文本框中输入偏移值，绘制的直线根据输入的偏移值自动偏移轨迹线。
- 半径：勾选此复选框，并输入半径值。绘制的直线之间会根据半径值自动生成圆角。要使用此选项，必须先勾选“链”复选框绘制连续曲线，然后才能绘制圆角。

2. 矩形

根据起点和角点绘制矩形。

（1）单击“修改 | 放置线”选项卡“绘制”面板上“矩形”按钮，在图中适当位置单击确定矩形的起点。

（2）拖曳鼠标移动，动态显示矩形的大小，单击确定矩形的角点，也可以直接输入矩形的尺寸值。

（3）在选项栏中勾选半径，输入半径值，绘制带圆角的矩形，如图 3-13 所示。

图 3-13 带圆角的矩形

3. 多边形

（1）内接多边形

对于内接多边形，圆的半径是圆心到多边形各个顶点之间的距离。

1）单击“修改 | 放置线”选项卡“绘制”面板上“内接多边形”按钮，打开选项栏，如图 3-14 所示。

修改 | 放置 线　放置平面: 标高 : 标高 1　链　边: 5　偏移: 0.0　半径: 1000.0

图 3-14　多边形选项栏

2）在选项栏中输入边数、偏移值以及半径等参数。

3）在绘图区域内单击以指定多边形的圆心。

4）移动鼠标指针并单击确定圆心到多边形边之间顶点的距离，完成内接多边形的绘制。

（2）外接多边形

绘制一个各边与中心相距某个特定距离的多边形。

1）单击“修改 | 放置线”选项卡“绘制”面板上“外接多边形”按钮，打开选项栏，如图 3-14 所示。

2）在选项栏中输入边数，偏移值以及半径等参数。

3）在绘图区域内单击以指定多边形的圆心。

4）移动鼠标指针并单击确定圆心到多边形边的垂直距离，完成外接多边形的绘制。

4. 圆

通过指定圆形的中心点和半径来绘制圆形。

（1）单击“修改 | 放置线”选项卡“绘制”面板上“圆”按钮，打开选项栏，如图 3-15 所示。

修改 | 放置 线　放置平面: 标高 : 标高 1　链　偏移: 0.0　半径: 1000.0

图 3-15　圆选项栏

（2）在绘图区域中单击确定圆的圆心。

（3）在选项栏中输入半径，仅需要单击一次，就可将圆形放置在绘图区域。

（4）如果在选项栏中没有确定半径，可以按住鼠标左键拖曳调整圆的半径，再次单击确认半径，完成圆的绘制。

5. 圆弧

Revit 提供了 4 种用于绘制弧的选项。

（1）起点—中点—半径弧。通过绘制连接弧的两个端点的弦指定起点—终点—半径弧，然后使用第三个点指定角度或半径。

（2）圆心—端点弧。通过指定圆心、起点和端点绘制圆弧。此方法不能绘制角度大于 180° 的圆弧。

（3）相切—端点弧。从现有墙或线的端点创建相切弧。

（4）圆角弧。绘制两条相交直线间的圆角。

6. 椭圆和椭圆弧

（1）椭圆。通过中心点、长半轴和短半轴来绘制椭圆。

（2）半椭圆。通过长半轴和短半轴来控制半椭圆的大小。

7. 样条曲线

绘制一条经过或靠近指定点的平滑曲线。

（1）单击“修改 | 放置线”选项卡“绘制”面板上“样条曲线”按钮，打开选项栏。

（2）在绘图区域中单击指定样条曲线的起点。

（3）移动鼠标指针单击，指定样条曲线上的下一个控制点，根据需要指定控制点。

用一条样条曲线无法创建单一闭合环，但是，可以使用第二条样条曲线来使曲线闭合。

3.2.2 模型文字

模型文字是基于工作平面的三维图元，可用于建筑或墙上的标志或字母。对于能以三维方式显示的族（如墙、门、窗和家具族），用户可以在项目视图和族编辑器中添加模型文字。模型文字不可用于只能以二维方式表示的族，如注释、详图构件和轮廓族。

在添加模型文字之前，首先设置要在其中显示文字的工作平面。

1. 创建模型文字

具体操作步骤如下。

（1）在图形区域中绘制一段墙体。

（2）单击“建筑”选项卡“工作平面”面板中的“设置”按钮，打开“工作平面”对话框，选择“拾取一个平面”选项，如图 3-16 所示。单击“确定”按钮，选择墙体的前端面为工作平面，如图 3-17 所示。

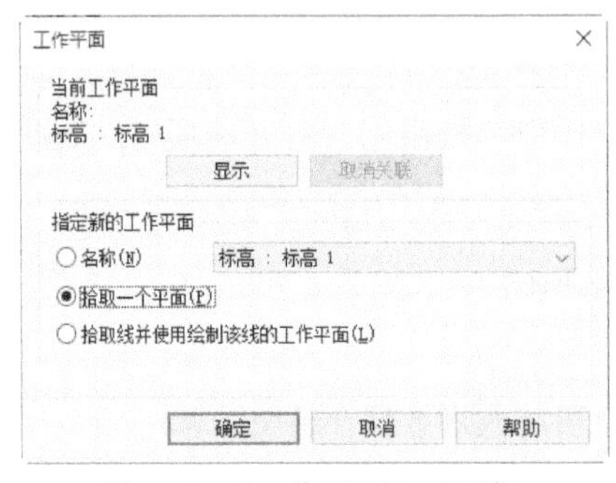

图 3-16 “工作平面”对话框

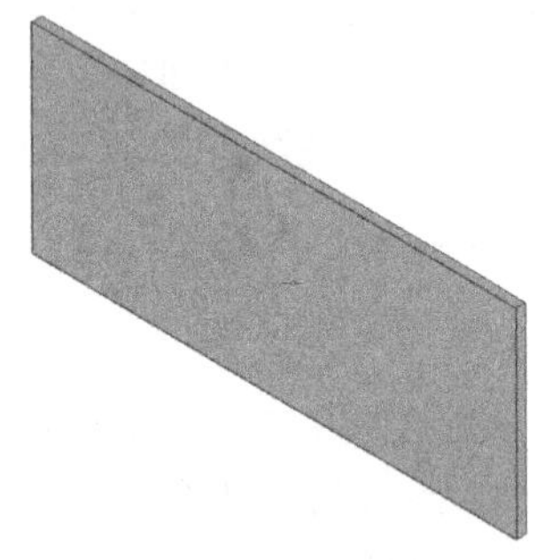

图 3-17 选择前端面

（3）单击“建筑”选项卡“模型”面板中的“模型文字”按钮，打开“编辑文字”对话框，输入“Revit 2020”文字，如图 3-18 所示。单击“确定”按钮。

（4）拖曳模型文字并将其放置在选择的平面上，如图 3-19 所示。

（5）将文字放置到墙上适当位置单击，如图 3-20 所示。

图 3-18 “编辑文字”对话框

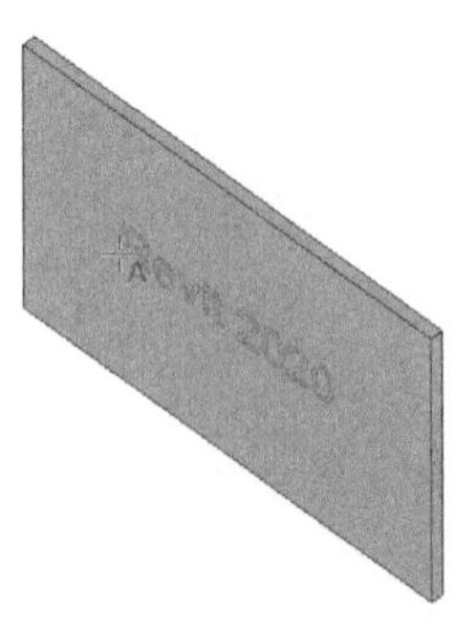

图 3-19 放置文字

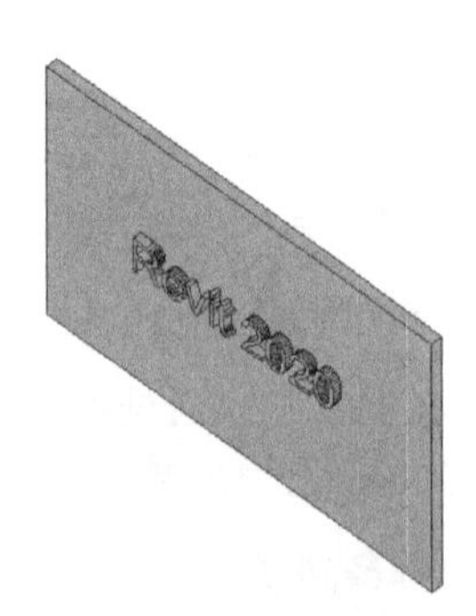

图 3-20 模型文字

2. 编辑模型文字

（1）选中图 3-20 中的文字，在属性选项板中将文字深度更改为 200，单击“应用”按钮，如图 3-21 所示。

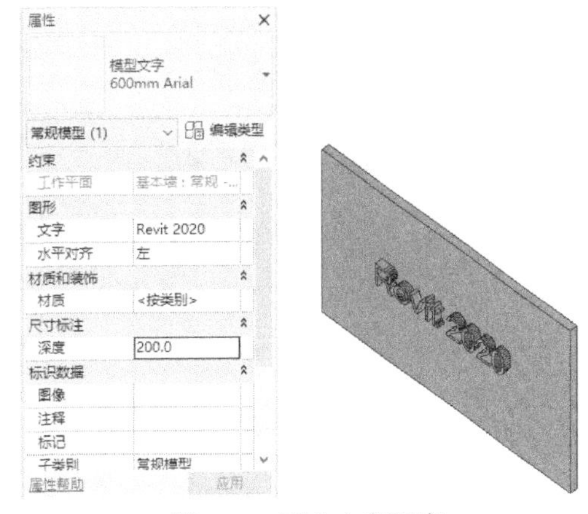

图 3-21　更改文字深度

- 工作平面：表示用于放置文字的工作平面。
- 文字：单击此文本框中的“编辑”按钮...，打开“编辑文字”对话框，更改文字。
- 水平对齐：指定存在多行文字时文字的对齐，各行之间相互对齐。
- 材质：单击...按钮，打开“材质浏览器”对话框，指定模型文字的材质。
- 深度：输入文字的深度。
- 注释：有关文字的特定注释。
- 标记：指定某一类别模型文字的标记，如果将此标记修改为其他模型文字已使用的标记，则 Revit 将发出警告，但仍允许使用此标记。
- 子类别：显示默认类别或从下拉列表中选择子类别。定义子类别的对象样式时，可以定义其颜色、线宽以及其他属性。

（2）单击属性选项板中的“编辑类型”按钮 编辑类型，打开如图 3-22 所示的“类型属性”对话框，单击“复制”按钮，打开“名称”对话框，输入名称为“1000 mm 仿宋”，如图 3-23 所示，单击“确定”按钮，返回“类型属性”对话框，在文字字体下拉列表中选择“仿宋”，更改文字大小为 1000，勾选“斜体”复选框，如图 3-24 所示。单击“确定”按钮，完成文字字体和大小的更改，如图 3-25 所示。

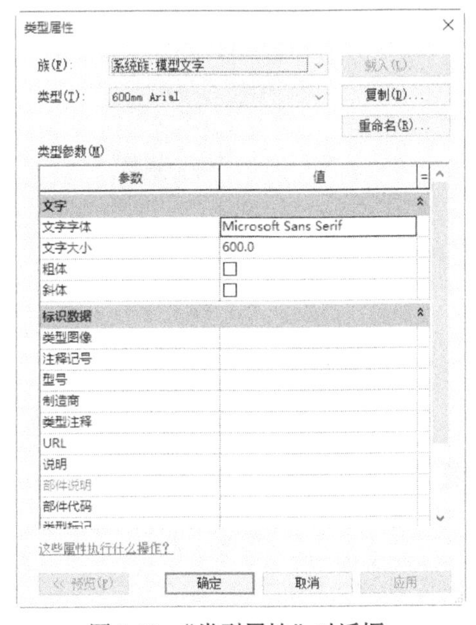

图 3-22　“类型属性”对话框

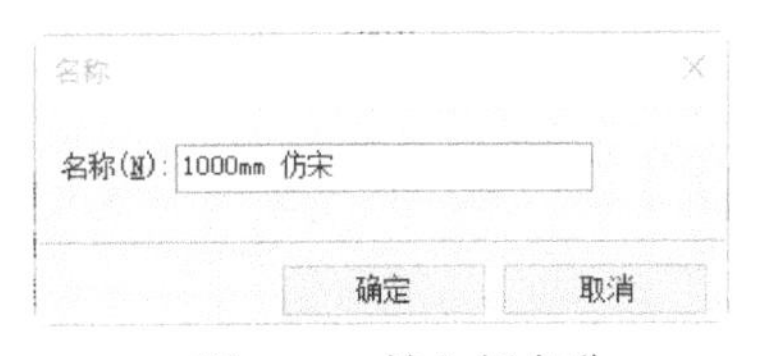

图 3-23　输入新名称

- 文字字体：设置模型文字的字体。
- 文字大小：设置文字大小。
- 粗体：将字体设置为粗体。
- 斜体：将字体设置为斜体。

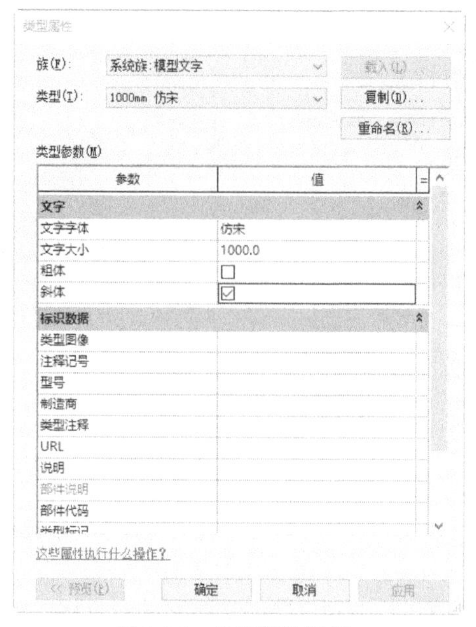

图 3-24　文字属性设置

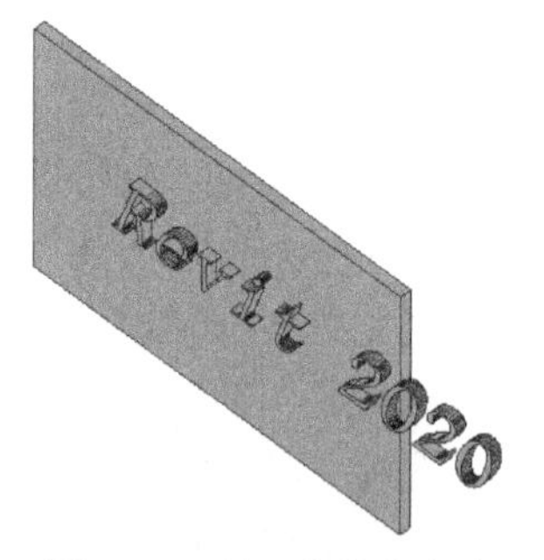

图 3-25　更改字体和大小

（3）选中文字按住鼠标左键拖曳文字，如图 3-26 所示，将其拖曳到墙体中间位置释放鼠标左键，完成文字的移动，如图 3-27 所示。

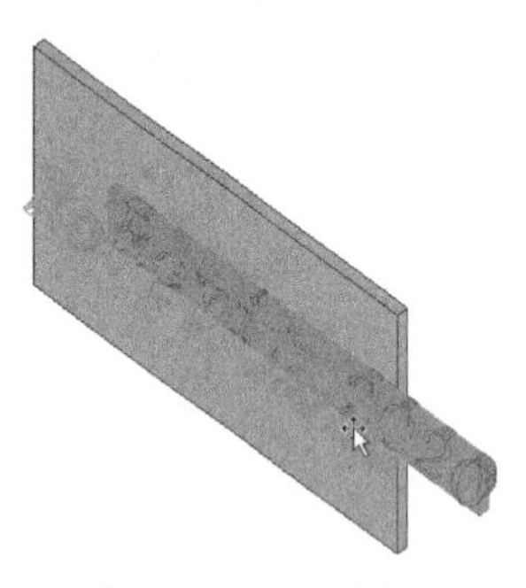

图 3-26　拖曳文字

图 3-27　移动文字

3.3　图元修改

Revit 提供了图元的修改和编辑工具，主要集中在“修改”选项卡中，如图 3-28 所示。

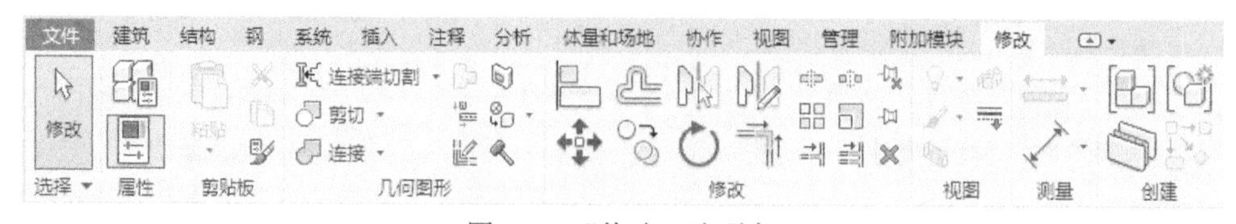

图 3-28　“修改”选项卡

当选择要修改的图元后，会打开“修改 |××”选项卡，选择的图元不同，打开的“修改 |××”选项卡也会有所不同，但是“修改”面板中的操作工具是相同的。

3.3.1 对齐图元

可以将一个或多个图元与选定图元对齐。此工具通常用于对齐墙、梁和线，但也可以用于其他类型的图元。可以对齐同一类型的图元，也可以对齐不同族的图元。可以在平面视图（二维）、三维视图或立面视图中对齐图元。

具体操作步骤如下。

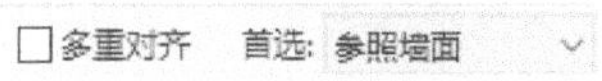

□多重对齐 首选: 参照墙面

图 3-29 对齐选项栏

（1）单击“修改”选项卡“修改”面板“对齐”按钮，打开选项栏，如图 3-29 所示。

● 多重对齐：勾选此复选框，将多个图元与所选图元对齐，也可以按住 Ctrl 键同时选择多个图元进行对齐。

● 首选：指明将如何对齐所选墙，包括参照墙面、参照墙中心线、参照核心层表面和参照核心层中心。

（2）选择要与其他图元对齐的图元，如图 3-30 所示。

（3）选择要与参照图元对齐的一个或多个图元，如图 3-31 所示。在选择之前，将鼠标指针在图元上移动，直到高亮显示要与参照图元对齐的图元部分为止，然后单击该图元，对齐图元，如图 3-32 所示。

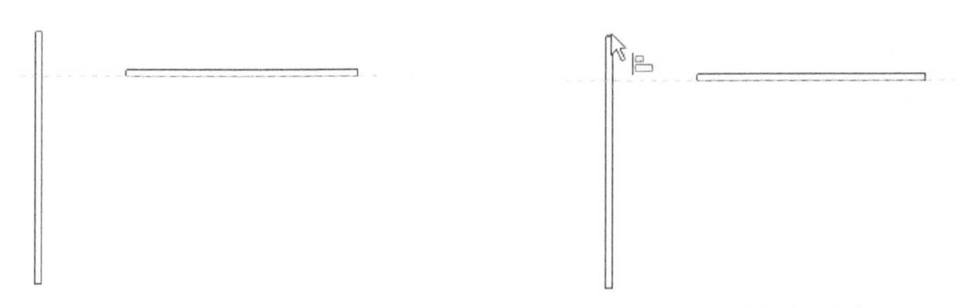

图 3-30 选择要对齐的图元　　图 3-31 选择参照图元

（4）如果希望选定图元与参照图元保持对齐状态，单击锁定标记来锁定对齐，当修改具有对齐关系的图元时，系统会自动修改与之对齐的其他图元，如图 3-33 所示。

注意

要启动新对齐，按 Esc 键一次。要退出对齐工具，按 Esc 键两次。

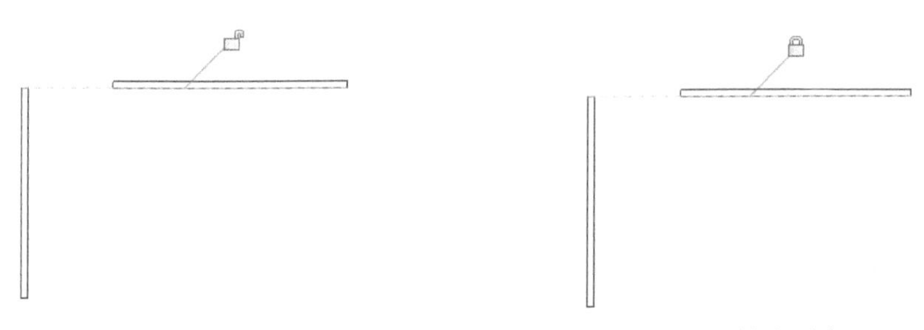

图 3-32 对齐图元　　图 3-33 锁定对齐

3.3.2 移动图元

将选定的图元移动到新的位置，具体操作步骤如下。

（1）选择要移动的图元，如图 3-34 所示。

（2）单击“修改”选项卡“修改”面板“移动”按钮，打开移动选项栏，如图 3-35 所示。

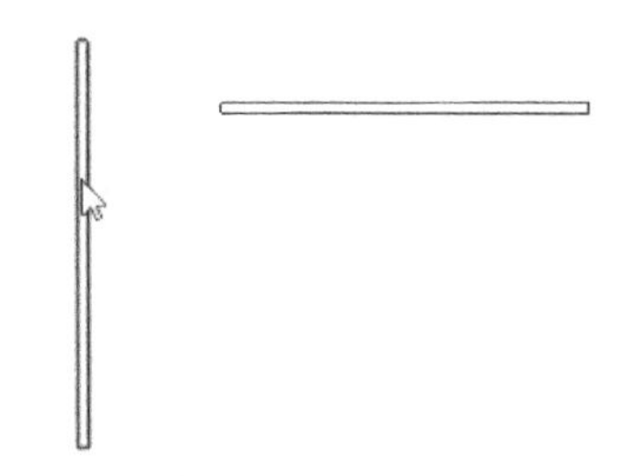
图 3-34 选择图元

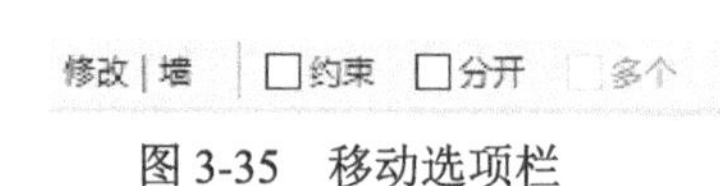

图 3-35 移动选项栏

- 约束：勾选此复选框，限制图元沿着与其垂直或共线的矢量方向的移动。
- 分开：勾选此复选框，可在移动前中断所选图元和其他图元之间的关联。也可以将依赖于主体的图元从当前主体移动到新的主体上。

（3）单击图元上的点作为移动的起点，如图 3-36 所示。

（4）移动鼠标指针将图元移动到适当位置，如图 3-37 所示。

（5）单击完成移动操作，如图 3-38 所示，如果要更精准地移动图元，在移动过程中，输入要移动的距离即可。

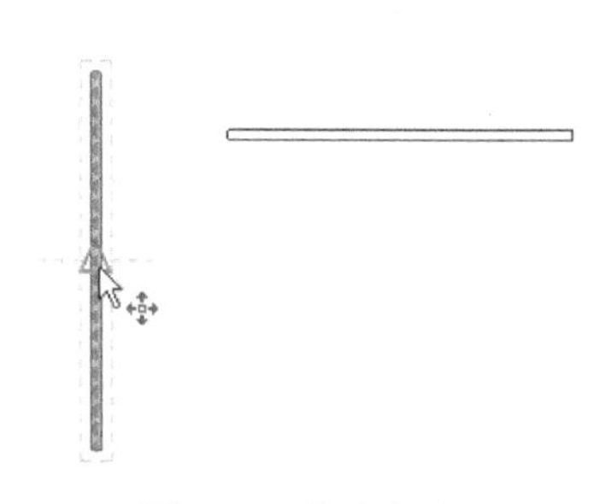
图 3-36 指定起点

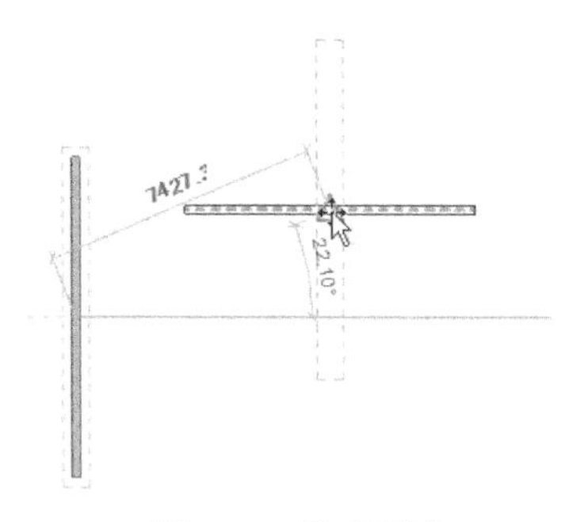
图 3-37 移动图形

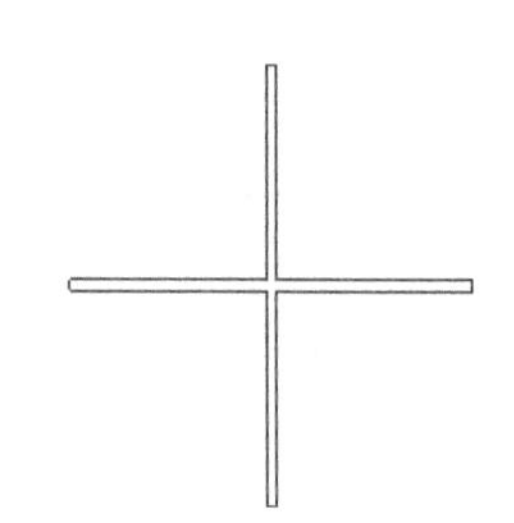
图 3-38 完成移动

3.3.3 旋转图元

用来绕轴旋转选定的图元。在楼层平面视图、天花板投影平面视图、立面视图和剖面视图中，图元会围绕垂直于这些视图的轴进行旋转，并不是所有图元均可以围绕任何轴旋转。例如，墙不能在立面视图中旋转，窗不能在没有墙的情况下旋转。

具体操作步骤如下。

（1）选择要旋转的图元，如图 3-39 所示。

（2）单击“修改”选项卡“修改”面板“旋转”按钮，打开旋转选项栏，如图 3-40 所示。

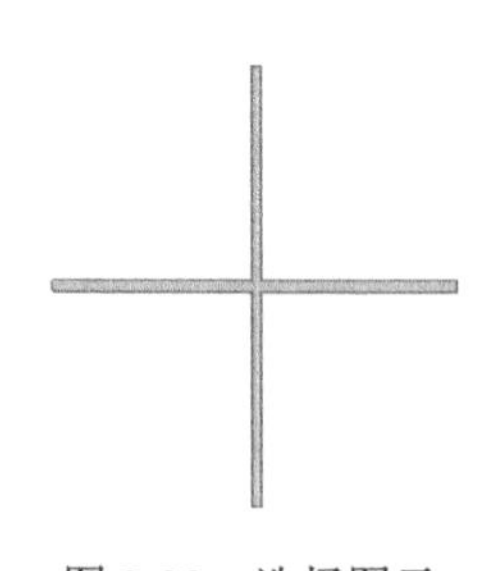
图 3-39 选择图元

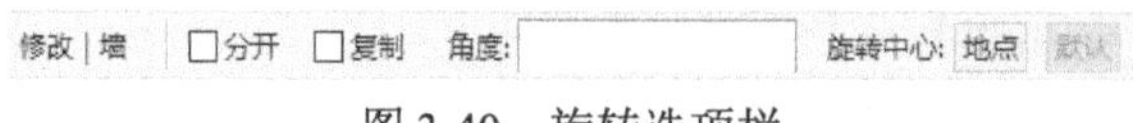

图 3-40 旋转选项栏

- 分开：勾选此复选框，可在移动前中断所选图元和其他图元之间的关联。
- 复制：勾选此复选框，旋转所选图元的副本，而在原来位置上保留原始对象。
- 角度：输入旋转角度，系统会根据指定的角度执行旋转。
- 旋转中心：默认的旋转中心是图元中心，可以单击“地点”按钮地点，指定新的旋转中心。

（3）单击以指定旋转的开始位置放射线，如图3-41所示。此时显示的线即表示第一条放射线。如果在指定第一条放射线时用鼠标指针进行捕捉，则捕捉线将随预览框一起旋转，并在放置第二条放射线时捕捉屏幕上的角度。

（4）移动鼠标左键旋转图元到适当位置，如图3-42所示。

（5）单击完成旋转操作，如图3-43所示，如果要更精准地旋转图元，在旋转过程中，输入要旋转的角度即可。

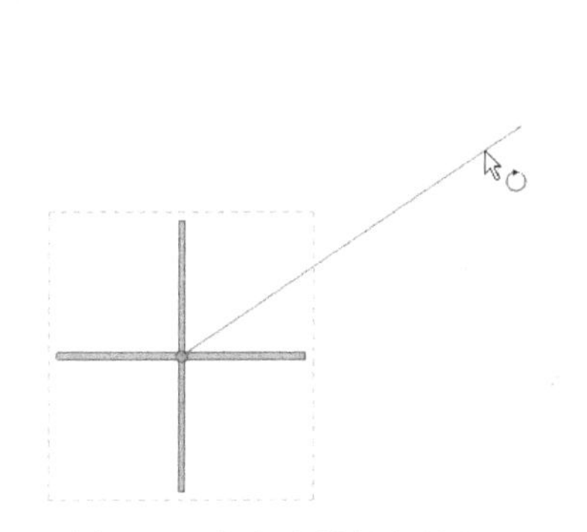

图3-41　指定旋转的起始位置

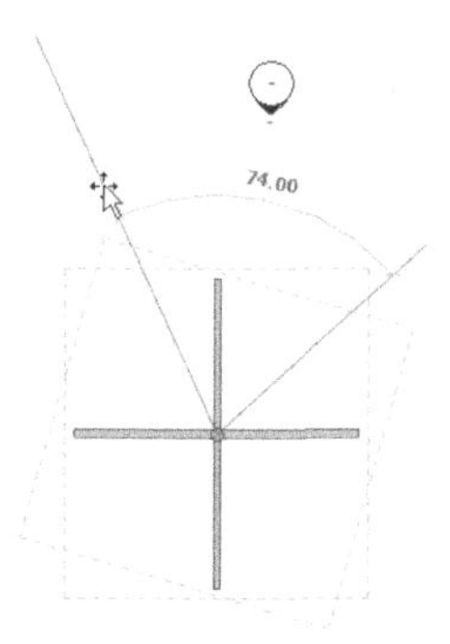

图3-42　旋转图元

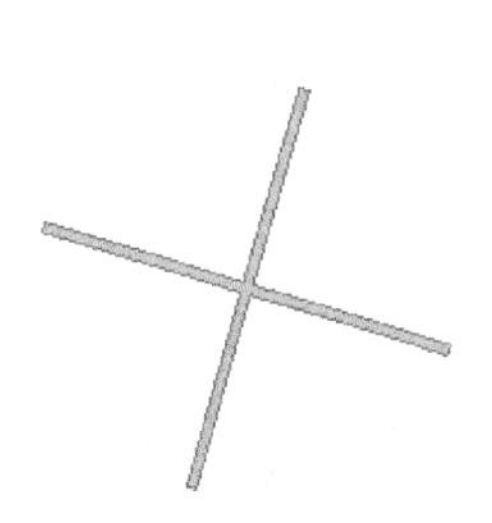

图3-43　旋转图元

3.3.4　偏移图元

将选定的图元，如线、墙或梁复制移动到其长边的垂直方向上的指定距离处。可以对单个图元或属于相同族的图元链应用偏移工具。可以通过拖曳选定图元或输入值来指定偏移距离。

使用偏移工具的限制条件：

（1）只能在线、梁和支撑的工作平面中偏移它们。

（2）不能对创建为内建族的墙进行偏移。

（3）不能在与图元的移动平面相垂直的视图中偏移这些图元，如不能在立面图中偏移墙。

具体操作步骤如下。

（1）单击“修改”选项卡“修改”面板“偏移”按钮，打开选项栏，如图3-44所示。

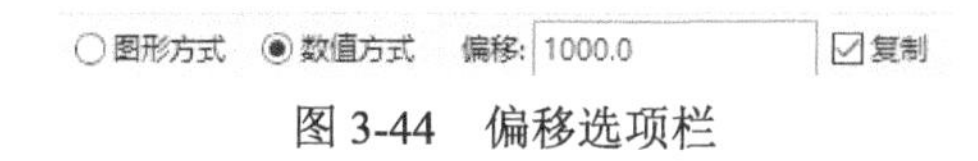

图3-44　偏移选项栏

- 图形方式：选择此单选项，将选定图元拖曳到所需位置。
- 数值方式：选择此单选项，在偏移文本框中输入偏移距离值，距离值为正数值。
- 复制：勾选此复选框，偏移所选图元的副本，而在原来位置上保留原始对象。

（2）在选项栏中选择偏移距离的方式。

（3）选择要偏移的图元或链，如果选择“数值方式”选项指定了偏移距离，则将在放置鼠标指针的一侧，在离高亮显示图元该距离的地方，显示一条预览线，如图3-45所示。

（4）根据需要移动鼠标指针，以便在所需偏移位置显示预览线，然后单击将图元或链移动到该位置，或在那里放置一个副本。

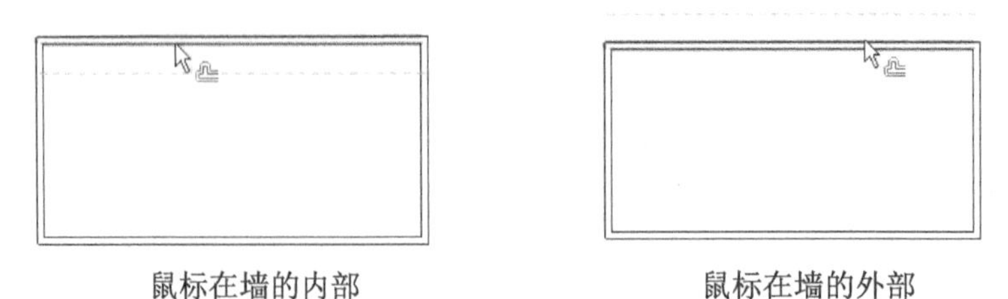

鼠标在墙的内部　　　　鼠标在墙的外部

图 3-45　偏移方向

（5）如果选择“图形方式”选项，则单击以选择高亮显示的图元，然后将其拖曳到所需距离并再次单击。开始拖曳后，将显示一个关联尺寸标注，可以输入特定的偏移距离。

3.3.5　镜像图元

Revit 移动或复制所选图元，并将其位置反转到所选轴线的对面。

1. 镜像—拾取轴

通过已有轴来镜像图元。

具体操作步骤如下。

（1）选择要镜像的图元，如图 3-46 所示。

（2）单击“修改”选项卡“修改”面板“镜像—拾取轴”按钮，打开选项栏，如图 3-47 所示。

图 3-46　选择图元

修改 | 墙　☑复制

图 3-47　镜像选项栏

- 复制：勾选此复选框，镜像所选图元的副本，而在原来位置上保留原始对象。

（3）选择代表镜像轴的线，如图 3-48 所示。

（4）单击完成镜像操作，如图 3-49 所示。

图 3-48　选择镜像轴线

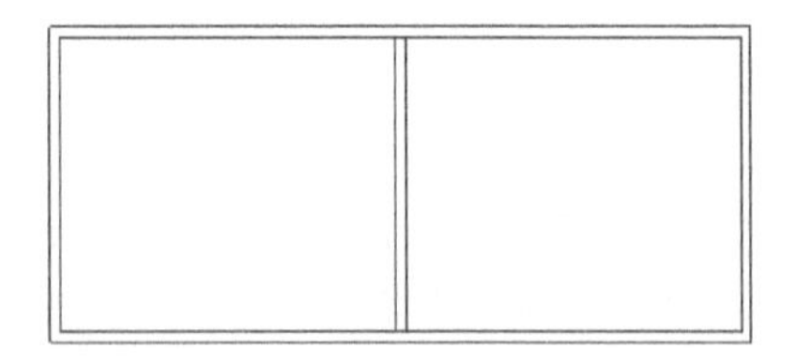

图 3-49　镜像图元

2. 镜像—绘制轴

绘制一条临时镜像轴线来镜像图元。

具体操作步骤如下。

（1）选择要镜像的图元，如图 3-50 所示。

（2）单击“修改”选项卡“修改”面板“镜像—拾取轴”按钮，打开选项栏，如图 3-51 所示。

图 3-50　选择图元

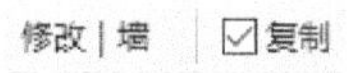

修改 | 墙　☑复制

图 3-51　镜像选项栏

（3）绘制一条临时镜像轴线，如图 3-52 所示。

（4）单击完成镜像操作，如图 3-53 所示。

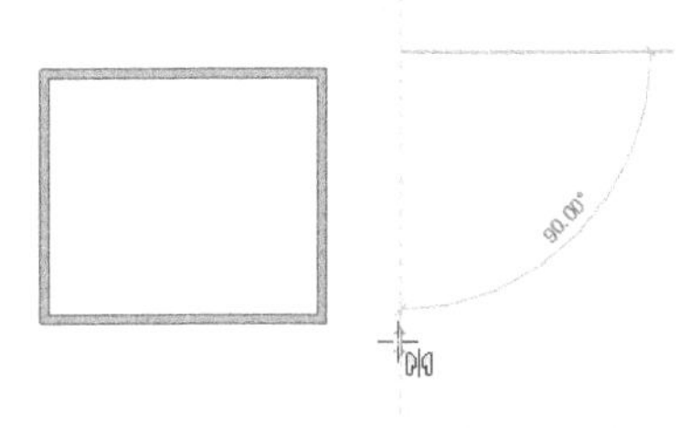

图 3-52　绘制镜像轴

图 3-53　完成镜像

3.3.6　阵列图元

使用阵列工具可以创建一个或多个图元的多个实例，并同时对这些实例执行操作。

1. 线性阵列

可以指定阵列中的图元之间的距离。

具体操作步骤如下。

（1）单击“修改”选项卡“修改”面板“阵列”按钮，选择要阵列的图元，按 Enter 键，打开选项栏，单击“线性”按钮，如图 3-54 所示。

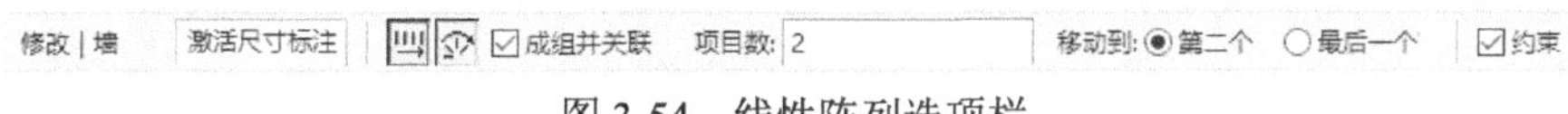

图 3-54　线性阵列选项栏

● 成组并关联：勾选此复选框，将阵列的每个成员包括在一个组中。如果未勾选此复选框，则阵列后，每个副本都独立于其他副本。

● 项目数：指定阵列中所有选定图元的副本总数。

● 移动到：成员之间间距的控制方法。

● 第二个：指定阵列每个成员之间的间距，如图 3-55 所示。

● 最后一个：指定阵列中第一成员到最后一个成员之间的间距。阵列成员会在第一个成员和最后一个成员之间以相等间距分布，如图 3-56 所示。

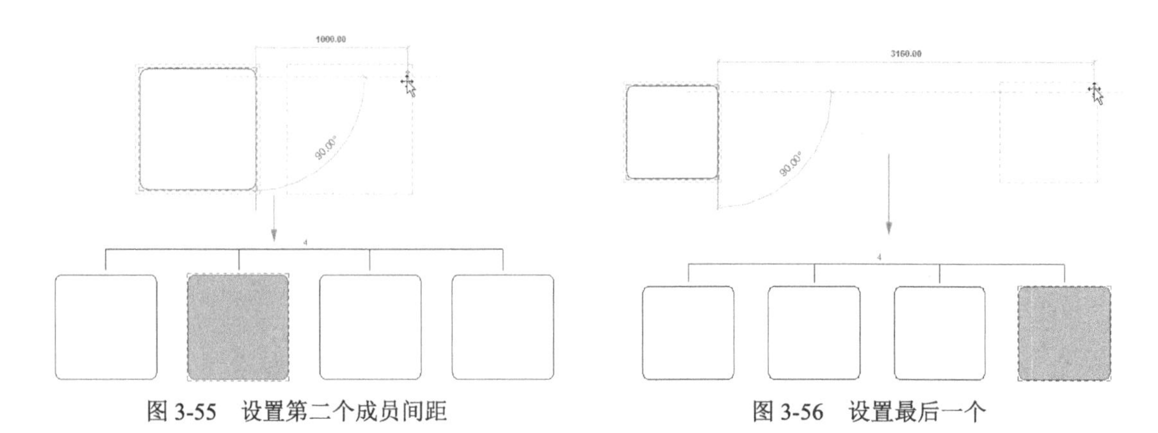

图 3-55　设置第二个成员间距　　　　图 3-56　设置最后一个

- 约束：勾选此复选框，用于限制阵列成员沿着与所选的图元垂直或共线的矢量方向移动。
- 激活尺寸标注：单击此选项，可以显示并激活要阵列图元的定位尺寸。

（2）在绘图区域中单击以指明测量的起点。

（3）移动鼠标指针显示第二成员尺寸或最后一个成员尺寸，单击确定间距尺寸，或直接输入尺寸值。

（4）在选项栏中输入副本数，也可以直接修改图形中的副本数字，完成阵列。

2. 半径阵列

绘制圆弧并指定阵列中要显示的图元数量。

具体操作步骤如下。

（1）单击“修改”选项卡“修改”面板“阵列”按钮，选择要阵列的图元，按 Enter 键，打开选项栏，单击“半径”按钮，如图 3-57 所示。

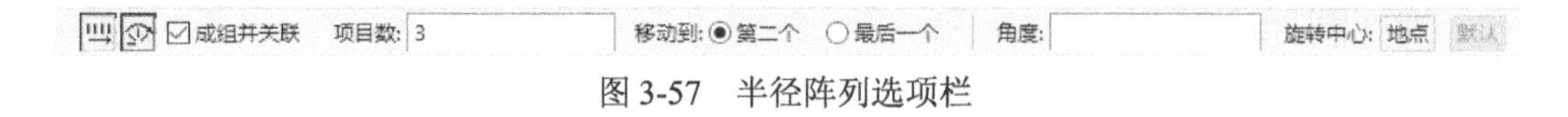

图 3-57　半径阵列选项栏

- 角度：在此文本框中输入总的径向阵列角度，最大为 360°。
- 旋转中心：设定径向旋转中心点。

（2）系统默认为图元的中心，如果需要设置旋转中心点，则单击“地点”按钮，在适当的位置单击指定旋转直线，如图 3-58 所示。

（3）将鼠标指针移动到半径阵列的弧形开始的位置，如图 3-59 所示。在大部分情况下，都需要将旋转中心控制点从所选图元的中心移走或重新定位。

图 3-58　指定旋转中心　　　　图 3-59　半径阵列的开始位置

（4）在选项栏中输入旋转角度为 360°，也可以指定第一条旋转放射线后移动鼠标指针放置第二条旋转放射线来确定旋转角度。

（5）在视图中输入项目副本数为 6，如图 3-60 所示。也可以直接在选项栏中输入项目数，按 Enter 键确认，结果如图 3-61 所示。

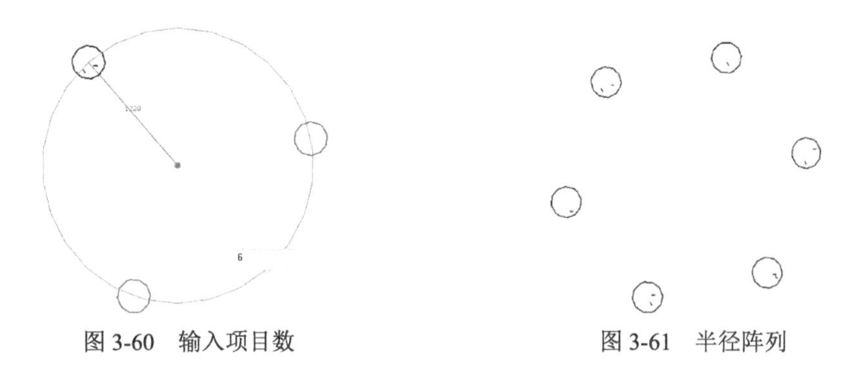

图 3-60　输入项目数　　　图 3-61　半径阵列

3.3.7　缩放图元

缩放工具适用于线、墙、图像、链接、DWG 和 DXF 导入、参照平面以及尺寸标注的位置。可以通过图形方式或输入比例系数以调整图元的尺寸和比例。

缩放图元大小时，需要考虑以下事项。

- 无法调整已锁定的图元。需要先解锁图元，然后才能调整其尺寸。
- 调整图元尺寸时，需要定义一个原点，图元将相对于该固定点均匀地改变大小。
- 所有选定图元都必须位于平行平面中。选择集中的所有墙必须都具有相同的底部标高。
- 调整墙的尺寸时，插入对象（如门和窗）与墙的中点保持固定的距离。
- 调整大小会改变尺寸标注的位置，但不改变尺寸标注的值。如果被调整的图元是尺寸标注的参照图元，则尺寸标注值会随之改变。

链接符号和导入符号具有名为“实例比例”的只读实例参数，它表明实例大小与基准符号的差异程度，可以调整链接符号或导入符号来更改实例比例。

具体操作步骤如下。

（1）单击“修改”选项卡“修改”面板“缩放”按钮，选择要缩放的图元，如图 3-62 所示，打开选项栏，如图 3-63 所示。

图 3-62　选择图元　　　图 3-63　缩放选项栏

- 图形方式：选择此选项，Revit 通过确定两个矢量长度的比率来计算比例系数。
- 数值方式：选择此选项，在比例文本框中直接输入缩放比例系数，图元将按定义的比例系数调整大小。

（2）在选项栏中选择“数值方式”选项，输入缩放比例为 0.5，在图形中单击以确定原点，如图 3-64 所示。

（3）缩放后的结果如图 3-65 所示。

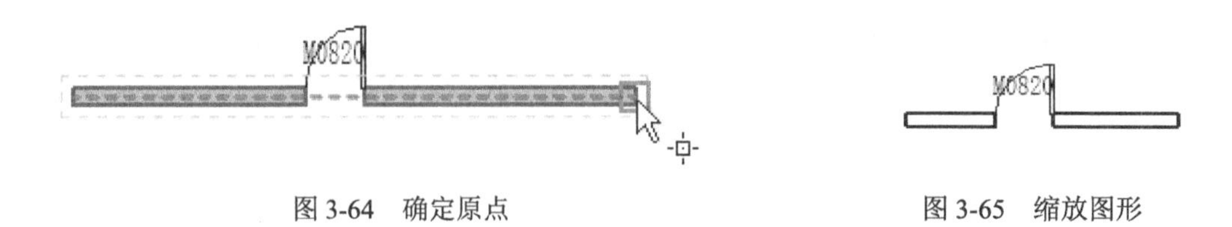

图 3-64　确定原点　　图 3-65　缩放图形

（4）如果选择“图形方式”选项，则移动鼠标指针定义第一个矢量，单击设置长度，然后再次移动鼠标指针定义第二个矢量，系统根据定义的两个矢量确定缩放比例。

3.3.8　修剪 / 延伸图元

以修剪或延伸一个或多个图元至由相同的图元类型定义的边界。也可以延伸不平行的图元以形成角，或者在它们相交时，对它们进行修剪以形成角。选择要修剪的图元时，鼠标指针位置指示要保留的图元部分。

1．修剪 / 延伸为角

具体操作步骤如下。

将两个所选图元修剪或延伸成一个角。

（1）单击“修改”选项卡“修改”面板“修剪 / 延伸为角”按钮，选择要修剪 / 延伸的一个线或墙，单击要保留部分，如图 3-66 所示。

（2）选择要修剪 / 延伸的第二个线或墙，如图 3-67 所示。

（3）根据所选图元修剪 / 延伸为一个角，如图 3-68 所示。

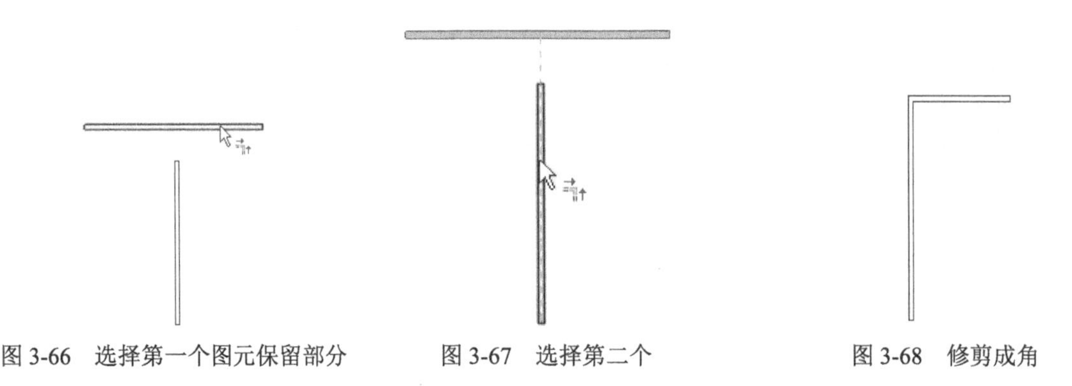

图 3-66　选择第一个图元保留部分　　图 3-67　选择第二个　　图 3-68　修剪成角

2．修剪 / 延伸单一图元

具体操作步骤如下。

将一个图元修剪或延伸到其他图元定义的边界。

（1）单击“修改”选项卡“修改”面板“修剪 / 延伸单个图元”按钮，选择要用作边界的参照，如图 3-69 所示。

（2）选择要修剪 / 延伸的图元，如图 3-70 所示。

（3）如果此图元与边界（或投影）交叉，则保留所单击的部分，而修剪边界另一侧的部分，如图 3-71 所示。

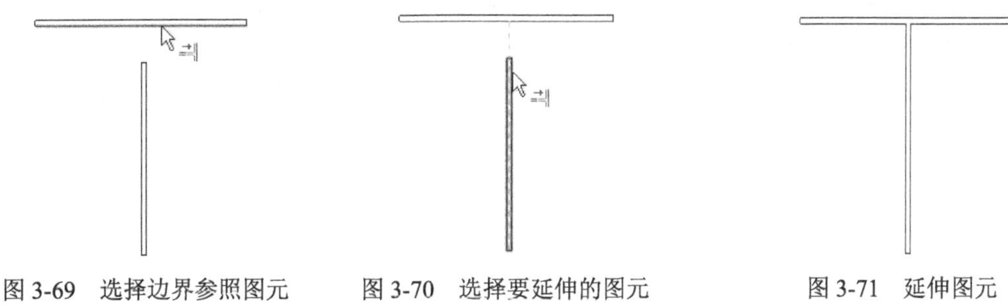

图 3-69　选择边界参照图元　　图 3-70　选择要延伸的图元　　图 3-71　延伸图元

3. 修剪 / 延伸多个图元

具体操作步骤如下。

将多个图元修剪或延伸到其他图元定义的边界。

（1）单击“修改”选项卡“修改”面板“修剪 / 延伸单个图元”按钮，选择要用作边界的参照，如图 3-72 所示。

（2）单击以选择要修剪或延伸的每个图元，或者框选所有要修剪 / 延伸的图元，如图 3-73 所示。

> **注意**　当从右向左绘制选择框时，图元不必包含在选中的框内。当从左向右绘制时，仅选中完全包含在框内的图元。

（3）如果此图元与边界（或投影）交叉，则保留所单击的部分，而修剪边界另一侧的部分，如图 3-74 所示。

图 3-72　选择边界　　图 3-73　选择延伸图元　　图 3-74　延伸图元

3.3.9　拆分图元

通过“拆分”工具，可将图元拆分为两个单独的部分，可删除两个点之间的线段，也可在两面墙之间创建定义的间隙。

拆分工具有两种使用方法：拆分图元和用间隙拆分。

拆分工具可以拆分墙、线、栏杆护手（仅拆分图元）、柱（仅拆分图元）、梁（仅拆分图元）、支撑（仅拆分图元）等图元。

1. 拆分

在选定点剪切图元（例如墙或管道），或删除两点之间的线段。

具体操作步骤如下。

（1）单击“修改”选项卡“修改”面板“拆分图元”按钮，打开选项栏，如图 3-75 所示。

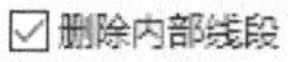

☑删除内部线段

图 3-75　拆分图元选项栏

● 删除内部线段：选择此复选框，Revit 会删除墙或线上所选点之间的线段。

（2）在图元上要拆分的位置处单击，拆分图元，如图 3-76 所示。

（3）如果勾选“删除内部线段”复选框，则单击确定另一个点，如图 3-77 所示。删除一条线段，如图 3-78 所示。

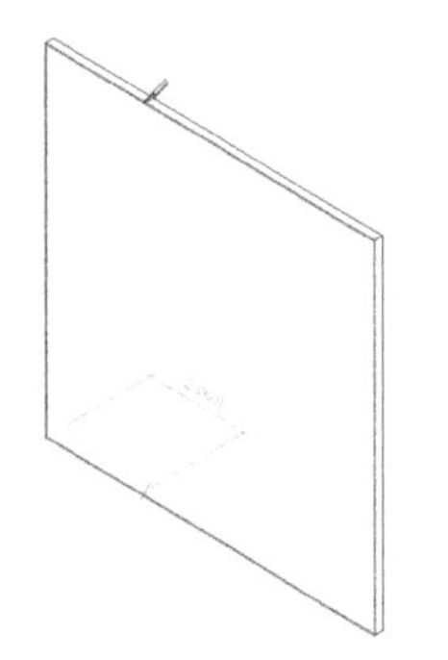

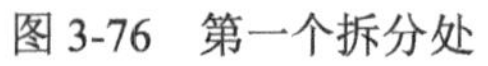

图 3-76　第一个拆分处

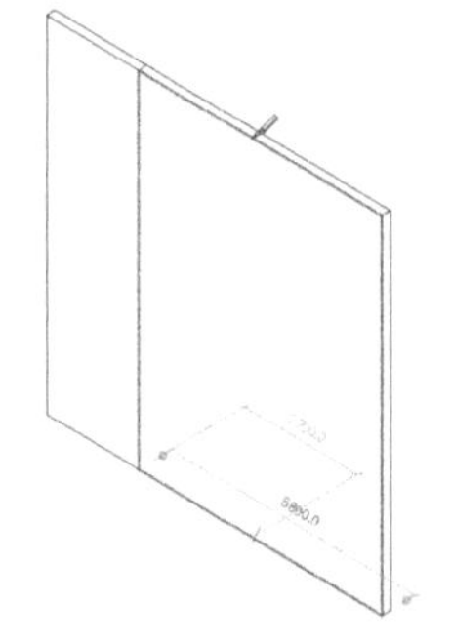

图 3-77　选择另一个点

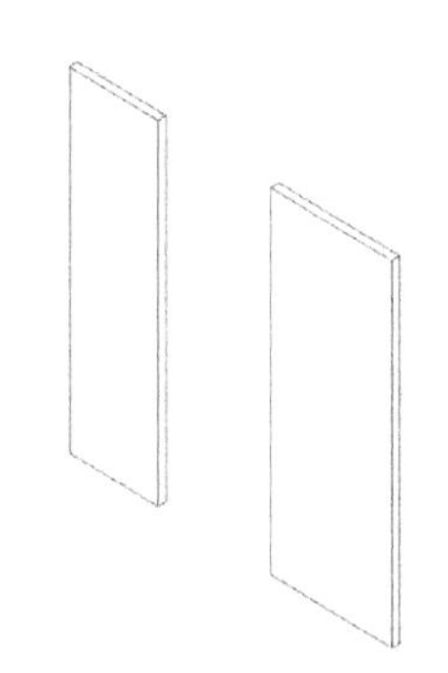

图 3-78　拆分并删除图元

2. 用间隙拆分

将墙拆分之前已定义间隙的两面单独的墙。

具体操作步骤如下。

（1）单击“修改”选项卡“修改”面板“用间隙拆分”按钮，打开选项栏，如图 3-79 所示。

连接间隙:	25.4

图 3-79　用间隙拆分选项栏

（2）在选项栏中输入连接间隙值。

（3）在图元上要拆分的位置处单击，如图 3-80 所示。

（4）拆分图元，系统根据输入的间隙自动删除图元，如图 3-81 所示。

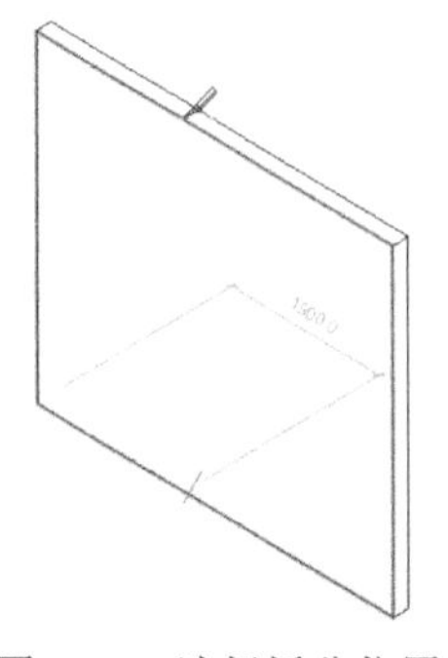

图 3-80　选择拆分位置

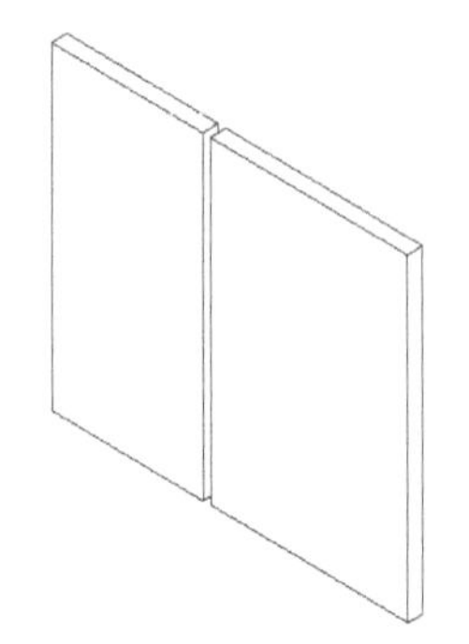

图 3-81　拆分图元

3.4 图元组

可以将项目或族中的图元成组，然后多次将组放置在项目或族中。需要创建代表重复布局的实体或通用于许多建筑项目的实体（例如，宾馆房间、公寓或重复楼板）时，对图元进行分组非常有用。

放置在组中的每个实例之间都存在相关性。例如，创建一个具有床、墙和窗的组，然后将该组的多个实例放置在项目中。如果修改一个组中的墙，则该组所有实例中的墙都会随之改变。

可以创建模型组、详图组和附着的详图组。

（1）模型组。创建都有模型组成的组，如图 3-82 所示。

（2）详图组。创建包含视图专有的文本、填充区域、尺寸标注、门窗标记等图元，如图 3-83 所示。

（3）附着的详图组。包含与特定模型组关联的视图专有图元，如图 3-84 所示。

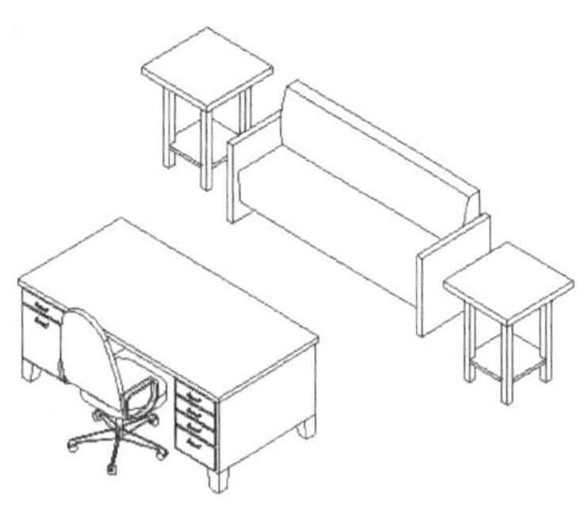

图 3-82　模型组

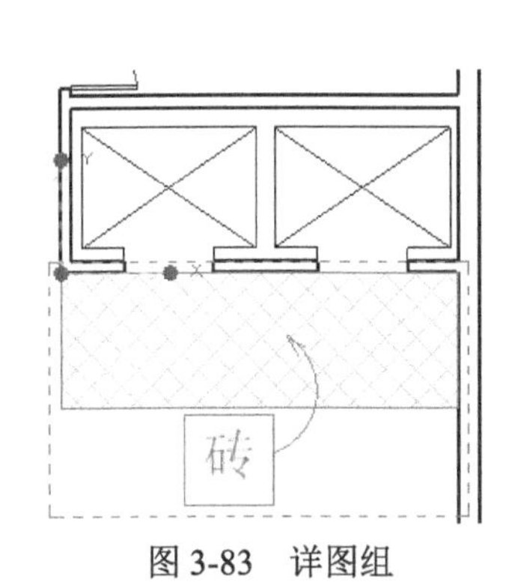

图 3-83　详图组

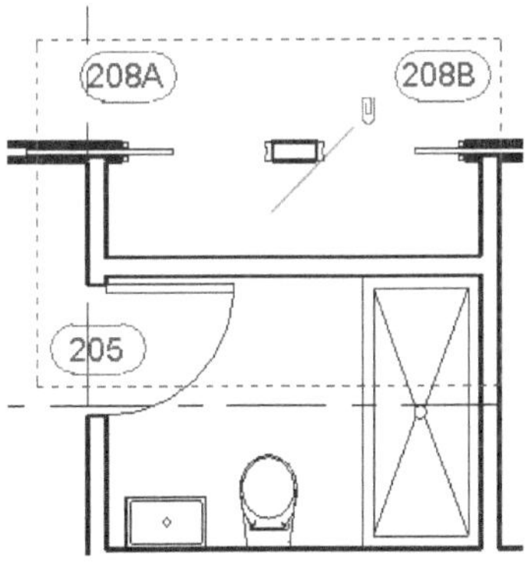

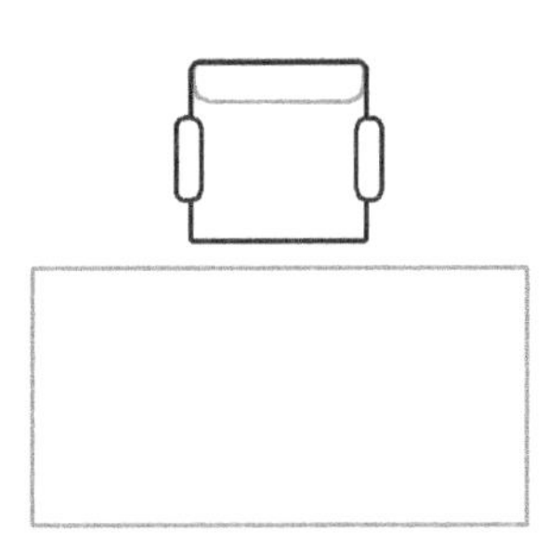

图 3-84　附着的详图组

组不能同时包含模型图元和视图专有图元。如果选择了这两种类型的图元，将它们成组，则 Revit 会创建一个模型组，并将详图图元放置于该模型组的附着的详图组中。如果同时选择了详图图元和模型组，Revit 将为该模型组创建一个含有详图图元的附着的详图组。

3.4.1　创建组

通过选择图元或现有的组，然后使用“创建组”工具来创建组。

具体操作步骤如下。

（1）打开组文件，如图 3-85 所示。

图 3-85　组文件

（2）单击“建筑”选项卡“模型”面板“模型组”下拉列表中的“创建组”按钮，打开“创建组”对话框，输入名称为“办公桌椅”，选择“模型”组类型，如图 3-86 所示。

（3）单击“确定”按钮，打开“编辑组”面板，如图 3-87 所示。单击“添加”按钮，选择视图中的办公桌和办公椅，添加到办公桌椅组中，单击“完成”按钮，完成办公桌椅组的创建。

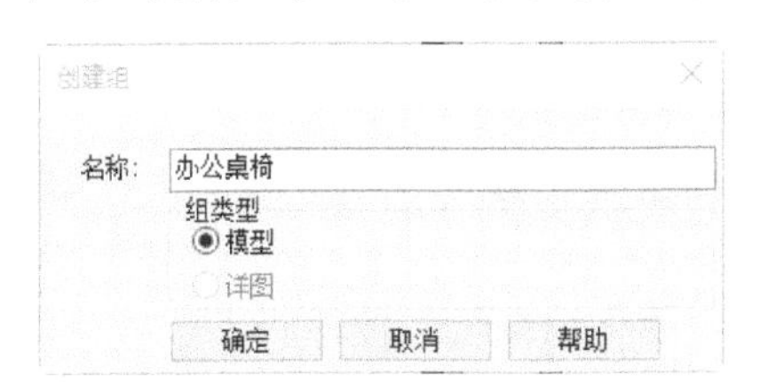

图 3-86　“创建组”对话框

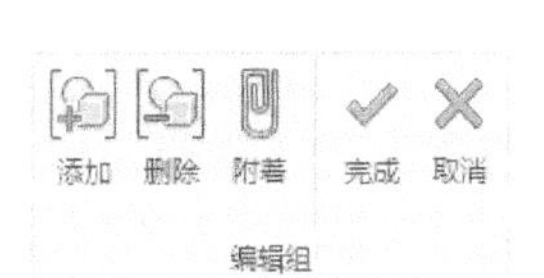

图 3-87　“编辑组”面板

（4）如果要向组添加项目视图中不存在的图元，从相应的选项卡中选择图元创建工具并放置新的图元。在组编辑模式中向视图添加图元时，图元将自动添加到组。

3.4.2 指定组位置

放置、移动、旋转或粘贴组时，鼠标指针将位于组原点，可以修改组原点的位置。

（1）在视图中选择模型组，模型组上将显示原点和 3 个拖曳控制柄，如图 3-88 所示。

（2）拖曳中心控制柄可移动原点，如图 3-89 所示。

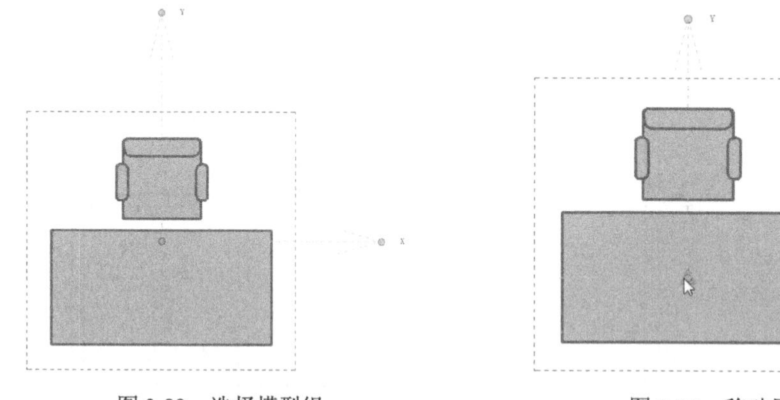

图 3-88　选择模型组　　　　图 3-89　移动原点

（3）拖曳端点控制柄可围绕 z 轴旋转原点，如图 3-90 所示。

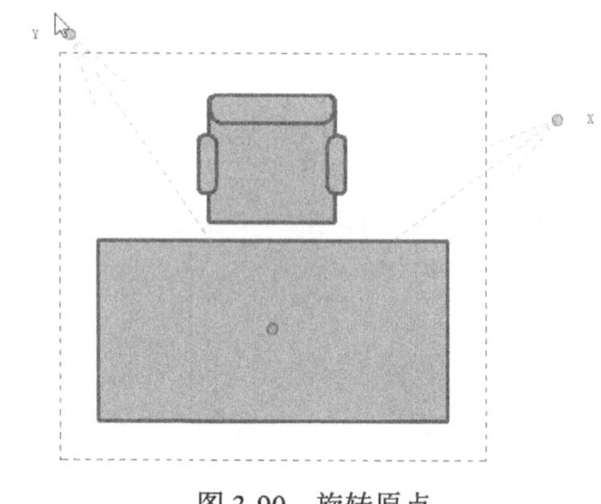

图 3-90　旋转原点

3.4.3 编辑组

可以使用组编辑器在项目或族内修改组，也可以在外部编辑组。

（1）在绘图区域中选择要修改的组。如果要修改的组是嵌套的，请按 Tab 键，直到高亮显示该组，然后单击选中它。

（2）单击“修改 | 模型组”选项卡“成组”面板中的“编辑组”按钮，打开“编辑组”面板，如图 3-91 所示。

图 3-91　“编辑组”面板

（3）单击“添加”按钮，将图元添加到组，单击“删除”按钮，从组中删除图元。

（4）单击“附着”按钮，打开如图 3-92 所示的“创建模型组和附着的详图组”对话框，输入模型组的名称（如有必要），并输入附着的详图组的名称，单击“确定”按钮。

（5）打开“编辑附着的组”面板，如图 3-93 所示。选择要添加到组中的图元，单击“完成”按钮，完成附着组的创建。

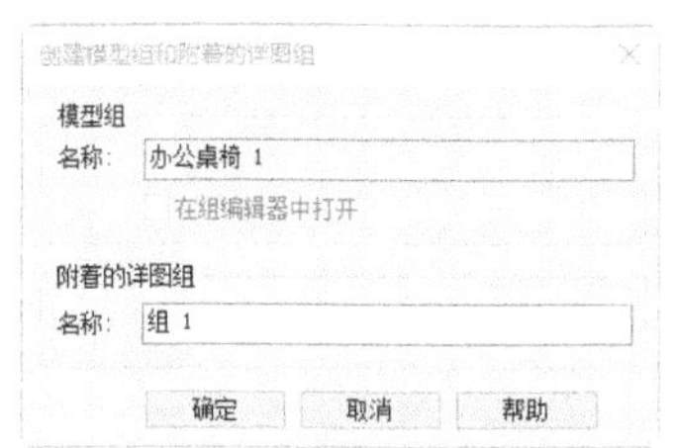

图 3-92　“创建模型组和附着的详图组”对话框

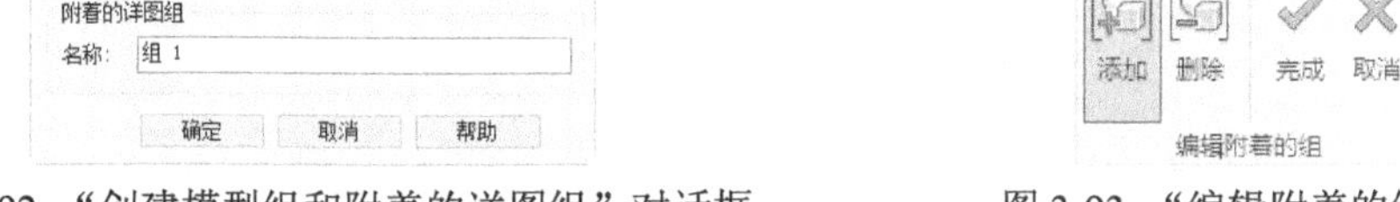

图 3-93　“编辑附着的组”面板

（6）单击“修改 | 模型组”选项卡“成组”面板中的“解组”按钮，将组恢复成图元。

3.4.4　将组转换为链接模型

可以将组转换为新模型，或将其替换为现有的模型，然后将该模型链接到项目。

（1）在视图区中选择组。

（2）单击“修改 | 模型组”选项卡“成组”面板中的“链接”按钮，打开“转换为链接”对话框，如图 3-94 所示。

（3）单击“替换为新的项目文件”选项，打开“保存组”对话框，如图 3-95 所示，输入文件名，单击“保存”按钮，将组保存为项目文件。

图 3-94　“转换为链接”对话框

图 3-95　“保存组”对话框

（4）如果单击“替换为现有项目文件”选项，打开“打开”对话框。定位到要使用的文件所在的位置，然后单击“打开”按钮，将组替换为现有的模型。

第 4 章 概念体量

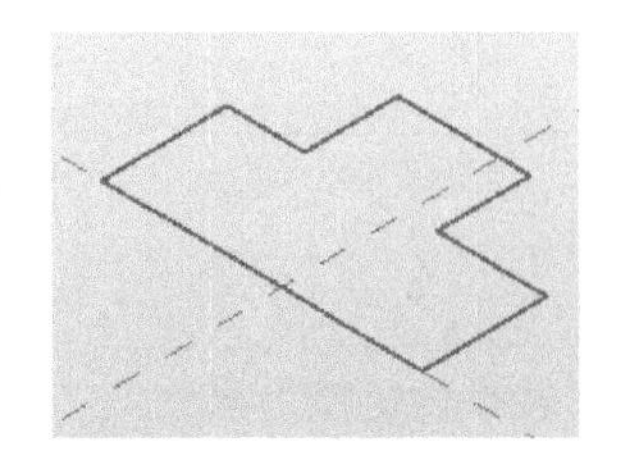

知识导引

在初始设计中可以使用体量工具表达潜在设计意图，而无须使用通常项目中的详细程度。可以创建和修改组合成建筑模型壳元的几何造型。可以随时拾取体量面并创建建筑模型图元，例如墙、楼板、幕墙系统和屋顶。在创建了建筑图元后，可以将视图指定为显示体量图元、建筑图元还是同时显示这两种图元。体量图元和建筑图元不会自动链接。如果修改了体量面，则必须更新建筑面。

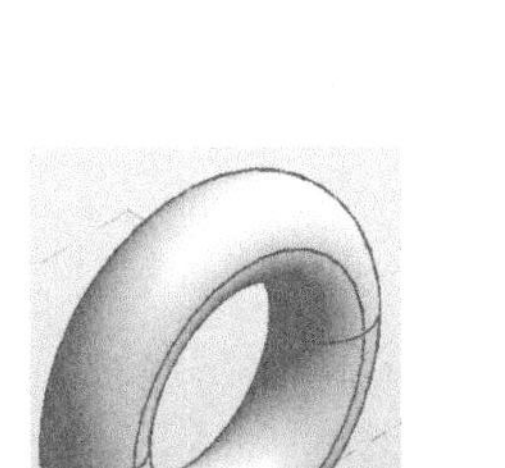

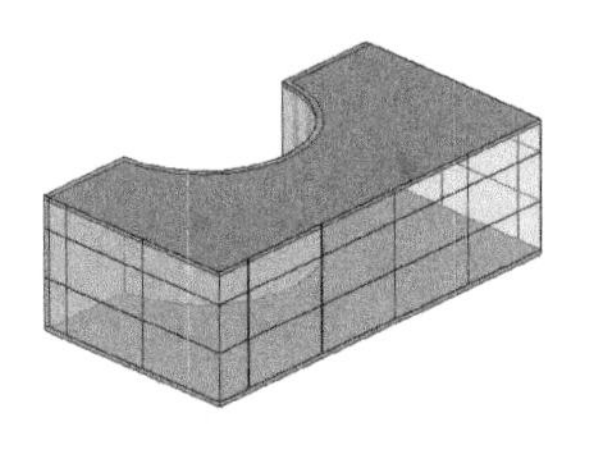

4.1　创建体量族

在族编辑器中创建体量族后，可以将族载入项目中，并将体量族的实例放置在项目中。

（1）在主页中单击“族”→“新建概念体量”按钮，打开“新族—选择样板文件”对话框，选择“公制体量 .rft”文件，如图 4-1 所示。

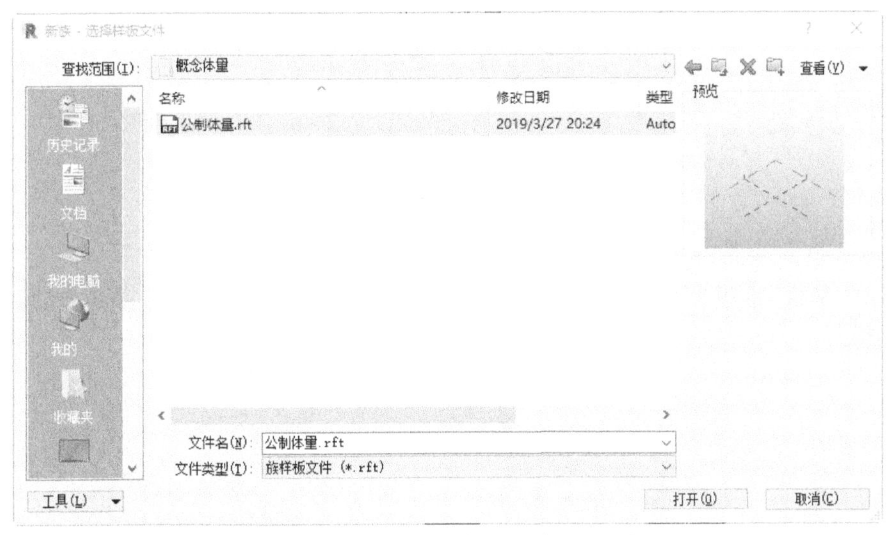

图 4-1　“新族—选择样板文件”对话框

（2）单击“打开”按钮，进入体量族创建环境，如图 4-2 所示。

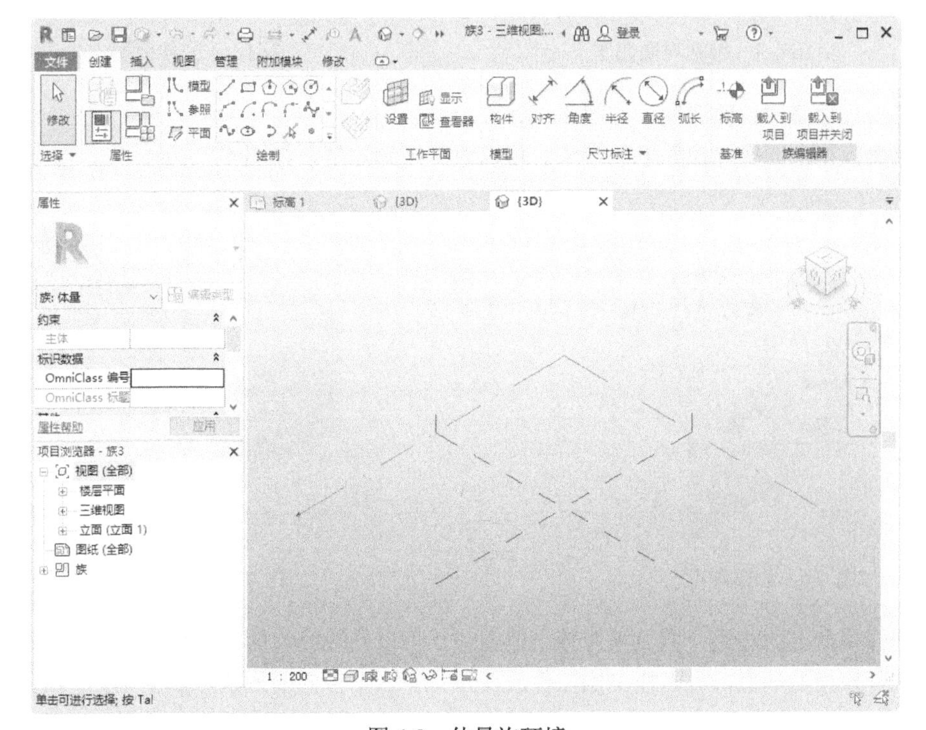

图 4-2　体量族环境

4.1.1 创建拉伸形状

先绘制截面轮廓，然后系统根据截面创建拉伸模型。

具体操作步骤如下。

（1）新建一体量族文件。

（2）单击“创建”选项卡“绘制”面板中的“线”按钮，打开如图 4-3 所示的“修改 | 放置 线”选项卡和选项栏，绘制如图 4-4 所示的封闭轮廓。

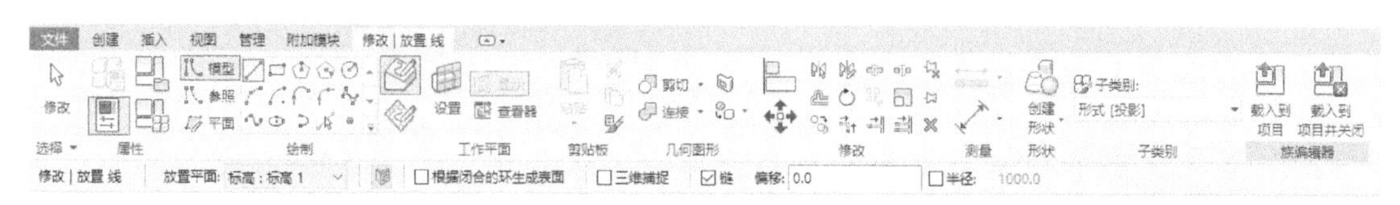

图 4-3 “修改 | 放置线”选项卡和选项栏

（3）单击“形状”面板“创建形状”下拉列表中的“实心形状”按钮，系统自动创建如图 4-5 所示的拉伸模型。

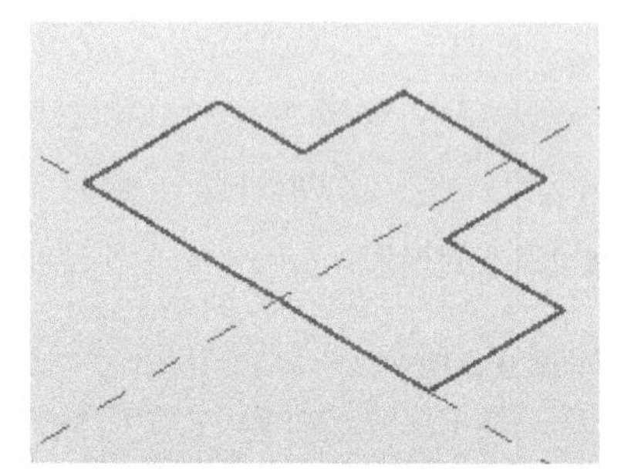

图 4-4 绘制封闭轮廓

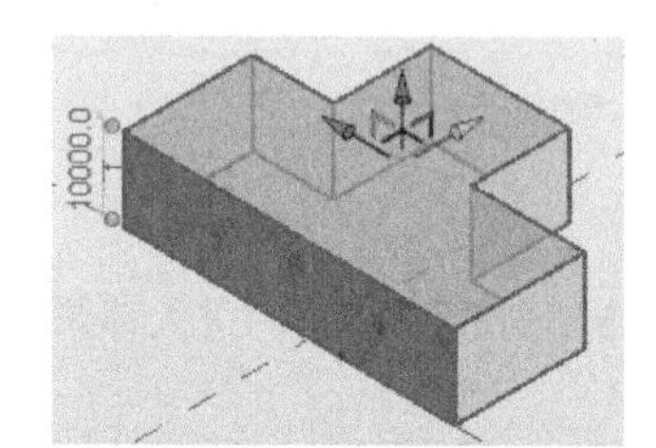

图 4-5 拉伸模型

（4）单击尺寸修改拉伸深度，如图 4-6 所示。

（5）拖曳模型上的操纵控件上的箭头，可以改变倾斜角度，如图 4-7 所示。

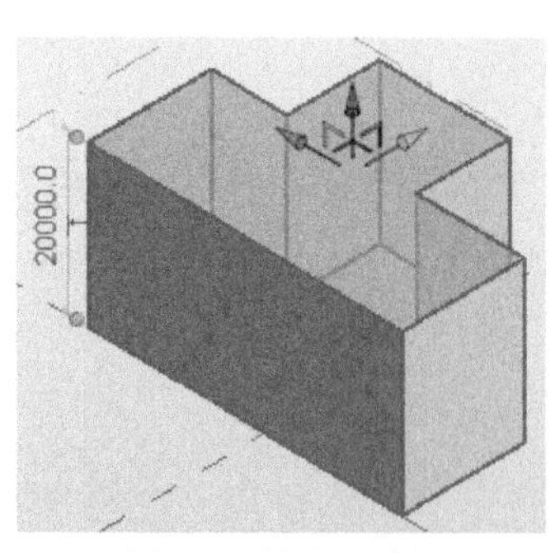

图 4-6 修改深度

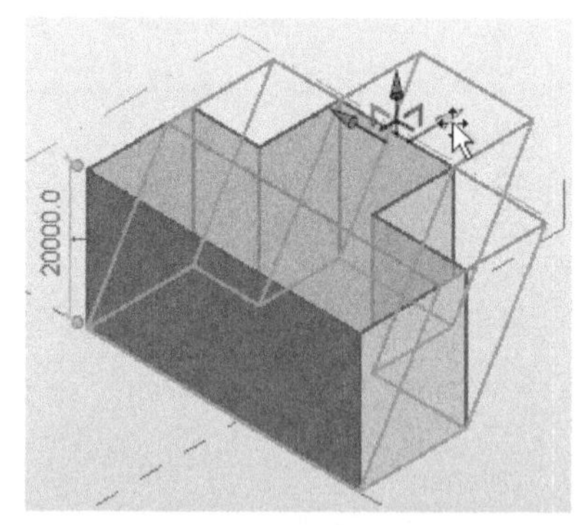

图 4-7 改变倾斜角度

（6）选择模型上的边线，拖曳操控件上的箭头，可以修改模型的局部形状，如图 4-8 所示。

（7）选择模型的端点，可以拖曳操控件改变该点在 3 个方向的形状，如图 4-9 所示。

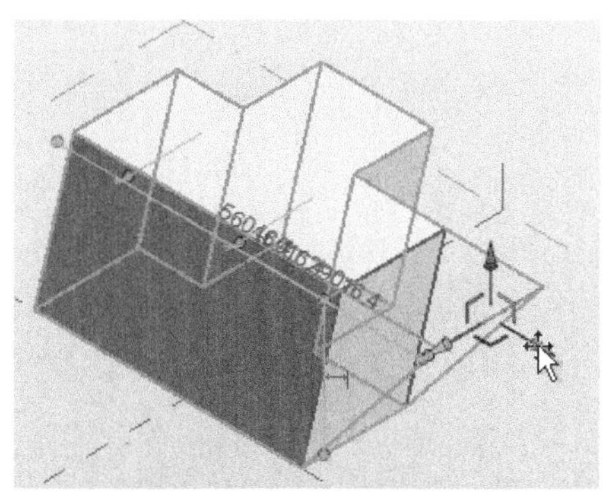

图 4-8　改变形状

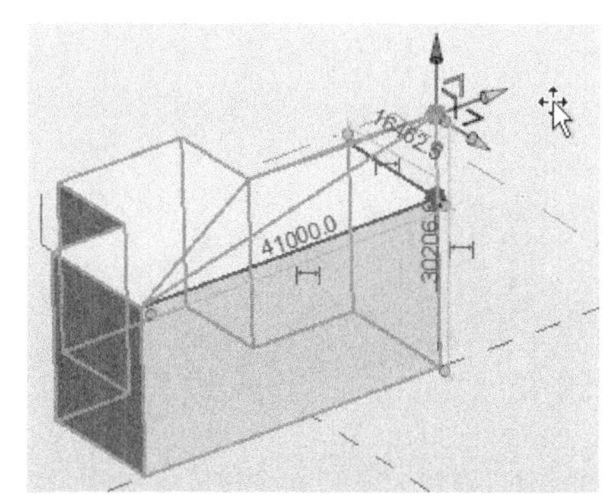

图 4-9　拖曳端点

4.1.2　创建表面形状

先绘制截面轮廓，然后系统根据截面创建拉伸模型。

具体操作步骤如下。

（1）新建一体量族文件。

（2）单击“创建”选项卡“绘制”面板中的“样条曲线”按钮，打开“修改 | 放置 线”选项卡和选项栏，绘制如图 4-10 所示的曲线。也可以选择模型线或参照线。

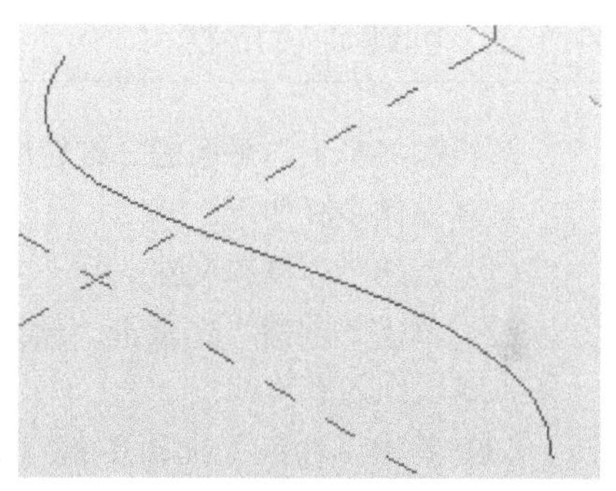

图 4-10　绘制曲线

（3）单击“形状”面板“创建形状”下拉列表中的“实心形状”按钮，系统自动创建如图 4-11 所示的拉伸曲面。

（4）选中曲面，可以拖曳操控件上的箭头使曲面沿各个方向移动，如图 4-12 所示。

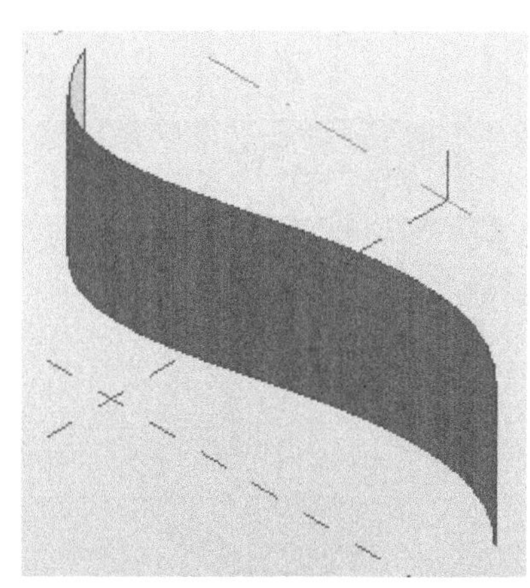

图 4-11　拉伸曲面

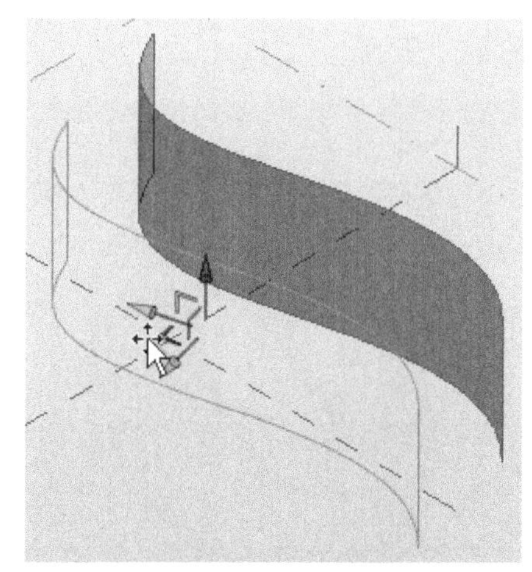

图 4-12　移动曲面

（5）选择曲面的边，拖曳操控件的箭头改变曲面形状，如图 4-13 所示。

（6）选择曲面的角点，拖曳操控件改变曲面在 3 个方向的形状，也可以分别选择操控件上的方向箭头改变各个方向上的形状，如图 4-14 所示。

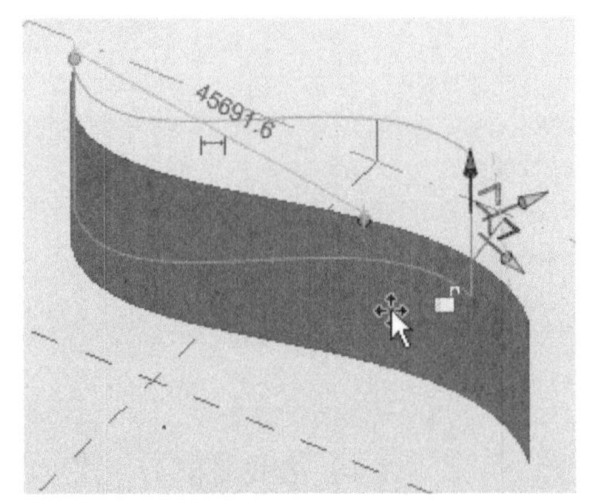

图 4-13　改变形状

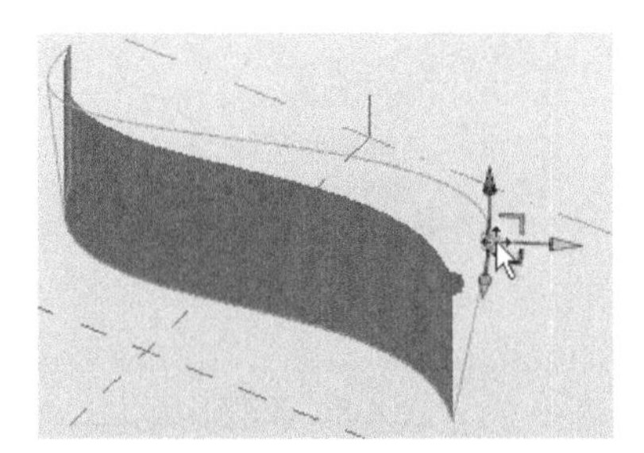
图 4-14　改变角点形状

4.1.3　创建旋转形状

从线和共享工作平面的二维轮廓来创建旋转形状。

具体操作步骤如下。

（1）新建一体量族文件。

（2）单击“创建”选项卡“绘制”面板中的“线”按钮，绘制一条直线段作为旋转轴。

（3）单击“绘制”面板中的“圆”按钮，绘制旋转截面，如图 4-15 所示。

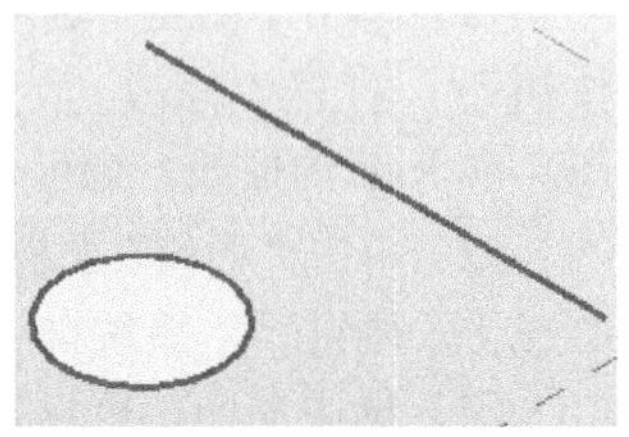
图 4-15　绘制截面

（4）选择直线和圆，单击“形状”面板“创建形状”下拉列表中的“实心形状”按钮，系统自动创建如图 4-16 所示的旋转模型。

（5）选择旋转模型上的面或边线，拖曳操纵控件上的向下的箭头（紫色箭头），可以改变模型大小，如图 4-17 所示。

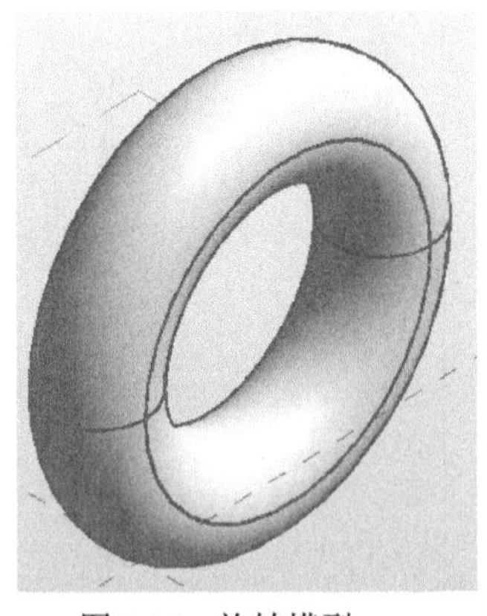
图 4-16　旋转模型

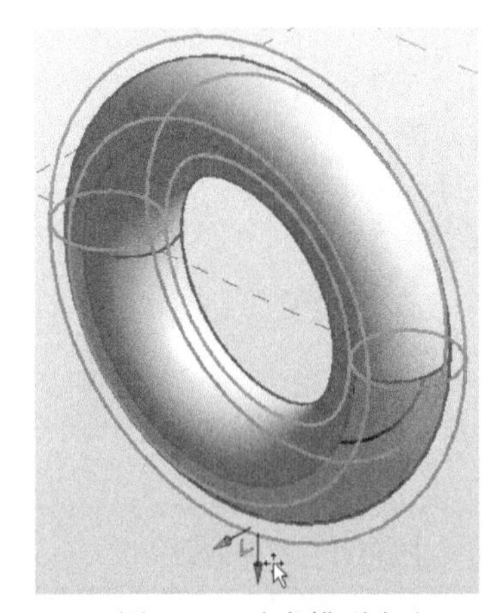
图 4-17　改变模型大小

（6）拖曳模型上的操纵控件上朝左前方的箭头（红色箭头），可以移动模型，如图 4-18 所示。

（7）选择旋转轮廓的外边缘，拖曳操纵控件上的向上箭头（橙色箭头），更改旋转角度，如图 4-19 所示。也可以在属性选项板中更改起始角度和结束角度，如图 4-20 所示，单击“应用”按钮，更改模型的旋转角度，如图4-21所示。

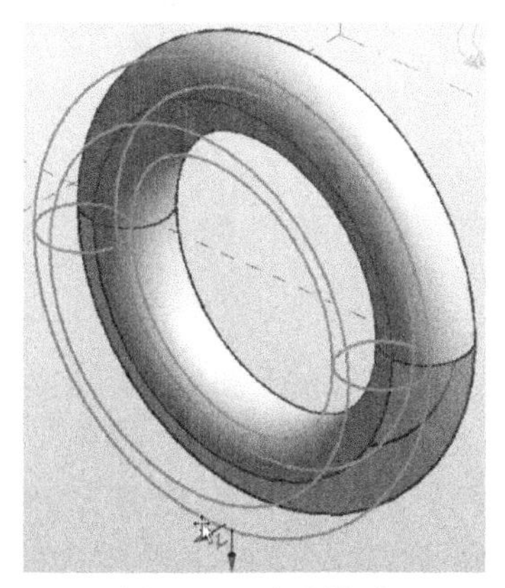

图4-18 移动模型

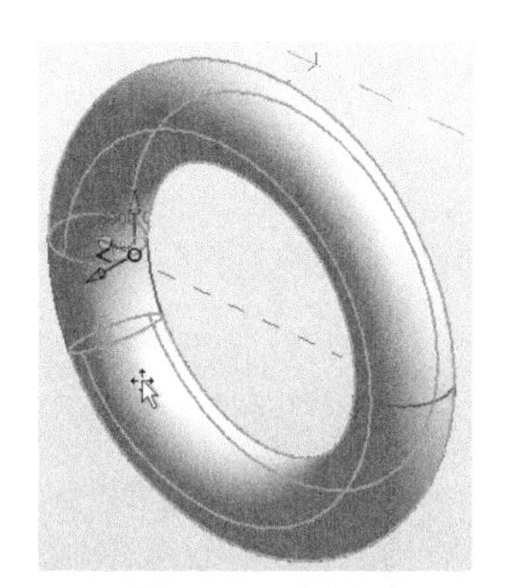

图4-19 更改角度

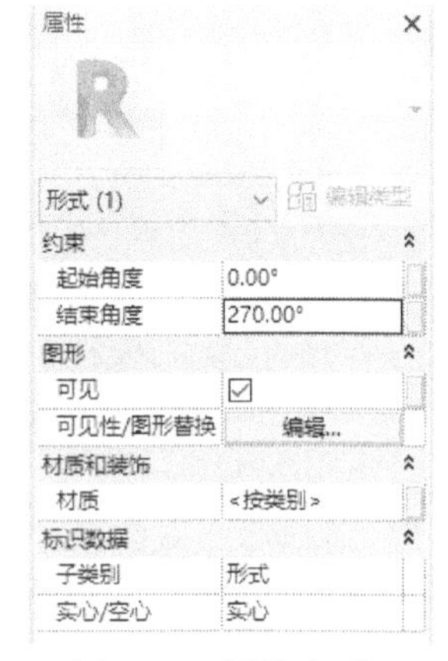

图4-20 属性选项板

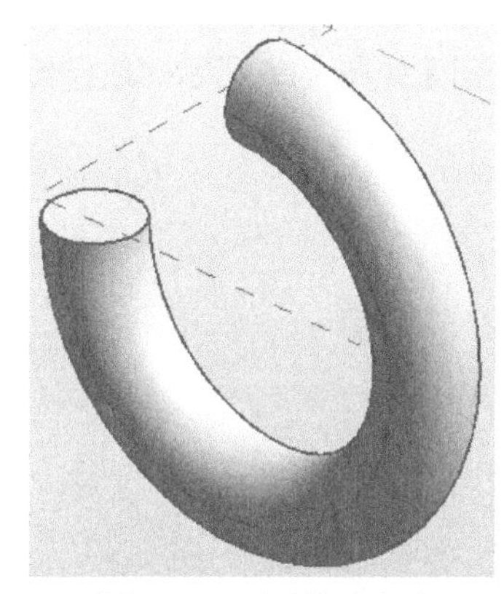

图4-21 更改结束角度

4.1.4 创建放样形状

从线和垂直于线绘制的二维轮廓创建放样形状。放样中的线定义了放样二维轮廓来创建三维形态的路径。轮廓由线处理组成，线处理垂直于用于定义路径的一条或多条线而绘制。

如果轮廓是基于闭合环生成的，可以使用多分段的路径来创建放样。如果轮廓不是闭合的，则不会沿多分段路径进行放样。如果路径是一条线构成的段，则使用开放的轮廓创建扫描。

具体操作步骤如下。

（1）新建一体量族文件。

（2）单击“创建”选项卡“绘制”面板中的“样条曲线”按钮，绘制一条曲线作为放样路径，如图4-22所示。

（3）单击“创建”选项卡“绘制”面板中的“点图元”按钮，在路径上放置参照点，如图4-23所示。

（4）选择参照点，放大图形，将工作平面显示出来，如图4-24所示。

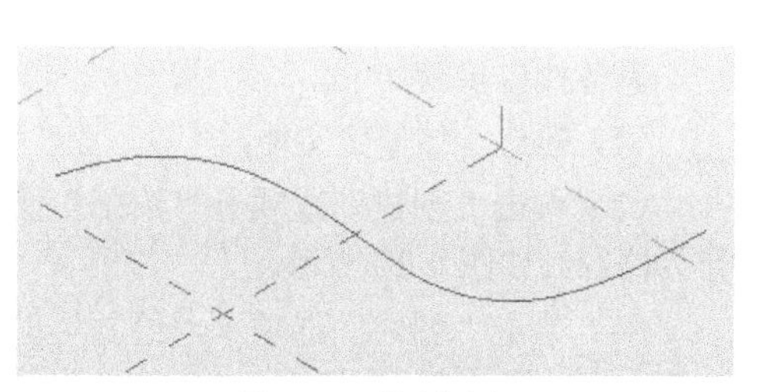

图4-22 绘制路径

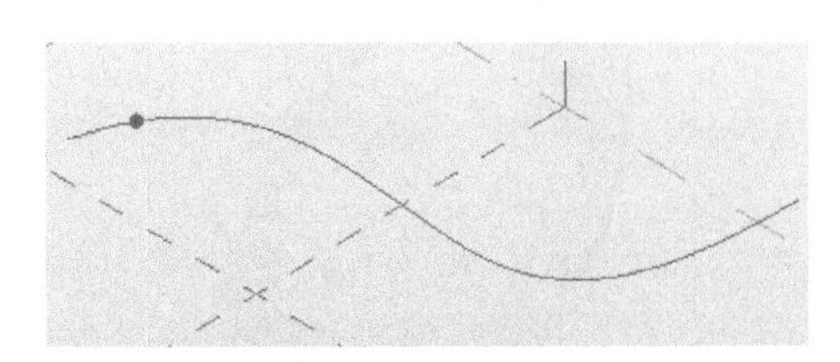

图 4-23　创建参照点

图 4-24　显示工作平面

（5）单击“绘制”面板中的“椭圆”按钮，在选项栏中取消“根据闭合的环生成表面”复选框，在工作平面上绘制截面轮廓，如图 4-25 所示。

（6）选择路径和截面轮廓，单击“形状”面板“创建形状”下拉列表中的“实心形状”按钮，系统自动创建如图 4-26 所示的放样模型。

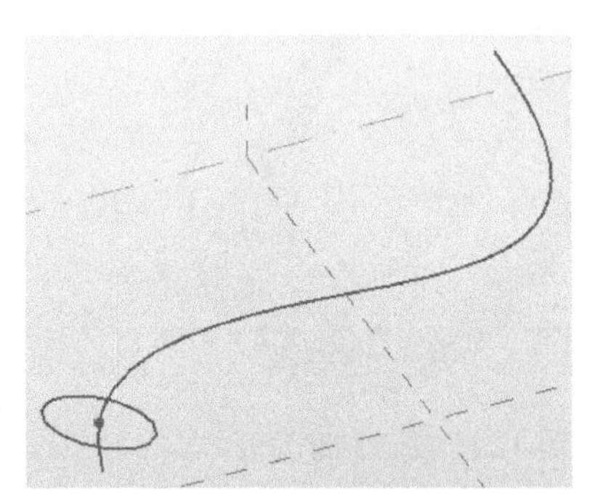

图 4-25　绘制截面轮廓

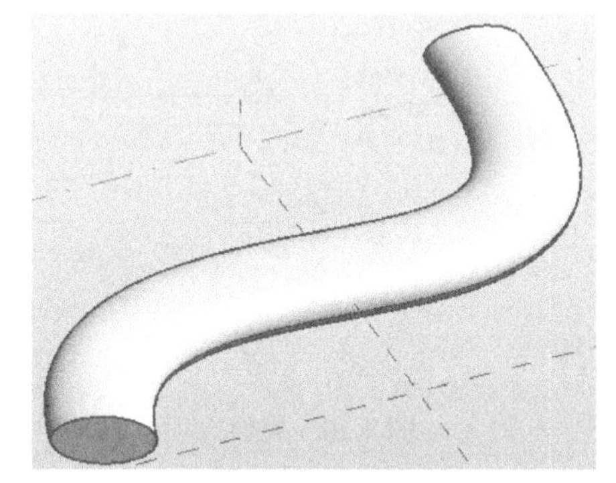

图 4-26　放样模型

4.1.5　创建放样融合形状

从垂直于线绘制的线和两个或多个二维轮廓创建放样融合形状。放样融合中的线定义了放样，并融合二维轮廓来创建三维形状的路径。轮廓由线处理组成，线处理垂直于用于定义路径的一条或多条线而绘制。

与放样形状不同，放样融合无法沿着多段路径创建。但是，轮廓可以打开、闭合或是两者的组合。

具体操作步骤如下。

（1）新建一体量族文件。

（2）单击“创建”选项卡“绘制”面板中的“起点—终点—半径弧”按钮，绘制一条曲线作为路径，如图 4-27 所示。

（3）单击“创建”选项卡“绘制”面板中的“点图元”按钮，沿路径放置放样融合轮廓的参照点，如图 4-28 所示。

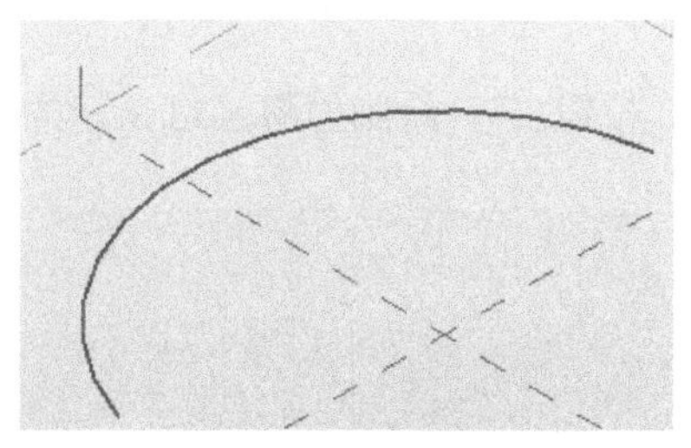

图 4-27　绘制路径

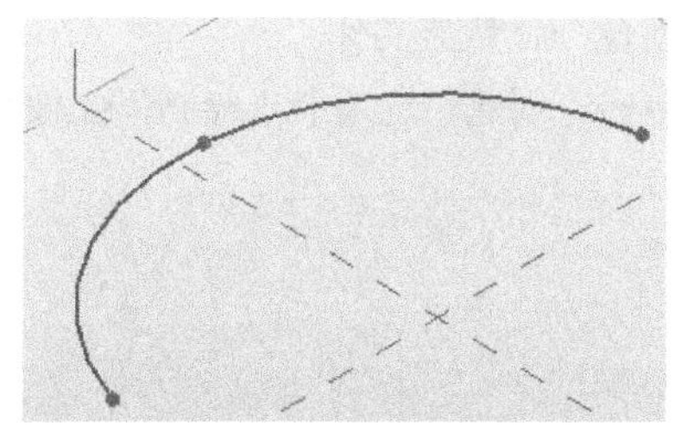

图 4-28　创建参照点

（4）选择起点参照点，放大图形，将工作平面显示出来，单击“绘制”面板中的“圆”按钮，在工作平面上绘制第一个截面轮廓，如图 4-29 所示。

（5）选择中间的参照点，放大图形，将工作平面显示出来，单击“绘制”面板中的“内接多边形”按钮，在工作平面上绘制第二个截面轮廓，如图 4-30 所示。

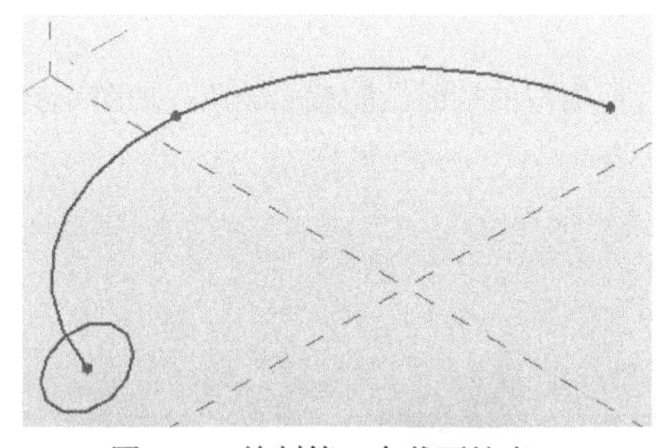

图 4-29　绘制第一个截面轮廓

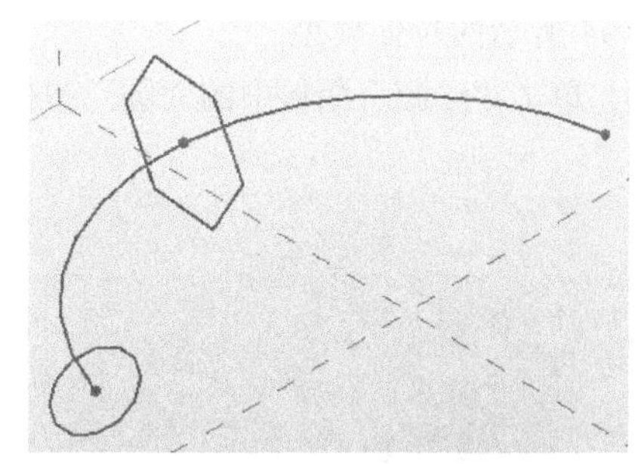

图 4-30　绘制第二个截面轮廓

（6）选择终点的参照点，放大图形，将工作平面显示出来，单击“绘制”面板中的“矩形”按钮，在工作平面上绘制第三个截面轮廓，如图 4-31 所示。

（7）选择所有的路径和截面轮廓，单击“形状”面板“创建形状”下拉列表中的“实心形状”按钮，系统自动创建如图 4-32 所示的放样融合模型。

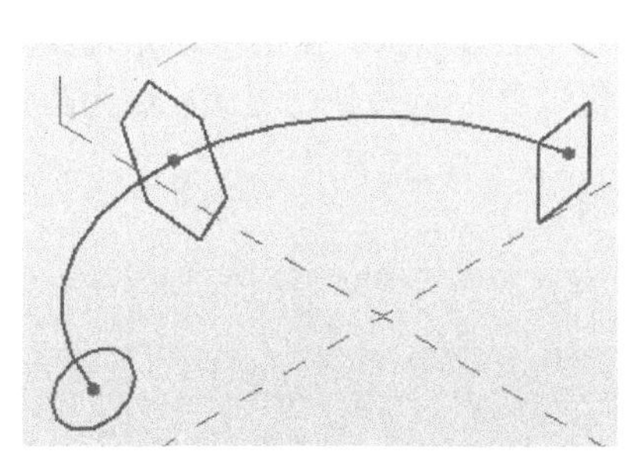

图 4-31　绘制第三个截面轮廓

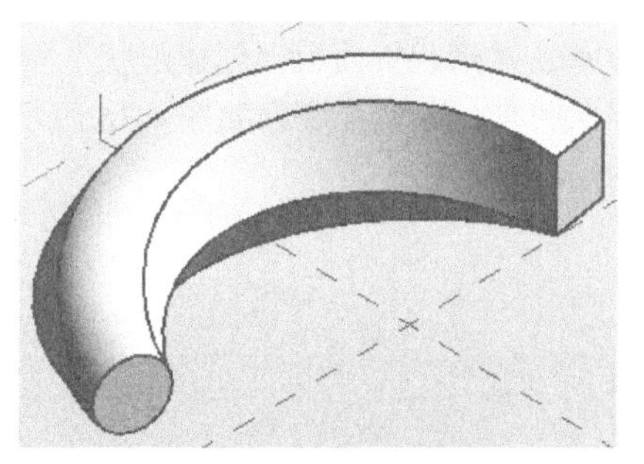

图 4-32　放样融合模型

4.1.6　创建空心形状

使用“创建空心形状”工具来创建负几何图形（空心）以剪切实心几何图形。

具体操作步骤如下。

（1）新建一体量族文件。

（2）单击“创建”选项卡“绘制”面板中的“矩形”按钮，绘制如图 4-33 所示的封闭轮廓。

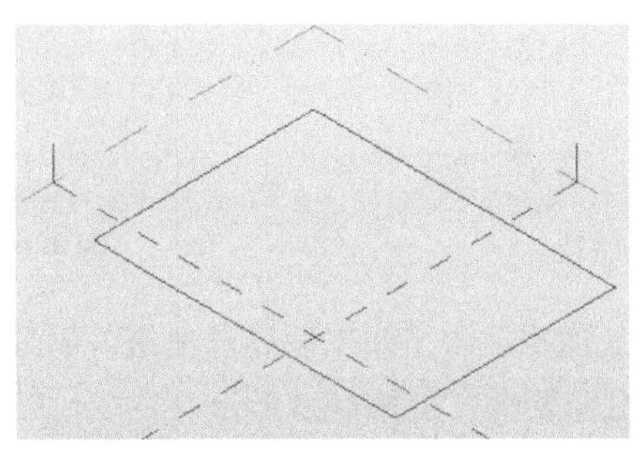

图 4-33　绘制封闭轮廓

（3）单击“形状”面板“创建形状”下拉列表中的“实心形状”按钮，系统自动创建如图 4-34 所示的拉伸模型。

（4）单击“绘制”面板中的“圆”按钮，在拉伸模型的侧面绘制截面轮廓，如图 4-35 所示。

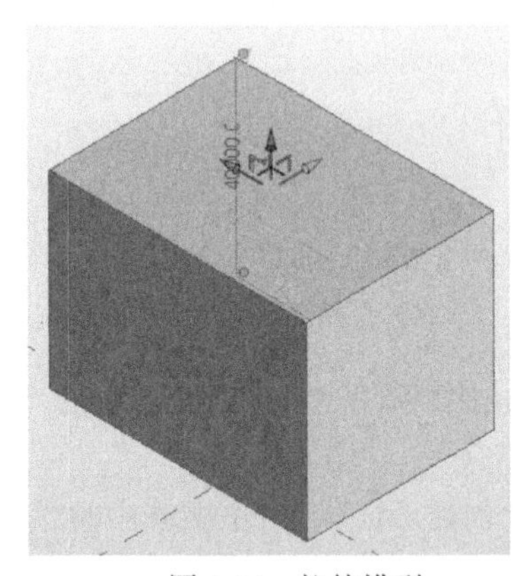

图 4-34　拉伸模型

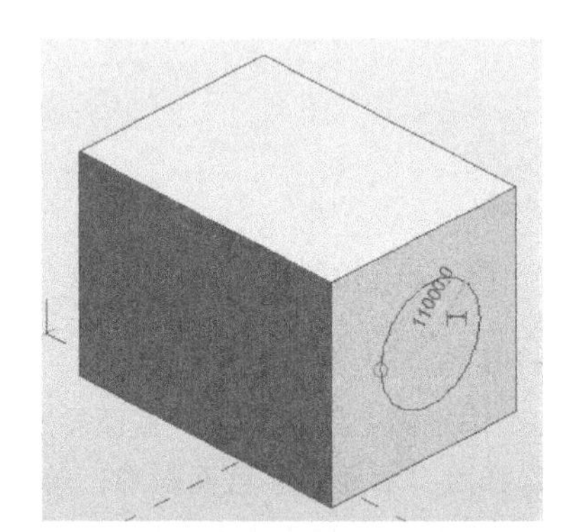

图 4-35　绘制截面

（5）单击“形状”面板“创建形状”下拉列表中的“空心形状”按钮，系统自动创建一个空心形状拉伸、默认孔底为如图 4-36 所示的平底，也可以单击按钮，更改孔底为圆弧底，如图 4-37 所示。

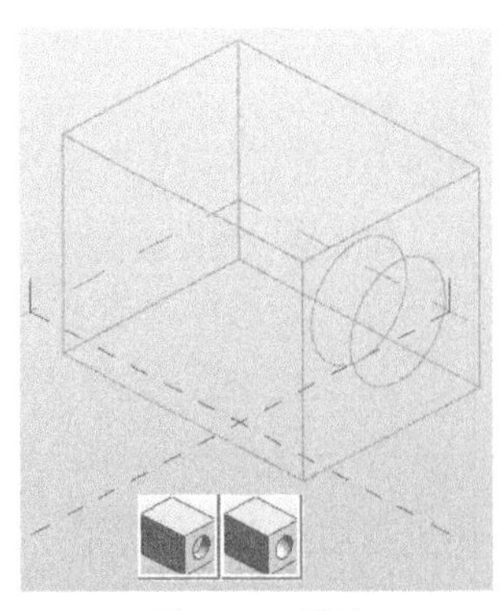

图 4-36　平底

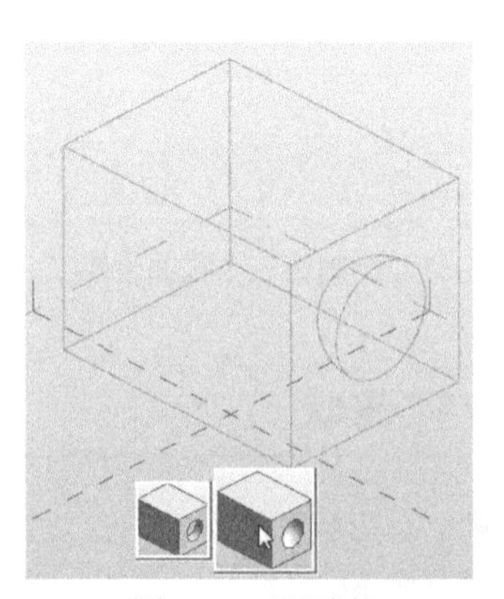

图 4-37　圆弧底

（6）拖曳操控件调整孔的深度，或直接修改尺寸，创建通孔，结果如图4-38所示。

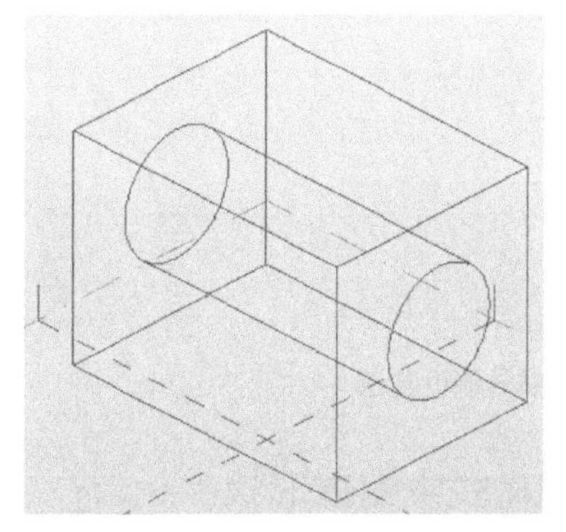

图4-38　创建通孔

4.2　编辑体量

4.2.1　编辑形状轮廓

通过更改轮廓或路径来编辑形状。

具体编辑步骤如下。

（1）在视图中选择侧面，打开“修改 | 形式”选项卡，单击“形状”面板中的“编辑轮廓”按钮。

（2）打开“修改 | 形式 > 编辑轮廓”选项卡，并进入路径编辑模式，更改路径的形状和大小，如图4-39所示。

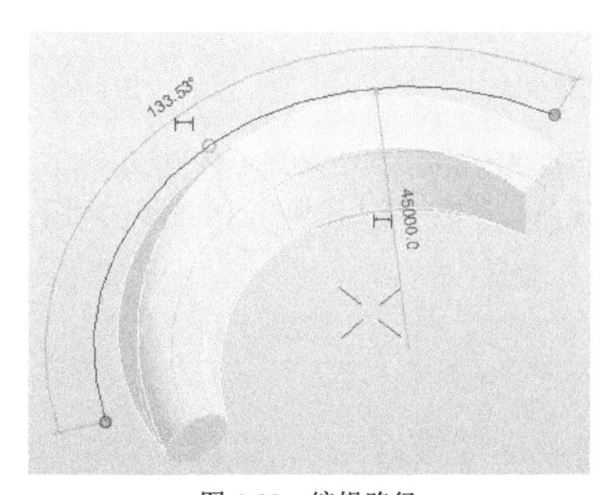

图4-39　编辑路径

（3）单击“模式”面板中的“完成编辑模式”按钮，完成路径的更改。

（4）选择放样融合的端面，单击“形状”面板中的“编辑轮廓”按钮，进入路径编辑模式，对截面轮廓进行编辑，如图4-40所示。

（5）单击“模式”面板中的“完成编辑模式”按钮，结果如图4-41所示。

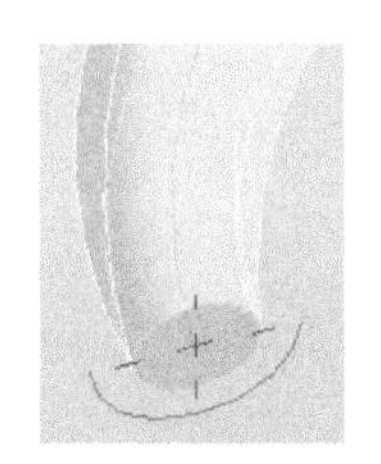

图 4-40 编辑端面轮廓

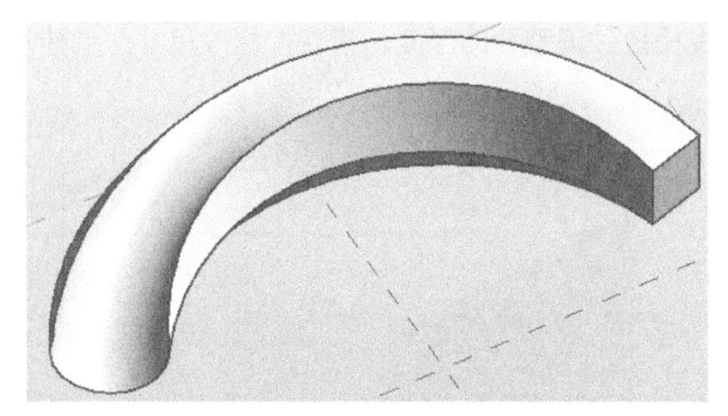

图 4-41 编辑形状

4.2.2 在透视模式中编辑形状

编辑形状的源几何图形来调整其形状。也可以在透视模式中添加和删除轮廓、边和顶点。

具体编辑步骤如下。

（1）选择形状模型，打开“修改 | 形式”选项卡，单击“形状”面板中的“透视”按钮，进入透视模式，如图 4-42 所示，会显示形状的几何图形和节点。

（2）选择形状和三维控件显示的任意图元以重新定位节点和线，如图 4-43 所示。

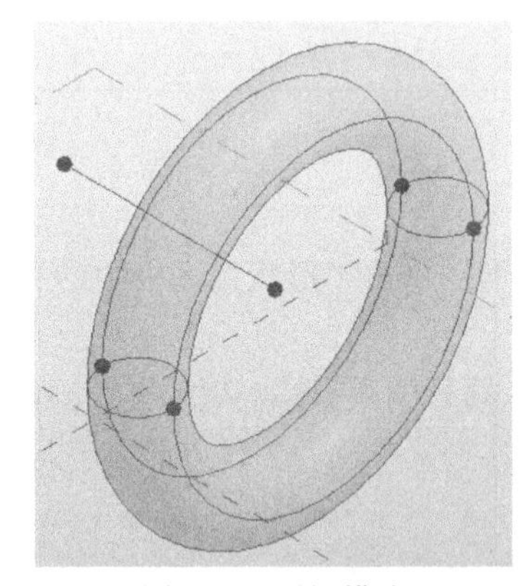

图 4-42 透视模式

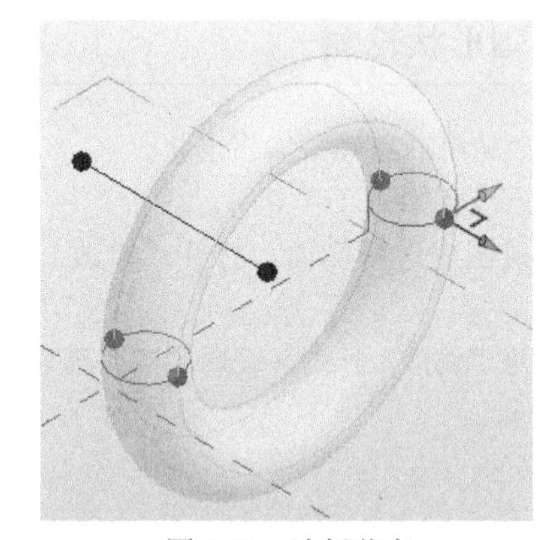

图 4-43 选择节点

（3）选择节点，并拖曳节点更改截面大小，如图 4-44 所示。

（4）单击“添加边”按钮，在轮廓线上添加节点增加边，如图 4-45 所示。

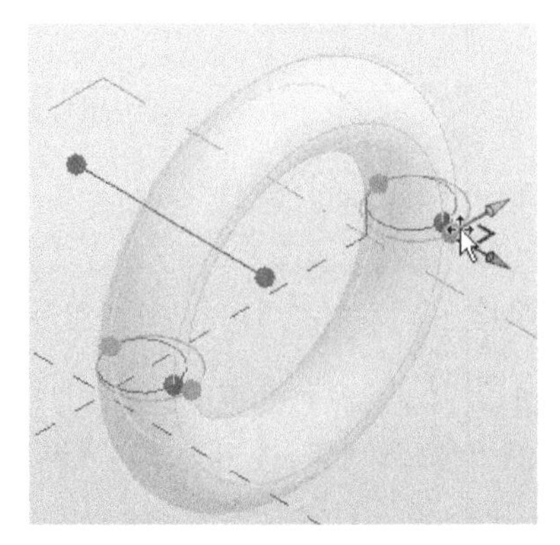

图 4-44 更改截面大小

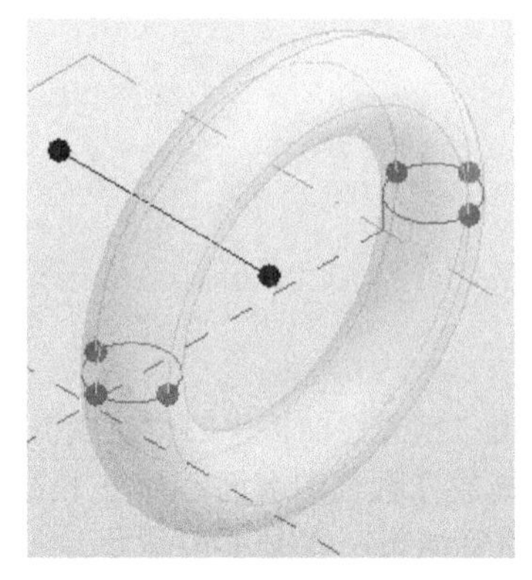

图 4-45 增加边

（5）选择增加的点，拖曳控件改变截面形状，如图 4-46 所示。

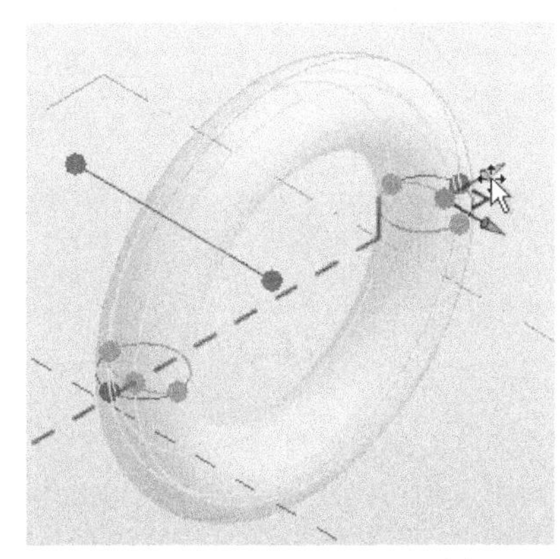
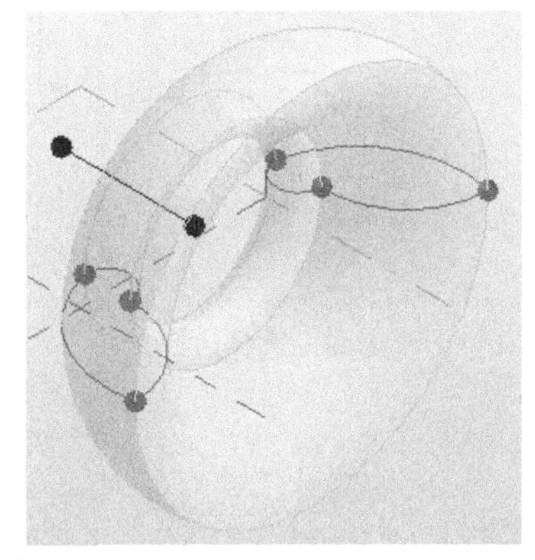

图 4-46　改变形状

（6）再次单击“形状”面板中的“透视”按钮，退出透视模式，结果如图 4-47 所示。

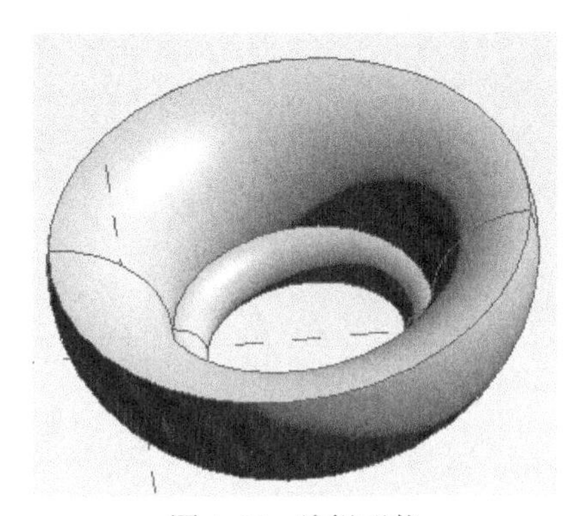

图 4-47　编辑形状

4.2.3　分割路径

可以分割路径和形状边以定义放置在设计中自适应构件上的节点。

在概念设计中分割路径时，将应用节点以表示构件的放置点位置。通过确定分割数、分割之间的距离或通过与参照（标高、垂直参照平面或其他分割路径）的交点来执行分割。

具体操作步骤如下。

（1）打开已经绘制好的形状，这里打开放样融合形状。

（2）选择形状的一条边线，如图 4-48 所示。

（3）打开“修改 | 形式”选项卡，单击“分割”面板中的“分割路径”按钮，默认情况下，路径将分割为具有 6 个等距离节点的 5 段（英制样板）或具有 5 个等距离节点的 4 段（公制样板），如图 4-49 所示。

（4）在属性选项板中更改节点数量为 8，如图 4-50 所示。也可以直接在视图中选择节点数字，输入节点数量为 8，如图 4-51 所示。

- 布局：指定如何沿分割路径分布节点。包括“无”“固定数量”“固定距离”“最小距离”“最大距离”。

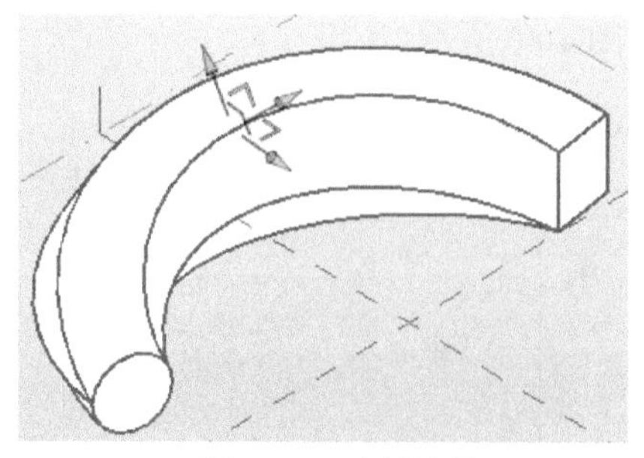
图 4-48　选择边线

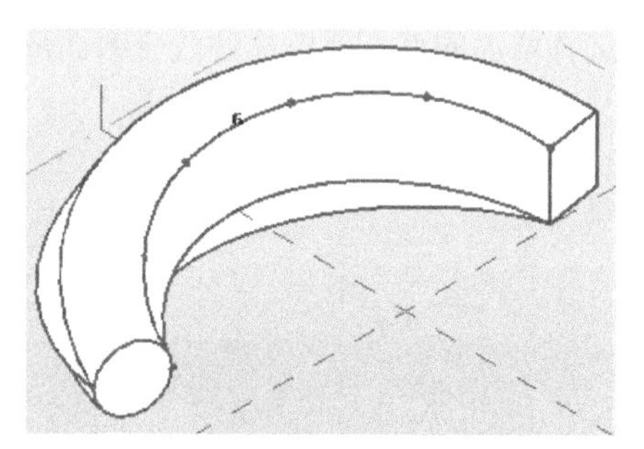

图 4-49　分割路径

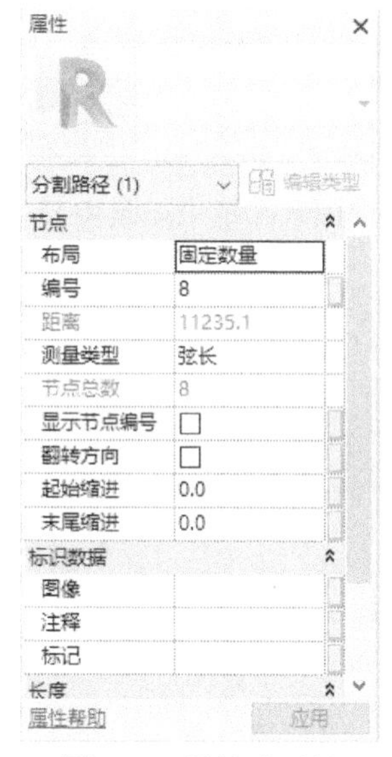

图 4-50　属性选项板

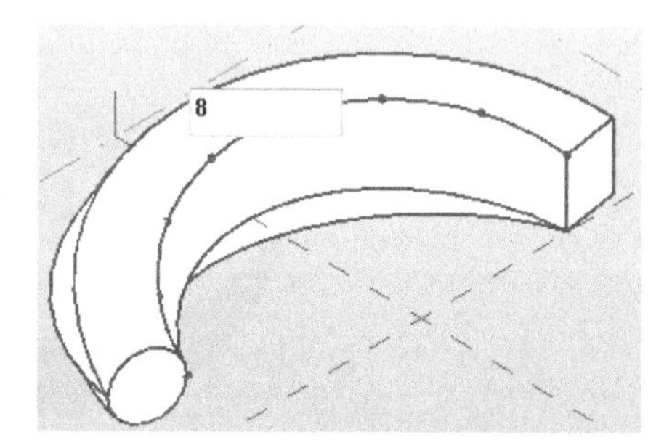

图 4-51　更改节点数量

✓　无：这将移除使用“分割路径”工具创建的节点并对路径产生影响。

✓　固定数量：默认为此布局，它指定以相等间距沿路径分布的节点数。默认情况下，该路径将分割为 5 段 6 个等距离节点（英制样板）或 4 段 5 个等距离节点（公制样板）。

注意

当“弦长度”的“测量类型”仅与复杂路径的几个分割点一起使用时，生成的系列点可能不像如图所示的那样非常接近曲线。当路径的起点和终点相互靠近时会发生这种情况。

✓　固定距离：指定节点之间的距离。默认情况下，一个节点放置在路径的起点，新节点按路径的“距离”实例属性定义的间距放置。通过指定“对齐”实例属性，也可以将第一个节点指定在路径的“中心”或“末端”。

✓　最小距离：是指以相等间距沿节点之间距离最短的路径分布节点。

✓　最大距离：是指以相等间距沿节点之间距离最长的路径分布节点。

- 数量：指定用于分割路径的节点数。
- 距离：沿分割路径指定节点之间的距离。
- 测量类型：指定测量节点之间距离所使用的长度类型。包括“弦长”或“线段长度”两种类型。

✓　弦长：指的是节点之间的直线。

✓　线段长度：指的是节点之间沿路径。

- 节点总数：指定根据分割和参照交点创建的节点总数。
- 显示节点编号：设置在选择路径时是否显示每个节点的编号。
- 翻转方向：勾选此复选框，则沿分割路径反转节点的数字方向。
- 起始缩进：指定分割路径起点处的缩进长度。缩进取决于测量类型，分布时创建的节点不会延伸到缩进范围。
- 末尾缩进：指定分割路径终点的缩进长度。
- 路径长度：指定分割路径的长度。

4.2.4　分割表面

在概念设计中沿着表面应用分割网格。

具体操作步骤如下。

（1）打开已经绘制好的形状，这里打开放样融合形状。

（2）选择形状的一个面，如图 4-52 所示。

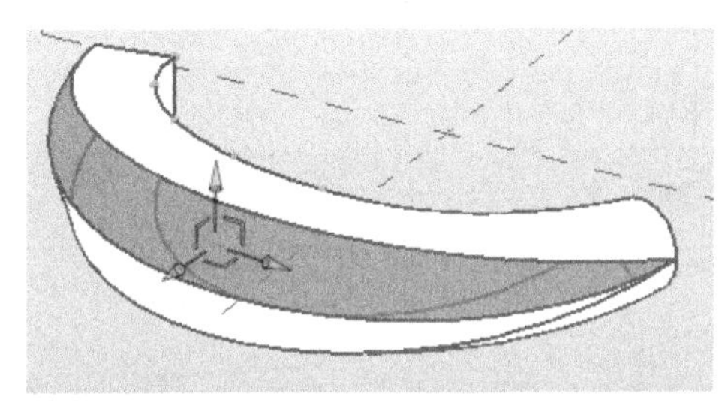

图 4-52　选择面

（3）打开“修改 | 形式”选项卡，单击“分割”面板中的“分割表面”按钮，打开“修改 | 分割的表面”选项卡和选项栏，如图 4-53 所示。

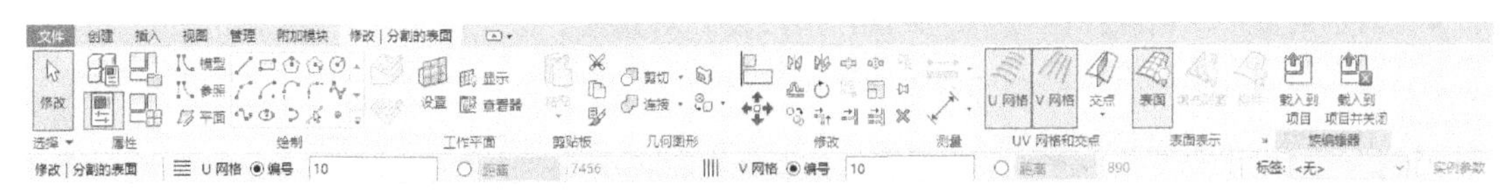

图 4-53　“修改 | 分割的表面”选项卡和选项栏

默认情况下，U/V 网格的数量为 10，如图 4-54 所示。

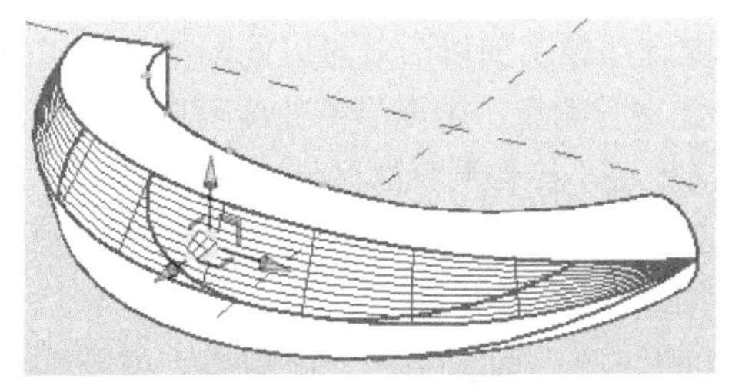

图 4-54　分割表面

（4）可以在选项栏中更改 U/V 网格的数量或距离，也可以在属性选项板中更改，如图 4-55 所示。

- 边界平铺：确定填充图案与表面边界相交的方式，包括空、部分和悬挑 3 种方式。
- 所有网格旋转：指定 U 网格以及 V 网格的旋转。
- 布局：指定 U/V 网格的间距形式为固定数量或固定距离。默认设置为固定数量。
- 编号：设置 U/V 网格的固定分割数量。
- 对正：用于测量 U/V 网格的位置，包括起点、中心和终点。
- 网格旋转：用于指定 U/V 网格的旋转角度。
- 偏移：指定网格原点的 U/V 向偏移距离。
- 区域测量：沿分割的弯曲表面 U/V 网格的位置，网格之间的弦距离将由此进行测量。

（5）单击“配置 U/V 网格布局”按钮，U/V 网格编辑控件即显示在分割表面上，如图 4-56 所示。

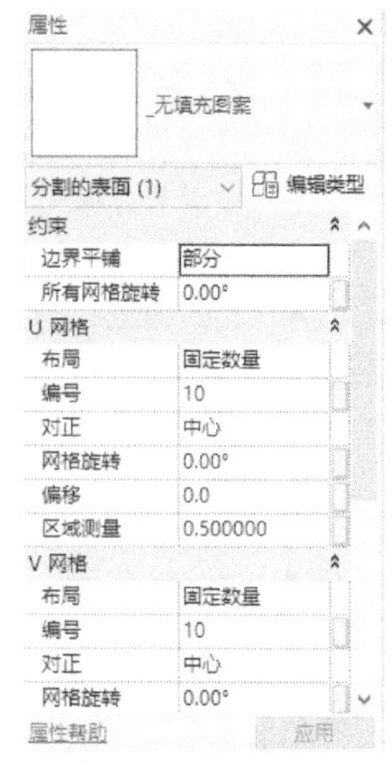

图 4-55　属性选项板

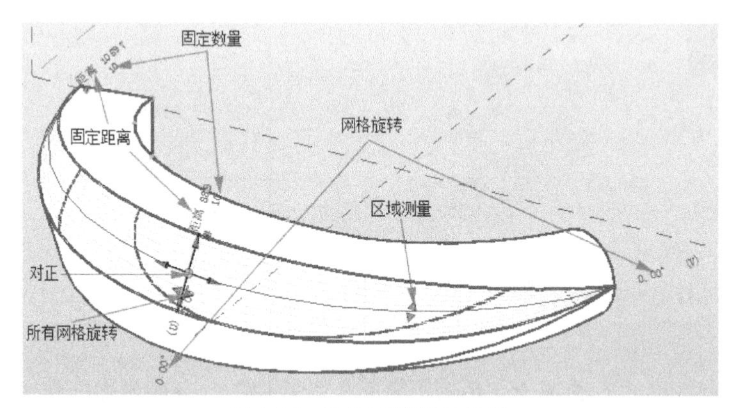

图 4-56　U/V 网格编辑控件

- 固定数量：单击绘图区域中的数值，然后输入新数量。
- 固定距离：单击绘图区域中的距离值，然后输入新距离。

注意　“选项栏”上的“距离”下拉列表也列出最小或最大距离，而不是绝对距离。只有表面在最初就被选中时（不是在面管理器中），才能使用该选项。

- 网格旋转：单击绘图区域中旋转值，然后输入两种网格的新角度。
- 所有网格旋转：单击绘图区域中的旋转值，然后输入新角度以均衡旋转两个网格。
- 区域测量：单击并拖曳这些控制柄以沿着对应的网格重新定位带。每个网格带表示沿曲面的线，网格之间的弦距离将由此进行测量。距离沿着曲线可以是不同的比例。
- 对正：单击、拖曳并捕捉该小控件至表面区域（或中心）以对齐 U/V 网格。新位置即为“U/V 网格”布局的原点。也可以使用“对齐”工具将网格对齐到边。

（6）根据需要调整 U/V 网格的间距、旋转和网格定位。

（7）可以单击“U/V 网格和交点”面板中的“U 网格”按钮和“V 网格”按钮来控制 UV 网格的关闭或显示，如图 4-57 所示。

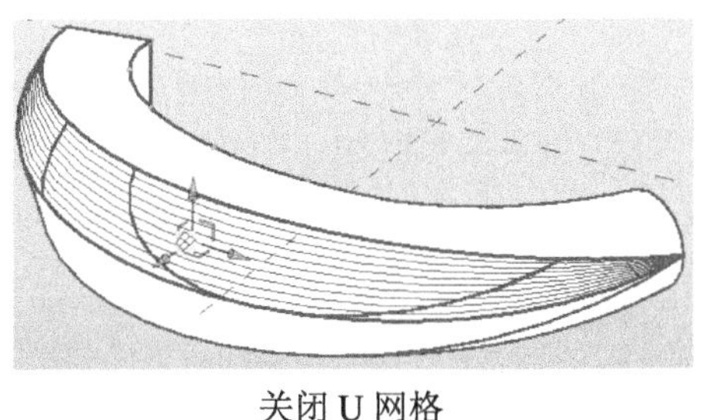

关闭 U 网格

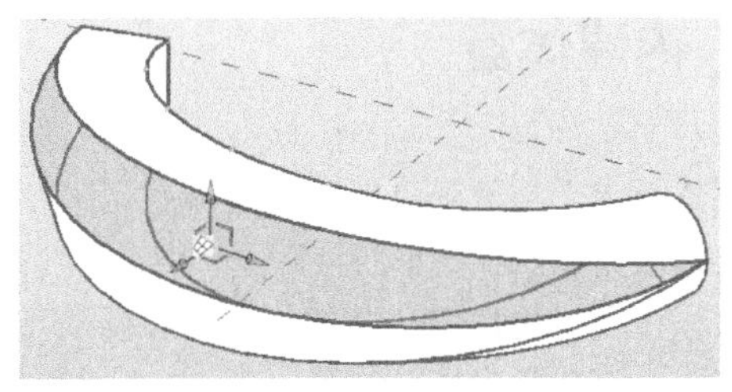

关闭 U/V 网格

图 4-57　U/V 网格的显示控制

（8）单击“表面表示”面板中的“表面”按钮，控制分割表面后的网格显示，默认状态下，系统激活此按钮，显示网格，再次单击此按钮，关闭网格显示。

（9）单击“表面表示”面板中的“显示属性”按钮，打开“表面表示”对话框，默认情况下勾选“UV 网格和相交线”复选框，如图 4-58 所示，如果勾选“原始表面”和“节点”复选框，则显示原始表面和节点，如图 4-59 所示。

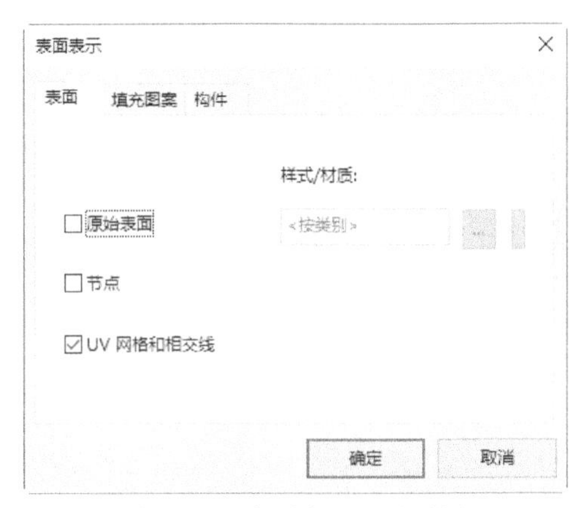

图 4-58　“表面表示”对话框

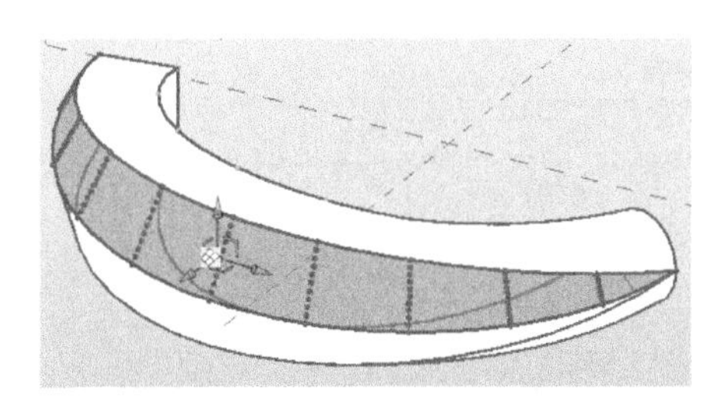

图 4-59　显示原始表面和节点

在选择面或边线时，单击“分割”面板中的“默认分割设置”按钮，打开如图 4-60 所示的“默认分割设置”对话框，可以设置分割表面时的 U/V 网格数量和分割路径时的布局编号。

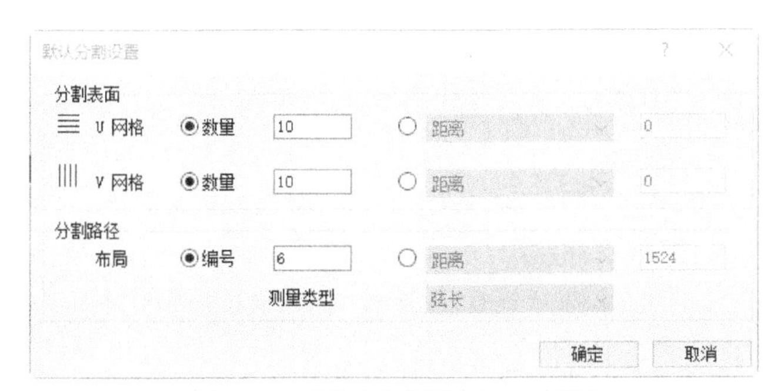

图 4-60　“默认分割设置”对话框

4.3 内建体量

创建特定于当前项目上下文的体量。

具体操作步骤如下。

（1）在项目文件中，单击“体量和场地”选项卡“概念体量”面板中的“内建体量”按钮，打开“名称”对话框，输入体量名称，如图 4-61 所示。

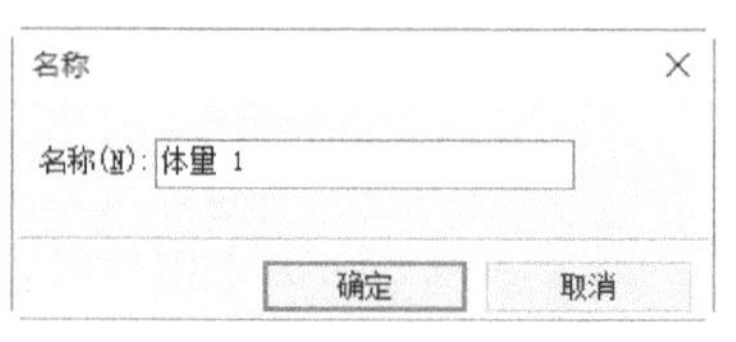

图 4-61 “名称”对话框

（2）单击“确定”按钮，进入体量创建环境，如图 4-62 所示。

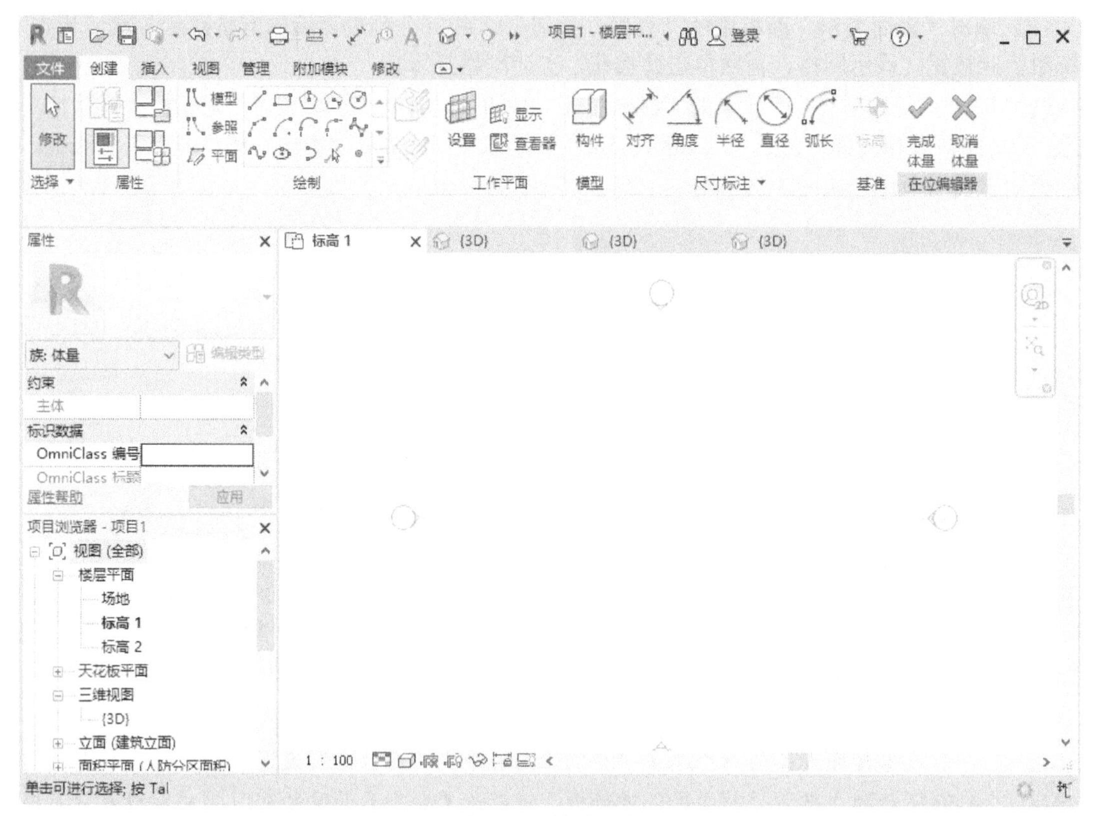

图 4-62 体量环境

（3）单击“创建”选项卡“绘制”面板“线”按钮和，打开“修改 | 放置 线”选项卡和选项栏，如图 4-63 所示。绘制截面轮廓，如图 4-64 所示。

图 4-63 “修改 | 放置 线”选项卡和选项栏

（4）单击“形状”面板“创建形状”下拉列表中的“实心形状”按钮，系统自动创建如图 4-65 所示的拉伸模型。

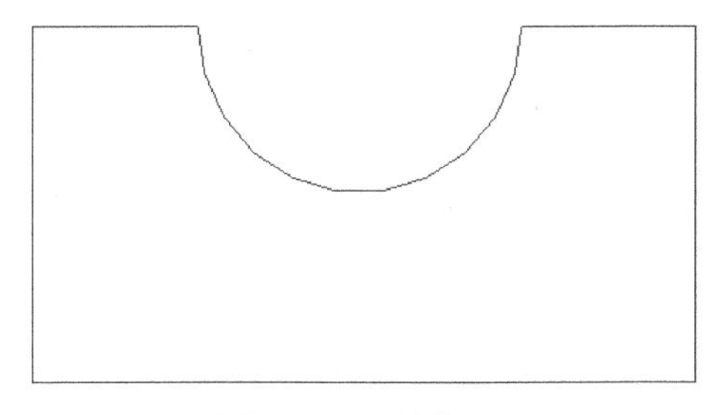
图 4-64　绘制截面

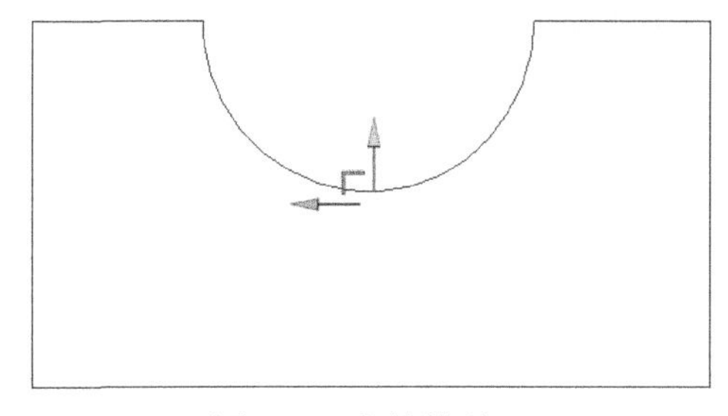
图 4-65　拉伸模型

（5）单击“在位编辑”面板中的“完成体量”按钮，完成体量的创建，将视图切换到三维视图，如图 4-66 所示。

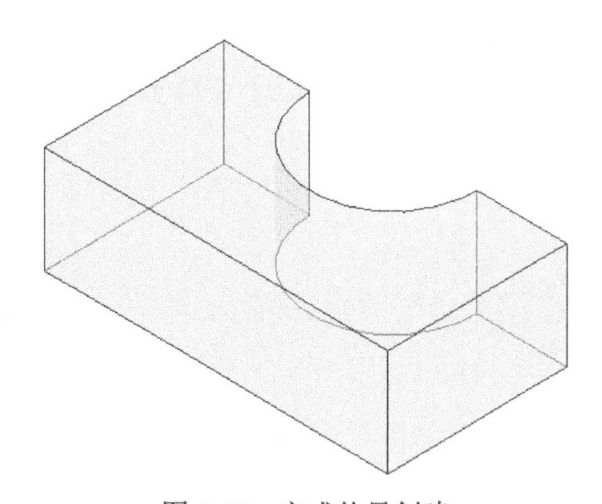
图 4-66　完成体量创建

其他体量的创建与体量族中各种形状的创建相同，这里就不再一一介绍，读者可以自己创建，此体量不能在其他项目中重复使用。

4.4　从体量创建建筑图元

可以从抽象模型、常规模型、导入的实体和多边形网格的面创建建筑图元。

- 抽象模型：如果要对建筑进行抽象建模，或者要将总体积、总表面积和总楼层面积录入明细表，请使用体量实例。
- 常规模型：如果必须创建一个唯一的、与众不同的形状，并且不需要对整个建筑进行抽象建模，请使用常规模型。墙、屋顶和幕墙系统可以从常规模型族中的面来创建。
- 导入的实例：要从导入实体的面创建图元，在创建体量族时必须将这些实体导入概念设计环境中，或者在创建常规模型时必须将它们导入族编辑器中。
- 多边形网格：可以从各种文件类型导入多边形网格对象。对于多边形网格几何图形，推荐使用常规模型族，因为体量族不能从多边形网格提取体积的信息。

4.4.1　从体量面创建墙

使用“面墙”工具，通过拾取线或面从体量实例创建墙。此工具将墙放置在体量实例或常规模型的非水平面上。

具体操作步骤如下。

（1）打开上节绘制的体量实例。

（2）单击“体量和场地”选项卡“面模型”面板中的“墙”按钮，打开“修改 | 放置 墙”选项卡和选项栏，如图 4-67 所示。

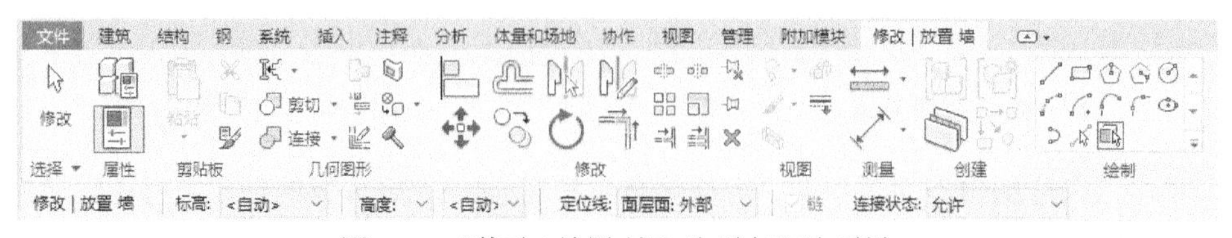

图 4-67 “修改 | 放置 墙”选项卡和选项栏

（3）在选项栏中设置所需的标高、高度和定位线。

（4）在属性选项板中选择墙的类型为“基本墙 常规—200mm”，其他采用默认设置，如图 4-68 所示。

（5）在视图中选择一个体量面，如图 4-69 所示。

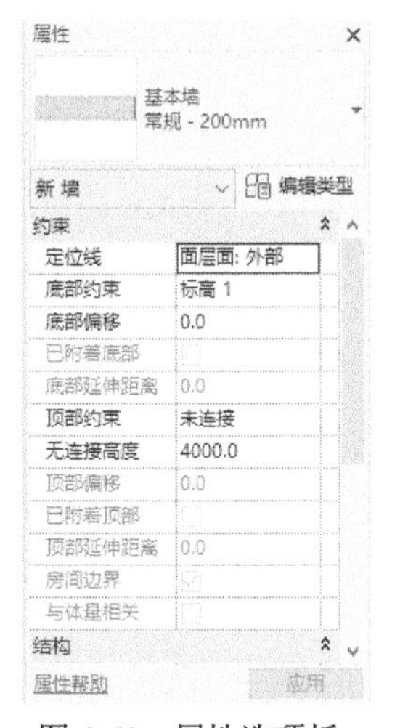

图 4-68 属性选项板

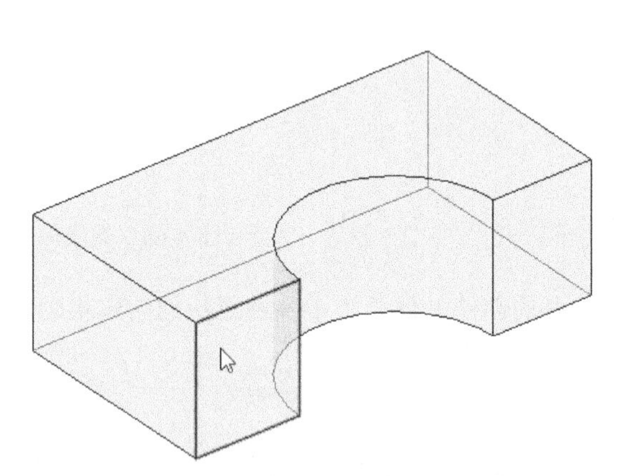

图 4-69 选择体量面

（6）系统会立即将墙放置在该面上，如图 4-70 所示。

（7）继续选择其他体量面，创建面墙，结果如图 4-71 所示。

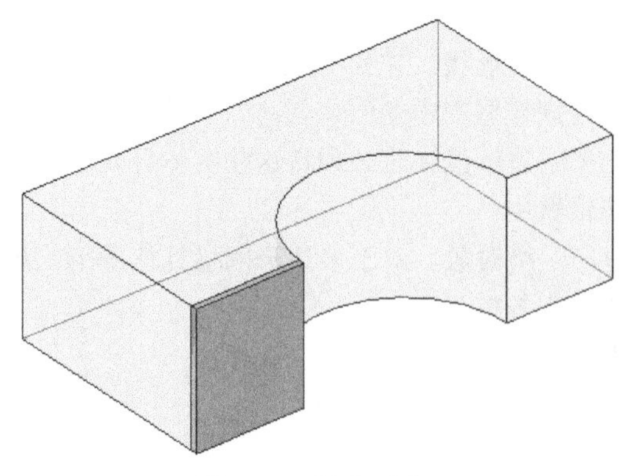

图 4-70 创建面墙

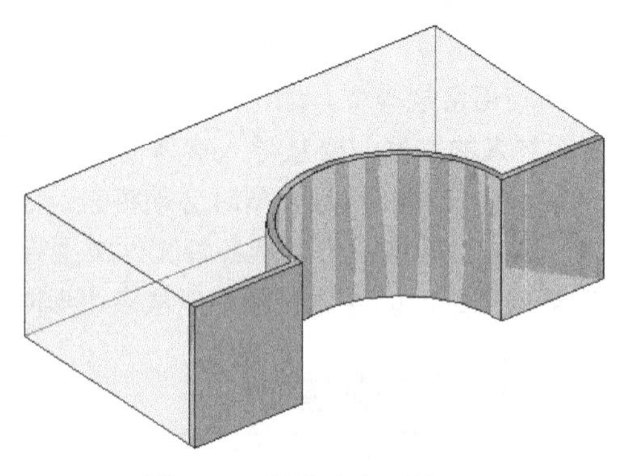

图 4-71 创建多个面墙

4.4.2　从体量面创建楼板

具体绘制步骤如下。

（1）打开上节绘制的体量实例。

（2）选择体量实例，打开“修改 | 体量”选项卡，单击“模型”面板中的“体量楼层”按钮，打开“体量楼层”对话框，勾选“标高 1”和“标高 2”复选框，如图 4-72 所示。单击“确定”按钮，创建体量楼层，如图 4-73 所示。

图 4-72　“体量楼层”对话框

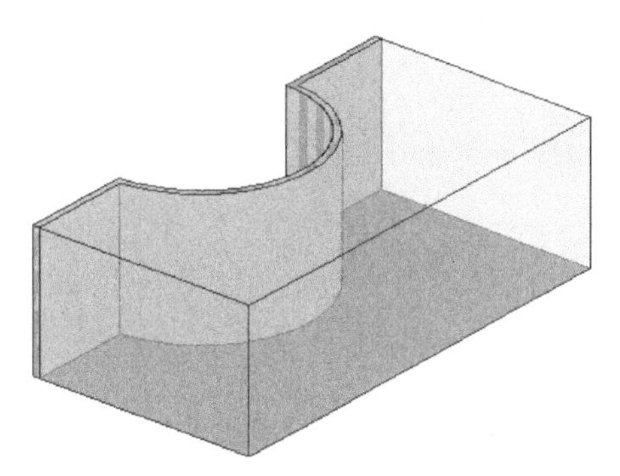

图 4-73　创建体量楼层

（3）单击“体量和场地”选项卡“面模型”面板中的“楼板”按钮，打开“修改 | 放置面楼板”选项卡，如图 4-74 所示。

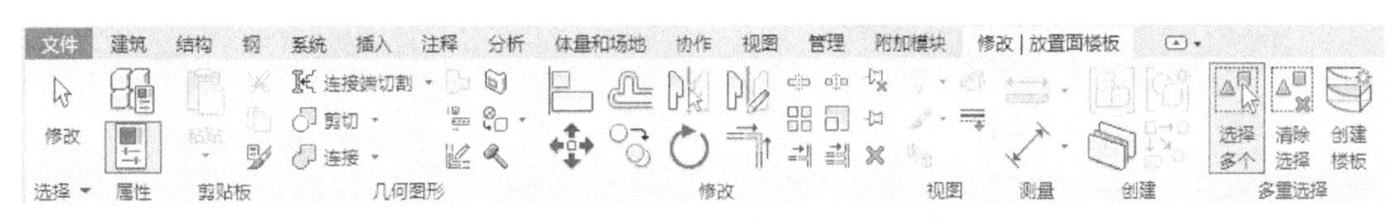

图 4-74　“修改 | 放置面楼板”选项卡

（4）单击“多重选择”面板中的“选择多个”按钮，禁用此选项（默认状态下，此选项处于启用状态）。

（5）在属性选项板中选择楼板类型为“楼板 常规—150mm”，其他采用默认设置。

（6）在视图中选择标高 1 体量楼层，如图 4-75 所示。创建楼板，结果如图 4-76 所示。

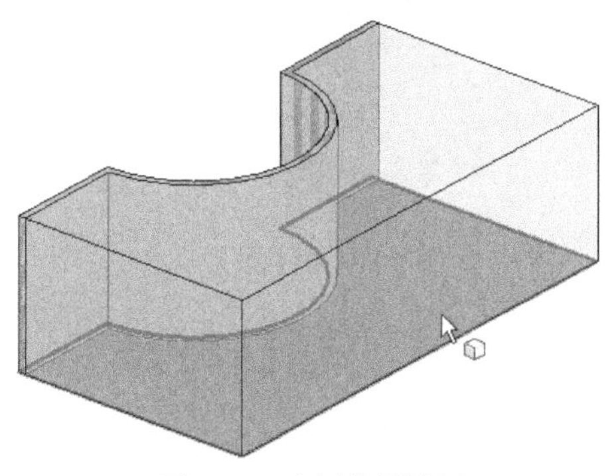

图 4-75　选择体量楼层

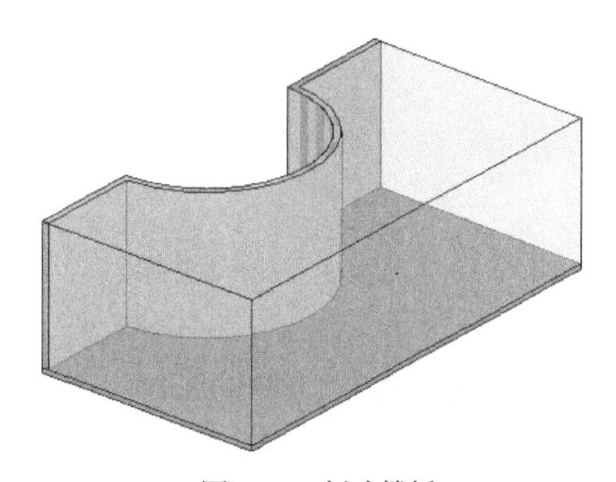

图 4-76　创建楼板

4.4.3 从体量面创建屋顶

使用“面屋顶”工具可以在体量的任何非垂直面上创建屋顶，如图 4-77 所示。

具体绘制步骤如下。

（1）打开上节绘制体量实例。

（2）单击“体量和场地”选项卡“面模型”面板中的“楼板”按钮，打开“修改 | 放置面楼板”选项卡，单击“多重选择”面板中的“选择多个”按钮，禁用此选项（默认状态下，此选项处于启用状态）。

（3）在属性选项板中选择楼板类型为“楼板 常规—125mm”，其他采用默认设置，如图 4-78 所示。

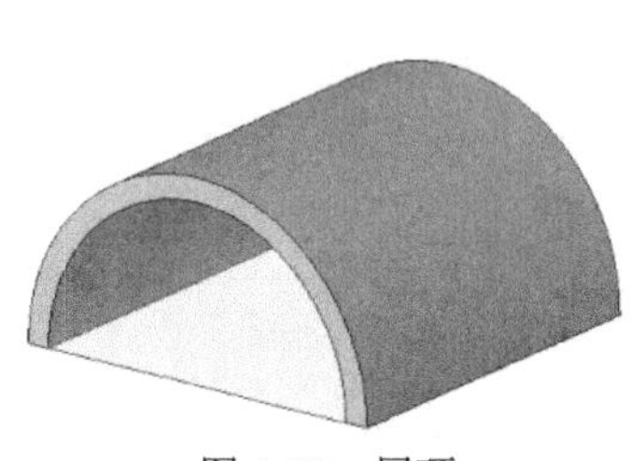

图 4-77　屋顶

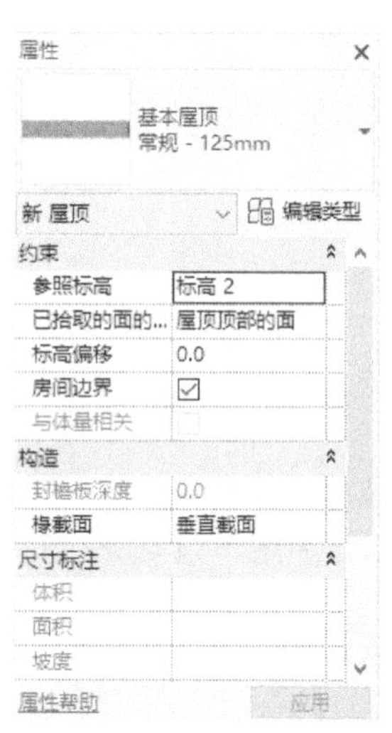

图 4-78　属性选项板

（4）在视图中选择体量实例的上表面，如图 4-79 所示。创建屋顶，结果如图 4-80 所示。

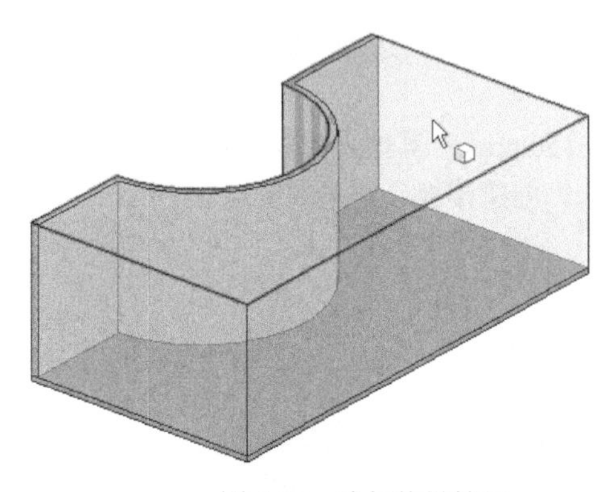

图 4-79　选择体量楼层

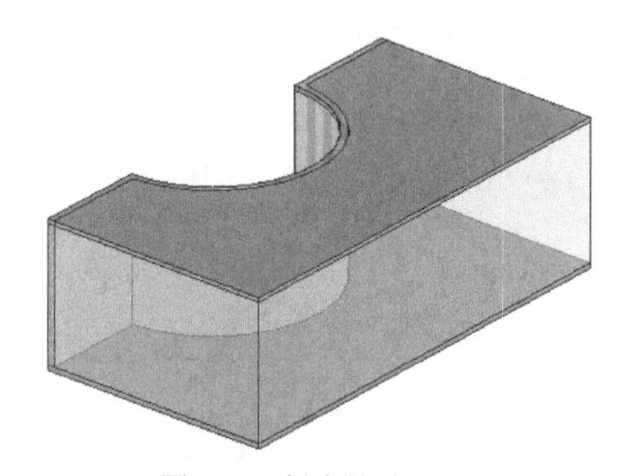

图 4-80　创建屋顶

4.4.4 从体量面创建幕墙系统

使用“面幕墙系统”工具可以在任何体量面或常规模型面上创建幕墙系统。

具体绘制步骤如下。

（1）打开上节绘制体量实例。

（2）单击“体量和场地”选项卡“面模型”面板中的“幕墙系统”按钮，打开“修改 | 放置面幕墙系统”选项卡。

（3）系统默认启用“选择多个”按钮，在视图中选择图形的其他 3 个侧面，如图 4-81 所示。

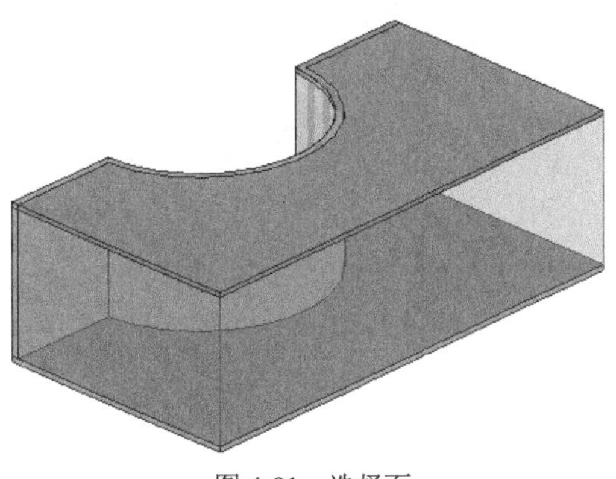

图 4-81　选择面

（4）在属性选项板中选择楼板类型为“幕墙系统 1500×3000mm”，其他采用默认设置，如图 4-82 所示。

（5）选择完面后，单击“多重选择”面板中的“创建系统”按钮，创建幕墙系统，结果如图 4-83 所示。

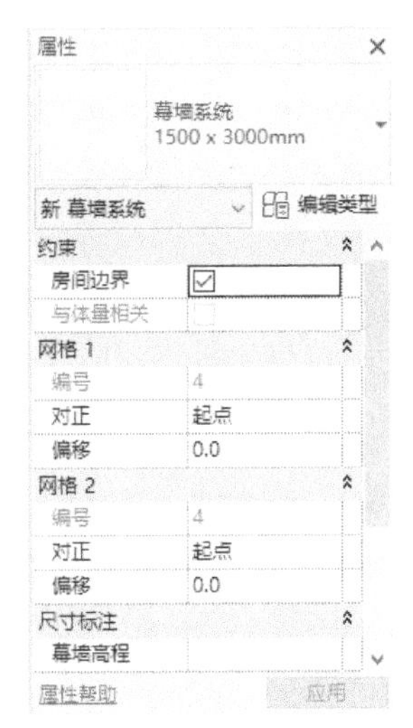

图 4-82　属性选项板

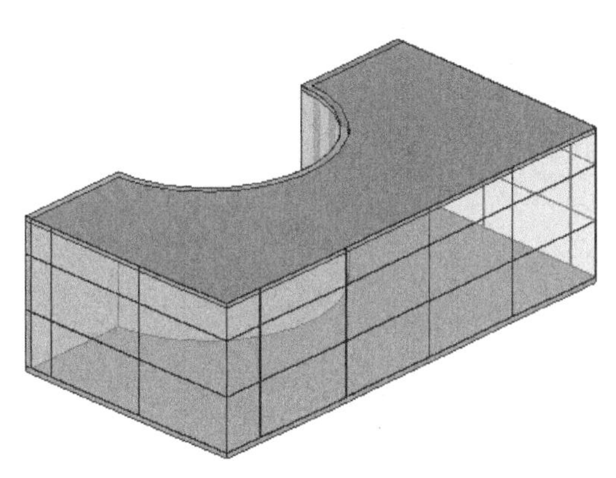

图 4-83　幕墙系统

第5章 绘图准备

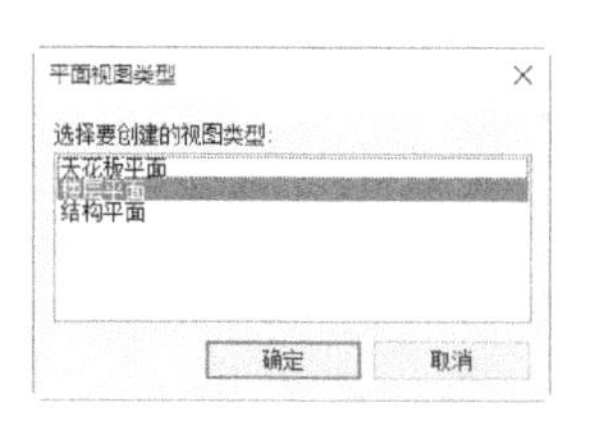

确认标高重命名
是否希望重命名相应视图?
不再显示此消息
是(Y)
否(N)

1
2
3

知识导引

在模型开始设计之前，先定义标高和轴网，本章主要介绍培训大楼的标高和轴网的创建。

5.1　创建标高

在 Revit 中几乎所有的建筑构件都是基于标高创建的，标高不仅可以作为楼层层高，还可以作为窗台和其他构件的定位。当标高修改后，这些建筑构件会随着标高的改变而发生高度上的变化。

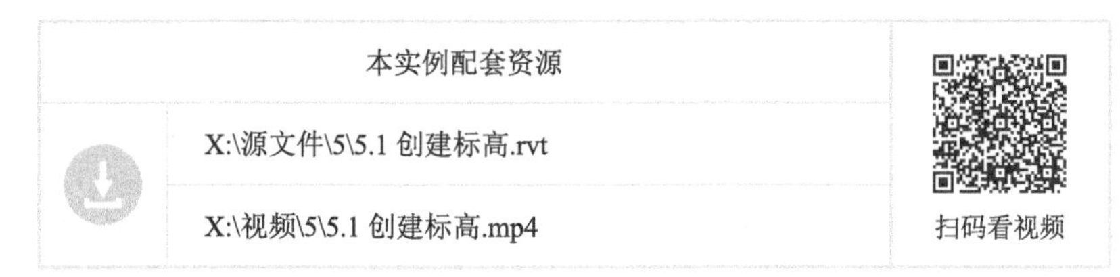

本实例配套资源	扫码看视频
X:\源文件\5\5.1 创建标高.rvt	
X:\视频\5\5.1 创建标高.mp4	

具体操作步骤如下。

（1）在主页中，单击“模型”→“新建”命令，或者单击“文件”主程序→“新建”→“项目”命令，打开如图 5-1 所示“新建项目”对话框，在“样板文件”下拉列表中选择“建筑样板”，选择新建“项目”单选项，单击“确定”按钮，新建一项目文件，系统自动切换视图到楼层平面：标高 1。

图 5-1　“新建项目”对话框

（2）在项目浏览器中，双击立面节点下的东，将视图切换到东立面视图，显示预设的标高，如图 5-2 所示。

图 5-2　预设标高

（3）单击“建筑”选项卡“基准”面板中的“标高”按钮，打开如图 5-3 所示的“修改 | 放置 标高”选项卡和选项栏。

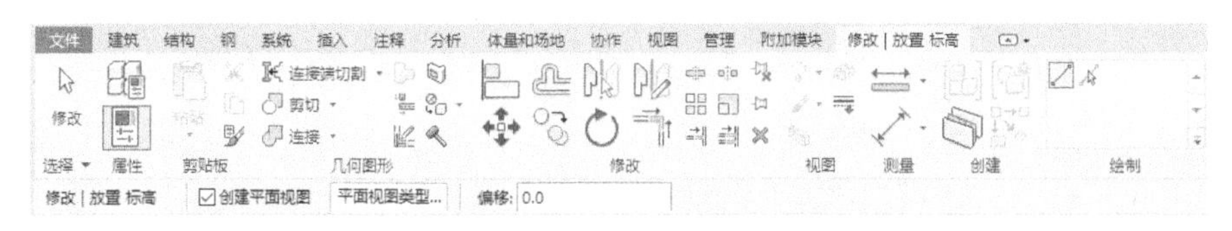

图 5-3　“修改 | 放置 标高”选项卡和选项栏

● 创建平面视图：默认勾选此复选框，所创建的每个标高都是一个楼层，并且拥有关联楼层平面视图和天花板投影平面视图。如果取消此复选框的勾选，则认为标高是非楼层的标高或参照标高，并且不创建关联的平面视图。墙及其他以标高为主体的图元可以将参照标高用作自己的墙顶定位标高或墙底定位标高。

● 平面视图类型：单击此选项，打开如图 5-4 所示“平面视图类型”对话框，指定需要的视图类型。

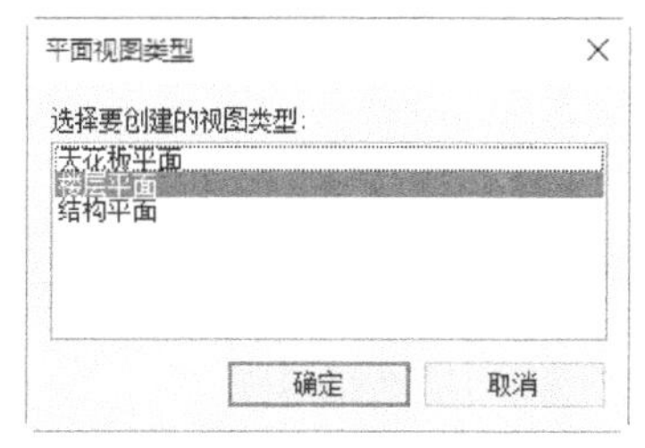

图 5-4　“平面视图类型”对话框

（4）当放置鼠标指针以创建标高时，如果鼠标指针与现有标高线对齐，则鼠标指针和该标高线之间会显示一个临时的垂直尺寸标注，如图 5-5 所示。单击确定标高的起点，通过水平移动鼠标指针绘制标高线，直到捕捉到另一侧标头时，单击确定标高线的终点，如图 5-6 所示。

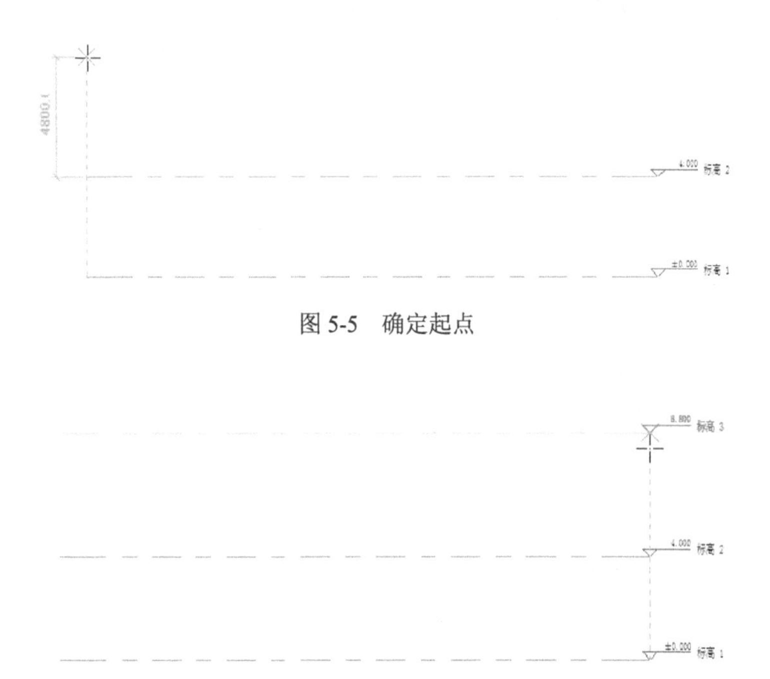

图 5-5　确定起点

图 5-6　确定终点

> **注意**　在绘制标高时，要注意鼠标的位置，如果鼠标在现有标高的上方，则会在当前标高上方生成标高，如果鼠标在现有标高的下方位置，则会在当前标高的下方生成标高。在拾取时，视图中会以虚线表示即将生成的标高位置，可以根据此预览来判断标高位置是否正确。

（5）采用相同的方法，绘制所有的标高线，如图 5-7 所示。

图 5-7　绘制标高线

注意

标高名称的自动排序是按照名称的最后一个字母排序，并且软件不能识别中文的一、二、三等汉字排序方式。所以，如果项目需要，只能单独修改标高名称为一层、二层等汉字名称。

提示

生成多条标高，还可以利用“复制”和“阵列”创建多个标高，只是利用这两种工具只能单纯地创建标高符号，而不会生成相应的视图，所以需要手动创建平面视图。

（6）在视图中选择任意标高线，这里选择标高 5，在如图 5-8 所示的属性选项板中单击“编辑类型”按钮，打开如图 5-9 所示的“类型属性”对话框，单击“复制”按钮，打开如图 5-10 所示的“名称”对话框，输入新的名称为“标头”，单击“确定”按钮，返回“类型属性”对话框，在符号下拉列表中选择“标高标头—圆：标头可见性”，其他采用默认设置，如图 5-11 所示。单击“确定”按钮，完成标头的更改，如图 5-12 所示。

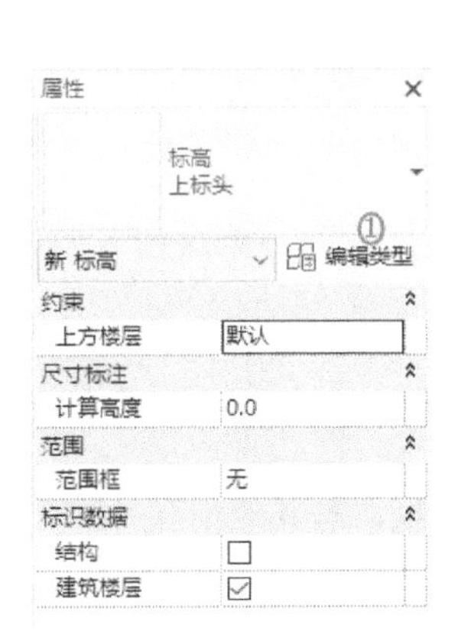

图 5-8　属性选项板

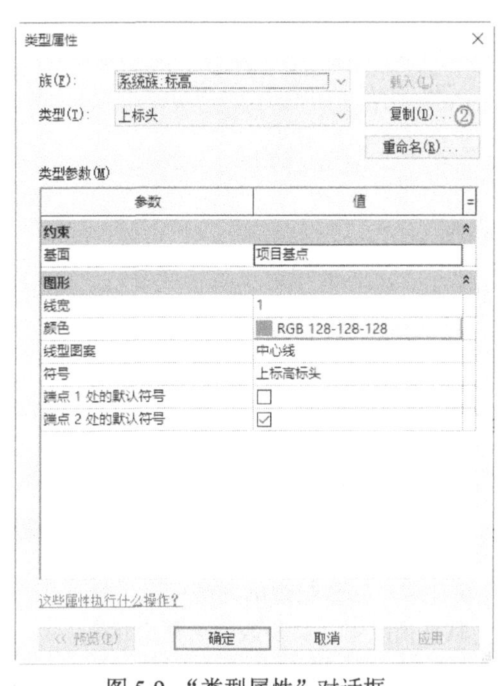

图 5-9　“类型属性”对话框

“标高”属性选项板中的选项说明如下。

- 立面：标高的垂直高度。
- 上方楼层：此参数指示该标高的下一个建筑楼层。默认情况下，“上方楼层”是下一个启用“建筑楼层”的最高标高。
- 计算高度：在计算房间周长、面积和体积时要使用的标高之上的距离。
- 名称：标高的标签。可以为该属性指定任何所需的标签或名称。
- 结构：将标高标识为主要结构（如钢顶部）。默认情况下，此参数处于禁用状态。

注意

标高可以定义为两个结构和一个建筑楼层。

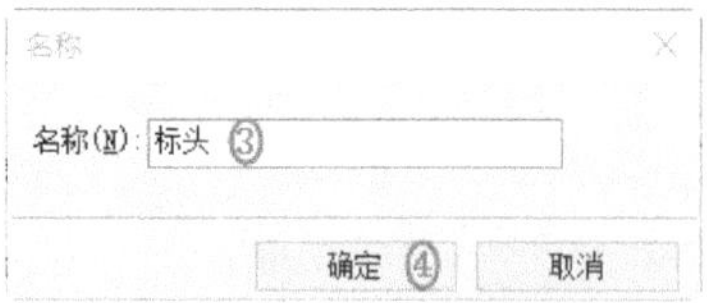

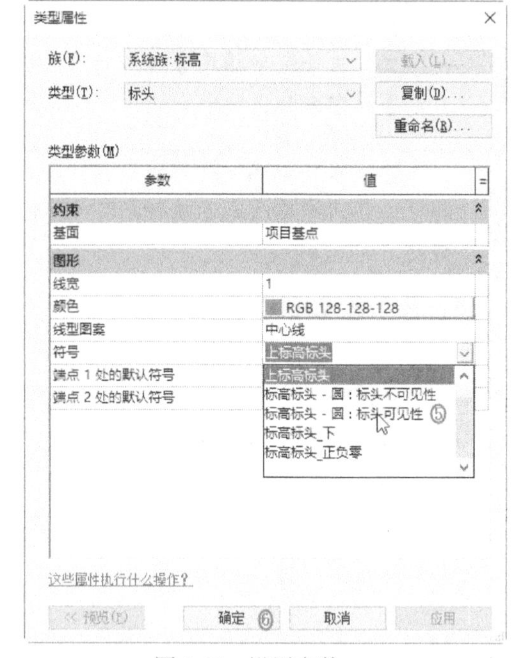

图 5-10 “名称”对话框

图 5-11 设置参数

图 5-12 更改标头

- 建筑楼层：此参数指示标高对应于模型中的功能楼层或楼板，与其他标高（如平台和保护墙）相对。默认情况下，此参数处于禁用状态。

“类型属性”对话框中选项说明如下。

- 基面：如果“基面”值设置为“项目基点”，则在某一标高上报告的高程基于项目原点。如果“基面”值设置为“测量点”，则报告的高程基于固定测量点。
- 线宽：设置标高类型的线宽。可以使用“线宽”工具来修改线宽编号的定义。
- 颜色：设置标高线的颜色。可以从 Revit 定义的颜色列表中选择颜色，或自定义颜色。
- 线型图案：设置标高线的线型图案。线型图案可以为实线或虚线和圆点的组合。可以从 Revit 定义的值列表中选择线型图案，或自定义线型图案。
- 符号：显示标高线的标头，包括上标高标头、标高标头—圆：标头不可见性、标高标头—圆：标头可见性、标高标头 _ 下、标高标头 _ 正负零。
- 端点 1 处的默认符号：默认情况下，在标高线的左端点放置编号。选择标高线时，标高编号旁边将显示复选框。取消选中该复选框以隐藏编号。
- 端点 2 处的默认符号：默认情况下，在标高线的右端点放置编号。

（7）框选视图中其他标高，在属性选项板中的类型下拉列表中选择第（6）步创建的“标头”类型，更改标高线的标头，如图 5-13 所示。

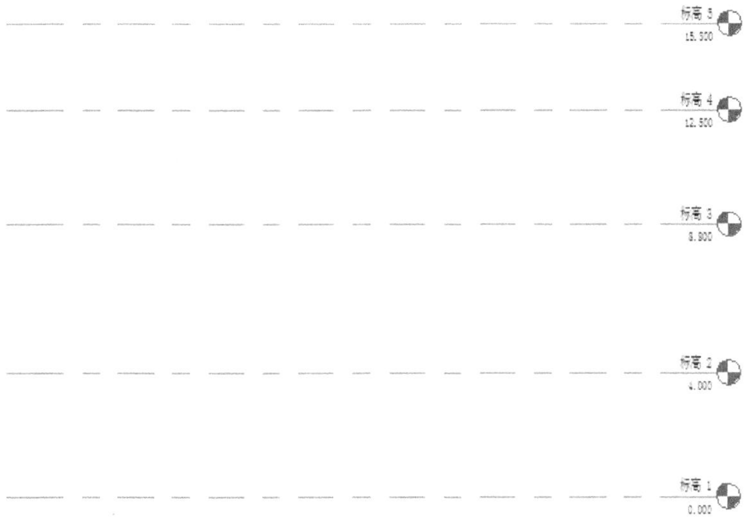

标高 5
15.500
标高 4
12.500
标高 3
8.800
标高 2
4.000
标高 1
0.000

图 5-13　更改标头

（8）双击标高上的尺寸值在文本框中输入新的尺寸值，也可以选择标高线更改标高线之间的尺寸值，如图 5-14 所示。也可以直接在属性选项板的立面文本框中输入新的尺寸值。

3D
3.8
标高 1
0.000
3D
3800.0

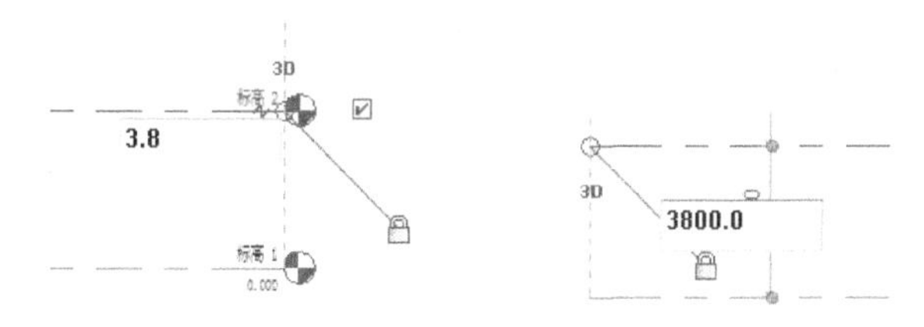

图 5-14　更改标高尺寸值

（9）采用相同的方法，更改所有的标高尺寸值，如图 5-15 所示。

标高 5
标高 4
11.400
标高 3
7.600
标高 2
3.800
标高 1
0.000

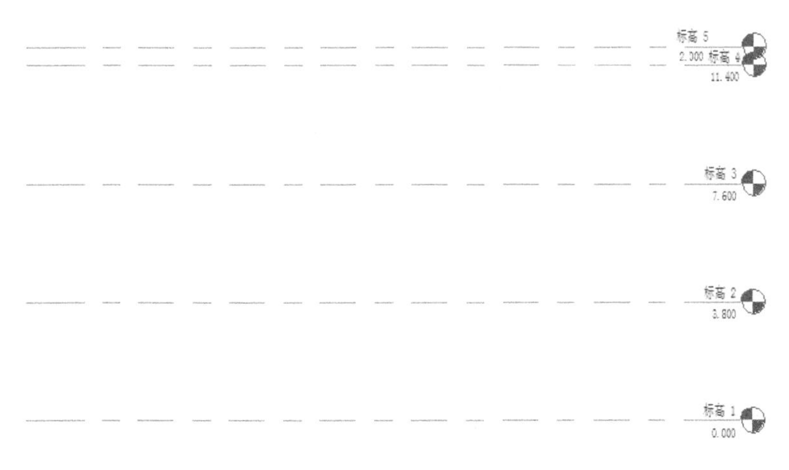

图 5-15　更改尺寸值

（10）图 5-15 中出现标头文字重叠现象，在标高 5 上单击“添加弯头”按钮，拖曳控制点到适当的位置，拖曳控制点，调整标高线文字放置位置，如图 5-16 所示。

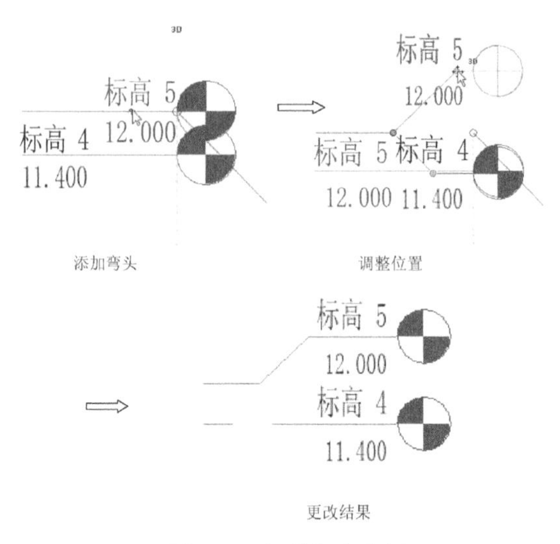

图 5-16　调整标高位置

提示

① 选择标高线，拖曳标高线两端的操纵柄，向左或向右移动鼠标指针，调整标高线的长度，如图 5-17 所示。

② 选择一条标高线，在标高编号的附近会显示“隐藏或显示标头”复选框，取消此复选框的勾选，隐藏标头，勾选此复选框，显示标头，如图 5-18 所示。

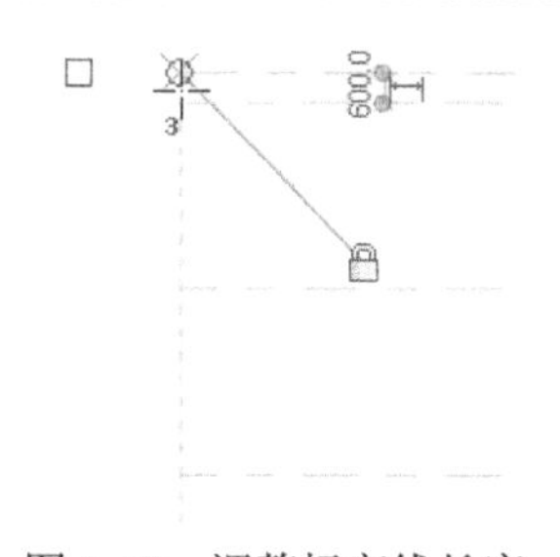

图 5-17　调整标高线长度

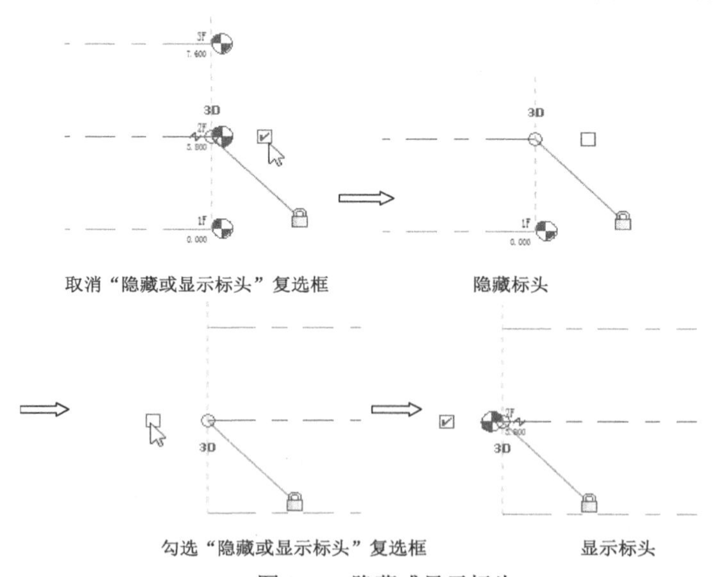

图 5-18　隐藏或显示标头

③ 选择标高后，单击“3D”字样，将标高切换到 2D 属性，如图 5-19 所示。这时拖曳标头延长标高线后，其他视图不会受到影响。

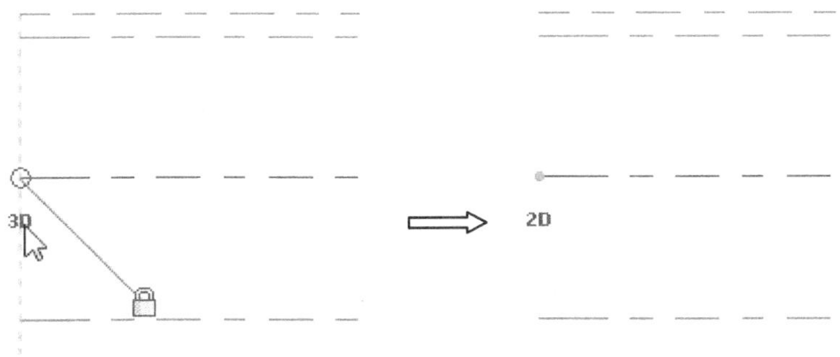

3D 2D

单击 3D 切换到 2D

图 5-19 3D 与 2D 切换

（11）双击标高上的名称，输入新的名称，如图 5-20 所示，也可以直接在属性选项板的名称文本框中输入新的名称。按 Enter 键确认，打开“Revit”提示对话框，单击“是”按钮，则相关的楼层平面和天花板投影平面的名称也将随之更新。如果输入的名称已存在，则会打开如图 5-21 所示“Autodesk Revit 2020”错误提示对话框，单击“取消”按钮，重新输入名称。

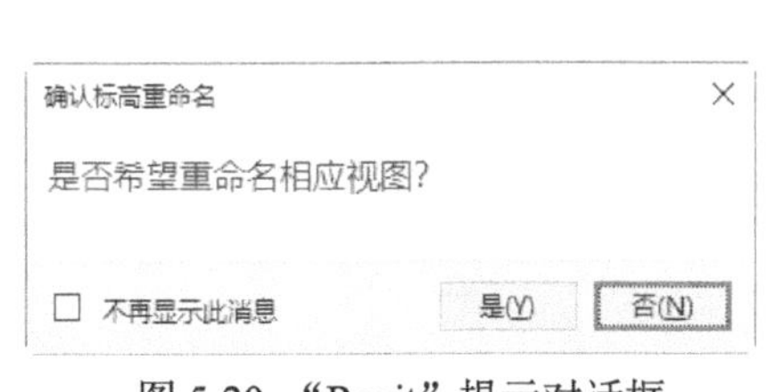

图 5-20 “Revit”提示对话框

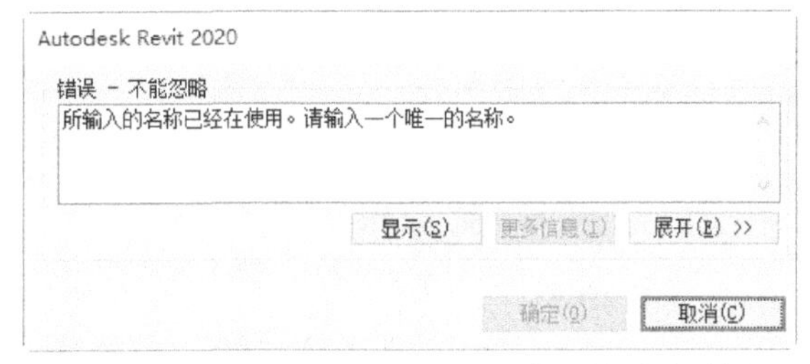

图 5-21 “Autodesk Revit 2020”错误提示对话框

（12）采用相同的方法，更改所有的标高名称，最终结果如图 5-22 所示。

图 5-22 更改

提示

双击标高线的标头会切换到与此标高相对应的楼层平面。

5.2 创建轴网

轴网用于为构件定位，在 Revit 中轴网确定了一个不可见的工作平面。软件目前可以绘制弧形和直线轴网，不支持折线轴网。

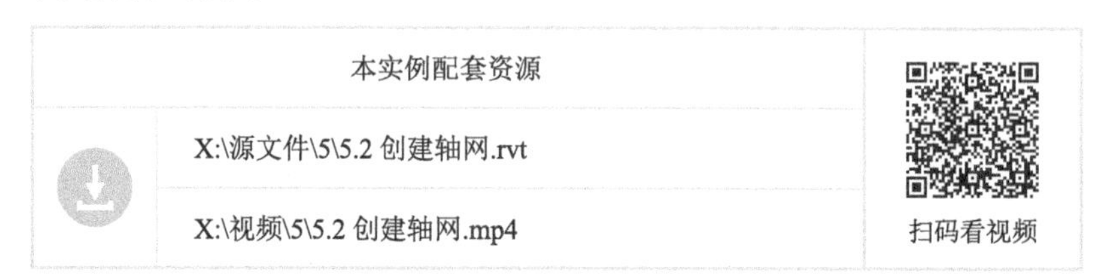

本实例配套资源		扫码看视频
	X:\源文件\5\5.2 创建轴网.rvt	
	X:\视频\5\5.2 创建轴网.mp4	

具体操作步骤如下。

（1）双击标高线上的 1F 标头或者在项目浏览器的楼层平面节点下双击 1F，切换到 1F 楼层平面视图。

（2）单击“建筑”选项卡“基准”面板“轴网”按钮，打开“修改 | 放置 轴网”选项卡和选项栏，如图 5-23 所示。

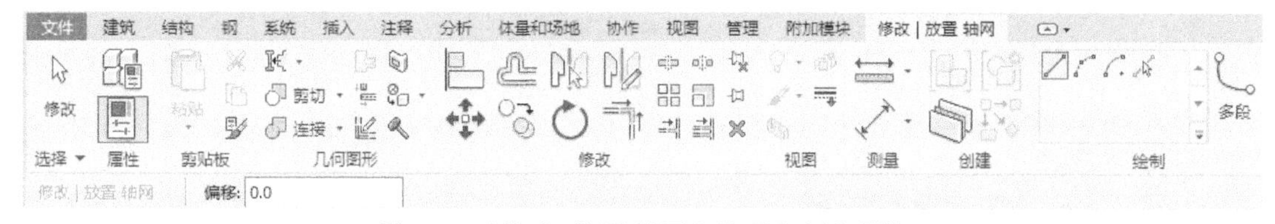

图 5-23 “修改 | 放置 轴网”选项卡和选项栏

（3）单击确定轴线的起点，拖曳鼠标向下移动，如图 5-24 所示，到适当位置单击确定轴线的终点，完成一条竖直直线的绘制，结果如图 5-25 所示。

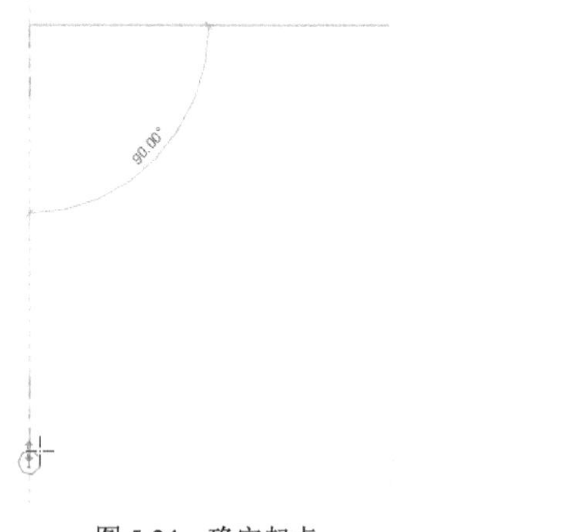

图 5-24 确定起点

图 5-25 绘制轴线

（4）继续绘制其他轴线，结果如图 5-26 所示。

技巧

也可以用复制命令绘制其他轴线，框选绘制的轴线，然后按 Enter 键，指定起点，移动鼠标到适当位置，单击确定终点，复制的轴线编号是自动排序的。当绘制轴线时，可以让各轴线的头部和尾部相互对齐。如果轴线是对齐的，则选择线时会出现一个锁以指明对齐。如果移动轴网范围，则所有对齐的轴线都会随之移动。

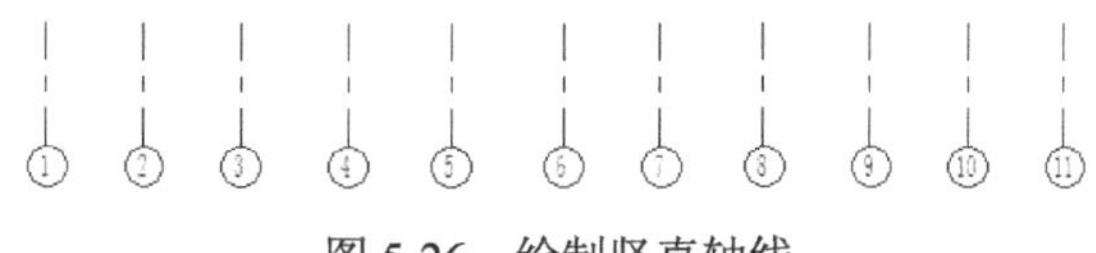

图 5-26　绘制竖直轴线

提示

可调用 CAD 图纸作为底图，利用拾取命令生成轴网，轴网只需在任意平面视图绘制，其他标高视图均可见。

（5）继续指定轴线的起点，水平移动鼠标指针到适当位置单击确定终点，绘制一条水平轴线，继续绘制其他水平轴线，如图 5-27 所示。

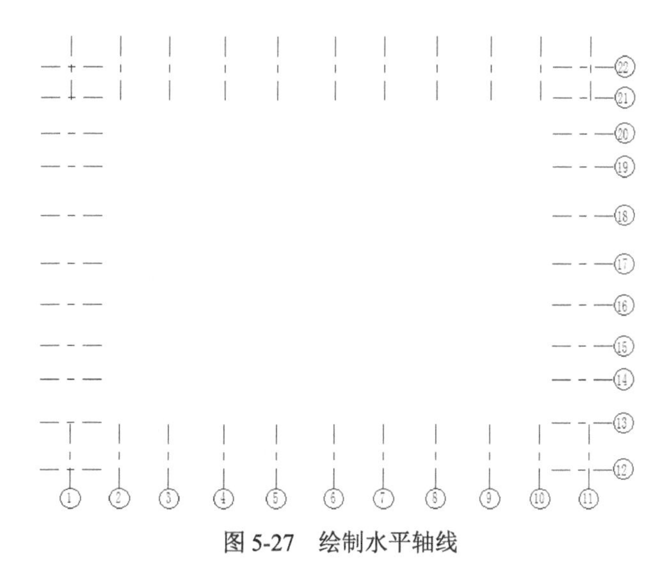

图 5-27　绘制水平轴线

（6）选择最下端水平轴线，双击“12”数字，更改为“A”，如图 5-28 所示，按 Enter 键确认。

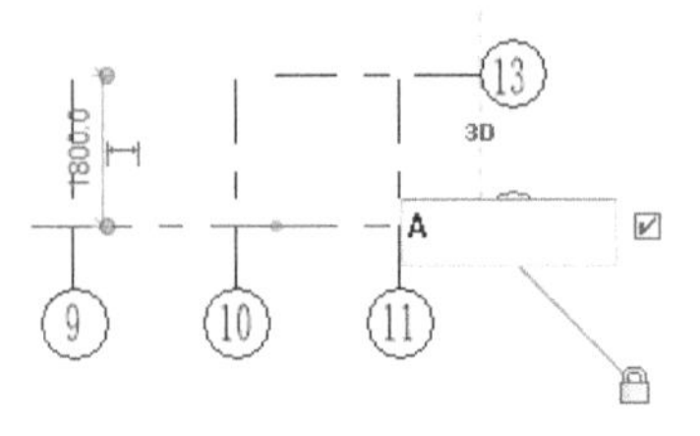

图 5-28 输入轴号

提示

一般情况下，横向轴线的编号是按从左到右的顺序编写，纵向轴线的编号则用大写的拉丁字母从下到上编写，不能用 I 和 O 字母。

（7）采用相同的方法，更改其他纵向轴线的编号，结果如图 5-29 所示。

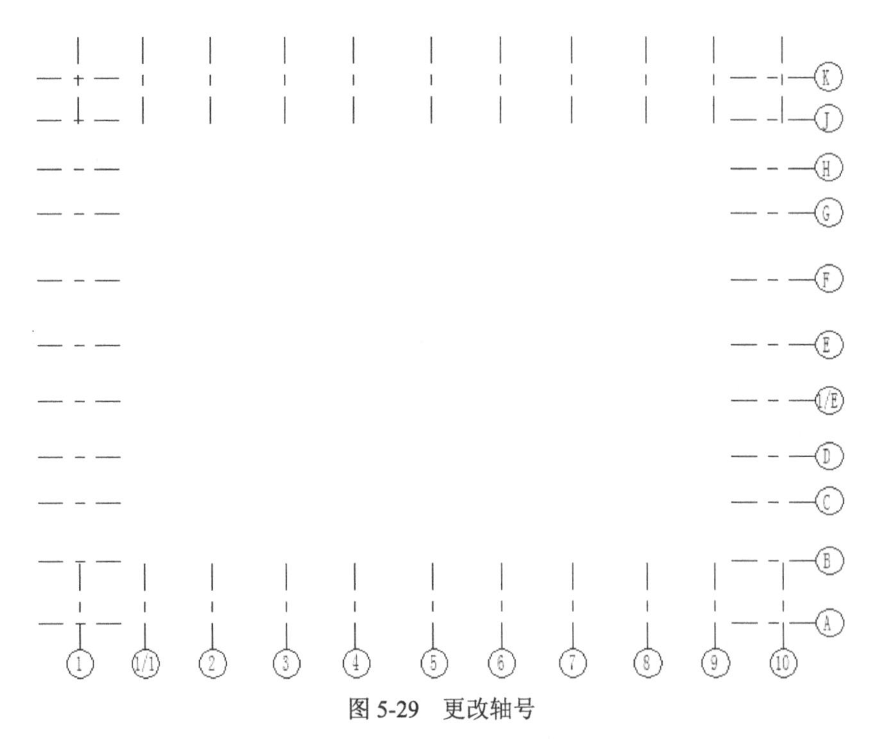

图 5-29 更改轴号

（8）框选视图中所有的轴线，在属性选项板中选择“6.5mm 编号”类型，如图 5-30 所示，更改轴线类型，结果如图 5-31 所示。

（9）拾取任意轴线，会显示轴线之间的临时尺寸，双击尺寸值可以编辑此轴与相邻两轴之间的尺寸，如图 5-32 所示，按 Enter 键确认。也可以直接拖曳轴线调整轴线之间的间距。

（10）采用相同的方法，更改轴线之间的距离，具体尺寸如图 5-33 所示。

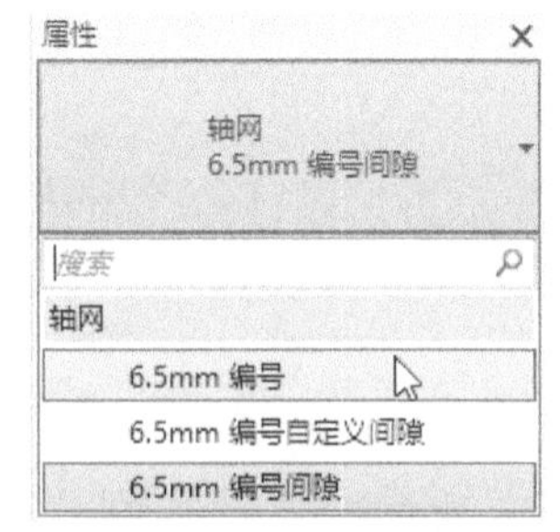

图 5-30 选择类型

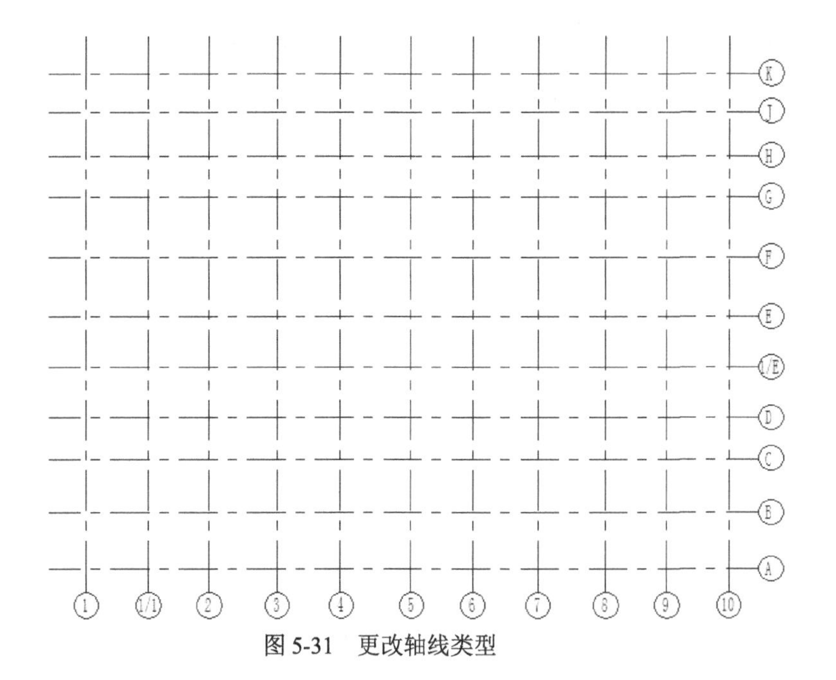

图 5-31　更改轴线类型

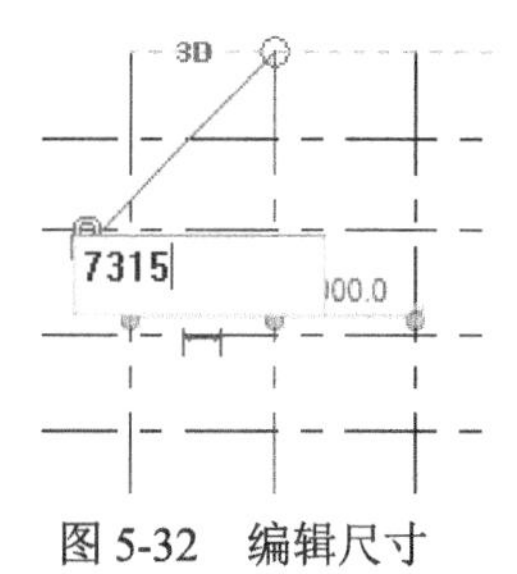

图 5-32　编辑尺寸

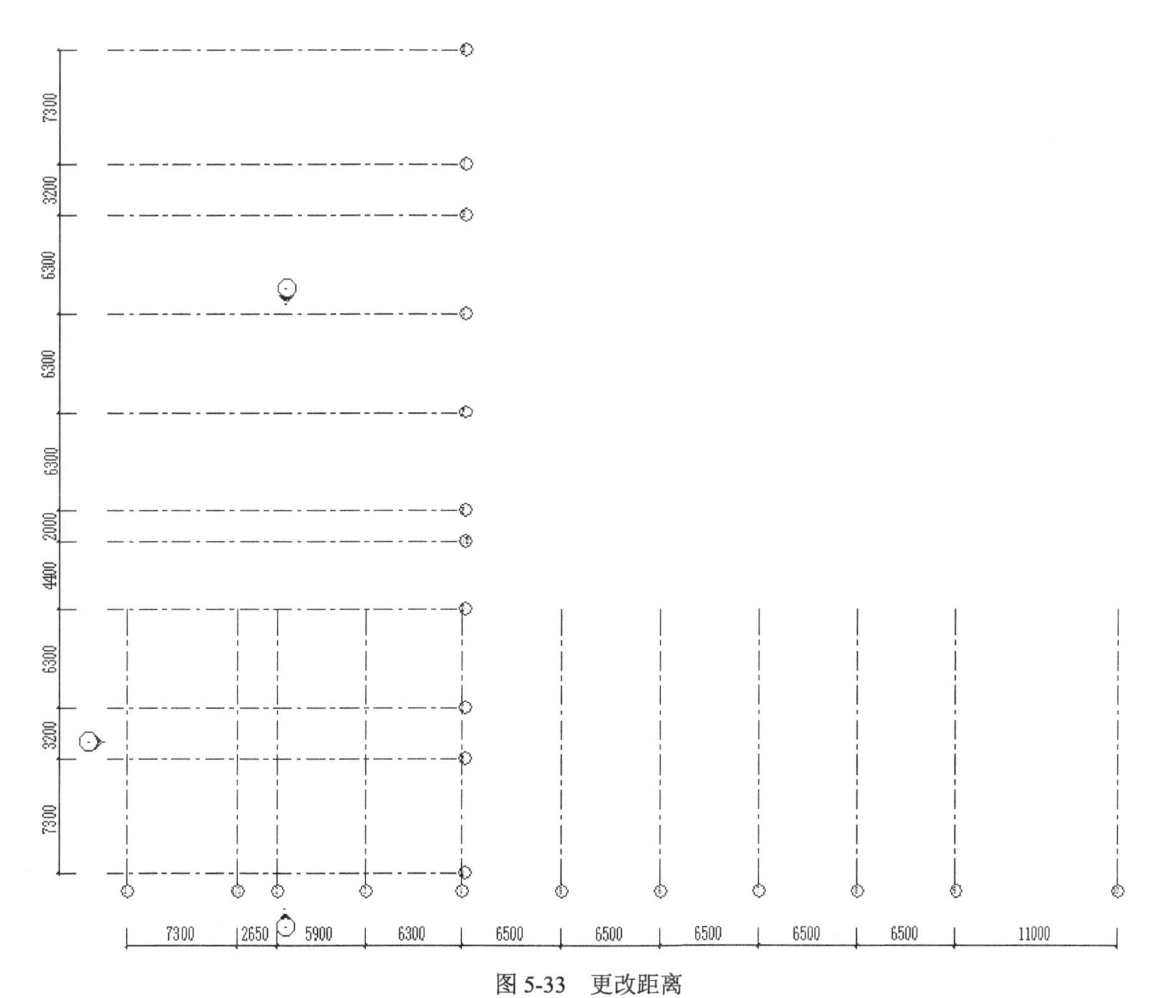

图 5-33　更改距离

（11）选择任意轴线，勾选或取消勾选轴线外侧的方框☑，打开或关闭轴号显示，如图 5-34 所示。

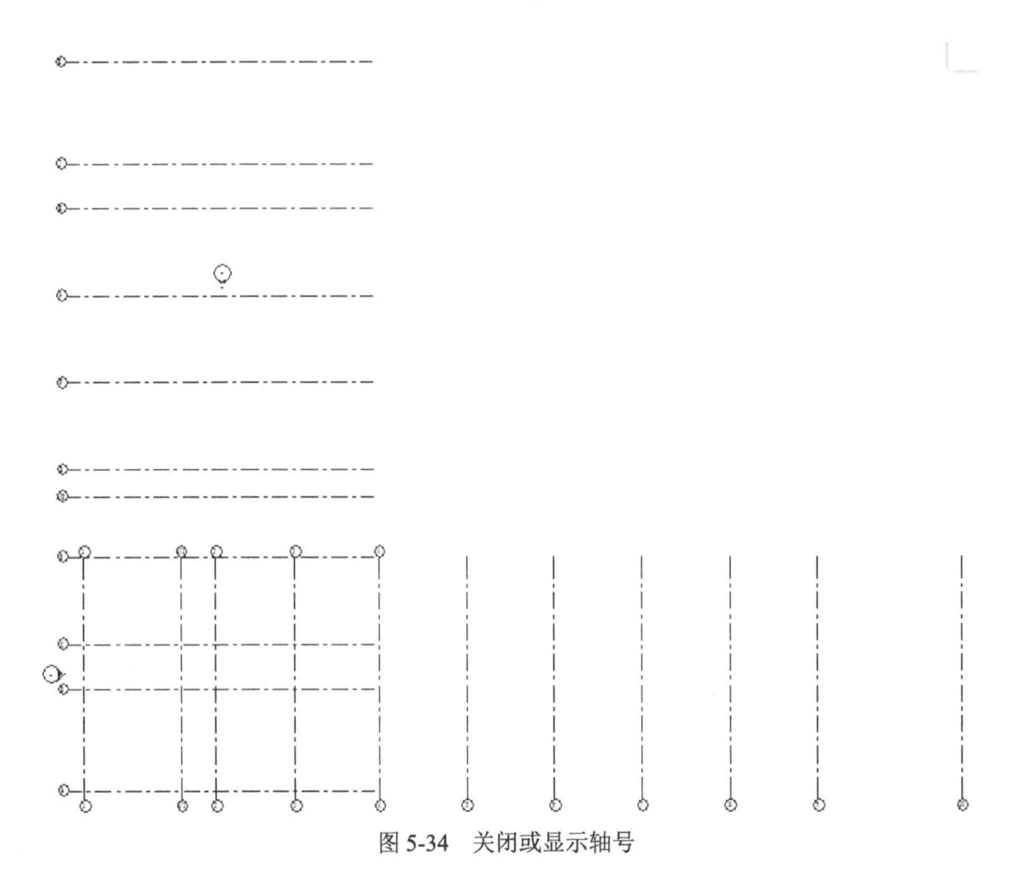

图 5-34　关闭或显示轴号

（12）选择轴线，单击“对齐约束”按钮🔒，删除对齐约束，如图 5-35 所示。然后拖曳轴线端点调整轴线的长度，采用相同的方法，调整所有的轴线，如图 5-36 所示。

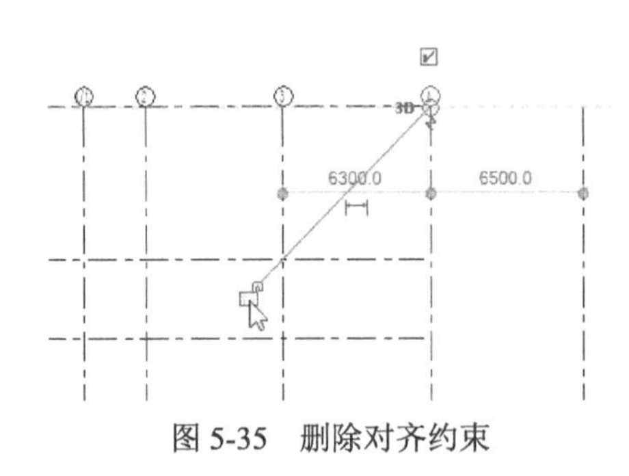

图 5-35　删除对齐约束

（13）选择 4、5、6 号轴线，在属性选项板中选择“6.5mm 编号间隙”类型，然后拖曳轴线上的控制点调整轴线间隙，结果如图 5-37 所示。

提示

单击属性选项板中的“编辑类型”按钮或者单击“修改 | 轴网”选项卡“属性”面板中的“类型属性”按钮，打开如图 5-38 所示“类型属性”对话框，可以在该对话框中修改轴线类型“符号”“颜色”等属性。

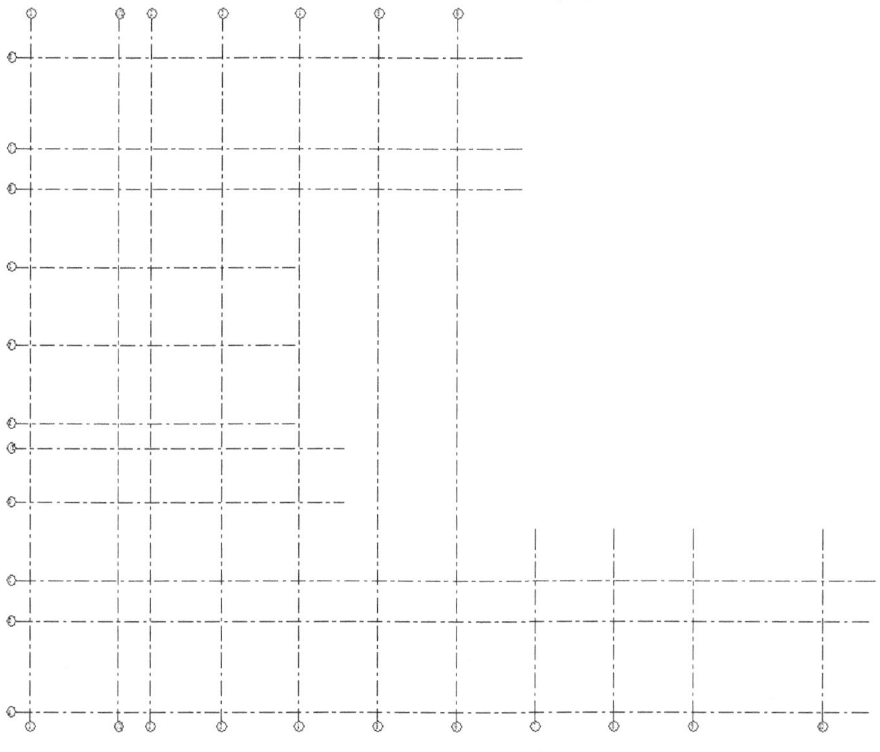

图 5-36　调整轴线长度

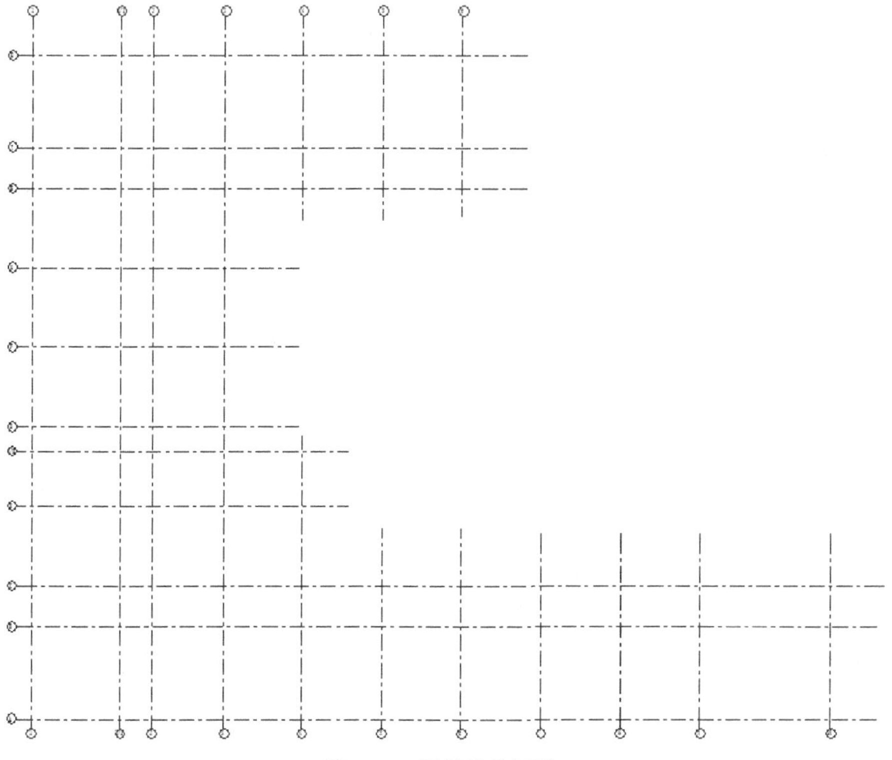

图 5-37　调整轴线间隙

“类型属性”对话框中的选项说明如下。

- 符号：用于轴线端点的符号。
- 轴线中段：在轴线中显示的轴线中段的类型。包括“无”“连续”“自定义”，如图 5-39 所示。
- 轴线末端宽度：表示连续轴线的线宽，或者在“轴线中段”为“无”或“自定义”的情况下表示轴线末段的线宽，如图 5-40 所示。
- 轴线末段颜色：表示连续轴线的线颜色，或者在“轴线中段”为“无”或“自定义”的情况下表示轴线末段的线颜色，如图 5-41 所示。
- 轴线末段填充图案：表示连续轴线的线样式，或者在“轴线中段”为“无”或“自定义”的情况下表示轴线末段的线样式，如图 5-42 所示。
- 平面视图轴号端点 1（默认）：在平面视图中，在轴线的起点处显示编号的默认设置。也就是说，在绘制轴线时，编号在其起点处显示。
- 平面视图轴号端点 2（默认）：在平面视图中，在轴线的终点处显示编号的默认设置。也就是说，在绘制轴线时，编号显示在其终点处。

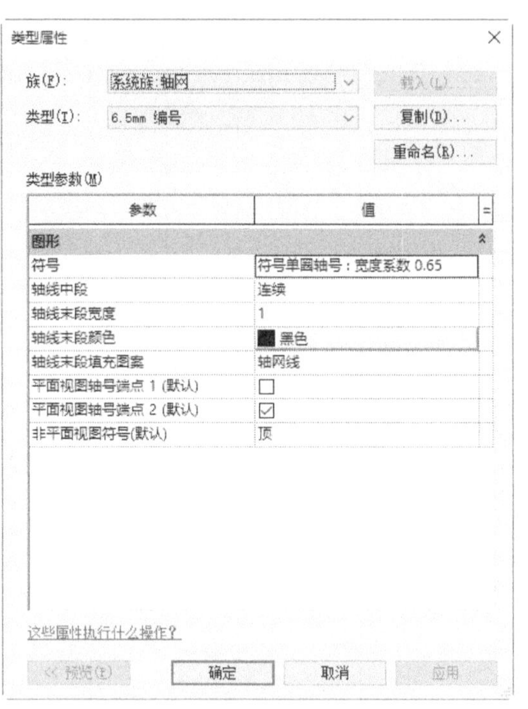

图 5-38 “类型属性”对话框

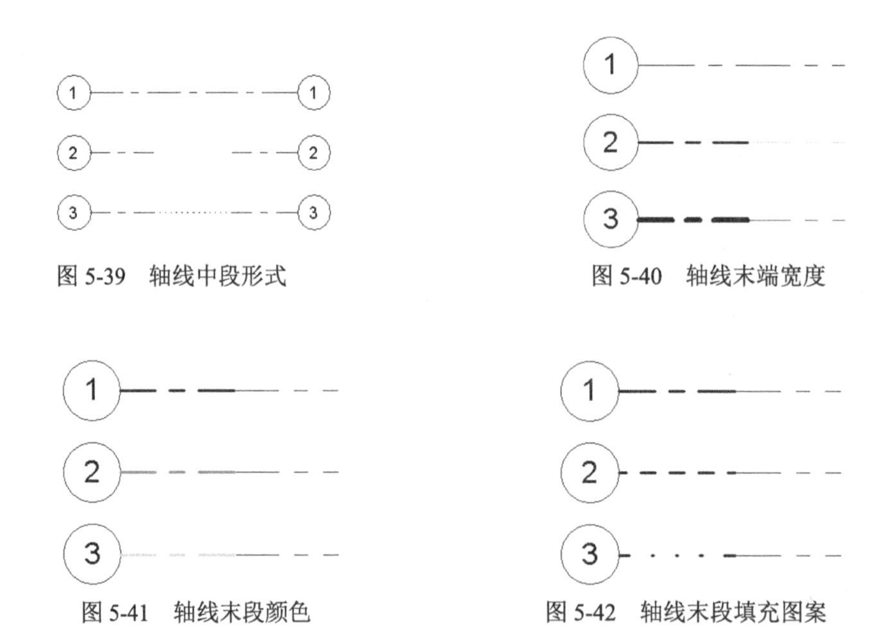

图 5-39 轴线中段形式

图 5-40 轴线末端宽度

图 5-41 轴线末段颜色

图 5-42 轴线末段填充图案

- 非平面视图符号（默认）：在非平面视图的项目视图（例如，立面视图和剖面视图）中，轴线上显示编号的默认位置，包括“顶”“底”“两者”（顶和底）“无”。如果需要，可以显示或隐藏视图中各轴网线的编号。

第 6 章
一层主体建筑

知识导引

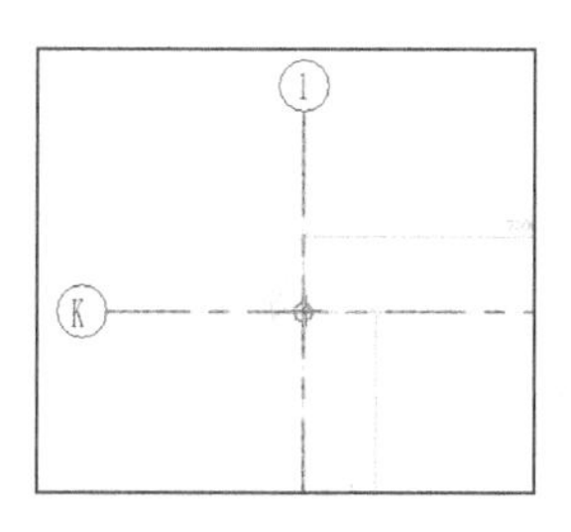

本章主要介绍培训大楼一层主体建筑的创建，包括结构柱、圈梁、外墙、隔断墙以及外幕墙和内幕墙的绘制。

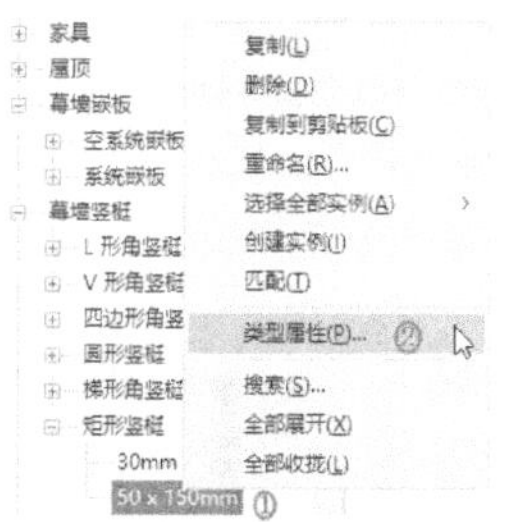

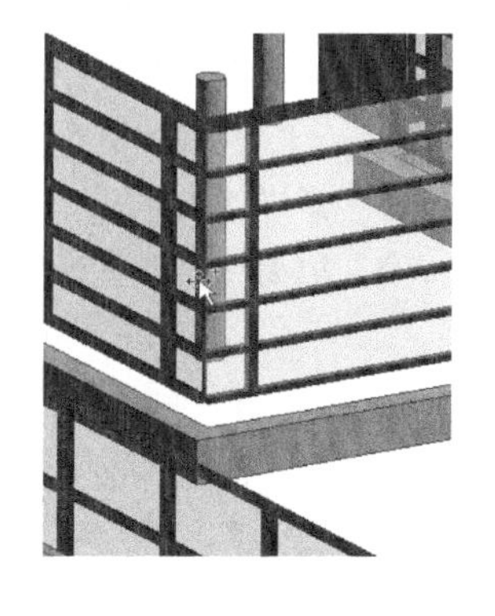

6.1 绘制一层结构

柱和梁是建筑结构中经常出现的构件。在框架结构中，梁把各个方向的柱连接成整体；在墙结构中，洞口上方的连梁，将两个墙肢连接起来，使之共同工作。

6.1.1 创建结构柱

构造柱是房屋抗震设防的构造措施之一，作用是保证墙体与墙体之间以及与上下层圈梁之间的可靠连接。

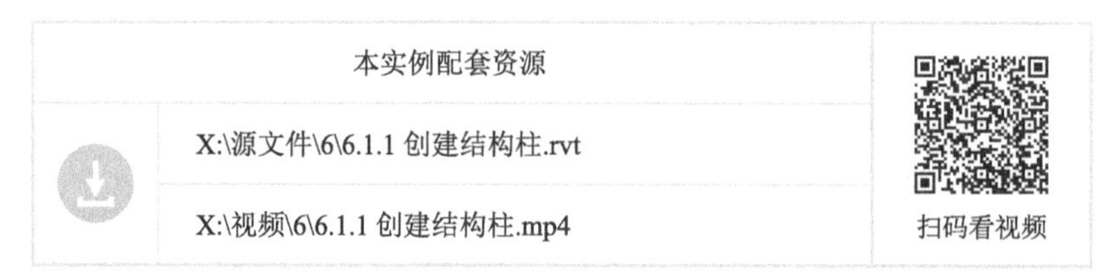

具体绘制步骤如下。

（1）单击“建筑”选项卡“构建”面板“柱”下拉列表中的“结构柱”按钮，打开“修改 | 放置 结构柱”选项卡和选项栏，如图 6-1 所示。

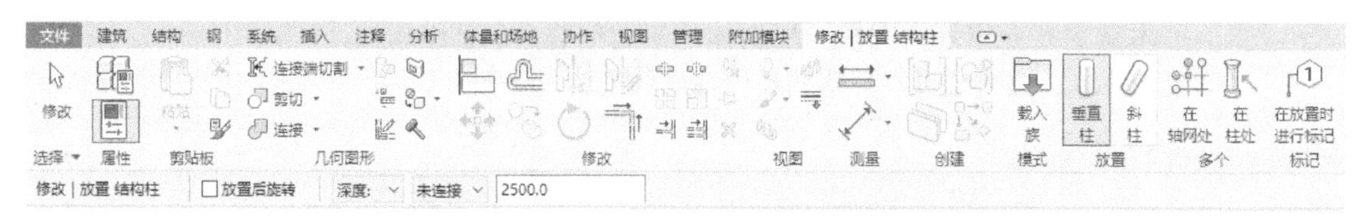

图 6-1 “修改 | 放置 结构柱”选项卡和选项栏

- 放置后旋转：选择此选项可以在放置柱后立即将其旋转。
- 深度：此设置从柱的底部向下绘制。要从柱的底部向上绘制，则选择“高度”。
- 未连接：或者选择“未连接”；选择柱的顶部标高，然后指定柱的高度。

（2）在属性选项板的类型下拉列表中选择结构柱的类型，系统默认的只有“UC—普通柱—柱”，需要载入其他结构柱类型。

1）单击“模式”面板中的“载入族”按钮，打开“载入族”对话框，选择“查找范围”，选择“China”→“结构”→“柱”→“混凝土”文件夹中的“混凝土 - 圆形 - 柱 .rfa”，如图 6-2 所示。单击“打开”按钮。

2）加载混凝土—圆形—柱 .rfa 文件，此时属性选项板如图 6-3 所示。

- 随轴网移动：将垂直柱限制条件改为轴网。
- 房间边界：将柱限制条件改为房间边界条件。
- 启用分析模型：显示分析模型，并将它包含在分析计算中。默认情况下处于选中状态。
- 钢筋保护层—顶面：只适用于混凝土柱。设置与柱顶面间的钢筋保护层距离。
- 钢筋保护层—底面：只适用于混凝土柱。设置与柱底面间的钢筋保护层距离。
- 钢筋保护层—其他面：只适用于混凝土柱。设置从柱到其他图元面间的钢筋保护层距离。

（3）在选项栏中柱的绘制方式为高度，选择柱的顶部标高为 2F，如图 6-4 所示。

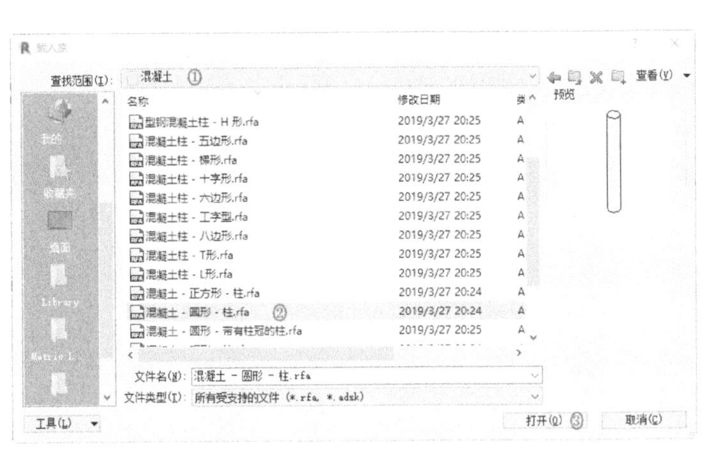

图 6-2 “载入族”对话框

图 6-3 属性选项板

（4）柱放置在轴网交点时，两组网格线将亮显，如图 6-5 所示。单击放置柱，在其他轴网交点处放置柱，结果如图 6-6 所示。

图 6-4 选项栏设置

图 6-5 捕捉轴网交点

提示

放置柱时，使用空格键更改柱的方向。每次按空格键时，柱将发生旋转，以便与选定位置的相交轴网对齐。在不存在任何轴网的情况下，按空格键时会使柱旋转 90°。

6.1.2 创建圈梁

圈梁是沿建筑物外墙四周及部分内横墙设置的连续封闭的梁。其目的是为了增强建筑的整体刚度及墙身的稳定性。圈梁可以减少因基础不均匀沉降或较大振动荷载对建筑物的不利影响及其所引起的墙身开裂。在抗震设防地区，利用圈梁加固墙身就显得更加必要。

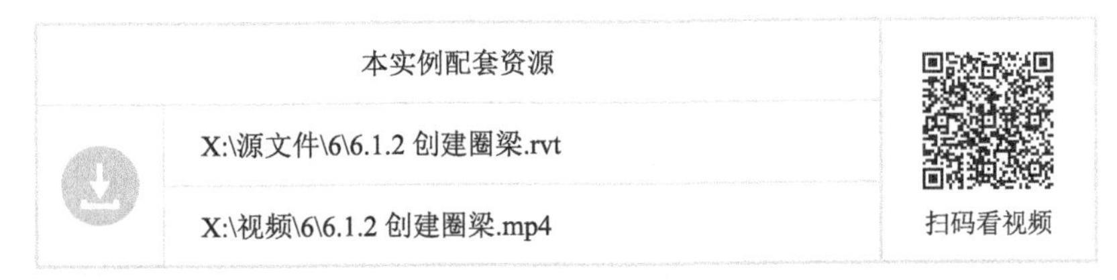

本实例配套资源

X:\源文件\6\6.1.2 创建圈梁.rvt

X:\视频\6\6.1.2 创建圈梁.mp4

扫码看视频

具体绘制步骤如下。

（1）单击“结构”选项卡“结构”面板“梁”按钮，打开“修改 | 放置 梁”选项卡和选项栏，如图 6-7 所示。

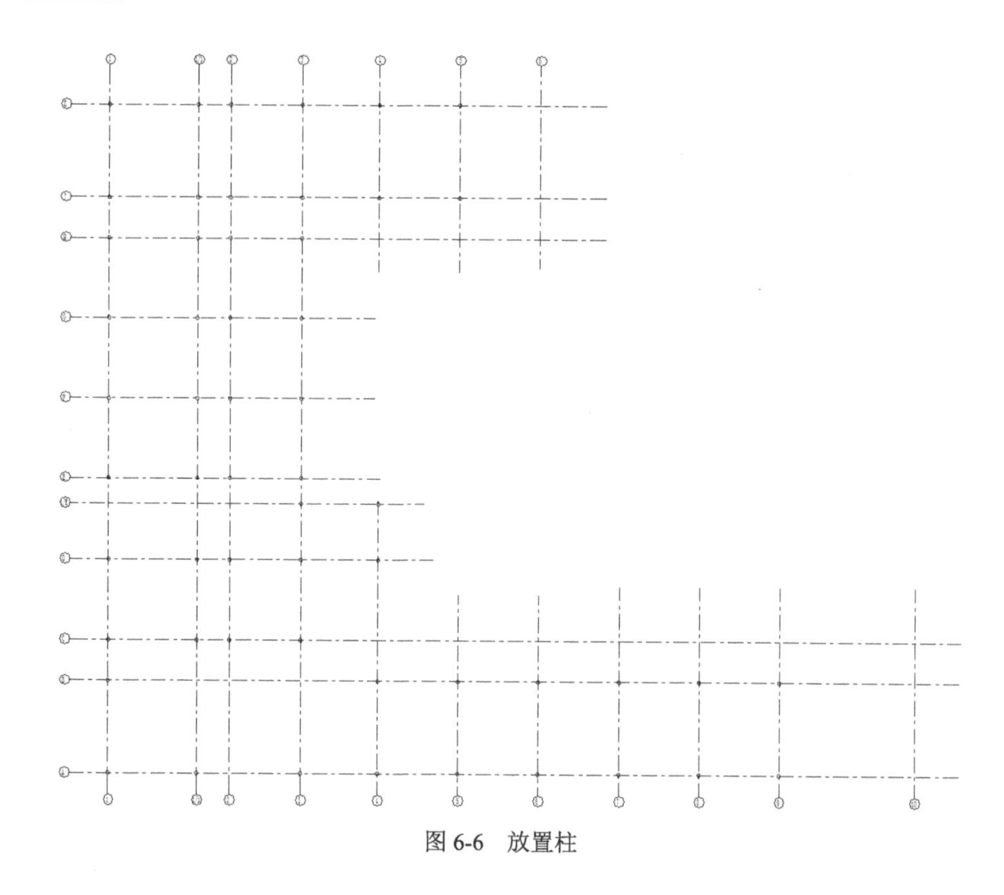

图 6-6　放置柱

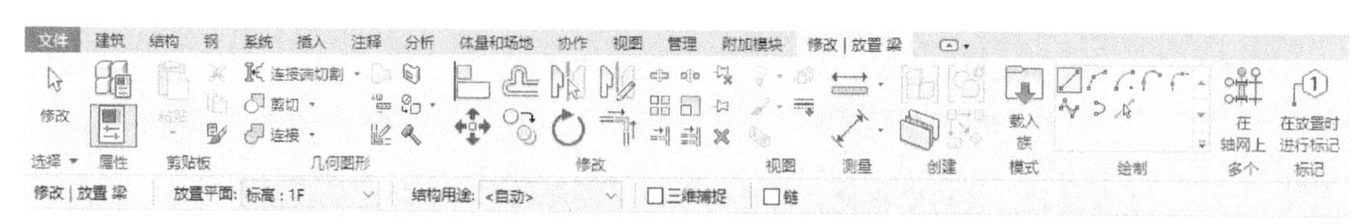

图 6-7 “修改 | 放置 梁”选项卡和选项栏

- 结构用途：指定梁的结构用途，包括大梁、水平支撑、托梁、檩条以及其他。
- 三维捕捉：勾选此选项来捕捉任何视图中的其他结构图元，不论高程如何，屋顶梁都将捕捉到柱的顶部。
- 链：勾选此选项后依次连续放置梁。在放置梁时的第二次单击将作为下一个梁的起点。按 Esc 键完成链式放置梁。

（2）在属性选项板中只有热轧 H 型钢类型的梁。这里单击“模式”面板中的“载入族”按钮，打开“载入族”对话框，选择“查找范围”，选择“China”→“结构”→“框架”→“混凝土”文件夹中的“混凝土 - 矩形梁 .rfa”，如图 6-8 所示。单击“打开”按钮。

（3）在属性选项板中选择“混凝土 – 矩形梁 300×600mm”类型，单击结构材质栏中的按钮，如图 6-9 所示。打开“材质浏览器”对话框，如图 6-10 所示，选择“混凝土—现场浇注混凝土”材质，并勾选“使用渲染外观”复选框，其他采用默认设置，单击“确定”按钮。

- 参照标高：标高限制。这是一个只读的值，取决于放置梁的工作平面。
- YZ 轴对正：包括统一和独立两个选项。使用“统一”可为梁的起点和终点设置相同的参数。使用“独立”可为梁的起点和终点设置不同的参数。

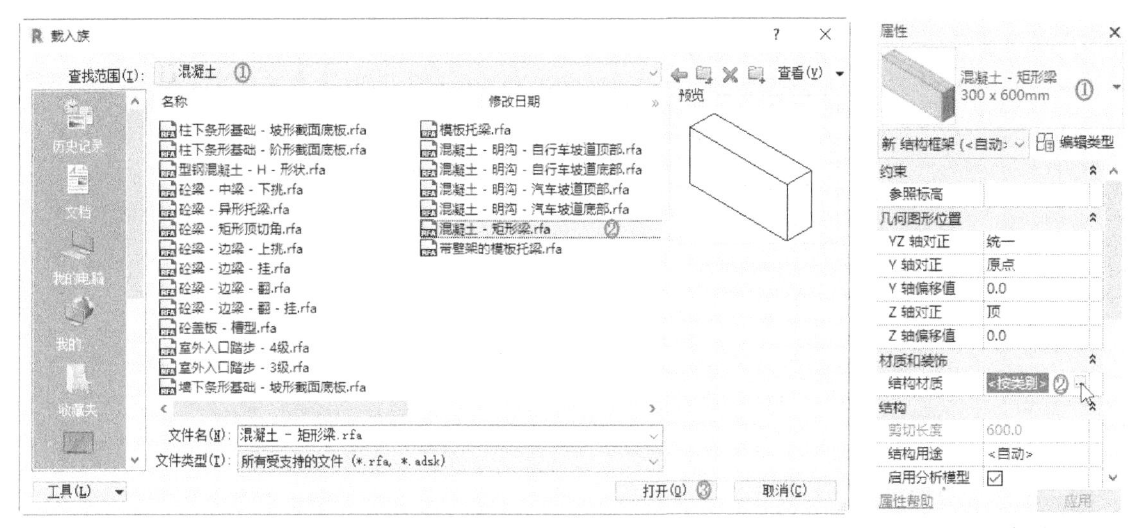

图 6-8 “载入族”对话框　　　　图 6-9 属性选项板

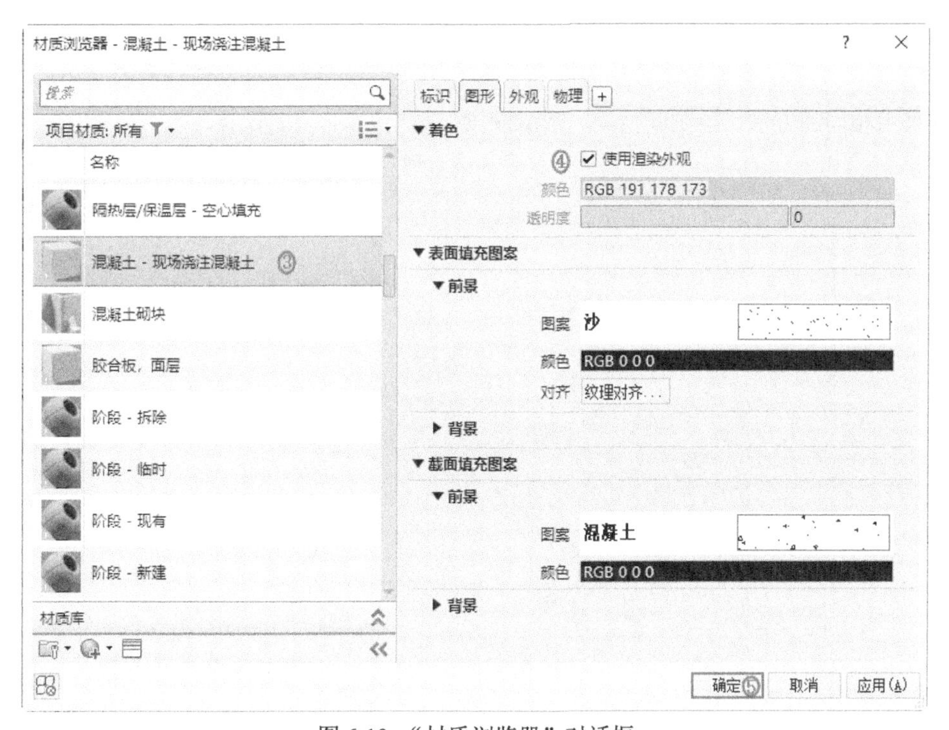

图 6-10 “材质浏览器”对话框

- Y 轴对正：指定物理几何图形相对于定位线的位置，包括“原点”“左侧”“中心”“右侧”。
- Y 轴偏移值：几何图形偏移的数值。在“Y 轴对正”参数中设置的定位线与特性点之间的距离。
- Z 轴对正：指定物理几何图形相对于定位线的位置，包括“原点”“顶”“中心”“底部”。
- Z 轴偏移值：在“Z 轴对正”参数中设置的定位线与特性点之间的距离。

（4）指定梁的起点和终点绘制一根梁，然后选择梁，在属性选项板中更改起点标高偏移量和终点标高偏移量都为 −400，在视图中更改梁的尺寸和到轴线的距离，如图 6-11 所示。

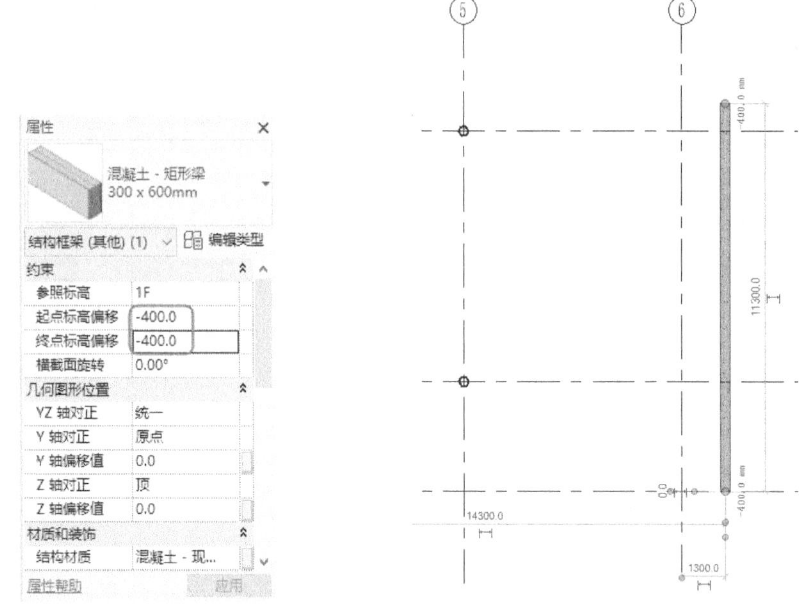

图 6-11　设置梁的参数

（5）采用相同的方法，绘制其他梁，形成圈梁，结果如图 6-12 所示。

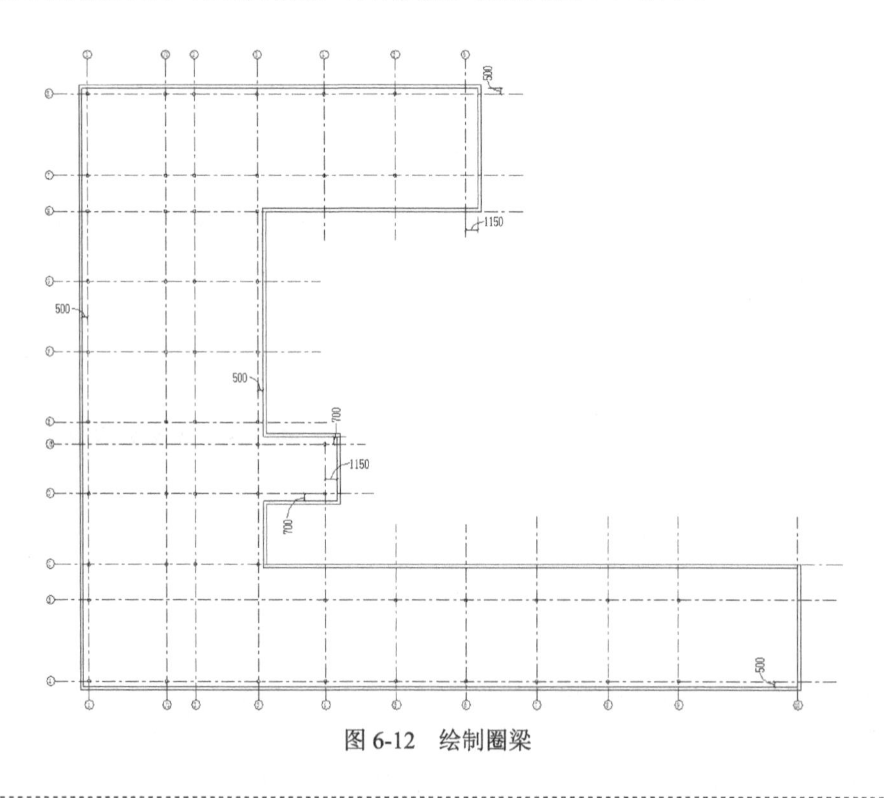

图 6-12　绘制圈梁

提示

如果绘制的梁在视图中看不见，可以单击属性选项板中视图范围的“编辑”按钮，打开“视图范围”对话框，将视图深度的标高设置为“无限制”，如图 6-13 所示，即可看见。单击“确定”按钮。

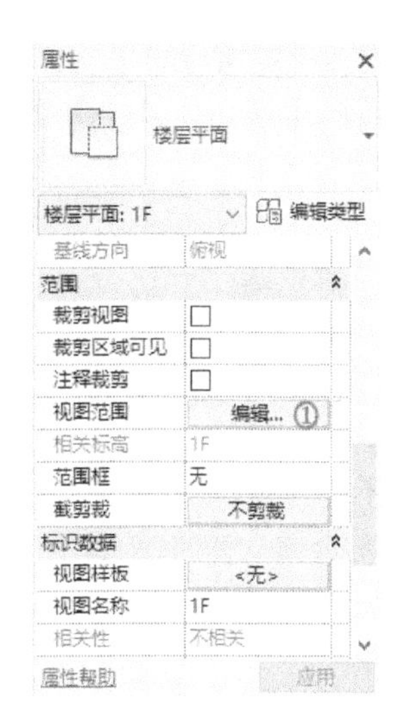

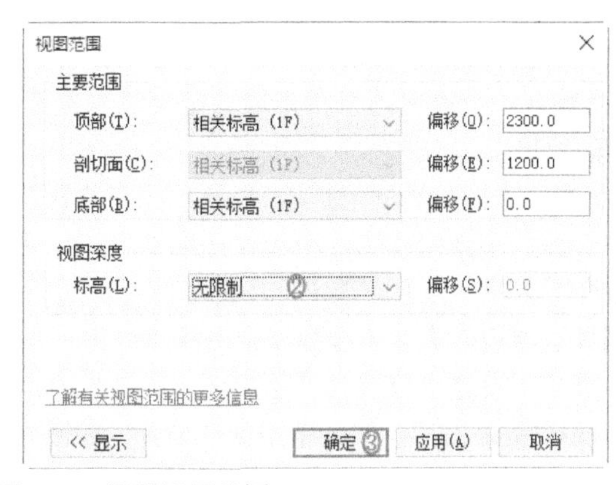

图 6-13　设置视图范围

6.2　绘制墙体

与建筑模型中的其他基本图元类似，墙也是预定义系统族类型的实例，表示墙功能、组合和厚度的标准变化形式。通过修改墙的类型属性来添加或删除层、将层分割为多个区域，以及修改层的厚度或指定的材质，可以自定义这些特性。

6.2.1　绘制外墙

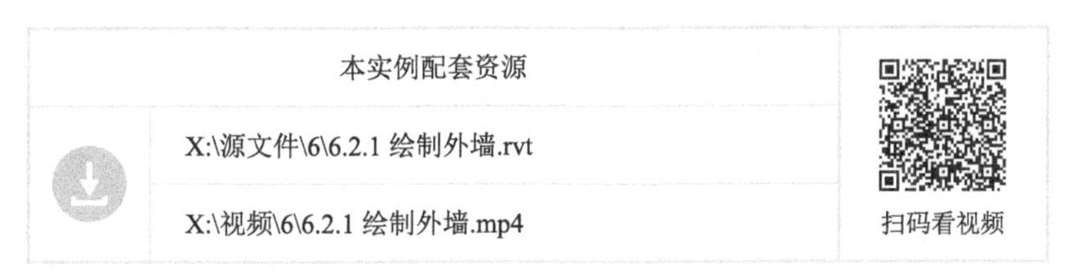

具体绘制步骤如下。

（1）单击“建筑”选项卡“构建”面板中的“墙”按钮，打开“修改 | 放置墙”选项卡和选项栏，如图 6-14 所示。

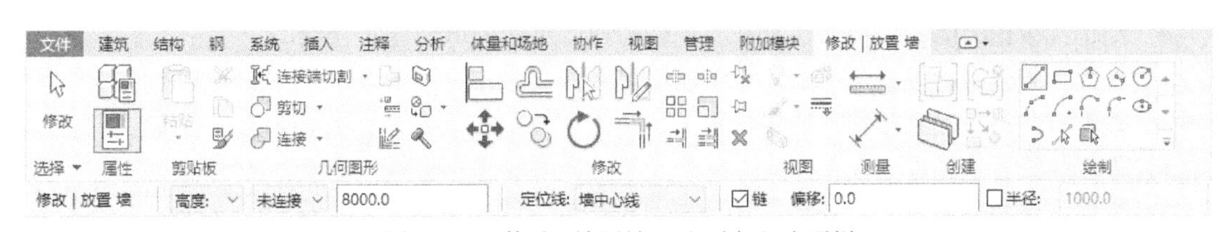

图 6-14　“修改 | 放置墙”选项卡和选项栏

- 高度：为墙的墙顶定位标高选择标高，或者默认设置“未连接”，然后输入高度值。
- 定位线：指定使用墙的哪一个垂直平面相对于所绘制的路径或在绘图区域中指定的路径来定位墙，包括墙中心线（默认）、核心层中心线、面层面：外部、面层面：内部、核心面：

外部、核心面：内部；在简单的砖墙中，“墙中心线”和“核心层中心线”平面将会重合，然而它们在复合墙中可能会不同于从左到右绘制墙时，其外部面（面层面：外部）默认情况下位于顶部。

- 链：勾选此复选框，以绘制一系列在端点处连接的墙分段。
- 偏移：输入一个距离，以指定墙的定位线与鼠标指针位置或选定的线或面之间的偏移。
- 连接状态：选择“允许”选项，以在墙相交位置自动创建对接（默认）。选择“不允许”选项，以防止各墙在相交时连接。每次打开软件时，默认选择“允许”选项，但上一选定选项在当前会话期间保持不变。

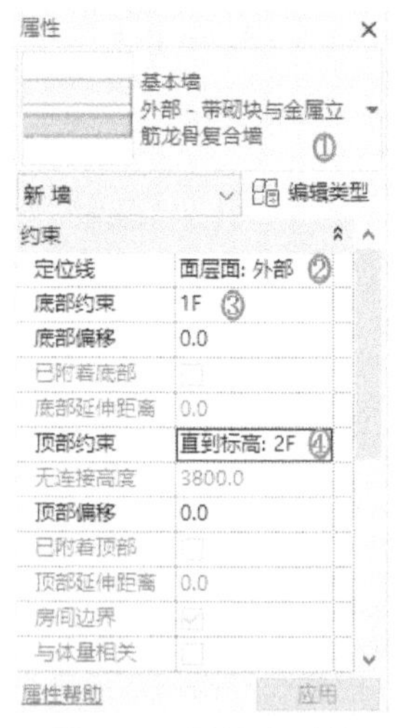

图 6-15　属性选项板

（2）在属性选项板的类型下拉列表中选择“外部—带砌块与金属立筋龙骨复合墙”类型，设置定位线为“面层面：外部”，底部约束为“1F”，顶部约束为“直到标高：2F”，其他采用默认设置，如图 6-15 所示。

- 定位线：墙在指定平面上的定位线。即使类型发生变化，墙的定位线也会保持相同。包括墙中心线、核心层中心线、面层面：外部、面层面：内部核心面：外部、核心面：内部共 6 种类型。
- 底部约束：墙的底部标高。
- 底部偏移：墙距墙底定位标高的高度。
- 已附着底部：指示墙底部是否附着到另一个模型构件，如楼板。
- 底部延伸距离：墙层底部移动的距离。
- 顶部约束：墙到达的标高位置，如果选择“无连接”时，则在无连接高度中输入墙的高度。
- 无连接高度：绘制墙的高度时，从其底部向上测量。
- 顶部偏移：墙距顶部标高的偏移。
- 已附着顶部：指示墙顶部是否附着到另一个模型构件，如屋顶或天花板。
- 顶部延伸距离：墙层顶部移动的距离。
- 房间边界：如果选中，则墙将成为房间边界的一部分。如果清除，则墙不是房间边界的一部分。
- 与体量有关：指示此图元是从体量图元创建的。

（3）在属性选项板中单击“编辑类型”按钮，打开“类型属性”对话框，单击“复制”按钮，打开“名称”对话框，新建名称为“外部—砌块隔热墙”，如图 6-16 所示，单击“确定”按钮，返回“类型属性”对话框，单击结构栏中的“编辑”按钮 编辑... 。

“类型属性”对话框选项说明如下。

- 结构：单击“编辑”按钮，打开“编辑部件”对话框可创建复合墙。
- 在插入点包络：设置位于插入点墙的层包络。
- 在端点包络：设置墙端点的层包络。
- 厚度：设置墙的厚度。
- 功能：可将墙设置为“外墙”“内墙”“基础墙”“挡土墙”“檐底板”“核心竖井”类别。
- 粗略比例填充样式：设置粗略比例视图中墙的填充图案。
- 粗略比例填充颜色：将颜色应用于粗略比例视图中墙的填充图案。

（4）打开如图 6-17 所示的“编辑部件”对话框，选择“保温层 / 空气层”和“衬底 [2]”，单击“删除”按钮，删除所选图层。

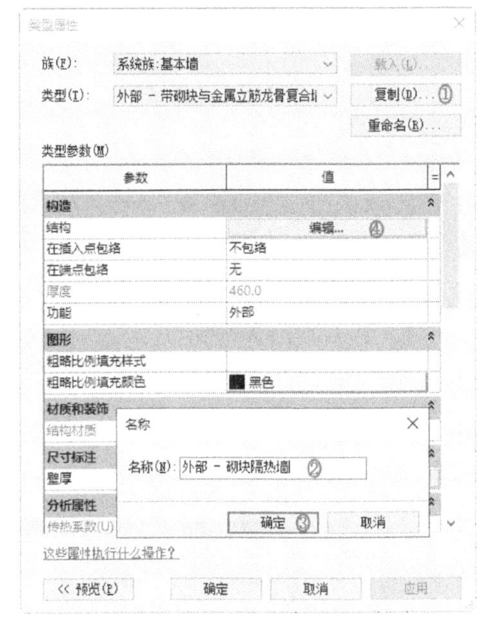

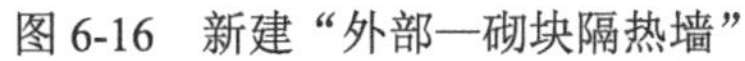
图 6-16　新建“外部—砌块隔热墙”

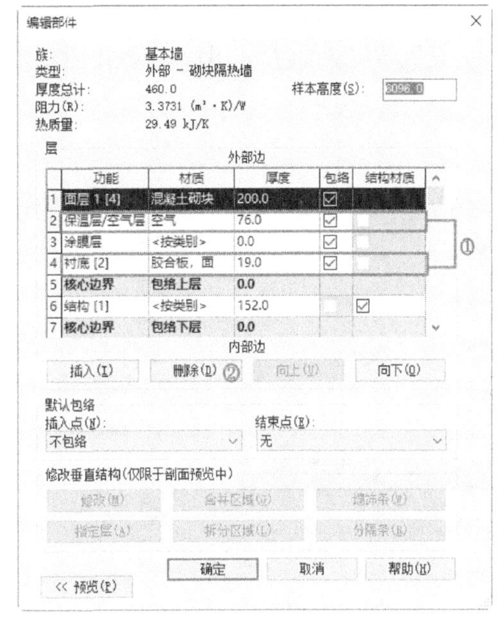

图 6-17　“编辑部件”对话框

提示

Revit 软件提供了 6 种层，分别为结构 [1]、衬底 [2]、保温层 / 空气层 [3]、涂膜层、面层 1 [4]、面层 2 [5]。

- 结构 [1]：支撑其余墙、楼板或屋顶的层。
- 衬底 [2]：作为其他材质基础的材质（例如胶合板或石膏板）。
- 保温层 / 空气层 [3]：隔绝并防止空气渗透。
- 涂膜层：通常用于防止水蒸气渗透的薄膜。涂膜层的厚度应该为零。
- 面层 1 [4]：面层 1 通常是外层。
- 面层 2 [5]：面层 2 通常是内层。

层的功能具有优先顺序，其规则如下。

结构层具有最高优先级（优先级 1）。

“面层 2”具有最低优先级（优先级 5）。

Revit 首先连接优先级高的层，然后连接优先级最低的层。

例如，假设连接两个复合墙，第一面墙中优先级 1 的层会连接到第二面墙中优先级 1 的层上。优先级 1 的层可穿过其他优先级较低的层与另一个优先级 1 的层相连接。优先级低的层不能穿过优先级相同或优先级较高的层进行连接。

- 当层连接时，如果两个层都具有相同的材质，则接缝会被清除。如果两个不同材质的层进行连接，则连接处会出现一条线。
- 对于 Revit 来说，每一层都必须带有指定的功能，以使其准确地进行层匹配。
- 墙核心内的层可穿过连接墙核心外的优先级较高的层。即使核心层被设置为优先级 5，核心中的层也可延伸到连接墙的核心。

（5）单击面层 1[4] 栏中的材质，打开“材质浏览器”对话框，选择“刚性隔热层”材质，在“图形”选项卡中勾选“使用渲染外观”复选框，单击表面填充图案栏中前景“图案”区域，打开“填充样式”对话框，在样式列表中选择“沙”样式，具体参数如图 6-18 所示，单击“确定”按钮，返回“材质浏览器”对话框，单击“确定”按钮，返回“编辑部件”对话框。

（6）设置结构层的材质，具体参数如图 6-19 所示。

图 6-18　材质参数设置

图 6-19　结构层材质设置

（7）更改面层 1［4］的厚度为 100，结构层的厚度为 187，其他采用默认设置，如图 6-20 所示。连续单击“确定”按钮，完成“外部—砌块隔热墙”的创建。

（8）在视图中轴线 3 处单击鼠标确定墙体起点，移动鼠标到适当位置确定墙体的终点，如图 6-21 所示。接续绘制墙体，完成外墙的绘制，如图 6-22 所示。

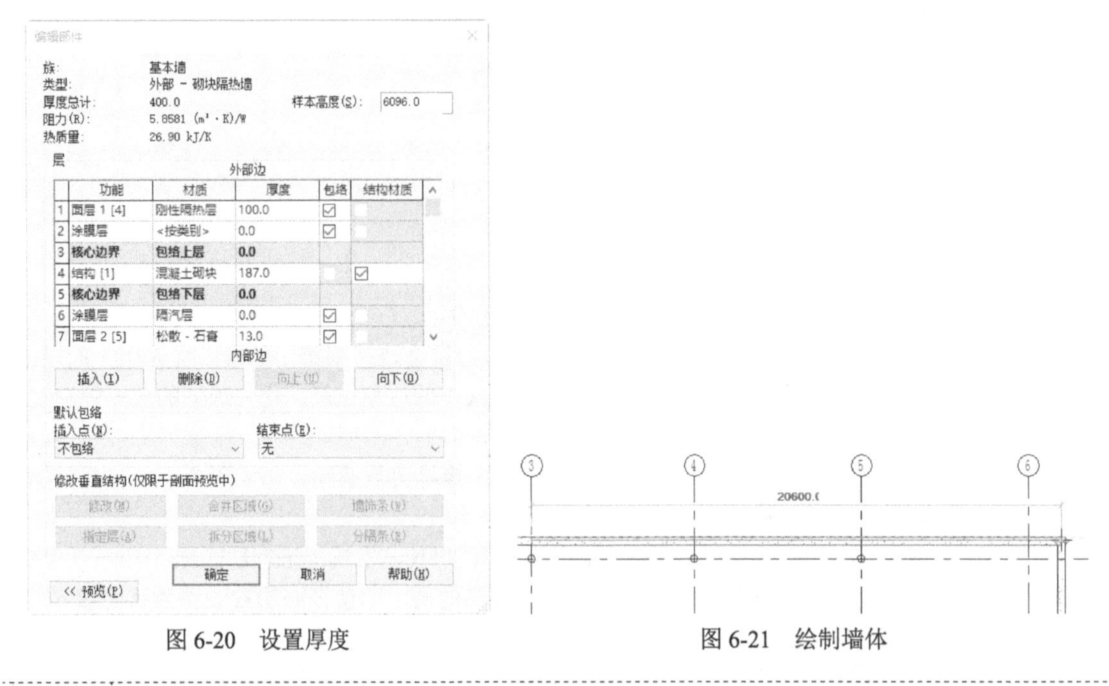

图 6-20　设置厚度

图 6-21　绘制墙体

技巧

可以使用 3 种方法来放置墙。

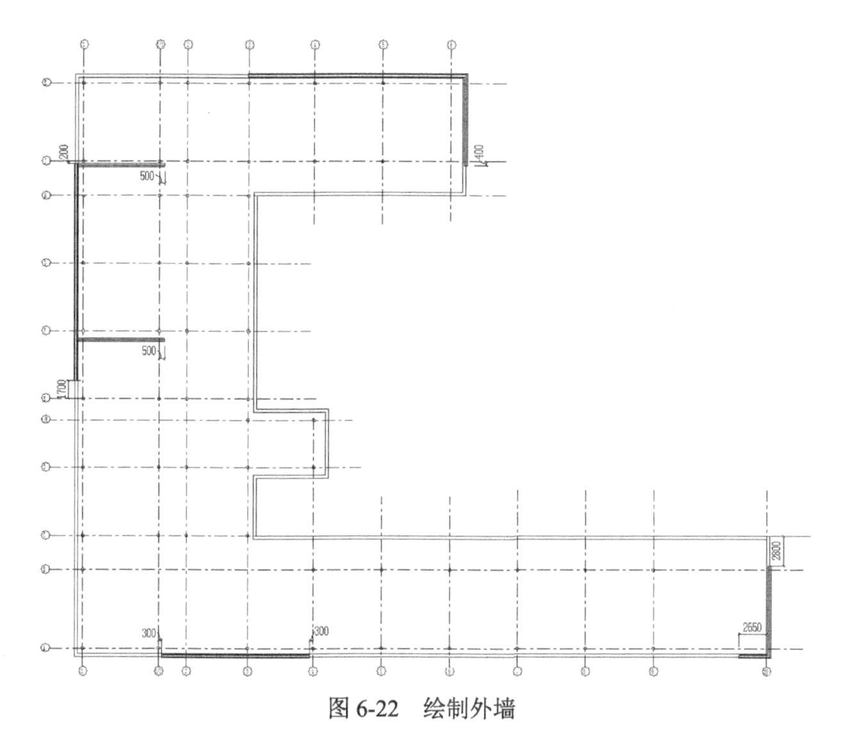

图 6-22　绘制外墙

● 绘制墙：使用默认的“线”工具可通过在图形中指定起点和终点来放置直墙分段。或者可以指定起点，沿所需方向移动鼠标指针，然后输入墙长度值。

● 沿着现有的线放置墙：使用“拾取线”工具可以沿在图形中选择的线来放置墙分段。线可以是模型线、参照平面或图元（如屋顶、幕墙嵌板和其他墙）边缘。

● 将墙放置在现有面上：使用“拾取面”工具可以将墙放置于在图形中选择的体量面或常规模型面上。

6.2.2 绘制隔断墙

具体绘制步骤如下。

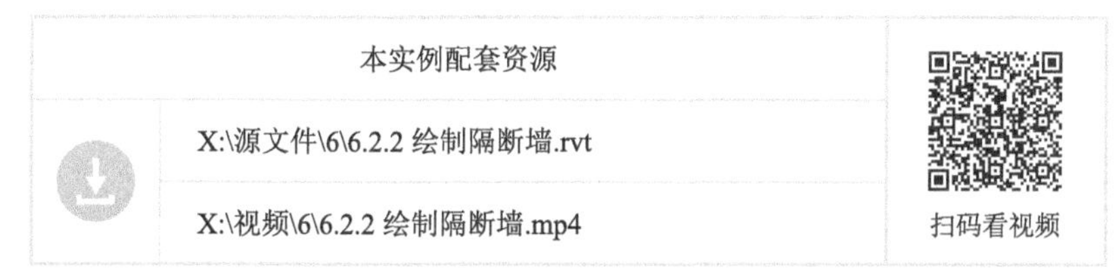
本实例配套资源

X:\源文件\6\6.2.2 绘制隔断墙.rvt

X:\视频\6\6.2.2 绘制隔断墙.mp4

扫码看视频

（1）单击“建筑”选项卡“构建”面板中的“墙”按钮，打开“修改 | 放置墙”选项卡和选项栏，在属性选项板的类型下拉列表中选择“常规—200mm”类型，设置定位线为“面层面：外部”，底部约束为“1F”，顶部约束为“直到标高：2F”，其他采用默认设置，如图 6-23 所示。

（2）在视图中绘制楼梯间隔断，与外墙对齐，且楼梯间的宽度为 2650，如图 6-24 所示。

（3）单击“建筑”选项卡“构建”面板中的“墙”按钮，打开“修改 | 放置墙”选项卡和选项栏，在属性选项板的类型下拉列表中选择“内部—138mm 隔断（1 小时）”类型，设置定位线为“面层面：外部”，底部约束为“1F”，顶部约束为“直到标高：2F”，其他采用默认设置，如图 6-25 所示。

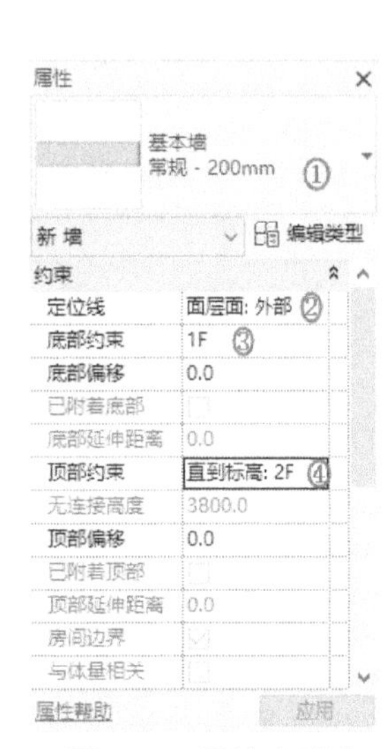

图 6-23　属性选项板

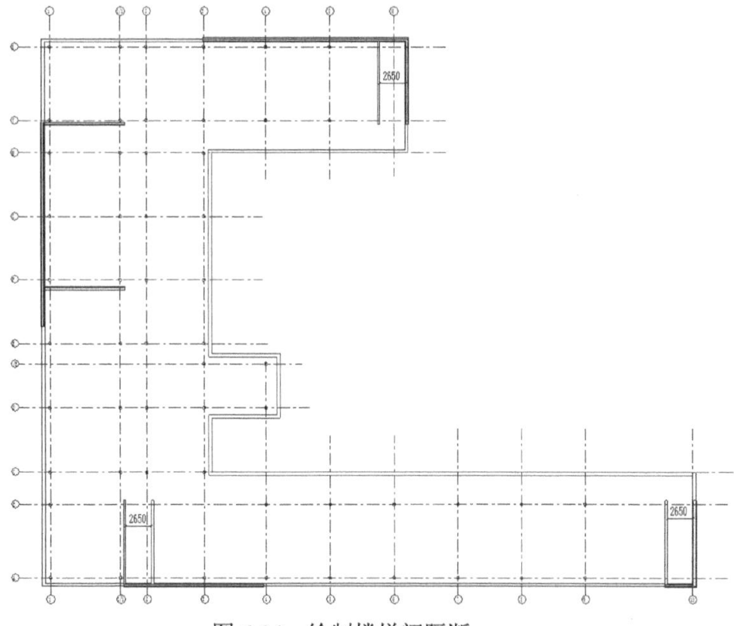

图 6-24　绘制楼梯间隔断

（4）在视图中绘制房间隔断，具体位置和尺寸如图 6-26 所示。

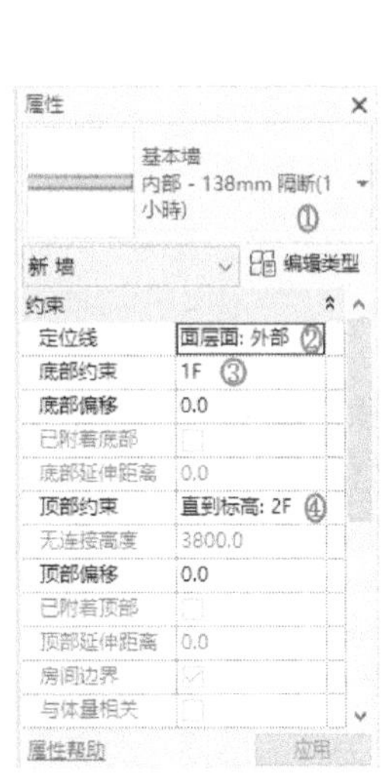

图 6-25　属性选项板

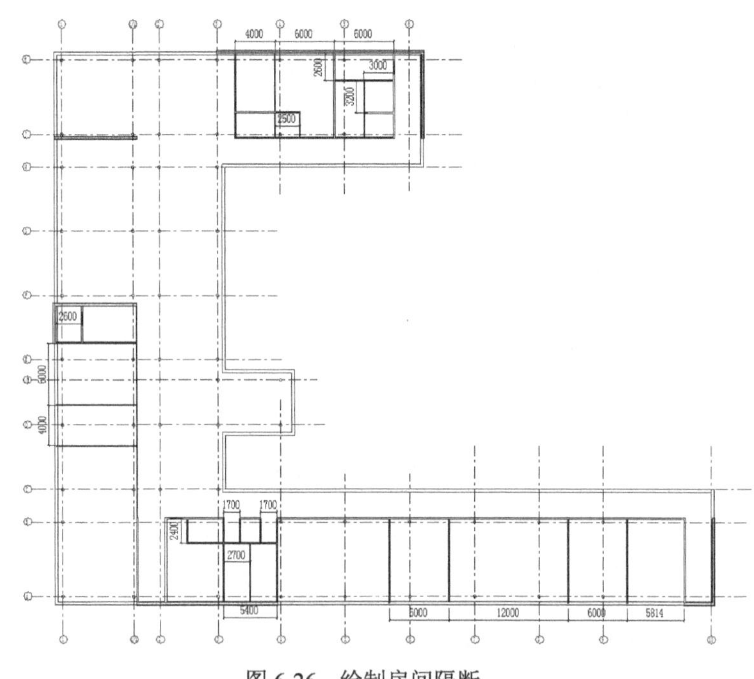

图 6-26　绘制房间隔断

6.3　绘制幕墙

幕墙是建筑物的外墙围护，不承受主体结构载荷，像幕布一样挂上去，故又称为悬挂墙，是大型和高层建筑常用的带有装饰效果的轻质墙体，它是由结构框架与镶嵌板材组成，不承担主体结构载荷与作用的建筑围护结构。

6.3.1 绘制内部幕墙隔断

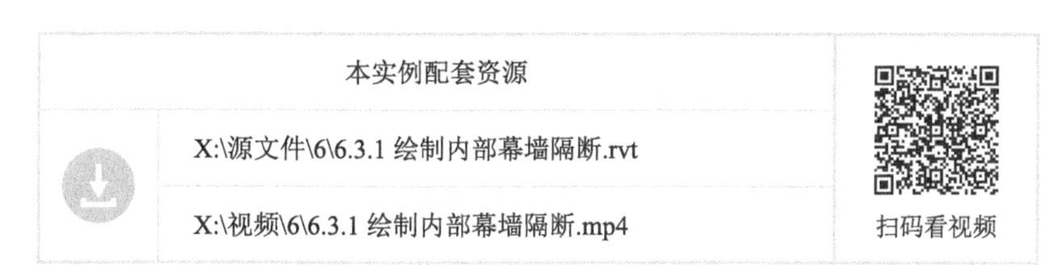

本实例配套资源	扫码看视频
X:\源文件\6\6.3.1 绘制内部幕墙隔断.rvt	
X:\视频\6\6.3.1 绘制内部幕墙隔断.mp4	

具体绘制步骤如下。

（1）在浏览器中选择“族”→“幕墙竖挺”→“矩形竖梃”→“50×150mm”，右键单击，打开快捷菜单，如图 6-27 所示，选择“类型属性”选项，打开“类型属性”对话框。

（2）单击材质栏中的“材质”按钮，打开“材质浏览器”对话框，在“金属—铝—白色”材质上单击右键，弹出如图 6-28 所示的快捷菜单，选择“复制”选项，复制材质，然后在复制材质上单击右键，在弹出的快捷菜单中选择“重命名”选项，更改材质名称为“金属—铝—黑色”。

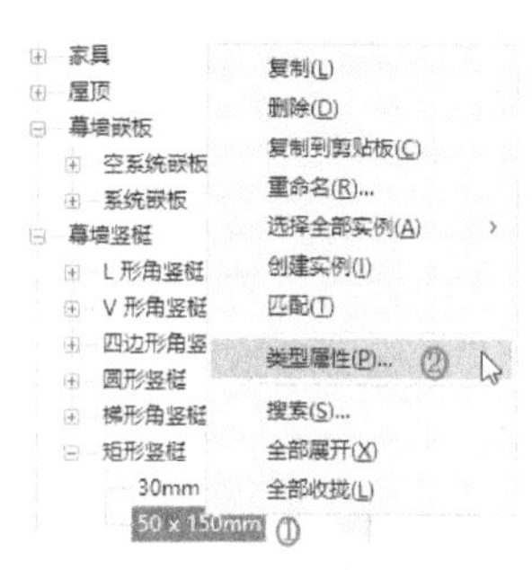

图 6-27 快捷菜单

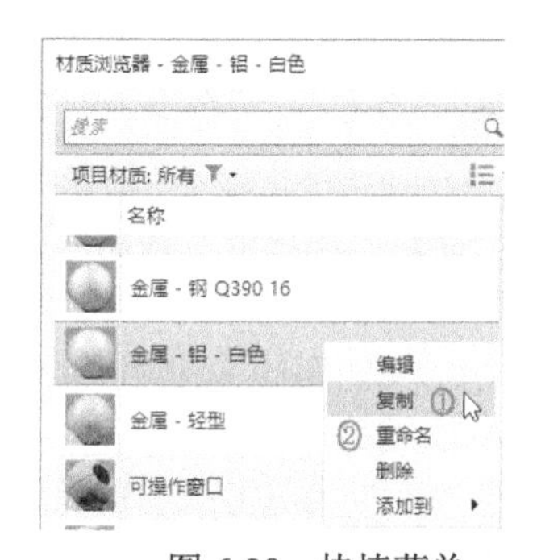

图 6-28 快捷菜单

（3）在“材质浏览器”对话框中的“外观”选项卡中单击“颜色”，打开“颜色”对话框，选择“黑色”，如图 6-29 所示，单击“确定”按钮，返回“材质浏览器”对话框。

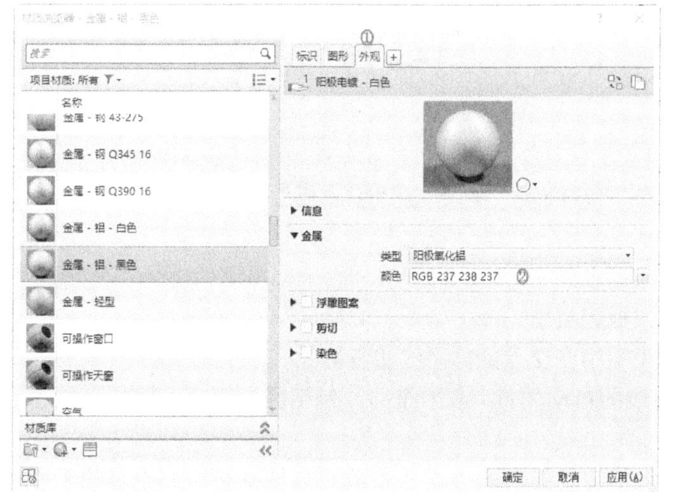

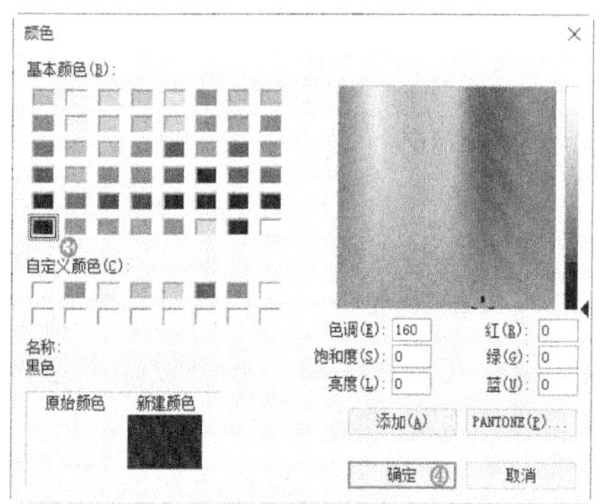

图 6-29 设置材质的颜色

（4）在“图形”选项卡中勾选“使用渲染外观”复选框，在“截面填充图案”选项组中的前景图案栏中单击，打开“填充样式”对话框，单击“无填充图案”，如图 6-30 所示，单击确定按钮返回“材质浏览器”对话框，单击“确定”按钮，完成“金属—铝—黑色”材质的创建。

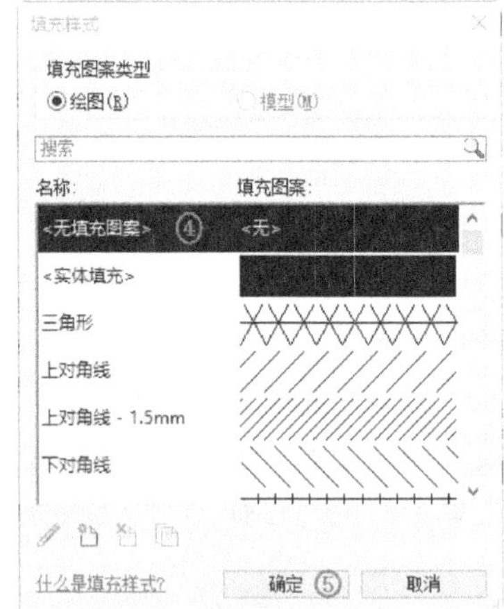

图 6-30　设置材质的图形

（5）单击“建筑”选项卡“构建”面板中的“墙”按钮，打开“修改 | 放置墙”选项卡和选项栏，在属性选项板的类型下拉列表中选择“幕墙”类型，底部约束为“1F”，顶部约束为“直到标高：2F”，其他采用默认设置，如图 6-31 所示。

图 6-31　属性选项板

（6）在属性选项板中单击“编辑类型”按钮，打开“类型属性”对话框，单击“复制”按钮，新建“内幕墙”类型，设置功能为“内部”，勾选“自动嵌入”复选框，在幕墙嵌板下拉列表中选择“系统嵌板：玻璃”，在连接条件下拉列表中选择“垂直网格连续”，设置垂直网格的布局为最大间距，间距为 1500，设置水平网格的布局为固定距离，间距为 2400，然后分别设置垂直竖梃和水平竖梃的内部类型，边界 1 类型以及边界 2 类型为“矩形竖梃：50×150mm”，其他采用默认设置，如图 6-32 所示。单击“确定”按钮，完成内幕墙的设置。

“类型属性”对话框中的选项说明如下。

- 功能：可将墙设置为“外墙”“内部”“基础墙”“挡土墙”“檐底板”和“核心竖井”类别。
- 自动嵌入：指示幕墙是否自动嵌入墙中。
- 幕墙嵌板：设置幕墙图元的幕墙嵌板族类型。
- 连接条件：控制在某个幕墙图元类型中在交点处截断哪些竖梃。
- 布局：沿幕墙长度设置幕墙网格线的自动垂直 / 水平布局，包括固定距离、固定数量、最大间距和最小间距 4 种类型。
    ✓ 固定距离：表示根据垂直 / 水平间距指定的确切值来放置幕墙网格。如果墙的长度不能被此间距整除，Revit 会根据对正参数在墙的一端或两端插入一段距离。

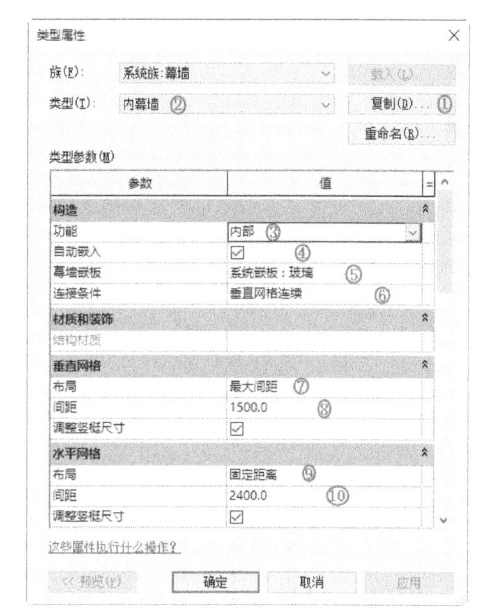

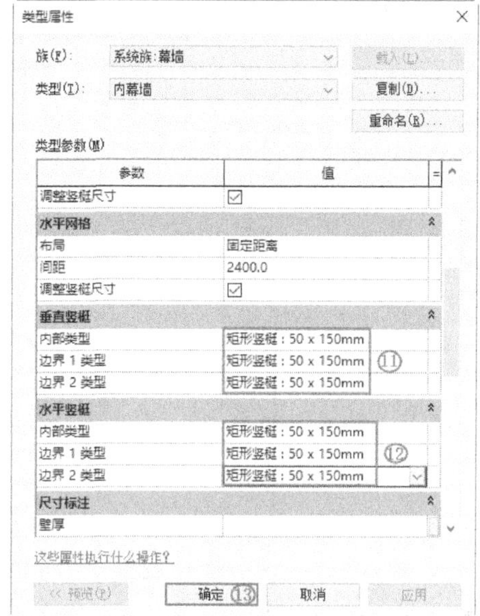

图 6-32　设置幕墙参数

- ✓ 固定数量：表示可以为不同的幕墙实例设置不同数量的幕墙网格。
- ✓ 最大间距：表示幕墙网格沿幕墙的长等间距放置，其最大间距为指定的垂直 / 水平间距值。
- ✓ 最小间距：表示幕墙网格沿幕墙的长等间距放置，其最小间距为指定的垂直 / 水平间距值。

- 间距：当“布局”设置为“固定距离”或“最大间距”时启用。如果将布局设置为固定距离，则 Revit 将使用确切的“间距”值。如果将布局设置为最大间距，则 Revit 将使用不大于指定值的值对网格进行布局。
- 调整竖梃尺寸：调整类型从动网格线的位置，以确保幕墙嵌板的尺寸相等（如果可能）。
- 垂直竖梃
  - ✓ 内部类型：指定内部垂直竖梃的竖梃族。
  - ✓ 边界 1 类型：指定左边边界上垂直竖梃的竖梃族。
  - ✓ 边界 2 类型：指定右边边界上垂直竖梃的竖梃族。
- 水平竖梃
  - ✓ 内部类型：指定内部水平竖梃的竖梃族。
  - ✓ 边界 1 类型：指定左边边界上垂直竖梃的竖梃族。
  - ✓ 边界 2 类型：指定右边边界上垂直竖梃的竖梃族。

（7）在视图中楼梯间和自助餐厅处绘制幕墙隔断，具体位置和尺寸如图 6-33 所示。

提示

幕墙也可以先绘制幕墙，然后添加幕墙网格，根据幕墙网格创建竖梃。

（8）在属性选项板中单击“编辑类型”按钮，打开“类型属性”对话框，单击“复制”按钮在“内幕墙”的基础上新建“外幕墙”，设置功能为“外部”，设置垂直网格的布局为固定距离，间距为 2000，设置水平网格的布局为固定距离，间距为 1265，其他设置与内幕墙设置一样，如图 6-34 所示。单击“确定”按钮，完成外幕墙的设置。

（9）在进门的大厅处绘制玻璃幕墙隔断，如图 6-35 所示。

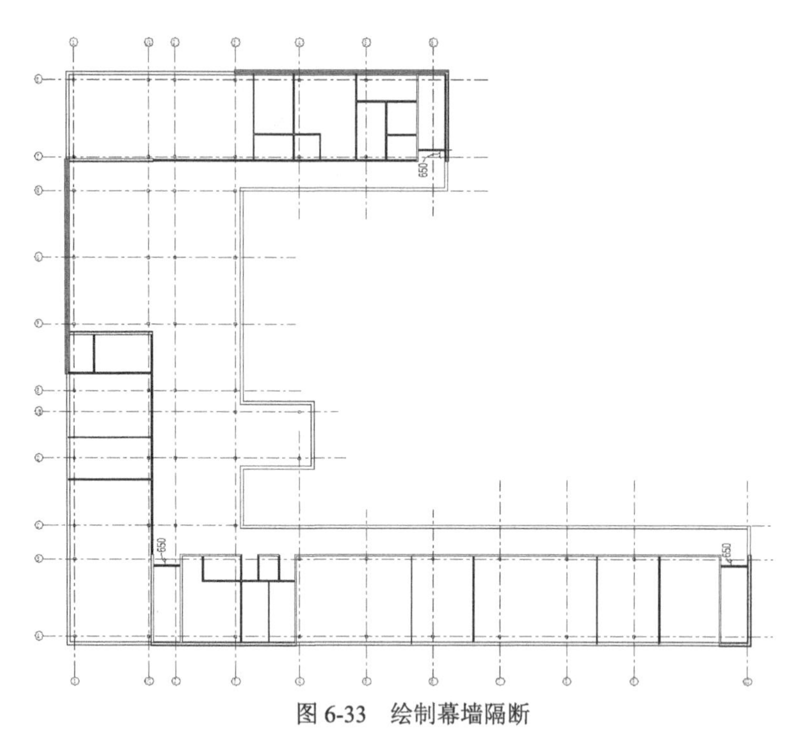

图 6-33　绘制幕墙隔断

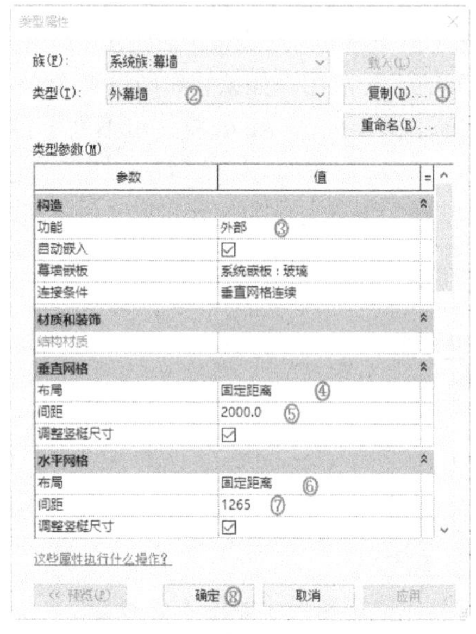

图 6-34 “外幕墙”类型设置

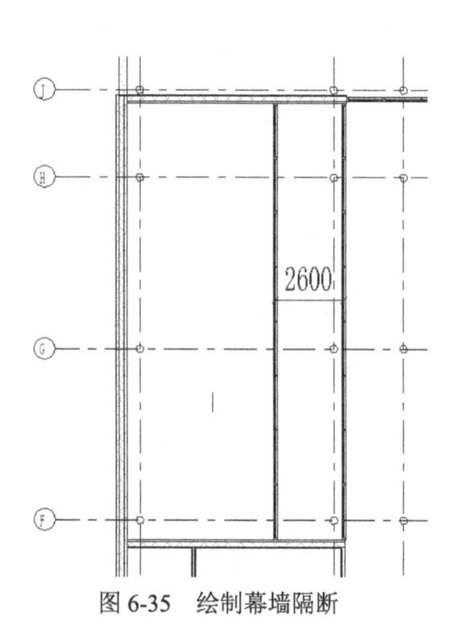

图 6-35　绘制幕墙隔断

6.3.2　绘制外幕墙

本实例配套资源

X:\源文件\6\6.3.2 绘制外幕墙.rvt

X:\视频\6\6.3.2 绘制外幕墙.mp4

扫码看视频

具体绘制步骤如下。

（1）单击“建筑”选项卡“构建”面板中的“墙”按钮，打开“修改 | 放置墙”选项卡和选项栏，在属性选项板的类型下拉列表中选择“基本墙 常规—225mm 砌体”类型，设置定位线为“墙中心线”，底部约束为“1F”，顶部约束为“直到标高：2F”，其他采用默认设置，如图 6-36 所示。

（2）在属性选项板中单击“编辑类型”按钮，打开“类型属性”对话框，单击“复制”按钮，打开“名称”对话框，新建名称为“常规—225mm 混凝土”，如图 6-37 所示，单击“确定”按钮，返回“类型属性”对话框，单击结构栏中的“编辑”按钮 编辑... 。

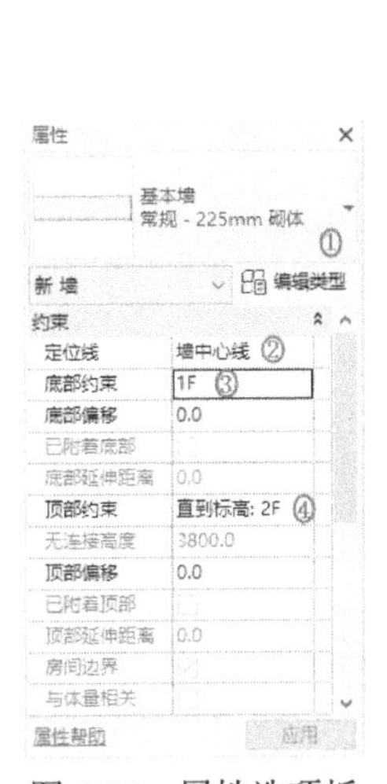

图 6-36　属性选项板

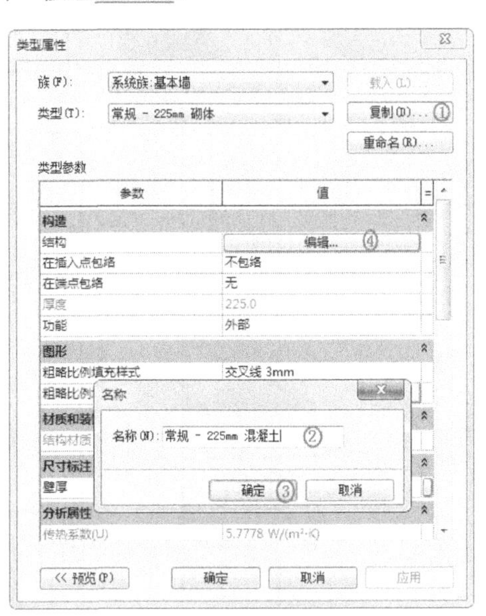

图 6-37　新建墙体类型

（3）打开“编辑部件”对话框，单击结构栏中的“材质”按钮，打开“材质浏览器”对话框，选择“混凝土—现场浇注混凝土”材质，在图形选项卡中勾选“使用渲染外观”复选框，其他采用默认设置，如图 6-38 所示。单击“确定”按钮，返回“编辑部件”对话框，继续单击“确定”按钮，完成“常规—225mm 混凝土”墙体类型的创建。

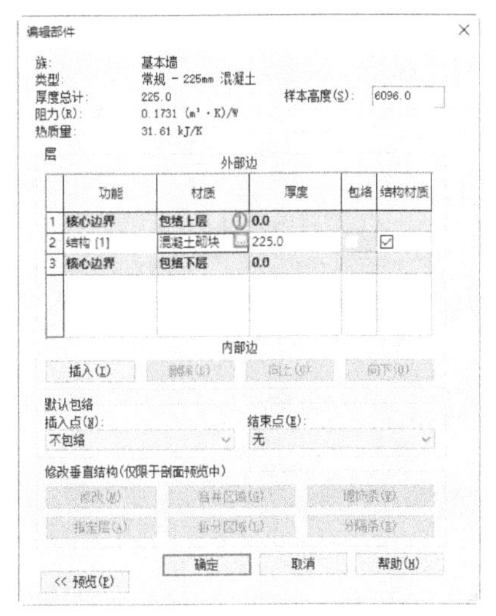

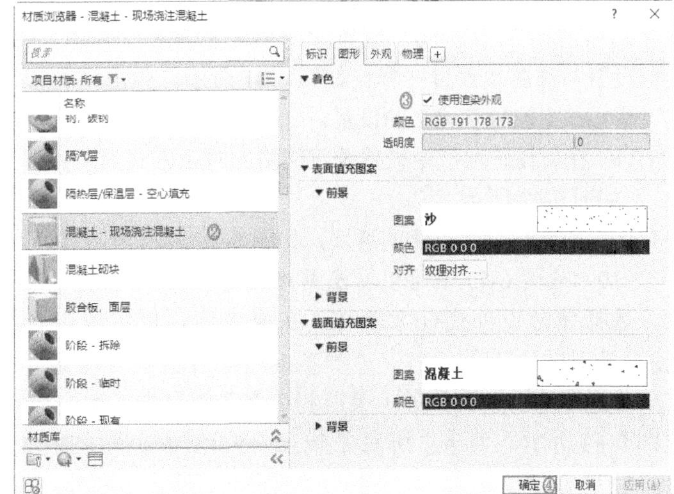

图 6-38　设置结构层的材质

（4）在走廊上处绘制外幕墙支撑，具体尺寸如图 6-39 所示。

（5）单击“建筑”选项卡“构建”面板中的“墙”按钮，打开“修改 | 放置墙”选项卡和选项栏，在属性选项板的类型下拉列表中选择“外幕墙”类型，底部约束为“1F”，顶部约束为“直到标高：2F”，其他采用默认设置。

（6）沿着建筑物创建玻璃幕墙，如图 6-40 所示。

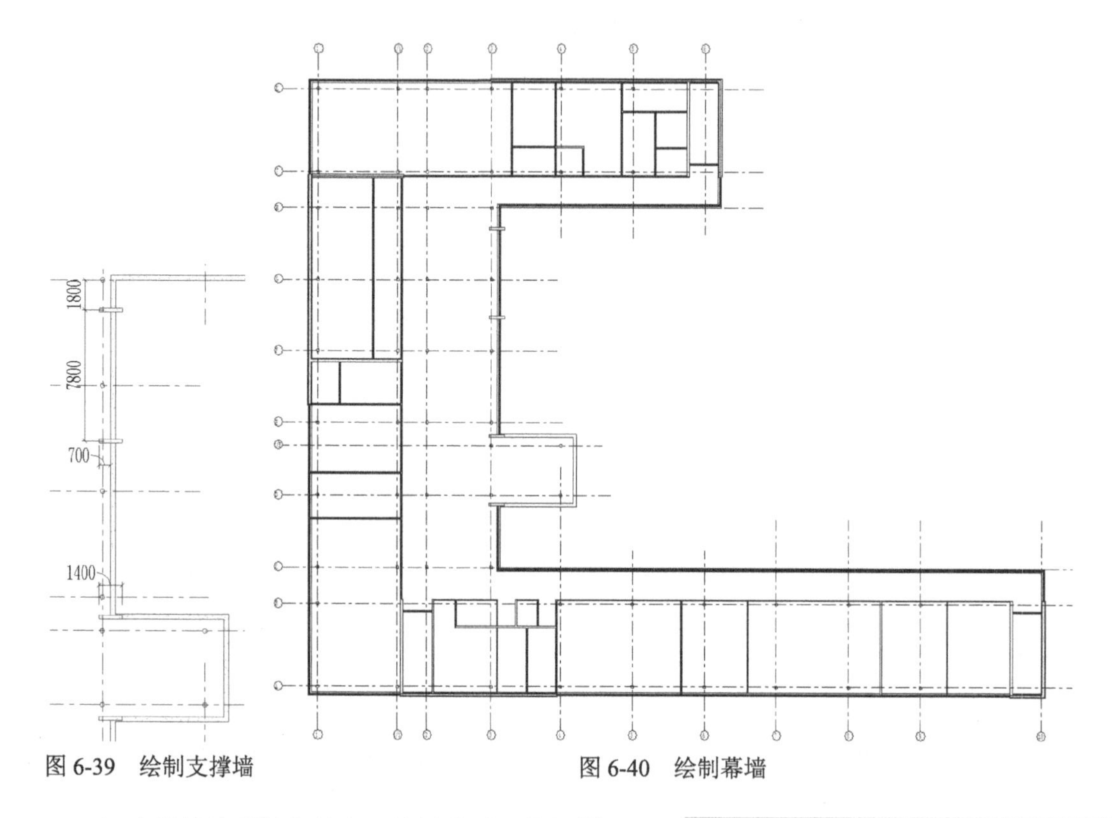

图 6-39 绘制支撑墙

图 6-40 绘制幕墙

（7）在属性选项板中单击“编辑类型”按钮，打开“类型属性”对话框，单击“复制”按钮，在“外幕墙”的基础上新建“外幕墙 2”，设置功能为“外部”，设置垂直网格的间距为 2440，设置水平网格的间距为 610，其他设置与外幕墙设置一样，如图 6-41 所示。单击“确定”按钮，完成外幕墙 2 的设置。

（8）在属性选项板中设置垂直网格的对正方式为“中心”，如图 6-42 所示。

（9）绘制休息室外侧的幕墙，如图 6-43 所示。

（10）从图 6-43 中可以看出幕墙在连接处的连接不对。选择休息室外侧任意幕墙，在属性选项板中单击“编辑类型”按钮，打开“类型属性”对话框，设置垂直竖梃选项组中的边界 1 类型和边界 2 类型为“无”，如图 6-44 所示。单击“确定”按钮，更改后的幕墙如图 6-45 所示。

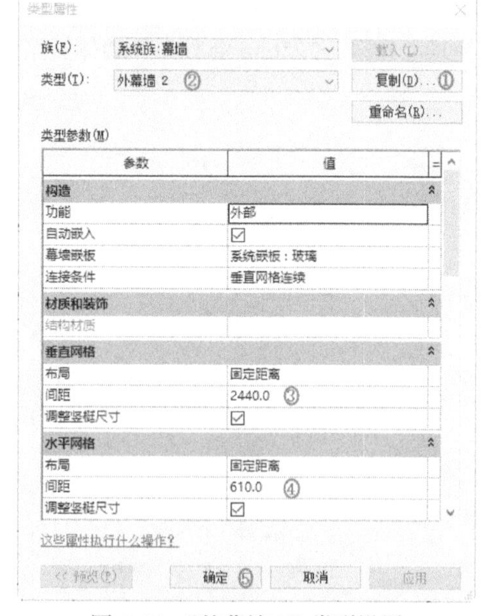

图 6-41 “外幕墙 2”类型设置

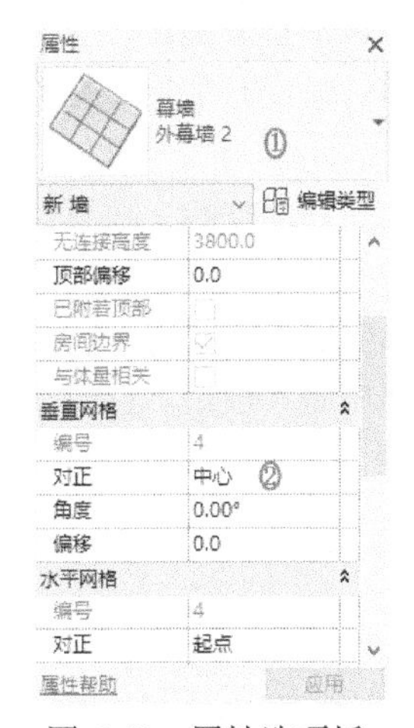

图 6-42　属性选项板

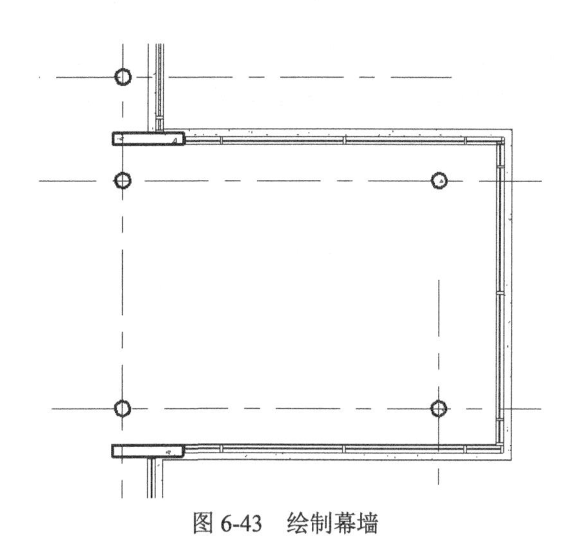

图 6-43　绘制幕墙

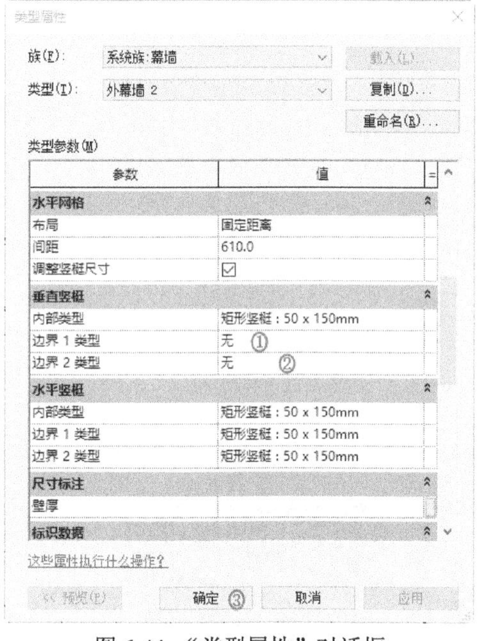

图 6-44 “类型属性”对话框

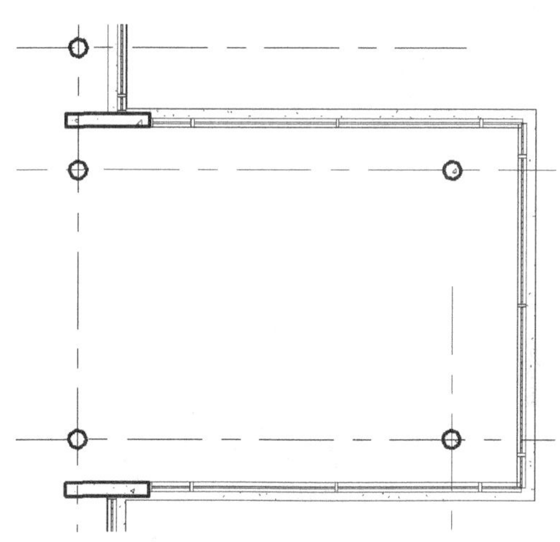

图 6-45　更改后的幕墙

（11）在项目浏览器中的三维视图节点下双击“三维”，将视图切换至三维视图。

（12）单击“建筑”选项卡“构建”面板中的“竖梃”按钮，打开“修改 | 放置 竖梃”选项卡，如图 6-46 所示。

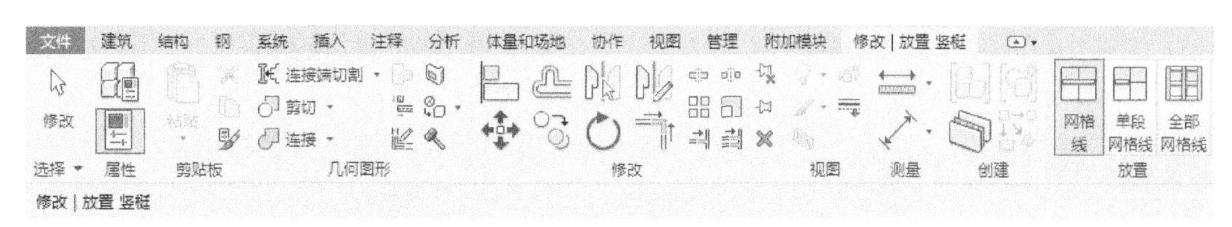

图 6-46 “修改 | 放置 竖梃”选项卡

- 网格线：单击绘图区域中的网格线时，此工具将跨整个网格线放置竖梃。
- 单段网格线：单击绘图区域中的网格线时，此工具将在单击的网格线的各段上放置竖梃。
- 全部网格线：单击绘图区域中的任何网格线时，此工具将在所有网格线上放置竖梃。

（13）在属性选项板的类型下拉列表中选择“L 形角竖梃 L 形竖梃 1”类型，如图 6-47 所示。

（14）单击“编辑类型”按钮，打开“类型属性”对话框，单击材质栏中的“材质”按钮，打开“材质浏览器”对话框，选择“金属—铝—黑色”材质，单击“确定”按钮，返回“类型属性”对话框，其他采用默认设置，如图 6-48 所示。

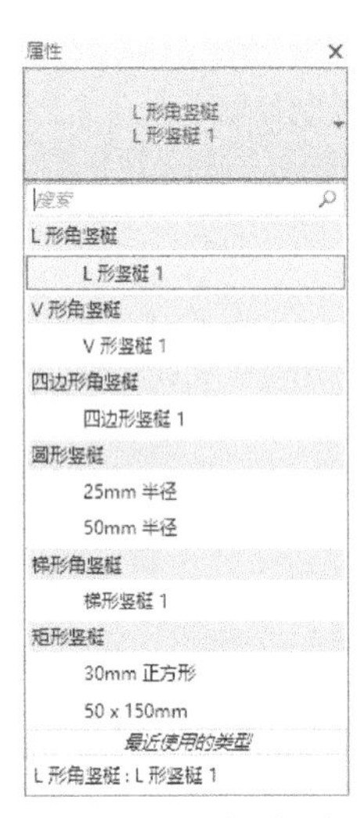

图 6-47　选择类型

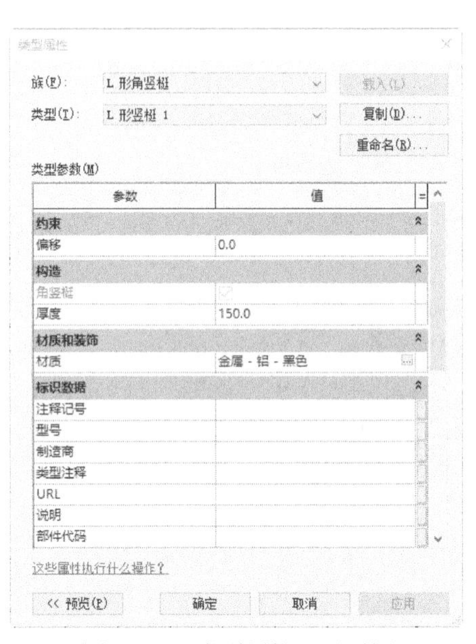

图 6-48　“类型属性”对话框

（15）在视图中拾取幕墙的网格线，如图 6-49 所示。添加 L 形竖梃，如图 6-50 所示。

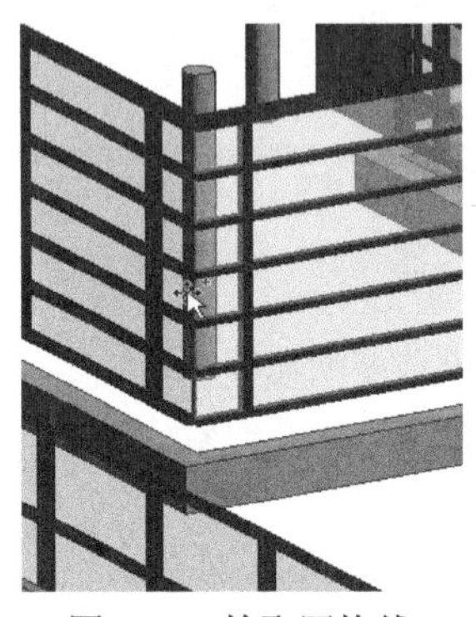

图 6-49　拾取网格线

图 6-50　添加竖梃

知识点——竖梃类型

- L 形角竖梃：幕墙嵌板或玻璃斜窗与竖梃的支脚端部相交，如图 6-51 所示。可以在竖梃的类型属性中指定竖梃支脚的长度和厚度。

- V形角竖梃：幕墙嵌板或玻璃斜窗与竖梃的支脚侧边相交，如图6-52所示。可以在竖梃的类型属性中指定竖梃支脚的长度和厚度。
- 梯形角竖梃：幕墙嵌板或玻璃斜窗与竖梃的侧边相交，如图6-53所示。可以在竖梃的类型属性中指定沿着与嵌板相交的侧边的中心宽度和长度。

图6-51 L形角竖梃　　图6-52 V形角竖梃　　图6-53 梯形角竖梃

- 四边形角竖梃：幕墙嵌板或玻璃斜窗与竖梃的支脚侧边相交。如果两个竖梃部分相等并且连接不是90°角，则竖梃会呈现出风筝的形状，如图6-54（a）所示。如果连接角度为90°角并且各部分不相等，则竖梃是矩形的，如图6-54（b）所示。如果两个部分相等并且连接处是90°角，则竖梃是方形的，如图6-54（c）所示。

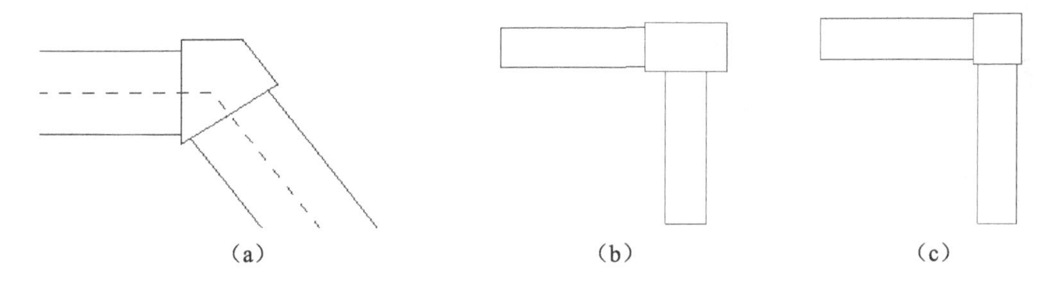

图6-54 四边形角竖梃

- 矩形竖梃：常作为幕墙嵌板之间分隔或幕墙边界，可以通过定义角度、偏移、轮廓、位置和其他属性来创建矩形竖梃，如图6-55所示。
- 圆形竖梃：常作为幕墙嵌板之间分隔或幕墙边界，可以通过定义竖梃的半径以及距离幕墙嵌板的偏移来创建圆形竖梃，如图6-56所示。

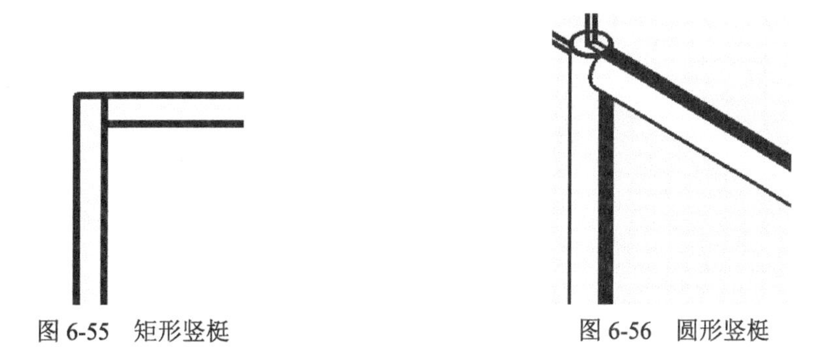

图6-55 矩形竖梃　　图6-56 圆形竖梃

- 梯形角竖梃：可以通过定义中心宽度、深度、偏移和厚度来创建梯形角竖梃。
- 四边形角竖梃：可以通过定义各个支架的长度、偏移和竖梃厚度来创建四边形角竖梃。

第 7 章
其他层的主体建筑

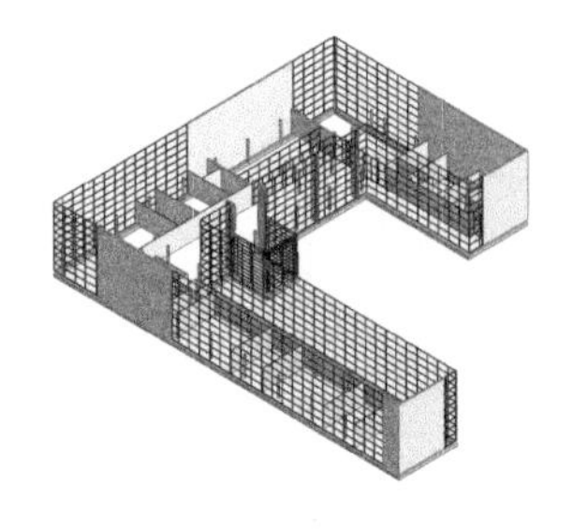

知识导引

本章在上一章的基础上继续绘制培训大楼的二三层主体建筑。

7.1　创建外墙

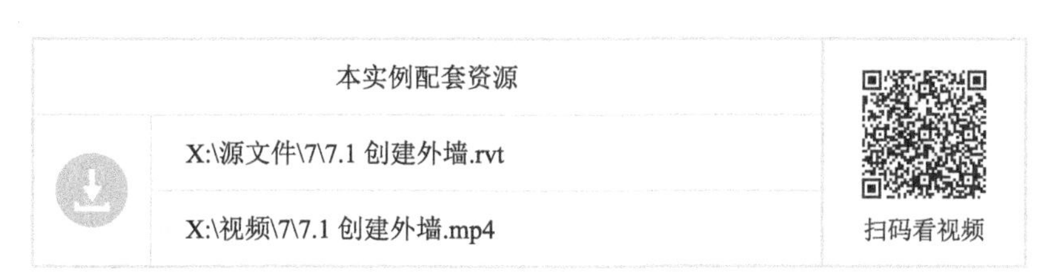

本实例配套资源	
X:\源文件\7\7.1 创建外墙.rvt	扫码看视频
X:\视频\7\7.1 创建外墙.mp4	

具体绘制步骤如下。

（1）在视图中选择任意段外墙，在属性选项板中更改顶部约束为“直到标高：4F”，如图 7-1 所示。

（2）采用相同的方式更改其他外墙的顶部约束为“直到标高：4F”。

（3）选择任意段外幕墙，在属性选项板中更改顶部约束为“直到标高：4F”，如图 7-2 所示。

（4）采用相同的方式更改其他外幕墙的顶部约束为“直到标高：4F”。

（5）选择视图中的 225mm 混凝土墙体，在属性选项板中更改顶部约束为“直到标高：4F”，如图 7-3 所示。

（6）选择休息室外侧的 3 面幕墙，在属性选项板中更改顶部约束为“未连接”，输入无连接高度为 6600，如图 7-4 所示。

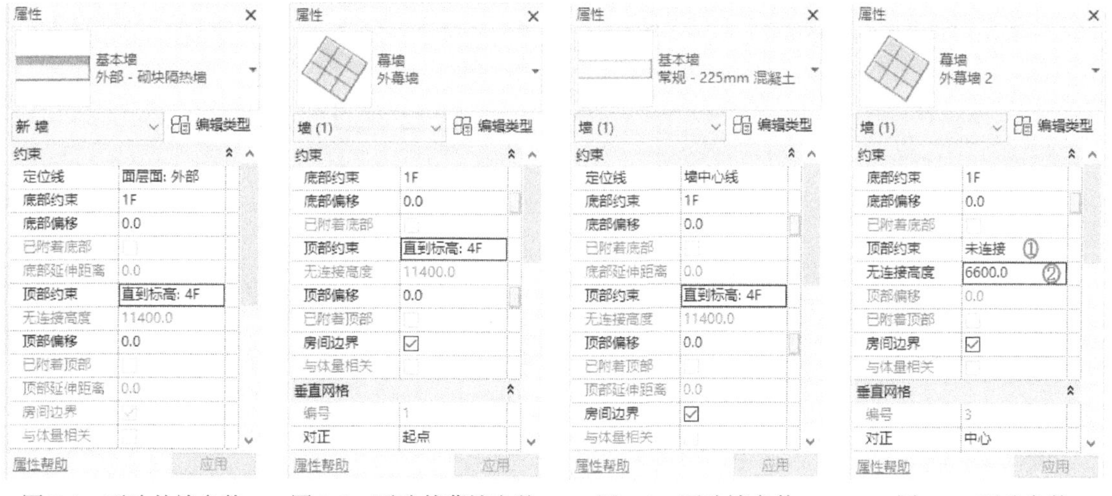

图 7-1　更改外墙参数　　图 7-2　更改外幕墙参数　　图 7-3　更改墙参数　　图 7-4　更改参数

（7）更改后的结果如图 7-5 所示。

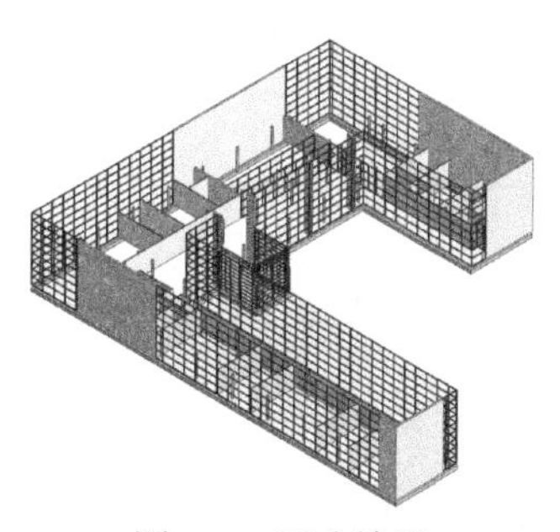

图 7-5　更改结果

7.2 创建二层结构柱和墙体

7.2.1 绘制外幕墙

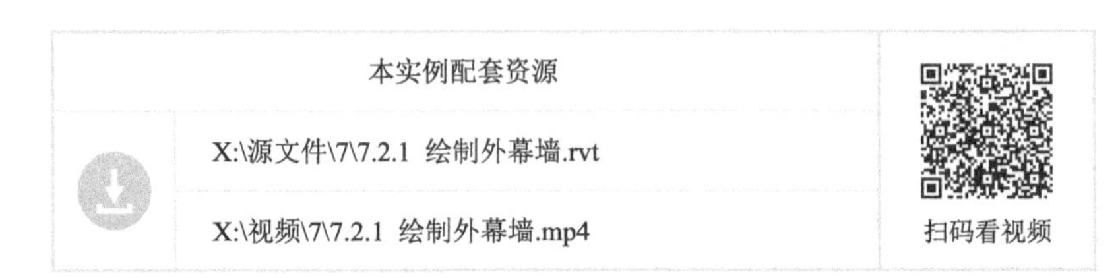

具体绘制步骤如下。

（1）将视图切换至 2F 楼层平面，并调整轴线。

（2）单击“建筑”选项卡“构建”面板中的“墙”按钮，打开“修改 | 放置墙”选项卡和选项栏，在属性选项板的类型下拉列表中选择“外幕墙”类型，设置底部约束为“2F”，顶部约束为“直到标高：4F”，其他采用默认设置，如图 7-6 所示。

（3）在视图中的楼梯间外墙上绘制幕墙，如图 7-7 所示。

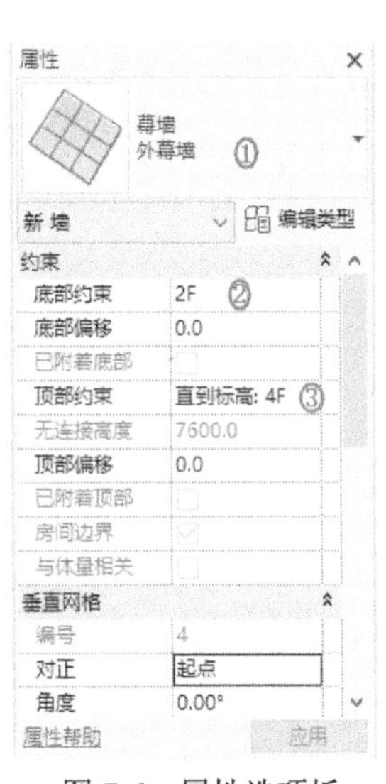

图 7-6 属性选项板

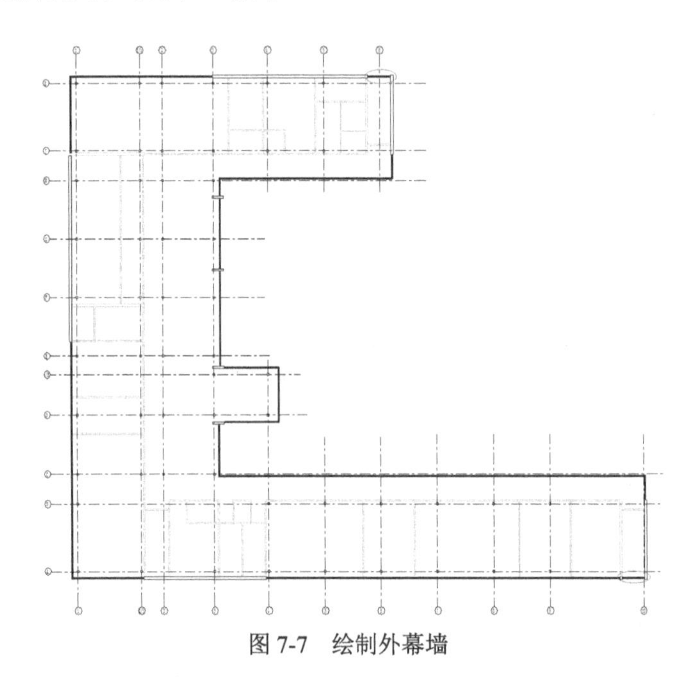

图 7-7 绘制外幕墙

7.2.2 布置结构柱

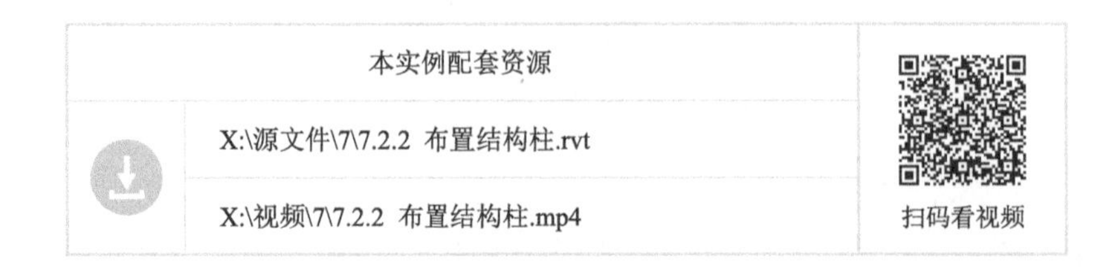

具体绘制步骤如下。

（1）单击“建筑”选项卡“构建”面板“柱”下拉列表中的“结构柱”按钮，打开“修改 | 放置 结构柱”选项卡。

（2）在属性选项板中选择“混凝土—圆形—柱 300mm”，在同一层相同的位置布置柱，如图 7-8 所示。

（3）选择第（2）步布置的结构柱，在属性选项板中更改底部标高为“2F”，顶部标高为“3F”，顶部偏移 −150，如图 7-9 所示。

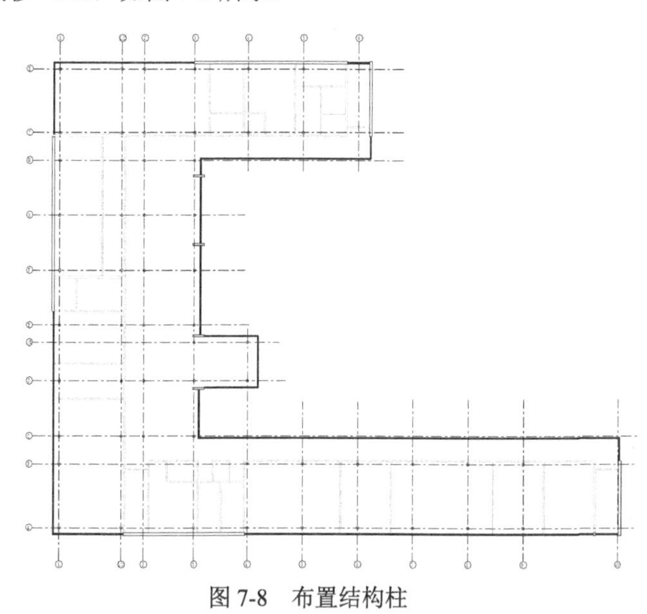

图 7-8　布置结构柱

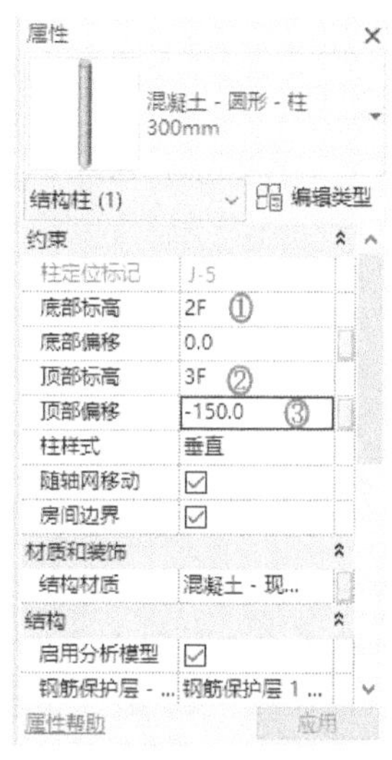

图 7-9　设置参数

7.2.3　绘制楼梯间隔断

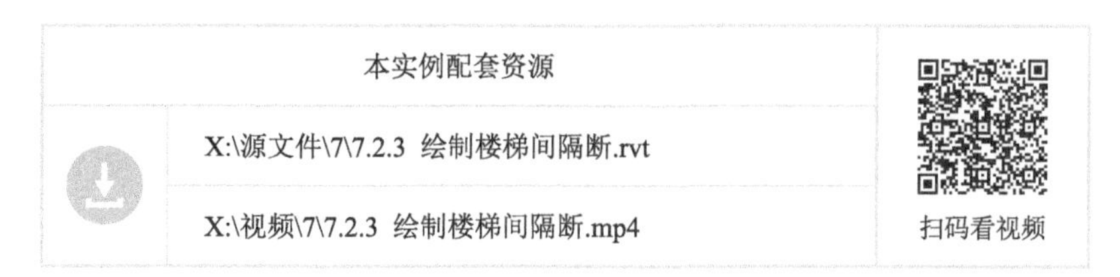

本实例配套资源

X:\源文件\7\7.2.3 绘制楼梯间隔断.rvt

X:\视频\7\7.2.3 绘制楼梯间隔断.mp4

扫码看视频

具体绘制步骤如下。

（1）单击“建筑”选项卡“构建”面板中的“墙”按钮，打开“修改 | 放置墙”选项卡和选项栏，在属性选项板的类型下拉列表中选择“常规—200mm”类型，设置定位线为“墙中心线”，底部约束为“2F”，顶部约束为“直到标高：3F”，其他采用默认设置，如图 7-10 所示。

（2）在视图中绘制楼梯间隔断，位置与一层的相同，如图 7-11 所示。

7.2.4　绘制房间隔断

本实例配套资源

X:\源文件\7\7.2.4 绘制房间隔断.rvt

X:\视频\7\7.2.4 绘制房间隔断.mp4

扫码看视频

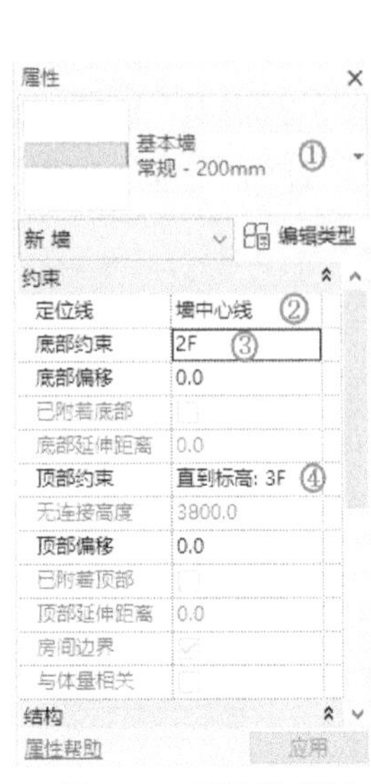

图 7-10　属性选项板

图 7-11　绘制楼梯间隔断

具体绘制步骤如下。

（1）单击“建筑”选项卡“构建”面板中的“墙”按钮，打开“修改 | 放置墙”选项卡和选项栏，在属性选项板的类型下拉列表中选择“内部—138mm 隔断（1 小时）”类型，设置定位线为“墙中心线”，底部约束为“2F”，顶部约束为“直到标高：3F”，其他采用默认设置，如图 7-12 所示。

（2）在视图中绘制第二层的房间隔断，如图 7-13 所示。

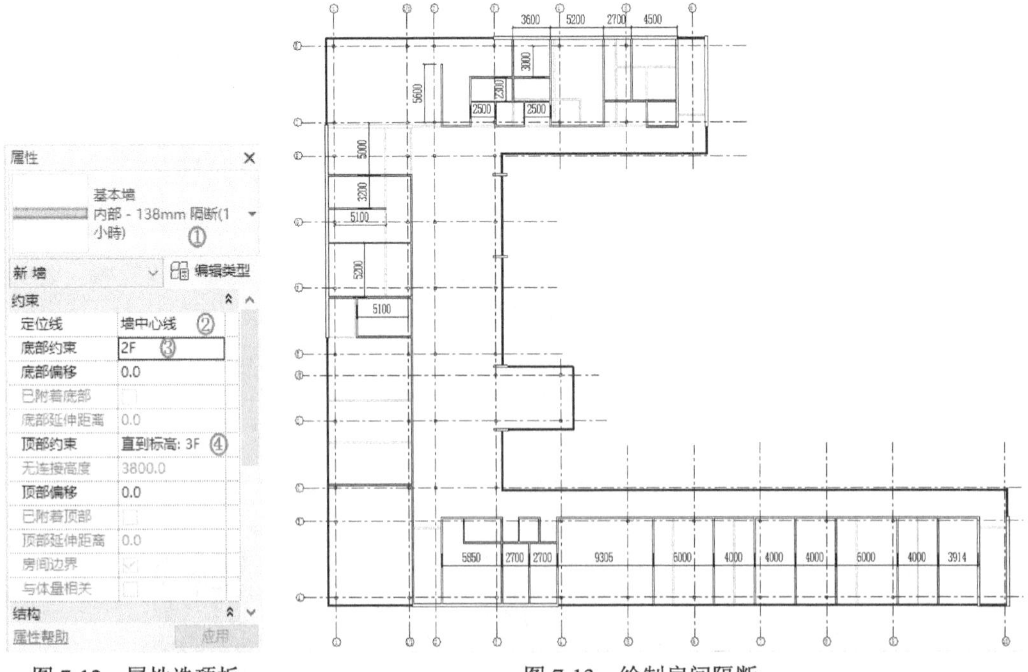

图 7-12　属性选项板

图 7-13　绘制房间隔断

7.2.5　绘制内幕墙隔断

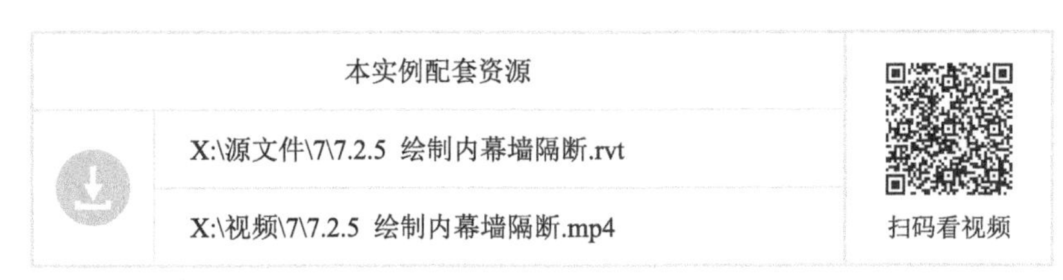

具体绘制步骤如下。

（1）单击“建筑”选项卡“构建”面板中的“墙”按钮，打开“修改 | 放置墙”选项卡和选项栏，在属性选项板的类型下拉列表中选择“内幕墙”类型，设置底部约束为“2F”，顶部约束为“直到标高：3F”，其他采用默认设置，如图 7-14 所示。

（2）在视图中绘制二层的幕墙隔断，如图 7-15 所示。

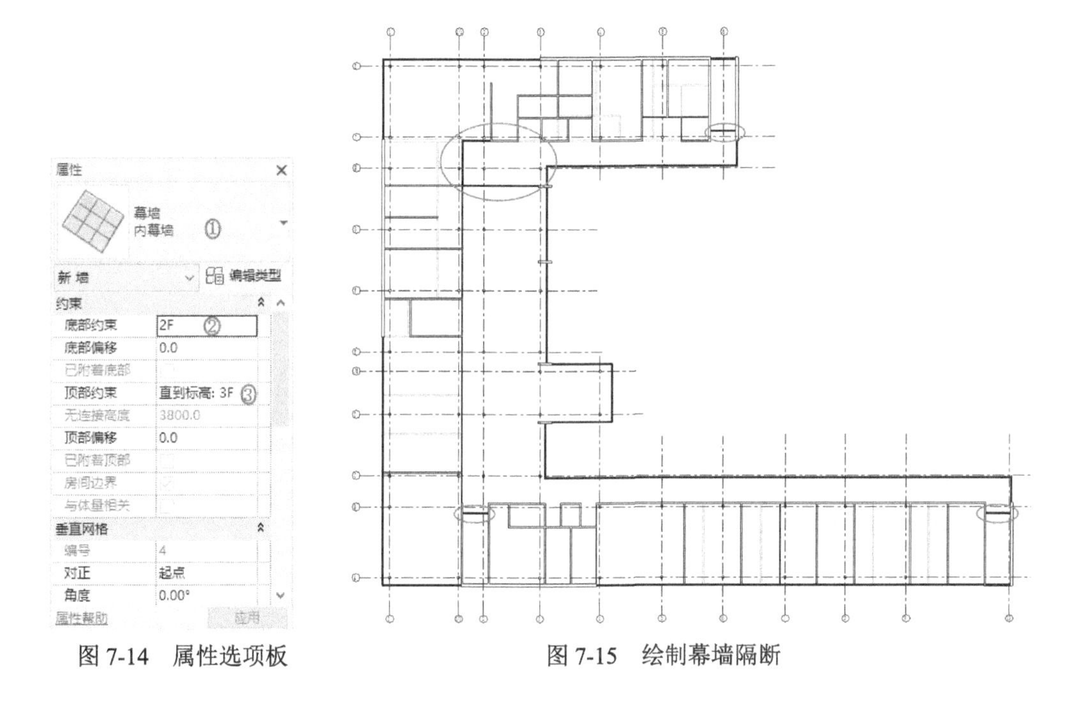

图 7-14　属性选项板　　图 7-15　绘制幕墙隔断

7.3　创建三层结构柱和墙体

7.3.1　绘制外幕墙

具体绘制步骤如下。

（1）将视图切换至 3F 楼层平面，并调整轴线。

（2）单击“建筑”选项卡“构建”面板“柱”下拉列表中的“结构柱”按钮，打开“修改 | 放置 结构柱”选项卡和选项栏。在选项板栏中设置“高度：”为“4F”。

（3）在属性选项板中选择“混凝土—圆形—柱 300mm”，在同一层相同的位置布置柱，如图 7-16 所示。

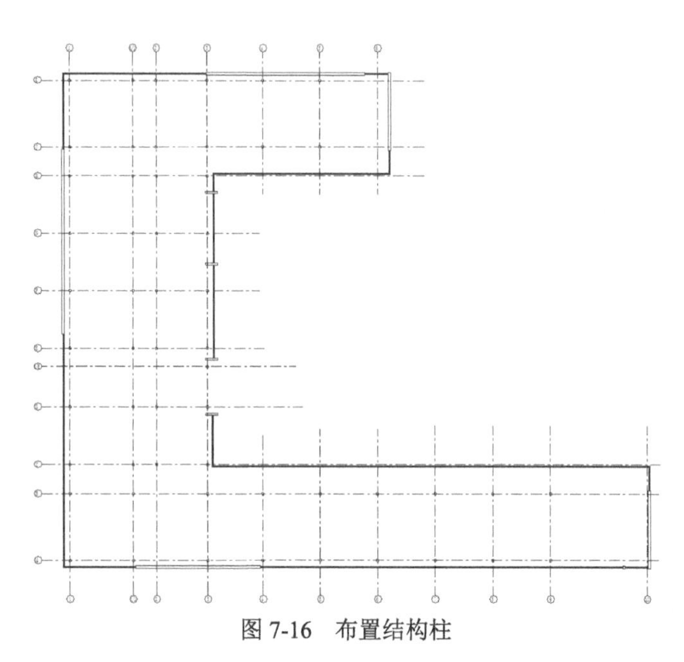

图 7-16　布置结构柱

（4）单击“建筑”选项卡“构建”面板中的“墙”按钮，打开“修改 | 放置墙”选项卡和选项栏，在属性选项板的类型下拉列表中选择“外幕墙”类型，设置底部约束为“2F”，顶部约束为“直到标高：4F”，其他采用默认设置，如图 7-17 所示。

（5）在视图中的绘制幕墙，如图 7-18 所示。

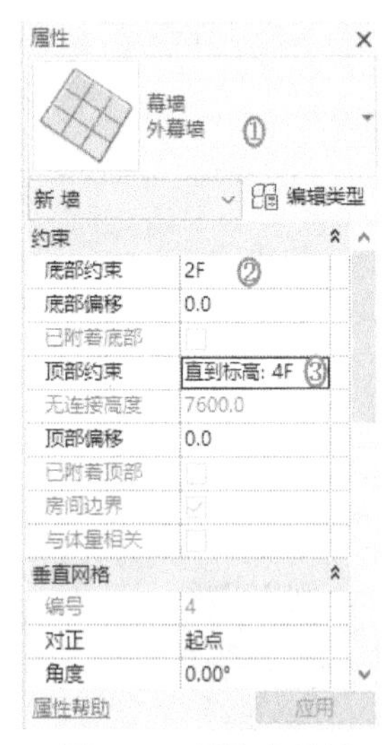

图 7-17　属性选项板

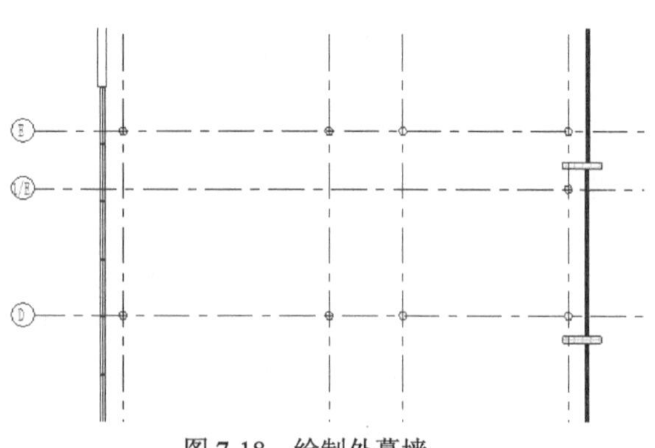

图 7-18　绘制外幕墙

7.3.2　绘制楼梯间隔断

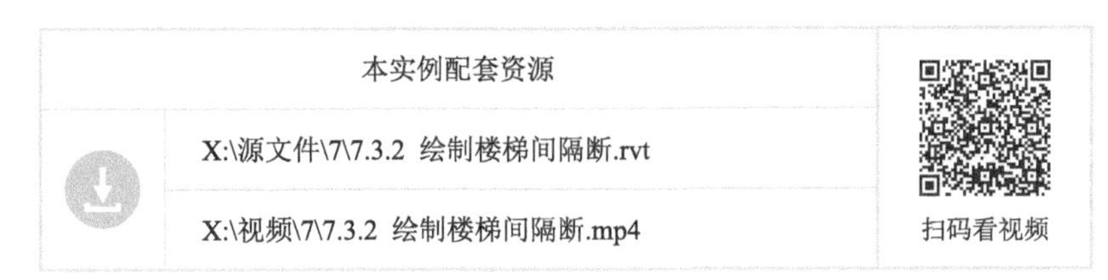

具体绘制步骤如下。

（1）单击“建筑”选项卡“构建”面板中的“墙”按钮，打开“修改 | 放置墙”选项卡和选项栏，在属性选项板的类型下拉列表中选择“常规—200”类型，设置定位线为“墙中心线”，底部约束为“3F”，顶部约束为“直到标高：4F”，其他采用默认设置，如图 7-19 所示。

（2）在视图中绘制楼梯间隔断，位置与一层的相同，如图 7-20 所示。

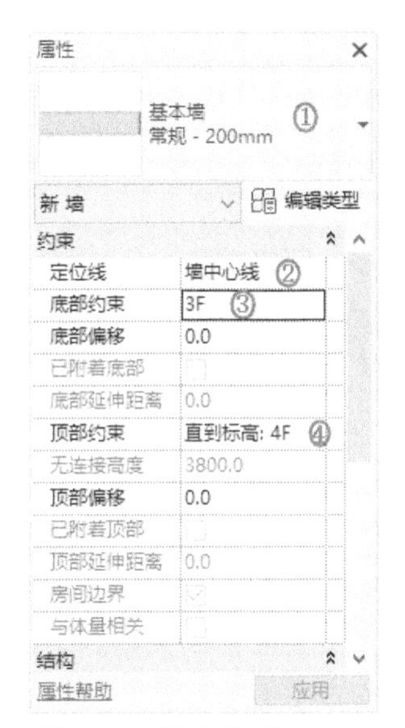

图 7-19　属性选项板

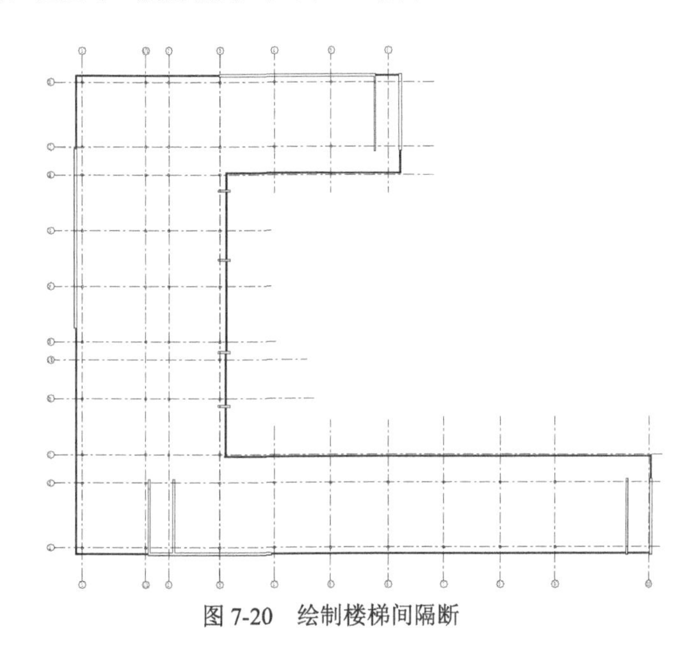

图 7-20　绘制楼梯间隔断

7.3.3　绘制房间隔断

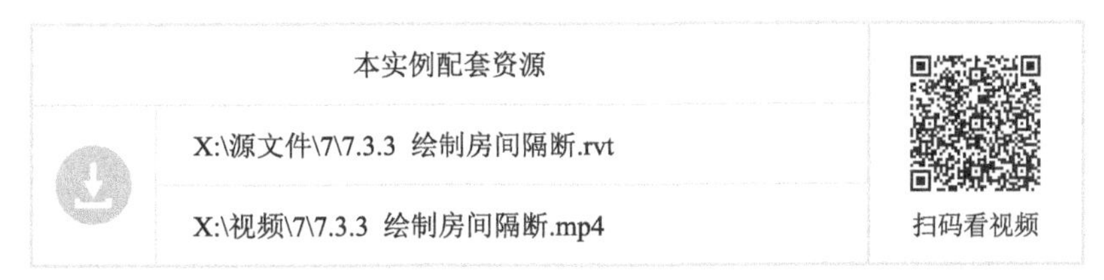

具体绘制步骤如下。

（1）单击“建筑”选项卡“构建”面板中的“墙”按钮，打开“修改 | 放置墙”选项卡和选项栏，在属性选项板的类型下拉列表中选择“内部—138mm 隔断（1 小时）”类型，设置定位线为“墙中心线”，底部约束为“3F”，顶部约束为“直到标高：4F”，其他采用默认设置，如图 7-21 所示。

（2）在视图中绘制三层的房间隔断，如图 7-22 所示。

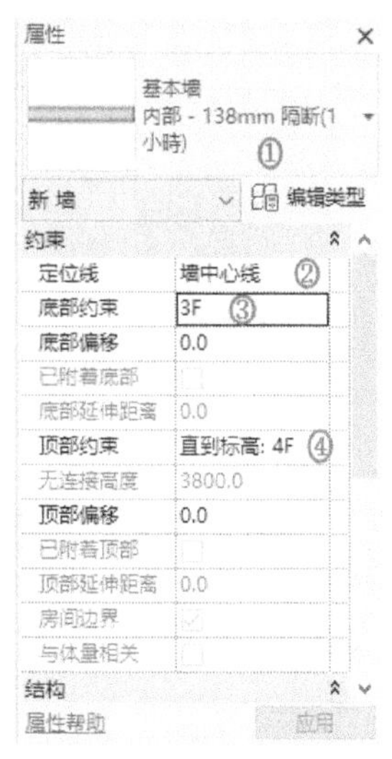

图 7-21　属性选项板

图 7-22　绘制房间隔断

7.3.4　绘制内幕墙隔断

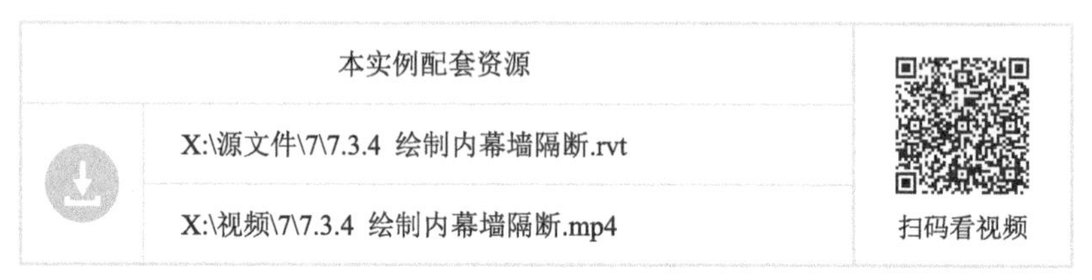

本实例配套资源

X:\源文件\7\7.3.4 绘制内幕墙隔断.rvt

X:\视频\7\7.3.4 绘制内幕墙隔断.mp4

扫码看视频

具体绘制步骤如下。

（1）单击“建筑”选项卡“构建”面板中的“墙”按钮，打开“修改 | 放置墙”选项卡和选项栏，在属性选项板的类型下拉列表中选择“内幕墙”类型，设置底部约束为“3F”，顶部约束为“直到标高：4F”，其他采用默认设置，如图 7-23 所示。

（2）在视图中绘制三层楼梯间的幕墙隔断，如图 7-24 所示。

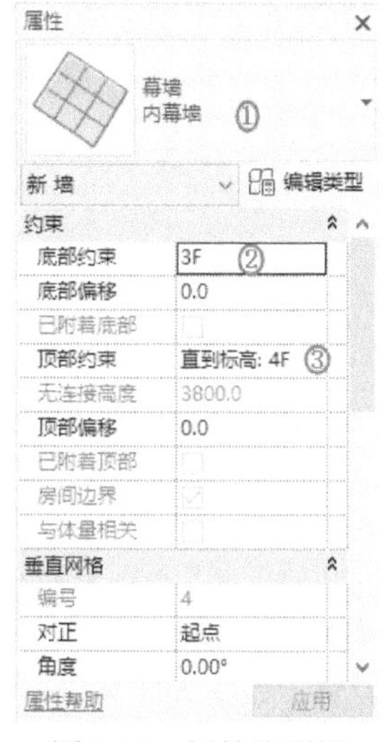

图 7-23　属性选项板

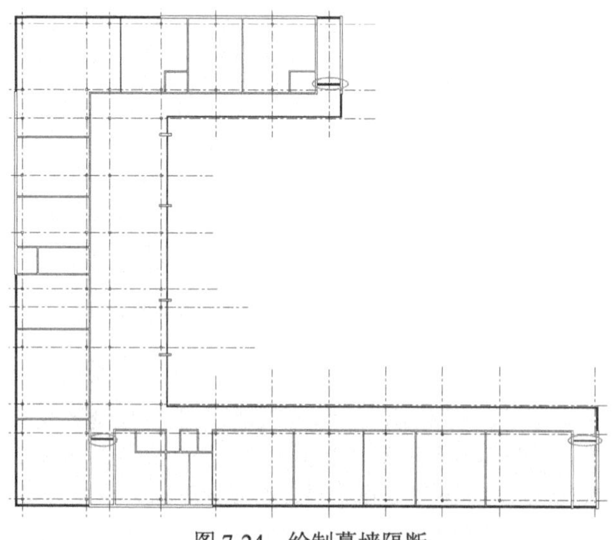

图 7-24　绘制幕墙隔断

第 8 章
楼板设计

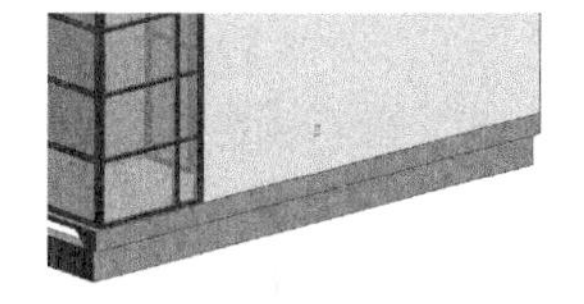

知识导引

楼板、天花板是建筑的普遍构成要素，本章将介绍培训大楼楼板和天花板的创建过程。

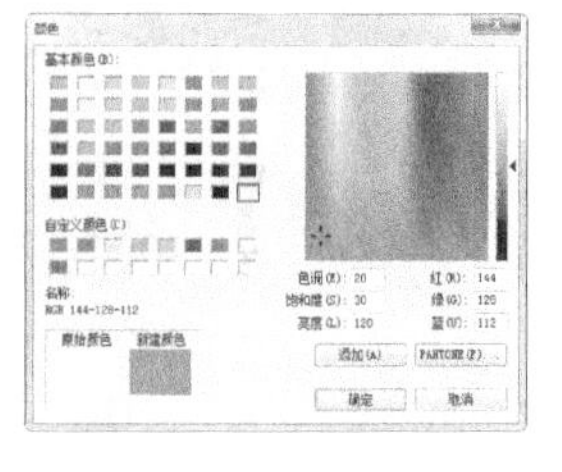

8.1 绘制楼板

楼板是一种分隔承重构件，楼板层中的承重部分，它将房屋垂直方向分隔为若干层，并把人和家具等竖向荷载及楼板自重通过墙体、梁或柱传给基础。

8.1.1 创建一层楼板

具体操作步骤如下。

（1）将视图切换至 1F 楼层平面。

（2）单击“建筑”选项卡“构建”面板“楼板”下拉列表中的“楼板：建筑”按钮，打开“修改 | 创建楼层边界”选项卡和选项栏，如图 8-1 所示。

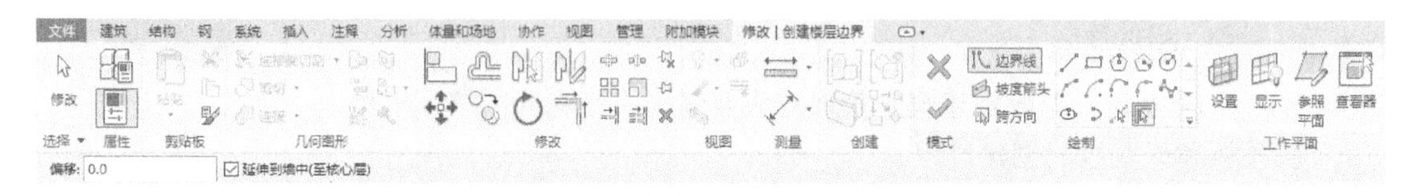

图 8-1 “修改 | 创建楼层边界”选项卡和选项栏

（3）在属性选项板中选择“楼板常规—150mm”类型，如图 8-2 所示。

楼板属性选项板中的选项说明如下。

- 标高：将楼板约束到的标高。
- 自标高的高度偏移：指定楼板顶部相对于标高参数的高程。
- 房间边界：指定楼板是否作为房间边界图元。
- 与体量相关：指定此图元是从体量图元创建的。
- 结构：指定此图元有一个分析模型。
- 启用分析模型：显示分析模型，并将它包含在分析计算中。默认情况下处于选中状态。
- 周长：设置楼板的周长。
- 面积：指定楼板的体积。
- 顶部高程：指示用于对楼板顶部进行标记的高程。这是一个只读参数，它报告倾斜平面的变化。

（4）单击“编辑类型”按钮，打开“类型属性”对话框，单击“复制”按钮，打开“名称”对话框，输入名称为“混凝土—100mm”，如图 8-3 所示。

“类型属性”对话框选项说明如下。

- 结构：单击“编辑”按钮，打开“编辑部件”对话框，创建复合楼板。
- 默认的厚度：指示楼板类型的厚度，通过累加楼板层的厚度得出。
- 功能：指示楼板是内部的还是外部的。
- 粗略比例填充样式：指定粗略比例视图中楼板的填充样式。
- 粗略比例填充颜色：为粗略比例视图中的楼板填充图案应用颜色。

● 结构材质：为图元结构指定材质。此信息可包含于明细表中。

● 传热系数（U）：用于计算热传导，通常通过流体和实体之间的对流和阶段变化。

● 热质量：对建筑图元蓄热能力进行测量的一个单位，是每个材质层质量和指定热容量的乘积。

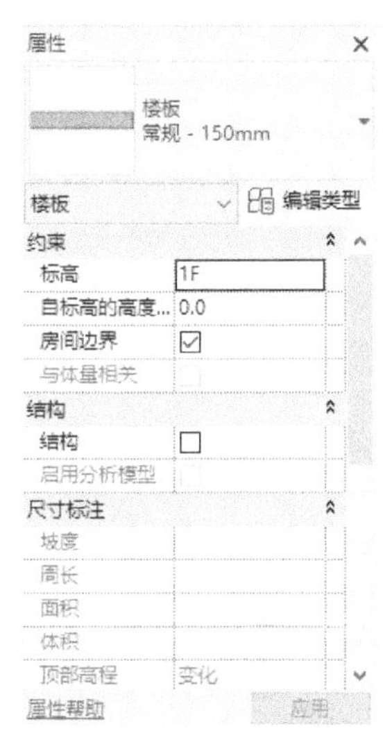

图 8-2　属性选项板

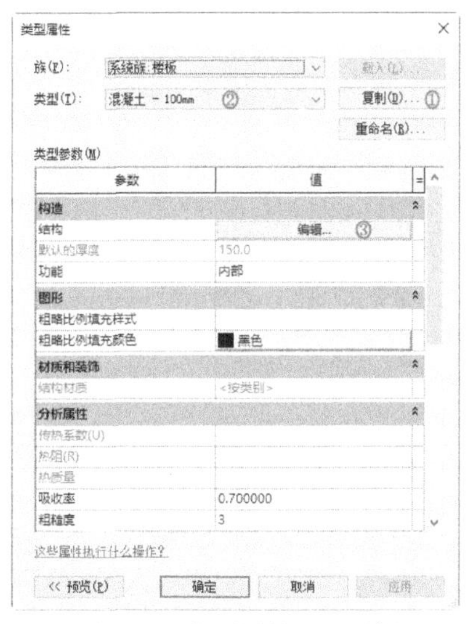

图 8-3　“类型属性”对话框

● 吸收率：对建筑图元吸收辐射能力进行测量的一个单位，是吸收的辐射与总辐射的比率。

● 粗糙度：表示表面粗糙度的一个指标，其值从 1 到 6（其中 1 表示粗糙，6 表示平滑，3 则是大多数建筑材质的典型粗糙度），用于确定许多常用热计算和模拟分析工具中的气垫阻力值。

（5）单击“编辑”按钮 编辑... ，打开“编辑部件”对话框，如图 8-4 所示。单击结构栏“材质”列表中的按钮 ... ，打开“材质浏览器”对话框，选择“混凝土—现场浇注混凝土”材质，并勾选“使用渲染外观”复选框，其他采用默认设置，如图 8-5 所示，单击“确定”按钮。返回“编辑部件”对话框，更改厚度为 100，单击“确定”按钮。

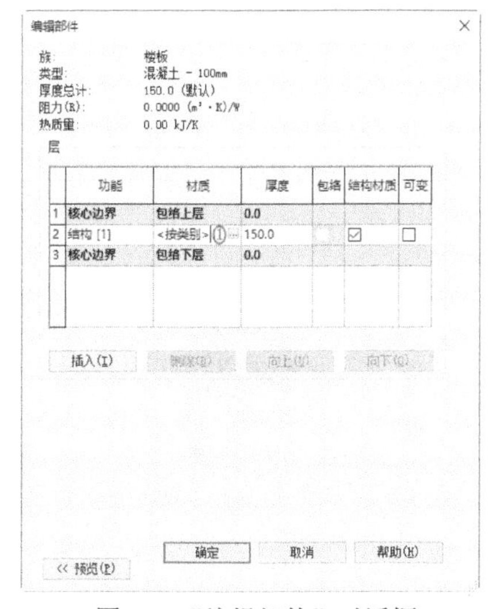

图 8-4　“编辑部件”对话框

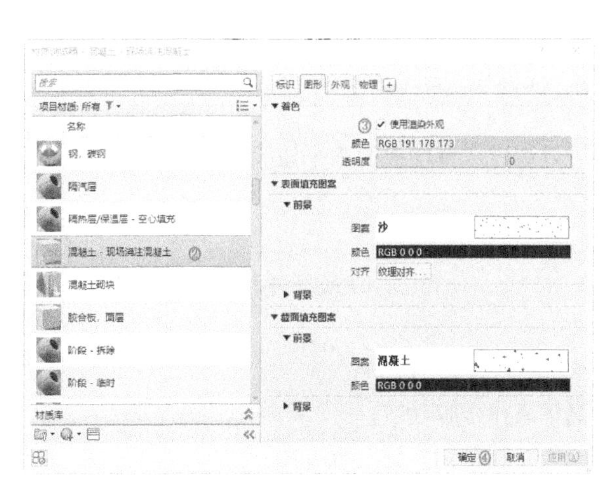

图 8-5　“材质浏览器”对话框

（6）单击“绘制”面板中的“边界线”按钮和“线”按钮，绘制楼板边界线，形成封闭区域，如图 8-6 所示。

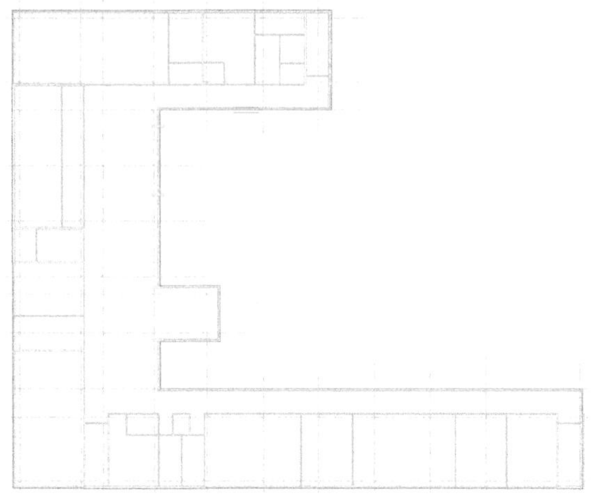

图 8-6　绘制楼板边界

（7）单击“模式”面板中的“完成编辑模式”按钮，完成一层楼板的创建，结果如图 8-7 所示。

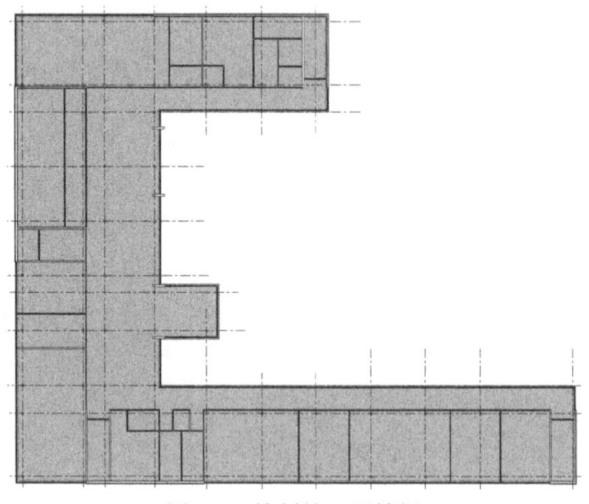

图 8-7　绘制第一层楼板

8.1.2　创建一层楼板边

可以通过选择楼板的水平边缘来添加楼板边缘。

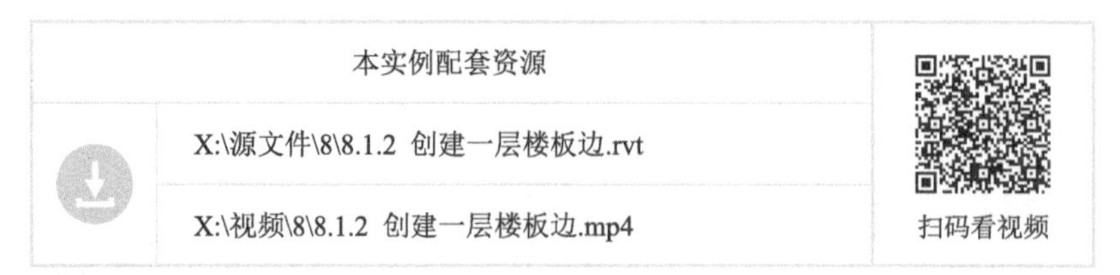

本实例配套资源

X:\源文件\8\8.1.2 创建一层楼板边.rvt

X:\视频\8\8.1.2 创建一层楼板边.mp4

扫码看视频

具体操作步骤如下。

（1）将视图切换到三维视图。

（2）单击“建筑”选项卡“构建”面板“楼板”下拉列表中的“楼板：楼板边”按钮，

打开“修改 | 放置楼板边缘”选项卡，如图 8-8 所示。

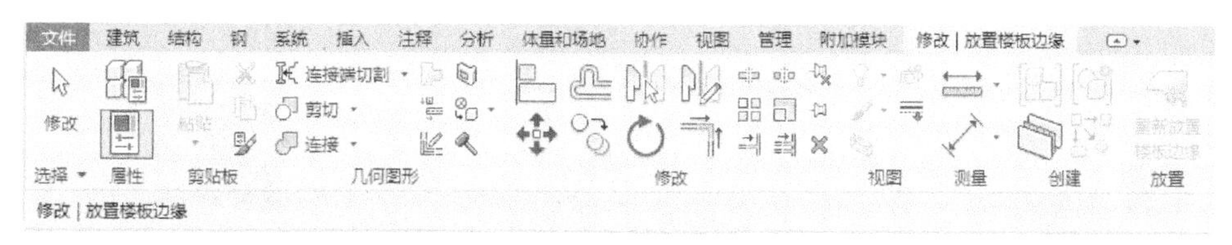

图 8-8 “修改 | 放置楼板边缘”选项卡

（3）在属性选项板中单击“编辑类型”按钮，打开如图 8-9 所示的“类型属性”对话框，在轮廓下拉列表中选择“楼板边缘—加厚：600×300mm”，单击材质栏中的“材质”按钮，打开“材质浏览器”对话框，选择“混凝土—现场浇注混凝土”材质，并勾选“使用渲染外观”复选框，其他采用默认设置，如图 8-5 所示，单击“确定”按钮。

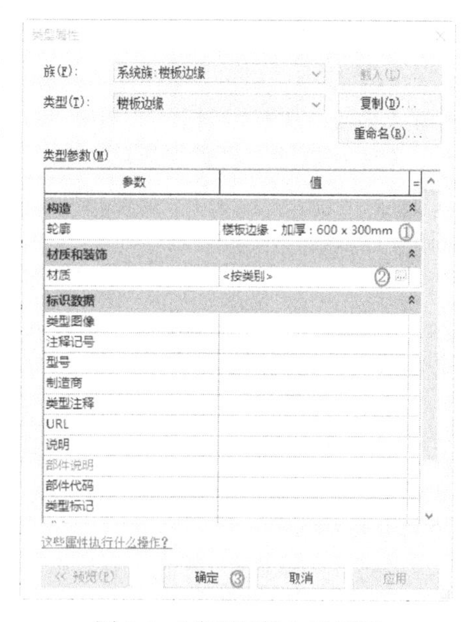

图 8-9 “类型属性”对话框

“类型属性”对话框选项说明如下。

- 轮廓：特定楼板边缘的轮廓形状。
- 材质：可以采用多种方式指定楼板边缘的外观。
- 注释记号：添加或编辑楼板边缘注释记号。
- 制造商：楼板边缘的制造商。
- 类型注释：用于放置有关楼板边缘类型的一般注释的字段。
- URL：指向可能包含类型专有信息的网页的链接。
- 说明：可以在此文本框中输入楼板边缘说明。
- 部件说明：基于所选部件代码描述部件。
- 部件代码：从层级列表中选择的统一格式部件代码。

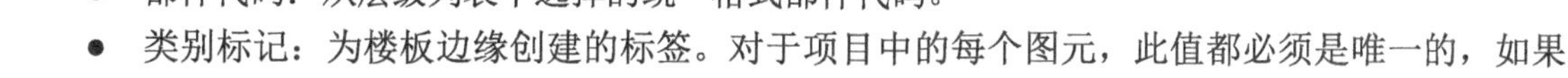

- 类别标记：为楼板边缘创建的标签。对于项目中的每个图元，此值都必须是唯一的，如果此数值已被使用，Revit 会发出警告信息，但允许继续使用它。

（4）在视图中选择一层楼板下端水平边缘线单击放置楼板边缘，如图 8-10 所示。

（5）单击“使用垂直轴翻转轮廓”按钮和“使用水平轴翻转轮廓”按钮，调整楼板边缘的方向。

（6）继续单击放置楼板边缘，Revit 会将其作为一个连续的楼板边缘。如果楼板边缘的线段在角部相遇，它们会相互斜接，如图 8-11 所示。

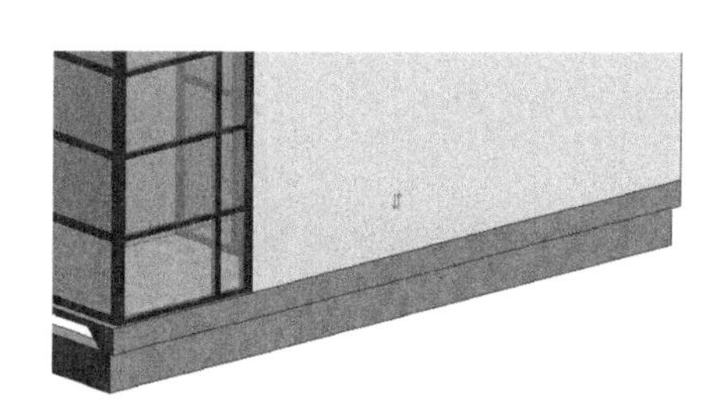

图 8-10 放置楼板边缘

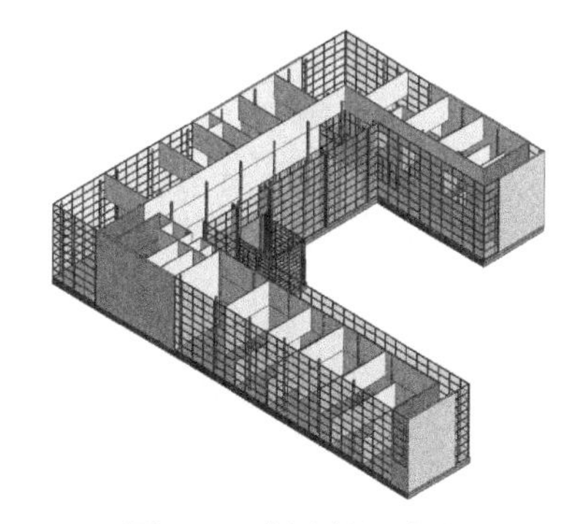

图 8-11 创建楼板边缘

8.1.3 创建一层外楼板

具体操作步骤如下。

（1）将视图切换至 1F 楼层平面。

（2）单击“建筑”选项卡“构建”面板“楼板”下拉列表中的“楼板：建筑”按钮，打开“修改 | 创建楼层边界”选项卡。

（3）在属性选项板中选择“混凝土—100mm”类型，单击“编辑类型”按钮，打开“类型属性”对话框，单击“复制”按钮，新建“木地板”类型。

（4）单击“编辑”按钮，打开“编辑部件”对话框，单击“插入”按钮，插入新层，单击“向上”按钮，将其放置在最上层，并更改功能为面层 2［5］。

（5）单击面层 2［5］中的材质，打开“材质浏览器”对话框，在 Autodesk 材质库中选择木材，在列表中选择“木地板”，然后单击“将材质添加到文档中”按钮，将木地板材质添加到项目材质列表并选中。

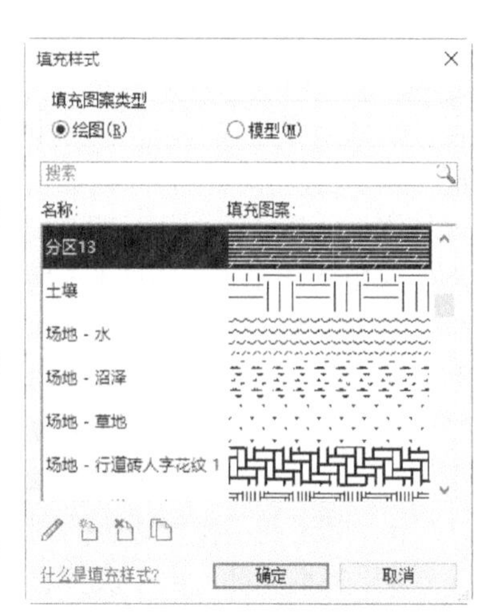

图 8-12 “填充样式”对话框

（6）在“图形”选项卡中勾选“使用渲染外观”复选框，单击表面填充图案选项组前景中的“图案”栏，打开“填充样式”对话框，选择“分区 13”图案，如图 8-12 所示。单击“确定”按钮，返回“材质浏览器”对话框。

（7）单击截面填充图案选项组前景中的“图案”栏，打开“填充样式”对话框，选择“垂直”图案，单击“确定”按钮，返回“材质浏览器”对话框，其他采用默认设置，如图 8-13 所示。单击“确定”按钮。

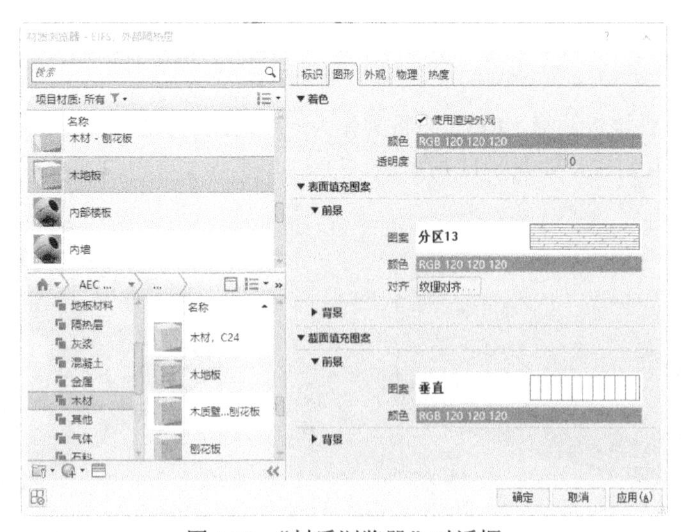

图 8-13 “材质浏览器”对话框

（8）返回“编辑部件”对话框，输入面层 2［5］的厚度为 40，连续单击“确定”按钮。

（9）单击“绘制”面板中的“边界线”按钮和“线”按钮，绘制楼板边界线，形成封闭区域，结果如图 8-14 所示。

（10）单击“模式”面板中的“完成编辑模式”按钮，完成一层楼板的创建，结果如图 8-15 所示。

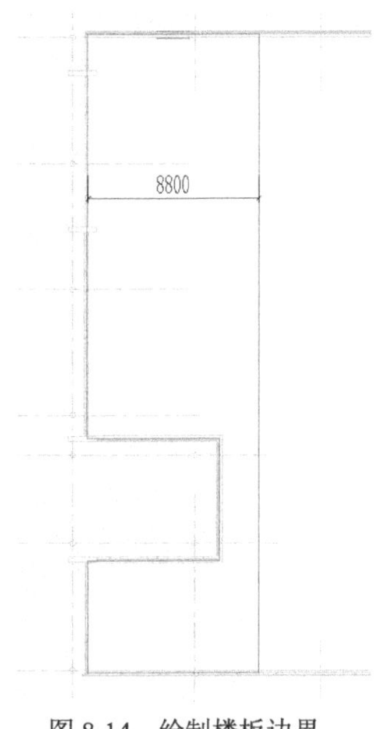

图 8-14　绘制楼板边界

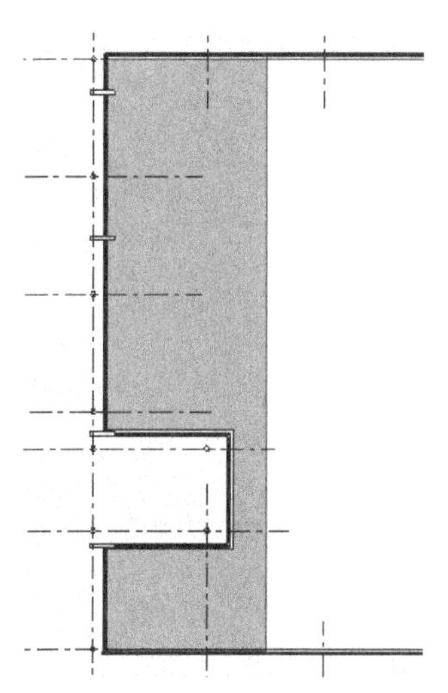

图 8-15　绘制第一层楼板

8.1.4　创建二、三层楼板

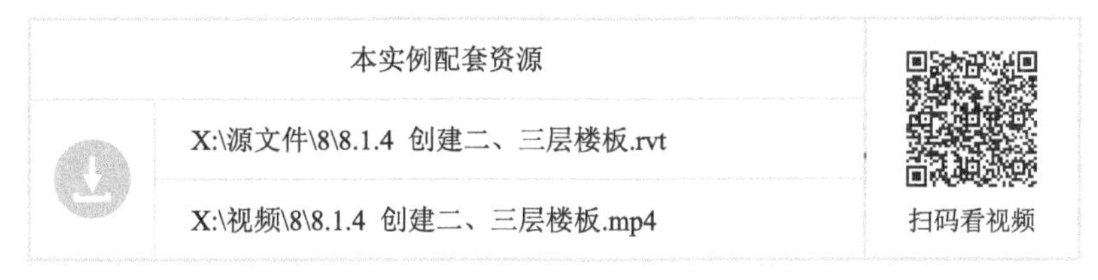

具体操作步骤如下。

（1）将视图切换至 2F 楼层平面。

（2）单击“建筑”选项卡“构建”面板“楼板”下拉列表中的“楼板：建筑”按钮，打开“修改 | 创建楼层边界”选项卡。

（3）在属性选项板中选择“木地板”类型，单击“编辑类型”按钮，打开“类型属性”对话框，单击“复制”按钮，新建“空心板—混凝土面层”类型。

（4）单击“编辑”按钮，打开“编辑部件”对话框，将面层 2［5］功能更改为衬底［2］，材质为“水泥砂浆”，厚度为 50。

（5）单击“插入”按钮，插入新层，单击“向上”按钮，将其放置在最上层，并更改功能为面层 1[4]。

（6）单击面层 1［4］中的材质，打开“材质浏览器”对话框，在 Autodesk 材质库中选择织物，在列表中选择“地毯”，然后单击“将材质添加到文档中”按钮，将地毯材质添加到项目材质列表并选中。

（7）在“图形”选项卡的“着色”选项组中单击“颜色”区域，打开“颜色”对话框，自定义颜色，单击“添加”按钮，添加自定义颜色，如图 8-16 所示，选择添加的自定义颜色，单击“确定”按钮。

（8）单击表面填充图案选项组前景中的“图案”栏，打开“填充样式”对话框，选择“沙”图案，如图 8-17 所示。单击“确定”按钮，返回“材质浏览器”对话框，其他采用默认设置，如图 8-18 所示。

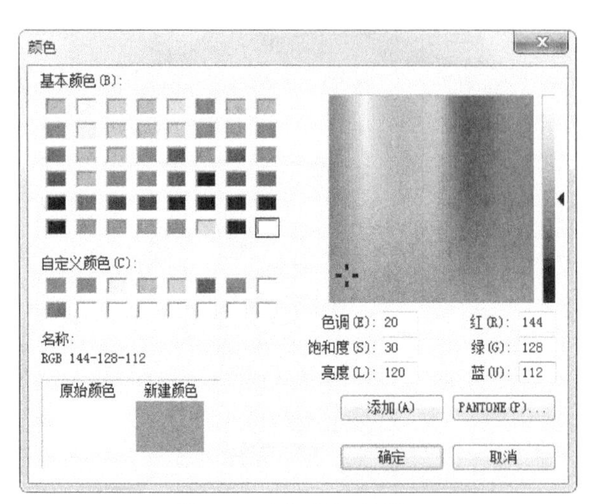

图 8-16 “颜色”对话框

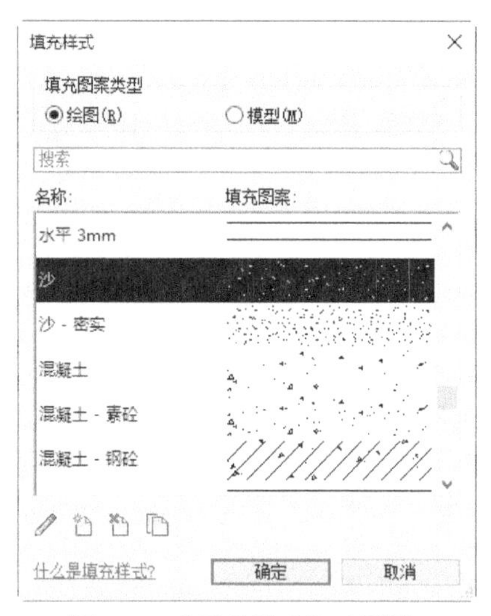

图 8-17 “填充样式”对话框

（9）返回“编辑部件”对话框，输入面层 1[4] 的厚度为 10，结构 [1] 的厚度为 200，如图 8-19 所示，连续单击“确定”按钮。

（10）单击“绘制”面板中的“边界线”按钮、“线”按钮和“起点—终点—半径弧”按钮，绘制楼板边界线，形成封闭区域，结果如图 8-20 所示。

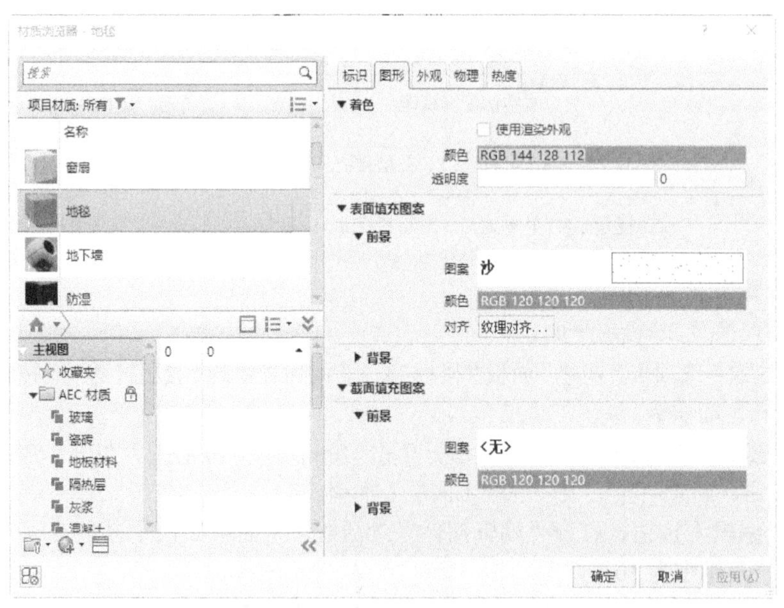

图 8-18 “材质浏览器”对话框

（11）单击“模式”面板中的“完成编辑模式”按钮，打开如图 8-21 所示的 Revit 提示对话框，单击“是”按钮，完成二层楼板的创建，结果如图 8-22 所示。

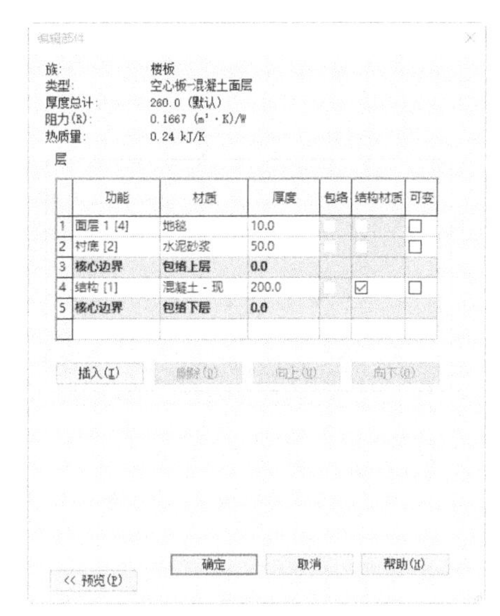

图 8-19 “编辑部件”对话框

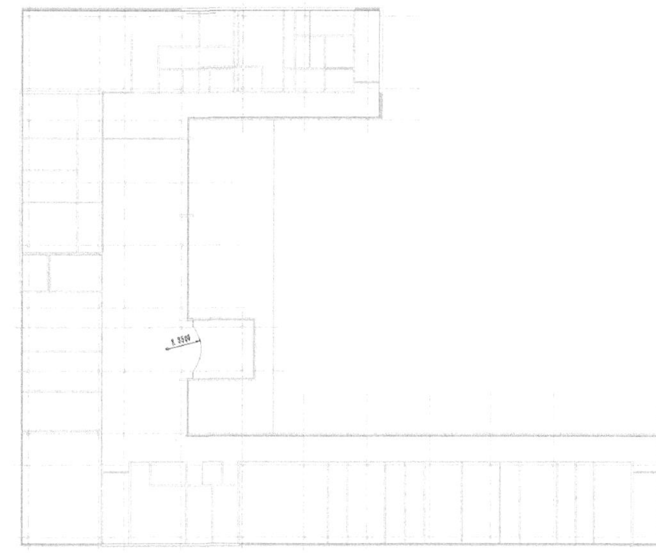

图 8-20　绘制二层楼板边界

（12）将视图切换至 3F 楼层平面。

（13）单击“建筑”选项卡“构建”面板“楼板”下拉列表中的“楼板：建筑”按钮，打开“修改 | 创建楼层边界”选项卡。在属性选项板中选择“空心板—混凝土面层”类型。

（14）单击“绘制”面板中的“边界线”按钮和“线”按钮，绘制楼板边界线，形成封闭区域，如图 8-23 所示。

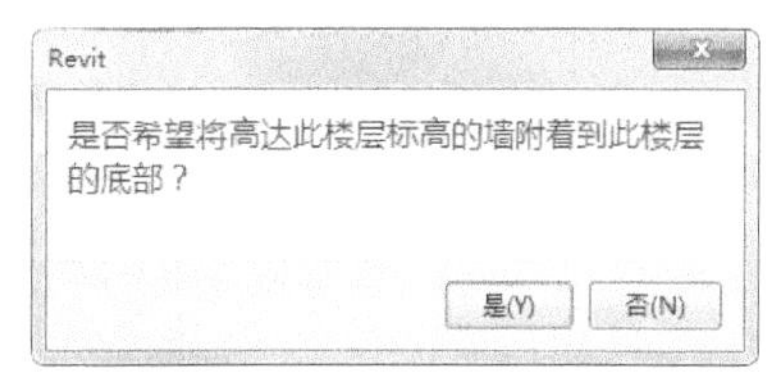

图 8-21　Revit 提示对话框

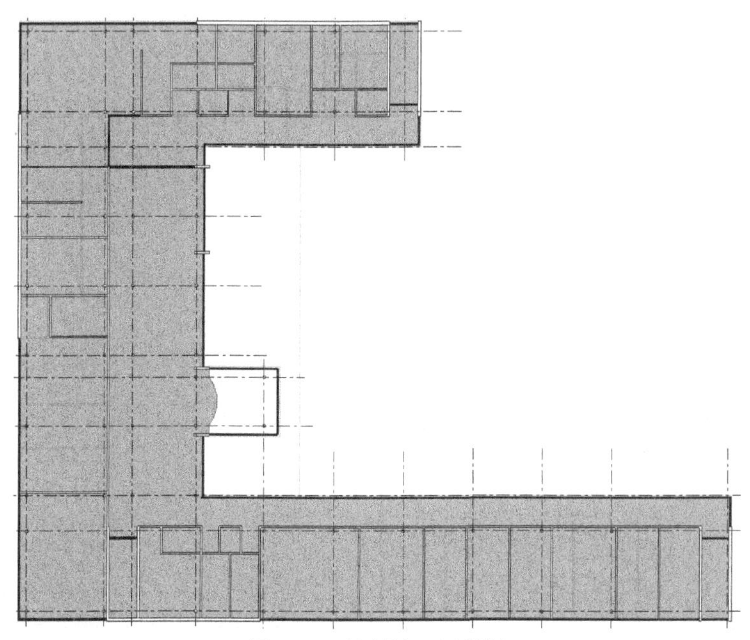

图 8-22　绘制第二层楼板

（15）单击“模式”面板中的“完成编辑模式”按钮，打开 Revit 提示对话框，单击“是”按钮，完成三层楼板的创建，结果如图 8-24 所示。

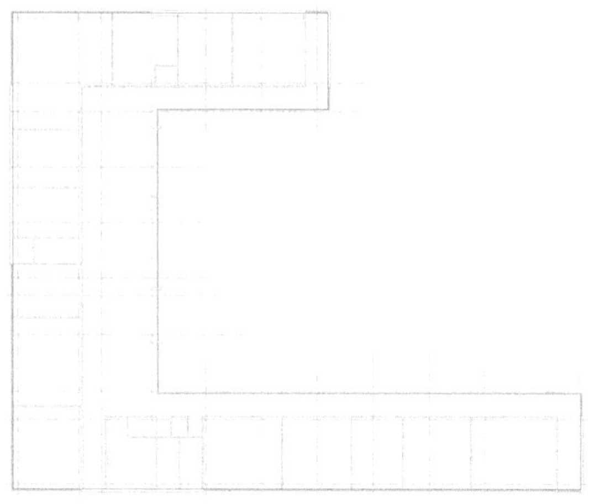

图 8-23　绘制三层楼板边界

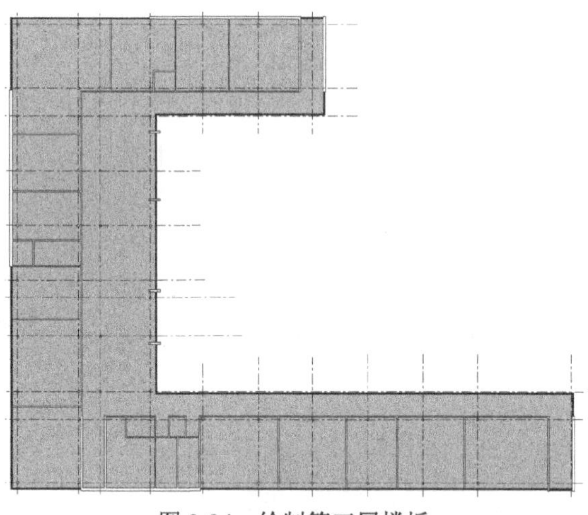

图 8-24　绘制第三层楼板

8.2　创建天花板

天花板是基于标高的图元，创建天花板是在其所在标高以上指定距离处进行的。

8.2.1　创建一层天花板

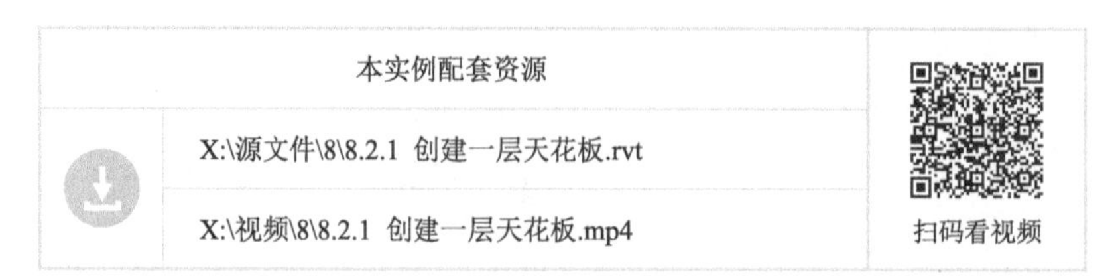

本实例配套资源		
	X:\源文件\8\8.2.1 创建一层天花板.rvt	扫码看视频
	X:\视频\8\8.2.1 创建一层天花板.mp4	

具体操作步骤如下。

（1）将视图切换至 1F 天花板平面，调整轴线。

（2）单击“建筑”选项卡“构建”面板“天花板”按钮，打开“修改 | 放置 天花板”选项卡，如图 8-25 所示。

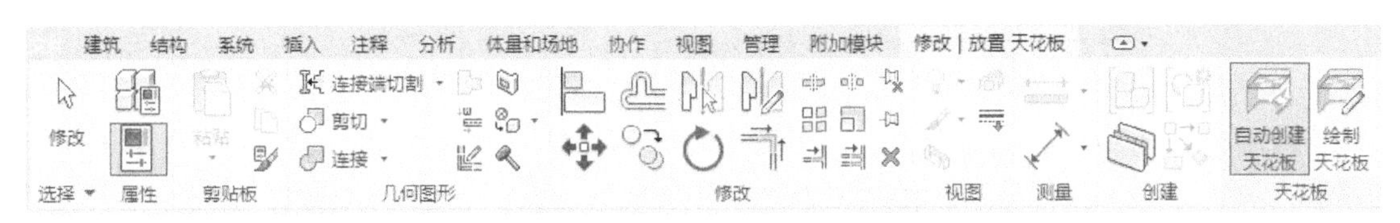

图 8-25　“修改 | 放置 天花板”选项卡

（3）在属性选项板中选择“复合天花板—600×600mm 轴网”类型，输入自标高的高度偏移为 2600，如图 8-26 所示。

天花板属性选项板中的选项说明如下。

- 标高：指明放置此的标高。
- 自标高的高度偏移：指定天花顶部相对于标高参数的高程。
- 房间边界：指定天花板是否作为房间边界图元。
- 坡度：将坡度定义线修改为指定值，而无需编辑草图。如果有一条坡度定义线，则此参数最初会显示一个值。如果没有坡度定义线，则此参数为空并被禁用。
- 周长：设置天花板的周长。
- 面积：设置天花板的面积。
- 注释：显示用户输入或从下拉列表中选择的注释。输入注释后，便可以为同一类别中图元的其他实例选择该注释，无需考虑类型或族。
- 标记：按照用户所指定的那样标识或枚举特定实例。

（4）单击“编辑类型”按钮，打开“类型属性”对话框，单击“编辑”按钮 编辑...，打开“编辑部件”对话框，单击面层 2［5］中的材质按钮，打开“材质浏览器”对话框，单击表面填充图案选项组前景中的“图案”区域，打开“填充样式”对话框，选择“模型”单选项，然后选择“直缝 600×600mm”填充样式，如图 8-27 所示。连续单击“确定”按钮，完成复合天花板 600×600 轴网类型的更改。

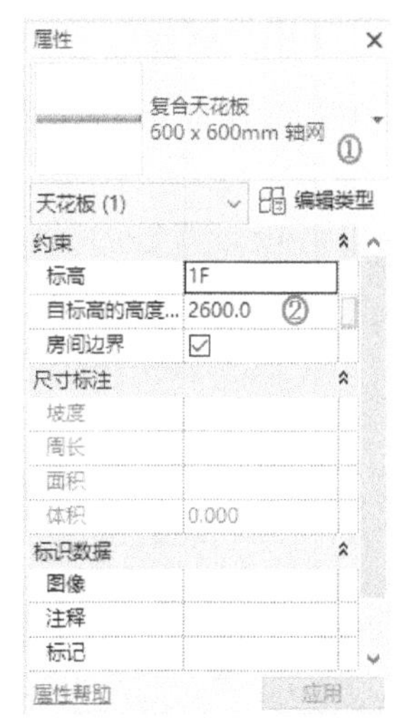

图 8-26　属性选项板

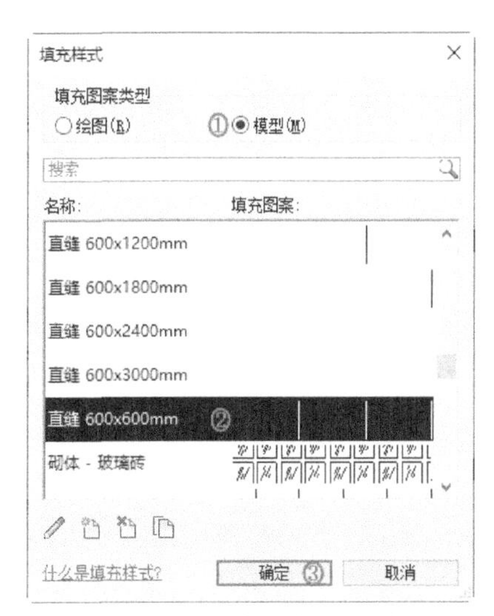

图 8-27　“填充样式”对话框

（5）单击“天花板”面板中的“自动创建天花板”按钮（默认状态下，系统会激活这个按钮），分别拾取房间的边界创建复合天花板，如图 8-28 所示。

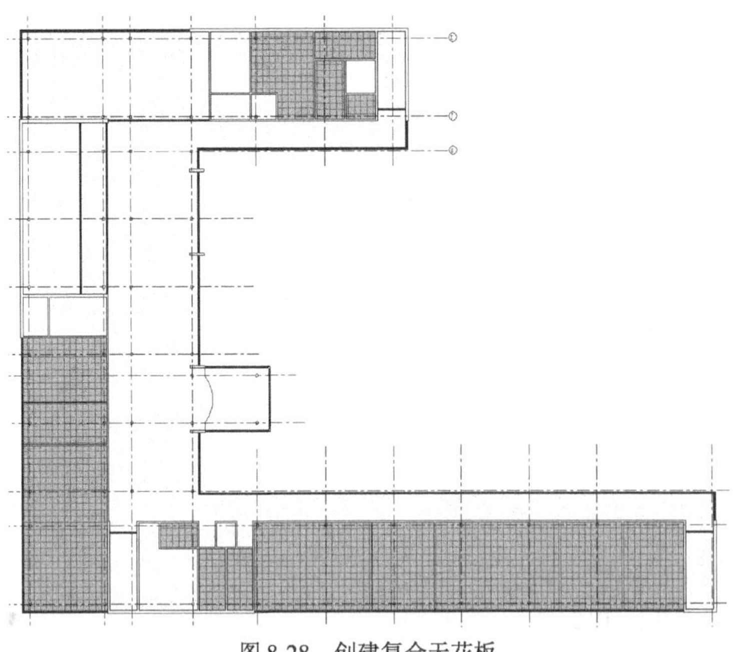

图 8-28　创建复合天花板

（6）单击“天花板”面板中的“绘制天花板”按钮，打开“修改 | 创建天花板边界”选项卡，单击“绘制”面板中的“边界线”按钮、“线”按钮和“起点—终点—半径弧”按钮，绘制如图 8-29 所示的天花板边界。

（7）单击“模式”面板中的“完成编辑模式”按钮，完成天花板的创建，如图 8-30 所示。

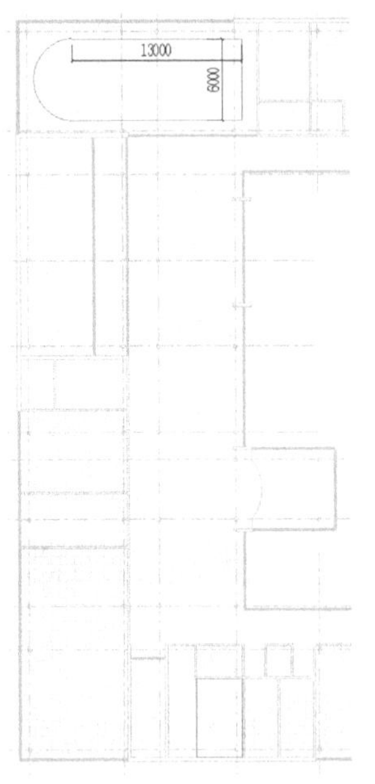

图 8-29　绘制天花板边界

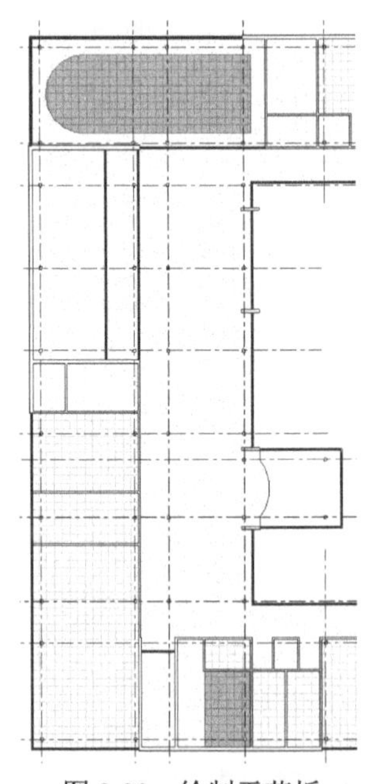

图 8-30　绘制天花板

（8）重复“天花板”命令，在属性选项板中选择“复合天花板 光面”类型，单击“天花板”面板中的“自动创建天花板”按钮，拾取房间边界，创建如图 8-31 所示的天花板。

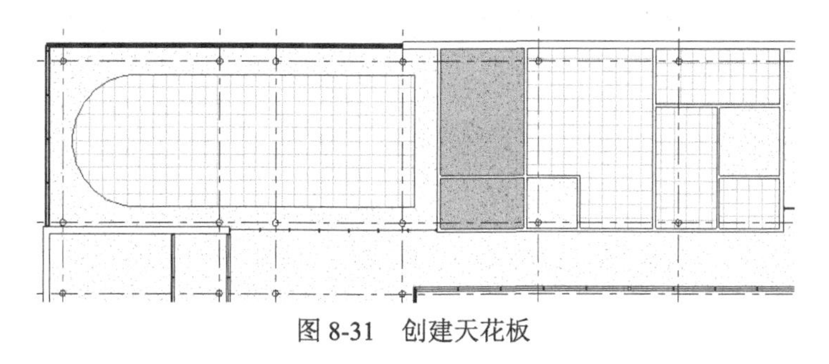

图 8-31　创建天花板

8.2.2　创建二层天花板

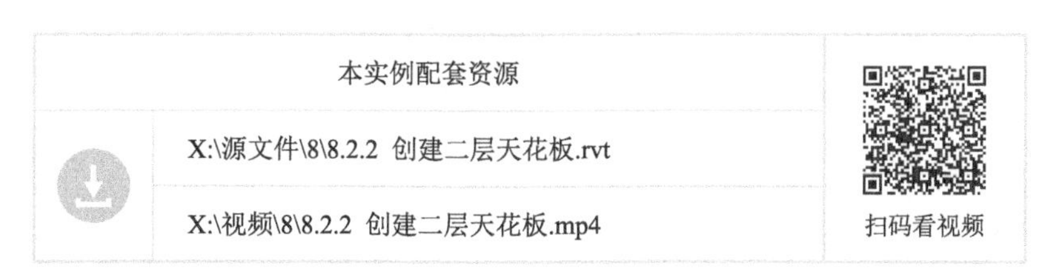

具体操作步骤如下。

（1）将视图切换至 2F 天花板平面，调整轴线。

（2）单击“建筑”选项卡“构建”面板“天花板”按钮，打开“修改 | 放置 天花板”选项卡。

（3）在属性选项板中选择“复合天花板—600×600mm 轴网”类型，输入自标高的高度偏移为 2600。

（4）单击“天花板”面板中的“自动创建天花板”按钮和“绘制天花板”按钮，创建复合天花板，如图 8-32 所示。

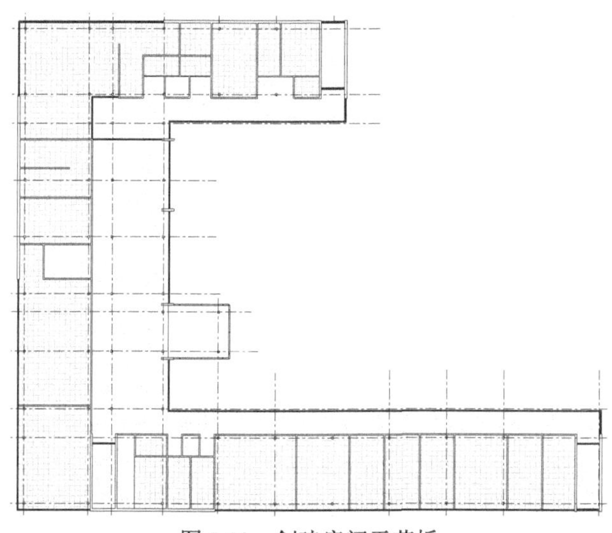

图 8-32　创建房间天花板

（5）单击“建筑”选项卡“构建”面板“天花板”按钮，打开“修改 | 放置 天花板”选项卡。

（6）在属性选项板中选择“复合天花板—光面”类型，输入自标高的高度偏移为 2600，单击

“编辑类型”按钮，打开“类型属性”对话框，新建“贴条吊顶”类型，单击“编辑”按钮，打开如图 8-33 所示“编辑部件”对话框，更改结构[1]的厚度分别为 22、16，连续单击“确定”按钮。

（7）单击“天花板”面板中的“自动创建天花板”按钮和“绘制天花板”按钮，创建走廊上的复合天花板，如图 8-34 所示。

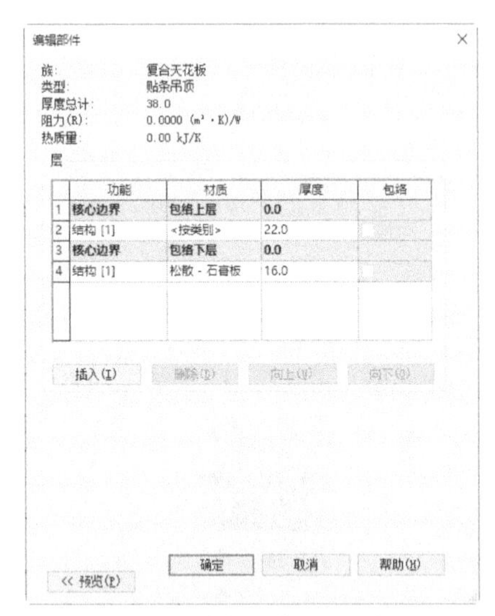

图 8-33 “编辑部件”对话框

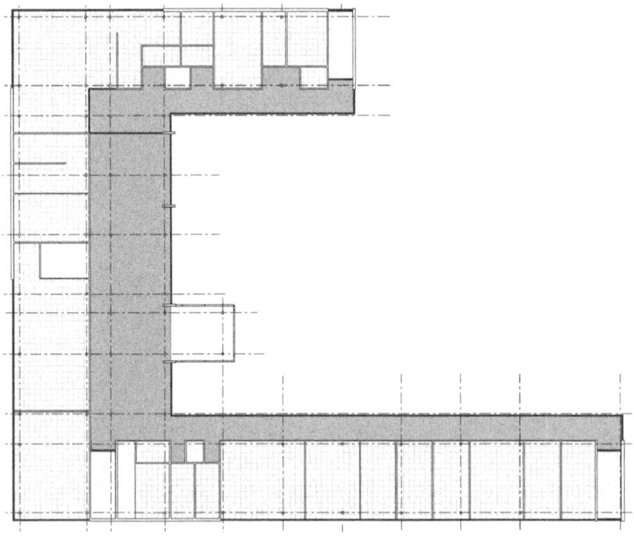

图 8-34 走廊天花板

（8）单击“插入”选项卡“从库中载入”面板中的“载入族”按钮，打开“载入族”对话框，选择“查找范围”，选择“China”→“建筑”→“照明设备”→“吊灯”文件夹中的“悬挂式长条状 2.rfa”，如图 8-35 所示。单击“打开”按钮，打开悬挂式长条状 2 族文件。

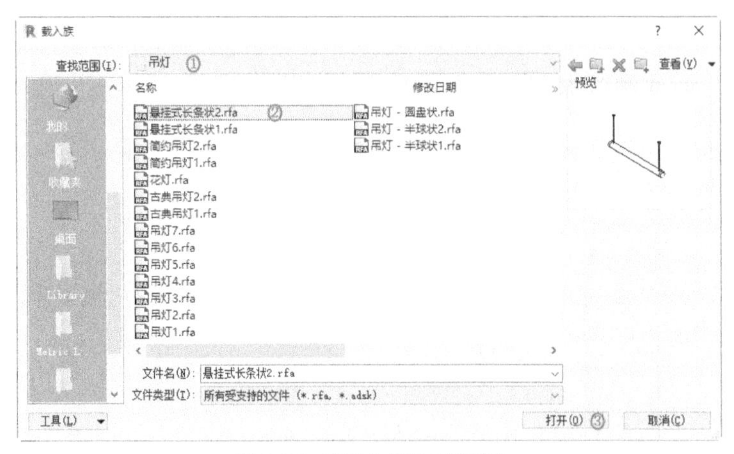

图 8-35 “载入族”对话框

（9）单击“建筑”选项卡“构建”面板中的“构件”下拉列表中的“放置构件”按钮，在属性选项板中选择“悬挂式长条状 2—2400mm”类型。

（10）将吊灯放置在走廊吊顶适当位置，如图 8-36 所示。

（11）单击“修改”选项卡“修改”面板中的“旋转”按钮，将第（10）步布置的吊灯旋转 90°，结果如图 8-37 所示。

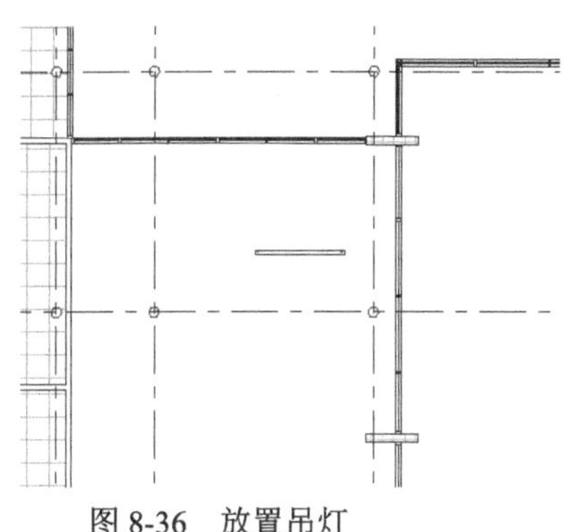

图 8-36 放置吊灯

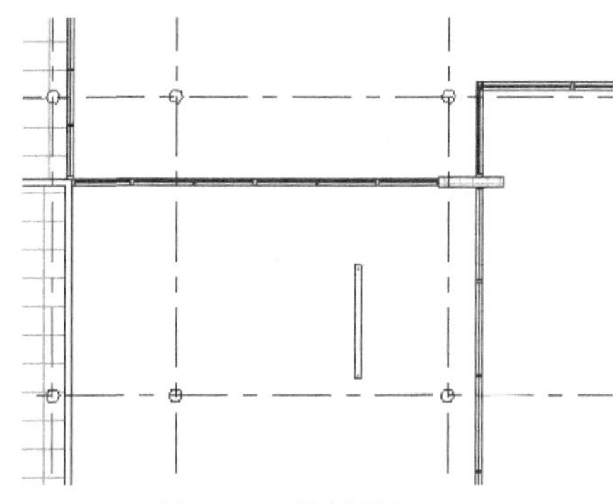

图 8-37 旋转吊灯

（12）重复第（9）～（11）步，布置另一个吊灯，并调整两个吊灯的位置，如图 8-38 所示。

（13）单击“修改”选项卡“修改”面板中的“阵列”按钮，在视图中选择两个吊灯，按 Enter 键确认，打开选项栏，单击“线性”按钮，选择移动到“第二个”单选项，如图 8-39 所示。

（14）选择灯的下端点为起点，向下移动，当临时尺寸显示为 4500 时，单击鼠标左键，然后输入项目数为 7，按 Enter 键确认，完成吊灯的阵列，如图 8-40 所示。

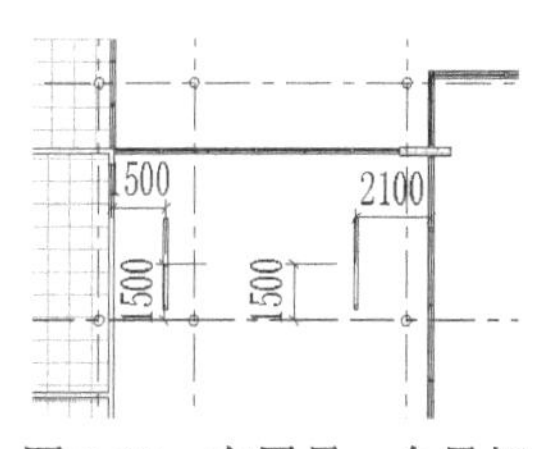

图 8-38 布置另一个吊灯

激活尺寸标注 ☑成组并关联 项目数: 2 移动到: ◉第二个 ○最后一个 □约束

图 8-39 阵列选项栏

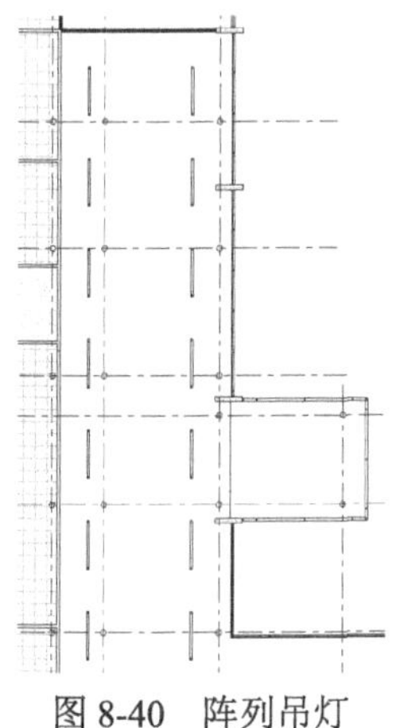

图 8-40 阵列吊灯

8.2.3 创建三层天花板

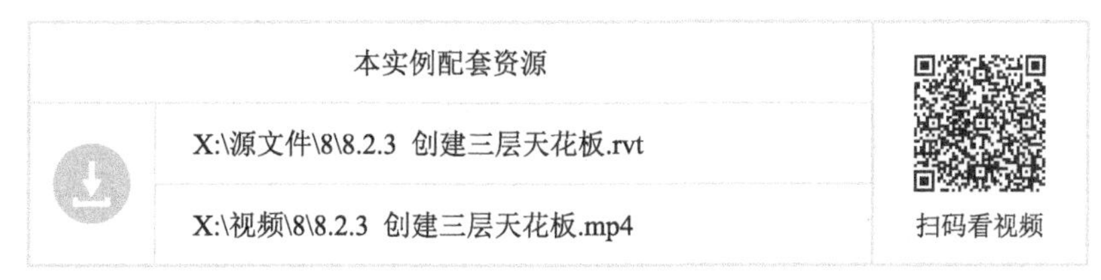

具体操作步骤如下。

（1）将视图切换至 3F 天花板平面，调整轴线。

（2）单击“建筑”选项卡“构建”面板“天花板”按钮，打开“修改 | 放置 天花板”选项卡。

（3）在属性选项板中选择“复合天花板—600×600mm 轴网”类型，输入自标高的高度偏移为 2600。

（4）单击“天花板”面板中的“自动创建天花板”按钮和“绘制天花板”按钮，创建房间的复合天花板，如图 8-41 所示。

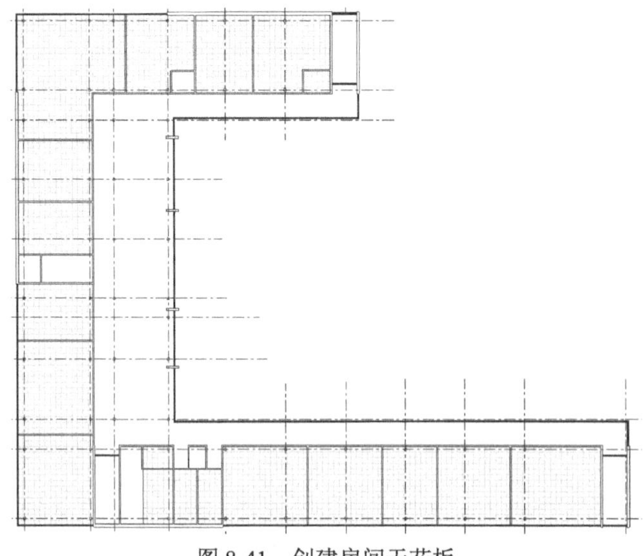

图 8-41　创建房间天花板

（5）单击“建筑”选项卡“构建”面板“天花板”按钮，打开“修改 | 放置 天花板”选项卡。

（6）在属性选项板中选择“复合天花板—贴条吊顶”类型，输入自标高的高度偏移为 3760。

（7）单击“天花板”面板中的“绘制天花板”按钮，创建走廊的复合天花板，如图 8-42 所示。

（8）重复第 8.2.2 节第（9）～（14）步的方法，创建三层天花板上的吊灯，如图 8-43 所示。

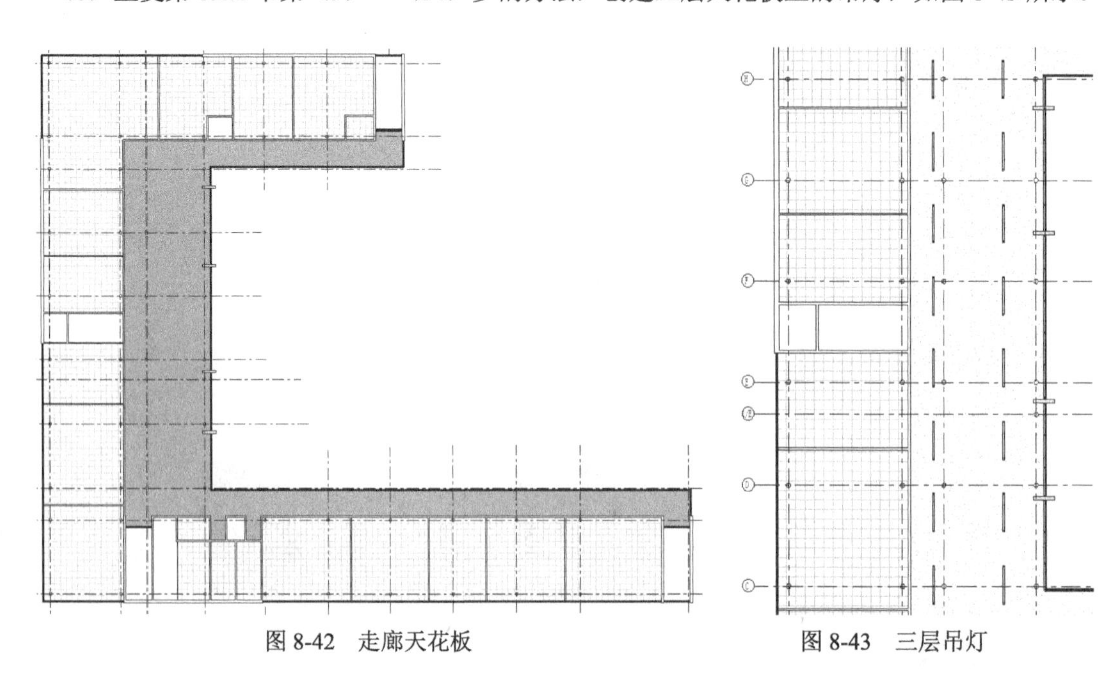

图 8-42　走廊天花板　　　图 8-43　三层吊灯

第 9 章 创建门窗族

知识导引

族是 Revit 软件中的一个非常重要的构成要素。族是一个包含通用属性（称作参数）集和相关图形表示的图元组。属于一个族的不同图元的部分或全部参数可能有不同的值，但是参数（其名称与含义）的集合是相同的。

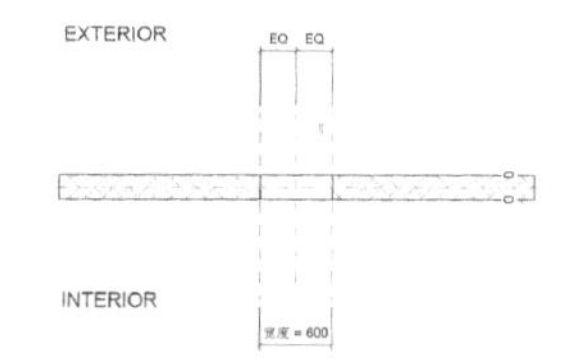

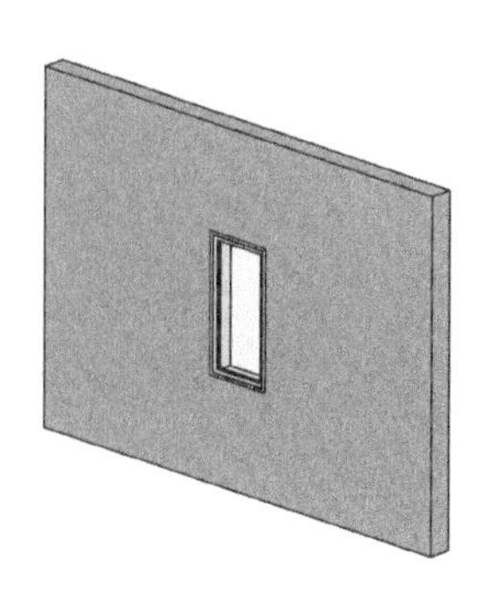

9.1 创建窗族

本节主要介绍培训大楼中用到的窗族，包括固定窗和平开窗。

9.1.1 固定窗

固定窗是用密封胶把玻璃安装在窗框上，只用于采光而不开启通风的窗户，有良好的水密性和气密性。

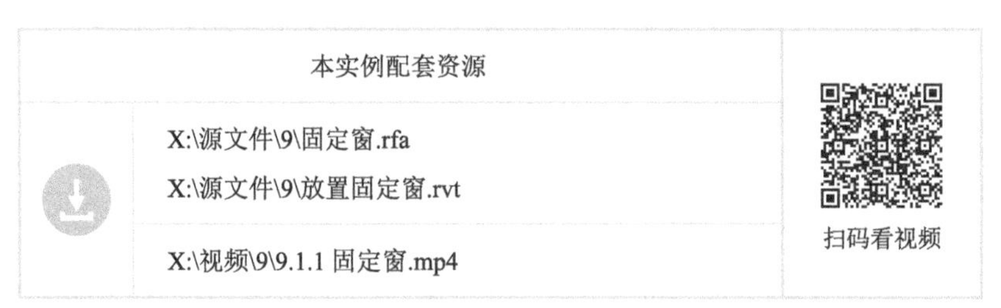

具体操作步骤如下。

（1）在主页中单击“族”→“新建”或者单击“文件程序菜单”→“新建”→“族”命令，打开“新族—选择样板文件”对话框，选择“查找范围”，选择“公制窗 .rft”为样板族，如图 9-1 所示，单击“打开”按钮进入族编辑器，如图 9-2 所示。

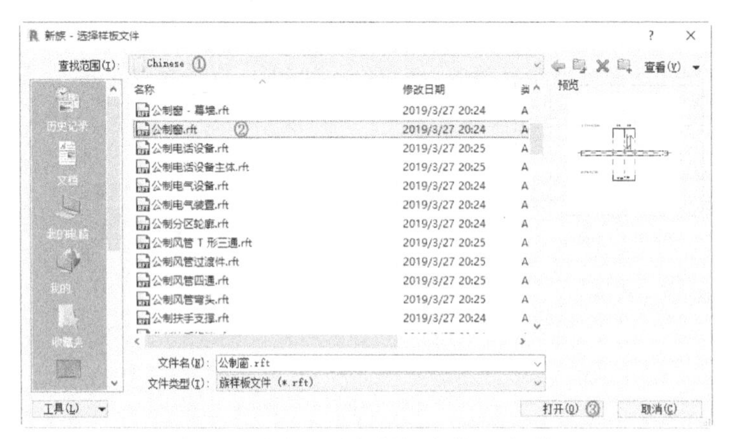

图 9-1 “新族—选择样板文件”对话框

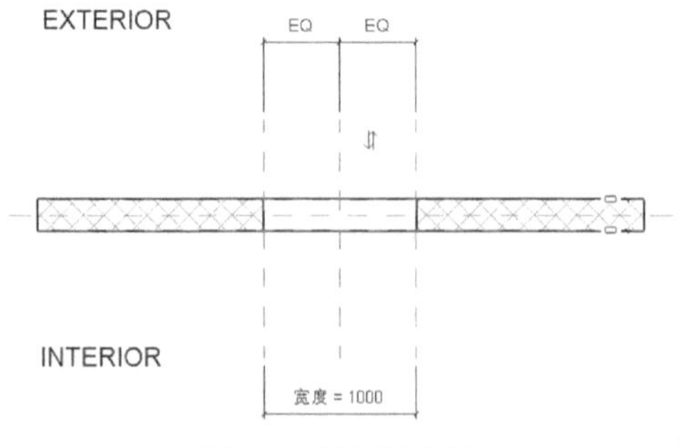

图 9-2 绘制窗界面

（2）双击视图中的宽度 1000，更改尺寸值为 600，窗的宽度随尺寸的改变而改变，如图 9-3 所示。

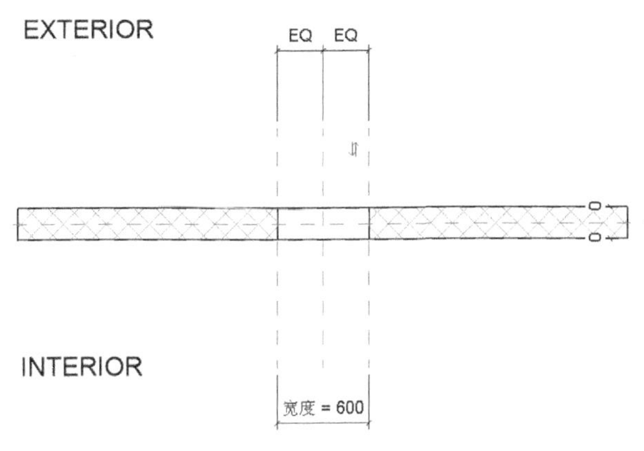

图 9-3 更改窗宽度

（3）单击“创建”选项卡“基准”面板中的“参照平面”按钮，打开“修改 | 放置参照平面”选项卡和选项栏，如图 9-4 所示。

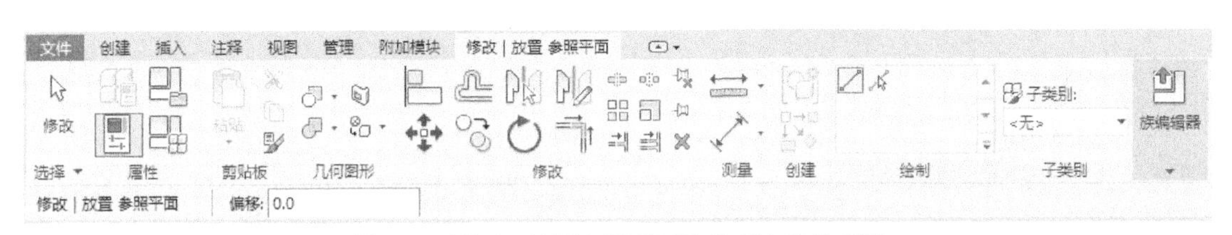

图 9-4 “修改 | 放置参照平面”选项卡和选项栏

（4）系统自动激活“绘制”面板中的“线”按钮，在视图中绘制如图 9-5 所示的参照平面。

（5）单击图 9-5 中的“单击以命名”字样，输入参照平面名称为“窗：参照平面”，如图 9-6 所示。

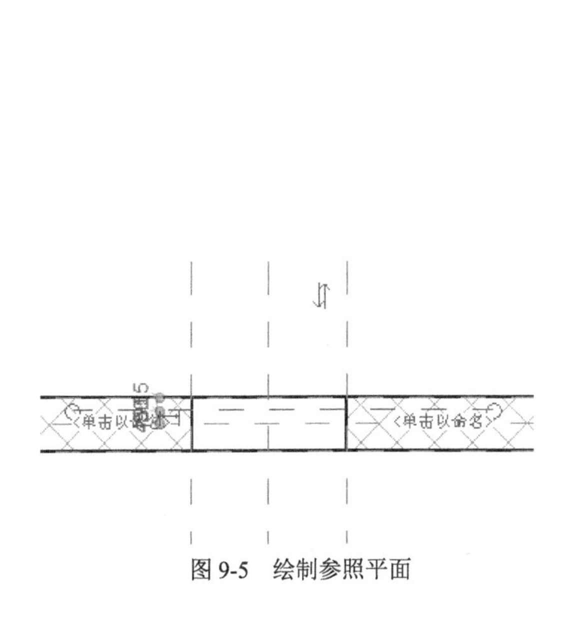

图 9-5 绘制参照平面

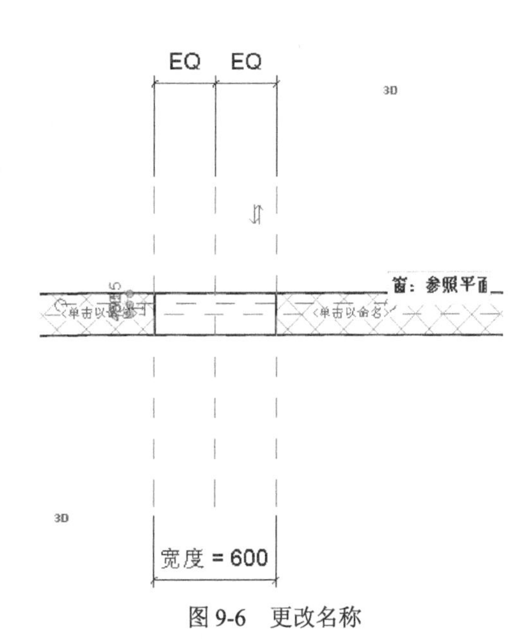

图 9-6 更改名称

（6）双击平面的临时尺寸，更改尺寸值为 50，如图 9-7 所示。

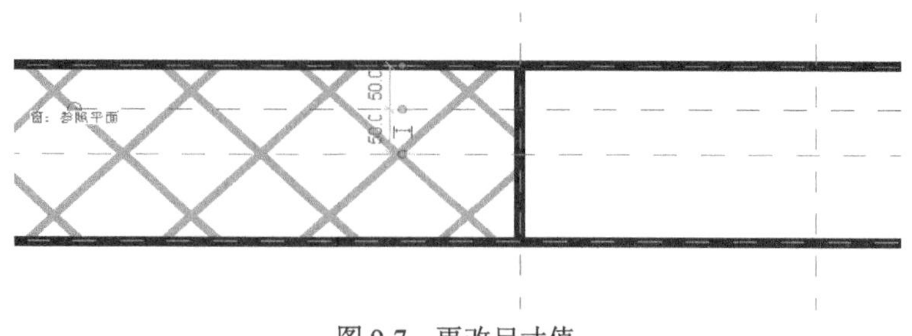

图 9-7　更改尺寸值

（7）单击“创建”选项卡“工作平面”面板“设置”按钮，打开“工作平面”对话框，选择“拾取一个平面”单选项，如图 9-8 所示。单击“确定”按钮，在视图中拾取第（6）步创建的参照平面为工作平面，如图 9-9 所示。

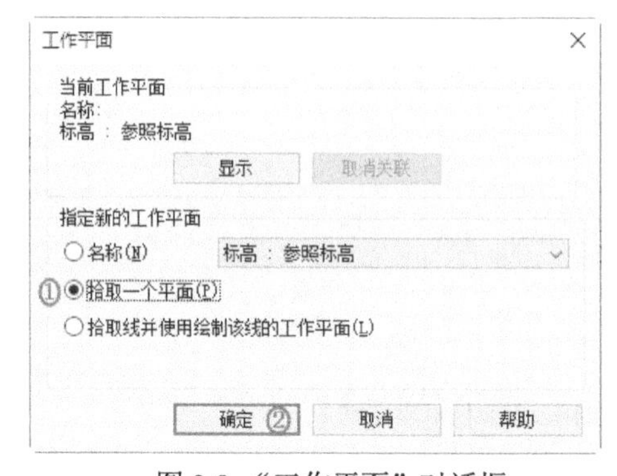

图 9-8 “工作平面”对话框

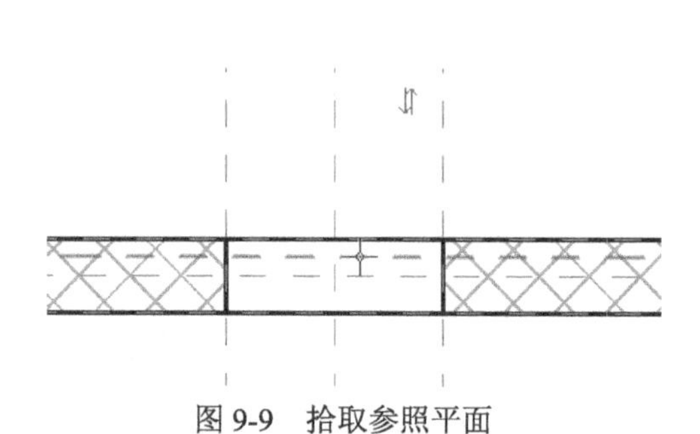

图 9-9　拾取参照平面

（8）打开“转到视图”对话框，选择“立面：外部”，如图 9-10 所示，单击“打开视图”按钮，打开立面视图，如图 9-11 所示。

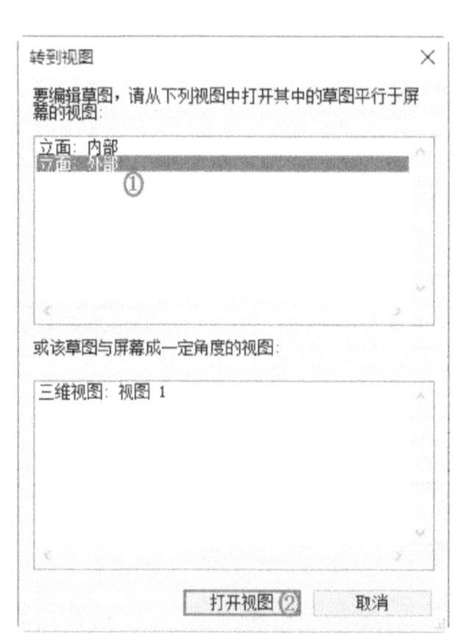

图 9-10 “转到视图”对话框

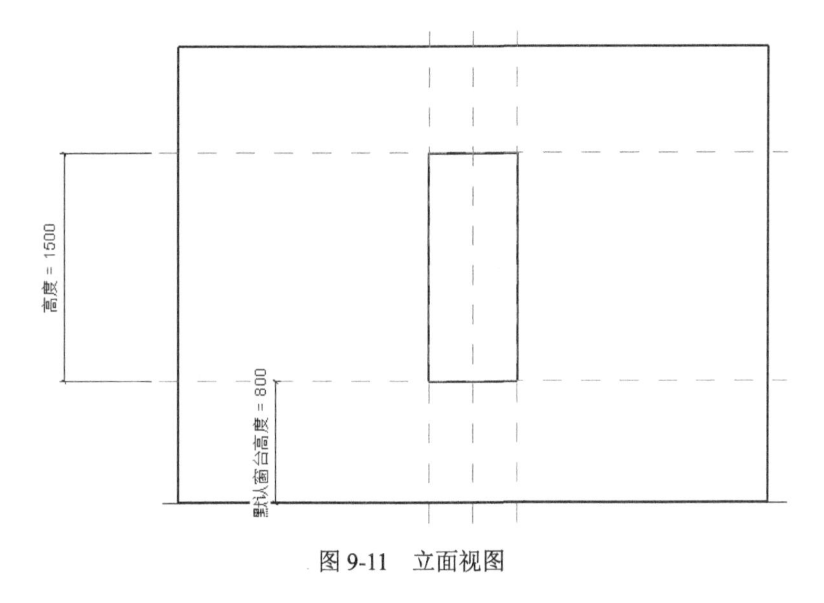

图 9-11　立面视图

（9）双击默认窗台高度 =800，更改默认窗台高度为 900，双击高度 =1500，更改高度为 1200，结果如图 9-12 所示。

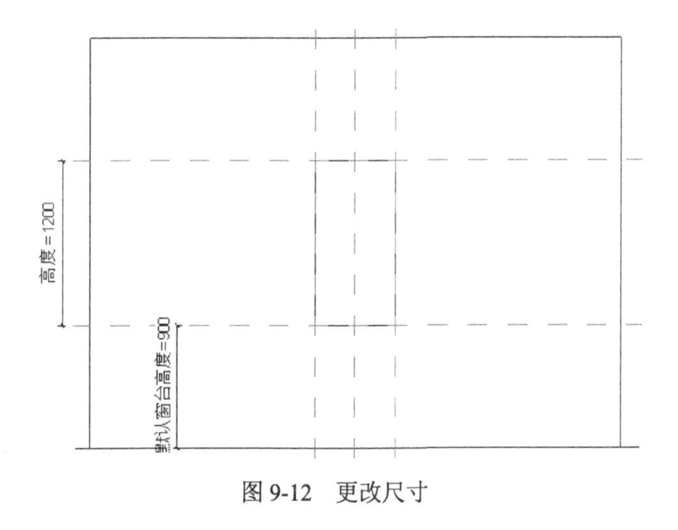

图 9-12　更改尺寸

（10）单击“创建”选项卡“形状”面板“拉伸”按钮，打开“修改 | 创建拉伸”选项卡和选项栏，如图 9-13 所示。

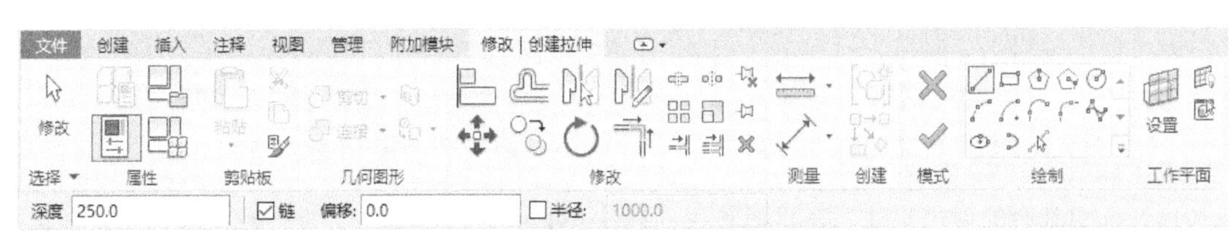

图 9-13　“修改 | 创建拉伸”选项卡

（11）单击“绘制”面板中的“矩形”按钮，以洞口轮廓及参照平面为参照，创建轮廓线，如图 9-14 所示。单击视图中的“创建或删除长度或对齐约束”图标，将轮廓线与洞口进行锁定，如图 9-15 所示。

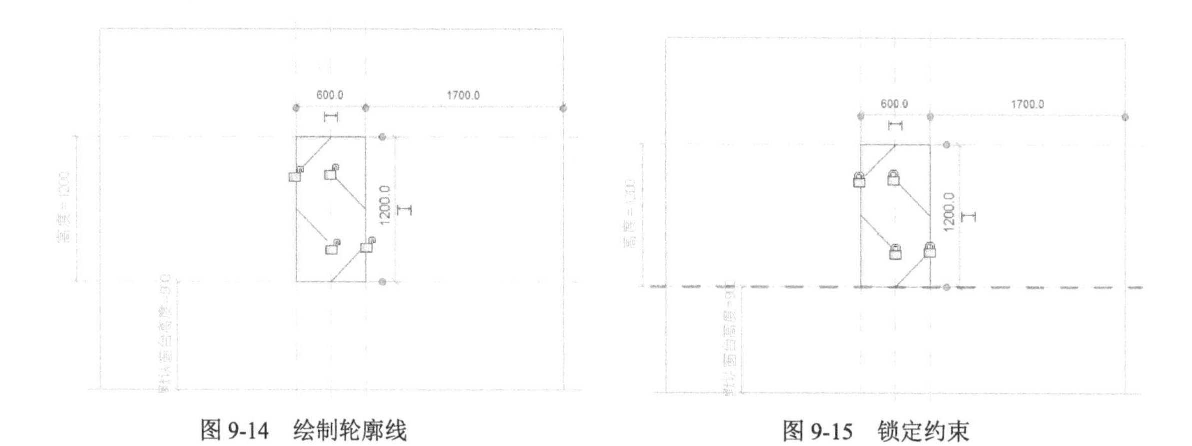

图 9-14　绘制轮廓线　　　　图 9-15　锁定约束

（12）继续绘制窗框，单击“测量”面板中的“对齐尺寸”按钮，标注尺寸，如图 9-16 所示。

（13）选中窗框中的任意一个尺寸，打开“修改 | 尺寸标注”选项卡，单击“标签尺寸标注”面板中的“创建参数”按钮，打开“参数属性”对话框，选择参数类型为“族参数”，输入名称为“窗框宽度”，设置参数分组方式为“尺寸标注”，如图 9-17 所示，单击“确定”按钮，完成窗框宽度参数的添加。

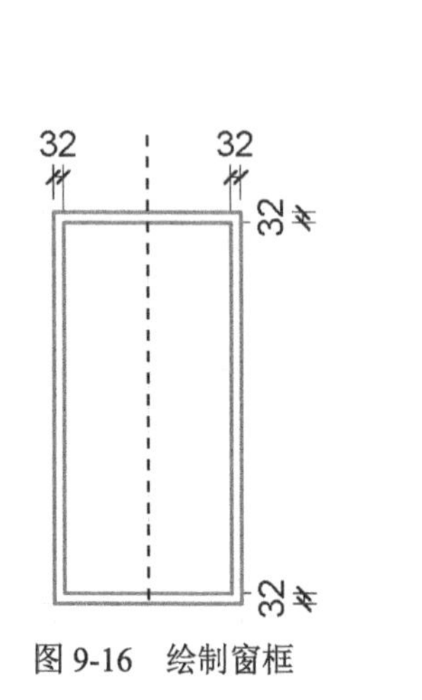

图 9-16　绘制窗框

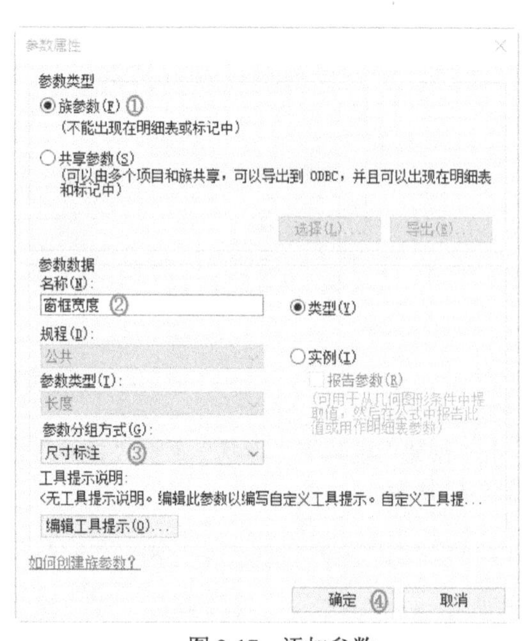

图 9-17　添加参数

（14）选中其余的窗框尺寸，在“标签尺寸标注”面板的“标签”下拉列表中选择“窗框宽度”标签，如图 9-18 所示。最终结果如图 9-19 所示。

（15）单击“模式”面板中的“完成编辑模式”按钮，在属性选项板中设置拉伸终点为 0，拉伸起点为 −150，如图 9-20 所示。

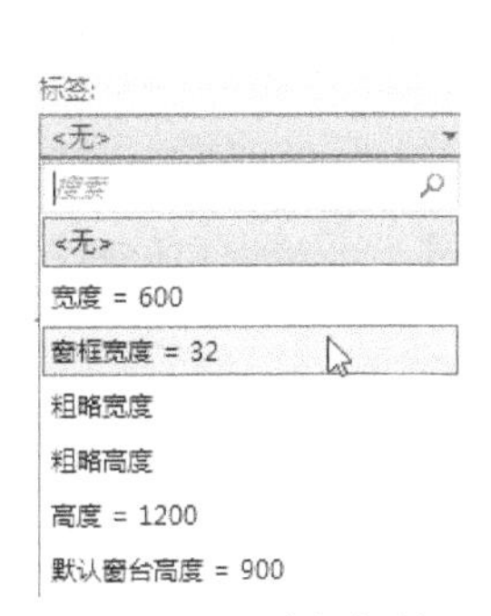

图 9-18 选择标签

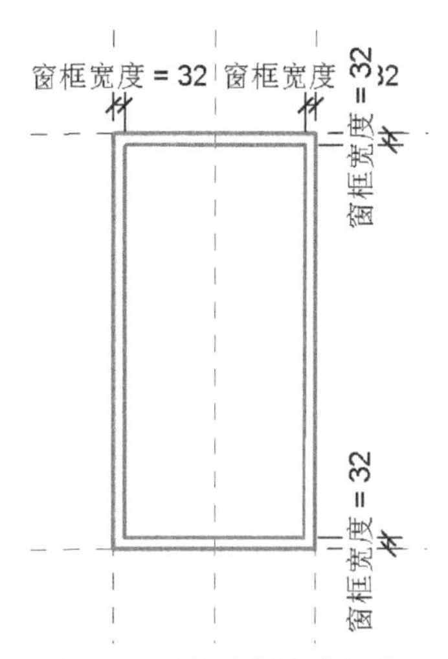

图 9-19 添加窗框宽度标签

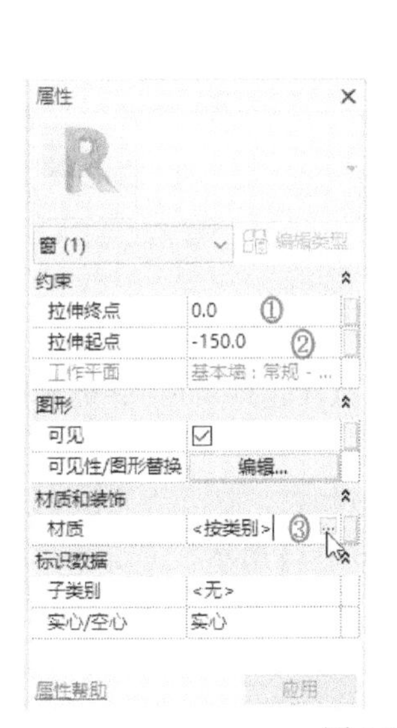

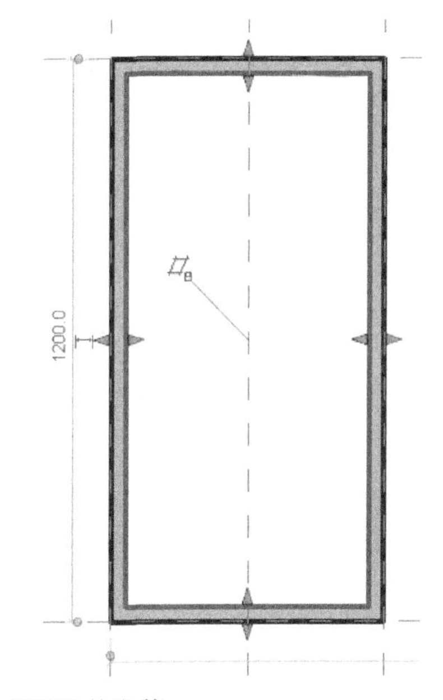

图 9-20 设置拉伸参数

属性选项板中的选项说明如下。

- 要从默认起点 0.0 拉伸轮廓，则在“约束”组的“拉伸终点”文本框中输入一个正 / 负值作为拉伸深度。
- 要从不同的起点拉伸，则在“约束”组的“拉伸起点”文本框中输入值作为拉伸起点。
- 要设置实心拉伸的可见性，则在“图形”组中单击“可见性 / 图形替换”对应的“编辑”按钮 编辑... ，打开如图 9-21 所示的“族图元可见性设置”对话框，然后进行可见性设置。
- 要按类别将材质应用于实心拉伸，则在“材质

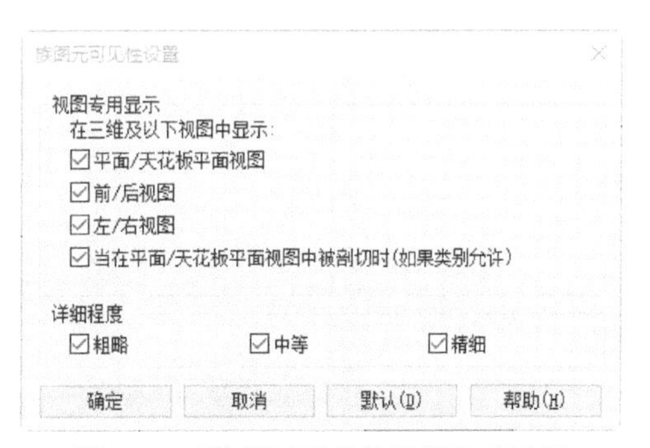

图 9-21 “族图元可见性设置”对话框

和装饰”组中单击“材质”字段，单击…按钮，打开“材质浏览器”对话框，指定材质。

- 要将实心拉伸指定给子类别，则在“标识数据”组下选择“实心 / 空心”为“实心”。

（16）单击“材质”栏中的…按钮，打开“材质浏览器”对话框，在材质库中选择“木材”材质，单击“将材质添加到文档”按钮，将木材材质添加到项目材质列表中，更改名称为“窗框”，勾选“使用渲染外观”复选框，如图 9-22 所示，单击“确定”按钮，完成材质的创建。

图 9-22 “材质浏览器”对话框

（17）重复前面的步骤，绘制窗框，拉伸终点为 50，拉伸起点为 0，并更改材质为第（6）步创建的窗框材质。

（18）单击“创建”选项卡“形状”面板“拉伸”按钮，打开“修改 | 创建拉伸”选项卡，单击“绘制”面板中的“矩形”按钮，绘制框架，如图 9-23 所示。

（19）单击“测量”面板中的“对齐尺寸”按钮，标注尺寸，如图 9-24 所示。

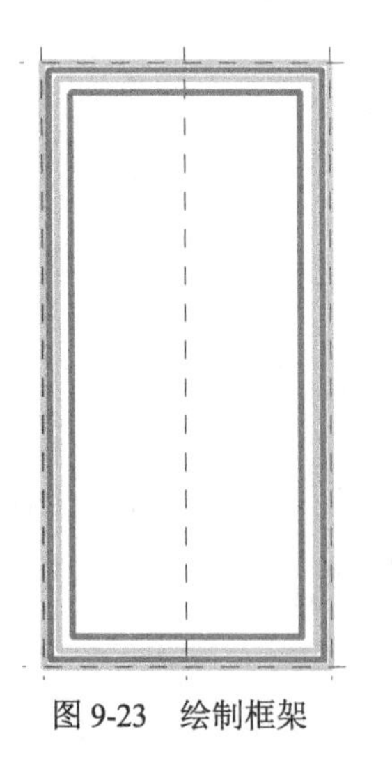

图 9-23 绘制框架

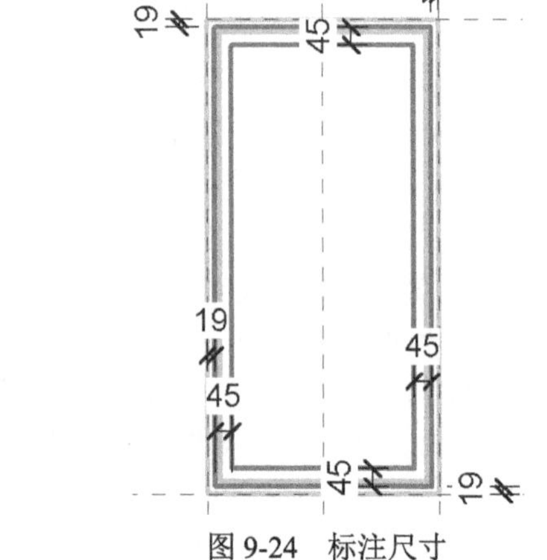

图 9-24 标注尺寸

（20）单击“模式”面板中的“完成编辑模式”按钮✓，在属性选项板中设置拉伸终点为 44，拉伸起点为 0，更改材质为窗框材质，如图 9-25 所示，单击“应用”按钮，完成拉伸模型的创建。

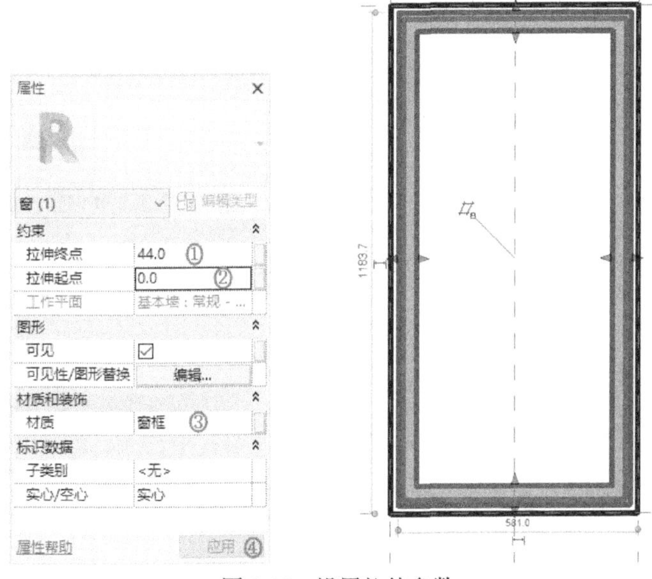

图 9-25　设置拉伸参数

（21）单击“创建”选项卡“形状”面板“拉伸”按钮，打开“修改 | 创建拉伸”选项卡，绘制玻璃轮廓线并将其与内框锁定，如图 9-26 所示。

（22）单击“模式”面板中的“完成编辑模式”按钮✓，在如图 9-27 所示的属性选项板中输入拉伸终点为 28，拉伸起点为 16，单击“材质”栏中的按钮，打开“材质浏览器”对话框，选择“玻璃”材质，勾选“使用渲染外观”复选框，如图 9-28 所示，单击“确定”按钮，完成玻璃的创建。

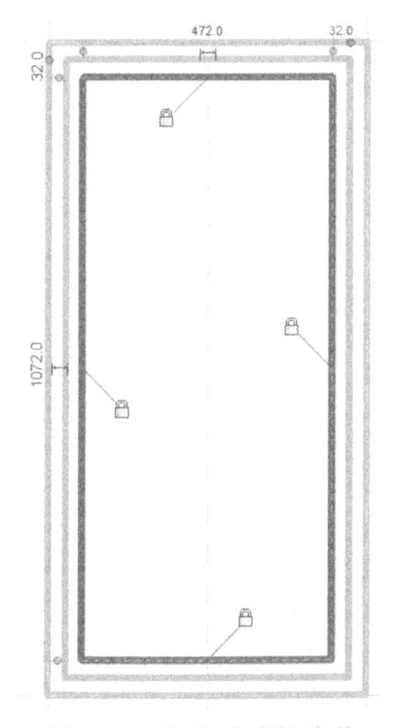

图 9-26　创建玻璃轮廓线

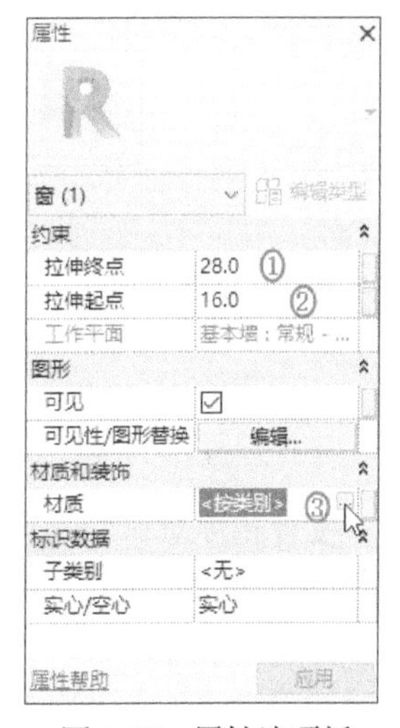

图 9-27　属性选项板

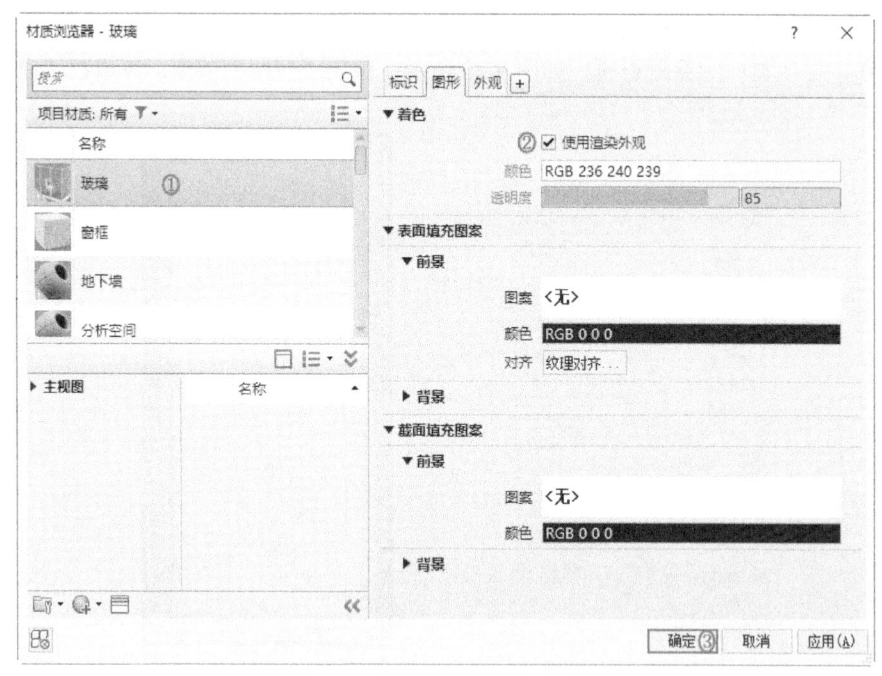

图 9-28 “材质浏览器”对话框

（23）固定窗族绘制完成，单击“快速访问”工具栏中的“保存”按钮，打开如图 9-29 所示的“另存为”对话框，设置保存路径，输入名称为“固定窗”，单击“保存”按钮，保存族文件。

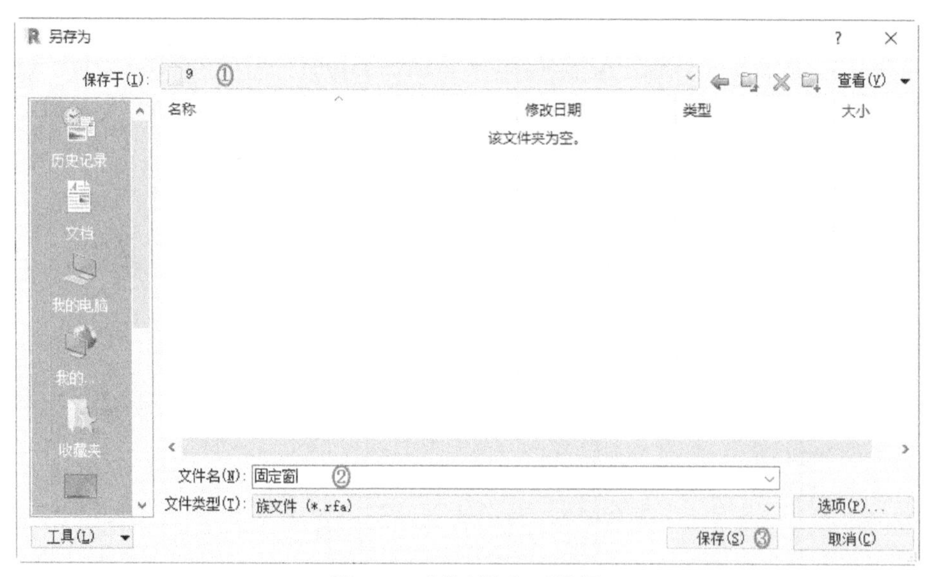

图 9-29 “另存为”对话框

（24）单击“文件程序菜单”→“新建”→“项目”命令，打开“新建项目”对话框，在样板文件下拉列表中选择“建筑样板”，单击“确定”按钮，新建项目文件。也可以直接打开已有项目文件。

（25）单击“建筑”选项卡“构建”面板中的“墙”按钮，在视图中任意绘制一段墙体，如图 9-30 所示。

（26）单击“插入”选项卡“从库中载入”面板中的“载入族”按钮，打开“载入族”对话框，选择“查找范围”，选择“固定窗.rfa”族文件，如图9-31所示。单击“打开”按钮，载入固定窗族文件。

图9-30　绘制墙体

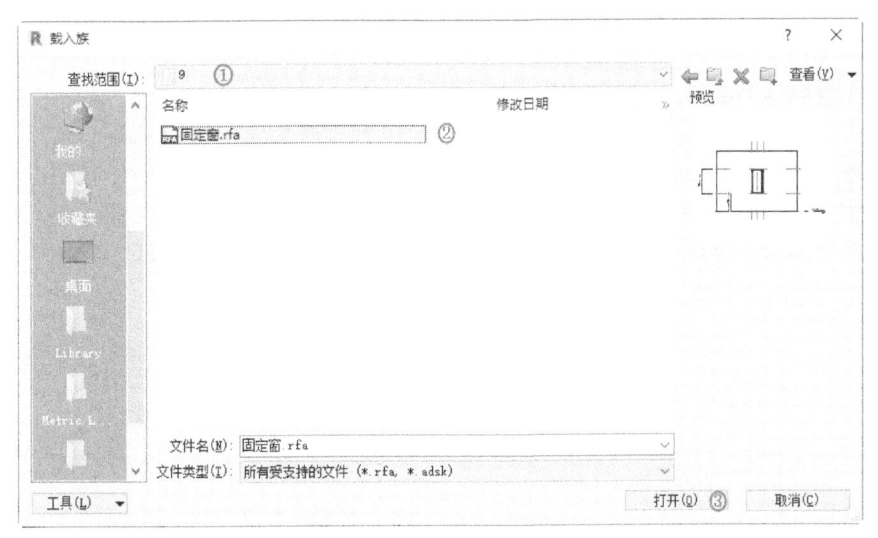

图9-31　“载入族”对话框

（27）在项目浏览器中，选择“窗”→“固定窗”节点下“固定窗”族文件，将其拖曳到墙体中放置，如图9-32所示。在项目浏览器中选择三维视图，观察图形，效果如图9-33所示。

图9-32　放置固定窗

图9-33　效果图

9.1.2　平开窗

平开窗是在窗扇一侧装铰链，与窗框相连，有单扇、双扇之分，可以内开或外开。平开窗构造简单，制作与安装方便，采风、通风效果好，应用最广。

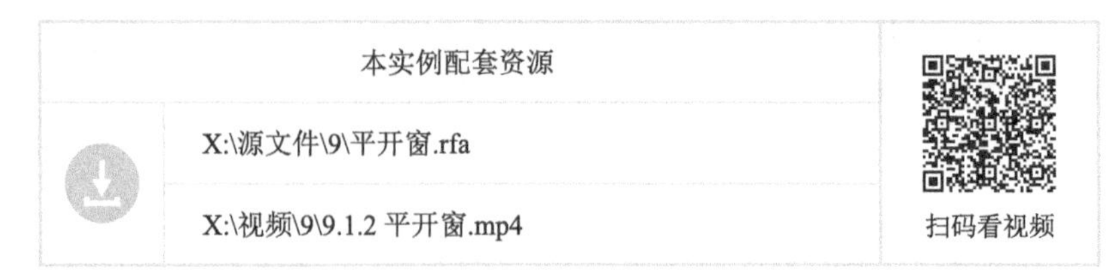

具体操作步骤如下。

（1）在主页中单击“族”→“新建”或者单击“文件程序菜单”→“新建”→“族”命令，打开“新族—选择样板文件”对话框，选择“公制窗 .rft”为样板族，单击“打开”按钮进入族编辑器。

（2）单击“创建”选项卡“工作平面”面板“设置”按钮，打开“工作平面”对话框，选择“拾取一个平面”单选项，如图 9-34 所示。单击“确定”按钮，在视图中拾取墙体中心位置的参照平面为工作平面，如图 9-35 所示。

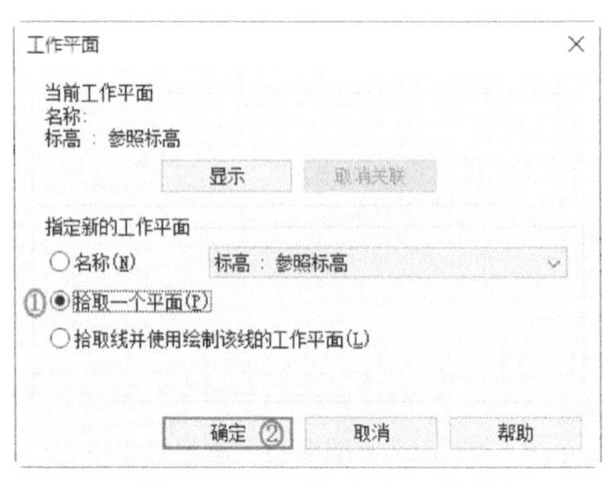

图 9-34 “工作平面”对话框

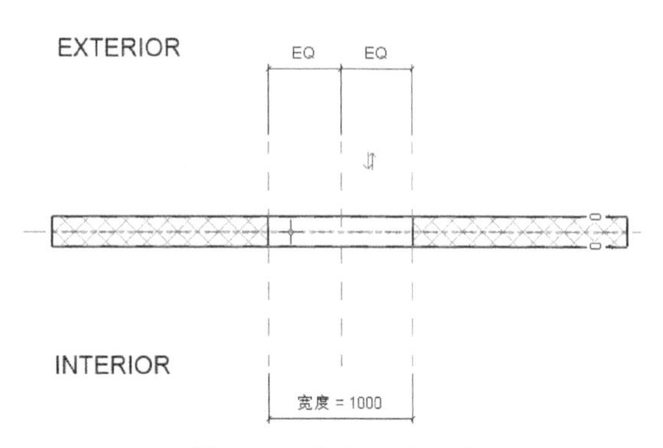

图 9-35 拾取参照平面

（3）打开“转到视图”对话框，选择“立面：外部”，单击“打开视图”按钮，打开立面视图，如图 9-36 所示。

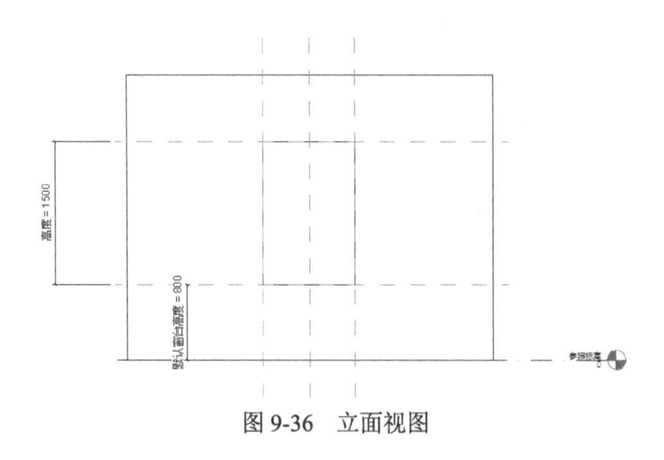

图 9-36 立面视图

（4）单击“创建”选项卡“基准”面板“参照平面”按钮，绘制新平面，然后单击“修改”选项卡“测量”面板中的“对齐尺寸标注”按钮，标注新平面的尺寸，如图 9-37 所示。

（5）选中第（4）步标注的尺寸，打开“修改 | 尺寸标注”选项卡，单击“标签尺寸标注”面板中的“创建参数”按钮，打开“参数属性”对话框，选择参数类型为“族参数”，输入名称为

“开启扇高度”，设置参数分组方式为“尺寸标注”，单击“确定”按钮，完成尺寸的添加，如图 9-38 所示。

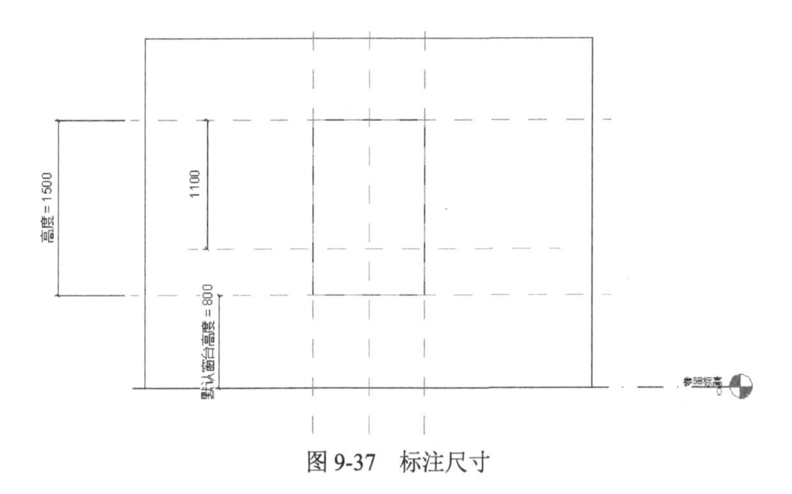

图 9-37　标注尺寸

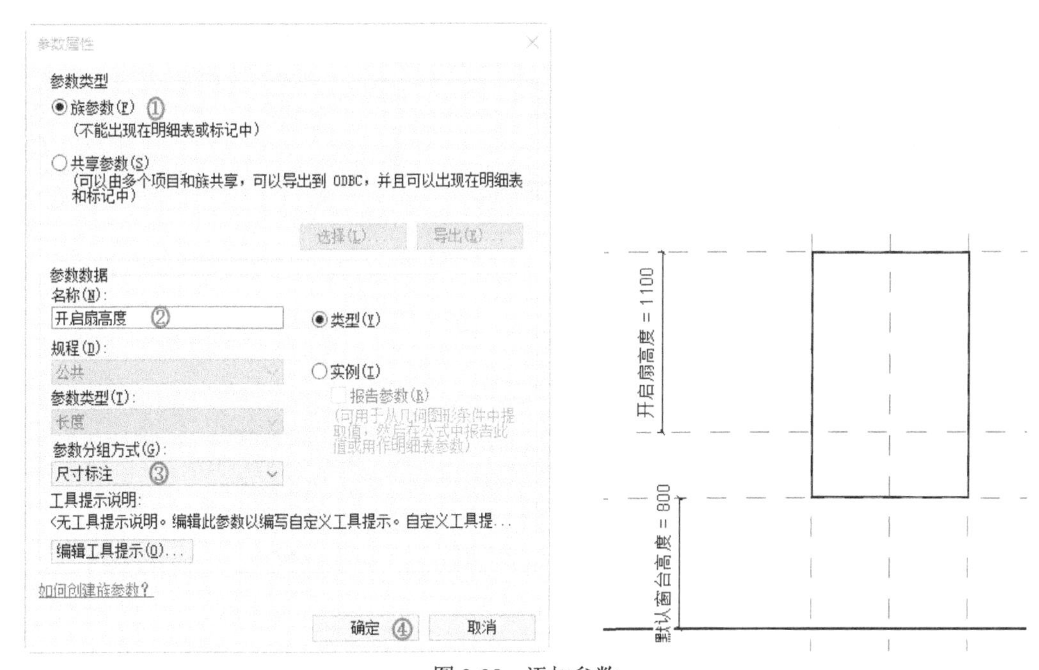

图 9-38　添加参数

（6）单击“创建”选项卡“形状”面板“拉伸”按钮，打开“修改 | 创建拉伸”选项卡，单击“绘制”面板中的“矩形”按钮，以洞口轮廓及参照平面为参照，创建轮廓线，单击视图中的“创建或删除长度或对齐约束”图标，将轮廓线与洞口进行锁定，如图 9-39 所示。

（7）继续绘制窗框，并标注尺寸，如图 9-40 所示。

（8）选中窗框中的任意一个尺寸，打开“修改 | 尺寸标注”选项卡，单击“标签尺寸标注”面板中的“创建参数”按钮，打开“参数属性”对话框，选择参数类型为“族参数”，输入名称为“窗框宽度”，设置参数分组方式为“尺寸标注”，如图 9-41 所示，单击“确定”按钮，完成尺寸的添加。选中其余的窗框尺寸，在“标签尺寸标注”面板的“标签”下拉列表中选择“窗框宽度”标签，如图 9-42 所示。最终结果如图 9-43 所示。

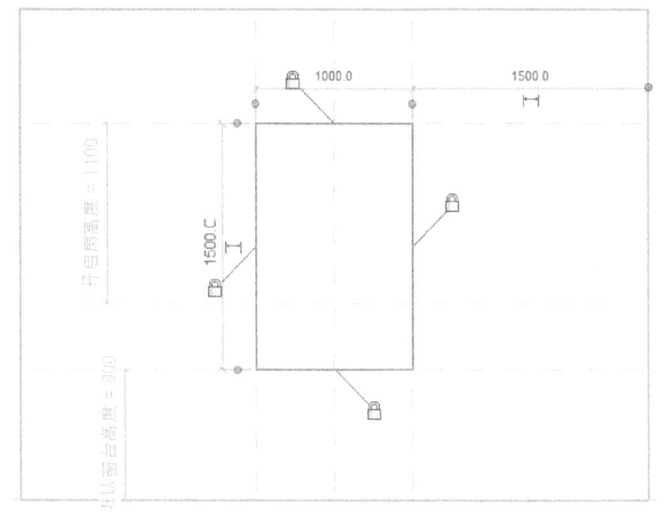

图 9-39　锁定约束

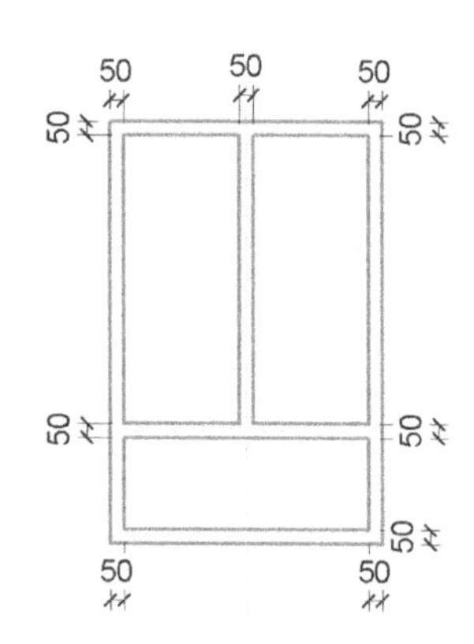

图 9-40　绘制窗框

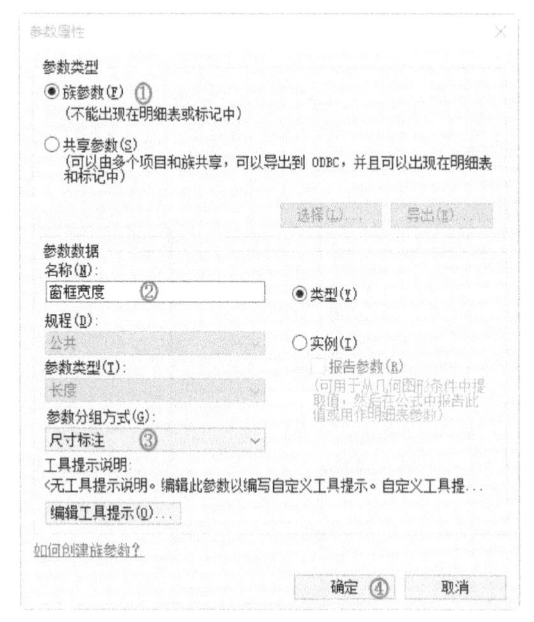

图 9-41　添加参数

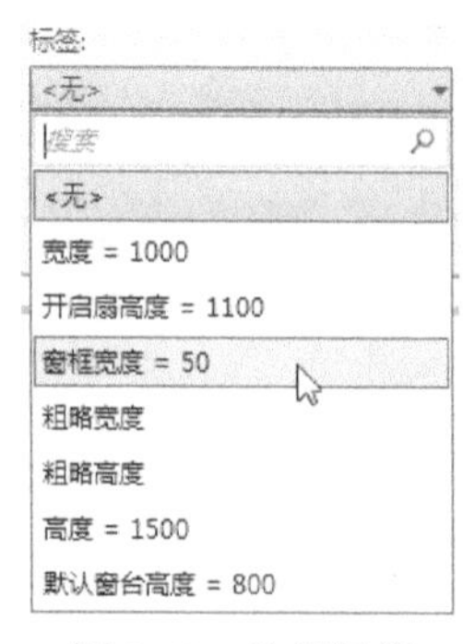

图 9-42　选择标签

（9）单击“测量”面板中的“对齐尺寸标注”按钮，分别拾取中间部分左侧窗框、中间参照面和右侧窗框标注连续尺寸，然后单击 EQ 限制符号，如图 9-44 所示。标注其他的 EQ 尺寸，结果如图 9-45 所示。

（10）单击“模式”面板中的“完成编辑模式”按钮，在属性选项板中设置拉伸拉伸终点为 40，起点为 −40，如图 9-46 所示。

（11）单击属性选项板“材质和装饰”栏中“材质”右侧的“关联族参数”按钮，打开如图 9-47 所示的“关联族参数”对话框，单击“新建参数”按钮，打开“参数属性”对话框，选择“族参数”单选项，输入名称为“窗框材质”，参数分组方式为“材质和装饰”，如图 9-48 所示。连续单击“确定”按钮，完成材质的添加。

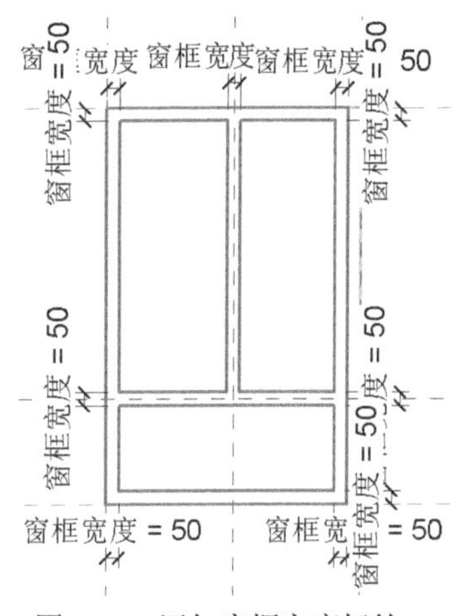

图 9-43 添加窗框宽度标签

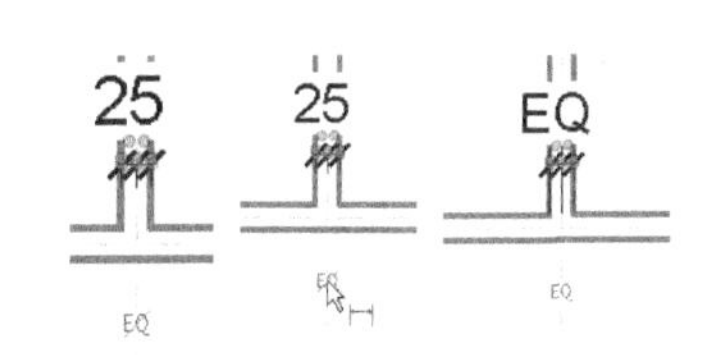

图 9-44 标注 EQ 尺寸

图 9-45 标注其他 EQ 尺寸

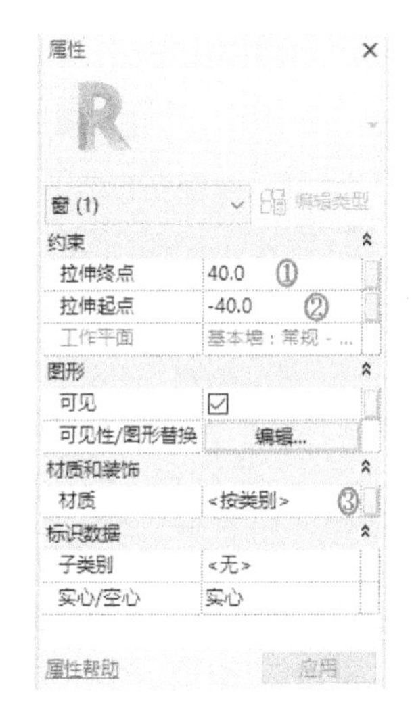

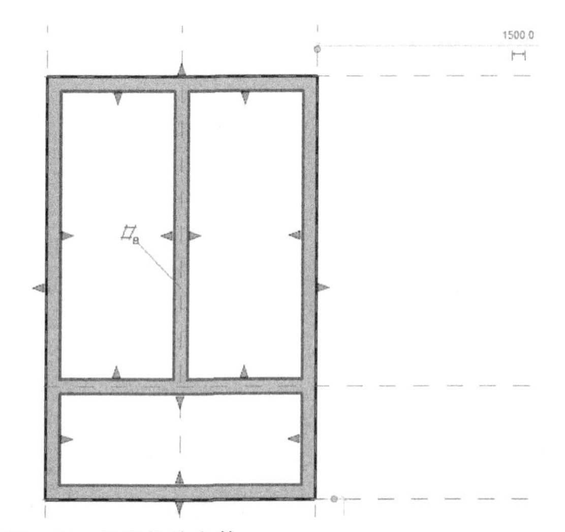

图 9-46 设置拉伸参数

图 9-47 “关联族参数”对话框

图 9-48 “参数属性”对话框

（12）单击“创建”选项卡“形状”面板“拉伸”按钮，打开“修改 | 创建拉伸”选项卡，绘制并标注图形，对标注尺寸添加“开启扇边框宽度”参数，如图 9-49 所示。

> **注意** 在绘制窗扇框轮廓线时，要将其与窗框洞口锁定，如图 9-50 所示。

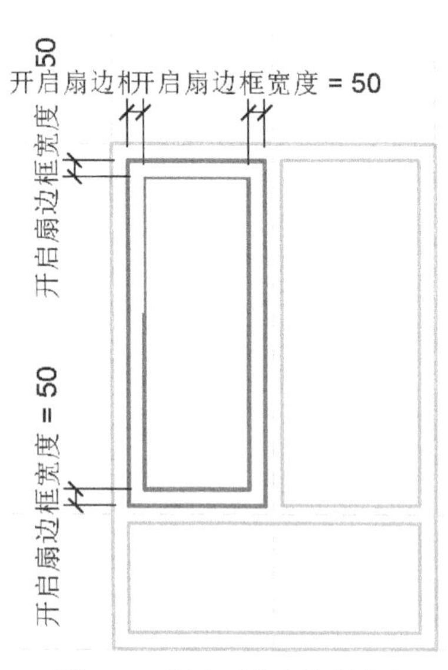

图 9-49　创建开启扇边框宽度

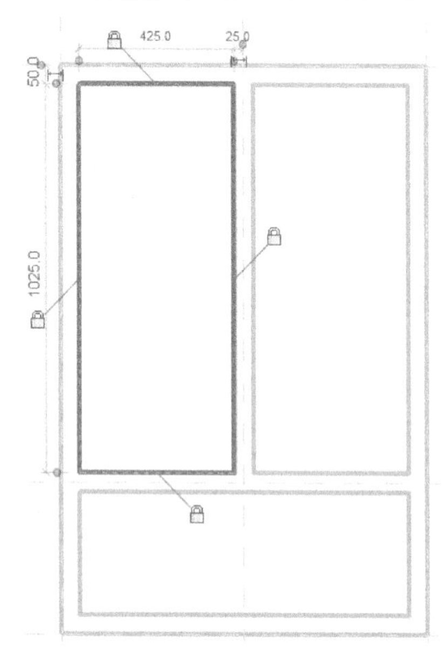

图 9-50　窗扇框轮廓与窗框洞口锁定

（13）单击“模式”面板中的“完成编辑模式”按钮，在属性选项板中输入拉伸终点为 25，拉伸起点为 −25，单击“材质”右侧的“关联族参数”按钮，打开“关联族参数”对话框，选择前面创建的“窗框材质”参数，单击“确定”按钮，完成开启扇窗框的创建，如图 9-51 所示。

（14）单击“创建”选项卡“形状”面板“拉伸”按钮，打开“修改 | 创建拉伸”选项卡，绘制玻璃轮廓线并将其与内框锁定，如图 9-52 所示。

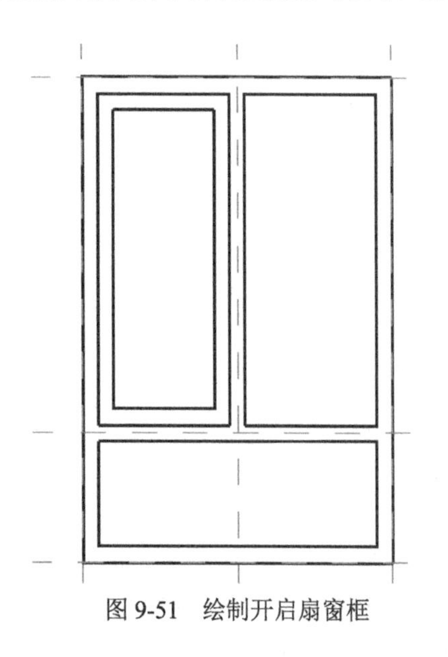

图 9-51　绘制开启扇窗框

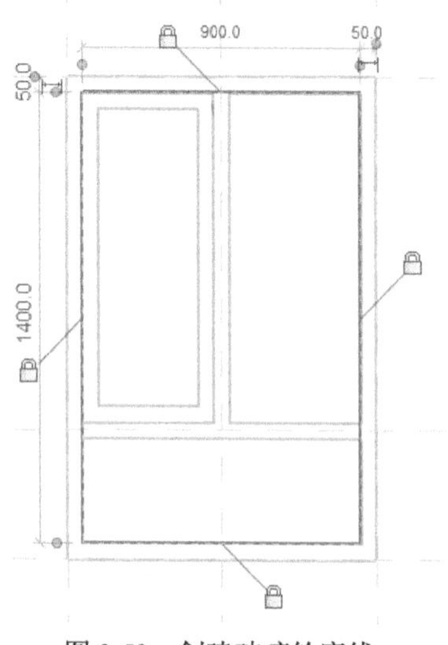

图 9-52　创建玻璃轮廓线

（15）单击“模式”面板中的“完成编辑模式”按钮，在属性选项板中输入拉伸终点为 3，拉伸起点为 −3，单击“材质”栏中的按钮，打开“材质浏览器”对话框，选择“玻璃”材质，勾选“使用渲染外观”复选框，如图 9-53 所示，单击“确定”按钮，完成玻璃的创建。

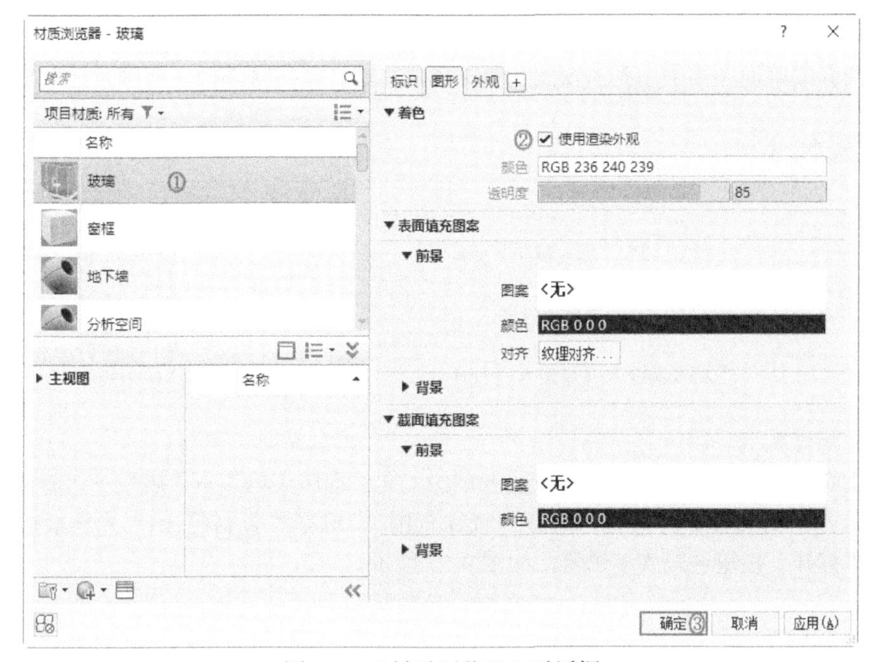

图 9-53　“材质浏览器”对话框

（16）在项目浏览器中选择“楼层平面”→“参照标高”，双击打开参照标高视图，如图 9-54 所示。

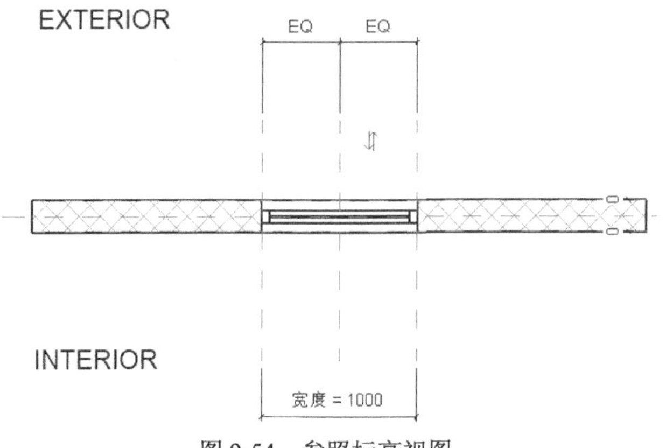

图 9-54　参照标高视图

（17）单击“测量”面板中的“对齐尺寸标注”按钮，分别拾取窗框上下边线、中间参照面标注连续尺寸，然后单击 EQ 限制符号，然后继续标注窗框尺寸，并添加“窗框厚度”尺寸参数，结果如图 9-55 所示。

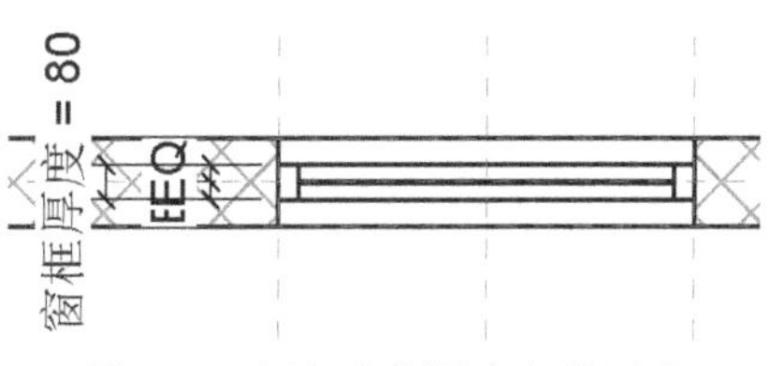

图 9-55　添加窗框厚度参数尺寸

（18）平开窗族绘制完成，单击“快速访问”工具栏中的“保存”按钮，打开“另存为”对话框，设置保存路径，输入名称为“平开窗”，单击“保存”按钮，保存族文件。

9.2 创建门族

本节主要介绍培训大楼中用到的窗族，包括单扇木门、单扇幕墙门、双扇木门和双扇幕墙门。

9.2.1 单扇木门

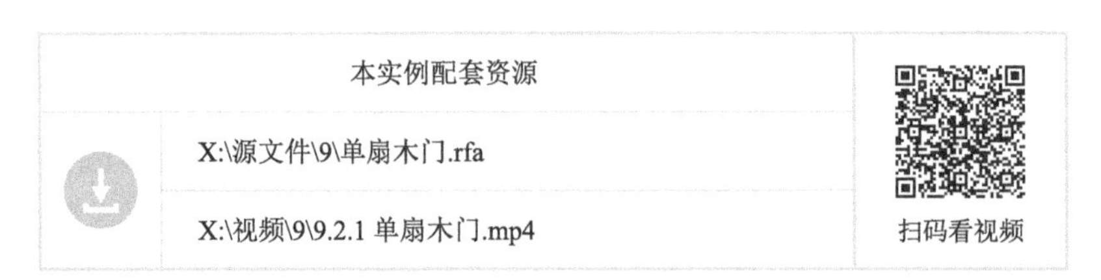

具体操作步骤如下。

（1）在主页中单击“族”→“新建”或者单击“文件程序菜单”→“族”→“新建”命令，打开“新族—选择样板文件”对话框，选择“查找范围”，选择“公制门.rft”为样板族，如图 9-56 所示，单击“打开”按钮进入族编辑器，如图 9-57 所示。

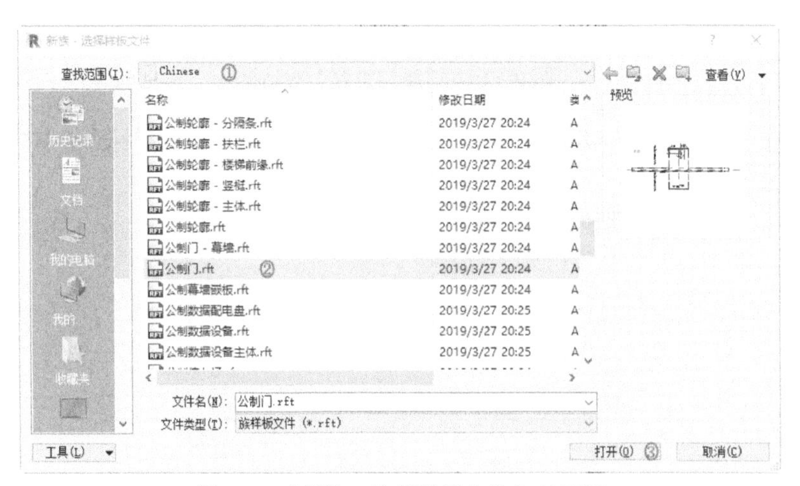

图 9-56 “新族—选择样板文件”对话框

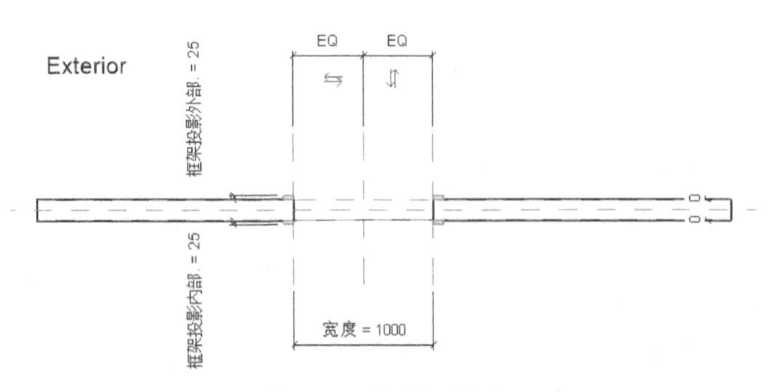

图 9-57 绘制门界面

（2）单击“创建”选项卡“工作平面”面板“设置”按钮，打开“工作平面”对话框，选择“拾取一个平面”单选项，如图 9-58 所示。单击“确定”按钮，在视图中拾取墙体中心位置的参照平面为工作平面，如图 9-59 所示。

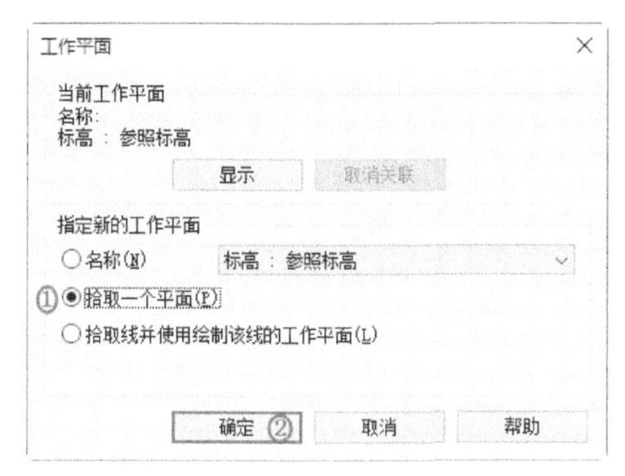

图 9-58　“工作平面”对话框

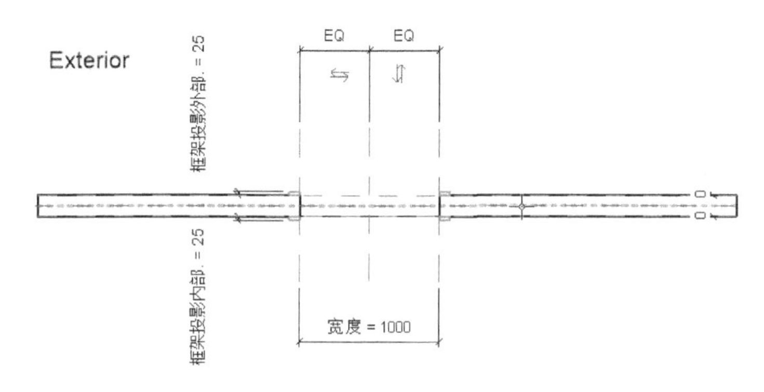

图 9-59　拾取参照平面

（3）打开“转到视图”对话框，选择“立面：外部”，单击“打开视图”按钮，打开立面视图，如图 9-60 所示。

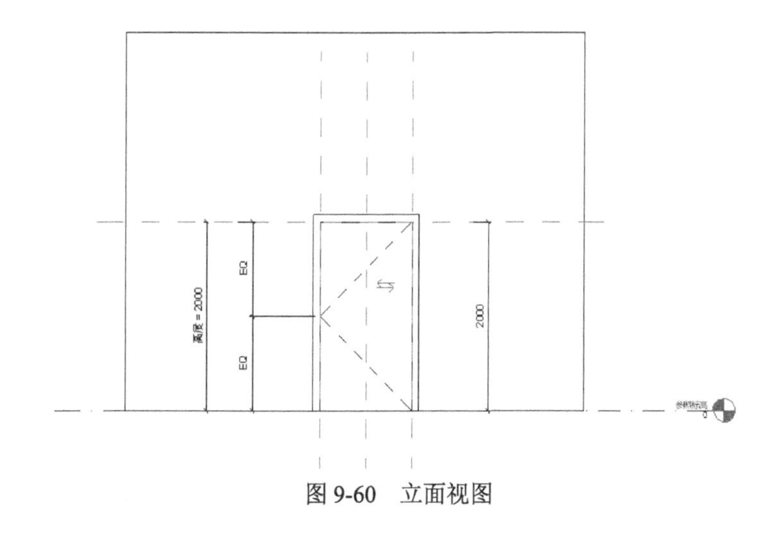

图 9-60　立面视图

（4）单击“创建”选项卡“形状”面板“拉伸”按钮，打开“修改 | 创建拉伸”选项卡，单击“绘制”面板中的“矩形”按钮，以洞口轮廓及参照平面为参照，创建轮廓线，如图 9-61 所示。单击视图中的“创建或删除长度或对齐约束”图标，将轮廓线与洞口进行锁定，如图 9-62 所示。

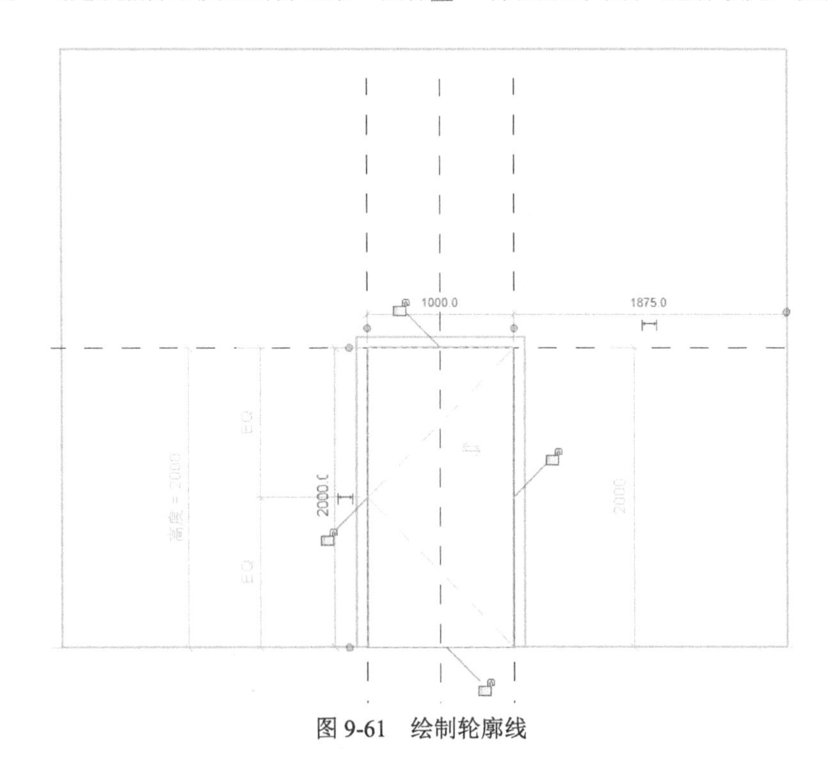

图 9-61　绘制轮廓线

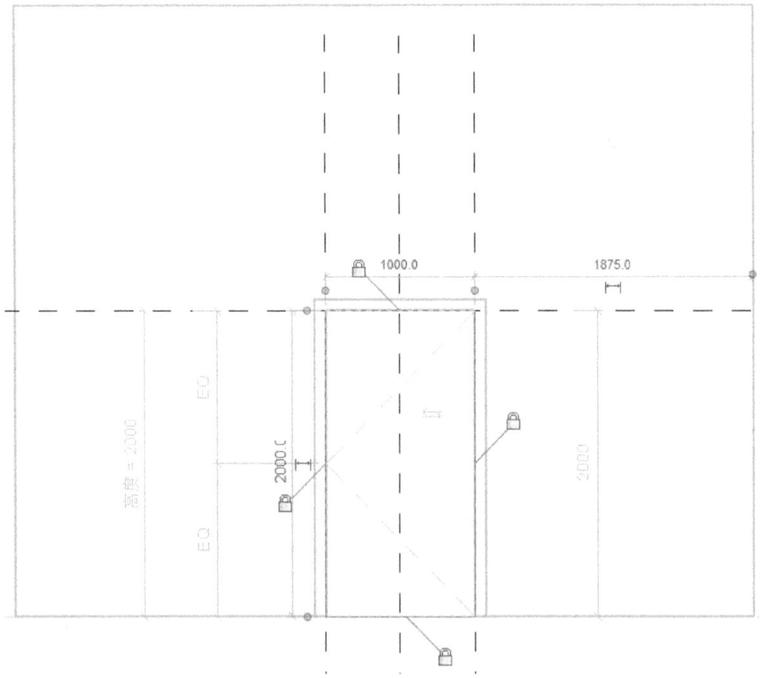

图 9-62　锁定约束

（5）在属性选项板中设置拉伸终点为 25，拉伸起点为 −25，如图 9-63 所示，单击“应用”按钮，单击“模式”面板中的“完成编辑模式”按钮，完成拉伸模型的创建。

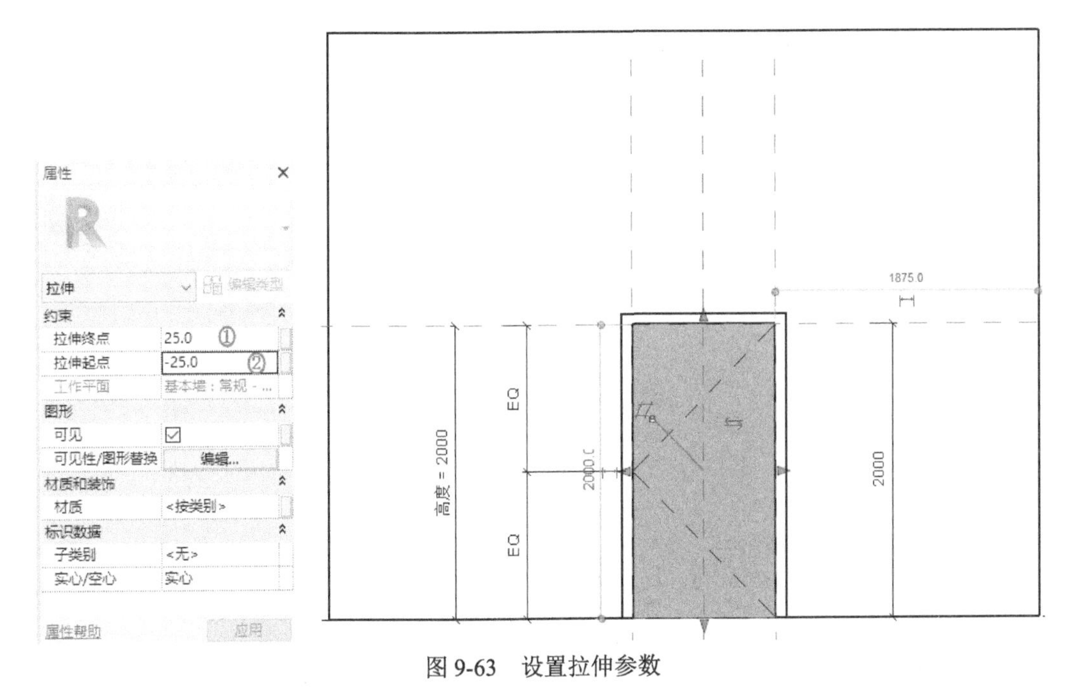

图 9-63　设置拉伸参数

（6）单击“材质”栏中的按钮，打开“材质浏览器”对话框，选择“木材”材质，单击“确定”按钮，完成木材的创建。

（7）在项目浏览器中选择“楼层平面”→“参照标高”，双击打开参照标高视图，如图 9-64 所示。

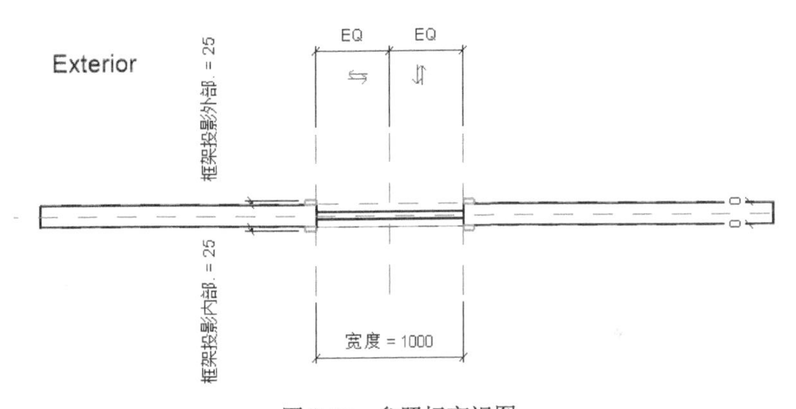

图 9-64　参照标高视图

（8）单击“测量”面板中的“对齐尺寸标注”按钮，分别拾取门框上下边线、中间参照面标注连续尺寸，然后单击 EQ 限制符号，然后继续标注门框尺寸，并添加“门框厚度”尺寸参数，结果如图 9-65 所示。

（9）单击“注释”选项卡“详图”面板中的“符号线”按钮，然后单击“绘制”面板中的“矩形”按钮，在属性选项板中设置子类别为“门［截面］”，如图 9-66 所示。在平面视图门洞左侧绘制长度为 1000，宽度为 30 的矩形，如图 9-67 所示。

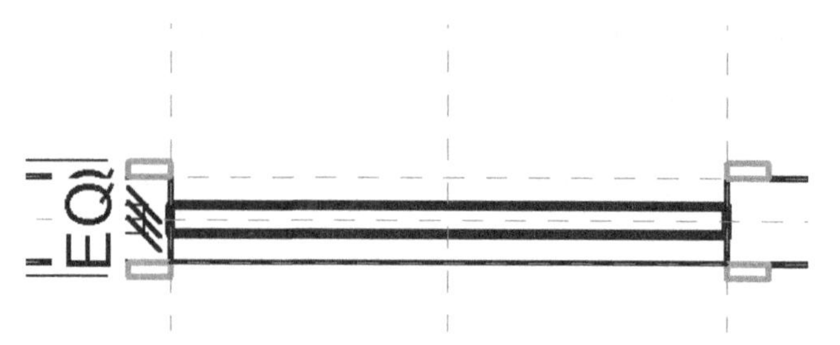

图 9-65　添加门框厚度参数尺寸

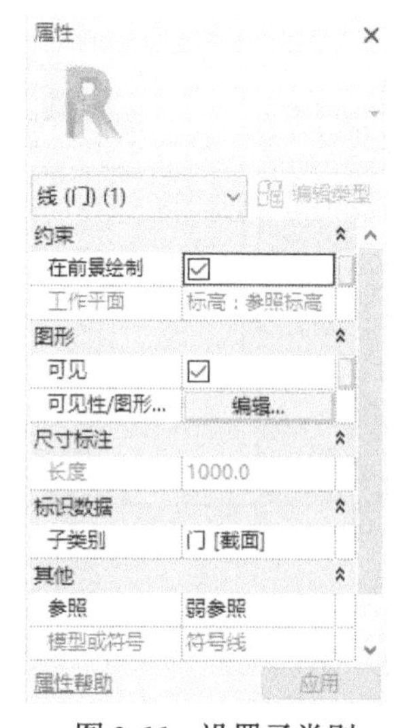

图 9-66　设置子类别

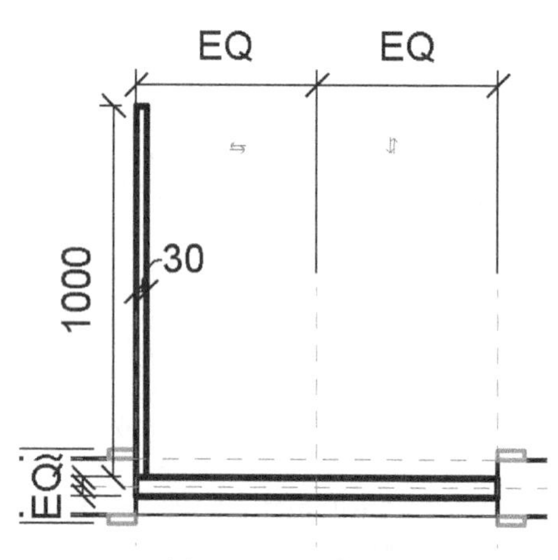

图 9-67　绘制矩形

（10）单击“注释”选项卡“详图”面板中的“符号线”按钮，然后单击“绘制”面板中的“圆心—端点弧”按钮，在属性选项板中设置子类别为“平面打开方向［截面］”，如图 9-68 所示。绘制门开启线并更改角度为 90°，如图 9-69 所示。

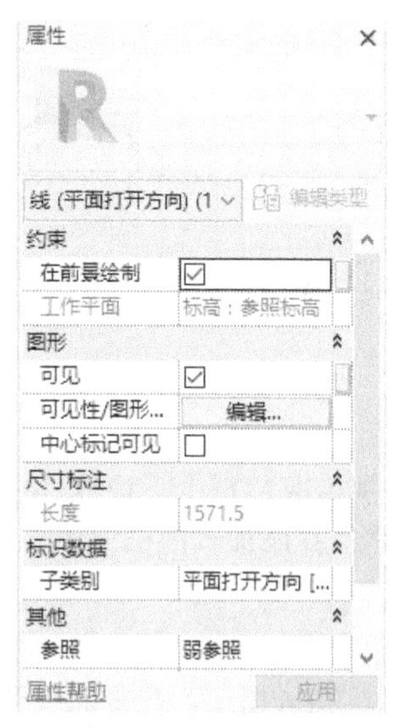

图 9-68　设置子类别

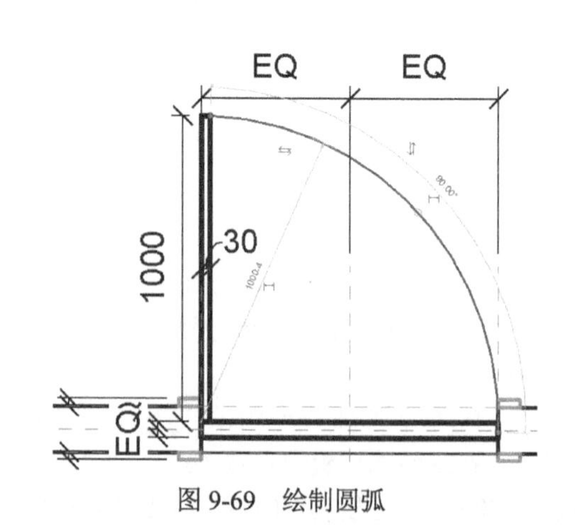

图 9-69　绘制圆弧

（11）选择门框，在属性选项板的“材质”栏中单击“材质”按钮，打开“材质浏览器”对话框，选择“木材”材质，单击“确定”按钮。

（12）单击“插入”选项卡“从库中载入”面板中的“载入族”按钮，打开“载入族”对话框，选择“查找范围”，选择“China”→“建筑”→“门”→“门构件”→“拉手”文件夹中的“门锁1.rfa”族文件，如图9-70所示。单击“打开”按钮。

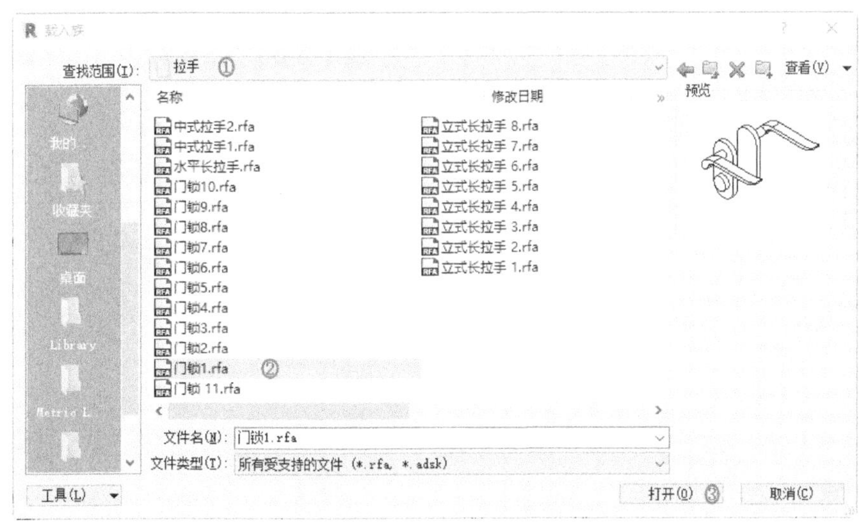

图9-70 “载入族”对话框

（13）单击“创建”选项卡“模型”面板中的“构件”按钮，将载入的“门锁1”放置在视图中适当位置，如图9-71所示。

（14）双击门锁文件，进入门锁族编辑环境。单击“创建”选项卡“属性”面板中的“族类别和族参数”按钮，打开“族类别和族参数”对话框，勾选“共享”复选框，如图9-72所示。其他采用默认设置，单击“确定”按钮。

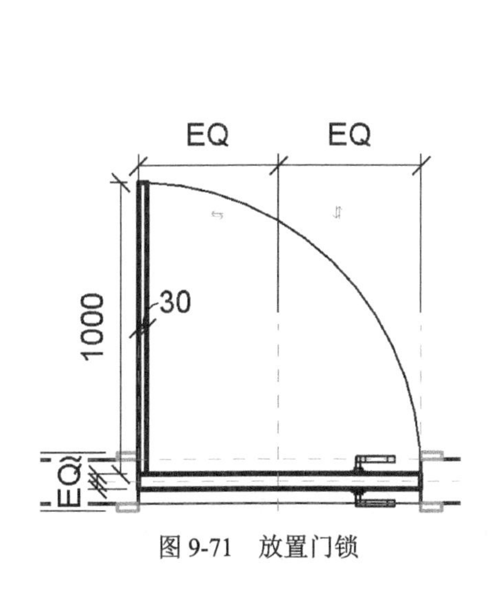

图9-71 放置门锁

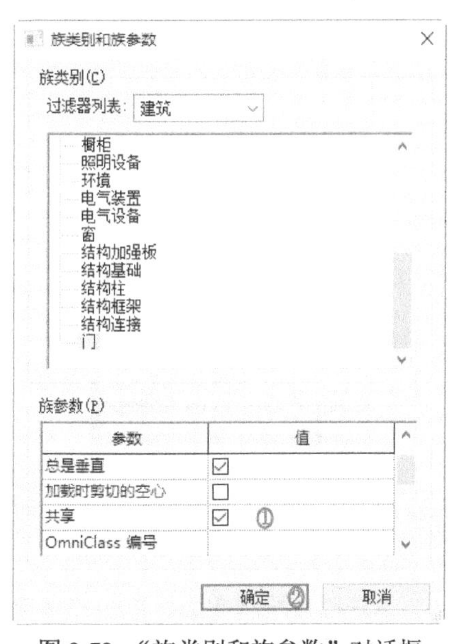

图9-72 “族类别和族参数”对话框

（15）单击“创建”选项卡“族编辑器”面板中的“载入到项目”并关闭按钮，打开如图 9-73 所示“族已存在”提示对话框，单击“覆盖现有版本”选项。

（16）在视图中选择门锁，然后单击属性选项板中的“编辑类型”按钮，打开“类型属性”对话框，更改嵌板厚度为 50，如图 9-74 所示，其他采用默认设置，单击“确定”按钮。

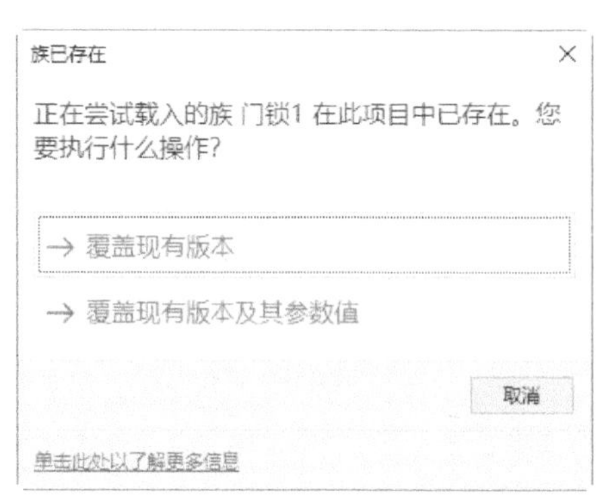

图 9-73 “族已存在”提示对话框

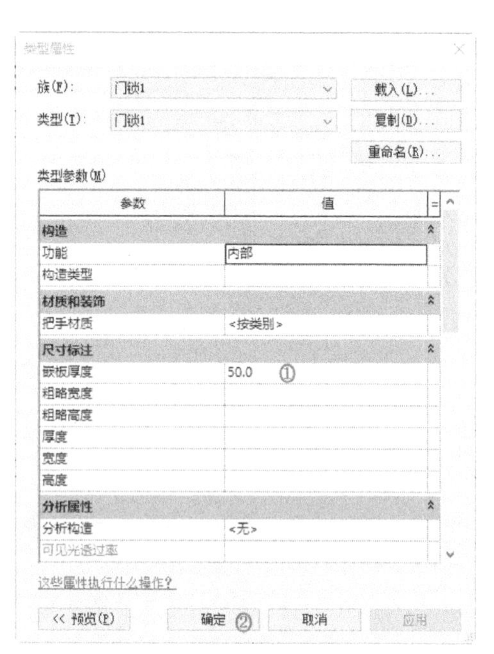

图 9-74 “类型属性”对话框

（17）选择门锁，单击“修改”选项卡“修改”面板中的“镜像—绘制轴”按钮，在门锁的左侧位置绘制一条竖直线作为镜像轴，然后将原门锁删除，修改门锁的临时位置尺寸，如图 9-75 所示。

（18）将视图切换至内部视图，然后移动门锁的位置，单击“测量”面板中的“对齐尺寸”按钮，标注并修改尺寸，如图 9-76 所示。

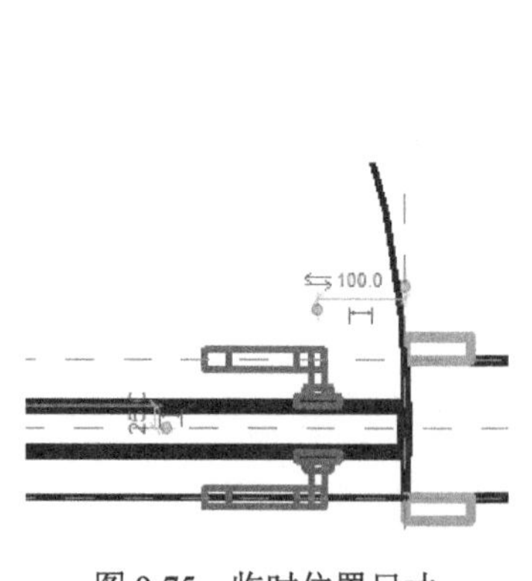

图 9-75 临时位置尺寸

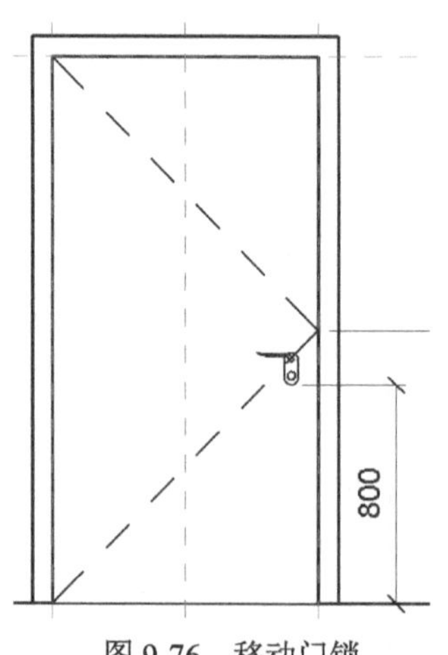

图 9-76 移动门锁

（19）单扇门族绘制完成，单击“快速访问”工具栏中的“保存”按钮，打开“另存为”对话框，输入名称为“单扇门”，单击“保存”按钮，保存族文件。

9.2.2 单扇幕墙门

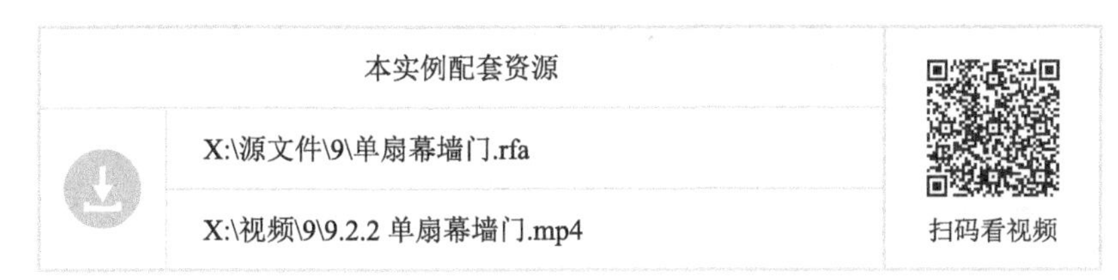

具体操作步骤如下。

（1）在主页中单击“族”→“新建”或者单击“文件程序菜单”→“族”→“新建”命令，打开“新族—选择样板文件”对话框，选择“查找范围”，选择“公制门—幕墙 .rft”为样板族，如图 9-77 所示。单击“打开”按钮进入族编辑器，如图 9-78 所示。

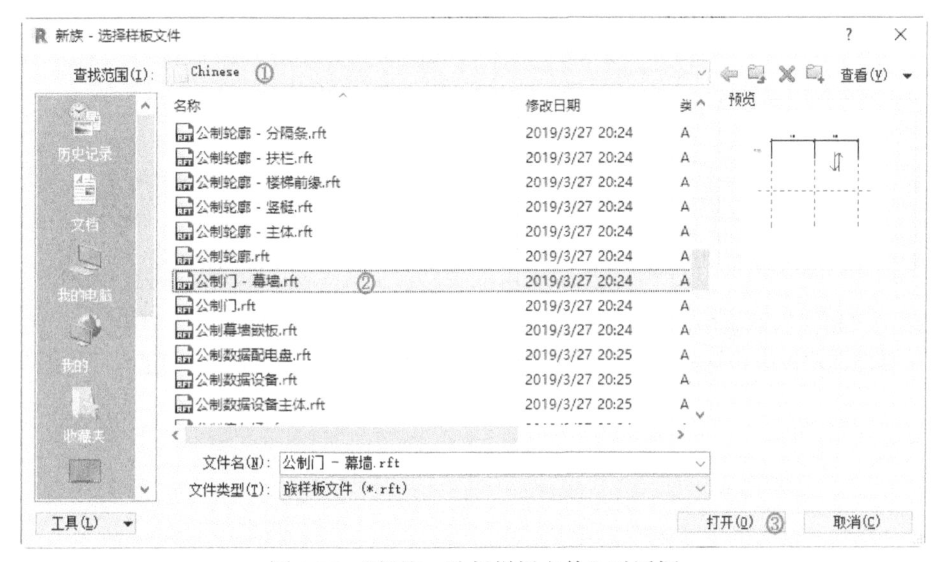

图 9-77 “新族—选择样板文件”对话框

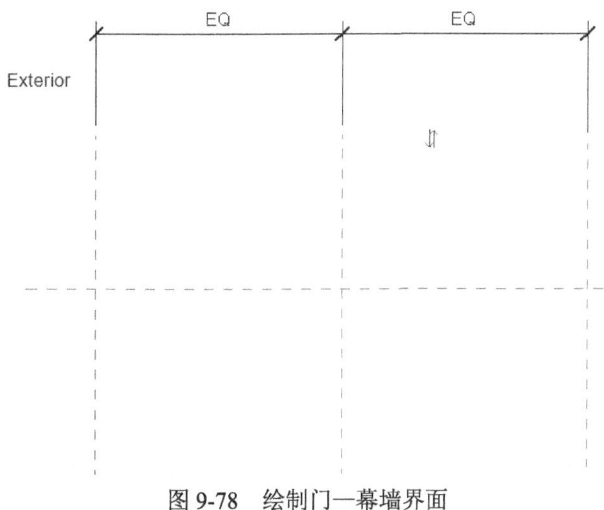

图 9-78 绘制门—幕墙界面

（2）选择右侧参考面，双击临时尺寸，将尺寸更改为原来的一半，如图 9-79 所示。

（3）单击“创建”选项卡“形状”面板“拉伸”按钮，打开“修改|创建拉伸”选项卡，单击“绘制”面板中的“矩形”按钮，以参照平面为参照，创建轮廓线，如图 9-80 所示。单击视图中的“创建或删除长度或对齐约束”图标，将轮廓线与洞口进行锁定。

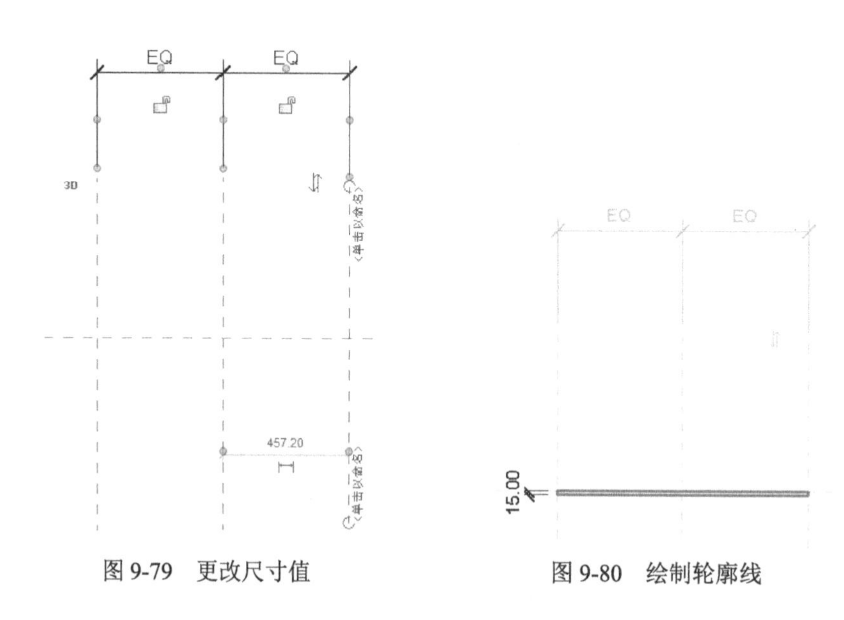

图 9-79　更改尺寸值　　　　图 9-80　绘制轮廓线

（4）单击“模式”面板中的“完成编辑模式”按钮，完成拉伸模型的创建。

（5）在属性选项板中设置拉伸终点为 2133.6，拉伸起点为 0，子类别为“嵌板”，如图 9-81 所示。

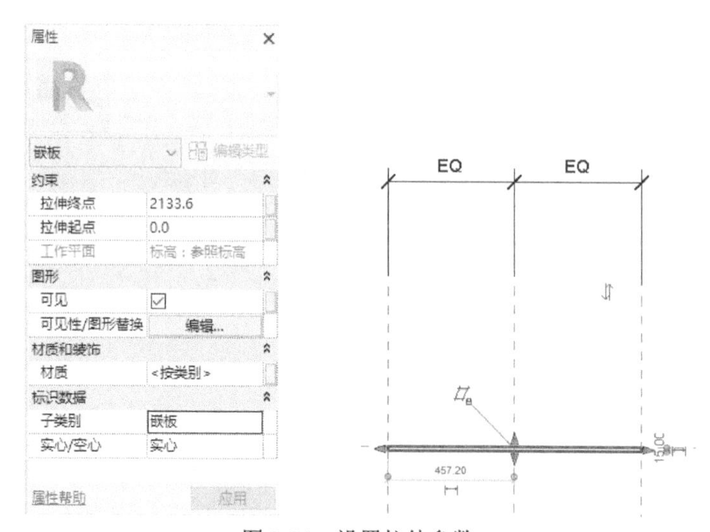

图 9-81　设置拉伸参数

（6）单击“材质”栏中的按钮，打开“材质浏览器”对话框，选择“玻璃”材质，勾选“使用渲染外观”复选框，如图 9-82 所示，单击“确定”按钮。

（7）单击“注释”选项卡“详图”面板中的“符号线”按钮，然后单击“绘制”面板中的“线”按钮，在属性选项板中设置子类别为“嵌板［截面］”，如图 9-83 所示。在平面视图右侧绘制长度为 914.4 的竖直线，如图 9-84 所示。

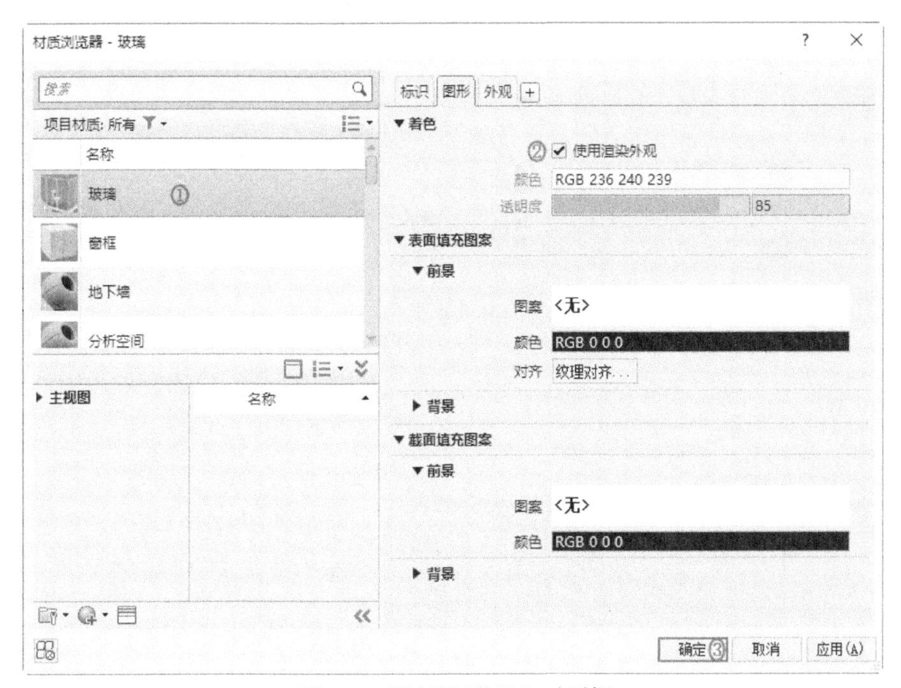

图 9-82 “材质浏览器”对话框

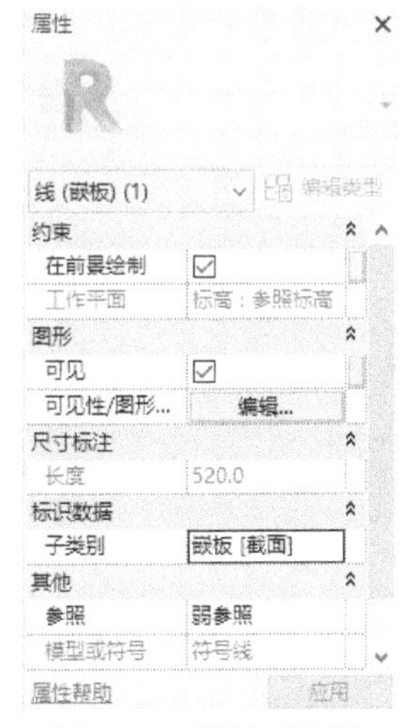

图 9-83　设置子类别

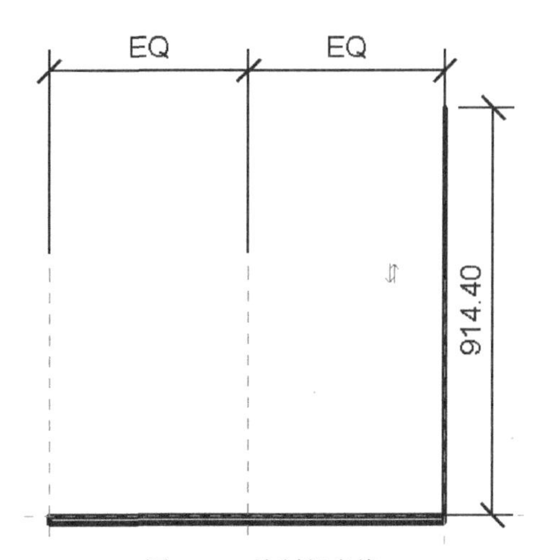

图 9-84　绘制竖直线

（8）单击“注释”选项卡“详图”面板中的“符号线”按钮，然后单击“绘制”面板中的“圆心—端点弧”按钮，绘制门开启线并更改角度为 90°，如图 9-85 所示。

（9）单击“管理”选项卡“设置”面板中的“对象样式”按钮，打开“对象样式”对话框，单击“新建”按钮，打开“新建子类别”对话框，输入新名称为“开启线”，单击“确定”按钮，新建开启线子类别，如图 9-86 所示。采用默认设置，单击“确定”按钮。

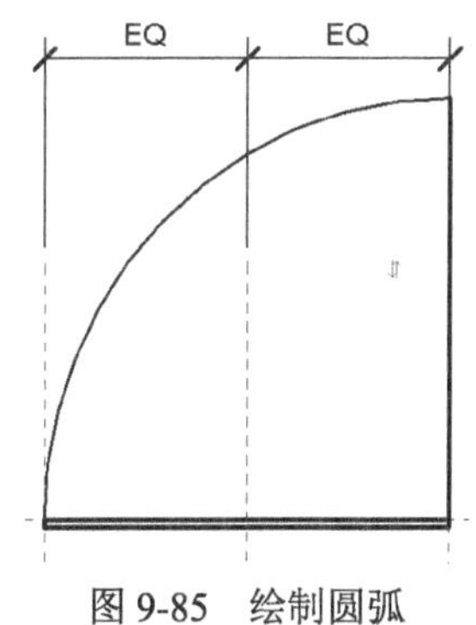

图 9-85　绘制圆弧

图 9-86　新建开启线子类别

（10）选择第（9）步绘制的圆弧线，在属性选项板中设置子类别为“开启线［投影］”。

（11）单击“创建”选项卡“工作平面”面板“设置”按钮，打开“工作平面”对话框，选择“拾取一个平面”选项，单击“确定”按钮，在视图中拾取水平参照平面为工作平面。

（12）打开“转到视图”对话框，选择“立面：外部”，单击“打开视图”按钮，打开立面视图，如图 9-87 所示。

（13）单击“创建”选项卡“基准”面板中的“参照平面”按钮，捕捉嵌板的竖直边中点，绘制参照面，如图 9-88 所示。

（14）单击“测量”面板中的“对齐尺寸标注”按钮，分别拾取上下边框和中间参照面标注连续尺寸，然后单击 EQ 限制符号，如图 9-89 所示。

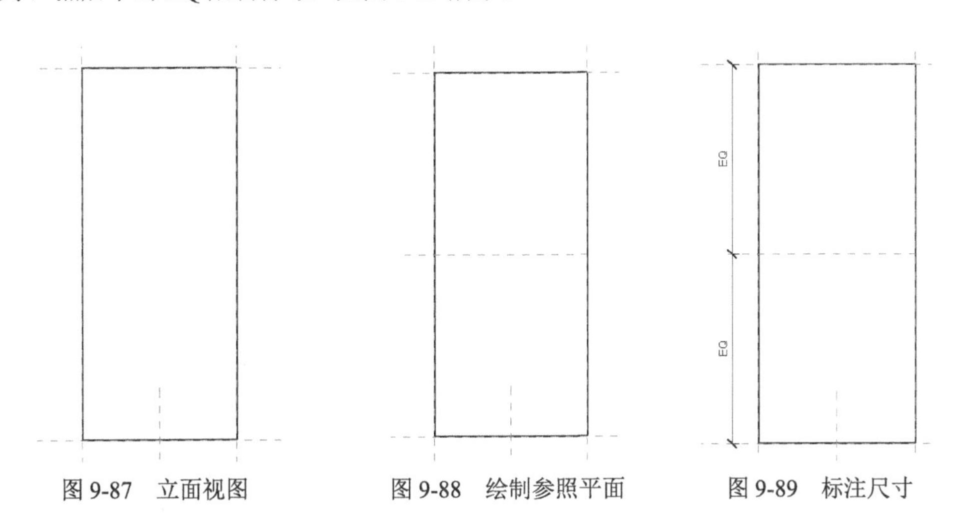

图 9-87　立面视图　　图 9-88　绘制参照平面　　图 9-89　标注尺寸

（15）单击“管理”选项卡“设置”面板中的“对象样式”按钮，打开“对象样式”对话框，单击“新建”按钮，打开“新建子类别”对话框，输入新名称为“角度线”，单击“确定”按钮，新建角度线子类别，在线型图案下拉列表中选择“中心”线型图案，如图 9-90 所示。其他采用默认设置，单击“确定”按钮。

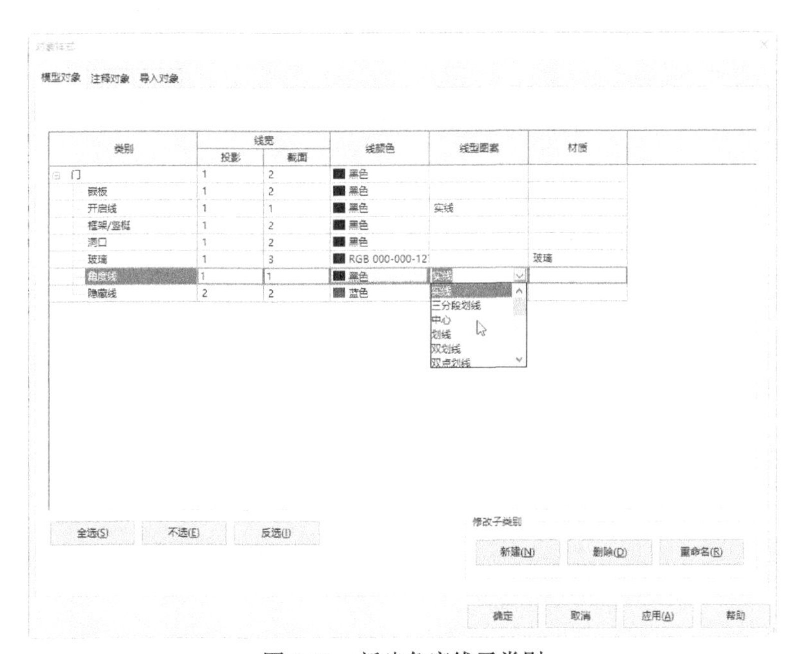

图 9-90　新建角度线子类别

（16）单击“注释”选项卡“详图”面板中的“符号线”按钮，然后单击“绘制”面板中的“线”按钮，在属性选项板中设置子类别为“角度线［投影］”，绘制如图 9-91 所示的角度线。

（17）单击“创建”选项卡“形状”面板“拉伸”按钮，打开“修改 | 创建拉伸”选项卡，单击“绘制”面板中的“矩形”按钮，绘制把手轮廓线，如图 9-92 所示。单击“模式”面板中的“完成编辑模式”按钮，完成拉伸模型的创建。

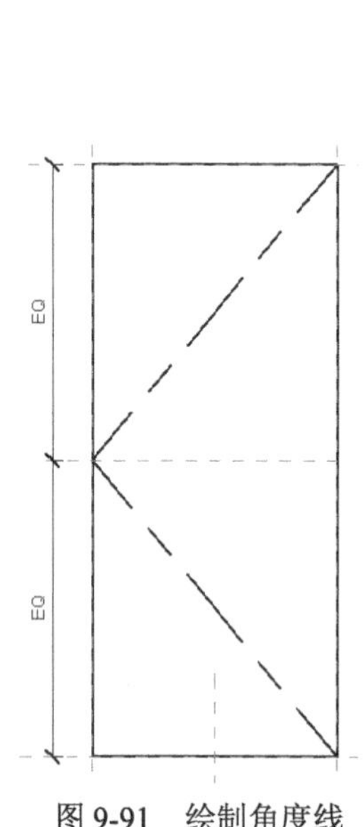

图 9-91　绘制角度线

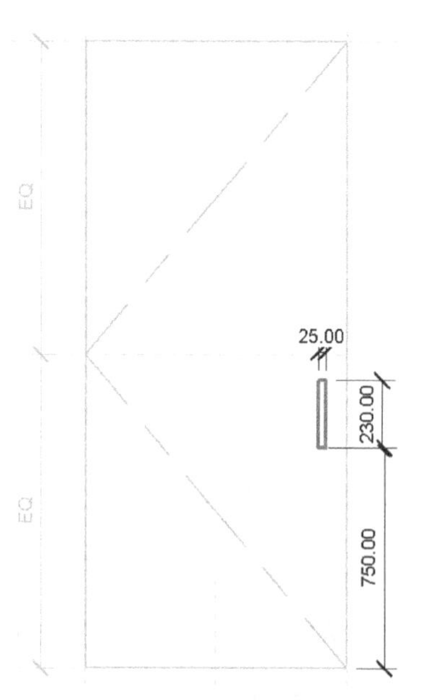

图 9-92　绘制把手轮廓线

（18）在属性选项板中输入拉伸终点为 70，拉伸起点为 20，在子类别下拉列表中选择“框架 / 竖梃”，单击材质栏中的按钮，打开“材质浏览器”对话框，选择“铝”材质，勾选“使用渲染外观”复选框，其他采用默认设置，如图 9-93 所示，单击“确定”按钮。

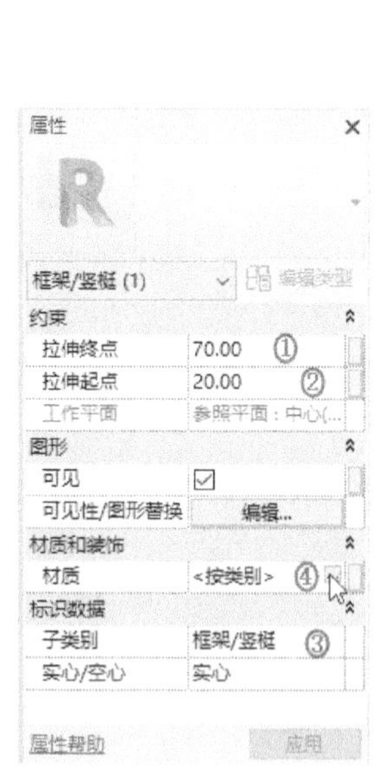

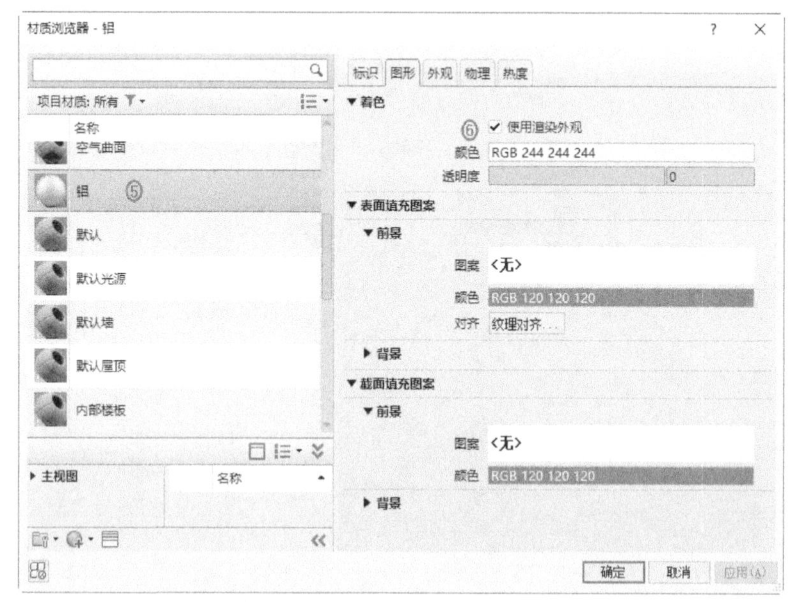

图 9-93　参数设置

（19）在项目浏览器中选择“楼层平面”→“参照标高”，双击打开参照标高视图，如图 9-94 所示。

（20）单击“修改”选项卡“修改”面板中的“镜像—绘制轴”按钮，选择拉伸体为要镜像的对象，然后捕捉嵌板的两侧中点绘制轴线进行镜像，结果如图 9-95 所示。

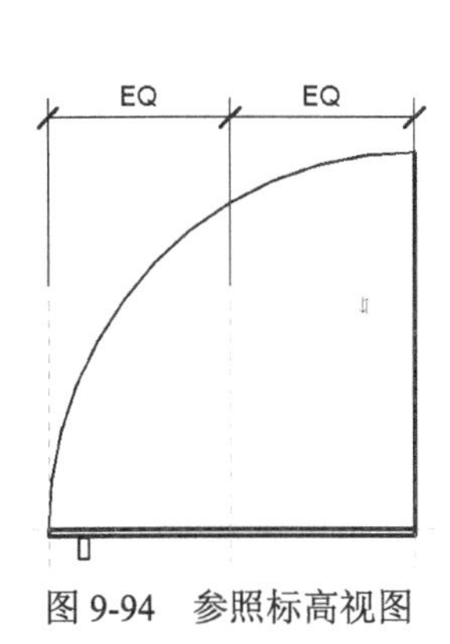

图 9-94　参照标高视图

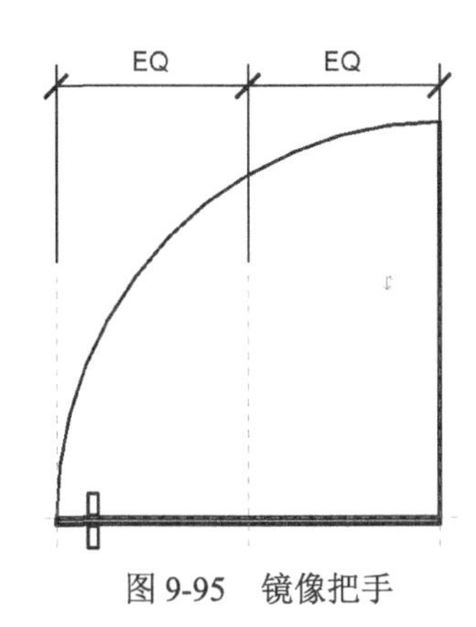

图 9-95　镜像把手

（21）单击“快速访问”工具栏中的“保存”按钮，打开“另存为”对话框，输入名称为“单扇幕墙门”，单击“保存”按钮，保存族文件。

9.2.3　双扇木门

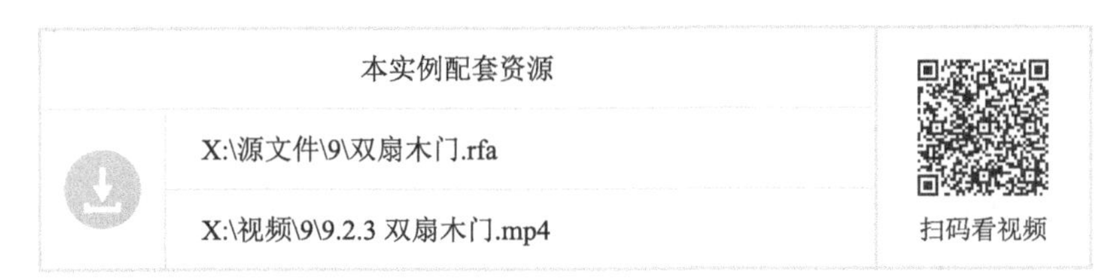

具体操作步骤如下。

（1）在主页中单击“族”→“新建”或者单击“文件程序菜单”→“族”→“新建”命令，打开“新族—选择样板文件”对话框，选择“公制门 .rft”为样板族，单击“打开”按钮进入族编辑器，如图 9-96 所示。

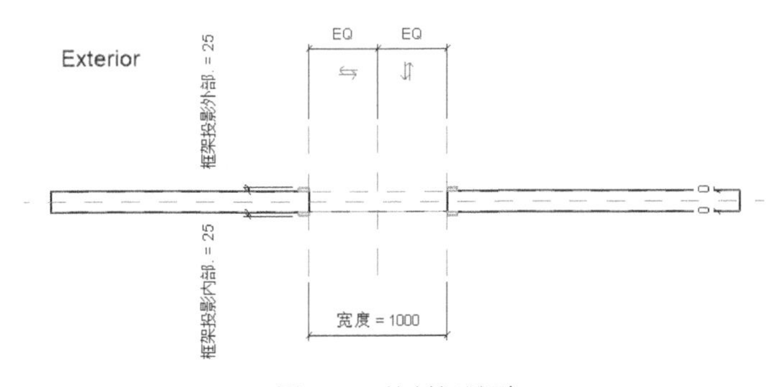

图 9-96　绘制门界面

（2）双击视图中的宽度 1000，更改尺寸值为 1800，如图 9-97 所示。门的宽度随尺寸的改变而改变。

（3）单击“创建”选项卡“工作平面”面板“设置”按钮，打开“工作平面”对话框，选择“拾取一个平面”单选项，如图 9-98 所示。单击“确定”按钮，在视图中拾取墙体边线位置的参照平面为工作平面，如图 9-99 所示。

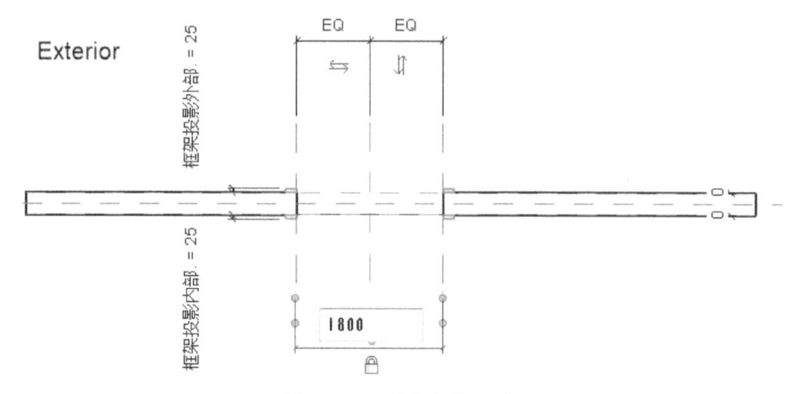

图 9-97 更改宽度尺寸

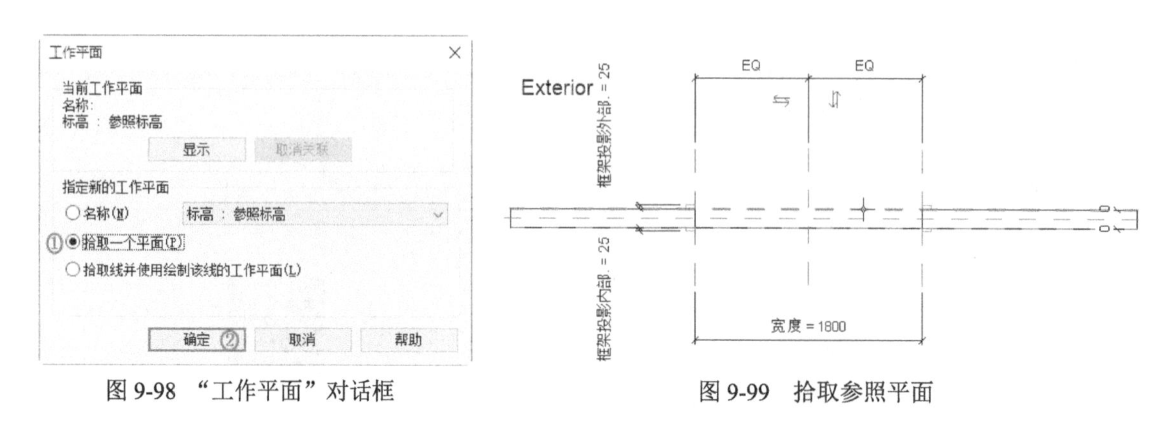

图 9-98 “工作平面”对话框

图 9-99 拾取参照平面

（4）打开“转到视图”对话框，选择“立面：外部”，单击“打开视图”按钮，打开立面视图，如图 9-100 所示。

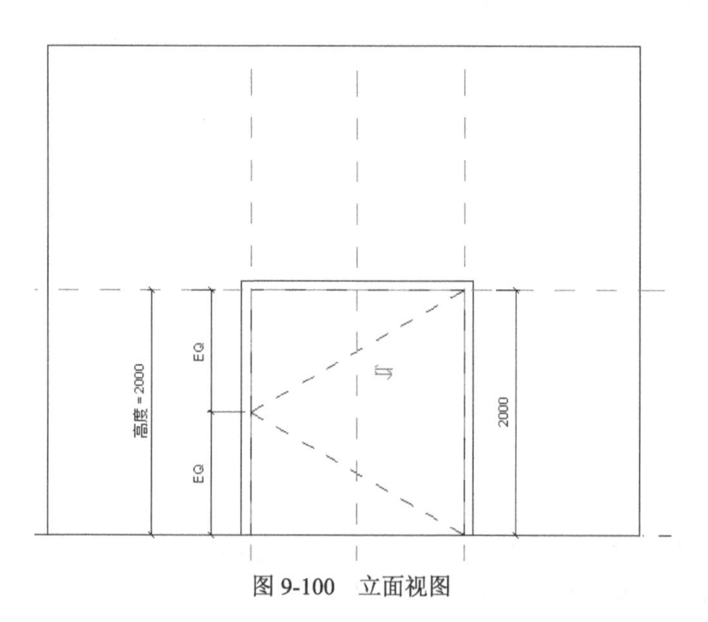

图 9-100 立面视图

（5）单击“创建”选项卡“形状”面板“拉伸”按钮，打开“修改 | 创建拉伸”选项卡，单击“绘制”面板中的“矩形”按钮，以洞口轮廓及参照平面为参照，创建轮廓线，如图 9-101 所示。单击视图中的“创建或删除长度或对齐约束”图标，将轮廓线与洞口进行锁定。

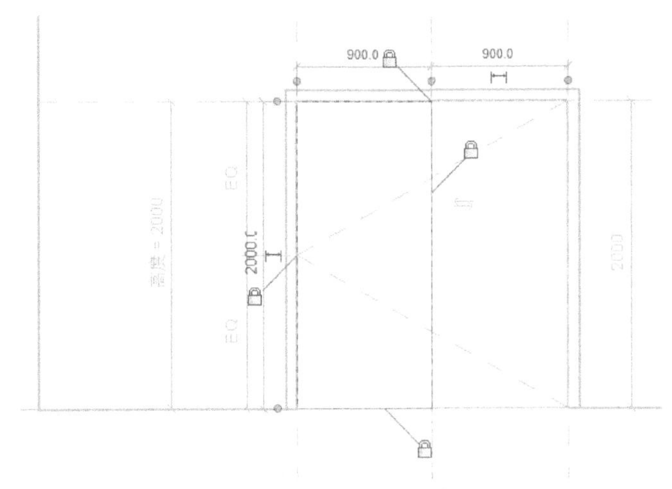

图 9-101　绘制轮廓线

（6）在属性选项板中设置拉伸终点为 0，拉伸起点为 50，如图 9-102 所示，单击“模式”面板中的“完成编辑模式”按钮，完成拉伸模型的创建。单击“材质”栏中的按钮。

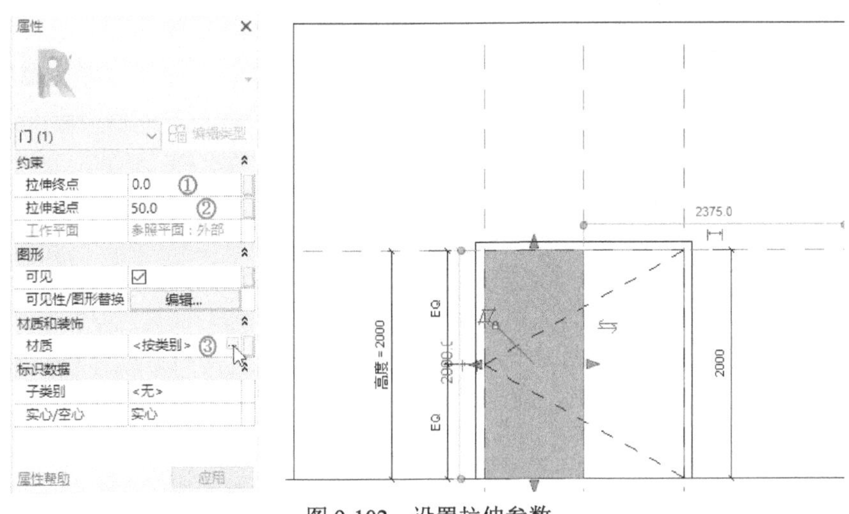

图 9-102　设置拉伸参数

（7）打开“材质浏览器”对话框，选择“木材”材质，勾选“使用渲染外观”复选框，如图 9-103 所示，单击“确定”按钮，完成木材的创建。

（8）重复第（5）～（7）步，创建另一侧门扇。

（9）在项目浏览器中选择“楼层平面”→“参照标高”，双击打开参照标高视图，如图 9-104 所示。

（10）单击“注释”选项卡“详图”面板中的“符号线”按钮，然后单击“绘制”面板中的“矩形”按钮，在属性选项板中设置子类别为“嵌板［截面］”，如图 9-105 所示。在平面视图门洞两侧绘制长度为 900、宽度为 50 的矩形，如图 9-106 所示。

图 9-103 “材质浏览器”对话框

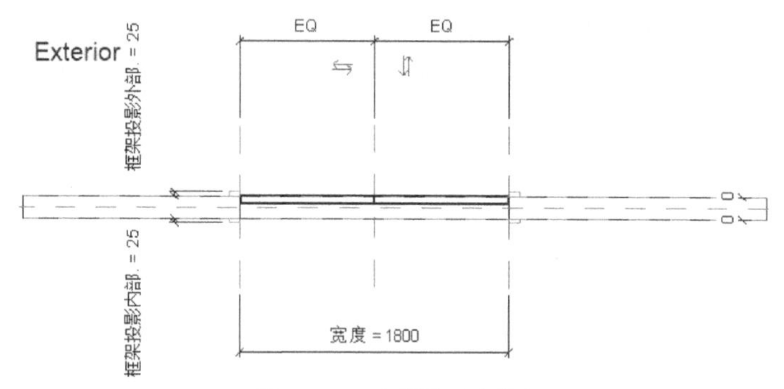

图 9-104 参照标高视图

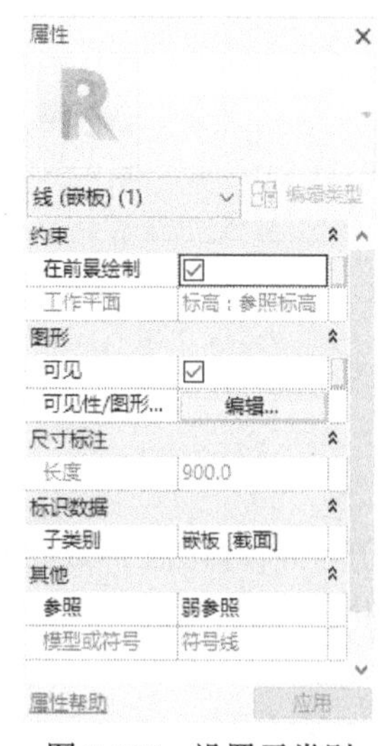

图 9-105 设置子类别

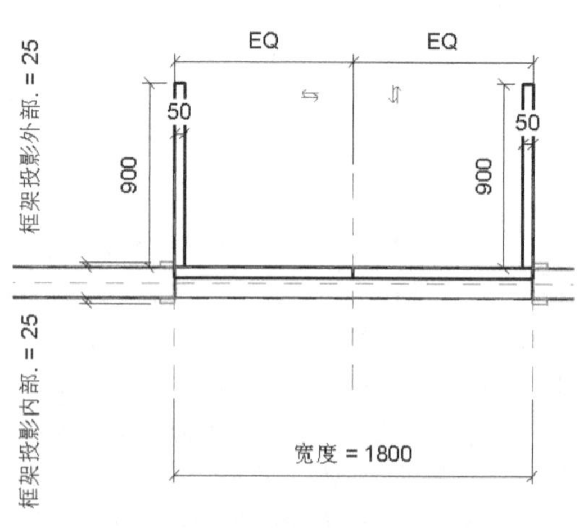

图 9-106 绘制矩形

（11）单击“注释”选项卡“详图”面板中的“符号线”按钮，然后单击“绘制”面板中的“圆心—端点弧”按钮，在属性选项板中设置子类别为“平面打开方向[投影]”，如图 9-107 所示。绘制门开启线并更改角度为 90°，如图 9-108 所示。

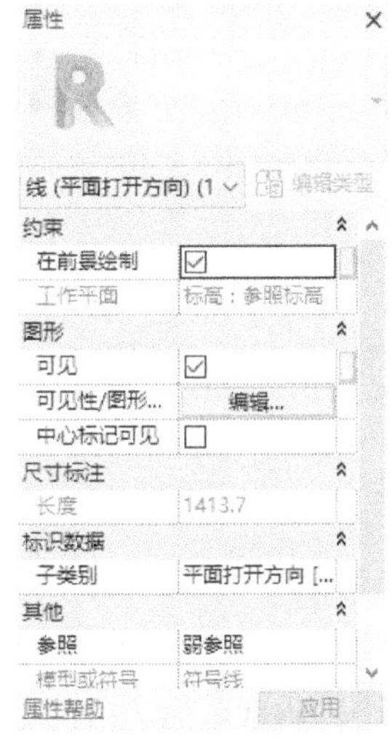

图 9-107　设置子类别

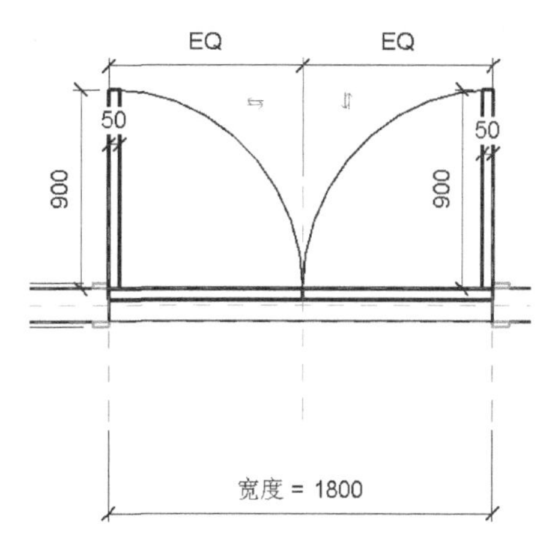

图 9-108　绘制圆弧

（12）选择门框，在属性选项板的“材质”栏中单击“按类别”按钮，打开“材质浏览器”对话框，选择“木材”材质，单击“确定”按钮。

（13）单击“创建”选项卡“基准”面板中的“参照平面”按钮创建两个参照平面，并修改尺寸，如图 9-109 所示。

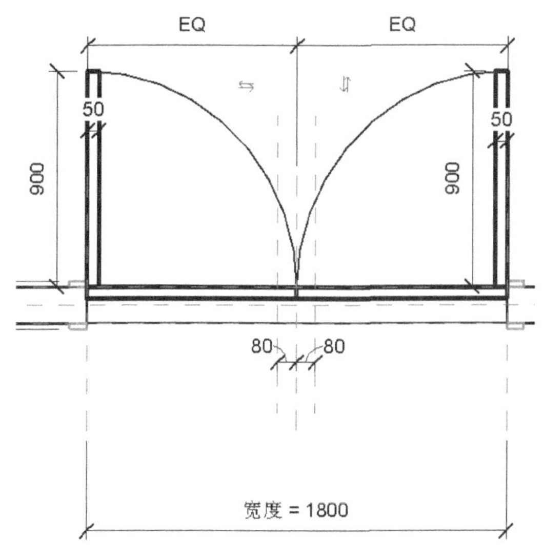

图 9-109　绘制参照平面

（14）单击“插入”选项卡“从库中载入”面板中的“载入族”按钮，打开“载入族”对话框，选择“查找范围”，选择“China”→“建筑”→“门”→“门构件”→“拉手”文件夹中的“门锁 11.rfa”族文件，如图 9-110 所示。单击“打开”按钮。

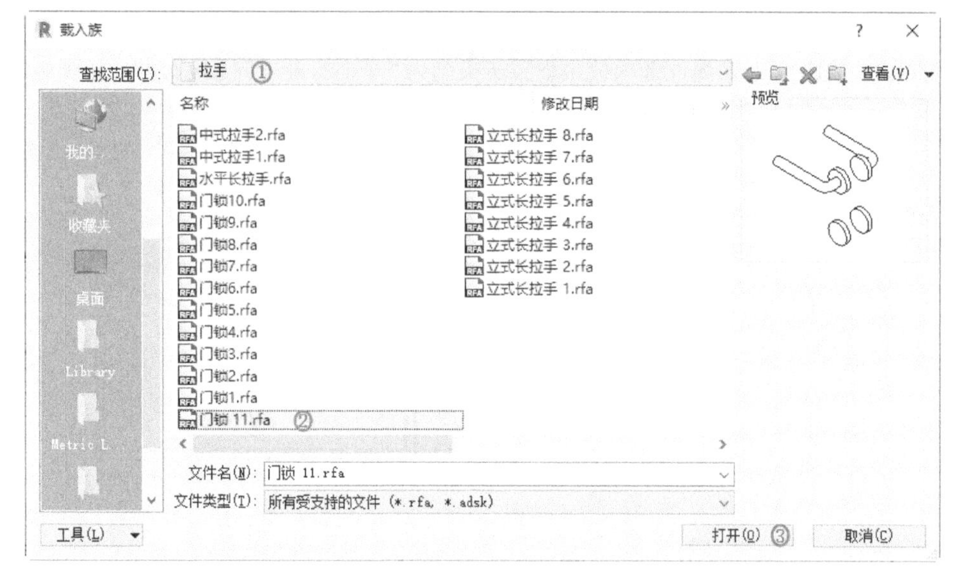

图 9-110 “载入族”对话框

（15）单击“创建”选项卡“模型”面板中的“构件”按钮，将载入的“门锁 11”放置在视图中参照平面的位置，如图 9-111 所示。

（16）从图 9-111 中可以看出，门锁的方向不正确。选择右侧的门锁，单击“修改”选项卡“修改”面板中的“镜像—拾取轴”按钮，将右侧门锁沿参照平面进行镜像，然后删除镜像前的门锁，结果如图 9-112 所示。

（17）将视图切换至外部视图，然后移动门锁的位置，单击“测量”面板中的“对齐尺寸”按钮，标注并修改尺寸，如图 9-113 所示。

（18）双扇门族绘制完成，单击“快速访问”工具栏中的“保存”按钮，打开“另存为”对话框，输入名称为“双扇木门”，单击“保存”按钮，保存族文件。

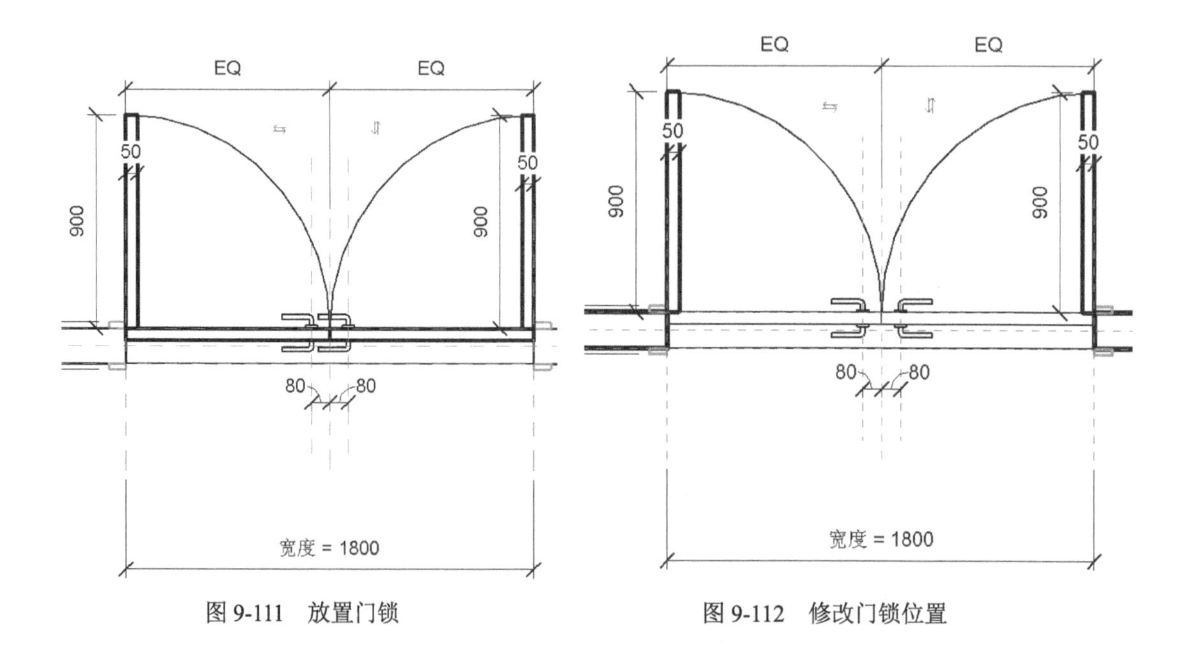

图 9-111 放置门锁

图 9-112 修改门锁位置

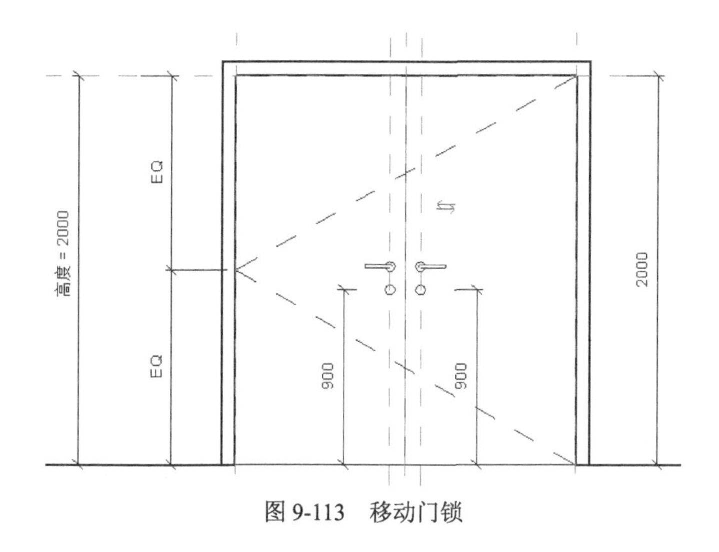

图 9-113　移动门锁

9.2.4　双扇幕墙门

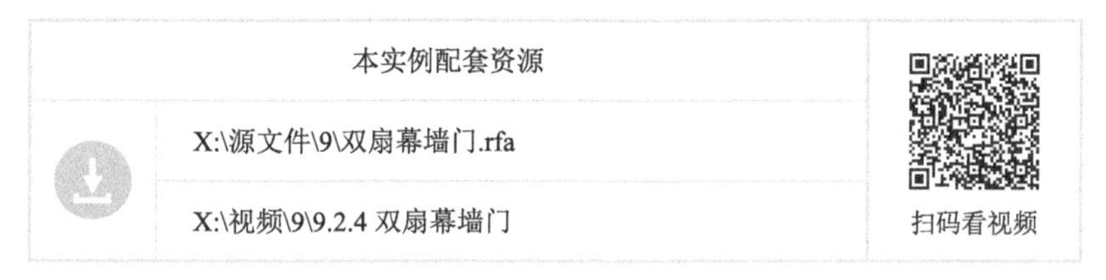

本实例配套资源	
X:\源文件\9\双扇幕墙门.rfa	扫码看视频
X:\视频\9\9.2.4 双扇幕墙门	

具体操作步骤如下。

（1）在主页中单击“族”→“新建”或者单击“文件程序菜单”→“族”→“新建”命令，打开“新族—选择样板文件”对话框，选择“查找范围”，选择“公制门—幕墙 .rft”为样板族，如图 9-114 所示。单击“打开”按钮，进入族编辑器，如图 9-115 所示。

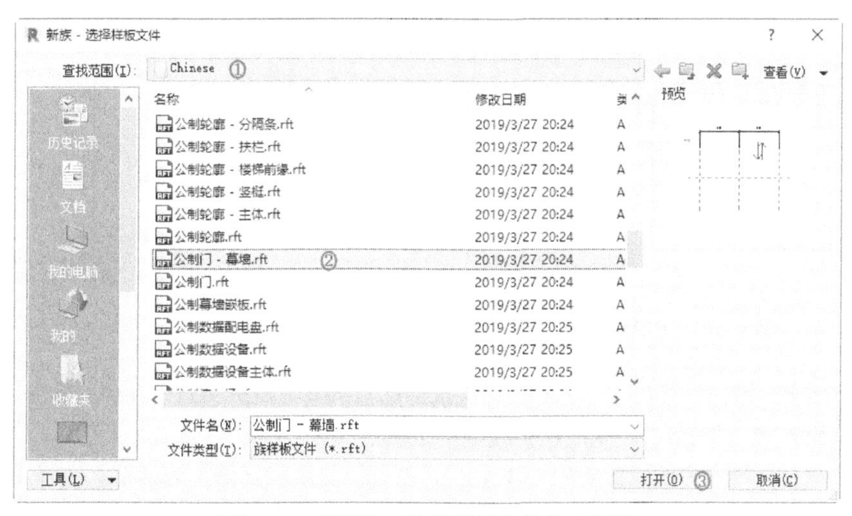

图 9-114　“新族—选择样板文件”对话框

（2）单击“创建”选项卡“工作平面”面板“设置”按钮，打开“工作平面”对话框，选择“拾取一个平面”单选项，单击“确定”按钮，在视图中拾取水平参照平面为工作平面，如图 9-116 所示。

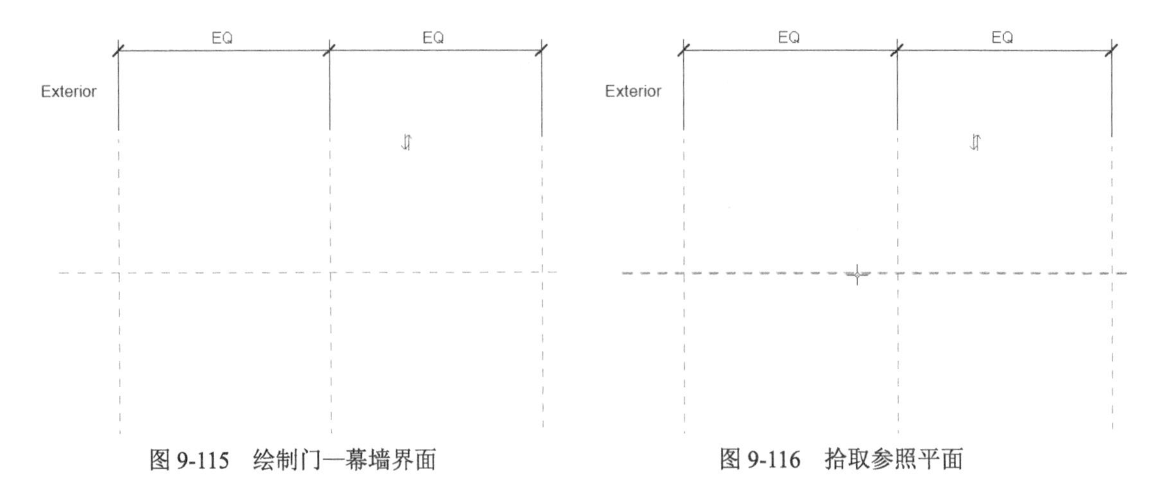

图 9-115　绘制门—幕墙界面　　　　图 9-116　拾取参照平面

（3）打开“转到视图”对话框，选择“立面：外部”，单击“打开视图”按钮，打开立面视图，如图 9-117 所示。

（4）单击“创建”选项卡“形状”面板“拉伸”按钮，打开“修改 | 创建拉伸”选项卡，单击“绘制”面板中的“矩形”按钮，以洞口轮廓及参照平面为参照，创建轮廓线，如图 9-118 所示。单击视图中的“创建或删除长度或对齐约束”图标，将轮廓线与洞口进行锁定。

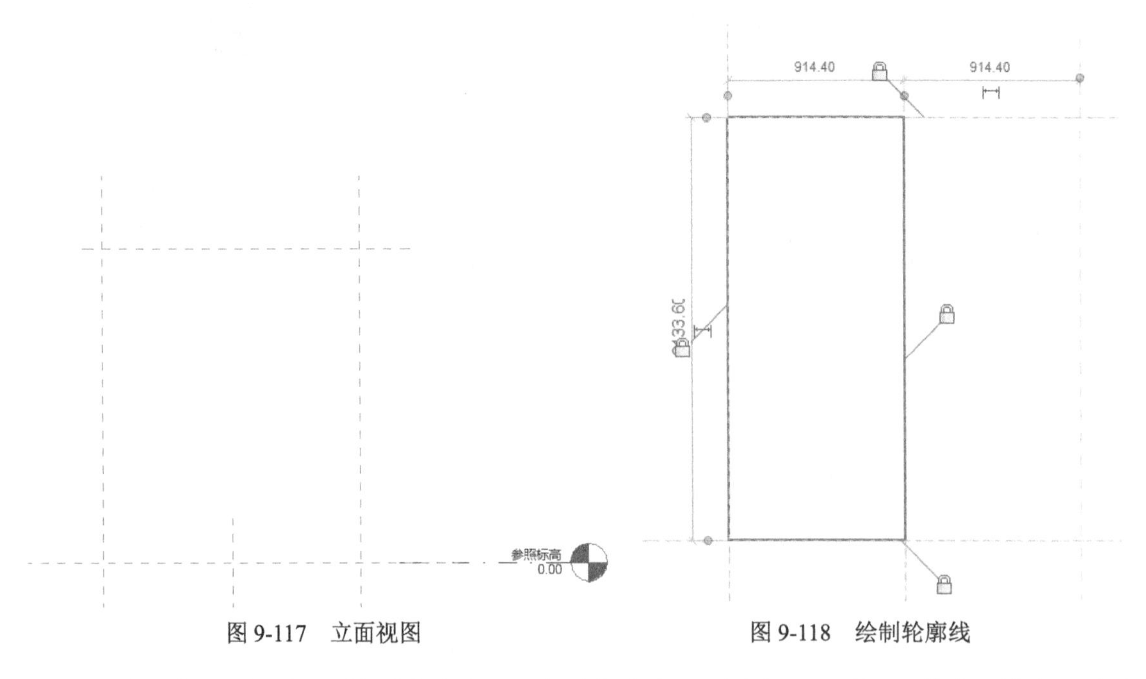

图 9-117　立面视图　　　　图 9-118　绘制轮廓线

（5）在属性选项板中设置拉伸终点为 20，拉伸起点为 0，如图 9-119 所示，单击“模式”面板中的“完成编辑模式”按钮，完成拉伸模型的创建。

（6）单击“材质”栏中的“按类别”按钮，打开“材质浏览器”对话框，选择“玻璃”材质，勾选“使用渲染外观”复选框，如图 9-120 所示，单击“确定”按钮。

（7）重复第（4）～（6）步，创建另一侧嵌板。

（8）在项目浏览器中选择“楼层平面”→“参照标高”，双击打开参照标高视图，如图 9-121 所示。

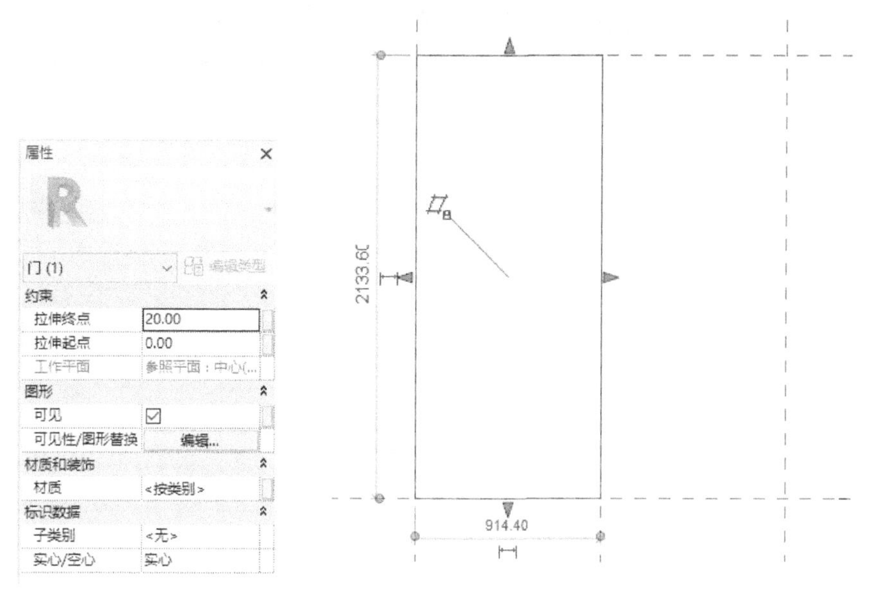

图 9-119　设置拉伸参数

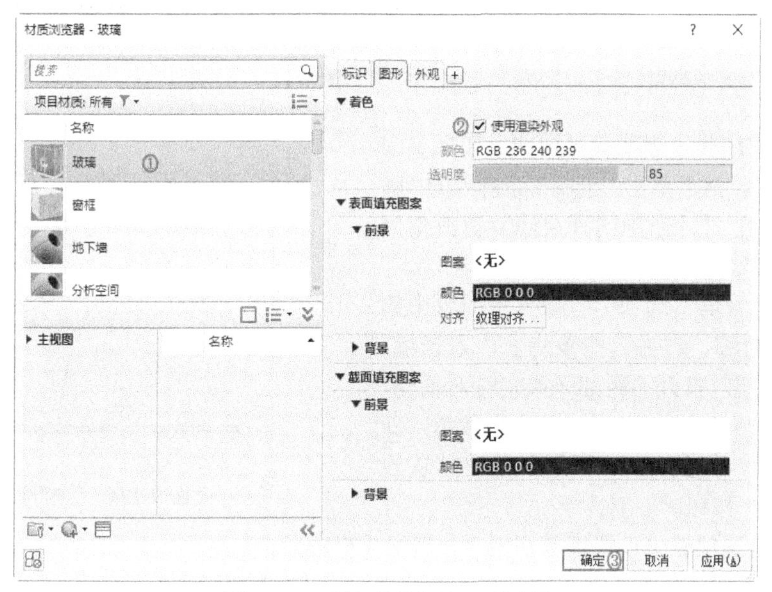

图 9-120　“材质浏览器”对话框

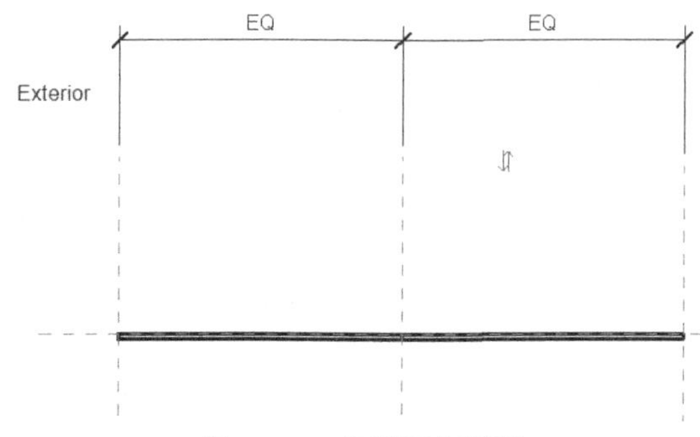

图 9-121　参照标高视图

（9）单击“注释”选项卡“详图”面板中的“符号线”按钮，然后单击“绘制”面板中的“线”按钮，在属性选项板中设置子类别为“嵌板［截面］”，如图 9-122 所示。在平面视图门洞两侧绘制长度为 914.4 的竖直线，如图 9-123 所示。

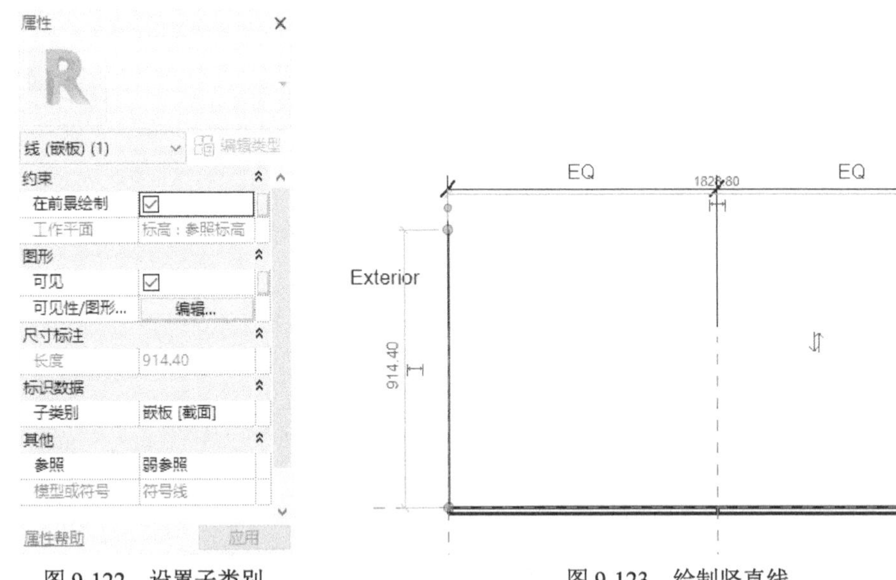

图 9-122　设置子类别　　　　图 9-123　绘制竖直线

（10）单击“注释”选项卡“详图”面板中的“符号线”按钮，然后单击“绘制”面板中的“圆心—端点弧”按钮，绘制门开启线并更改角度为 90°，如图 9-124 所示。

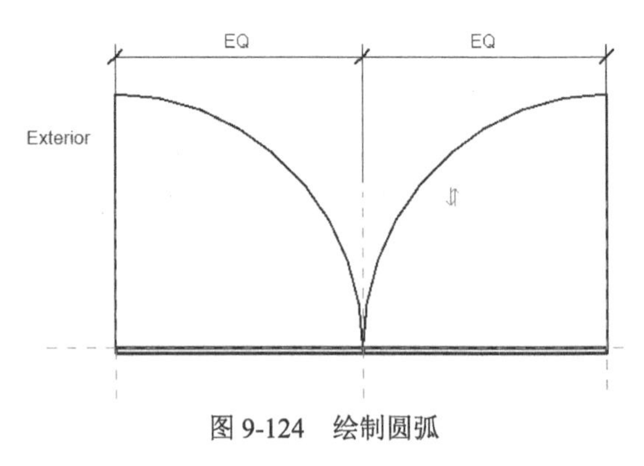

图 9-124　绘制圆弧

（11）单击“管理”选项卡“设置”面板中的“对象样式”按钮，打开“对象样式”对话框，单击“新建”按钮，打开“新建子类别”对话框，输入新名称为“开启线”，单击“确定”按钮，新建开启线子类别，如图 9-125 所示。采用默认设置，单击“确定”按钮。

（12）在属性选项板中设置子类别为“开启线［投影］”。

（13）单击“创建”选项卡“形状”面板“拉伸”按钮，打开“修改 | 创建拉伸”选项卡，单击“绘制”面板中的“线”按钮，绘制把手轮廓线。然后将其沿竖直参照面进行镜像，如图 9-126 所示。

（14）在属性选项板中输入拉伸终点为 1065，拉伸起点为 865，在子类别下拉列表中选择“框架 / 竖梃”，单击材质栏中的“材质”按钮，打开“材质浏览器”对话框，选择“铝”材质，勾选“使用渲染外观”复选框，其他采用默认设置，如图 9-127 所示，单击“确定”按钮。

（15）在项目浏览器中选择“楼层平面”→“参照标高”，双击打开参照标高视图，如图 9-121 所示。

（16）单击“创建”选项卡“基准”面板中的“参照平面”按钮，捕捉嵌板的竖直边中点，绘制参照面，如图 9-128 所示。

（17）单击“测量”面板中的“对齐尺寸标注”按钮，分别拾取中间部分上侧门框、中间参照面和下侧窗框标注连续尺寸，然后单击 EQ 限制符号，如图 9-129 所示。

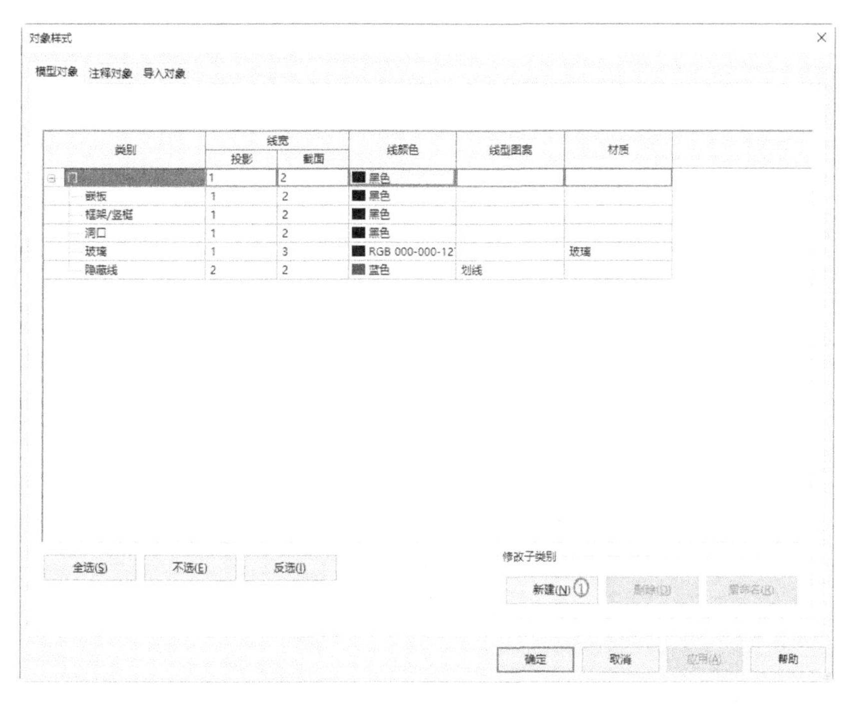

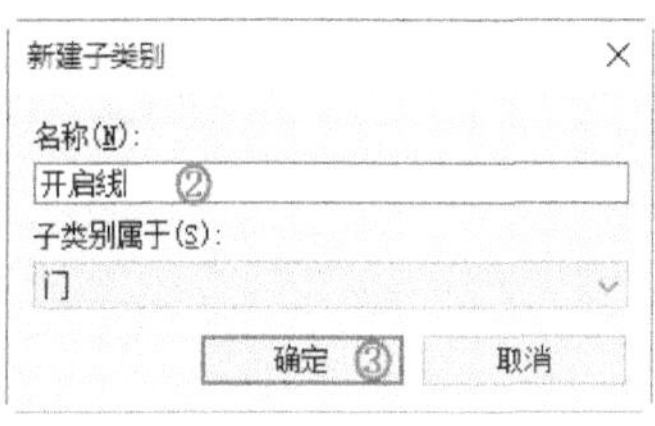

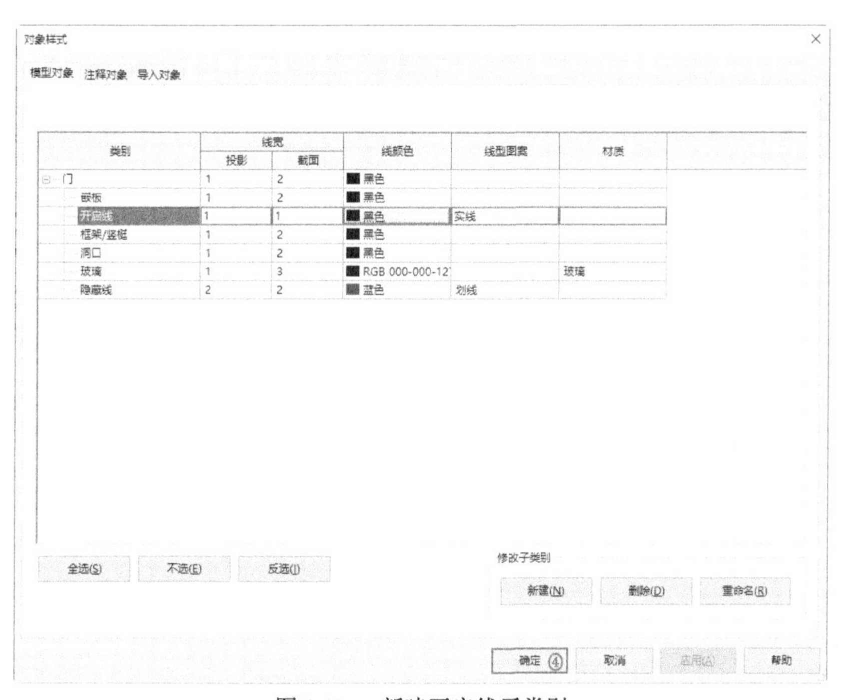

图 9-125　新建开启线子类别

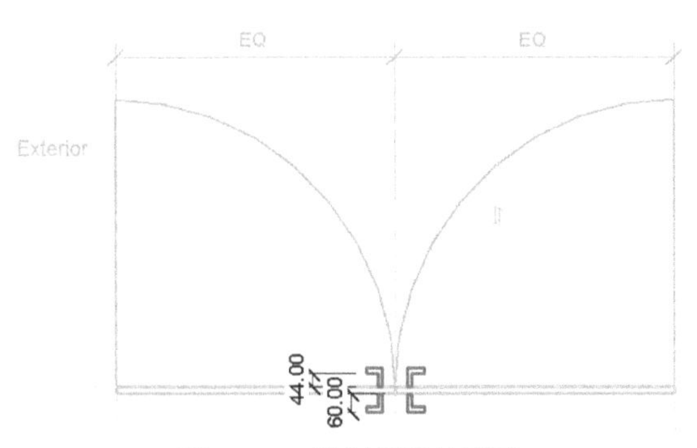

图 9-126　绘制把手轮廓线

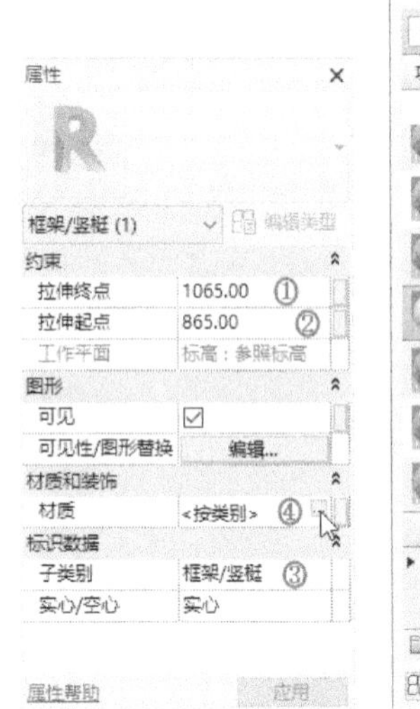

图 9-127　参数设置

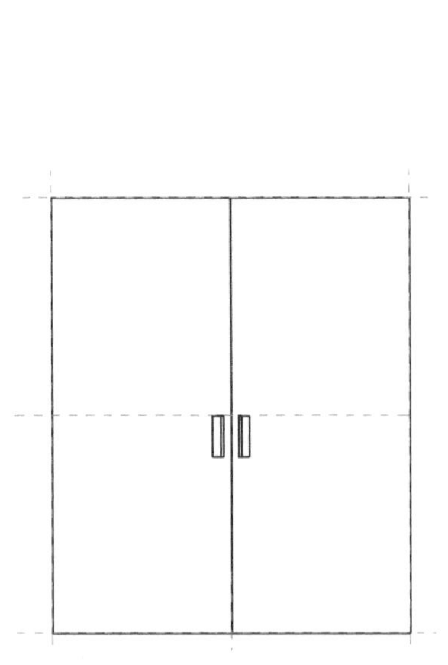

图 9-128　绘制参照平面

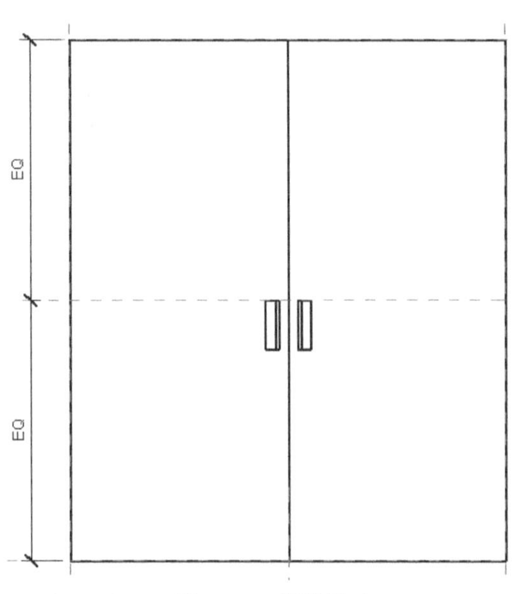

图 9-129　标注尺寸

（18）单击“管理”选项卡“设置”面板中的“对象样式”按钮，打开“对象样式”对话框，如图 9-130 所示。单击“新建”按钮，打开“新建子类别”对话框，输入新名称为“角度线”，设置线型图案为“中心”，单击“确定”按钮，新建角度线子类别。

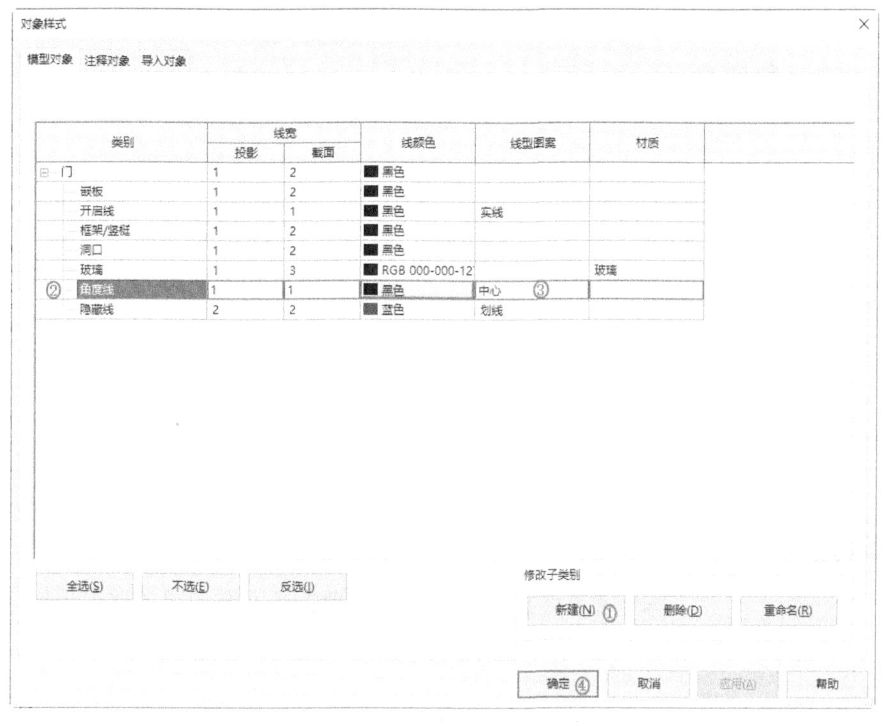

图 9-130　“对象样式”对话框

（19）单击“注释”选项卡“详图”面板中的“符号线”按钮，然后单击“绘制”面板中的“线”按钮，在属性选项中设置子类别为“角度线［投影］”，绘制如图 9-131 所示的对角线。

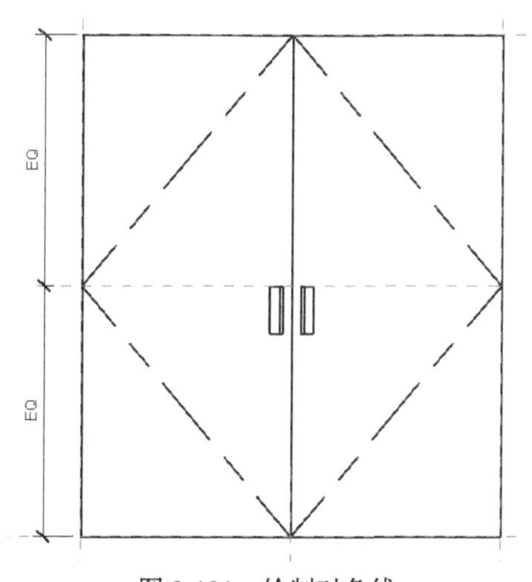

图 9-131　绘制对角线

（20）双扇幕墙门族绘制完成，单击“快速访问”工具栏中的“保存”按钮，打开“另存为”对话框，输入名称为“双扇幕墙门”，单击“保存”按钮，保存族文件。

第 10 章
布置门窗

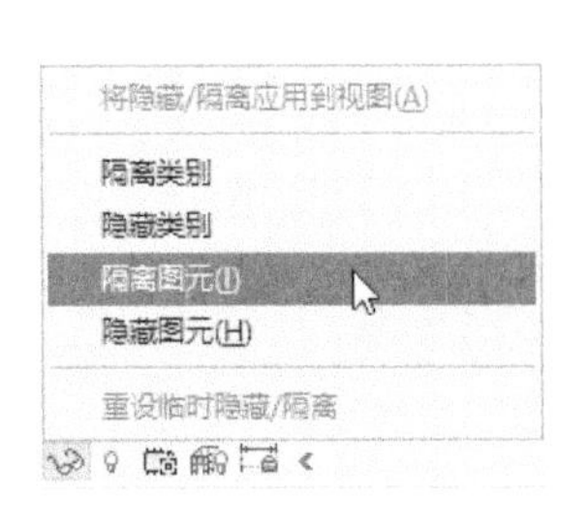

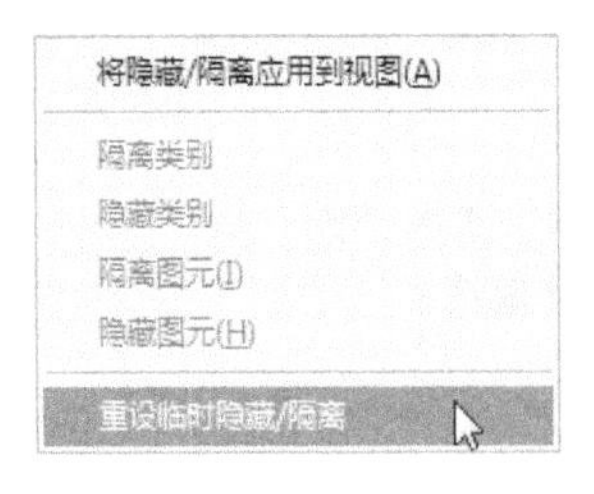

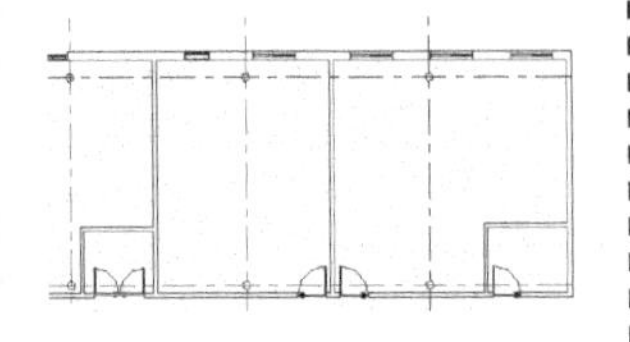

知识导引

本章将 9 章创建的门窗族布置在第 8 章创建的培训大楼上。通过本章的学习，帮助读者掌握门窗布置的基本思路和方法。

10.1 布置门

本节讲述门布置的基本方法和思路。

10.1.1 布置一层门

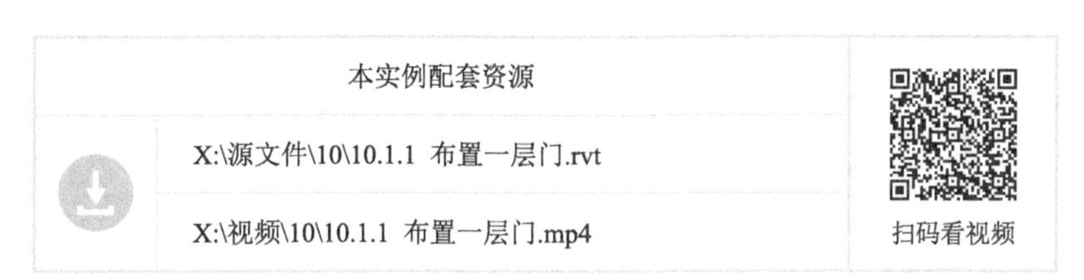

具体绘制步骤如下。

（1）将视图切换至 1F 楼层平面。

（2）单击“建筑”选项卡“构建”面板中的“门”按钮，打开如图 10-1 所示的“修改 | 放置门”选项卡和选项栏。

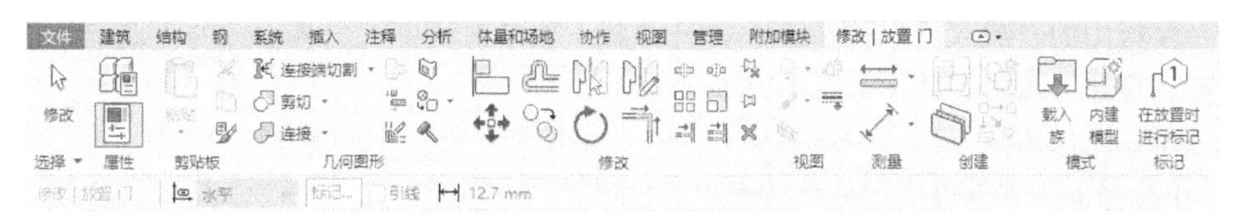

图 10-1 “修改 | 放置门”选项卡和选项栏

（3）单击“模式”面板中的“载入族”按钮，打开如图 10-2 所示“载入族”对话框，选择创建的“单扇木门 .rfa”族文件，单击“打开”按钮，打开单扇木门族文件。

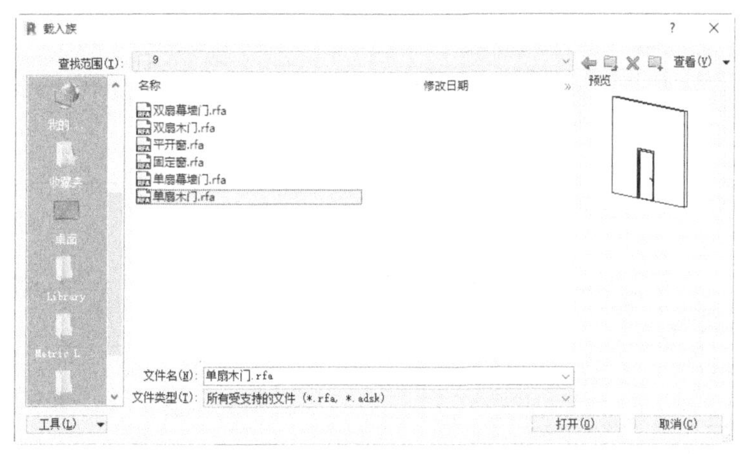

图 10-2 “载入族”对话框

（4）将鼠标指针移到墙上以显示门的预览图像，在平面视图中放置门时，按空格键可将开门方向从左开翻转为右开。默认情况下，临时尺寸标注指示从门中心线到最近垂直墙的中心线的距离，如图 10-3 所示。

（5）单击放置门，Revit 将自动剪切洞口并放置门，如图 10-4 所示。

（6）单击“翻转实例面”按钮和“翻转实例开门方向”按钮，调整门的方向，然后调整门的位置，如图 10-5 所示。

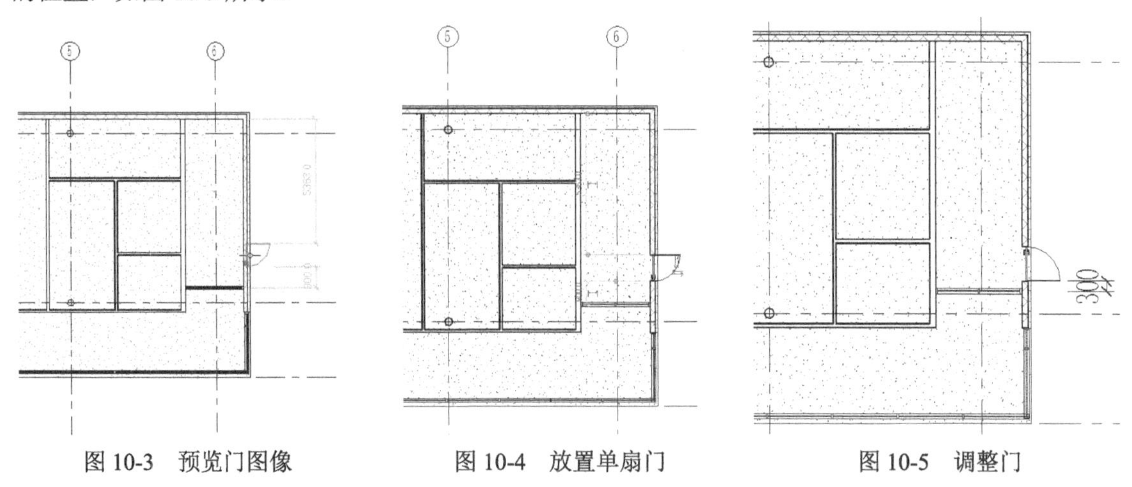

图 10-3　预览门图像　　图 10-4　放置单扇门　　图 10-5　调整门

（7）采用相同的方法，布置其他单扇门，如图 10-6 所示。

（8）单击“建筑”选项卡“构建”面板中的“门”按钮，打开“修改 | 放置门”选项卡。单击“模式”面板中的“载入族”按钮，打开“载入族”对话框，选择创建的“双扇木门 .rfa”族文件，单击“打开”按钮，打开双扇木门族文件。

（9）将双扇木门放置在视图中适当位置，并调整位置，如图 10-7 所示。

（10）在幕墙上布置双扇门

1）选择休息室的上端幕墙，将其删除。

2）单击“建筑”选项卡“构建”面板中的“墙”按钮，在属性选项板中选择“幕墙 外幕墙 2”类型，单击“编辑类型”按钮，打开“类型属性”对话框，新建“外幕墙 2-1”类型，设置垂直网格和水平网格的布局为“无”，其他采用默认设置，如图 10-8 所示，单击“确定”按钮。

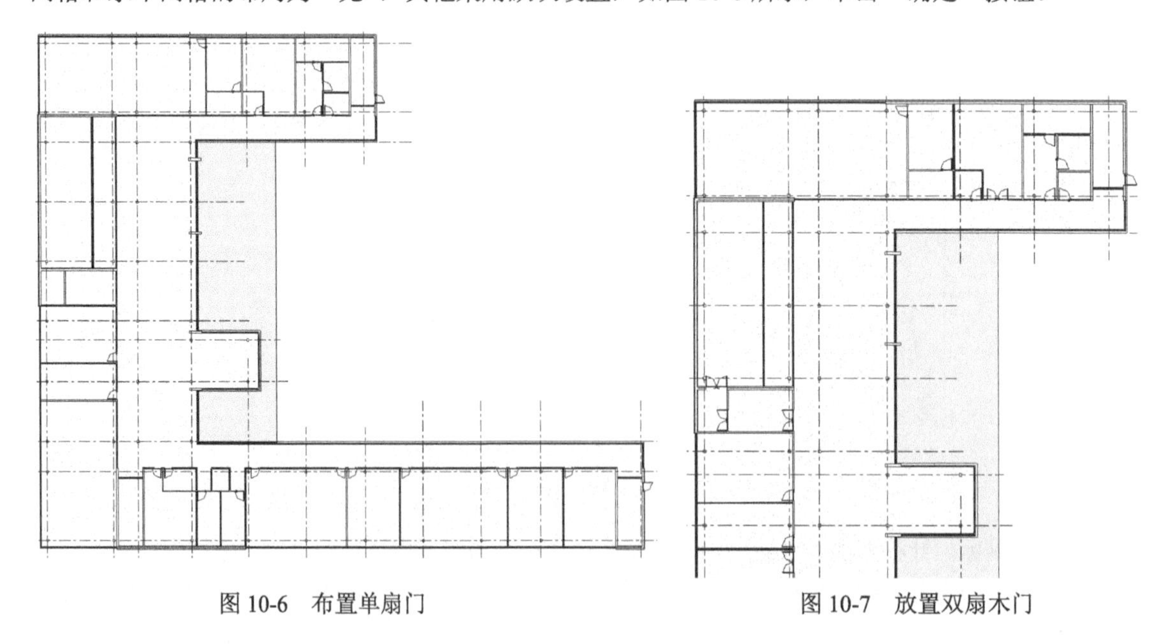

图 10-6　布置单扇门　　图 10-7　放置双扇木门

3）创建绘制休息室上端的幕墙，如图 10-9 所示。选择幕墙，在属性选项板中更改顶部约束为

“未连接”，输入无连接高度为 6600。

4）将视图切换至三维视图，选择第 3）步绘制的幕墙，单击控制栏中的“临时隐藏 / 隔离”按钮，打开如图 10-10 所示的“隐藏 / 隔离”菜单，选择“隔离图元”选项，将幕墙隔离，如图 10-11 所示。

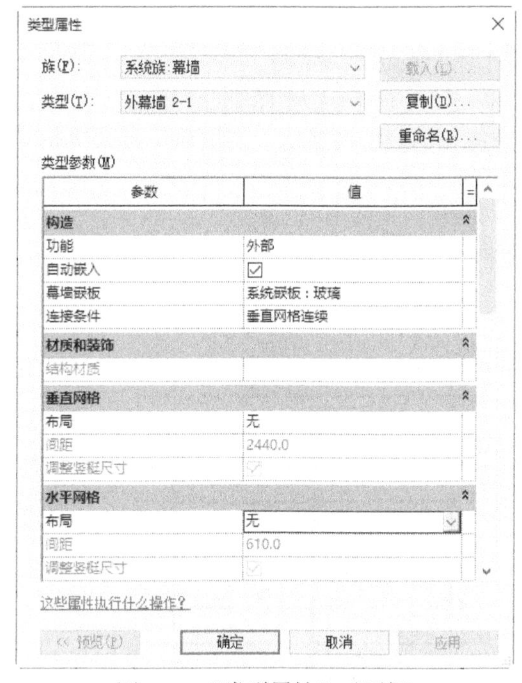

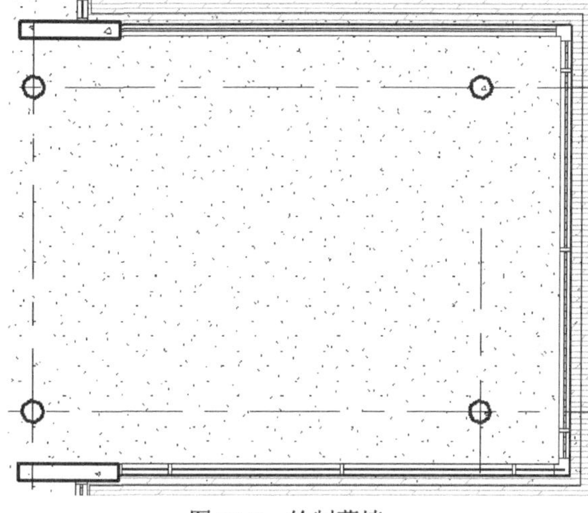

图 10-8　“类型属性”对话框

图 10-9　绘制幕墙

5）单击“建筑”选项卡“构建”面板中的“幕墙 网格”按钮，打开“修改 | 放置 幕墙网格”选项卡和选项栏，如图 10-12 所示。

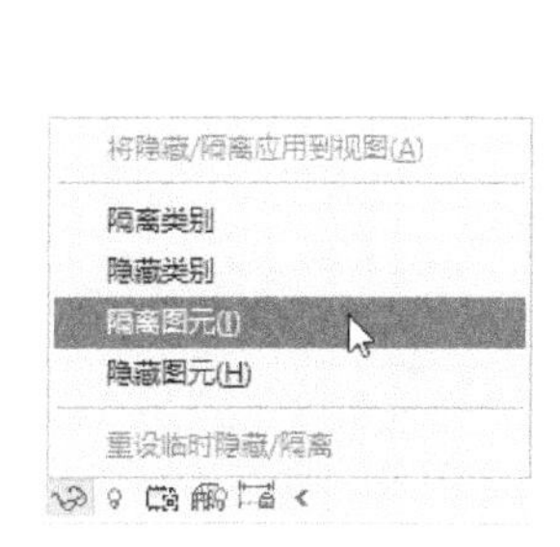

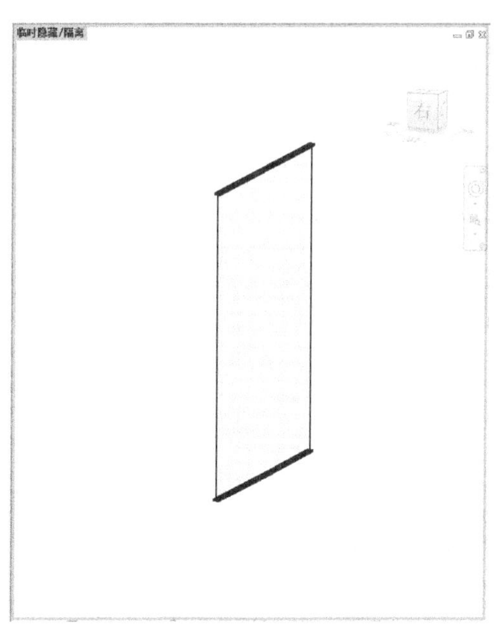

图 10-10　“隐藏 / 隔离”菜单

图 10-11　隔离幕墙

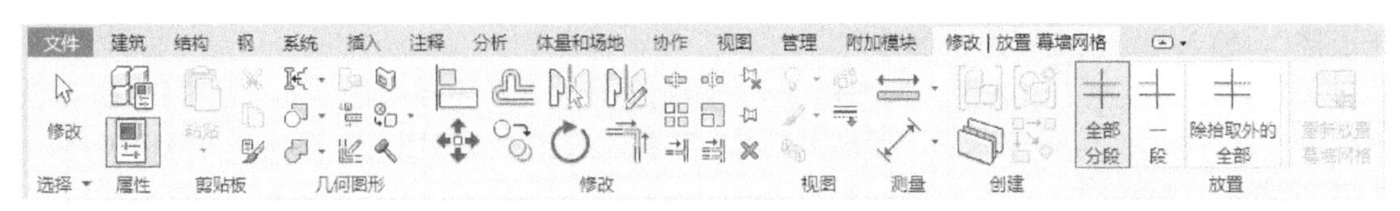

图 10-12 “修改 | 放置 幕墙网格”选项卡和选项栏

- 全部分段 ：单击此按钮，添加整条网格线。
- 一段 ：单击此按钮，添加一段网格线细分嵌板。
- 除拾取外的全部 ：单击此按钮，先添加一条红色的整条网格线，然后再单击某段删除，其余的嵌板添加网格线。

6）沿着墙体边缘放置鼠标指针，会出现一条临时网格线，如图 10-13 所示。

7）在适当位置单击放置网格线，继续绘制其他网格线，并调整网格间距，竖直方向的间距为 2440，横向方向间距为 610，如图 10-14 所示。

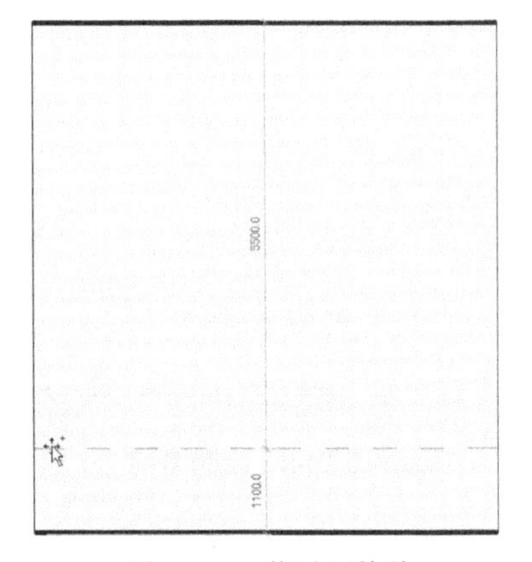

图 10-13　临时网格线

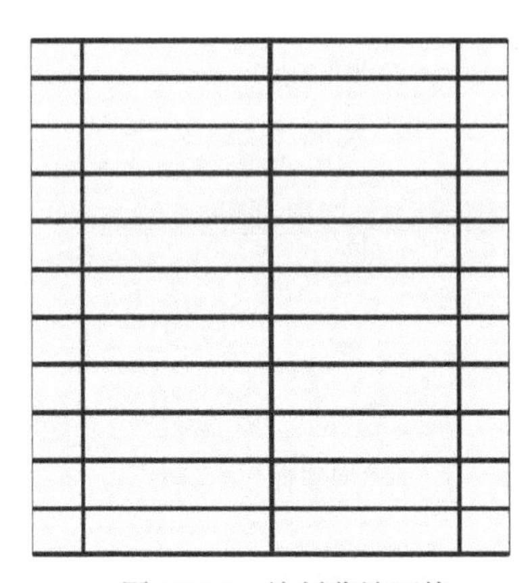

图 10-14　绘制幕墙网格

8）继续绘制网格线作为大门的外轮廓，如图 10-15 所示。

9）选择第 8）步绘制的网格线中的任意一根，打开“修改 | 幕墙网格”选项卡，单击“幕墙网格”面板中的“添加 / 删除线段”按钮 ，选择不需要的网格线，打开如图 10-16 所示系统错误提示对话框，单击“删除图元”按钮。继续删除其他网格线，结果如图 10-17 所示。

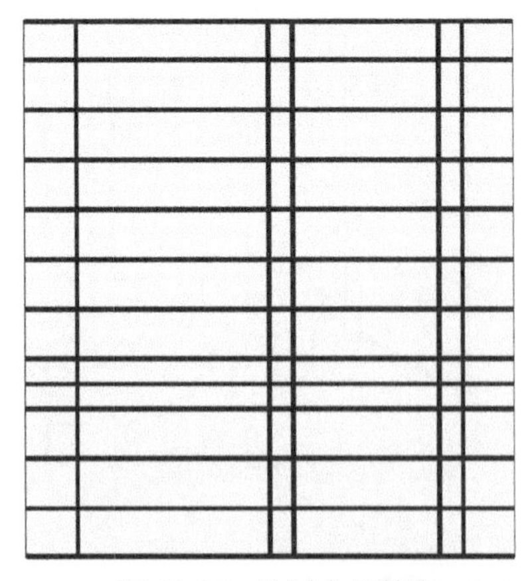

图 10-15　绘制大门轮廓

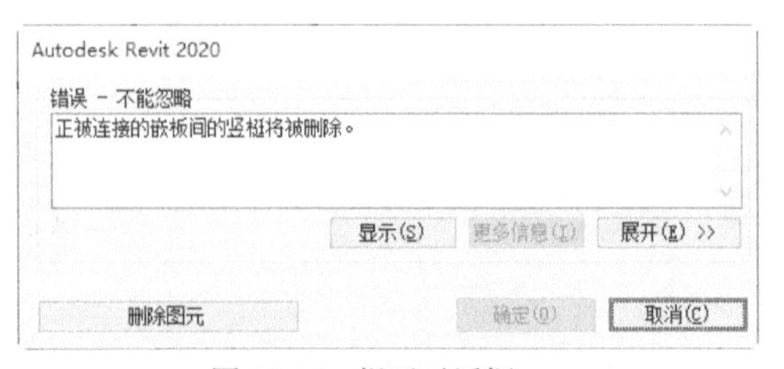

图 10-16　提示对话框

10）选择幕墙，单击鼠标右键，在打开的如图 10-18 所示快捷菜单中选择“选择主体上的嵌板”选项。

11）单击大门处的嵌板上的“禁止或允许改变图元位置”图标，如图 10-19 所示。

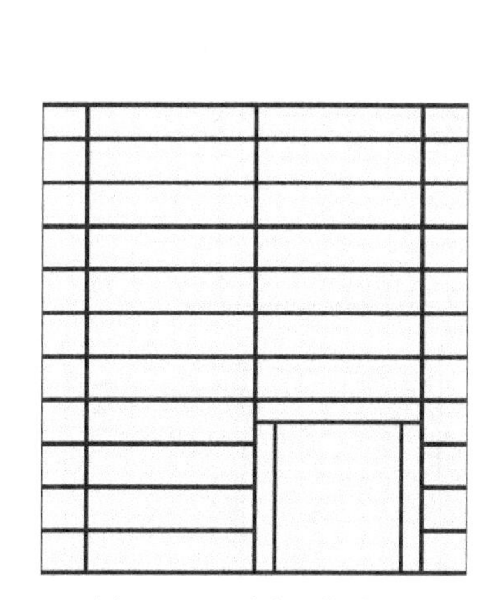

图 10-17　删除网格线

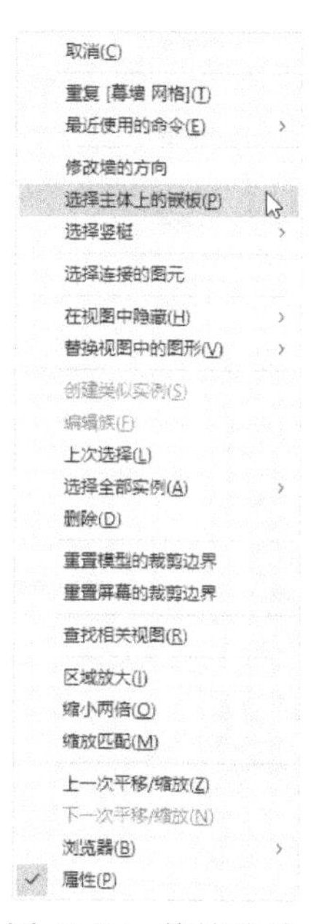

图 10-18　快捷菜单

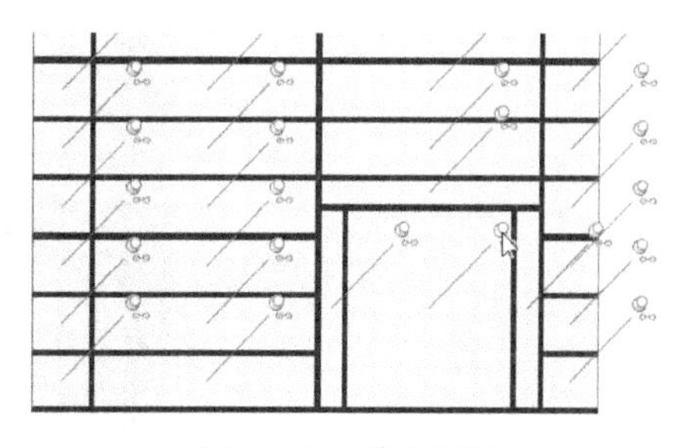

图 10-19　单击图标

12）单击“插入”选项卡“从库中载入”面板中的“载入族”按钮，打开“载入族”对话框，选择 9.2.4 节中创建的双扇幕墙门族文件，如图 10-20 所示。

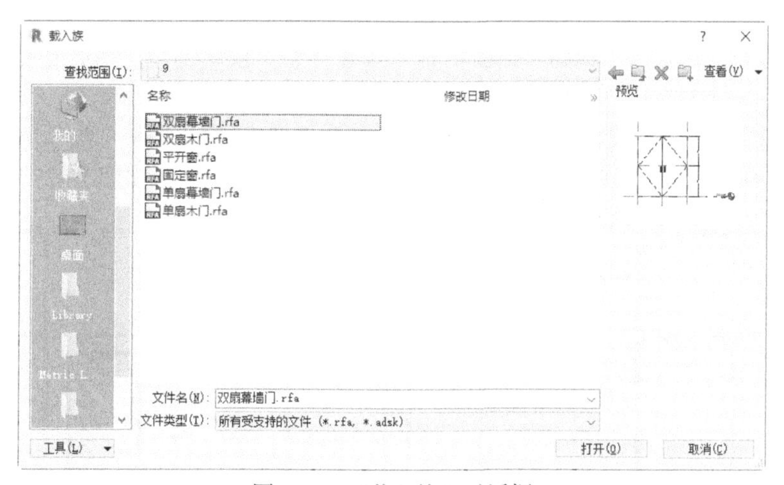

图 10-20　“载入族”对话框

13）在视图中选择大门处的嵌板，如图 10-21 所示，在属性选项板中选择第 12）步载入的“双扇幕墙门”类型，嵌板替换为双扇幕墙门，如图 10-22 所示。

14）单击控制栏中的“临时隐藏 / 隔离”按钮，在打开的如图 10-23 所示的“隐藏 / 隔离”菜单中选择“重设临时隐藏 / 隔离”选项，返回三维视图中，如图 10-24 所示。

15）采用相同的方法，创建其他幕墙上的双扇门，如图 10-25 所示。

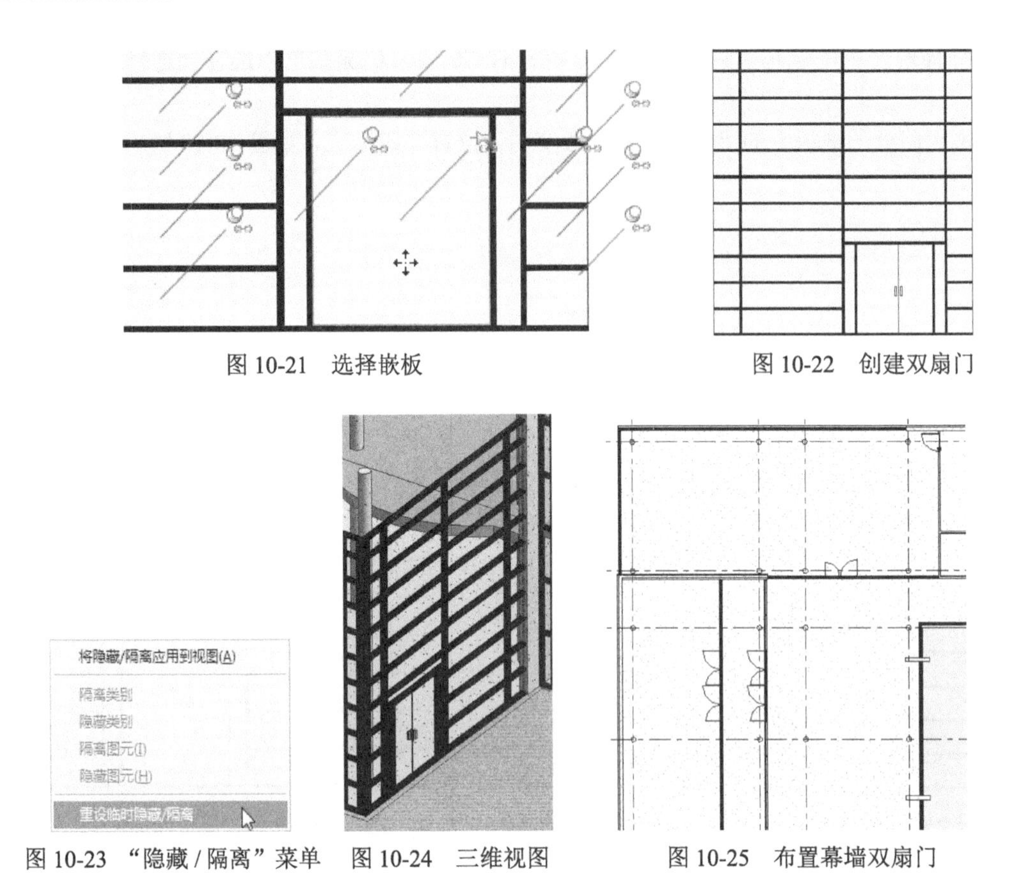

图 10-21　选择嵌板　　图 10-22　创建双扇门

图 10-23　“隐藏 / 隔离”菜单　图 10-24　三维视图　　图 10-25　布置幕墙双扇门

（11）在幕墙上布置单扇门

1）选择楼梯间的幕墙，将其隔离，如图 10-26 所示。

2）单击“建筑”选项卡“构建”面板中的“幕墙 网格”按钮，在幕墙上绘制幕墙网格，如图 10-27 所示。

3）选择第 2）步绘制的网格线中的任意一根，打开“修改 | 幕墙网格”选项卡，单击“幕墙网格”面板中的“添加 / 删除线段”按钮，删除不需要的网格线，结果如图 10-28 所示。

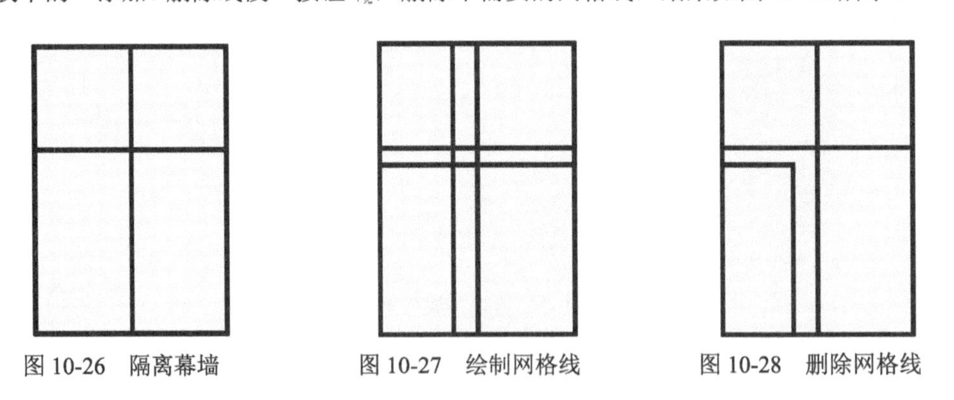

图 10-26　隔离幕墙　　图 10-27　绘制网格线　　图 10-28　删除网格线

4）单击“插入”选项卡“从库中载入”面板中的“载入族”按钮，打开“载入族”对话框，选择 9.2.2 节中创建的单扇幕墙门族文件，如图 10-29 所示。

5）选择幕墙，单击鼠标右键，在打开的快捷菜单中选择“选择主体上的嵌板”选项。单击大门处的嵌板上的“禁止或允许改变图元位置”图标。

6）在视图中选择大门处的嵌板，如图 10-30 所示。在属性选项板中选择第 5）步载入的“单扇幕墙门”类型，嵌板替换为单扇幕墙门，如图 10-31 所示。

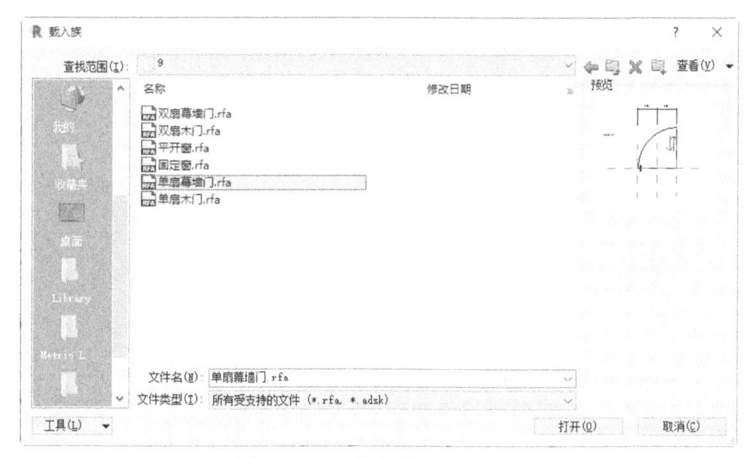

图 10-29　“载入族”对话框

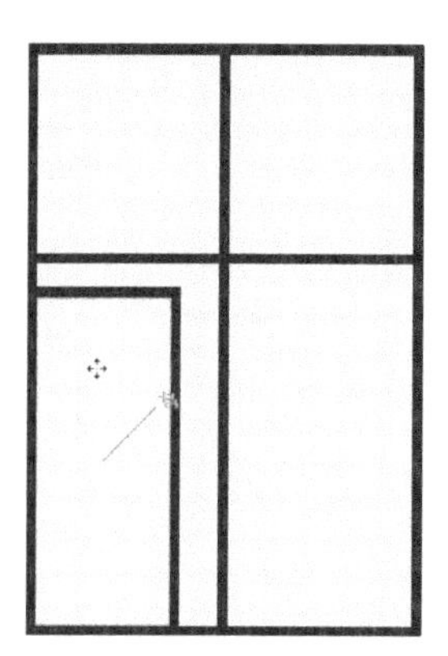

图 10-30　选择嵌板

7）采用相同的方法，创建其他幕墙上的单扇门，如图 10-32 所示。

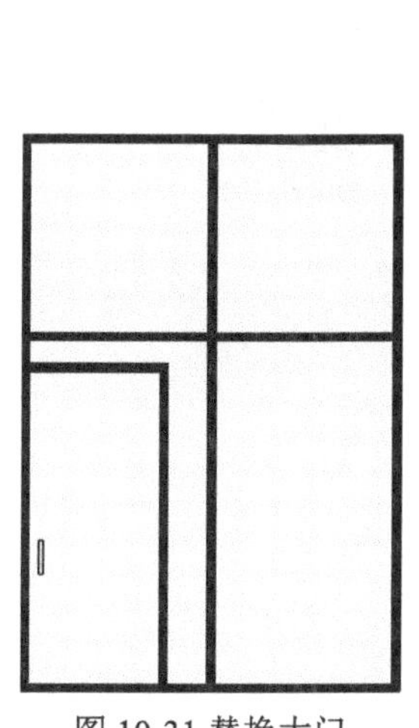

图 10-31 替换大门

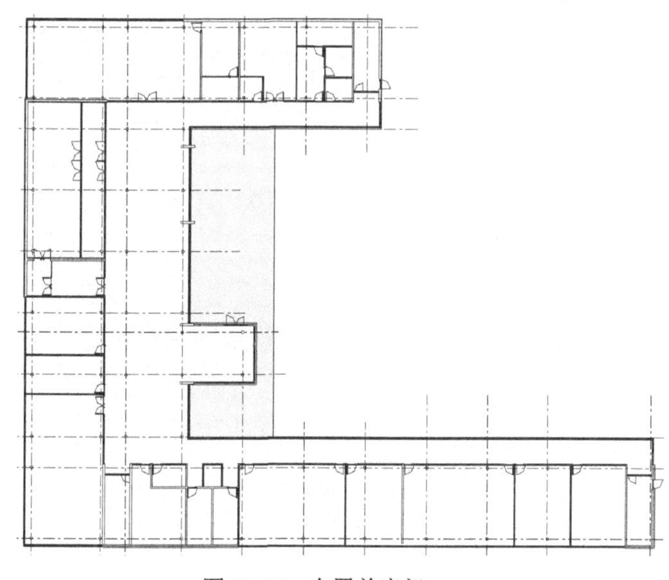

图 10-32　布置单扇门

10.1.2　布置二层门

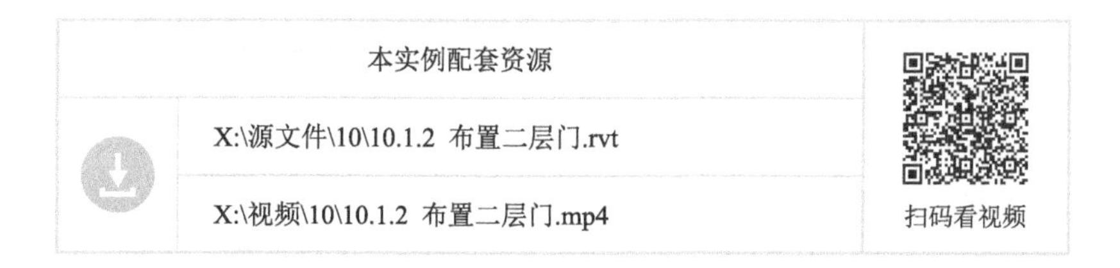

具体绘制步骤如下。

采用第一层门的布置方法，布置第二层的门，结果如图 10-33 所示。

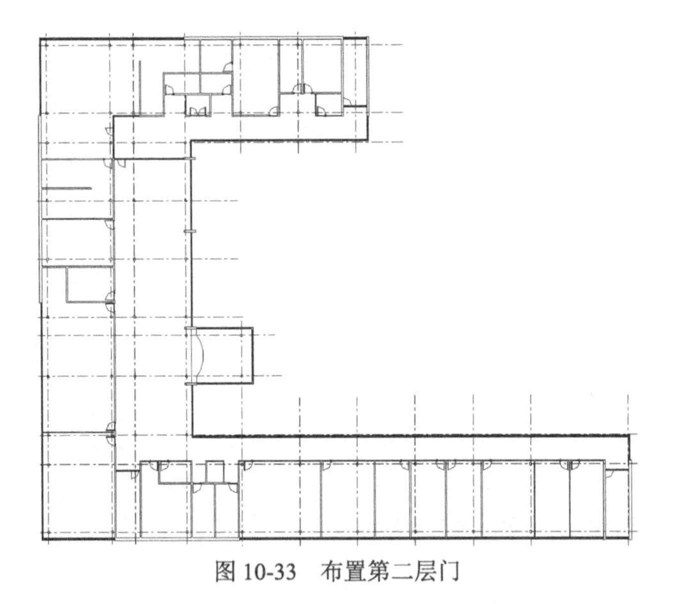

图 10-33　布置第二层门

10.1.3　布置三层门

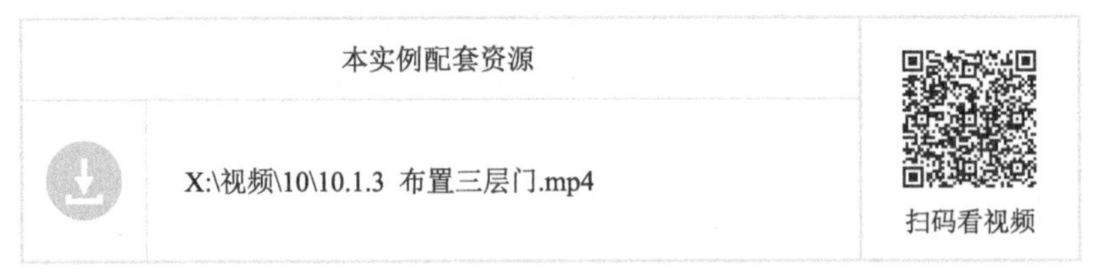

具体绘制步骤如下。

采用一层门的布置方法，布置第三层的门，结果如图 10-34 所示。

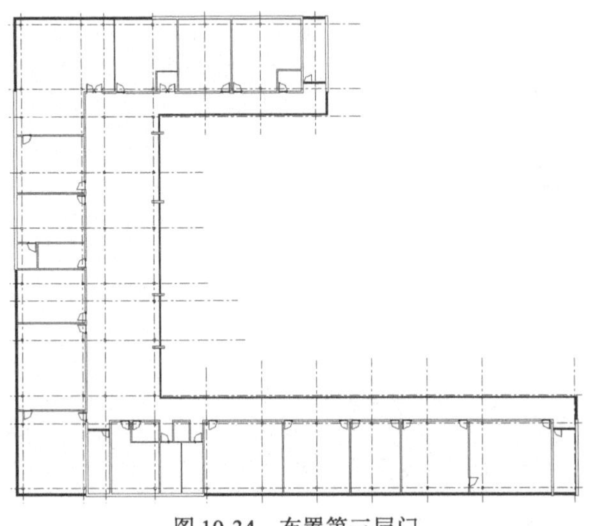

图 10-34　布置第三层门

10.2　布置窗

10.2.1　布置一层窗

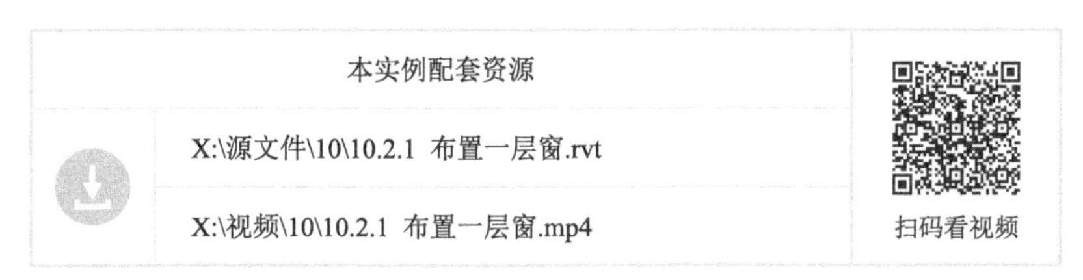

具体绘制步骤如下。

（1）将视图切换至 1F 楼层平面。

（2）单击“建筑”选项卡“构建”面板中的“窗”按钮，打开如图 10-35 所示的“修改 | 放置窗”选项卡和选项栏。

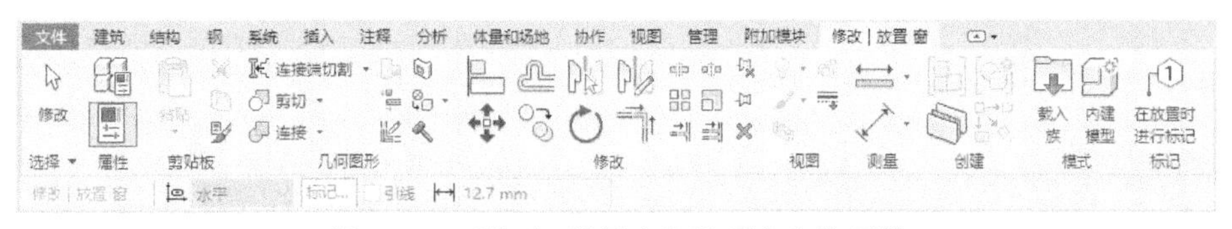

图 10-35　“修改 | 放置窗”选项卡和选项栏

（3）单击“模式”面板中的“载入族”按钮，打开“载入族”对话框，选择前面创建的“平开窗 .rfa”，如图 10-36 所示。单击“打开”按钮，载入平开窗族文件。

（4）在属性选项板中更改底高度为 800，如图 10-37 所示。然后单击“编辑类型”按钮，打开“类型属性”对话框，更改高度为 1600，宽度为 1500，开启扇高度为 1200，其他采用默认设置，如图 10-38 所示，单击“确定”按钮。

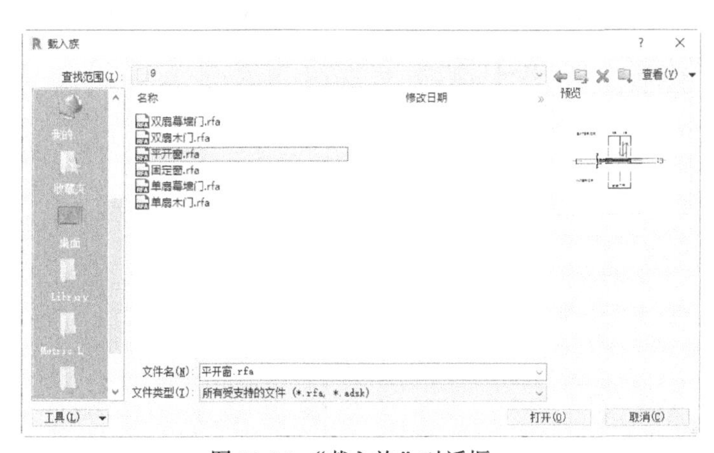

图 10-36　“载入族”对话框

图 10-37　属性选项板

（5）将平开窗放置到图中适当位置，如图 10-39 所示。

（6）单击“模式”面板中的“载入族”按钮，打开“载入族”对话框，选择前面创建的“固定窗 .rfa”，如图 10-40 所示。单击“打开”按钮，载入固定窗族文件。

（7）在属性选项板中更改底高度为 900，如图 10-41 所示。然后单击“编辑类型”按钮，打开“类型属性”对话框，更改高度为 1200，宽度为 900，其他采用默认设置，如图 10-42 所示。

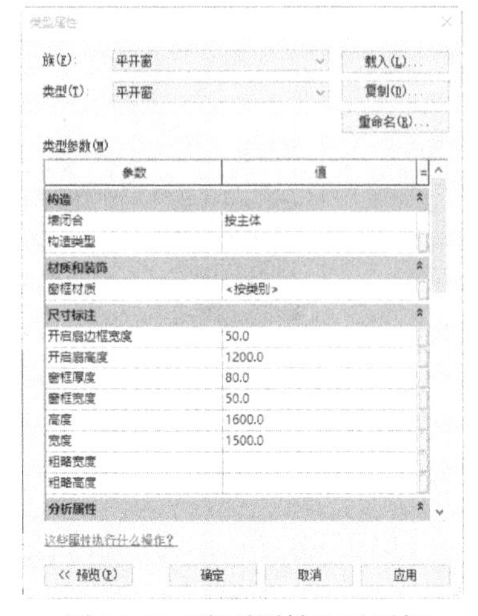

图 10-38“类型属性”对话框

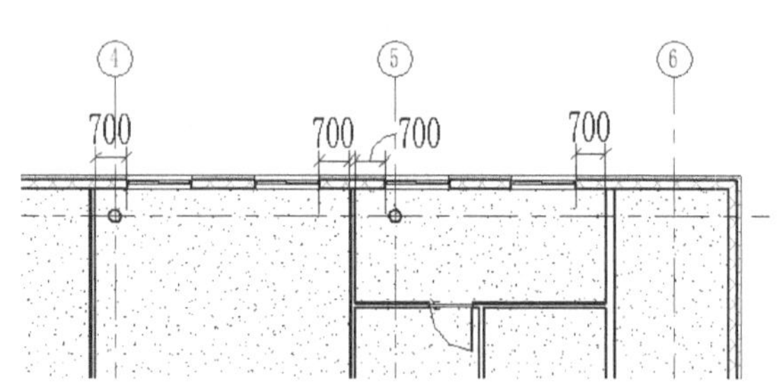

图 10-39　放置平开窗

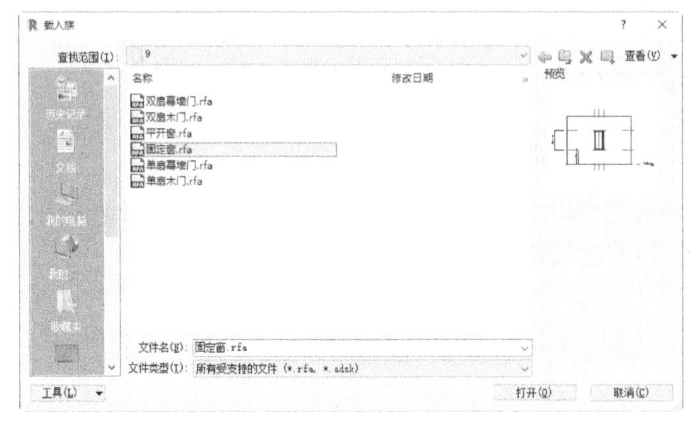

图 10-40　“载入族”对话框

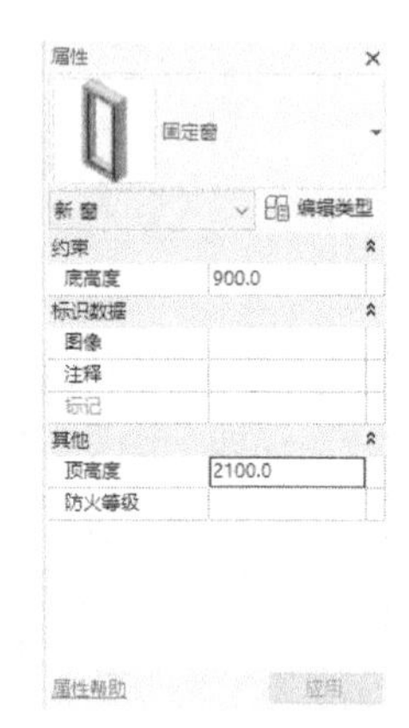

图 10-41　属性选项板

（8）将固定窗放置到图中适当位置，如图 10-43 所示。

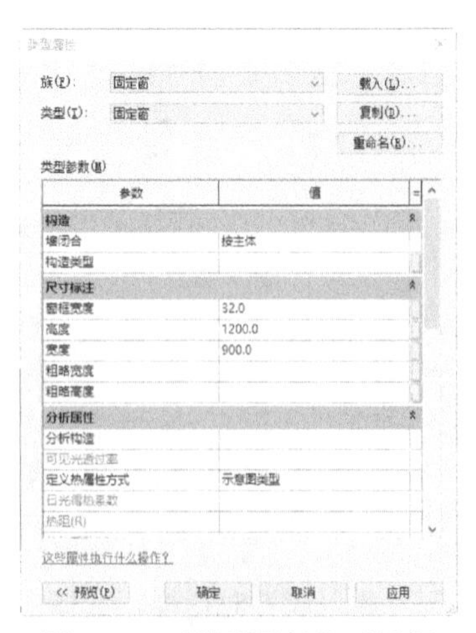

图 10-42　“类型属性”对话框

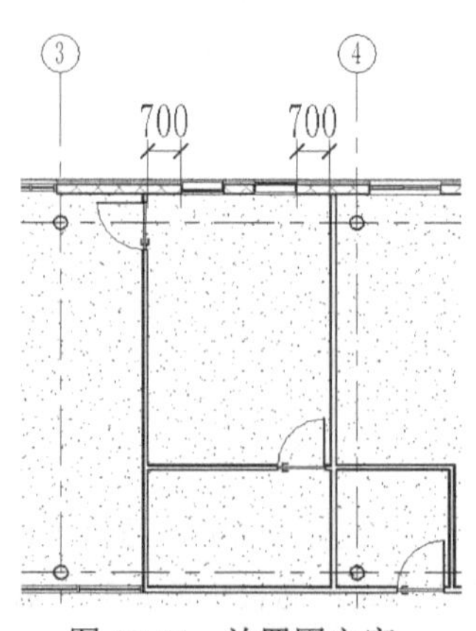

图 10-43　放置固定窗

10.2.2　布置二、三层窗

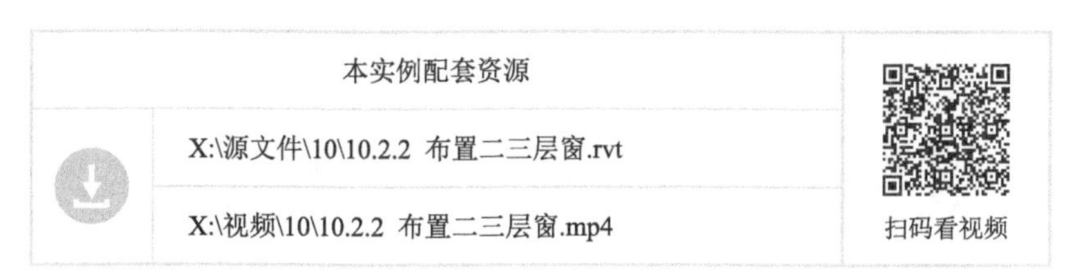

具体绘制步骤如下。

（1）将视图切换至北立面视图。

（2）单击“修改”选项卡“修改”面板中的“复制”按钮，按住 Ctrl 键选择一层上的 6 扇窗户，然后按空格键。

（3）在选项栏中勾选“多个”复选框，然后指定起点，向二层和三层复制窗户，如图 10-44 所示。

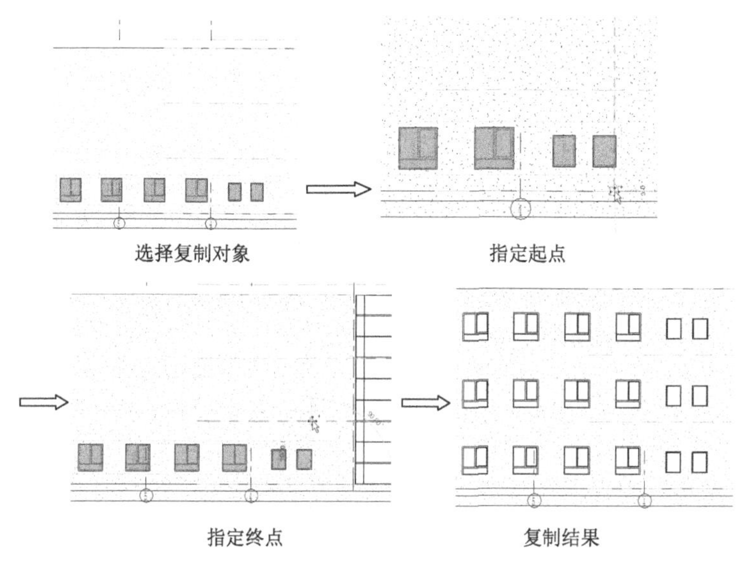

图 10-44　创建窗户

（4）将视图切换至 2F 楼层平面视图。

（5）有的窗户和墙之间有干涉，调整窗户的位置，结果如图 10-45 所示。

（6）将视图切换至 3F 楼层平面视图。

（7）有的窗户和墙之间有干涉，删除多余的窗，并调整窗户的位置，结果如图 10-46 所示。

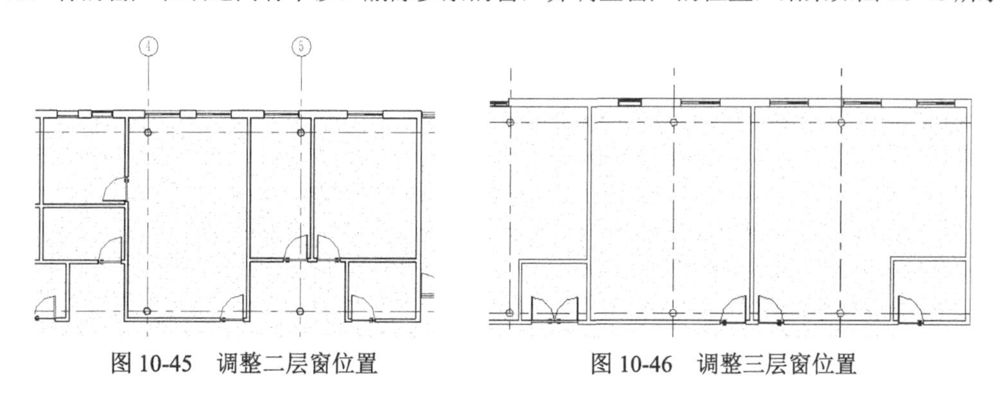

图 10-45　调整二层窗位置　　图 10-46　调整三层窗位置

第 11 章 屋顶设计

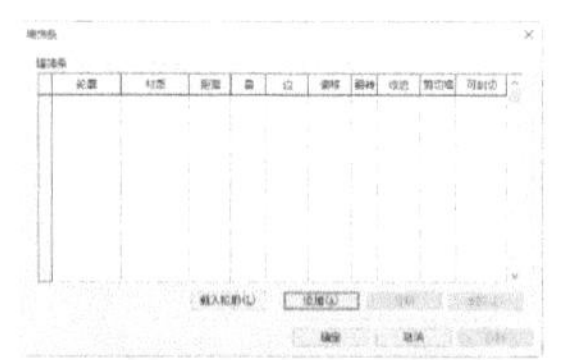

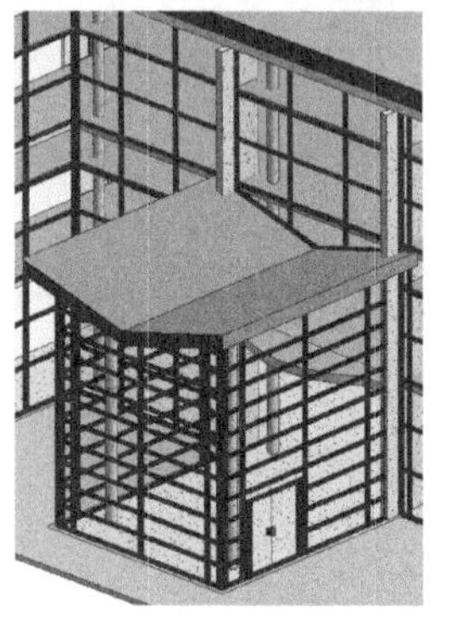

知识导引

屋顶是指房屋或构筑物外部的顶盖，包括屋面以及在墙或其他支撑物以上用以支撑屋面的一切必要材料和构造长长的内部有一个漂亮的五彩装饰的露木屋顶。

11.1 绘制女儿墙

女儿墙是建筑物屋顶四周围的矮墙，主要作用除维护安全外，也会在底处施作防水压砖收头，以避免防水层渗水或是屋顶雨水漫流。依国家建筑规范，上人屋面女儿墙高度一般不得低于 1.2m。不上人屋面女儿墙一般高度为 0.6m。上人屋顶的女儿墙的作用是保护人员的安全，并对建筑立面起装饰作用。不上人屋顶的女儿墙的作用是，除立面装饰作用外，还固定油毡。

11.1.1 绘制女儿墙压顶轮廓

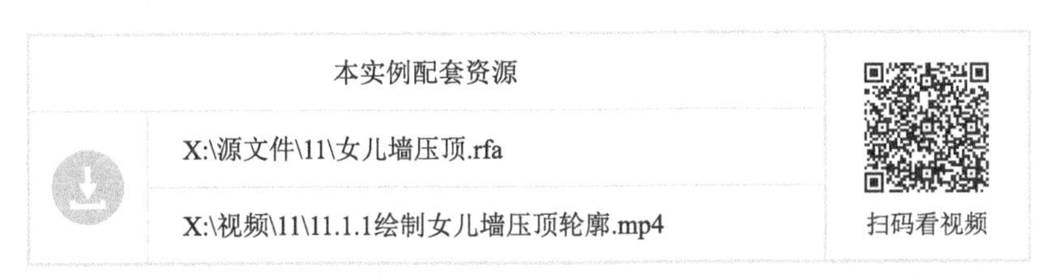

具体绘制步骤如下。

（1）在主页中单击“族”→“新建”或者单击“文件程序菜单”→“新建”→“族”命令，打开“新族—选择样板文件”对话框，选择“公制轮廓 .rft”为样板族，如图 11-1 所示。单击“打开”按钮进入族编辑器，绘制轮廓界面，如图 11-2 所示。

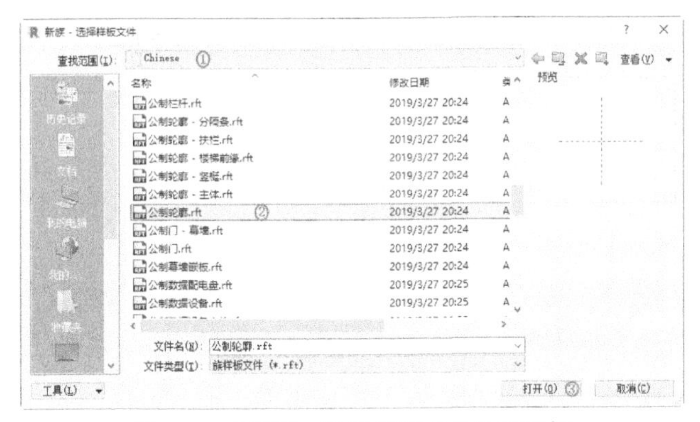

图 11-1 “新族—选择样板文件”对话框

（2）单击“创建”选项卡“详图”面板中的“线”按钮，打开“修改 | 放置线”选项卡，单击“绘制”面板中的“线”按钮，绘制如图 11-3 所示的轮廓，单击“视图”选项卡“图形”面板中的“细线”按钮，将图形显示为细线。

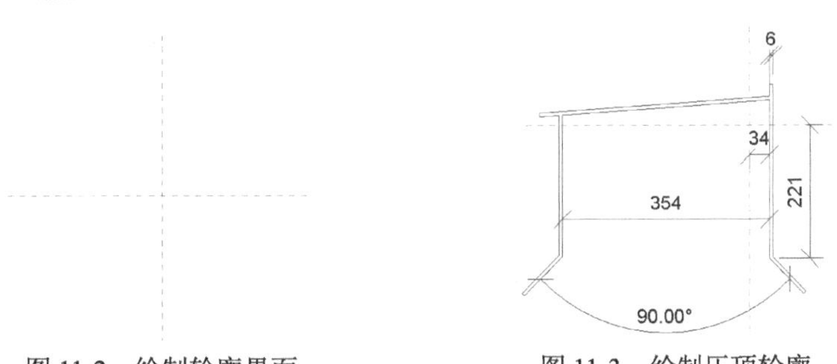

图 11-2 绘制轮廓界面　　图 11-3 绘制压顶轮廓

（3）单击“快速访问”工具栏中的“保存”按钮，打开“另存为”对话框，设置保存路径，输入名称为“女儿墙压顶”，单击“保存”按钮，保存族文件。

11.1.2　绘制女儿墙

具体绘制步骤如下。

（1）将视图切换至 4F 楼层平面，并调整轴线。

（2）单击“建筑”选项卡“构建”面板中的“墙”按钮，打开“修改 | 放置墙”选项卡和选项栏。

（3）在属性选项板的类型下拉列表中选择“基本墙 外部—砌块隔热墙”类型，设置定位线为“面层面：外部”，底部约束为“4F”，顶部约束为“直到标高：屋顶”，其他采用默认设置，如图 11-4 所示。

（4）在属性选项板中单击“编辑类型”按钮，打开“类型属性”对话框，新建“女儿墙”，单击结构栏中的“编辑”按钮 编辑... ，打开“编辑部件”对话框，选择第 6 层和第 7 层，单击“删除”按钮，删除所选图层，然后更改结构层厚度为 190，如图 11-5 所示。

图 11-4　属性选项板

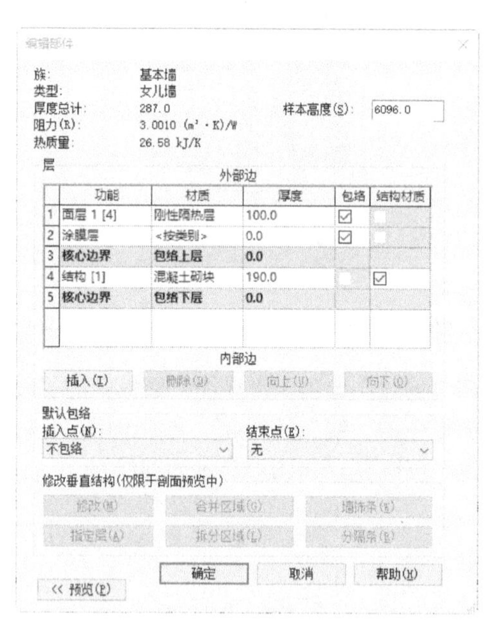

图 11-5　设置厚度

（5）单击“预览”按钮，预览墙体，如图 11-6 所示。

（6）在视图下拉列表中选择“剖面：修改类型属性”选项，然后单击“墙饰条”按钮，打开如图 11-7 所示的“墙饰条”对话框。单击“添加”按钮，添加装饰条，如图 11-8 所示。

（7）单击“载入轮廓”按钮，打开“载入族”对话框，选择 11.1.1 节绘制的“女儿墙压顶”轮廓，如图 11-9 所示。单击“打开”按钮，载入“女儿墙压顶”轮廓。

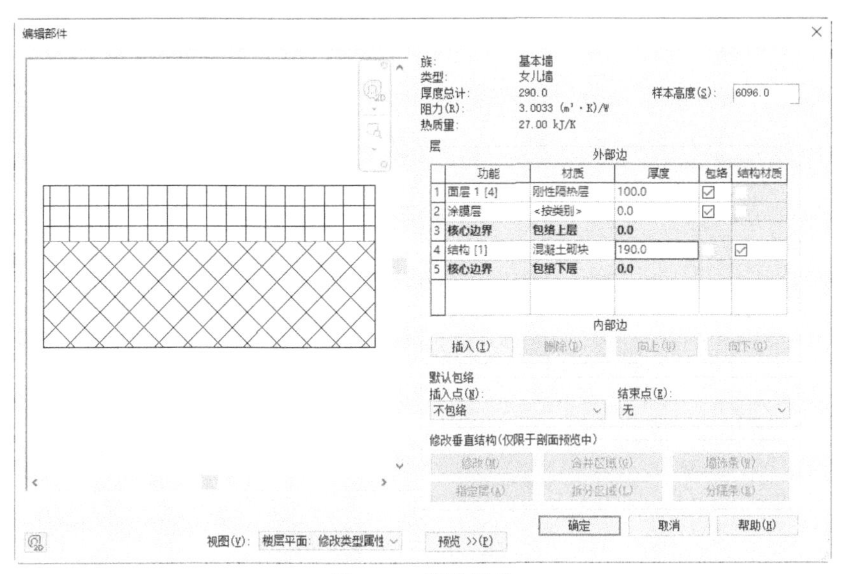

图 11-6　预览墙体

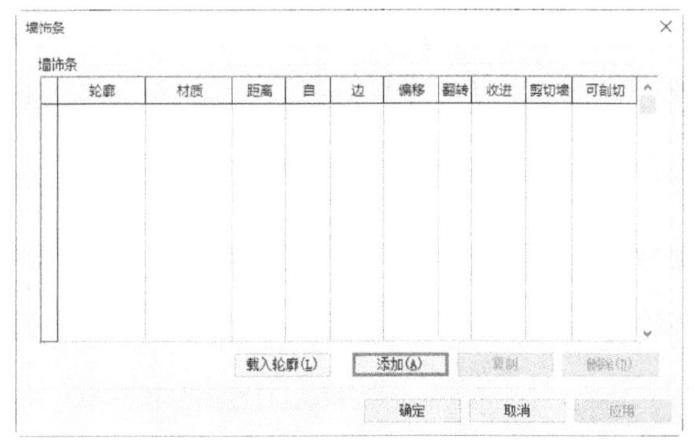

图 11-7　“墙饰条”对话框

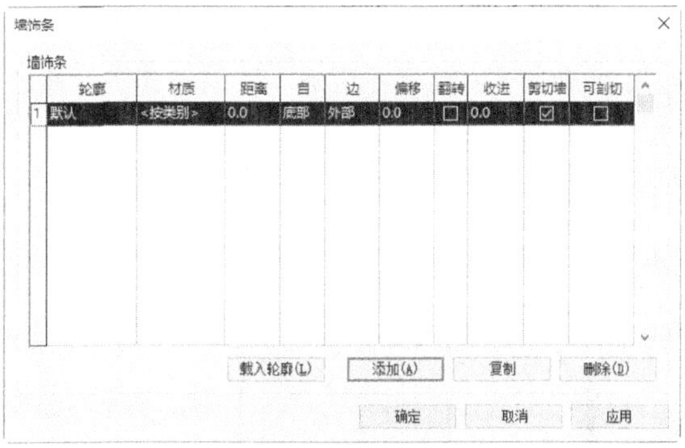

图 11-8　添加装饰条

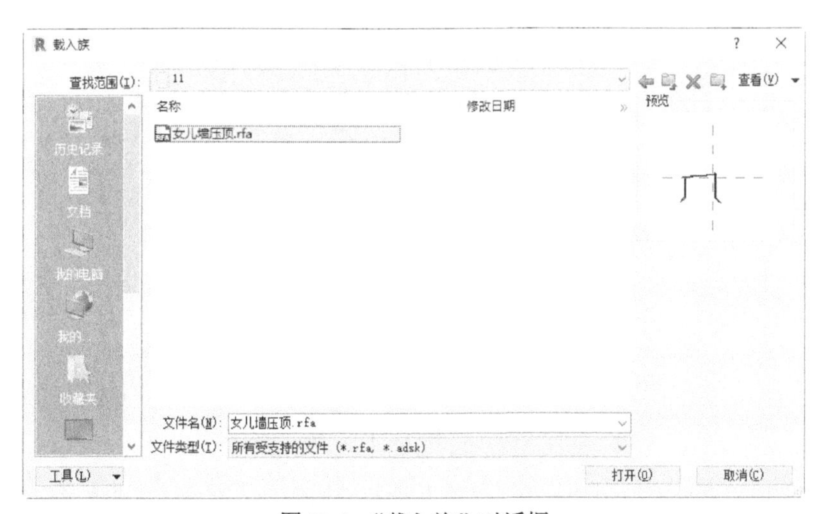

图 11-9　“载入族”对话框

（8）在“墙饰条”对话框的轮廓下拉列表中选择第（7）步载入的“女儿墙压顶”轮廓，单击“材质”栏中的按钮▭，打开“材质浏览器”对话框，选择“金属—铝—黑色”材质，单击“确定”按钮，返回“墙饰条”对话框，设置自“顶”，其他采用默认设置，如图 11-10 所示。单击“确定”按钮。

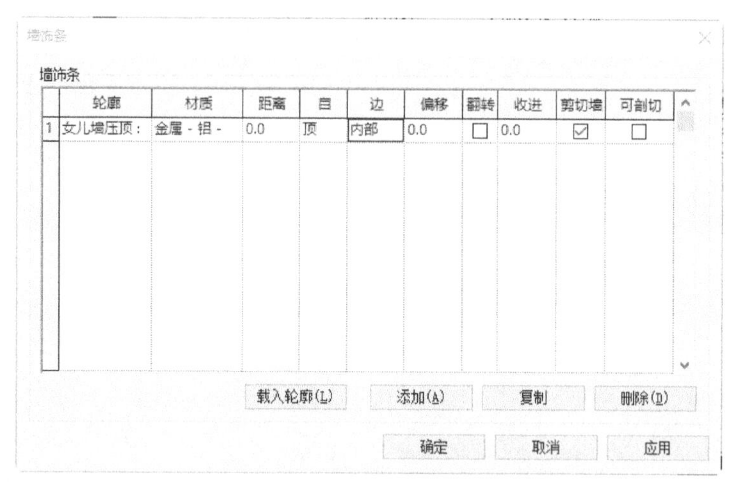

图 11-10 “墙饰条”对话框

（9）返回“编辑部件”对话框，预览添加的女儿墙压顶在女儿墙上的位置，如图 11-11 所示。如果女儿墙压顶轮廓不正确，可以将其进行修改后重新加载。单击“确定”按钮。

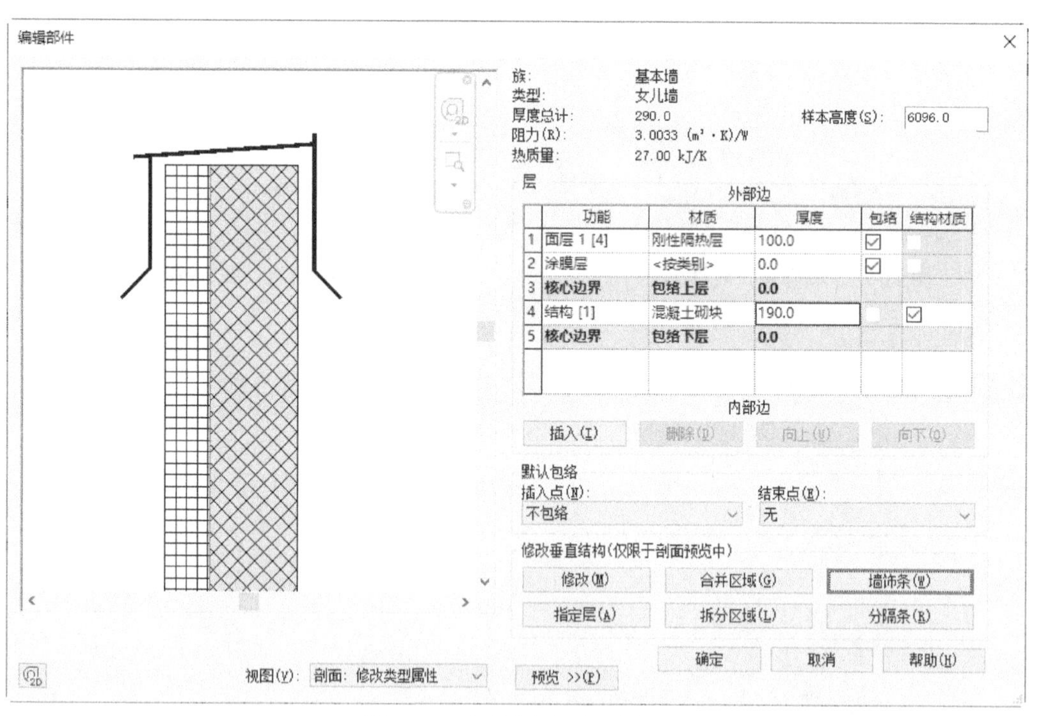

图 11-11 “编辑部件”对话框

（10）在视图中沿着外墙绘制女儿墙，使女儿墙与外墙的外侧重合，结果如图 11-12 所示。

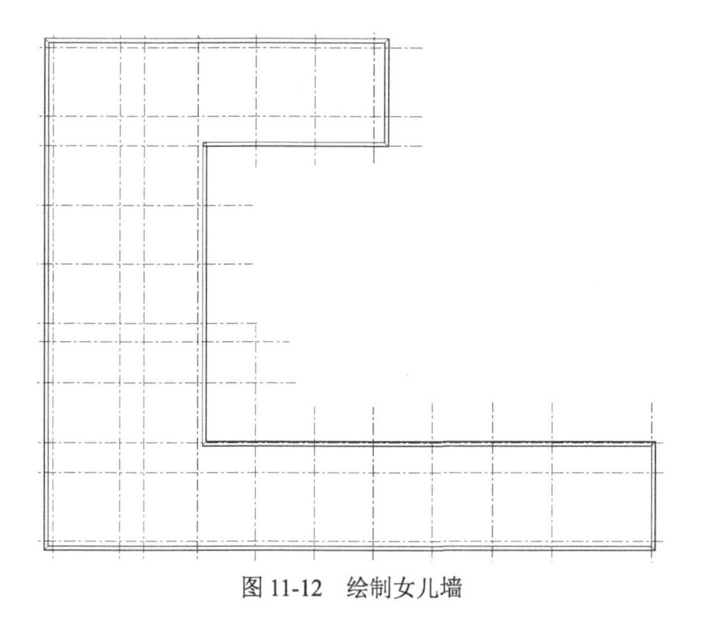

图 11-12　绘制女儿墙

11.2　绘制屋顶

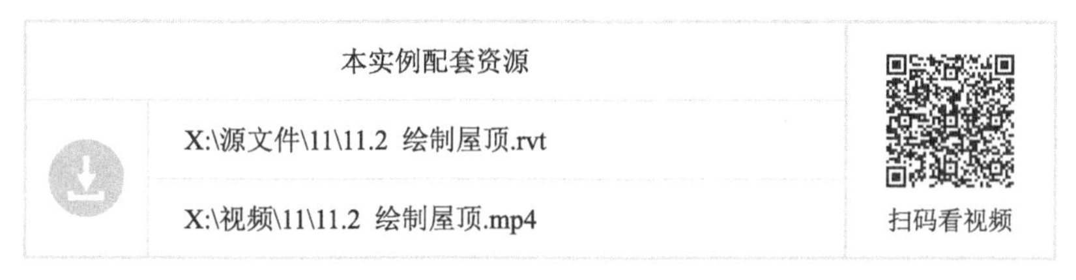

具体绘制步骤如下。

（1）单击“建筑”选项卡“构建”面板“屋顶”下拉列表中的“迹线屋顶”按钮，打开“修改 | 创建屋顶迹线”选项卡和选项栏，如图 11-13 所示。

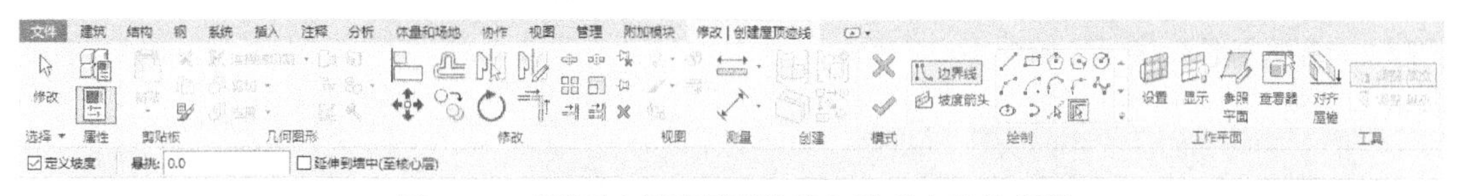

图 11-13　“修改 | 创建屋顶迹线”选项卡和选项栏

- 定义坡度：取消此复选框的勾选，创建不带坡度的屋顶。
- 悬挑：定义悬挑距离。
- 延伸到墙中（至核心层）：勾选此复选框，从墙核心处测量悬挑。

（2）在属性选项板中选择“基本屋顶 保温屋顶—混凝土”类型，单击“编辑类型”按钮，打开“类型属性”对话框，新建“锥形屋顶—混凝土”类型，单击“编辑”按钮 编辑... ，打开“编辑部件”对话框，如图 11-14 所示。

（3）删除层 6、层 4 和层 3，然后更改面层 1［4］的材质为“EPDM 薄膜”，厚度为 2；更改保温层 / 空气层［3］的厚度为 50，结构层的厚度为 200，如图 11-15 所示。连续单击“确定”按钮。

（4）在属性选项板中更改自标高的底部偏移为 252，其他采用默认设置，如图 11-16 所示。

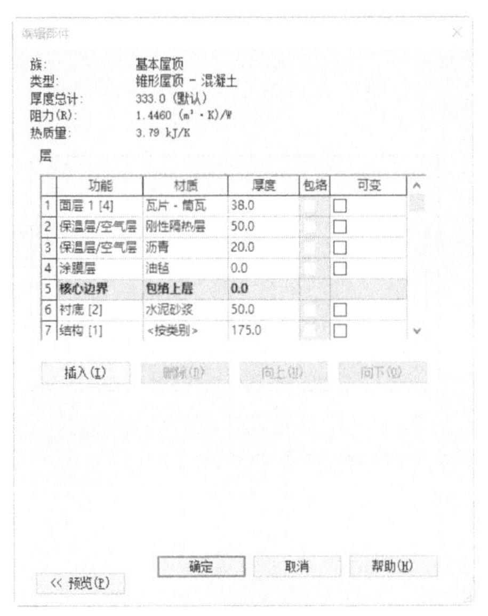

图 11-14 “编辑部件”对话框

编辑部件
族: 基本屋顶
类型: 锥形屋顶 - 混凝土
厚度总计: 252.0 (默认)
阻力(R): 1.4286 (m²·K)/W
热质量: 0.16 kJ/K

层

	功能	材质	厚度	包络	可变
1	面层 1 [4]	EPDM 薄膜	2.0		☐
2	保温层/空气层 [	刚性隔热层	50.0		☐
3	核心边界	包络上层	0.0		
4	结构 [1]	<按类别>	200.0		☐
5	核心边界	包络下层	0.0		

插入(I) 删除(D) 向上(U) 向下(O)

<< 预览(P) 确定 取消 帮助(H)

图 11-15 设置屋顶参数

属性选项板中的选项说明如下。

- 底部标高：设置迹线或拉伸屋顶的标高。
- 房间边界：勾选此复选框，则屋顶是房间边界的一部分。此属性在创建屋顶之前为只读。在绘制屋顶之后，可以选择屋顶，然后修改此属性。
- 与体量相关：指示此图元是从体量图元创建的。
- 自标高的底部偏移：设置高于或低于绘制时所处标高的屋顶高度。
- 截断标高：指定标高，在该标高上方所有迹线屋顶几何图形都不会显示。以该方式剪切的屋顶可与其他屋顶组合，构成“荷兰式四坡屋顶”“双重斜坡屋顶”或其他屋顶样式。
- 截断偏移：指定的标高以上或以下的截断高度。
- 椽截面：通过指定椽截面来更改屋檐的样式，包括垂直截面、垂直双截面或正方形双截面，如图 11-17 所示。

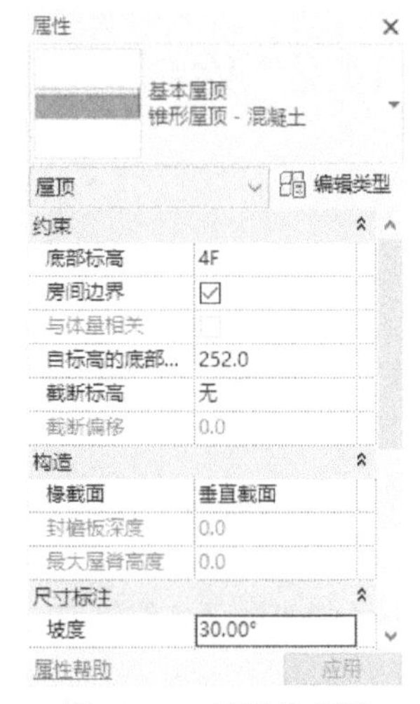

图 11-16 属性选项板

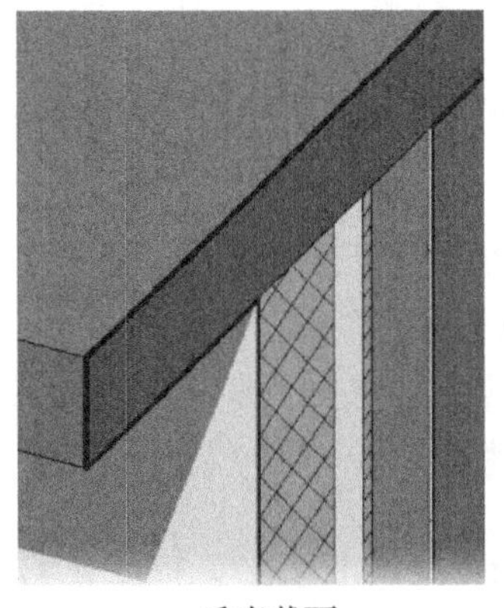

垂直截面

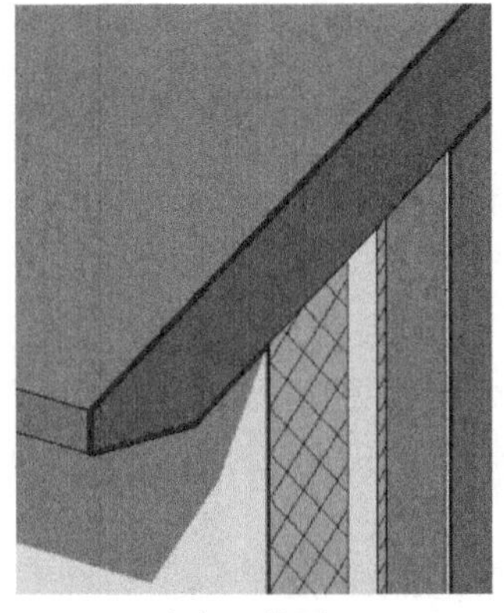

垂直双截面

正方形双截面

图 11-17 椽截面

- 封檐板深度：指定一个介于零和屋顶厚度之间的值。
- 最大屋脊高度：屋顶顶部位于建筑物底部标高以上的最大高度。可以使用“最大屋脊高度”工具设置最大允许屋脊高度。
- 坡度：将坡度定义线的值修改为指定值，而无需编辑草图。如果有一条坡度定义线，则此参数最初会显示一个值。
- 厚度：可以选择可变厚度参数来修改屋顶或结构楼板的层厚度，如图 11-18 所示。

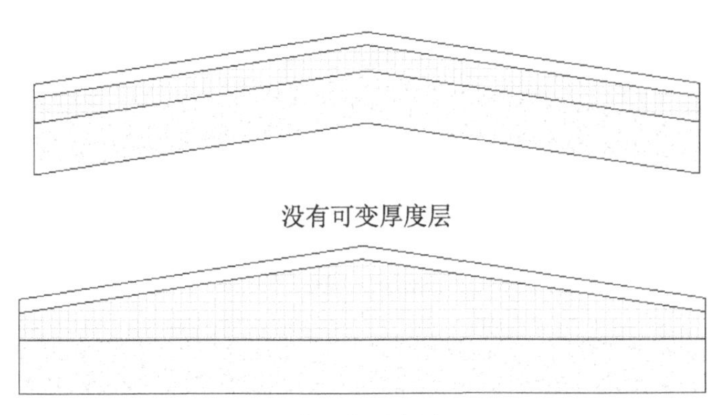

图 11-18　厚度

如果没有可变厚度层，则整个屋顶或楼板将倾斜，并在平行的顶面和底面之间保持固定厚度。

如果有可变厚度层，则屋顶或楼板的顶面将倾斜，而底部保持为水平平面，形成可变厚度楼板。

（5）在选项栏中取消“定义坡度”和“延伸到墙中（至核心层）”复选框的勾选，悬挑为 0。

（6）单击“绘制”面板中的“边界线”按钮和“线”按钮，绘制屋顶迹线，并调整屋顶迹线使其成为一个闭合轮廓，如图 11-19 所示。

图 11-19　绘制屋顶迹线

（7）单击“修改 | 编辑迹线”选项卡“模式”面板中的“完成编辑模式”按钮，创建如图 11-20 所示的屋顶。

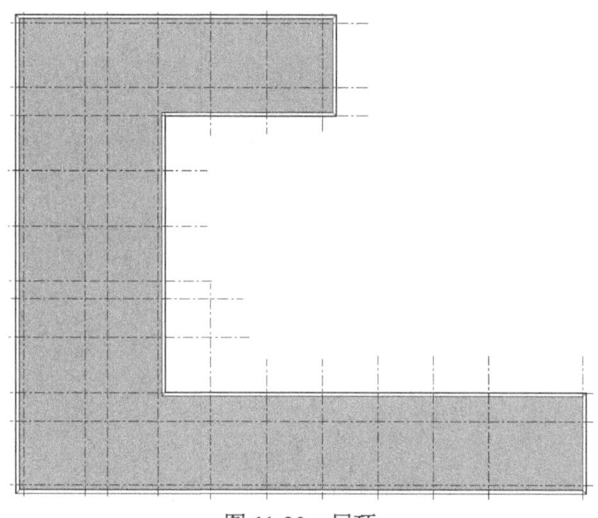

图 11-20　屋顶

（8）打开“修改 | 屋顶”选项卡，如图 11-21 所示。单击“形状编辑”面板中的“添加分割线”按钮，在屋顶上添加分割线，结果如图 11-22 所示。

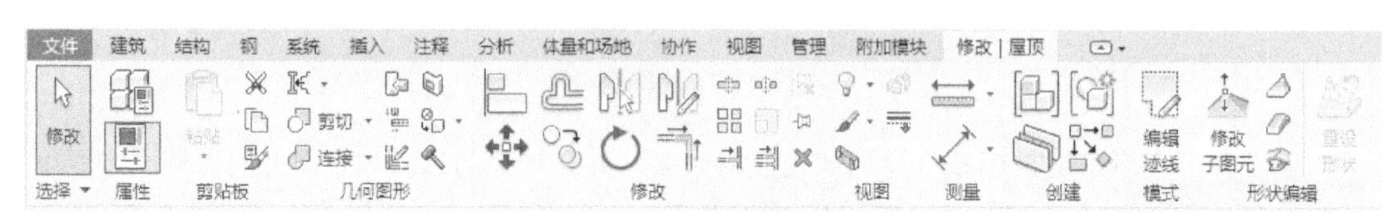

图 11-21　“修改 | 屋顶”选项卡

图 11-22　添加分割线

- 修改子图元：可以操作选定楼板或屋顶上的一个或多个点或边。
- 添加点：可以向图元几何图形添加单独的点。形状修改工具可使用这些点来修改图元几何图形。
- 添加分割线：可以添加线性边，并将屋顶或结构楼板的现有面分割成更小的子面域。

- 拾取支座：可以拾取梁来定义分割线，并为结构楼板创建固定承重线。
- 重设形状：删除楼板形状，修改并将图元几何图形重设为其原始状态。

（9）选择分割线交叉点，更改高程为 3，如图 11-23 所示。采用相同的方法，更改屋顶其他区域的高程。

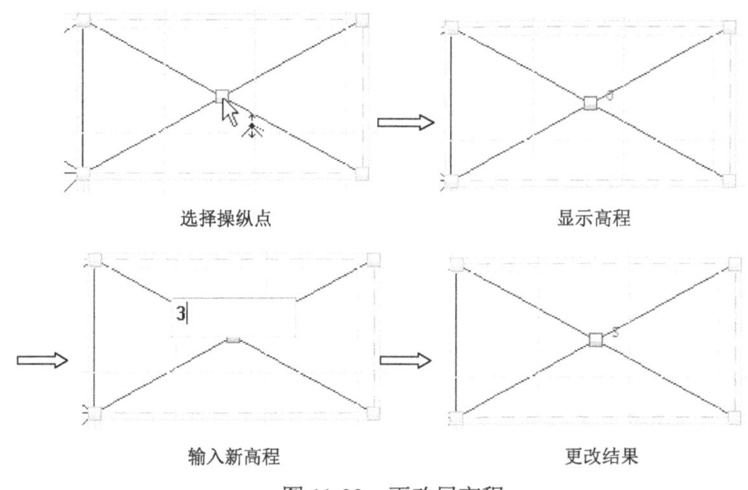

图 11-23　更改屋高程

知识点——建筑屋顶的类型

按屋面形式大体可分为 4 类：平屋顶、坡屋顶、曲面屋顶及多波式折板屋顶。

- 平屋顶：屋面的最大坡度不超过 10%，民用建筑常用坡度为 1% ～ 3%。一般是用现浇和预制的钢筋混凝土梁板做承重结构，屋面上做防水及保温处理。
- 坡屋顶：屋面坡度较大，在 10% 以上。坡屋顶有单坡、双坡、四坡和歇山等多种形式。单坡用于小跨度的房屋，双坡和四坡用于跨度较大的房屋。常用屋架做承重结构，用瓦材做屋面。
- 曲面屋顶：屋面形状为各种曲面，如球面、双曲抛物面等。承重结构有网架、钢筋混凝土整体薄壳、悬索结构等。
- 多波式折板屋顶：是由钢筋混凝土薄板制成的一种多波式屋顶。折板厚约 60mm，折板的波长为 2 ～ 3m，跨度 9 ～ 15m，折板的倾角为 30° ～ 38° 之间。按每个波的截面形状又有三角形及梯形两种。

11.3　绘制休息室屋顶

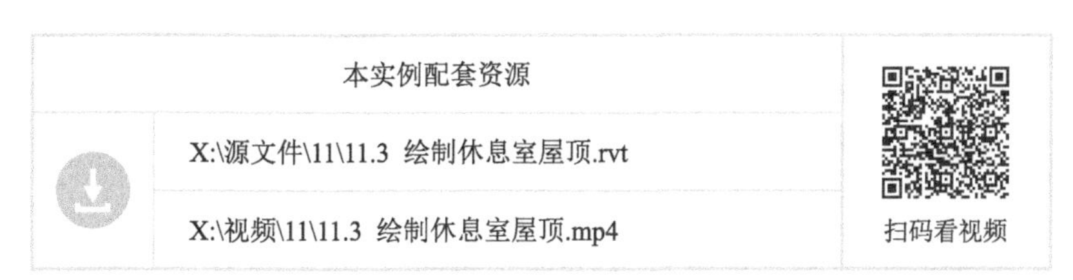

本实例配套资源	
X:\源文件\11\11.3 绘制休息室屋顶.rvt	扫码看视频
X:\视频\11\11.3 绘制休息室屋顶.mp4	

具体绘制步骤如下。

（1）将视图切换到 3F 楼层平面。单击“建筑”选项卡“构建”面板“屋顶”下拉列表中的“迹线屋顶”按钮，打开“修改 | 创建屋顶迹线”选项卡和选项栏。

（2）在属性选项板中选择“基本屋顶 常规—400mm”类型，更改自标高的底部偏移为 −450，如图 11-24 所示。

（3）单击“绘制”面板中的“边界线”按钮和“线”按钮，在选项栏中勾选“定义坡度”，输入偏移为 600，绘制屋顶迹线，并调整屋顶迹线使其成为一个闭合轮廓，如图 11-25 所示。

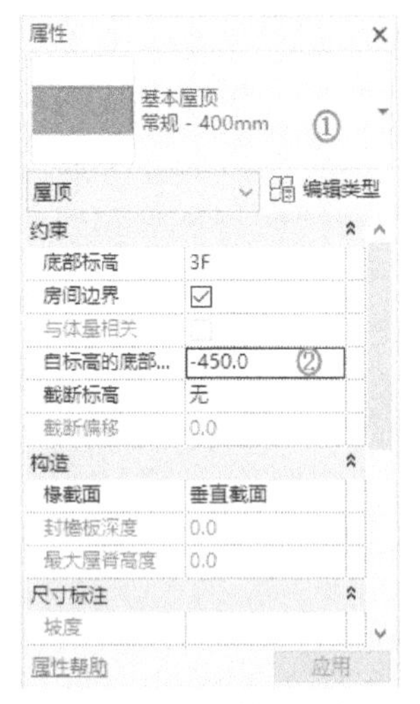

图 11-24 属性选项板

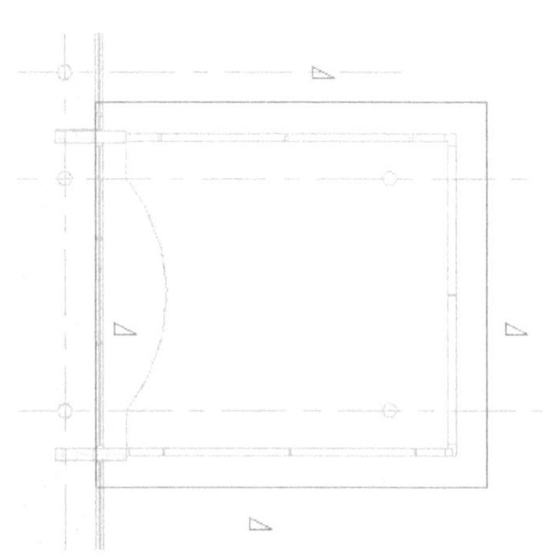

图 11-25 绘制屋顶迹线

（4）选择左右两条屋顶迹线，在属性选项板中取消勾选“定义屋顶坡度”复选框，如图 11-26 所示。然后选择上下两条屋顶迹线，在属性选项板中输入坡度为 −15°。

（5）单击“模式”面板中的“完成编辑模式”按钮，将视图切换到三维视图，创建的屋顶如图 11-27 所示。

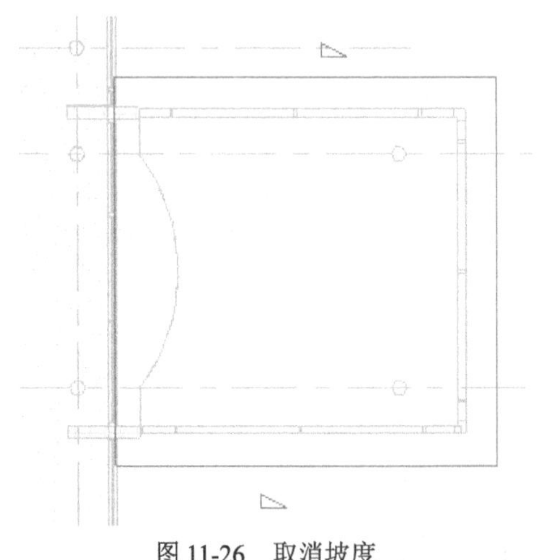

图 11-26 取消坡度

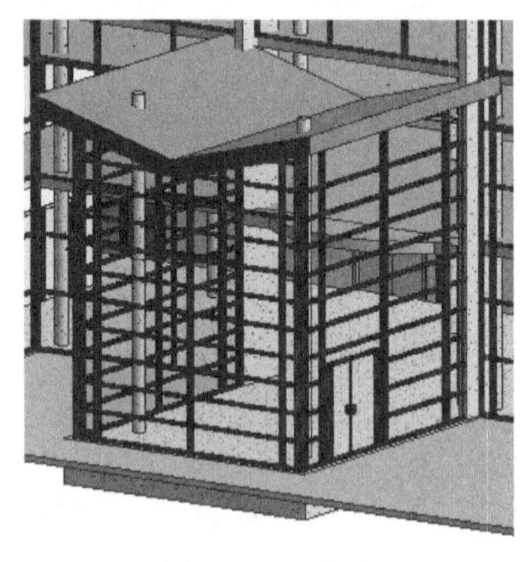

图 11-27 屋顶

（6）选择结构柱，打开“修改 | 结构柱”选项卡，单击“修改柱”面板中的“附着顶部 / 底部”按钮，然后选择屋顶，结构柱被修剪，绘制过程如图 11-28 所示。

（7）采用相同的方法，更改另一个结构柱。

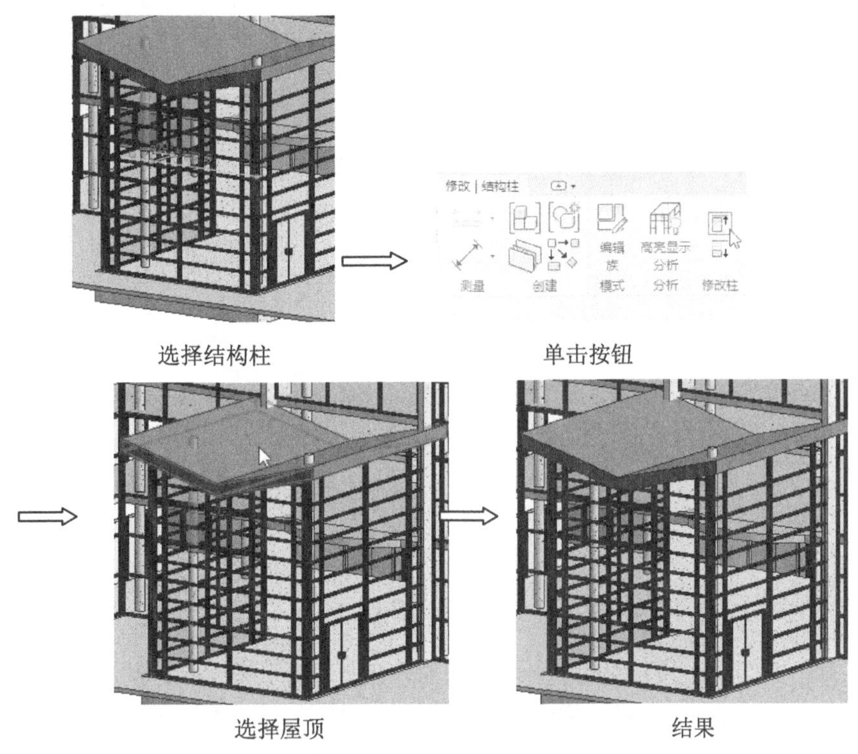

图 11-28　编辑结构柱过程

（8）选择此处三层上的幕墙，单击“附着顶部 / 底部”按钮，在选项栏中选择“底部”选项，然后选择屋顶，在打开的提示对话框中单击“删除图元”按钮，结果如图 11-29 所示。

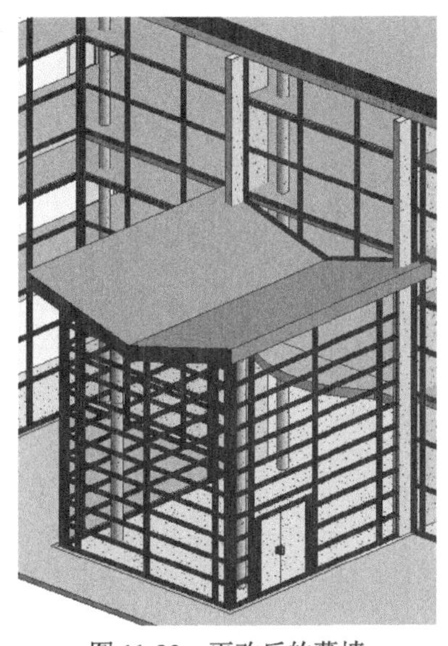

图 11-29　更改后的幕墙

第12章 楼梯设计

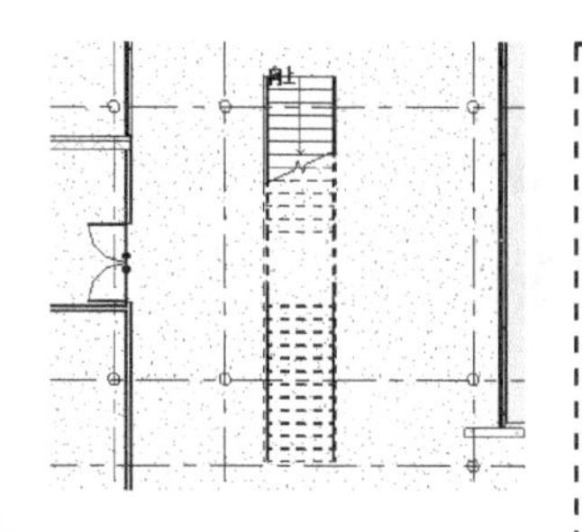

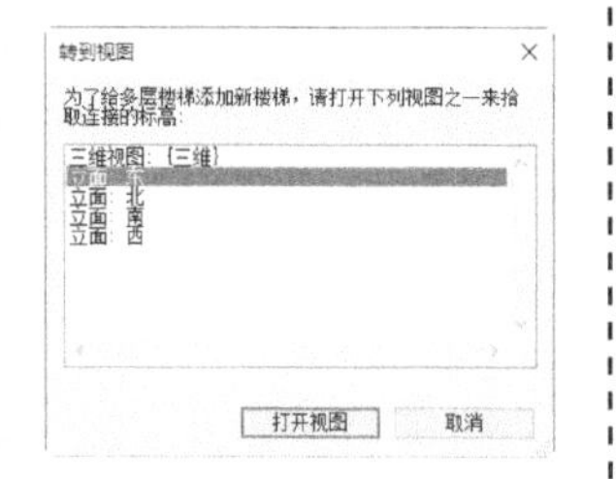

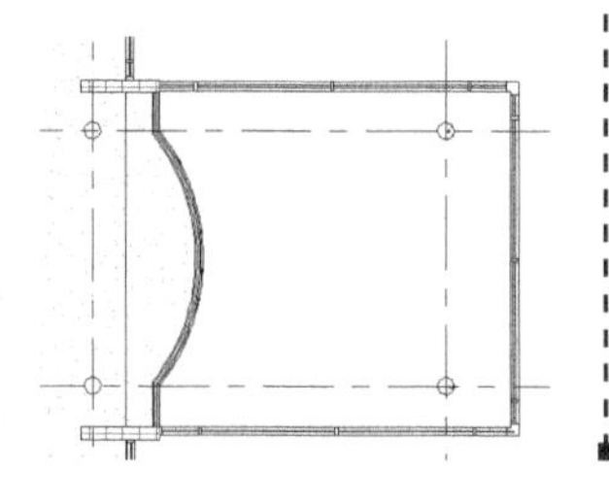

知识导引

楼梯是房屋各楼层间的垂直交通联系部分，是楼层人流疏散必经的通路，楼梯设计应根据使用要求，选择合适的形式，布置恰当的位置，根据使用性质、人流通行情况和防火规范综合确定楼梯的宽度和数量，并根据使用对象和使用场合选择最合适的坡度。其中扶手是楼梯的组成部分之一。

12.1　绘制直梯

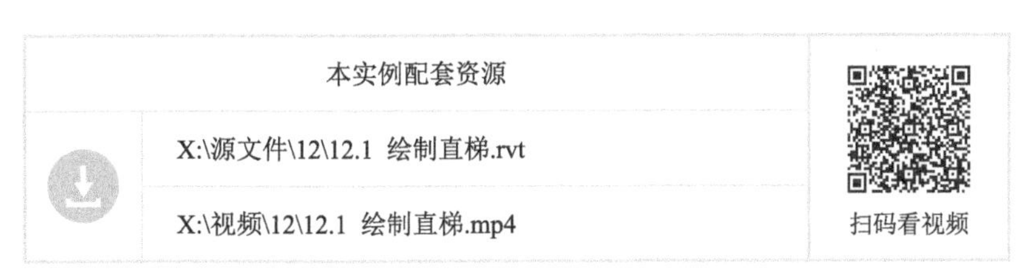

本实例配套资源		
	X:\源文件\12\12.1　绘制直梯.rvt	扫码看视频
	X:\视频\12\12.1　绘制直梯.mp4	

具体绘制步骤如下。

（1）将视图切换到 1F 楼层平面。

（2）单击“建筑”选项卡“构建”面板“楼梯”按钮，打开“修改 | 创建楼梯”选项卡和选项栏，如图 12-1 所示。

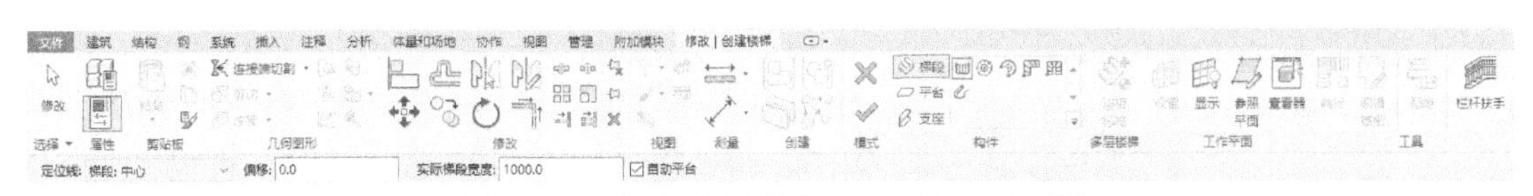

图 12-1　“修改 | 创建楼梯”选项卡和选项栏

（3）在属性选项板中选择“组合楼梯 190mm 最大踢面 250mm 梯段”类型，如图 12-2 所示。

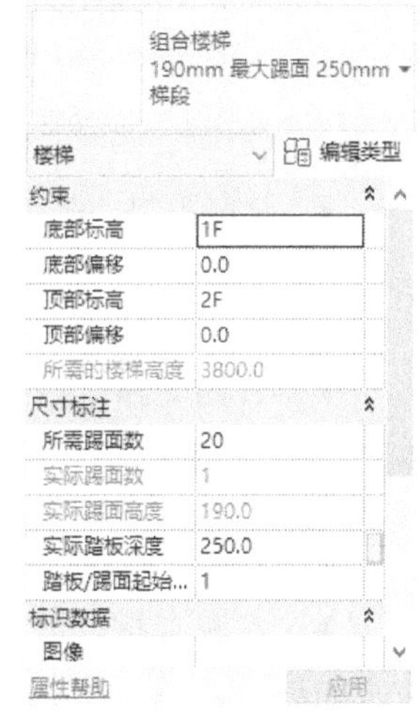

图 12-2　属性选项板

属性选项板中的选项说明如下。

● 底部标高：设置楼梯的基面。

● 底部偏移：设置楼梯相对于底部标高的高度。

● 顶部标高：设置楼梯的顶部。

● 顶部偏移：设置楼梯相对于顶部标高的偏移量。

● 所需踢面数：踢面数是基于标高间的高度计算得出的。

● 实际踢面数：通常，此值与所需踢面数相同，但如果未向给定梯段完整添加正确的踢面数，则这两个值也可能不同。

● 实际踢面高度：显示实际踢面高度。

● 实际踏板深度：设置此值以修改踏板深度，而不必创建新的楼梯类型。

（4）单击“编辑类型”按钮，打开楼梯“类型属性”对话框，新建“150mm 最大踢面 300mm 梯段”类型，更改最大踢面高度为 150，最小踏板深度为 300，如图 12-3 所示。单击梯段类型栏中的按钮，打开如图 12-4 所示的梯段构件“类型属性”对话框，更改楼梯前缘长度为 25，踢面厚度为 6，其他采用默认设置，连续单击“确定”按钮。

楼梯“类型属性”对话框中的选项说明如下。

● 最大踢面高度：指定楼梯图元上每个踢面的最大高度。

● 最小踏板深度：设置沿所有常用梯段的中心路径测量的最小踏板宽度（斜踏步、螺旋和直线）。此参数不影响创建绘制的梯段。

● 最小梯段宽度：设置常用梯段的宽度的初始值。此参数不影响创建绘制的梯段。

● 计算规则：单击“编辑”按钮 编辑... ，打开如图 12-5 所示“楼梯计算器”对话框，计算楼梯的坡度。只计算新楼梯的踏板深度，现有楼梯不受影响。在使用楼梯计算器之前，指定踏板深度最小值和踢面高度最大值。

> **提示**　楼梯计算器将采用在楼梯的实例属性中指定的踏板深度。如果指定的值导致计算器生成的值不属于可接受结果的范围，将显示一条警告。

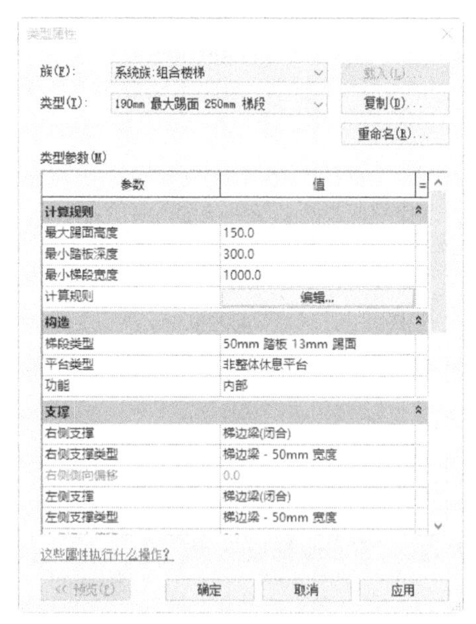

图 12-3　楼梯“类型属性”对话框

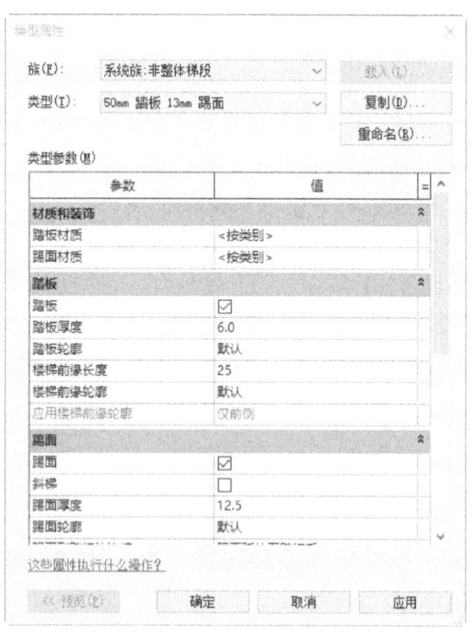

图 12-4　梯段构件“类型属性”对话框

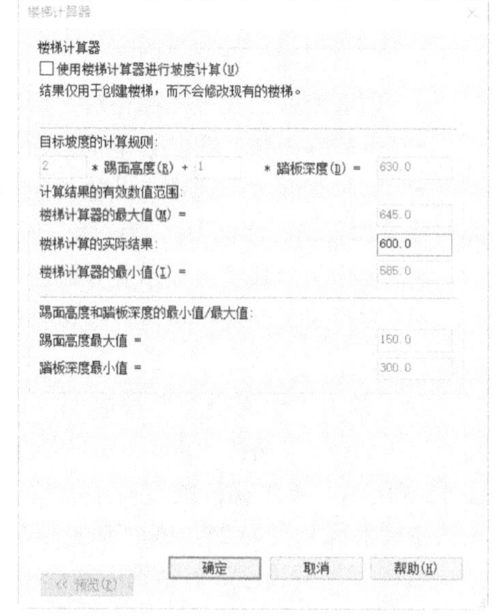

图 12-5　“楼梯计算器”对话框

- 梯段类型：定义楼梯图元中的所有梯段的类型。
- 平台类型：定义楼梯图元中的所有平台的类型。
- 功能：指定楼梯是内部的（默认值）还是外部的。
- 右侧支撑：指定是否连同楼梯一起创建梯边梁（闭合）、支撑梁（开放），或没有右侧支撑。梯边梁将踏板和踢面围住。支撑梁将踏板和踢面露出。
- 右侧支撑类型：定义用于楼梯的右侧支撑的类型。
- 左侧支撑：指定是否连同楼梯一起创建梯边梁（闭合）、支撑梁（开放），或没有左侧支撑。梯边梁将踏板和踢面围住。支撑梁将踏板和踢面露出。
- 左侧支撑类型：定义用于楼梯的左支撑的类型。
- 左侧偏移：指定一个值，将左支撑从梯段边缘以水平方向偏移。
- 中间支撑：指示是否在楼梯中应用中间支撑。
- 中间支撑类型：定义用于楼梯的中间支撑的类型。
- 中间支撑数量：定义用于楼梯的中间支撑的数量。
- 剪切标记类型：指定显示在楼梯中的剪切标记的类型。

梯段构件“类型属性”对话框中的选项说明如下。

- 踏板材质：单击按钮▭，打开“材质浏览器”对话框，设置踏板材质。
- 踢面材质：单击按钮▭，打开“材质浏览器”对话框，设置踢面材质。

- 踏板：勾选此复选框，选择将踏板包含在梯段的台阶中。
- 踏板厚度：指定踏板的厚度。
- 踏板轮廓：指定踏板边缘的轮廓形状，默认为矩形。
- 楼梯前缘长度：指定相对于下一个踏板的踏板深度悬挑量。
- 楼梯前缘轮廓：添加到踏板前侧或侧边的放样轮廓取决于“应用楼梯前缘轮廓”属性的规格。
- 应用楼梯前缘轮廓：指定要应用楼梯前缘轮廓的楼梯前缘边缘。
- 踢面：选择将踢面包含在梯段的台阶中。
- 斜梯：对于斜踢面选中此选项，对于直踢面清除此选项。
- 踢面厚度：指定踢面的厚度。
- 踢面轮廓：指定踢面边缘的轮廓形状。默认值为“矩形”。
- 踢面到踏板的连接：指定踢面与踏板的相互连接关系。

（5）在选项栏中设置定位线为“梯段：中心”，偏移为 0，实际梯段宽度为 1625，勾选“自动平台”复选框。

（6）单击“构件”面板中的“梯段”按钮和“直梯”按钮（默认状态下，系统会激活这两个按钮），绘制楼梯，如图 12-6 所示。默认情况下，在创建梯段时会自动创建栏杆扶手。

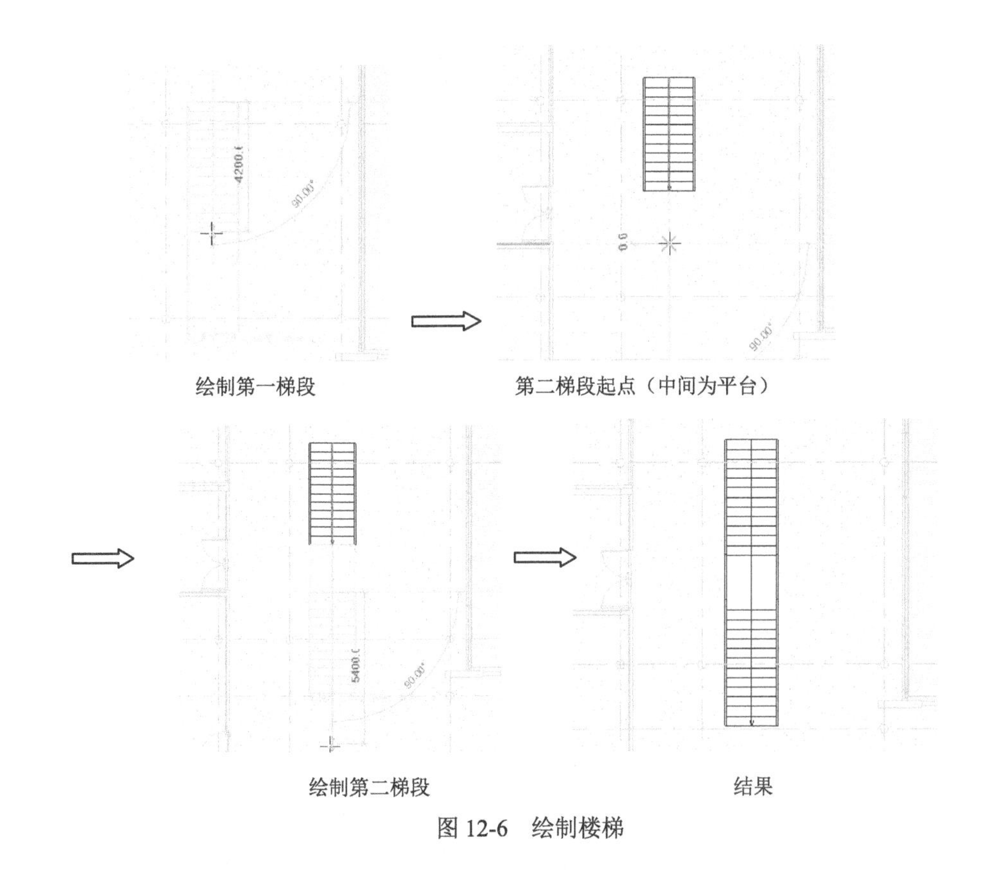

绘制第一梯段　　第二梯段起点（中间为平台）

绘制第二梯段　　结果

图 12-6　绘制楼梯

（7）调整楼梯位置，单击“模式”面板中的“完成编辑模式”按钮，完成楼梯的绘制，如图 12-7 所示。

（8）选择第（7）步创建的楼梯，单击“修改”面板中的“镜像—绘制轴”按钮，绘制镜像轴，镜像楼梯，然后调整镜像后的楼梯，如图 12-8 所示。

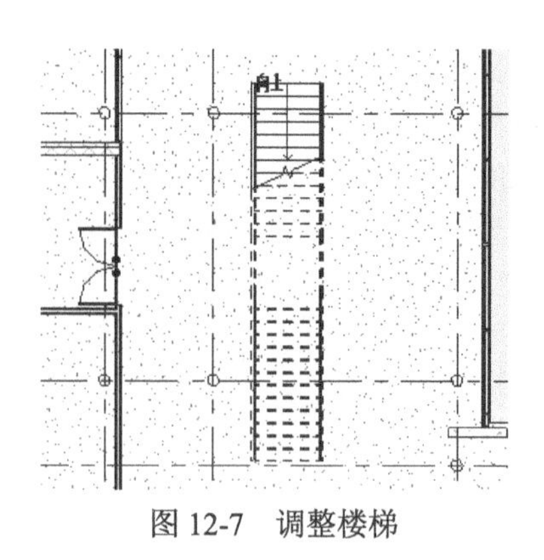

图 12-7　调整楼梯

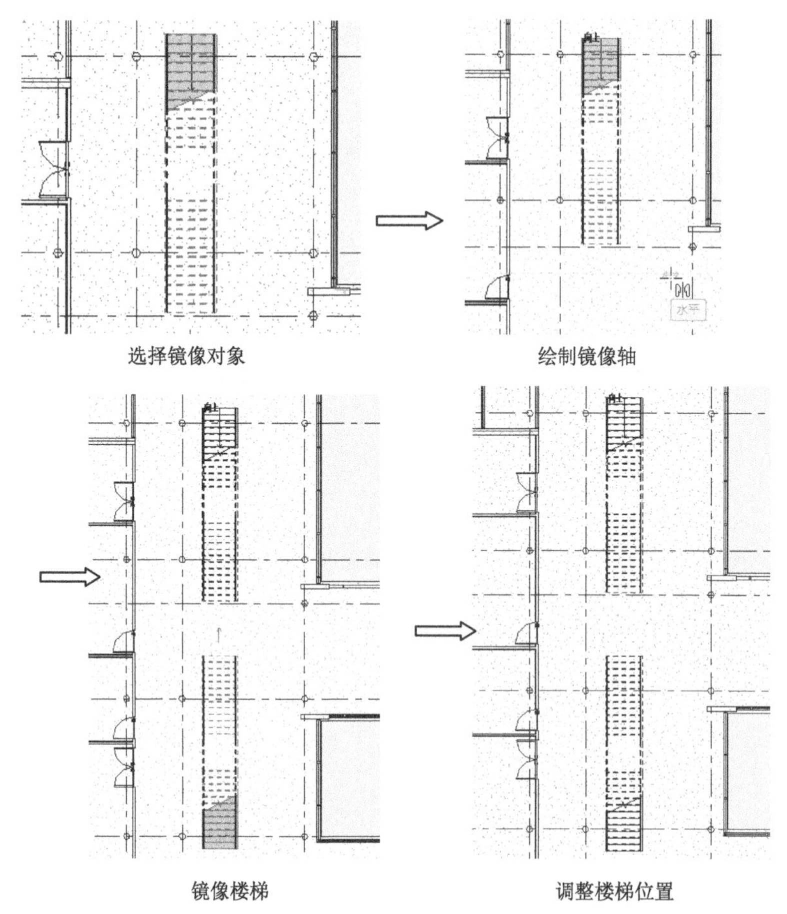

图 12-8　镜像楼梯

（9）为了方便观察楼梯，将东立面标记移动到如图 12-9 所示的位置。

（10）选择楼梯，单击“修改 | 楼梯”选项卡“多层楼梯”面板中的“选择标高”按钮，打开“转到视图”对话框，选择“立面：东”视图，如图 12-10 所示，单击“打开视图”按钮，切换到东立面视图。

（11）系统自动打开“修改 | 多层楼梯”选项，并选择“连接标高”按钮，在视图中选择 3F 的标高线，单击“模式”面板中的“完成”按钮，完成多层楼梯的创建，如图 12-11 所示。

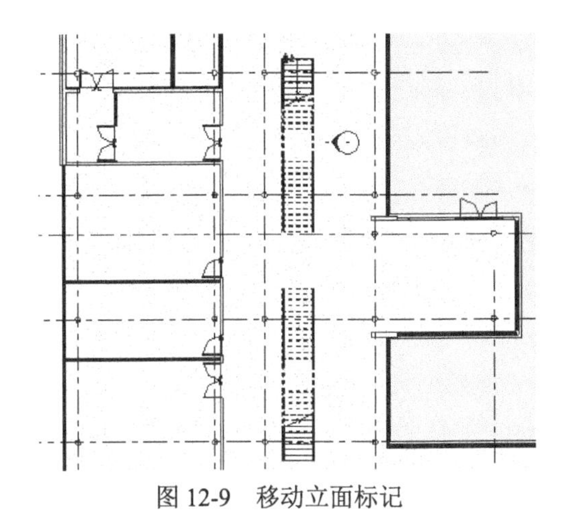

图 12-9　移动立面标记

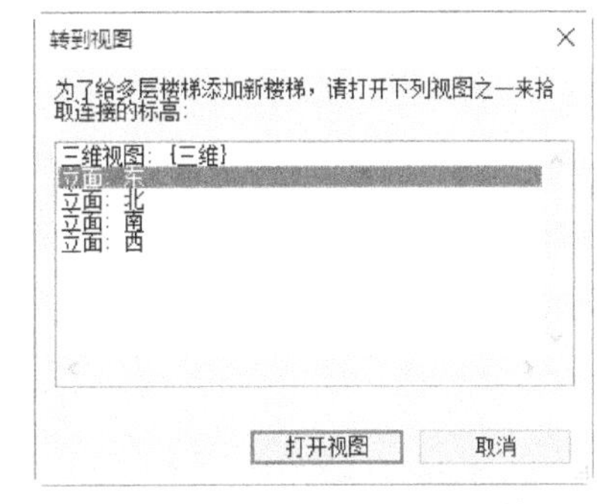

图 12-10　“转到视图”对话框

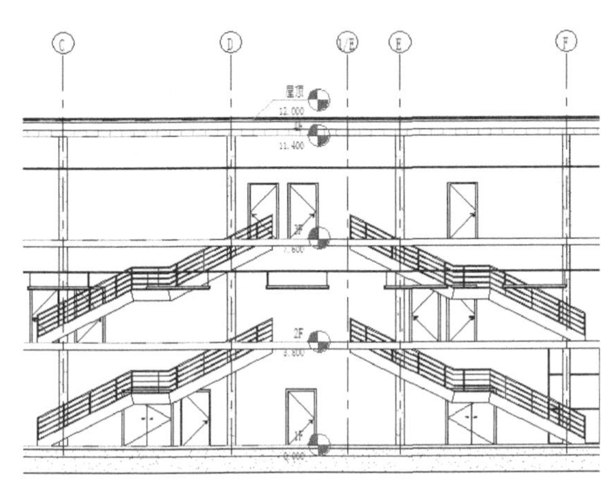

图 12-11　创建多层楼梯

12.2　绘制转角楼梯

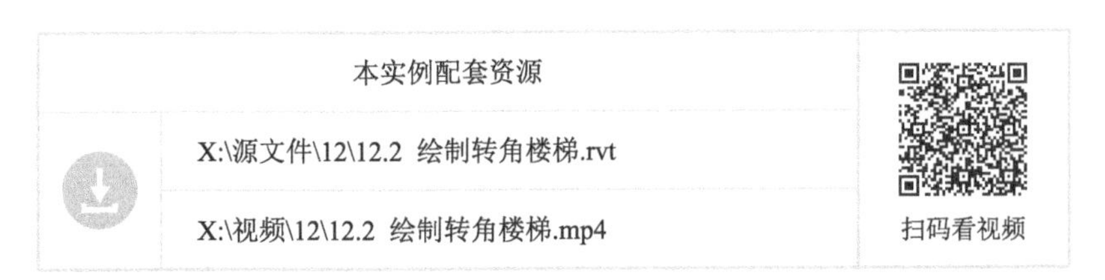

具体绘制步骤如下。

（1）将视图切换到 1F 楼层平面。

（2）单击“建筑”选项卡“构建”面板“楼梯”按钮，打开“修改 | 创建楼梯”选项卡和选项栏。

（3）在选项栏中设置定位线为“梯段：中心”，偏移为 0，实际梯段宽度为 1140，勾选“自动平台”复选框。

（4）单击“构件”面板中的“梯段”按钮和“直梯”按钮（默认状态下，系统会激活这两个按钮），绘制楼梯，如图 12-12 所示。默认情况下，在创建梯段时会自动创建栏杆扶手。

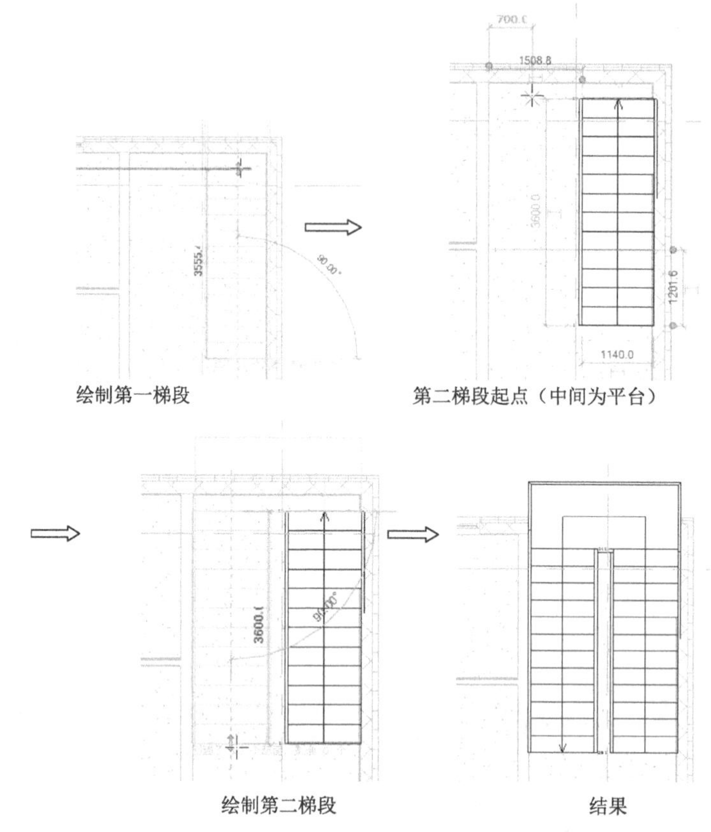

绘制第一梯段　　第二梯段起点（中间为平台）

绘制第二梯段　　结果

图 12-12　绘制楼梯

（5）调整楼梯位置，选择挨着墙的栏杆和梯边梁，然后将其删除，如图 12-13 所示。

（6）单击“修改 | 楼梯”选项卡“多层楼梯”面板中的“连接标高”按钮，打开“转到视图”对话框，选择“立面：东”视图，单击“打开视图”按钮，切换到东立面视图。在视图中选择 3F 的标高线，单击“模式”面板中的“完成”按钮，完成多层楼梯的创建，如图 12-14 所示。

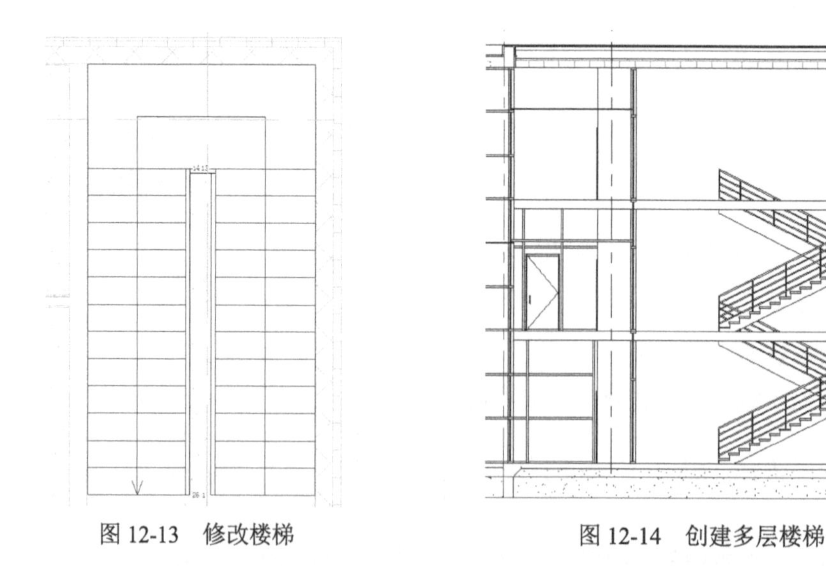

图 12-13　修改楼梯　　图 12-14　创建多层楼梯

（7）重复上述步骤，创建另外两个相同尺寸的楼梯，如图 12-15 所示。

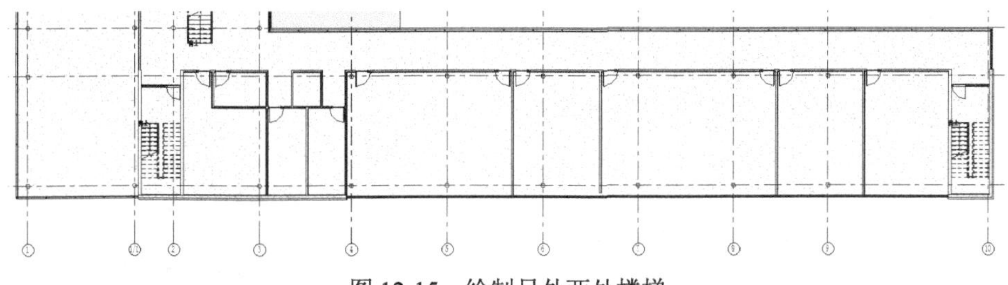

图 12-15　绘制另外两处楼梯

12.3　创建洞口

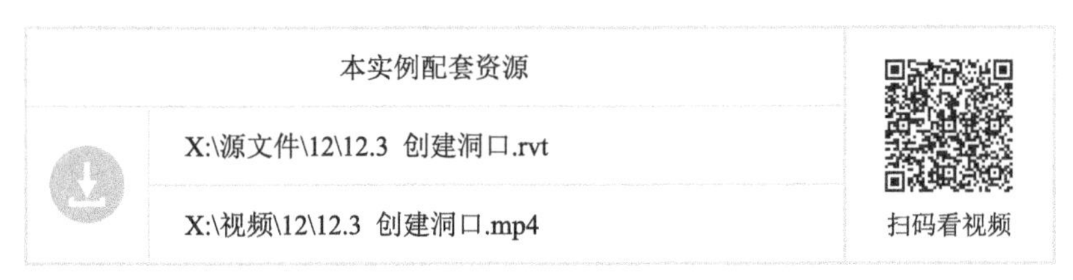

具体绘制步骤如下。

（1）单击“建筑”选项卡“洞口”面板中的“竖井”按钮，打开“修改 | 创建竖井洞口草图”选项卡和选项栏，如图 12-16 所示。

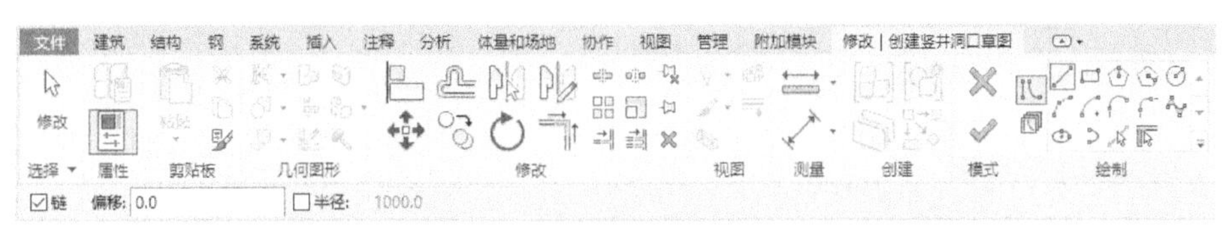

图 12-16　“修改 | 创建竖井洞口草图”选项卡和选项栏

（2）单击“绘制”面板中的“边界线”按钮和“矩形”按钮，绘制如图 12-17 所示的边界线。

（3）在属性选项板中设置底部约束为“1F”，底部偏移为 10，顶部约束为“直到标高：3F”，顶部偏移为 0，其他采用默认设置，如图 12-18 所示。

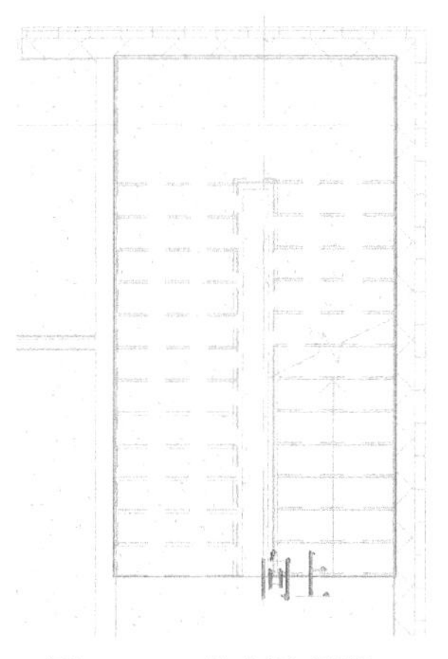

图 12-17　绘制边界线

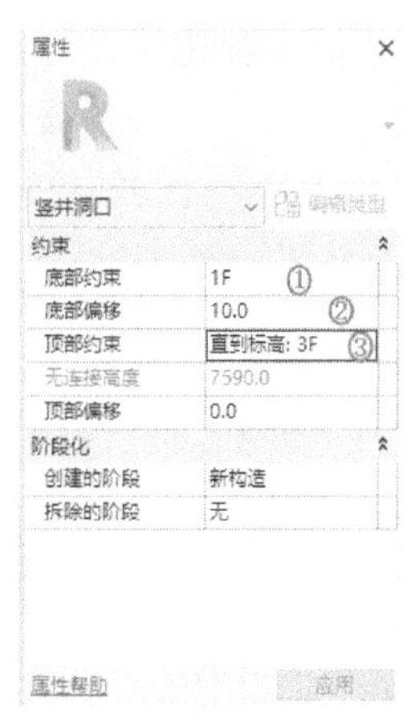

图 12-18　属性选项板

属性选项板中的选项说明如下。

- 底部约束：洞口的底部标高。
- 底部偏移：洞口距洞底定位标高的高度。
- 顶部约束：用于约束洞口顶部的标高。如果未定义墙顶定位标高，则洞口高度会在“无连接高度”中指定的值。
- 顶部偏移：洞口距顶部标高的偏移。
- 无连接高度：如果未定义“顶部约束”，则会使用洞口的高度（从洞底向上测量）。
- 创建的阶段：指示主体图元的创建阶段。
- 拆除的阶段：指示主体图元的拆除阶段。

（4）单击“模式”面板中的“完成编辑模式”按钮，完成竖井洞口的绘制，将视图切换至三维视图，隐藏外墙，观察图形，如图 12-19 所示。

图 12-19　竖井洞口

（5）采用相同的方法，创建另外两个楼梯间的竖井洞口，洞口边界如图 12-20 所示。

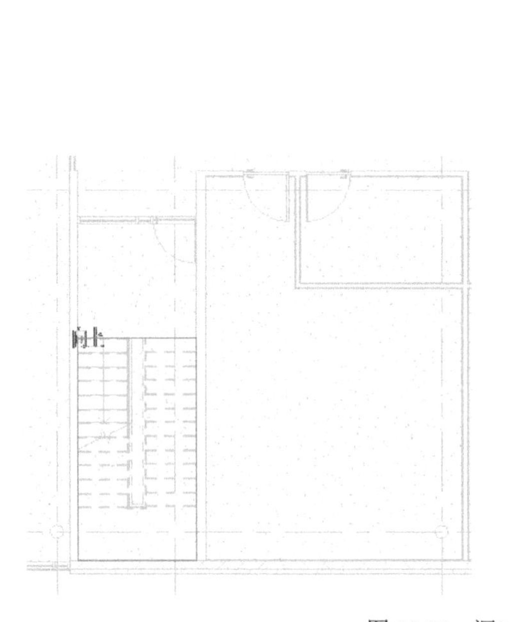

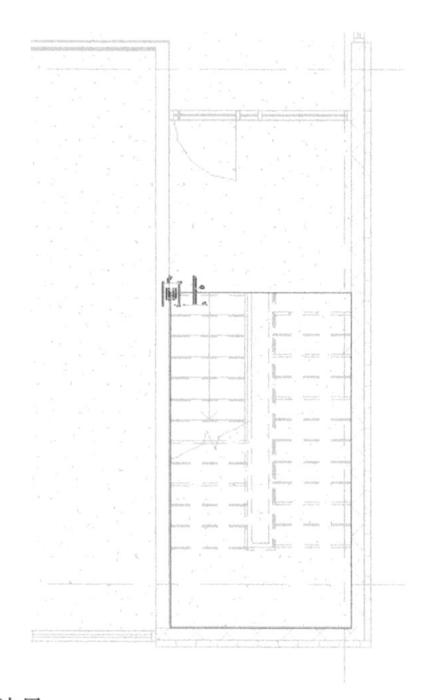

图 12-20　洞口边界

（6）单击“建筑”选项卡“洞口”面板中的“竖井”按钮，打开“修改 | 创建竖井洞口草图”上下文选项卡和选项栏。

（7）单击“绘制”面板中的“边界线”按钮和“矩形”按钮，绘制如图 12-21 所示的边界线。

（8）在属性选项板中设置底部约束为“1F”，底部偏移为 10，顶部约束为“直到标高：屋顶”，顶部偏移为 −5，其他采用默认设置，如图 12-22 所示。

（9）单击“模式”面板中的“完成编辑模式”按钮，完成竖井洞口的绘制，将视图切换至三维视图，观察图形，如图 12-23 所示。

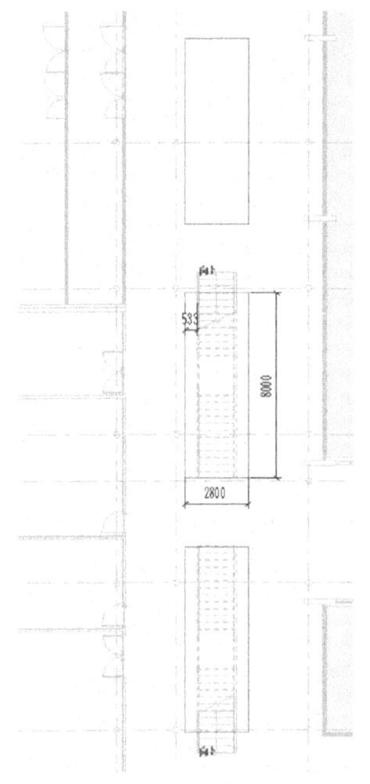

图 12-21　绘制边界线

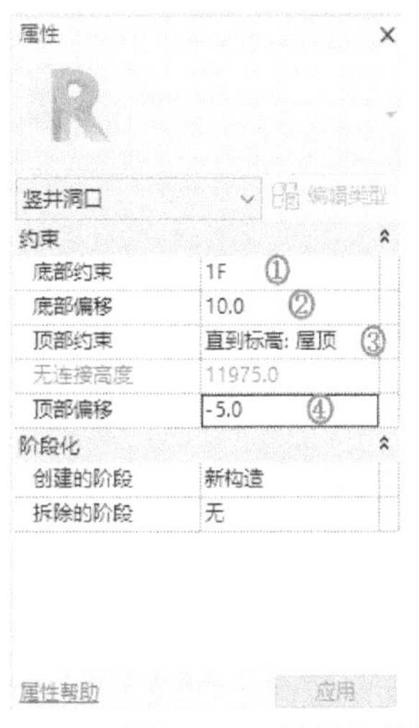

图 12-22　属性选项板

图 12-23　竖井洞口

12.4　洞口加顶

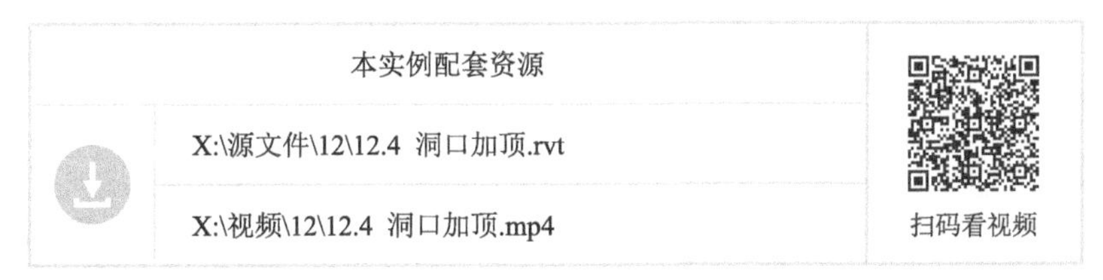

具体绘制步骤如下。

（1）将视图切换至 4F 楼层平面。

（2）单击“建筑”选项卡“构建”面板中的“墙”按钮，打开“修改 | 放置墙”选项卡和选项栏。

（3）在属性选项板的类型下拉列表中选择“内部—138mm 隔断（1 小时）”类型，设置定位线为“面层面：内部”，底部约束为“4F”，底部偏移为 0，顶部约束为“直到标高：屋顶”，顶部偏移为 50，其他采用默认设置，如图 12-24 所示。

（4）沿着洞口边线绘制墙体，结果如图 12-25 所示。

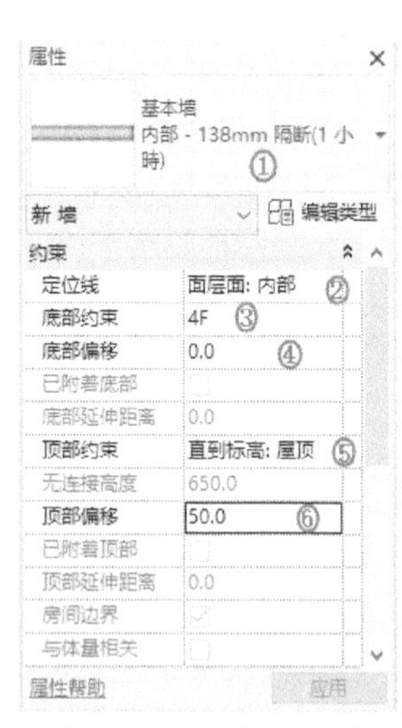

图 12-24　属性选项板

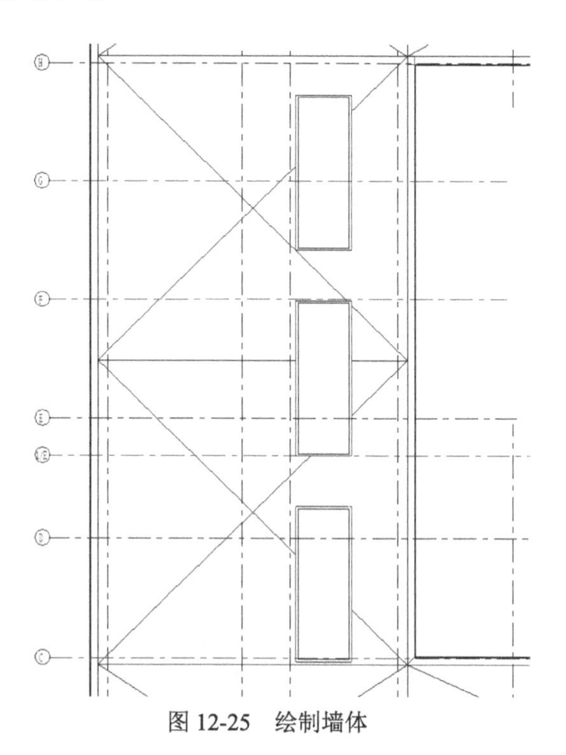

图 12-25　绘制墙体

（5）将视图切换至屋顶楼层平面。

（6）单击“建筑”选项卡“构建”面板“屋顶”下拉列表中的“迹线屋顶”按钮，打开“修改 | 创建屋顶迹线”选项卡和选项栏。

（7）在选项栏中勾选“定义坡度”复选框，在属性选项板中选择“玻璃斜窗”类型，设置自标高的底部为 50，如图 12-26 所示。

（8）单击“绘制”面板中的“边界线”按钮和“矩形”按钮，绘制屋顶迹线，如图 12-27 所示。

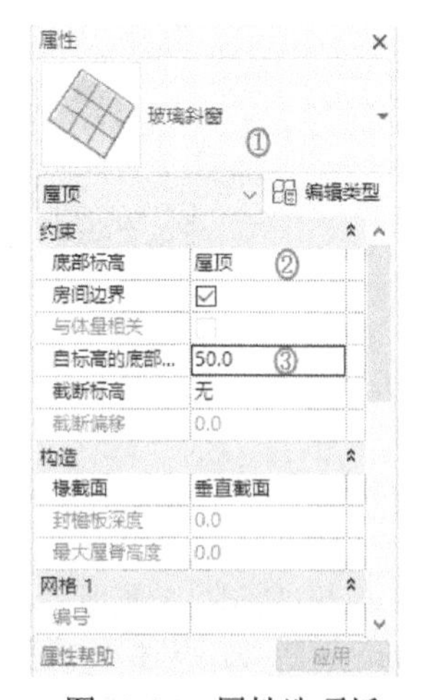

图 12-26　属性选项板

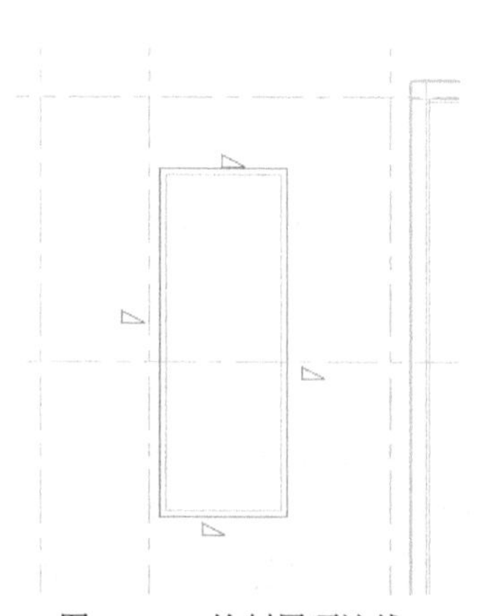

图 12-27　绘制屋顶迹线

（9）在属性选项板中更改坡度为 15°，单击“模式”面板中的“完成编辑模式”按钮✓，完成玻璃屋顶，如图 12-28 所示。

（10）单击“建筑”选项卡“构建”面板中的“幕墙 网格”按钮，打开“修改 | 放置幕墙网格”选项卡，采用默认设置，在玻璃屋顶上添加网格，如图 12-29 所示。

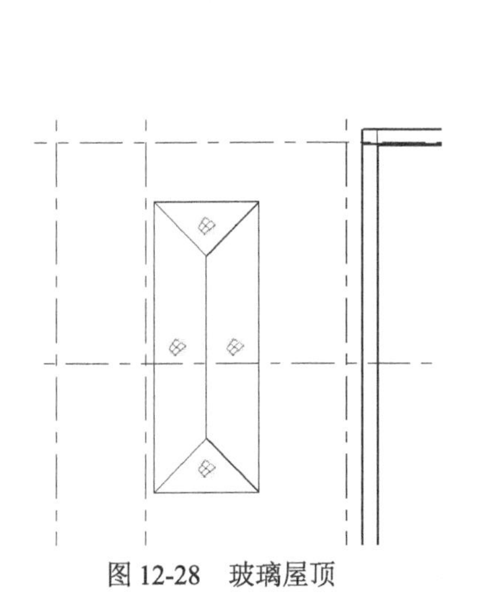

图 12-28　玻璃屋顶

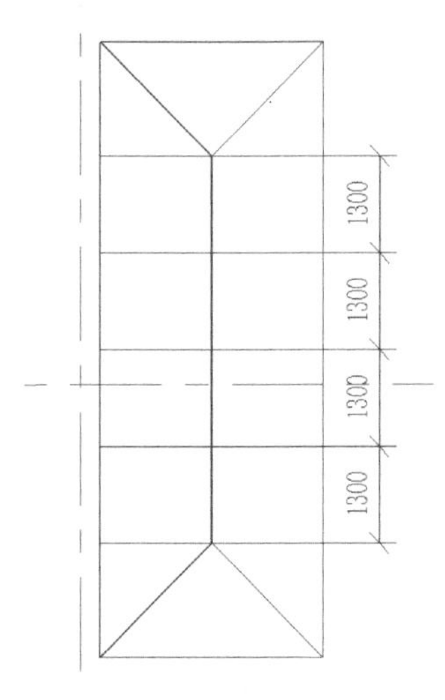

图 12-29　绘制网格

（11）单击“建筑”选项卡“构建”面板中的“竖梃”按钮，打开“修改 | 放置竖梃”选项卡，单击“全部网格线”按钮。

（12）在属性选项板中选择“矩形竖梃 30mm 正方形”，单击“编辑类型”按钮，打开“类型属性”对话框，更改材质为“金属—铝—黑色”，如图 12-30 所示。

（13）在视图中选择玻璃屋顶上的网格添加竖梃，结果如图 12-31 所示。

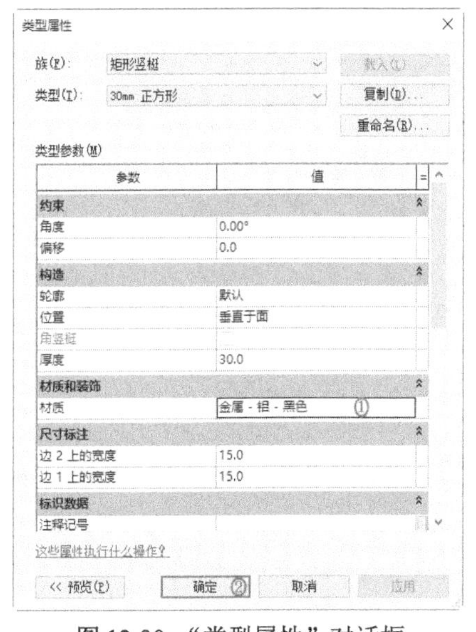

图 12-30　“类型属性”对话框

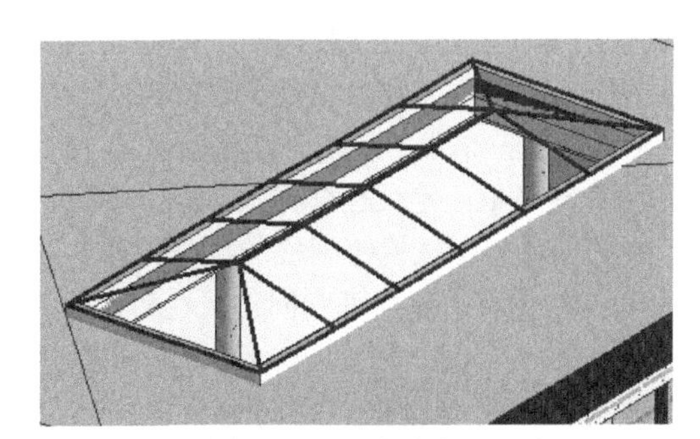

图 12-31　添加竖梃

（14）采用相同的方法，创建另外两个玻璃屋顶，结果如图 12-32 所示。

图 12-32　玻璃屋顶

12.5　创建栏杆

本实例配套资源	扫码看视频
X:\源文件\12\12.5 创建栏杆.rvt	
X:\视频\12\12.5 创建栏杆.mp4	

具体绘制步骤如下。

（1）将视图切换至 2F 楼层平面。

（2）单击“建筑”选项卡“构建”面板“栏杆扶手”下拉列表中的“绘制路径”按钮，打开“修改 | 创建栏杆扶手路径”选项卡和选项栏，如图 12-33 所示。

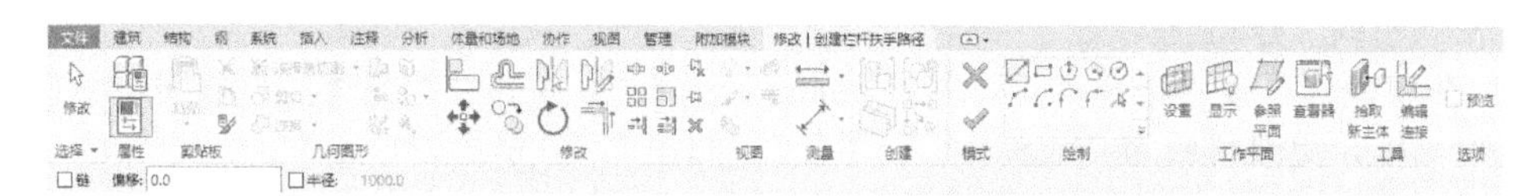

图 12-33　“修改 | 创建栏杆扶手路径”选项卡和选项栏

（3）在属性选项板中选择“栏杆扶手 900mm 圆管”类型，单击“编辑类型”按钮，打开“类型属性”对话框，新建护栏—圆管类型，设置栏杆偏移为 −25，取消“使用顶部栏杆”复选框的勾选，如图 12-34 所示。

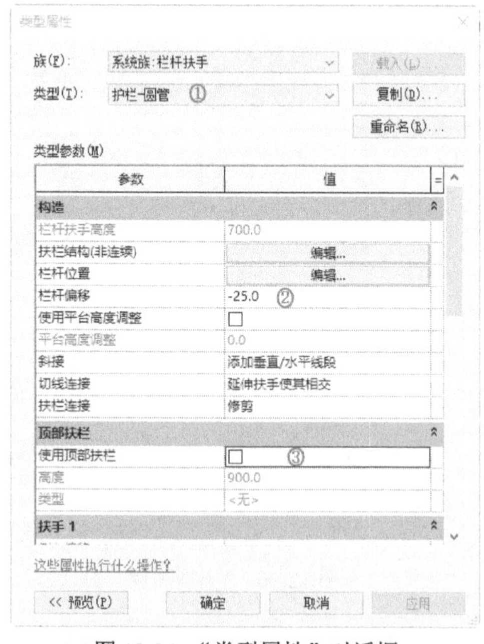

图 12-34　“类型属性”对话框

“类型属性”对话框中的选项说明如下。

- 扶栏结构（非连续）：单击“编辑”按钮编辑...，打开“编辑扶手（非连续）”对话框，可以设置每个扶栏的扶栏编号、高度、偏移、材质和轮廓族（形状）。
- 栏杆位置：单击“编辑”按钮编辑...，打开“编辑栏杆位置”对话框，定义栏杆样式。
- 栏杆偏移：距扶栏绘制线的栏杆偏移。通过设置此属性和扶栏偏移的值，可以创建扶栏和栏杆的不同组合。
- 使用平台高度调整：控制平台栏杆扶手的高度。栏杆扶手和平台像在楼梯梯段上一样使用相同的高度。

- 平台高度调整：基于中间平台或顶部平台“栏杆扶手高度”参数的指示值提高或降低栏杆扶手高度。
- 斜接：如果两段栏杆扶手在平面内相交成一定角度，但没有垂直连接，则可以从以下选项中选择。
    - ✓ 添加垂直 / 水平线段：创建连接。
    - ✓ 不添加连接件：留下间隙。
- 切线连接：如果两段相切栏杆扶手在平面中共线或相切，但没有垂直连接，则可以选择添加垂直 / 水平线段、不添加连接件和延伸扶栏使其相交。此属性可用于栏杆扶手高度在平台处进行了修改或栏杆扶手延伸至楼梯末端之外的情况下创建平滑连接。可以逐个替换每个连接的连接方法。
- 扶栏连接：如果 Revit 无法在栏杆扶手段之间进行连接时创建斜接连接，则可以选择修剪或焊接。
    - ✓ 修剪：使用垂直平面剪切分段。
    - ✓ 焊接：以尽可能接近斜接的方式连接分段。接合连接最适合于圆形扶栏轮廓。
- 高度：设置栏杆扶手系统中顶部扶栏的高度。
- 类型：指定顶部扶栏的类型。
- 侧向偏移：报告上述栏杆偏移值。
- 高度：扶手类型属性中指定的扶手高度。
- 位置：指定扶手相对于栏杆扶手系统的位置。
- 类型：指定扶手类型。

（4）单击扶栏结构栏中的“编辑”按钮 编辑...，打开“编辑扶手（非连续）”对话框，更改扶栏 1 的高度为 1066，偏移为 -25，其他采用默认设置，继续更改其他扶栏，然后单击“插入”按钮，输入名称，并更改其他参数，如图 12-35 所示。单击“确定”按钮，返回“类型属性”对话框。

图 12-35　“编辑扶手（非连续）”对话框

（5）单击栏杆位置栏中的“编辑”按钮编辑...，打开“编辑栏杆位置”对话框，在常规栏中更改相对前一栏杆的距离为1200，在支柱栏中设置顶部为“扶栏 1”，其他采用默认设置，如图 12-36 所示。单击“确定”按钮。

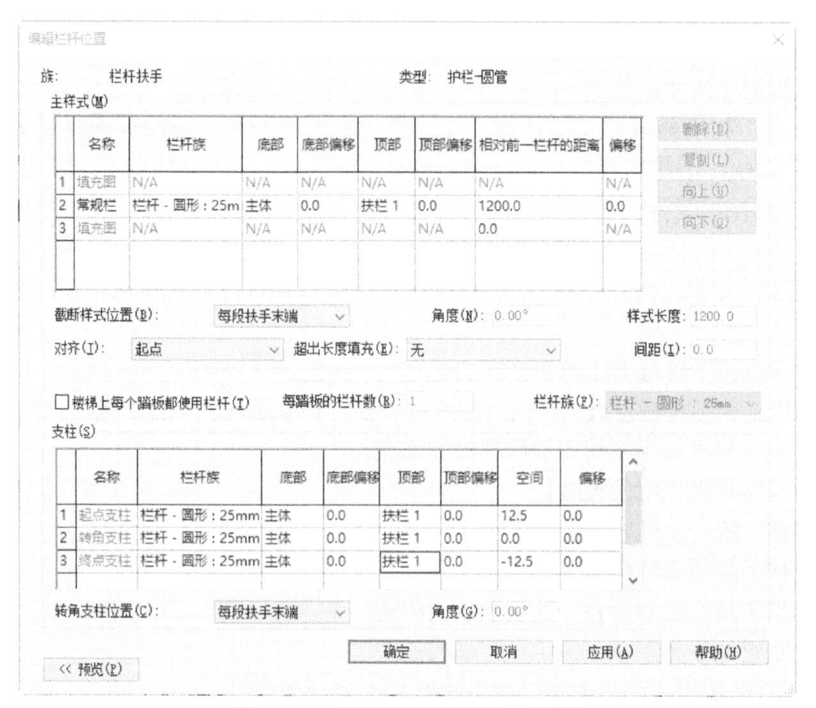

图 12-36 “编辑栏杆位置”对话框

（6）单击“绘制”面板中的“线”按钮，在选项栏中输入偏移为 75，沿着洞口绘制栏杆路径，如图 12-37 所示。单击“模式”面板中的“完成编辑模式”按钮，完成栏杆的创建。

（7）将视图切换至三维视图，并将刚绘制的栏杆隔离，观察栏杆如图 12-38 所示。

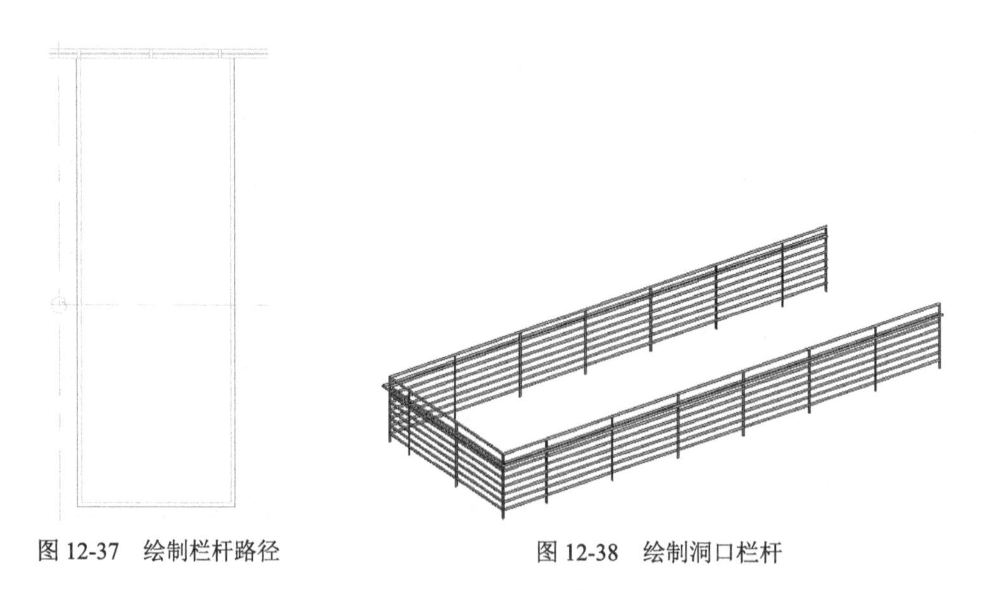

图 12-37　绘制栏杆路径　　图 12-38　绘制洞口栏杆

（8）采用相同的方法，绘制二层其他洞口和三层洞口的栏杆，如图 12-39 所示。

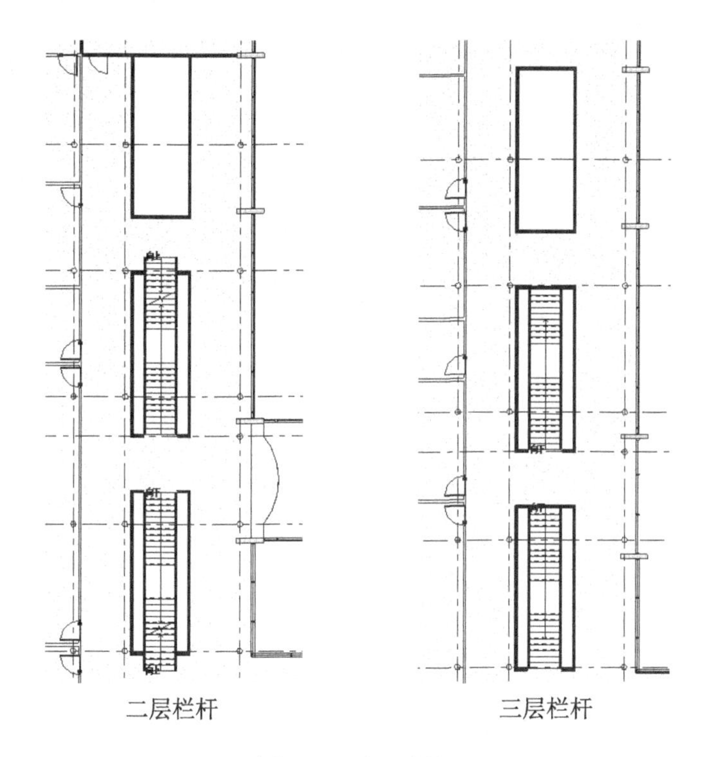

图 12-39　洞口栏杆

（9）将视图切换至 2F 楼层平面。

（10）单击“建筑”选项卡“构建”面板“栏杆扶手” 下拉列表中的“绘制路径”按钮，打开“修改 | 创建栏杆扶手路径”选项卡和选项栏。

（11）在属性选项板中选择“栏杆扶手 护栏—圆管”类型，单击“绘制”面板中的“线”按钮和“起点—终点—半径弧”按钮，在选项栏中输入偏移为 −100，沿着楼板边缘绘制栏杆路径，如图 12-40 所示。

（12）单击“模式”面板中的“完成编辑模式”按钮，完成栏杆的创建，如图 12-41 所示。

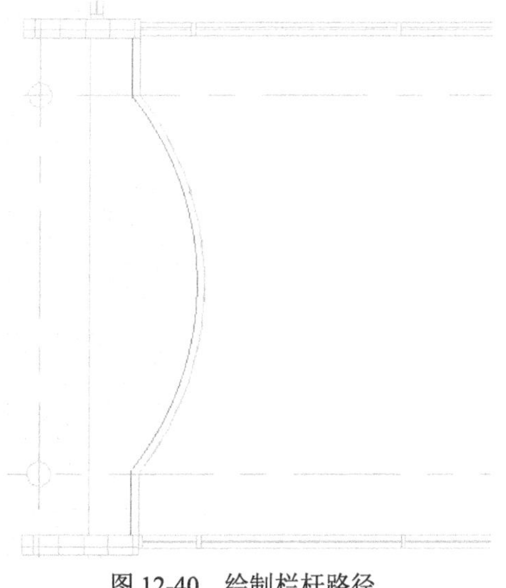

图 12-40　绘制栏杆路径

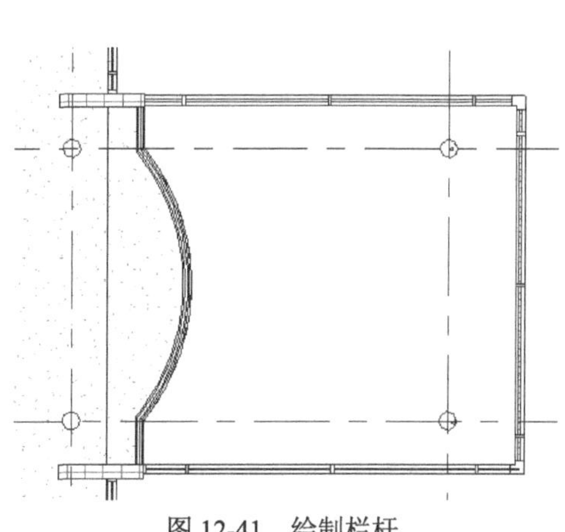

图 12-41　绘制栏杆

第 13 章 外部设计

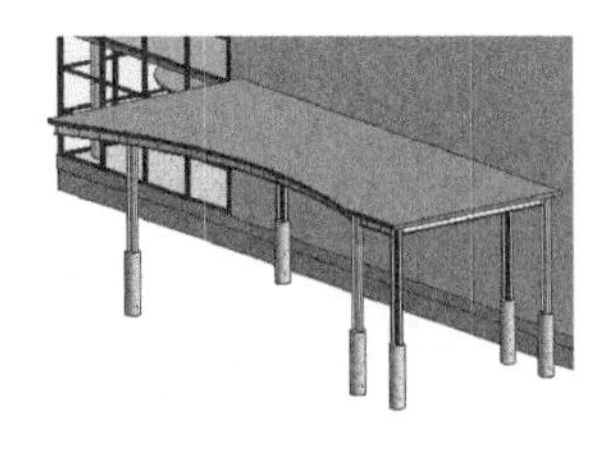

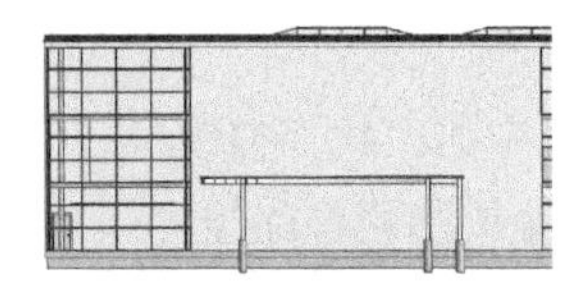

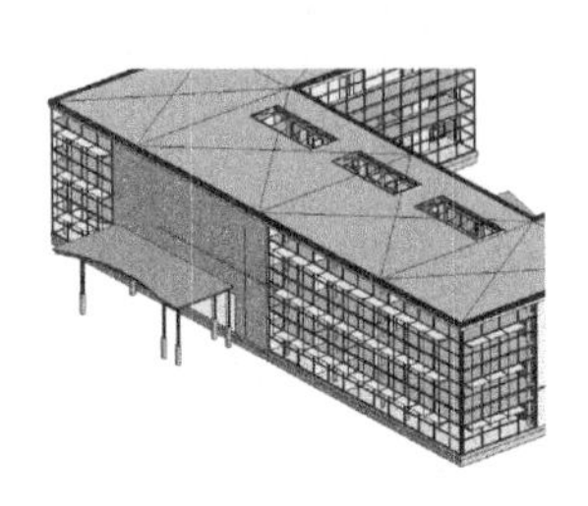

知识导引

本章主要介绍培训大楼入口雨棚的绘制，外墙上分隔条的创建以及遮光支架和遮光板的绘制。

13.1　绘制入口雨棚

雨棚是设在建筑物出入口或顶部阳台上方用来挡雨、挡风、防高空落物砸伤的一种建筑装配。

13.1.1　绘制结构柱

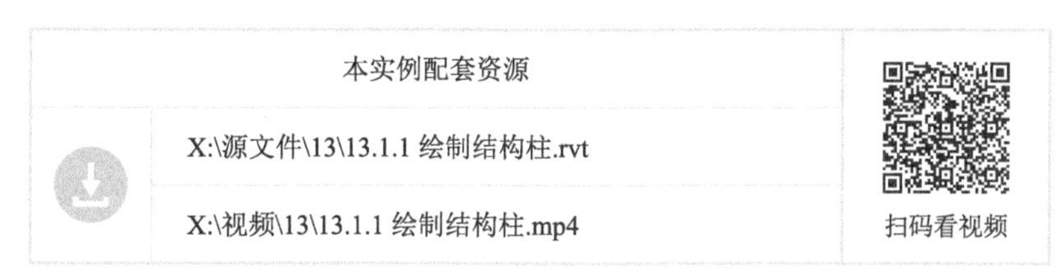

具体绘制步骤如下。

（1）将视图切换至 1F 楼层平面。单击“建筑”选项卡“构建”面板“柱”下拉列表中的“结构柱”按钮，打开“修改 | 放置 结构柱”选项卡和选项栏。

（2）在属性选项板中选择“混凝土—圆形—柱 450mm”类型，在视图中放置结构柱，如图 13-1 所示。

（3）选择结构柱，在属性选项板中更改底部标高和顶部标高为 1F，底部偏移为 −1220，顶部偏移为 610，如图 13-2 所示。

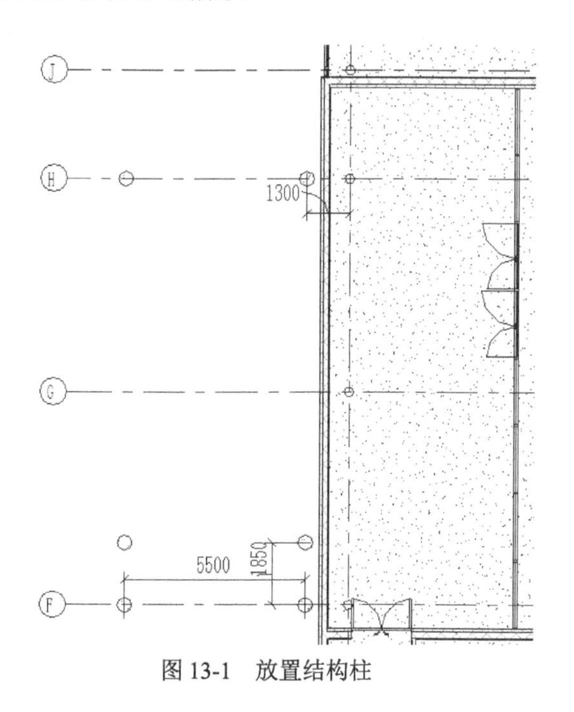

图 13-1　放置结构柱

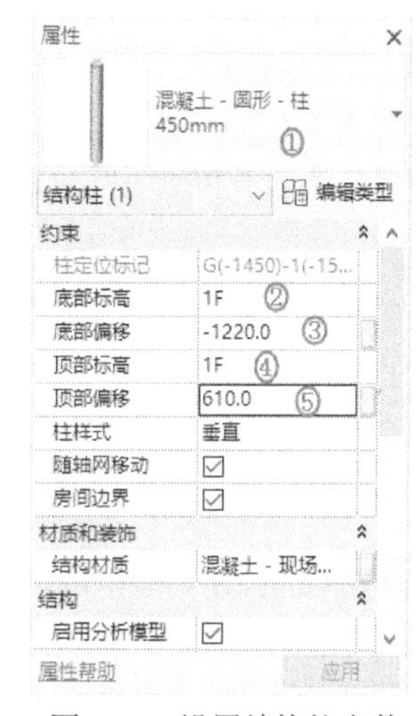

图 13-2　设置结构柱参数

（4）在属性选项板中选择“UC—普通柱—柱 UC305×305×97”类型，单击“编辑类型”按钮，打开“类型属性”对话框，更改宽度为 20cm，高度为 25cm，法兰和腹杆厚度为 1cm，其他采用默认设置，如图 13-3 所示。

（5）在圆形结构柱上放置 UC 结构柱，在属性选项板中更改底部偏移为 610，顶部标高为 2F，顶部偏移为 230，结果如图 13-4 所示。

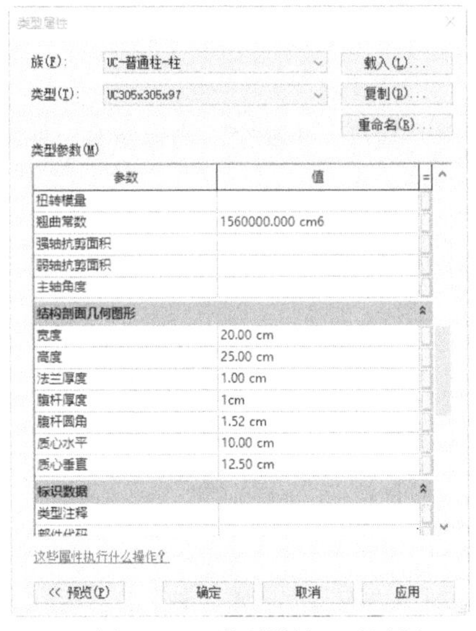

图 13-3 “类型属性”对话框

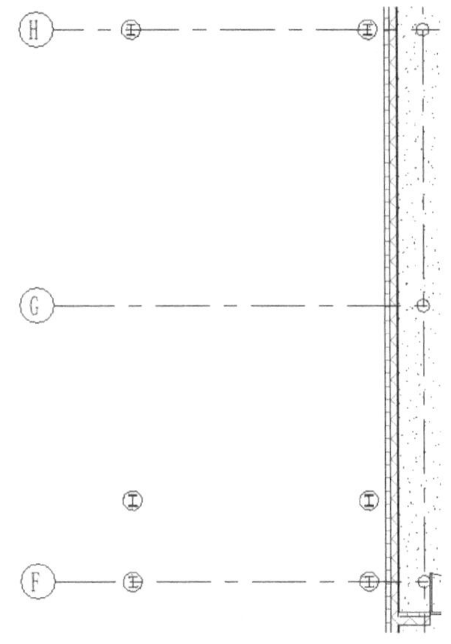

图 13-4 放置 UC 柱

13.1.2 绘制结构梁

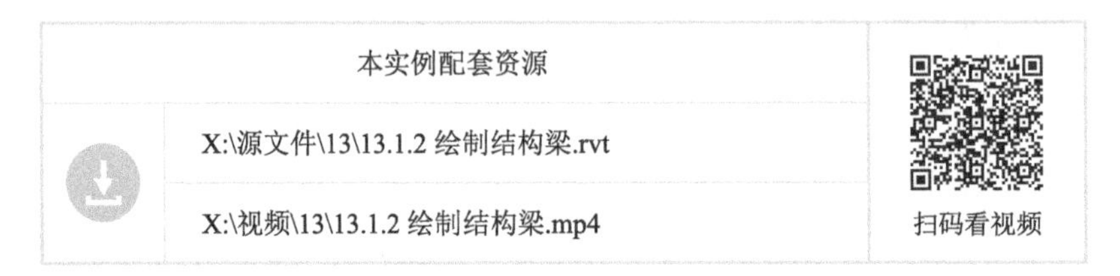

具体绘制步骤如下。

（1）将视图切换至 2F 楼层平面。单击“结构”选项卡“结构”面板“梁”按钮，打开“修改 | 放置 梁”选项卡和选项栏，如图 13-5 所示。

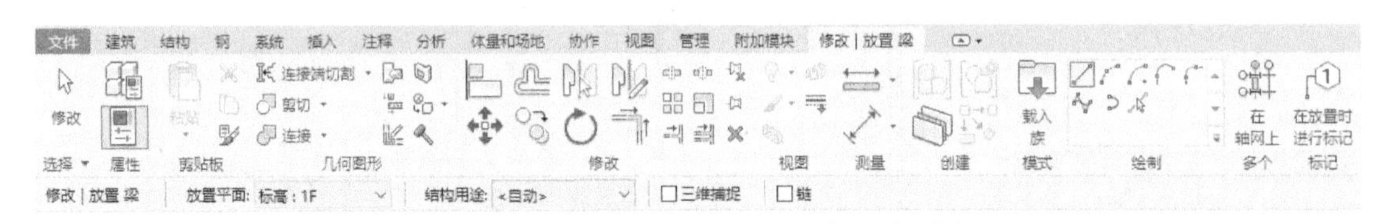

图 13-5 “修改 | 放置 梁”选项卡和选项栏

- 放置平面：在列表中可以选择梁的放置平面。
- 结构用途：指定梁的结构用途，包括大梁、水平支撑、托梁、檩条以及其他。
- 三维捕捉：勾选此选项来捕捉任何视图中的其他结构图元，不论高程如何，屋顶梁都将捕捉到柱的顶部。
- 链：勾选此选项后依次连续放置梁。在放置梁时的第二次单击将作为下一个梁的起点。按 Esc 键完成链式放置梁。

（2）在属性选项板中选择“热轧 H 型钢 HW400×400×13×21”类型，单击“编辑类型”按钮，打开“类型属性”对话框，更改宽度为 12cm，高度为 31cm，其他采用默认设置，如图 13-6 所示，单击“确定”按钮。

（3）单击“绘制”面板中的“线”按钮和“起点-终点-半径弧”按钮，绘制梁，然后在属性选项板中更改起点标高偏移和终点标高偏移为230，如图13-7所示。

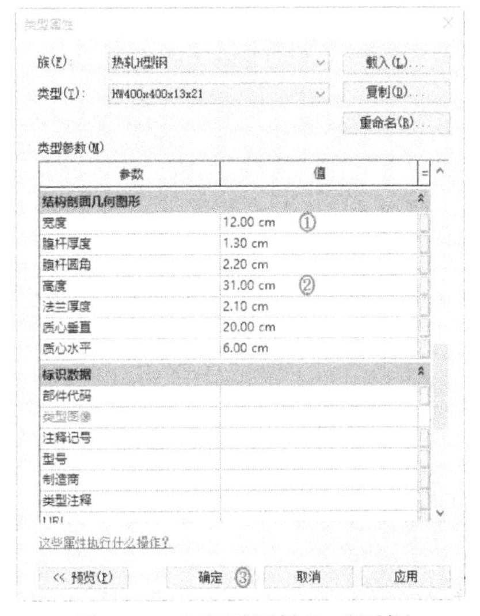

图13-6　“类型属性”对话框

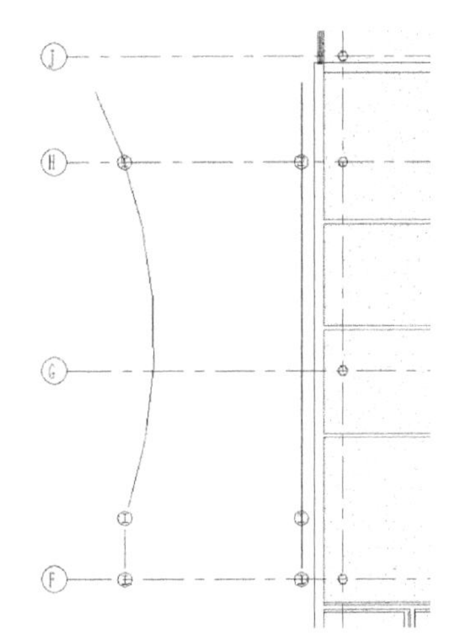

图13-7　绘制梁

13.1.3　绘制梁系统

具体绘制步骤如下。

（1）单击“结构”选项卡“结构”面板“梁系统”按钮，打开“修改 | 创建梁系统边界”选项卡和选项栏，如图13-8所示。

图13-8　“修改 | 创建梁系统边界”选项卡和选项栏

（2）在属性选项板中输入标高中的高程为230，布局规则为固定距离，固定间距为610，对正为中心，如图13-9所示。

（3）单击“绘制”面板中的“线”按钮和“起点-终点-半径弧”按钮，绘制梁系统的边界线，如图13-10所示。

（4）单击“模式”面板中的“完成编辑模式”按钮，完成的结构梁系统如图13-11所示。

（5）选择梁系统，然后单击“编辑边界”按钮，进入编辑边界环境。

（6）单击“绘制”面板中的“梁方向”按钮，拾取水平方向的直线为梁方向，如图13-12所示，单击“模式”面板中的“完成编辑模式”按钮，更改后梁系统，结果如图13-13所示。

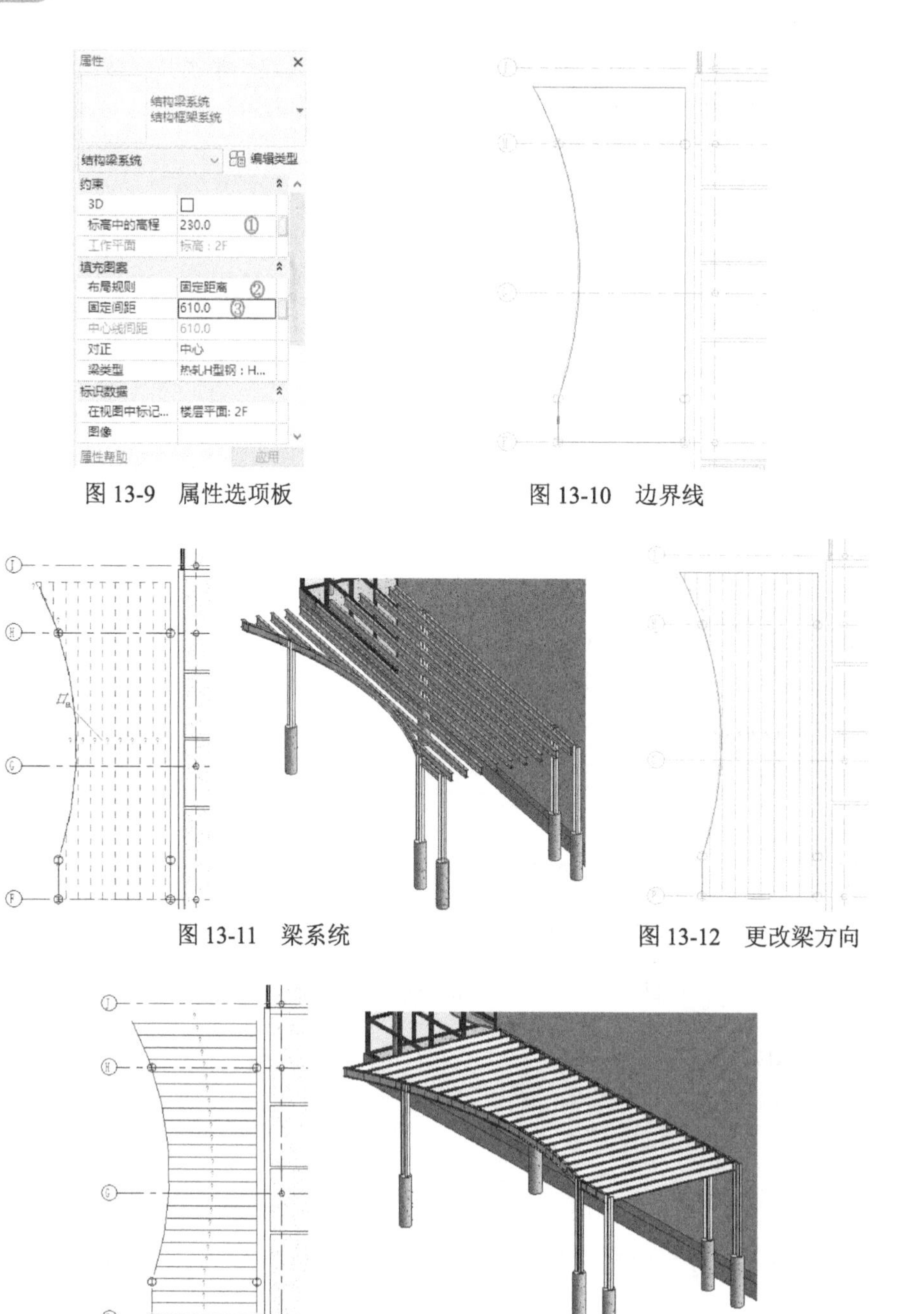

图 13-9　属性选项板

图 13-10　边界线

图 13-11　梁系统

图 13-12　更改梁方向

图 13-13　更改后梁系统

13.1.4　绘制顶

本实例配套资源

X:\源文件\13\13.1.4 绘制顶.rvt

X:\视频\13\13.1.4 绘制顶.mp4

扫码看视频

具体绘制步骤如下。

（1）单击“建筑”选项卡“构建”面板“屋顶”下拉列表中的“迹线屋顶”按钮，打开“修改 | 创建屋顶迹线”选项卡和选项栏。

（2）在属性选项板中选择“基本屋顶 常规—125mm”类型，单击“编辑类型”按钮，打开“类型属性”对话框，新建“常规—75mm”类型，单击“编辑”按钮 编辑...，打开“编辑部件”对话框，更改结构的厚度为“75”，如图 13-14 所示。连续单击“确定”按钮。

（3）在选项栏中取消“定义坡度”复选框的勾选，单击“绘制”面板中的“边界线”按钮、“线”按钮和“起点—终点—半径弧”按钮，输入偏移为 250，绘制屋顶迹线，并调整屋顶迹线使其成为一个闭合轮廓，如图 13-15 所示。

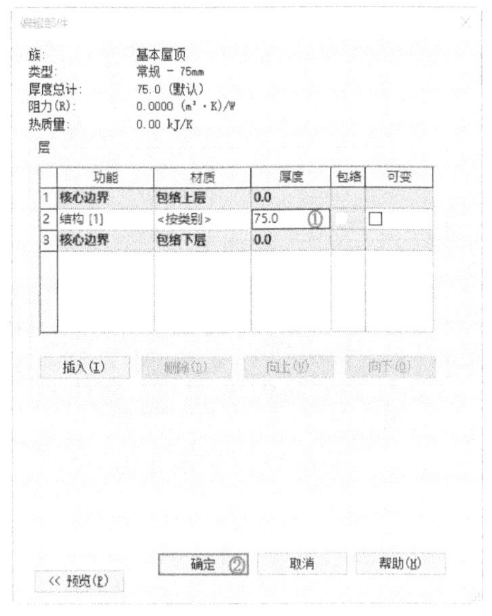

图 13-14　“编辑部件”对话框

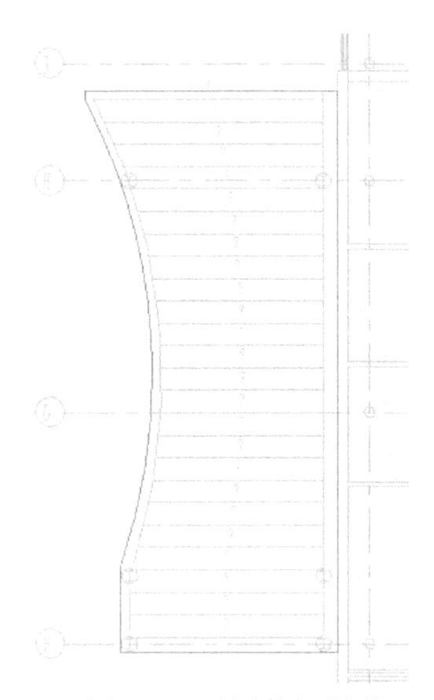

图 13-15　绘制屋顶迹线

（4）在属性选项板中更改自标高的底部偏移为 230，其他采用默认设置，如图 13-16 所示。

（5）单击“修改 | 编辑迹线”选项卡“模式”面板中的“完成编辑模式”按钮，将视图切换到三维视图，创建的屋顶如图 13-17 所示。

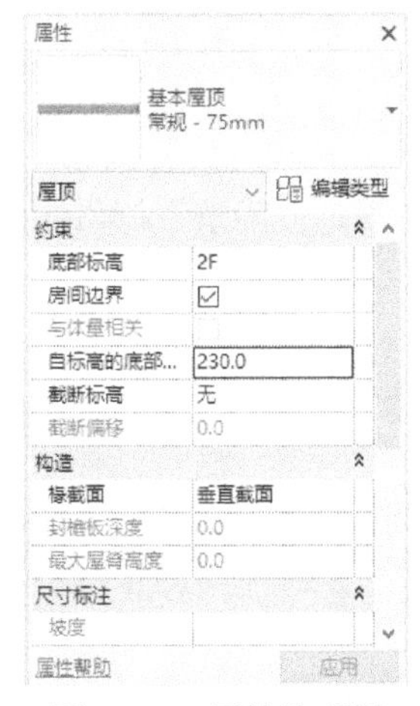

图 13-16　属性选项板

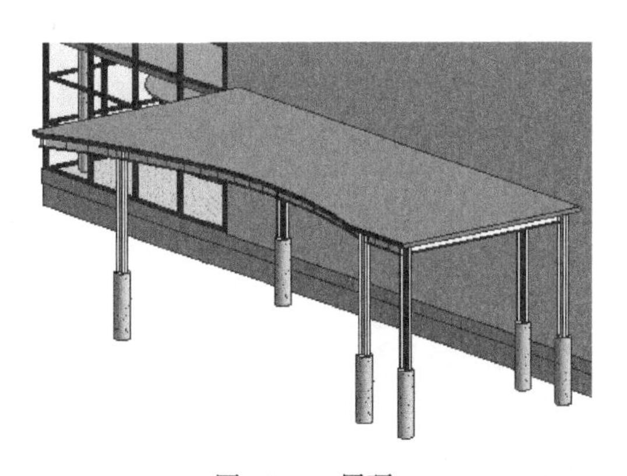

图 13-17　屋顶

13.1.5 绘制洞口

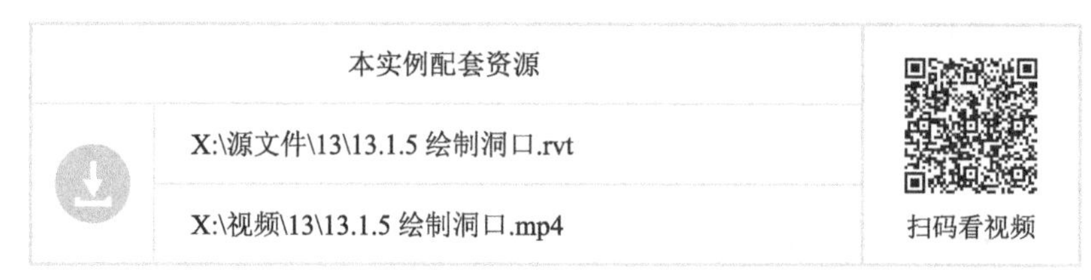

本实例配套资源	扫码看视频
X:\源文件\13\13.1.5 绘制洞口.rvt	
X:\视频\13\13.1.5 绘制洞口.mp4	

具体绘制步骤如下。

（1）在 ViewCube 上单击“左”，将视图切换至左视图，如图 13-18 所示。

（2）单击“建筑”选项卡“洞口”面板中的“墙洞口”按钮，选择外墙为要创建洞口的墙，在墙上单击确定矩形的起点，然后移动鼠标指针到适当位置单击确定矩形对角点，绘制一个矩形洞口，如图 13-19 所示。

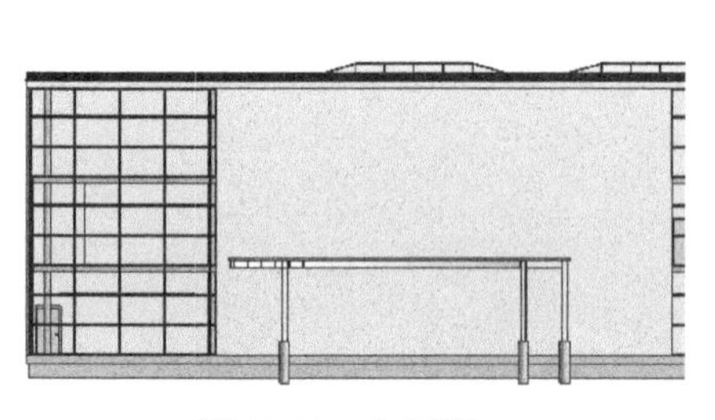

图 13-18　左视图

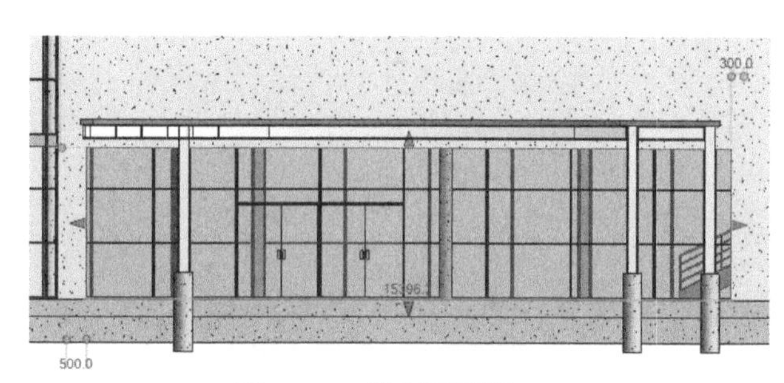

图 13-19　绘制矩形洞口

13.2 绘制分隔条

本实例配套资源	扫码看视频
X:\源文件\13\13.2 绘制分隔条.rvt	
X:\视频\13\13.2 绘制分隔条.mp4	

具体绘制步骤如下。

（1）单击“建筑”选项卡“构建”面板“墙”列表下的“墙：分隔条”按钮，打开“修改 | 放置 分隔条”选项卡和选项栏，如图 13-20 所示。

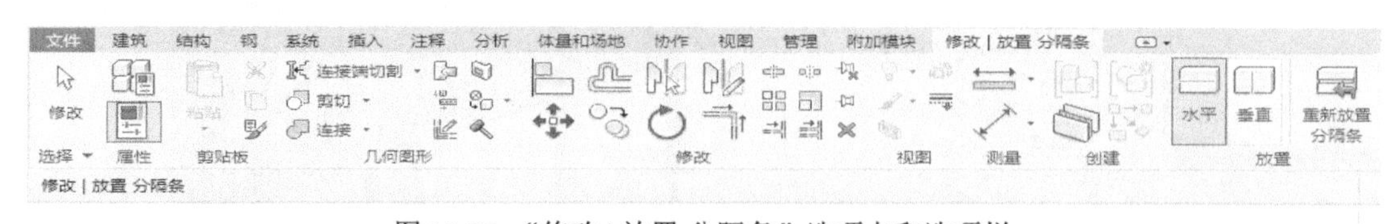

图 13-20　“修改 | 放置 分隔条”选项卡和选项栏

（2）将鼠标指针放在墙上以高亮显示分隔条位置，如图 13-21 所示，单击以放置分隔条。

（3）按 Esc 键退出此命令，选择刚绘制的分隔条，拖曳控制点调整其长度，然后在属性选项板中更改相对标高的偏移为 5800，如图 13-22 所示。

（4）单击“建筑”选项卡“构建”面板“墙”列表下的“墙：分隔条”按钮，打开“修改|放置 分隔条”选项卡，单击“垂直”按钮，在外墙上放置分隔条。

（5）选择分隔条，拖曳控制点调整其长度，然后双击临时尺寸更改其位置，如图 13-23 所示。

（6）将视图切换至前视图，采用相同的方法在外墙上绘制分隔条，如图 13-24 所示。

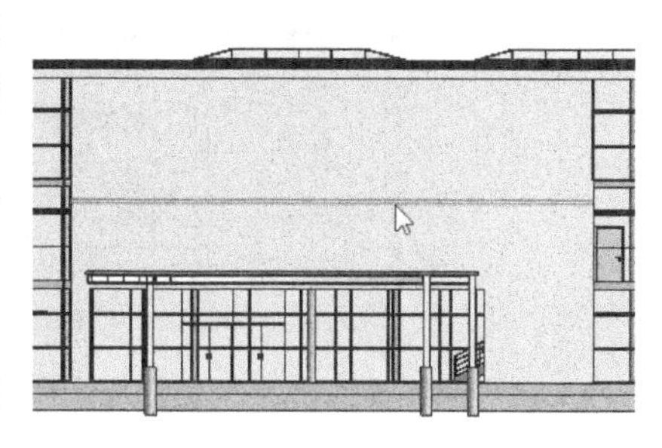

图 13-21　放置分隔条

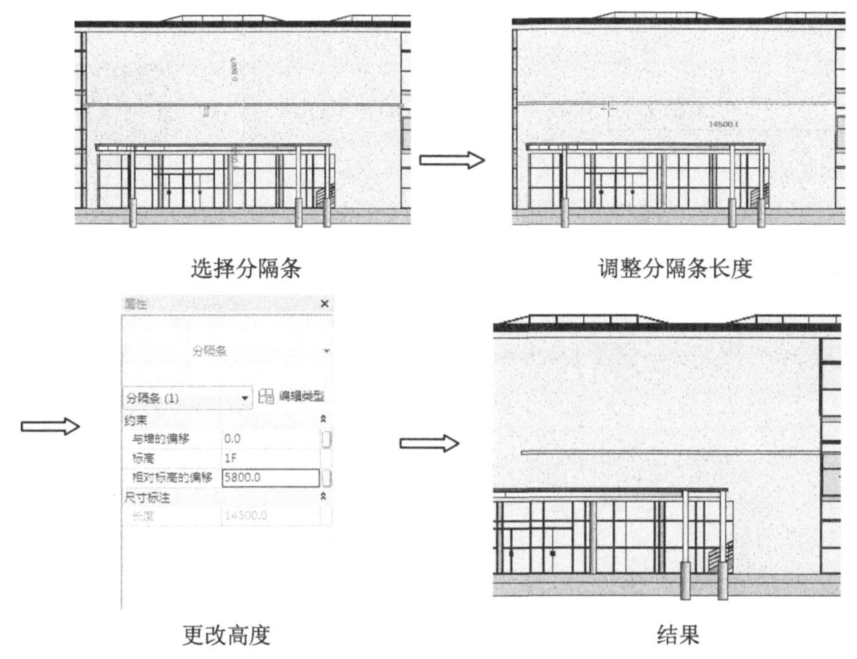

选择分隔条　调整分隔条长度

更改高度　结果

图 13-22　添加竖直分隔条

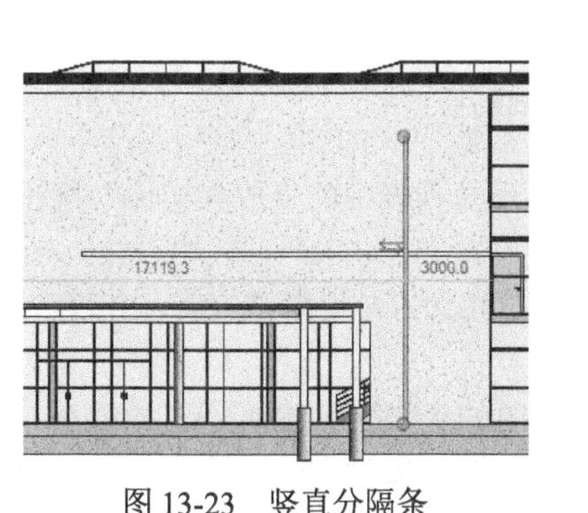

图 13-23　竖直分隔条

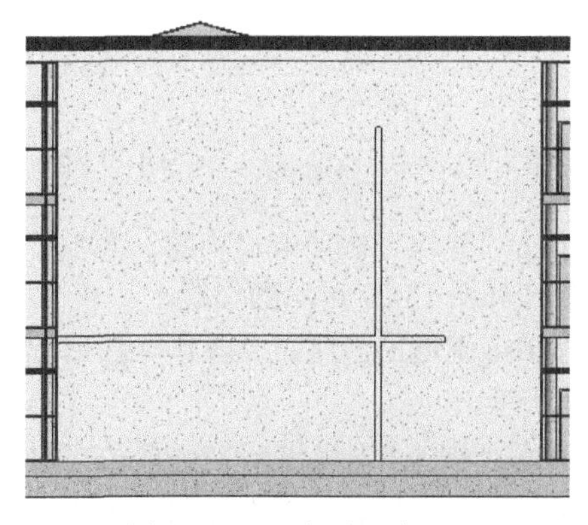

图 13-24　添加分隔条

（7）将视图切换至右视图，采用相同的方法在外墙上绘制分隔条，如图 13-25 所示。

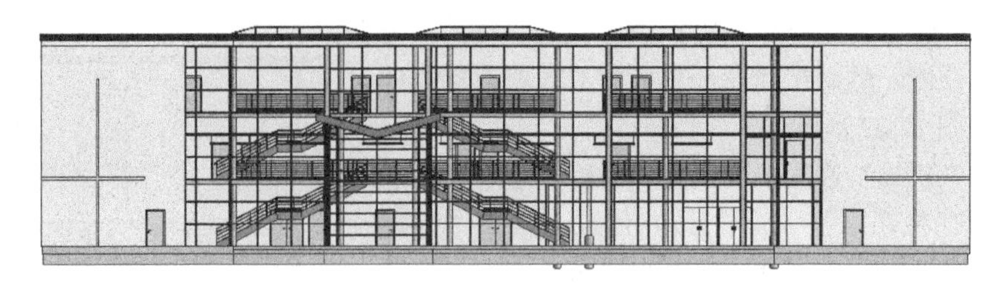

图 13-25　添加分隔条

13.3　绘制遮光支架

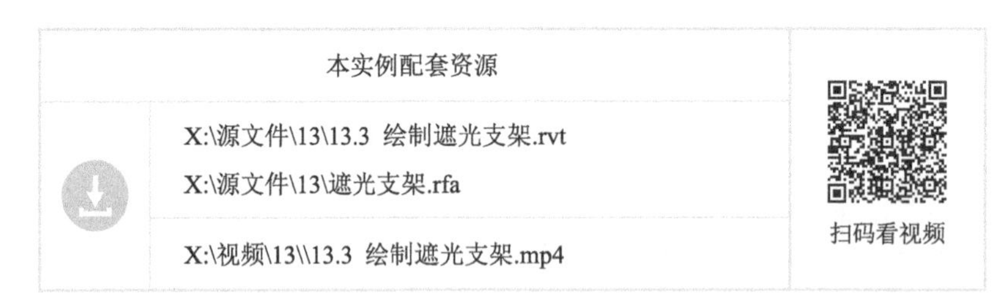

本实例配套资源

X:\源文件\13\13.3 绘制遮光支架.rvt

X:\源文件\13\遮光支架.rfa

X:\视频\13\\13.3 绘制遮光支架.mp4

扫码看视频

具体绘制步骤如下。

（1）单击“插入”选项卡“从库中载入”面板中的“载入族”按钮，打开“载入族”对话框，选择“遮光支架 .rfa”族文件，如图 13-26 所示，单击“打开”按钮，打开遮光支架族文件。

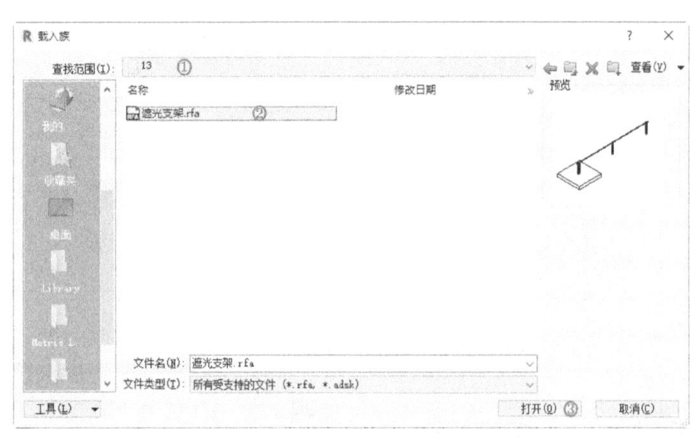

图 13-26　“载入族”对话框

（2）单击“建筑”选项卡“构建”面板“构件”下拉列表中的“放置构件”按钮，将遮光支架放置在如图 13-27 所示的位置。

（3）按 Esc 键退出当前命令操作，然后选择放置的遮光支架，调整其位置，并修改临时尺寸，如图 13-28 所示。

（4）单击“修改 | 常规模型”选项卡“修改”面板中的“阵列”按钮，拾取阵列起点，然后水平向左移动鼠标指针，设置阵列间距为 2000，输入阵列个数为 20，按 Enter 键完成阵列操作，如图 13-29 所示。

（5）单击“建筑”选项卡“构建”面板“构件”下拉列表中的“放置构件”按钮，将遮光支架放置在如图 13-30 所示的位置。

图 13-27　放置遮光支架

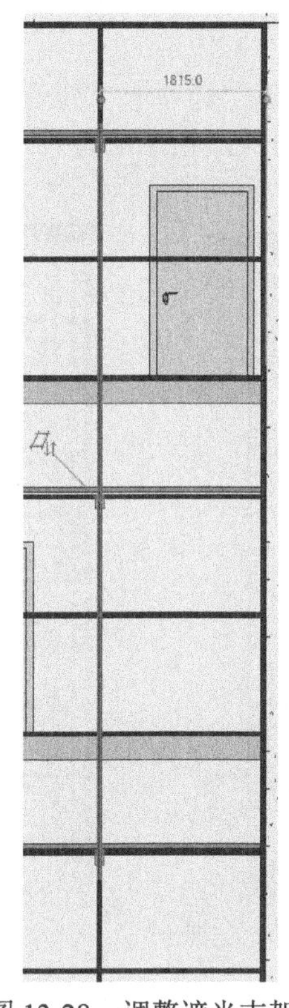

图 13-28　调整遮光支架位置

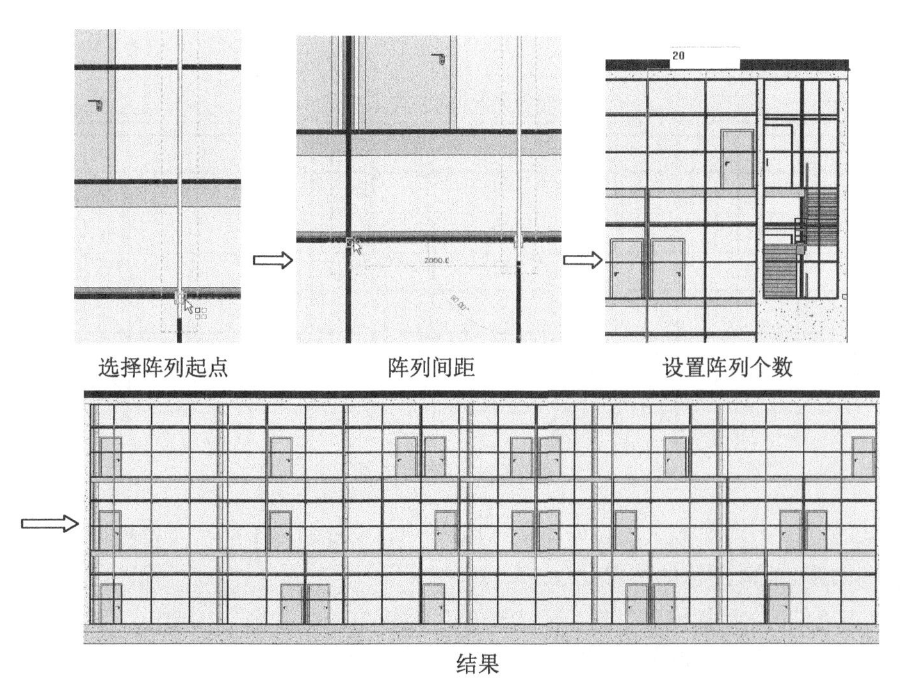

图 13-29　阵列遮光支架

（6）单击“修改 | 常规模型”选项卡“修改”面板中的“阵列”按钮，拾取阵列起点，然后水平向左移动鼠标指针，设置阵列间距为 2000，输入阵列个数为 4，按 Enter 键完成阵列操作，如图 13-31 所示。

（7）单击“建筑”选项卡“构建”面板“构件”下拉列表中的“放置构件”按钮，将遮光支架放置在如图 13-32 所示的位置。

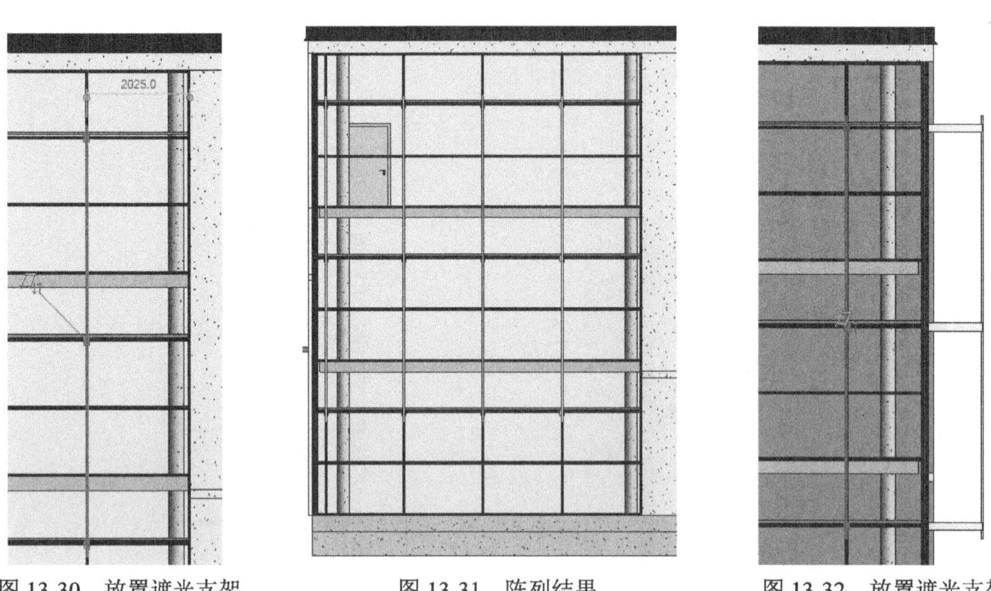

图 13-30　放置遮光支架　　图 13-31　阵列结果　　图 13-32　放置遮光支架

（8）单击“修改 | 常规模型”选项卡“修改”面板中的“阵列”按钮，拾取阵列起点，然后水平向左移动鼠标指针，设置阵列间距为 2000，输入阵列个数为 12，按 Enter 键完成阵列操作，如图 13-33 所示。

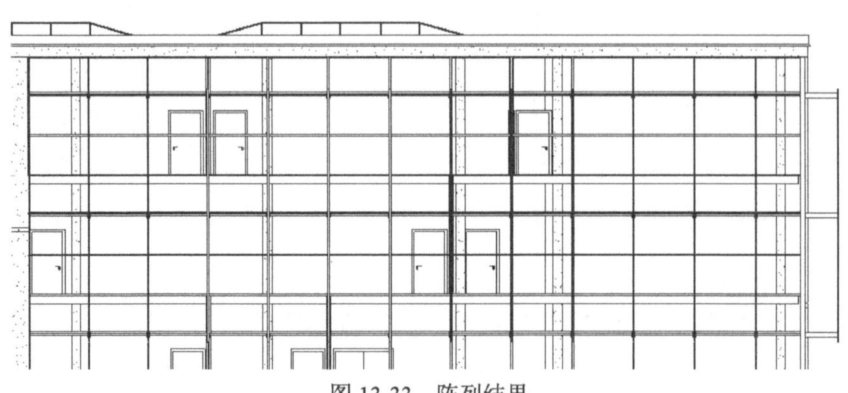

图 13-33　阵列结果

（9）单击“建筑”选项卡“构建”面板“构件”下拉列表中的“放置构件”按钮，将遮光支架放置在如图 13-34 所示的位置。

（10）单击“修改 | 常规模型”选项卡“修改”面板中的“阵列”按钮，拾取阵列起点，然后水平向左移动鼠标指针，设置阵列间距为 2000，输入阵列个数为 4，按 Enter 键完成阵列操作，如图 13-35 所示。

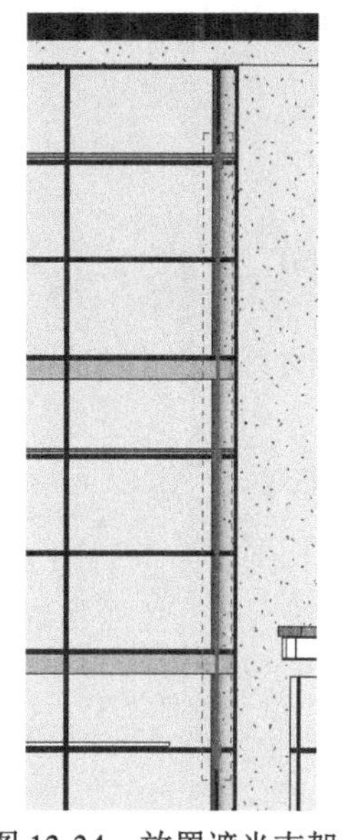

图 13-34　放置遮光支架

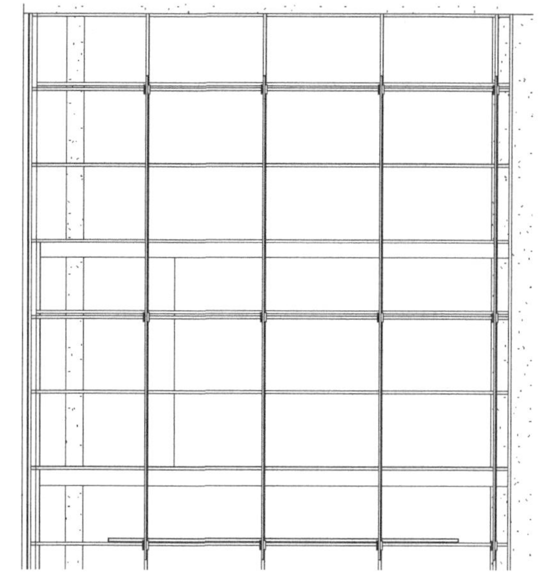

图 13-35　阵列结果

13.4　绘制遮光板

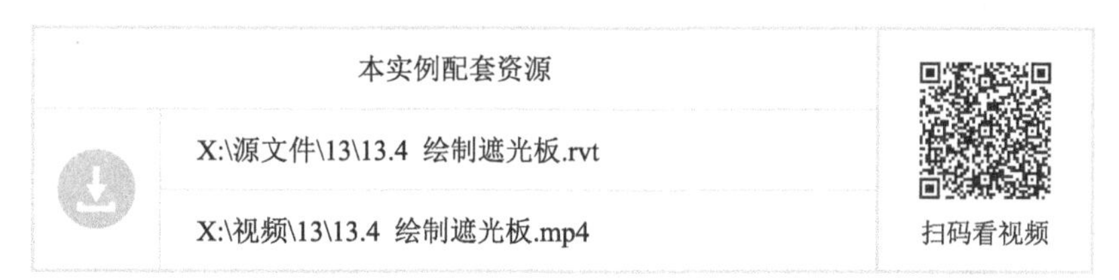

具体绘制步骤如下。

（1）将视图切换至 1F 楼层平面。

（2）单击“建筑”选项卡“构建”面板“楼板”下拉列表中的“楼板：建筑”按钮，打开“修改 | 创建楼层边界”选项卡和选项栏。

（3）在属性选项板中选择“楼板常规—150mm”类型，单击“编辑类型”按钮，打开“类型属性”对话框，新建“金属遮光板”类型，单击“编辑”按钮 编辑... ，打开“编辑部件”对话框，单击结构栏中“材质”按钮，打开“材质浏览器”对话框。

（4）在对话框中选择“不锈钢”材质，将其进行复制并更改名称为“金属—遮光”，在“外观”选项卡中的金属选项组中设置饰面为“拉丝”，勾选“剪切”复选框，设置类型为“方形”，大小为 4，中心间距为 0.0001，如图 13-36 所示。

（5）在“图形”选项卡中勾选“使用渲染外观”复选框，其他采用默认设置，如图 13-37 所示，单击“确定”按钮。

（6）返回“编辑部件”对话框，修改结构层的厚度为 12.5，连续单击“确定”按钮。

（7）单击“绘制”面板中的“边界线”按钮和“矩形”按钮，绘制如图 13-38 所示的边界线。

（8）在属性选项板中更改自标高的高度偏移为 2600，其他采用默认设置，如图 13-39 所示。

（9）单击“修改 | 编辑迹线”选项卡“模式”面板中的“完成编辑模式”按钮✓，将视图切换到三维视图，创建的遮光板如图 13-40 所示。

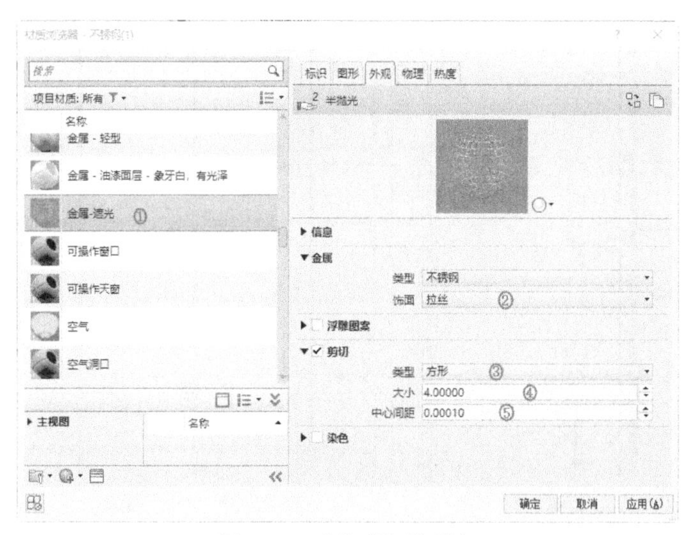

图 13-36 “外观”选项卡

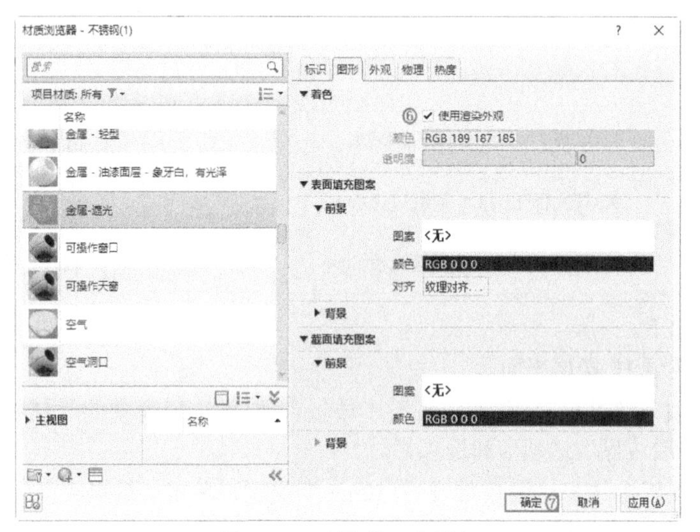

图 13-37 “图形”选项卡

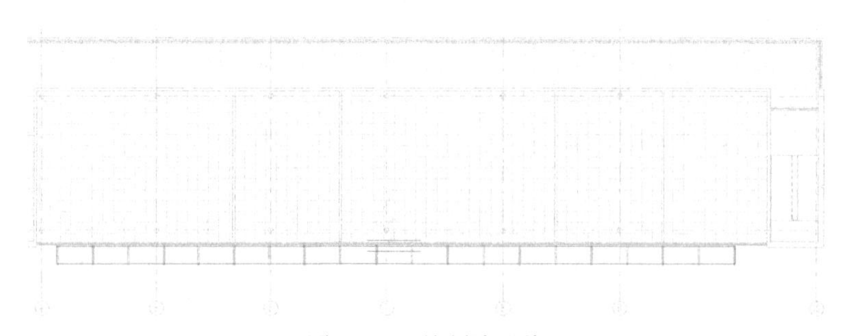

图 13-38 绘制边界线

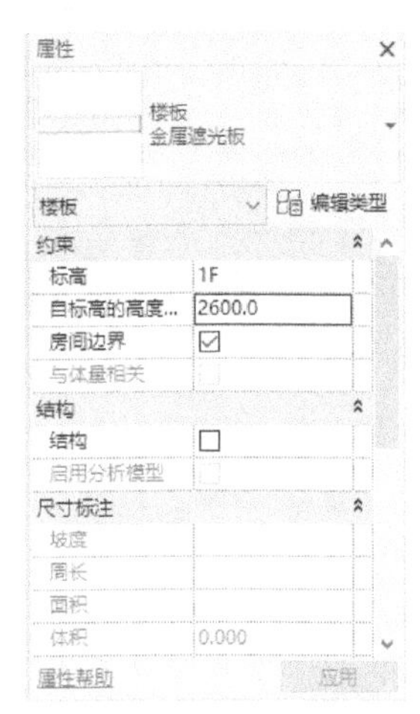

图 13-39　属性选项板

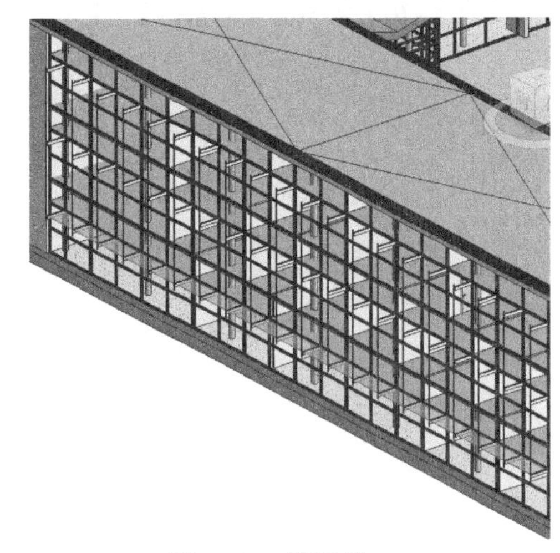

图 13-40　遮光板

（10）将视图切换至南立面视图。

（11）选择第（10）步创建的遮光板，单击“修改”面板中的“复制”按钮，拾取移动起点，在选项栏中勾选“多个”复选框，向上移动鼠标指针，捕捉二层、三层上遮光支架上的点作为端点，完成遮光板的复制，如图 13-41 所示。

（12）采用相同的方法，在其他遮光支架上创建遮光板，如图 13-42 所示。

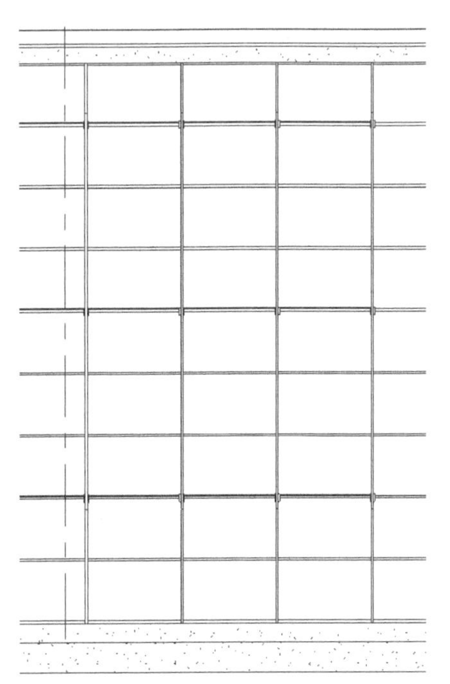

图 13-41　复制遮光板

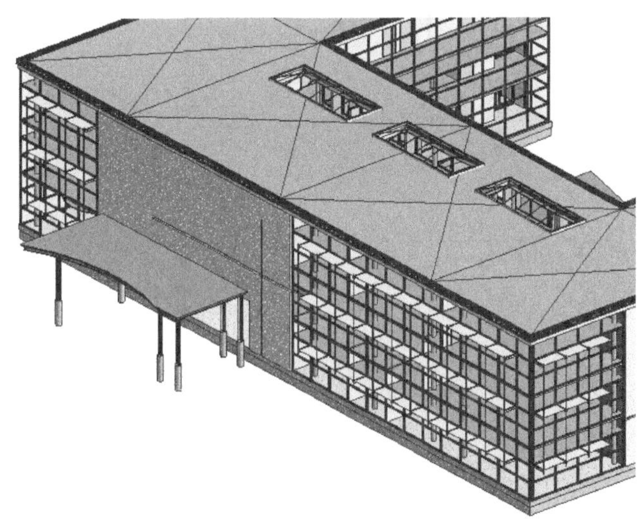

图 13-42　创建遮光板

第 14 章 场地设计

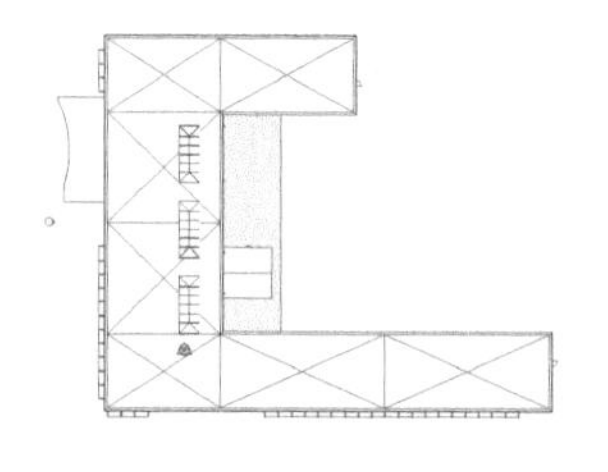

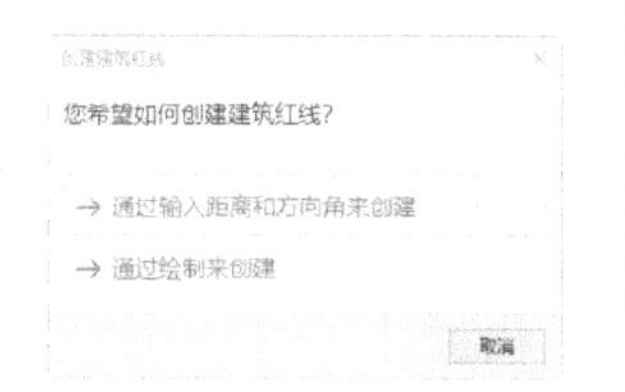

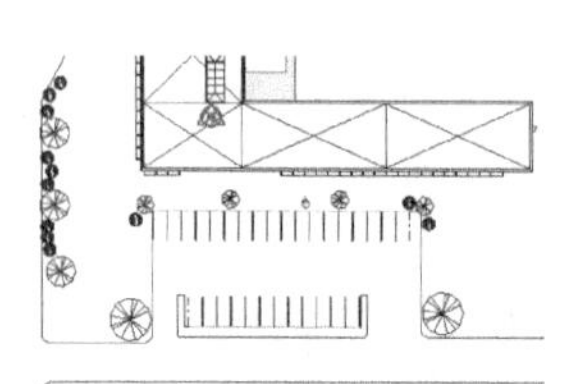

知识导引

一般来说，场地设计是为满足一个建设项目的要求，在基地现状条件和相关的法规、规范的基础上，组织场地中各构成要素之间关系的活动。其根本目的是通过设计使场地中的各要素，尤其是建筑物与其他要素能形成一个有机整体，以发挥效用，并使基地的利用能够达到最佳状态，以充分发挥用地效益，节约土地，减少浪费。

14.1 绘制地形表面

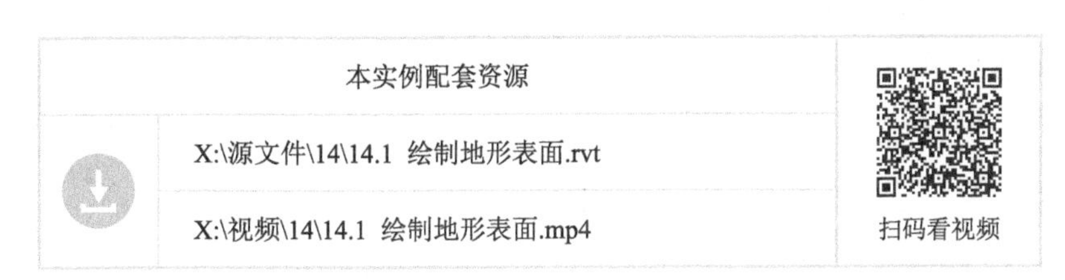

具体绘制步骤如下。

（1）将视图切换至场地楼层平面视图。

（2）单击“视图”选项卡“图形”面板中的“可见性 / 图形”按钮，打开“楼层平面：场地的可见性 / 图形替换”对话框，在“注释类别”选项卡中取消“轴网”复选框的勾选，如图 14-1 所示，单击“确定”按钮，使场地平面图中的轴网不可见，如图 14-2 所示。

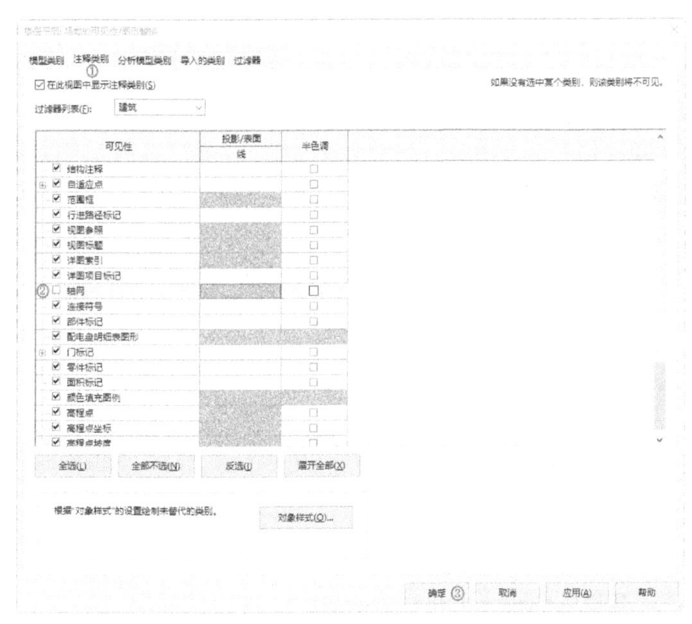

图 14-1 “楼层平面：场地的可见性 / 图形替换”对话框

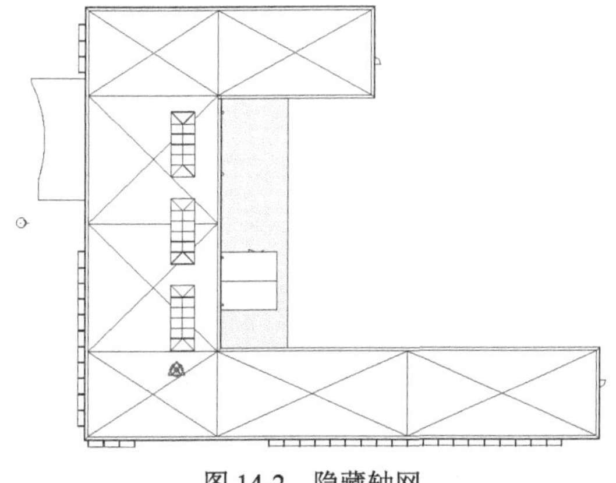

图 14-2 隐藏轴网

（3）在绘制地形之前，先对场地进行设置。单击“体量和场地”选项卡“场地建模”面板中的“场地设置”按钮↘，打开“场地设置”对话框，如图 14-3 所示，采用默认设置，单击“确定”按钮。

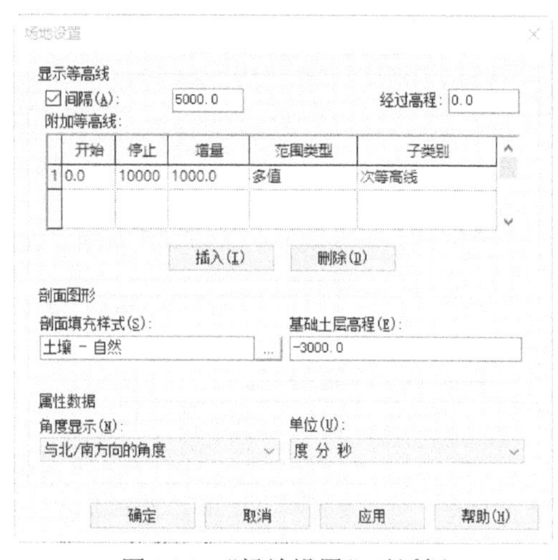

图 14-3 “场地设置”对话框

“场地设置”对话框中的选项说明如下。

1. 显示等高线

- 间隔：设置等高线间的间隔。
- 经过高程：等高线间隔是根据这个值来确定的。例如，如果将等高线间隔设置为 10，则等高线将显示在 −20、−10、0、10、20 的位置。如果将“经过高程”值设置为 5，则等高线将显示在 −25、−15、−5、5、15、25 的位置。
- 附加等高线：关于附加等高线的相关参数列表。

开始：设置附加等高线开始显示的高程。

停止：设置附加等高线不再显示的高程。

增量：设置附加等高线的间隔。

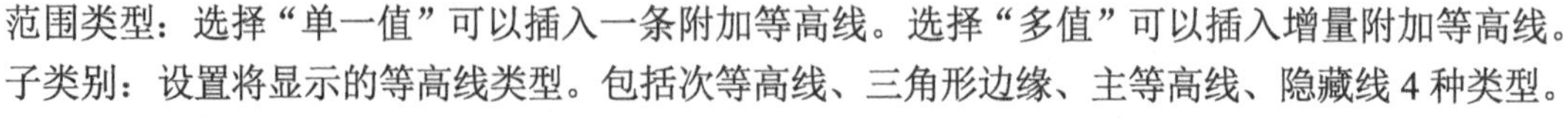
范围类型：选择“单一值”可以插入一条附加等高线。选择“多值”可以插入增量附加等高线。

子类别：设置将显示的等高线类型。包括次等高线、三角形边缘、主等高线、隐藏线 4 种类型。

- 插入：单击此按钮，插入一条新的附加等高线。
- 删除：选中附加等高线，单击此按钮，删除选中的等高线。

2. 剖面图形

- 剖面填充样式：设置在剖面视图中显示的材质。单击…按钮，打开“材质浏览器”对话框，设置剖面填充样式。
- 基础土层高程：控制着土壤横断面的深度（例如 −25 米）。该值控制项目中全部地形图元的土层深度。

3. 属性数据

- 角度显示：指定建筑红线标记上角度值的显示。
- 单位：指定在显示建筑红线表中的方向值时要使用的单位。

（4）单击“体量和场地”选项卡“场地建模”面板中的“地形表面”按钮，打开“修改 | 编辑表面”选项卡和选项栏，如图 14-4 所示。

图 14-4 “修改 | 编辑表面”选项卡和选项栏

- 放置点：通过在绘图区域中放置点并输入高程来创建地形表面。
- 通过导入创建：根据从 DWG、DXF 或 DGN 文件导入的三维等高线数据自动生成地形表面。Revit 会分析数据并沿等高线放置一系列高程点。

● 指定点文件：将点文件导入以在 Revit 模型中创建地形表面。点文件使用高程点的规则网格来提供等高线数据。如果该文件中有两个点的 x 和 y 坐标值分别相等，Revit 会使用 z 坐标值最大的点。

（5）系统默认激活“放置点”按钮，在选项栏中输入高程值，绘制如图 14-5 所示的地形表面。

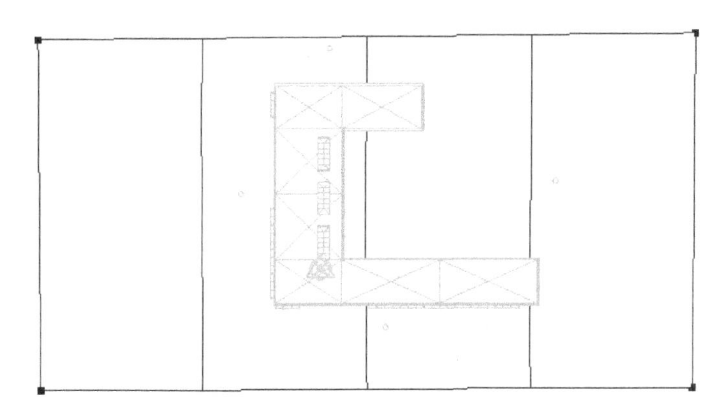

图 14-5　绘制地形表面

（6）单击属性选项板中的材质栏中的按钮，打开“材质浏览器”对话框，选择“草”材质，复制并重命名为“草地”，对其进行设置，如图 14-6 所示。

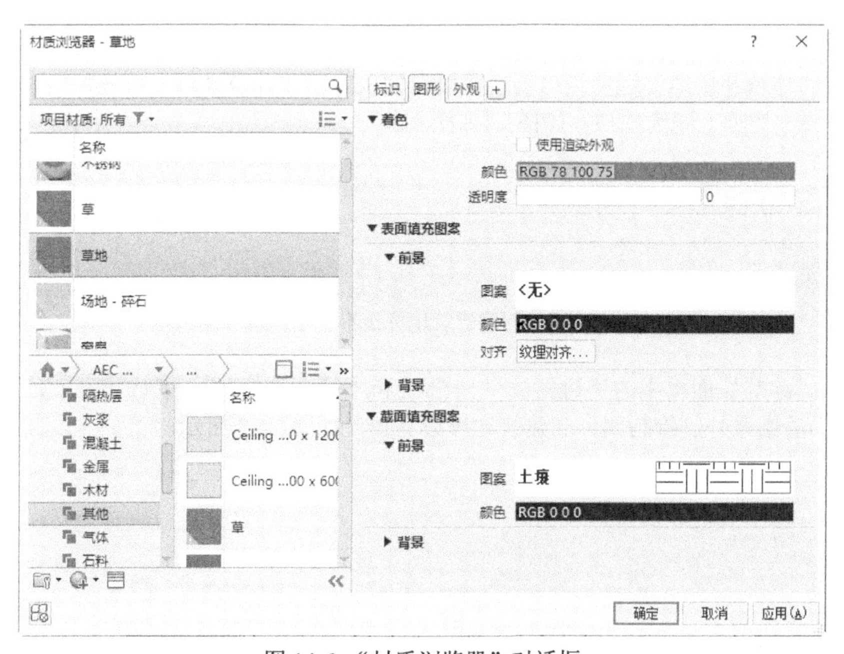

图 14-6 “材质浏览器”对话框

（7）单击“工具”面板中的“放置点”按钮，在选项栏中输入高程，继续绘制地形表面，如图 14-7 所示。

（8）单击“模式”面板中的“完成编辑模式”按钮，完成地形表面的创建。如果需要对地形表面进行修改，可以选择地形表面，在打开的“修改 | 地形”选项卡中单击“编辑表面”按钮，对地形表面进行编辑。

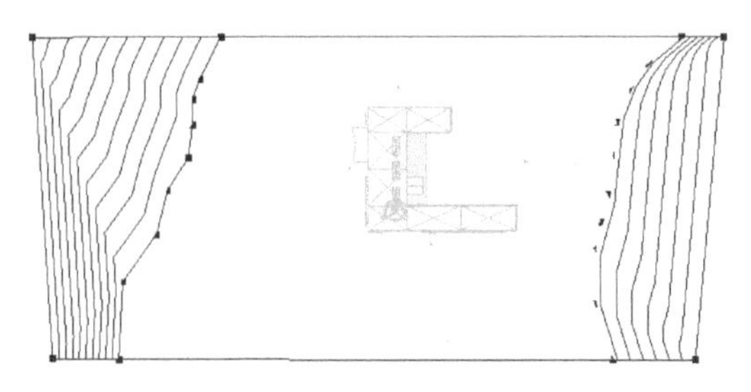

图 14-7　绘制地形表面

14.2　绘制建筑地坪

通过在地形表面绘制闭合环，可以添加建筑地坪。在绘制地坪后，可以指定一个值来控制其距标高的高度偏移，还可以指定其他属性。可通过在建筑地坪的周长之内绘制闭合环来定义地坪中的洞口，还可以为该建筑地坪定义坡度。

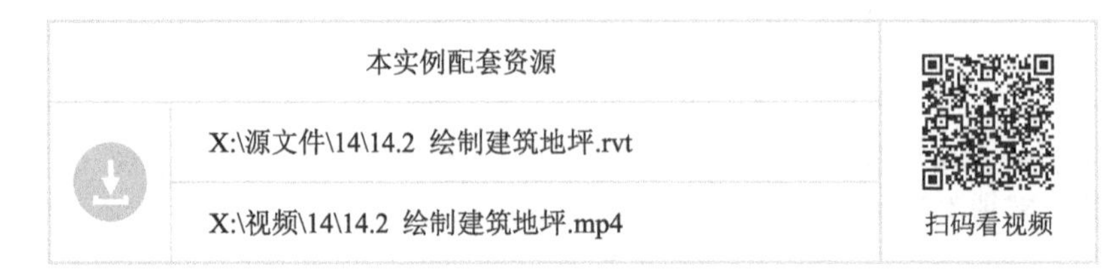

本实例配套资源

X:\源文件\14\14.2 绘制建筑地坪.rvt

X:\视频\14\14.2 绘制建筑地坪.mp4

扫码看视频

具体绘制步骤如下。

（1）单击“体量和场地”选项卡“场地建模”面板中的“建筑地坪”按钮，打开“修改 | 创建建筑地坪边界”选项卡和选项栏，如图 14-8 所示。

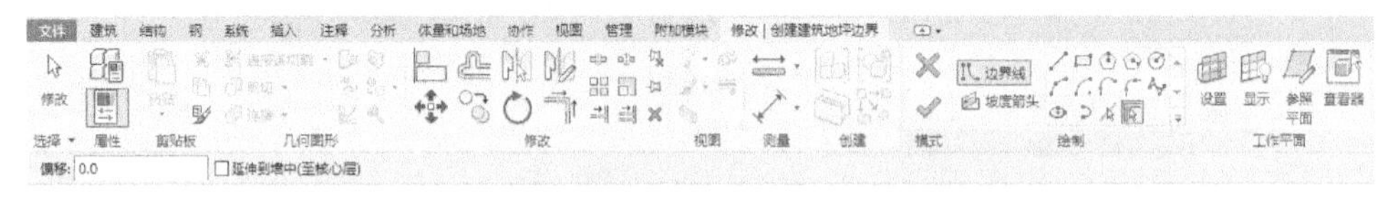

图 14-8　“修改 | 创建建筑地坪边界”选项卡和选项栏

（2）单击“绘制”面板中的“边界线”按钮和“线”按钮（默认状态下，边界线按钮是启动状态），沿着圈梁外侧绘制闭合的建筑地坪边界线，如图 14-9 所示。

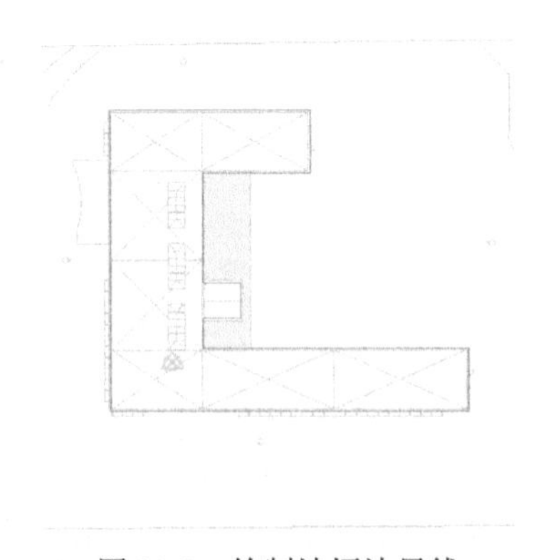

图 14-9　绘制地坪边界线

（3）单击“模式”面板中的“完成编辑模式”按钮✔，完成建筑地坪的创建。

14.3　绘制建筑红线

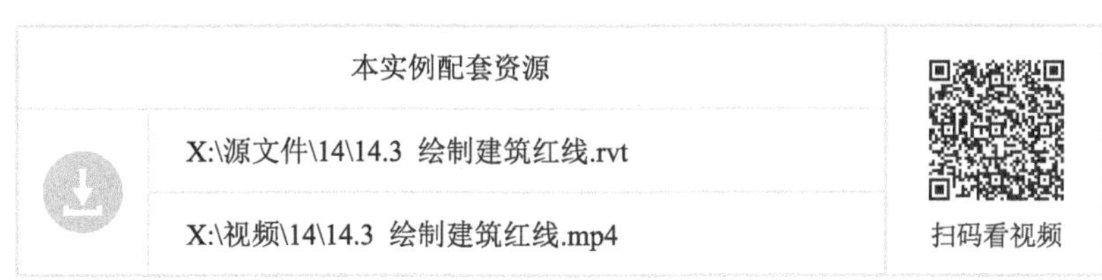

具体绘制步骤如下。

（1）单击“体量和场地”选项卡“修改场地”面板中的“建筑红线”按钮，打开“创建建筑红线”询问对话框，如图 14-10 所示。

（2）单击“通过绘制来创建”选项，打开“修改 | 创建建筑红线草图”选项卡和选项栏，如图 14-11 所示。

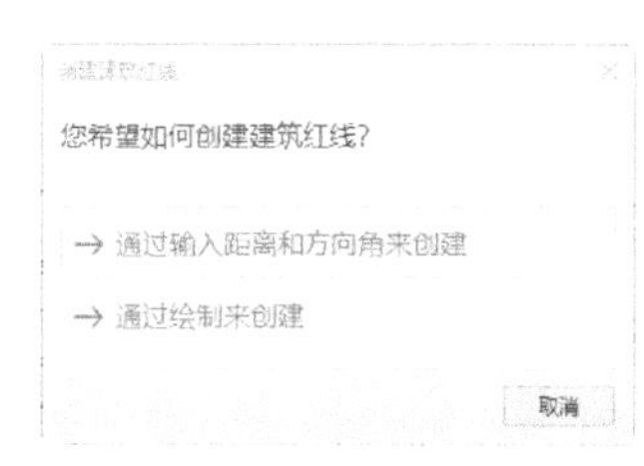

图 14-10　“创建建筑红线”询问对话框

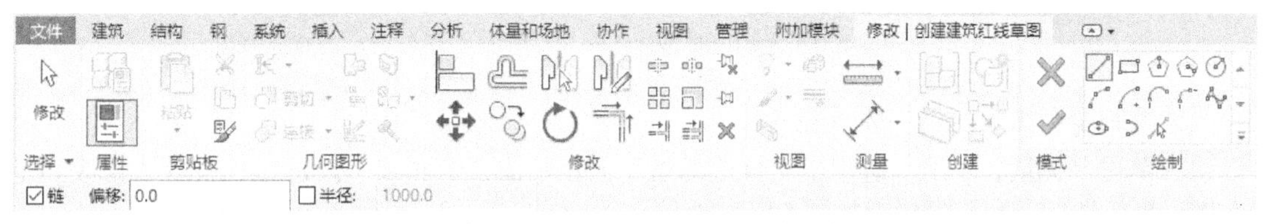

图 14-11　“修改 | 创建建筑红线草图”选项卡和选项栏

> **提示**　如果选择“通过输入距离和方向角来创建”选项，则打开“建筑红线”对话框，在对话框中输入距离和方向角值来确定建筑红线，如图 14-12 所示。

（3）单击“绘制”面板中的“线”按钮，绘制建筑红线草图，如图 14-13 所示。

图 14-12　“建筑红线”对话框

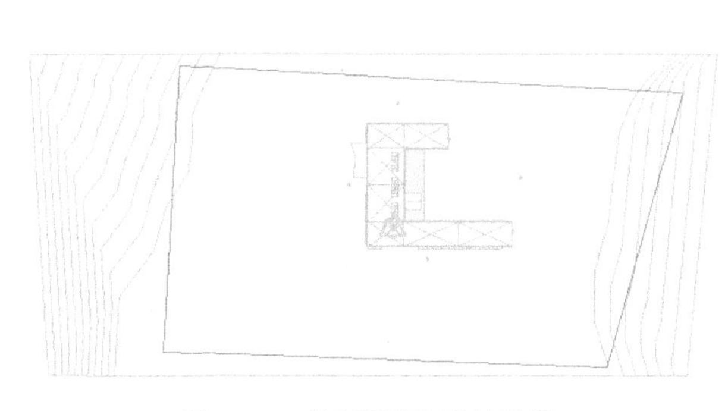

图 14-13　绘制建筑红线边界线

> **提示** 这些线应当形成一个闭合环。如果绘制一个开放环并单击“完成建筑红线”，Revit 会发出一条警告，说明无法计算面积。可以忽略该警告继续工作，或将环闭合。

（4）单击“模式”面板中的“完成编辑”按钮✔，完成建筑红线的创建，如图 14-14 所示。

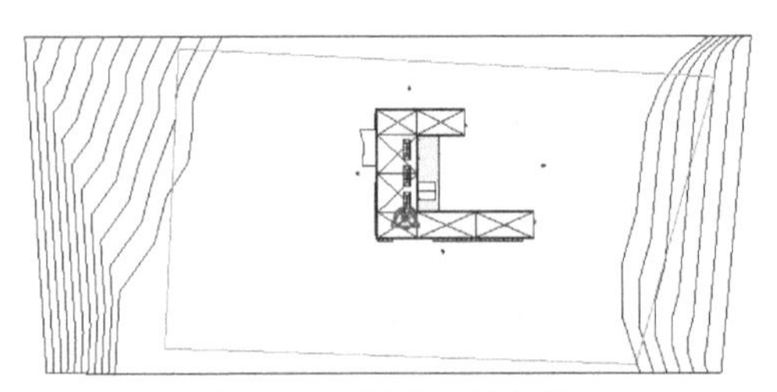

图 14-14　创建建筑红线

14.4　绘制道路

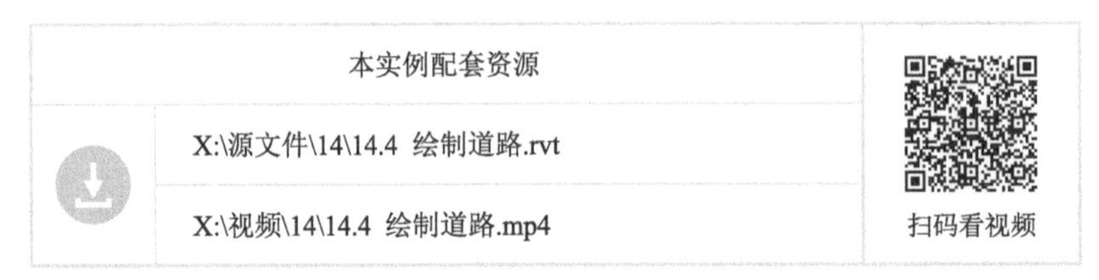

本实例配套资源		扫码看视频
	X:\源文件\14\14.4　绘制道路.rvt	
	X:\视频\14\14.4　绘制道路.mp4	

具体绘制步骤如下。

（1）单击“体量和场地”选项卡“修改场地”面板中的“子面域”按钮，打开“修改 | 创建子面域边界”选项卡和选项栏，如图 14-15 所示。

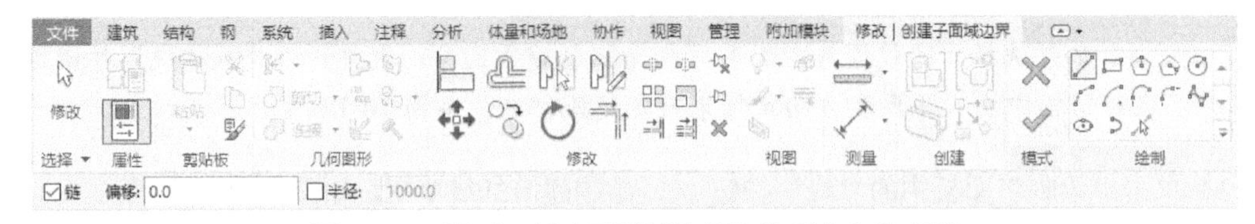

图 14-15　“修改 | 创建子面域边界”选项卡和选项栏

（2）单击“绘制”面板中的“线”按钮和“起点—终点—半径弧”按钮，绘制建筑子面域边界线，如图 14-16 所示。

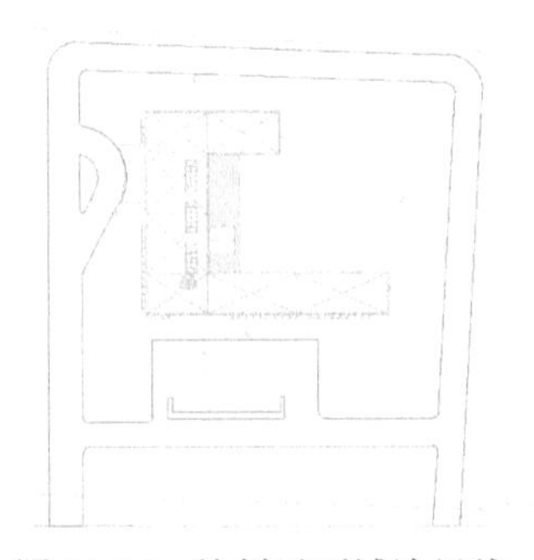

图 14-16　绘制子面域边界线

提示　使用单个闭合环创建地形表面子面域。如果创建多个闭合环，则只有第一个环用于创建子面域；其余环将被忽略。

（3）单击属性选项板中的材质栏中的按钮▭，打开“材质浏览器”对话框，选择“沥青，人行道，深灰色”材质，对其进行设置，如图 14-17 所示。

（4）单击“模式”面板中的“完成编辑”按钮✔，完成子区域的创建，如图 14-18 所示。

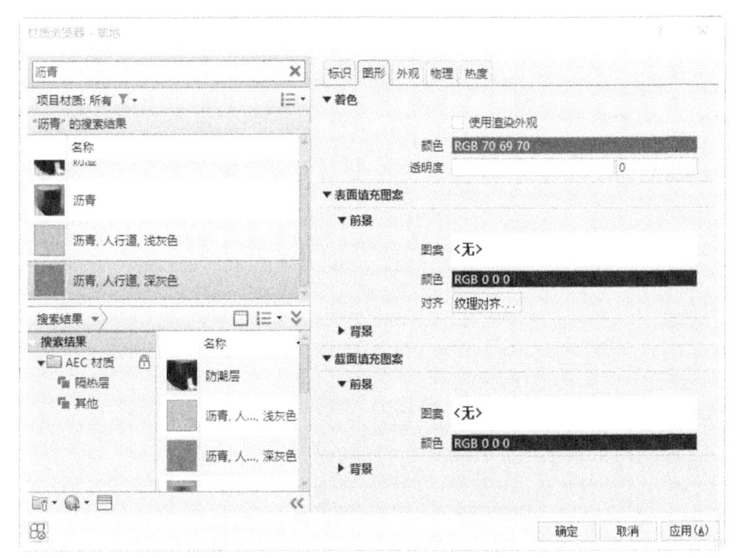

图 14-17 “材质浏览器”对话框

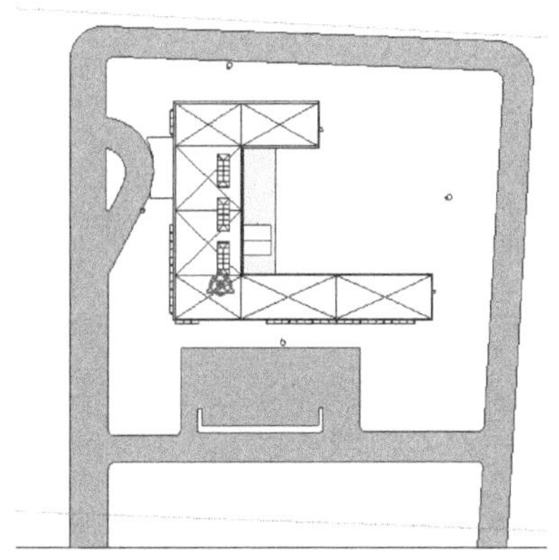

图 14-18　创建子面域

14.5　绘制停车场

可以将停车位添加到地形表面中，并将地形表面定义为停车场构件的主体。

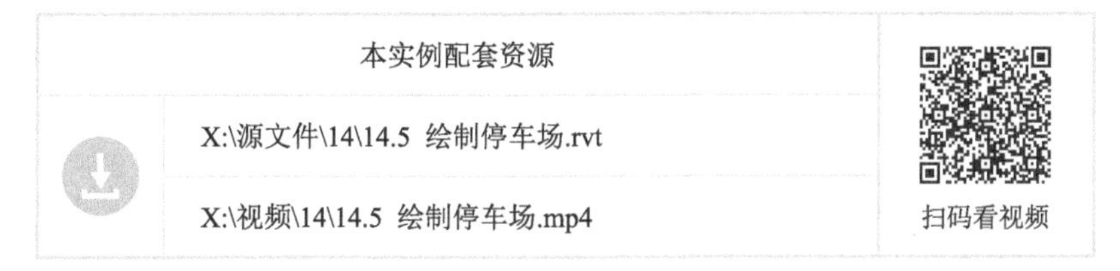

本实例配套资源	
X:\源文件\14\14.5 绘制停车场.rvt	扫码看视频
X:\视频\14\14.5 绘制停车场.mp4	

具体绘制步骤如下。

（1）单击“体量和场地”选项卡“场地建模”面板中的“停车场构件”按钮▥，打开“修改 | 停车场构件”选项卡和选项栏，如图 14-19 所示。

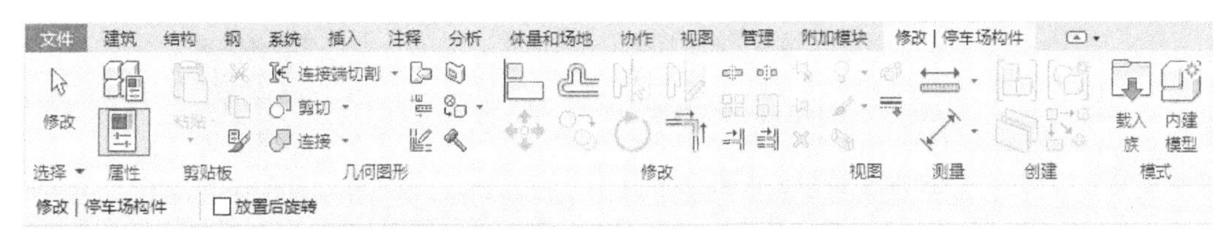

图 14-19 “修改 | 停车场构件”选项卡和选项栏

（2）在属性选项板中选择“停车位 4800×2400mm—90 度”类型，其他采用默认设置，如图 14-20 所示。

（3）在停车场左上角放置如图 14-21 所示的停车构件，然后在停车场右下角放置停车构件，并利用“修改”面板中的“旋转”按钮和“移动”按钮，调整停车构件的位置，如图 14-21 所示。

（4）单击“修改”面板中的“阵列”按钮，将停车构件进行阵列，布满停车场，停车场构件最终效果如图 14-22 所示。

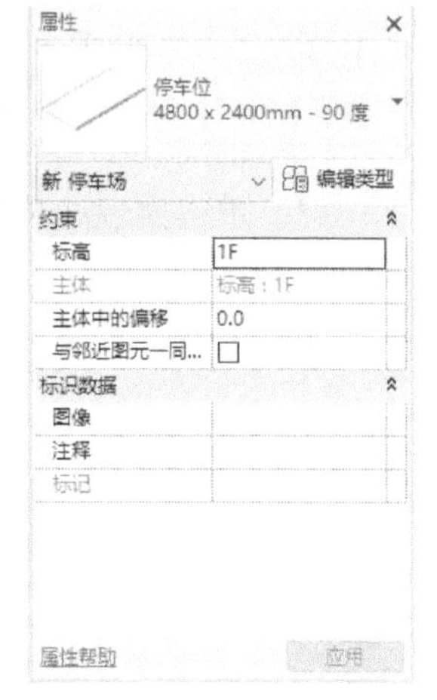

图 14-20　属性选项板

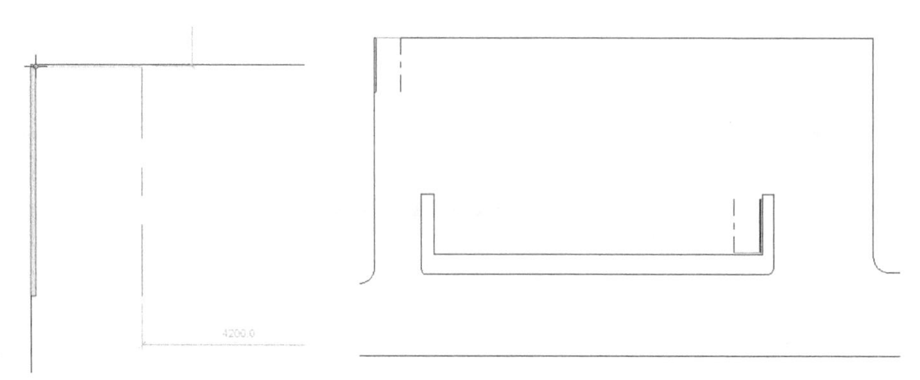

图 14-21　放置停车场构件

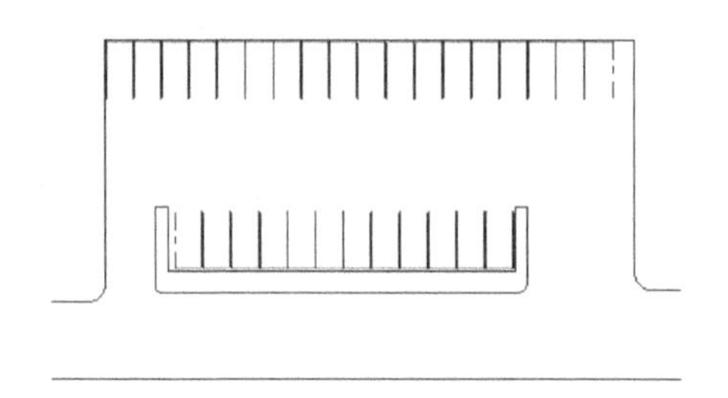

图 14-22　阵列停车场构件

14.6　布置绿植

本实例配套资源	扫码看视频
X:\源文件\14\14.6 布置绿植.rvt	
X:\视频\14\14.6 布置绿植.mp4	

具体绘制步骤如下。

（1）单击“体量和场地”选项卡“场地建模”面板中的“场地构件”按钮，打开“修改 | 场地构件”选项卡和选项栏，如图 14-23 所示。

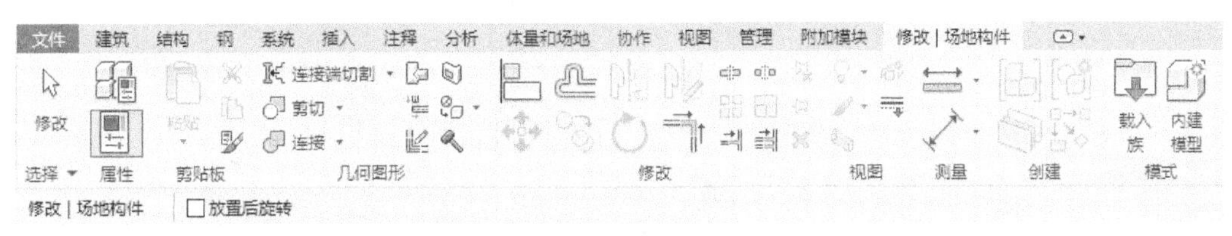

图 14-23　“修改 | 场地构件”选项卡和选项栏

（2）在属性选项板中选择“RPC 树—落地树 猩红栎—12.5 米”类型，设置标高中的高程为 −50，其他采用默认设置，如图 14-24 所示。

（3）在地形表面上适当位置单击放置猩红栎，如图 14-25 所示。

（4）在属性选项板中选择“RPC 树—落地树 红枫—9 米”类型，设置标高中的高程为 −50，其他采用默认设置，将红枫树放置在如图 14-26 所示的位置。

（5）在属性选项板中选择“RPC 树—落地树 皂荚树—7.6 米”类型，设置标高中的高程为 −50，其他采用默认设置，将皂荚树放置在如图 14-27 所示的位置。

（6）在属性选项板中选择“RPC 树—落地树 金链花—5.5 米”类型，设置标高中的高程为 −50，其他采用默认设置，将金链花树放置在如图 14-28 所示的位置。

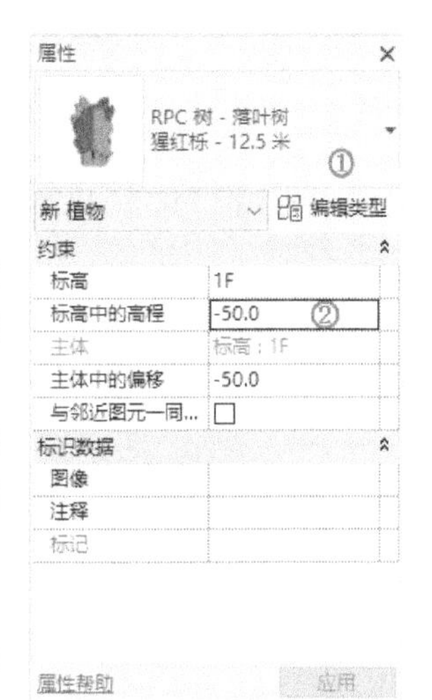

图 14-24　属性选项板

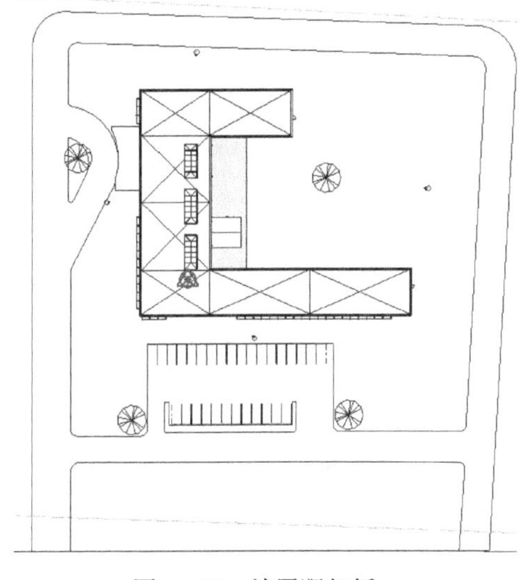

图 14-25　放置猩红栎

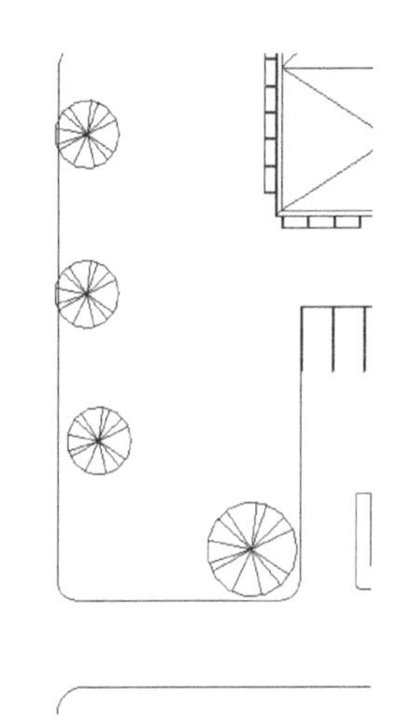

图 14-26　放置红枫

（7）单击“模式”面板中的“载入族”按钮，打开“载入族”对话框，选择“China”→“建筑”→“植物”→“3D”→“灌木”文件夹中的“灌木 2 3D.rfa”，如图 14-29 所示。单击“打开”按钮，载入灌木 2 族文件。

（8）在属性选项板中选择“灌木 2”类型，设置标高中的高程为 −50，其他采用默认设置，将灌木放置在如图 14-30 所示的位置。

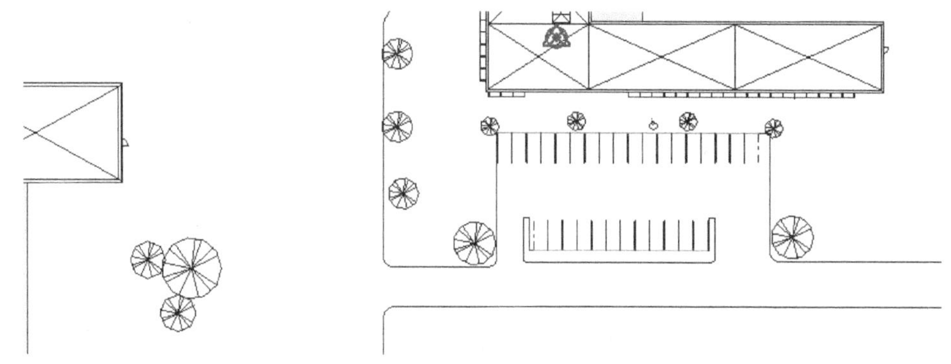

图 14-27　放置皂荚树　　　　图 14-28　放置金链花树

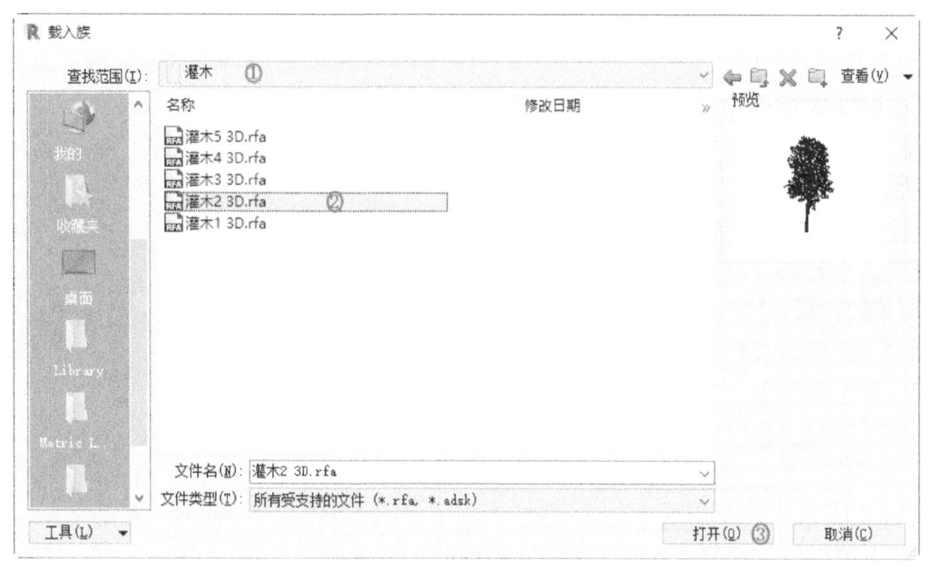

图 14-29　“载入族”对话框

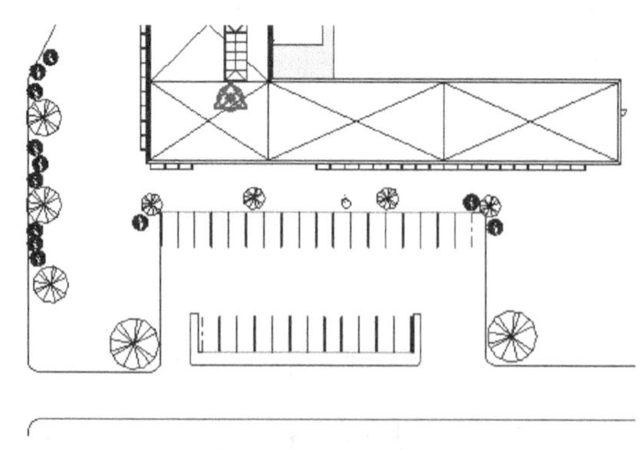

图 14-30　放置灌木

第 15 章 家具布置

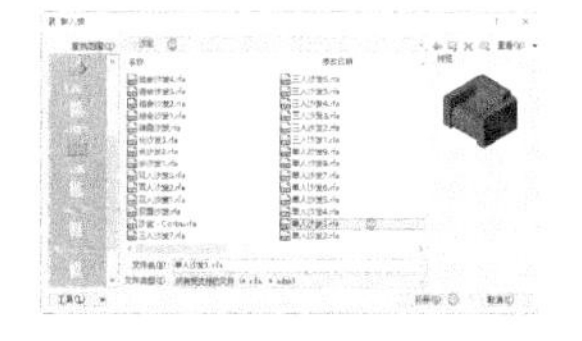

知识导引

家具是室内陈设的重要组成部分，安排和布置家具即室内家具布置是室内设计工作中极其重要的部分。通常除了作为交通性的通道等空间外，绝大多数的空间在家具未布置前是难以付诸使用和难以识别其功能性质的，更谈不上其功能的实际效应。如果设计方案是一个确定的建筑空间，其尺寸、形状以及墙的位置已经固定，那么设计活动中，首先考虑的就是根据功能布置家具。

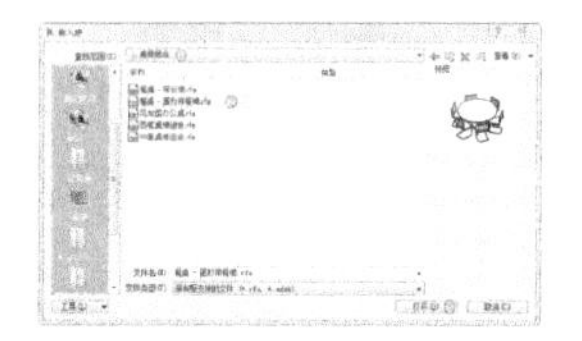

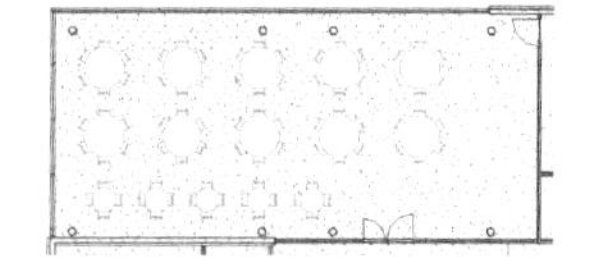

15.1 三楼走廊布置

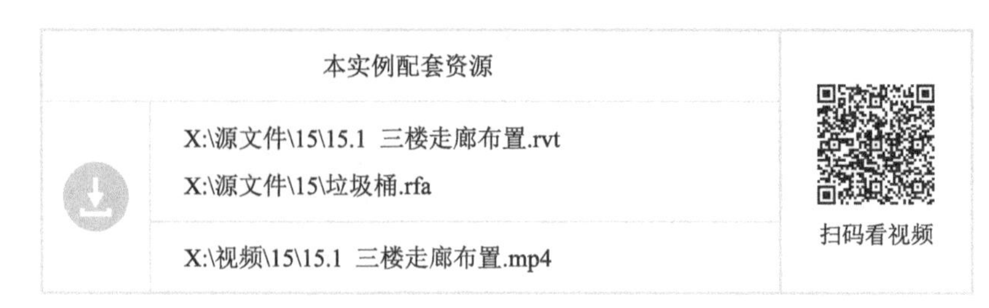

本实例配套资源	扫码看视频
X:\源文件\15\15.1 三楼走廊布置.rvt X:\源文件\15\垃圾桶.rfa	
X:\视频\15\15.1 三楼走廊布置.mp4	

具体绘制步骤如下。

（1）将视图切换至 3F 楼层平面视图。

（2）单击“建筑”选项卡“构建”面板中“构件”下拉列表中的“放置构件”按钮，打开“修改 | 放置 构件”选项卡和选项栏，如图 15-1 所示。

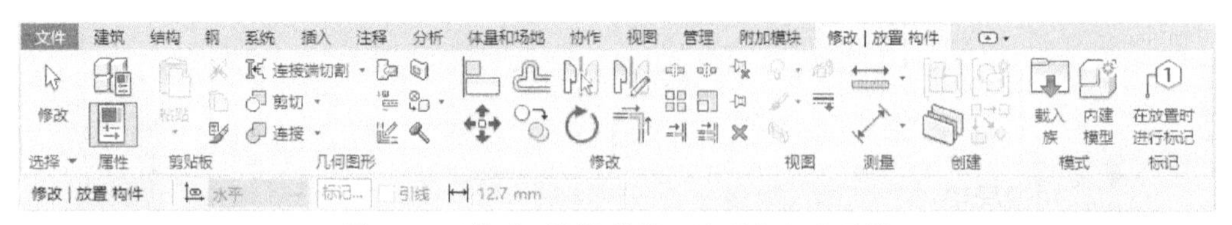

图 15-1 “修改 | 放置 构件”选项卡和选项栏

（3）单击“模式”面板中的“载入族”按钮，打开“载入族”对话框，选择“查找范围”，选择“China”→“建筑”→“家具”→“3D”→“沙发”文件夹中的“单人沙发 3.rfa”族文件，如图 15-2 所示。单击“打开”按钮，载入单人沙发族文件。

（4）在选项栏中勾选“放置后旋转”复选框，将单人沙发族文件放置在走廊适当位置，并旋转角度，然后调整沙发位置，如图 15-3 所示。

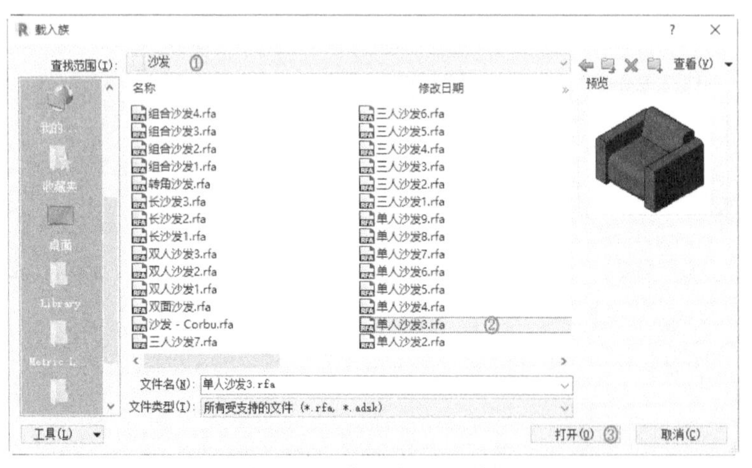

图 15-2 “载入族”对话框

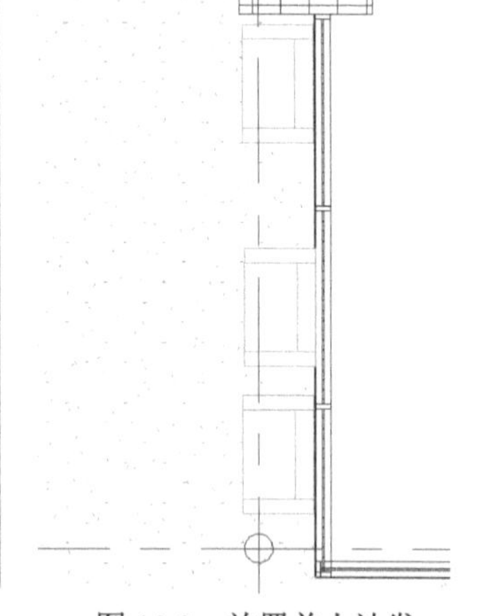

图 15-3 放置单人沙发

（5）单击“建筑”选项卡“构建”面板中“构件”下拉列表中的“放置构件”按钮，打开“修改 | 放置 构件”选项卡和选项栏。

（6）单击“模式”面板中的“载入族”按钮，打开“载入族”对话框，选择“查找范围”，选择“China”→“建筑”→“家具”→“3D”→“桌椅”→“桌子”文件夹中的“边桌 2.rfa”族文件，如图 15-4 所示。单击“打开”按钮，载入边桌族文件。

（7）在属性选项板中单击“编辑类型”按钮，打开“类型属性”对话框，新建“0610×0610×0407mm”，将高度更改为 407，如图 15-5 所示，单击“确定”按钮。

（8）将边桌文件放置在走廊适当位置，然后调整边桌位置，如图 15-6 所示。

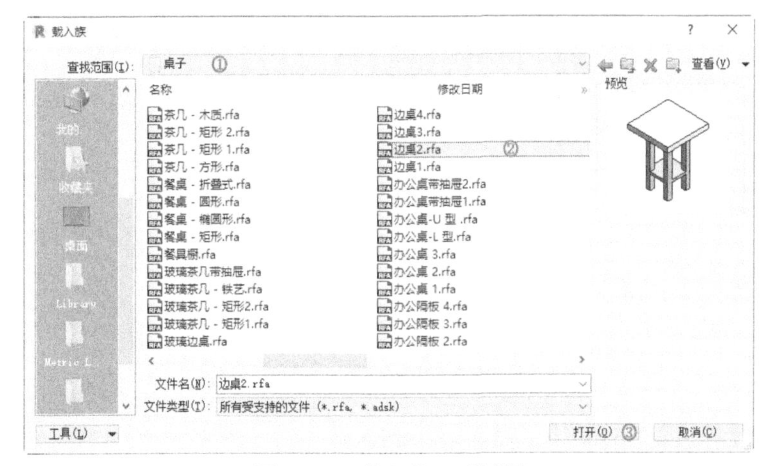

图 15-4 “载入族”对话框

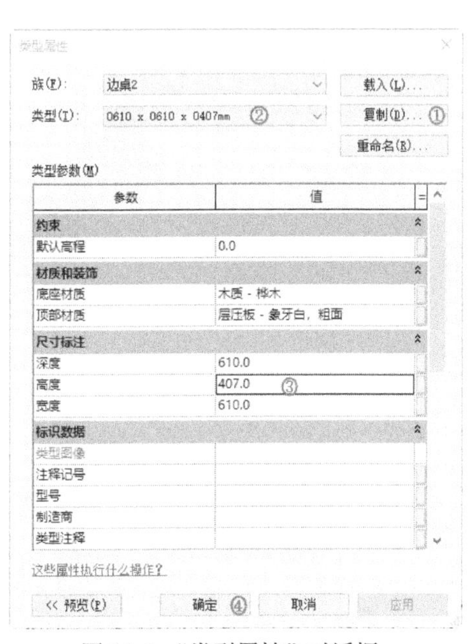

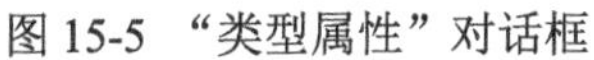
图 15-5 “类型属性”对话框

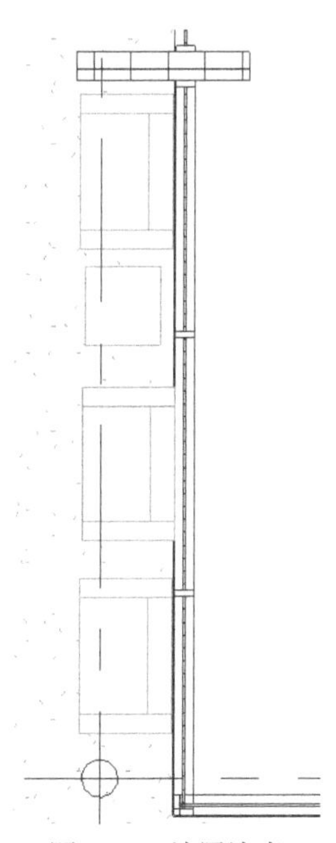

图 15-6 放置边桌

（9）单击“建筑”选项卡“构建”面板中“构件”下拉列表中的“放置构件”按钮，打开“修改 | 放置 构件”选项卡和选项栏。

（10）单击“模式”面板中的“载入族”按钮，打开“载入族”对话框，选择“查找范围”，选择“China”→“建筑”→“植物”→“3D”→“盆栽”文件夹中的“盆栽 5 3D.rfa”族文件，如图 15-7 所示。单击“打开”按钮，载入盆栽 5 族文件。

（11）在属性选项板中设置标高中的高程为407，单击“编辑类型”按钮，打开“类型属性”对话框，将高度更改为600，如图15-8所示，单击“确定”按钮。

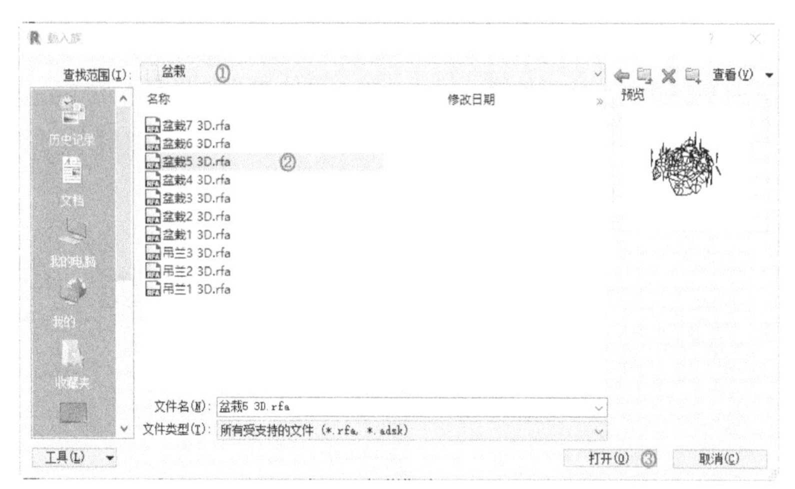

图15-7 “载入族”对话框

（12）将盆栽文件放置在边桌上，如图15-9所示。

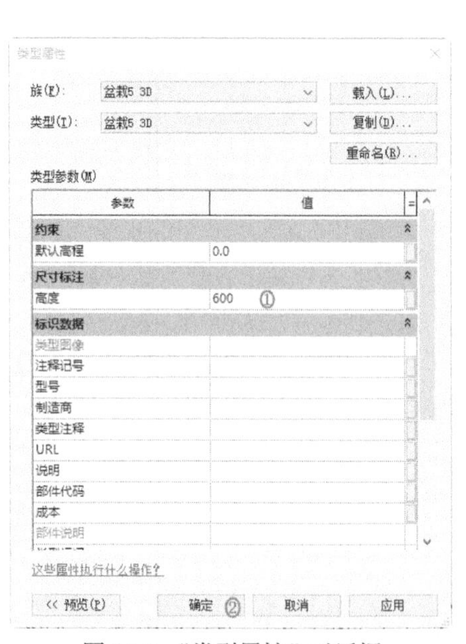

图15-8 “类型属性”对话框

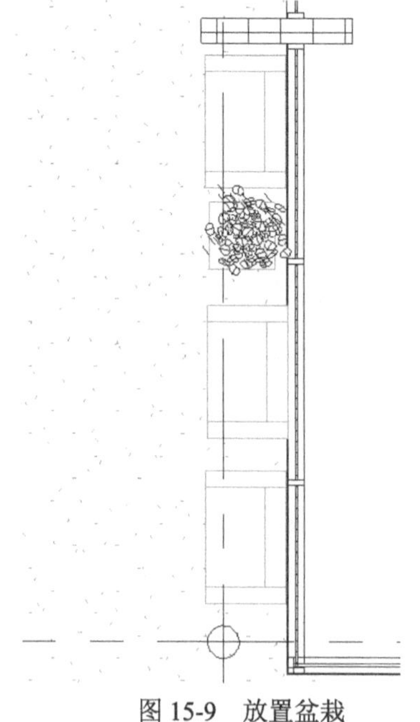

图15-9 放置盆栽

（13）单击“建筑”选项卡“构建”面板中“构件”下拉列表中的“放置构件”按钮，打开“修改 | 放置 构件”选项卡和选项栏。

（14）单击“模式”面板中的“载入族”按钮，打开“载入族”对话框，选择“查找范围”，选择“垃圾桶.rfa”族文件，如图15-10所示。单击“打开”按钮，载入垃圾桶族文件。

（15）将垃圾桶文件放置在走廊适当位置，然后调整垃圾桶位置，如图15-11所示。

（16）采用相同的方法，布置三楼走廊的其他家具，如图15-12所示。

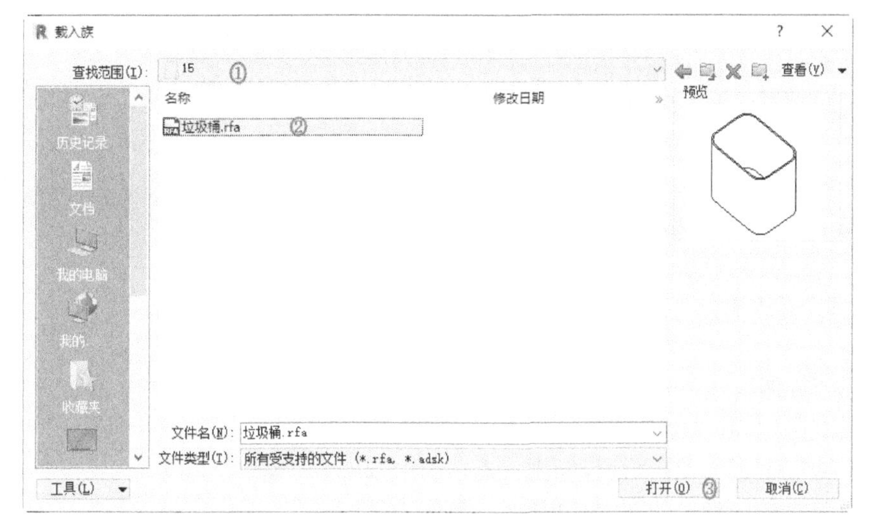

图 15-10 “载入族”对话框

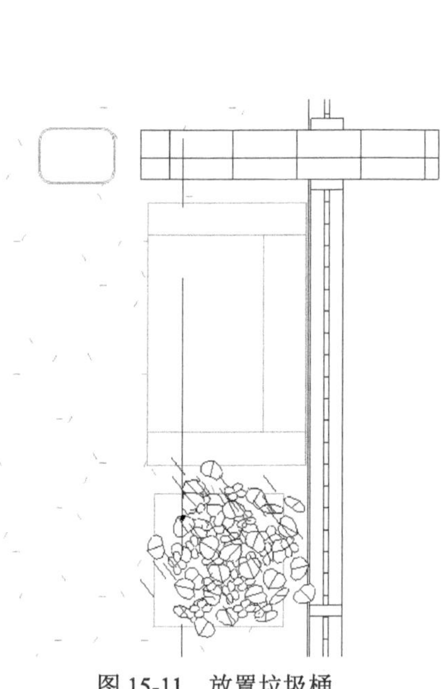

图 15-11 放置垃圾桶

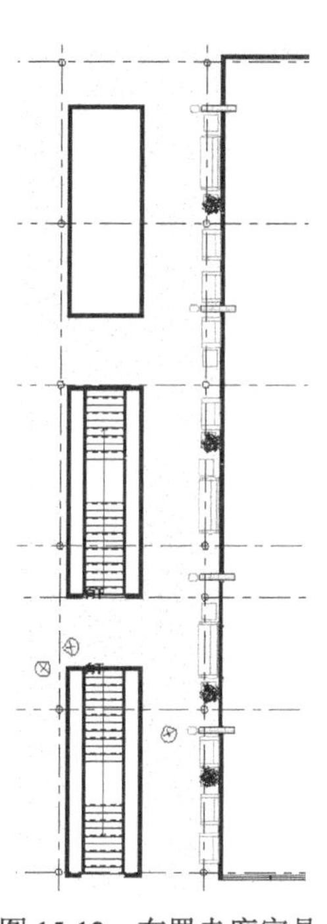

图 15-12 布置走廊家具

15.2 一楼自助餐厅布置

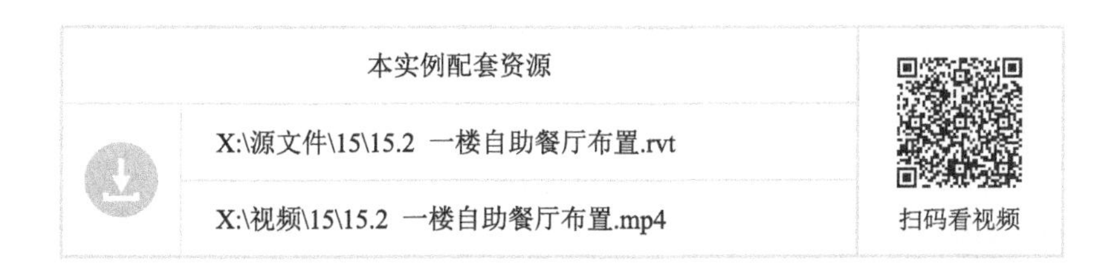

本实例配套资源

X:\源文件\15\15.2 一楼自助餐厅布置.rvt

X:\视频\15\15.2 一楼自助餐厅布置.mp4

扫码看视频

具体绘制步骤如下。

（1）将视图切换至 1F 楼层平面。

（2）在项目浏览器中选择“楼层平面”→“1F”节点，单击鼠标右键，在弹出的快捷菜单中选择“复制视图”→“带细节复制”选项，如图 15-13 所示。

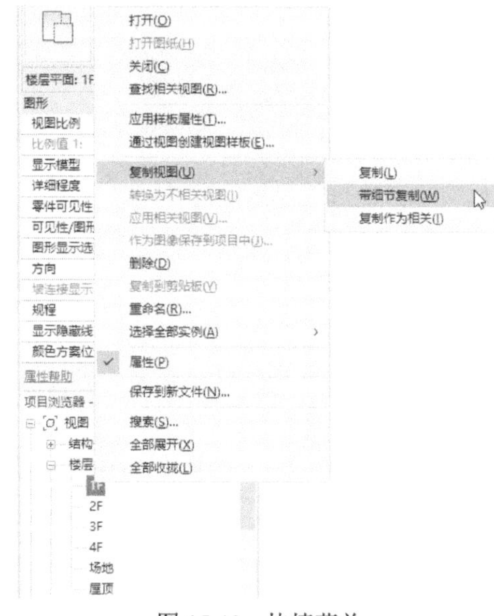

图 15-13　快捷菜单

（3）在项目浏览器中选择“楼层平面”→“1F 副本 1”节点，单击鼠标右键，在弹出的快捷菜单中选择“重命名”选项，输入名为“1F—家具布置”，并切换此视图。

（4）单击“视图”选项卡“图形”面板中的“可见性 / 图形”按钮，打开“楼层平面：1F—家具布置的可见性 / 图形替换”对话框，在“注释类别”选项卡中取消“轴网”复选框的勾选，如图 15-14 所示。单击“确定”按钮，1F—家具布置层中的轴线不可见，如图 15-15 所示。

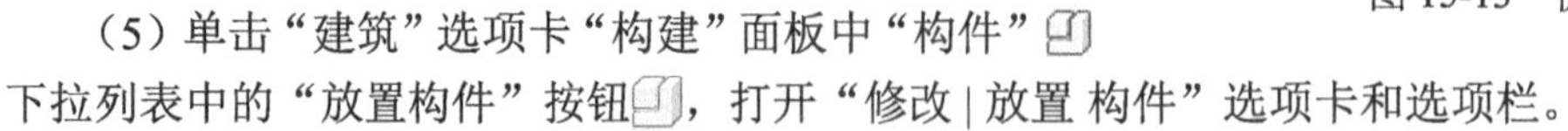
（5）单击“建筑”选项卡“构建”面板中“构件”下拉列表中的“放置构件”按钮，打开“修改 | 放置 构件”选项卡和选项栏。

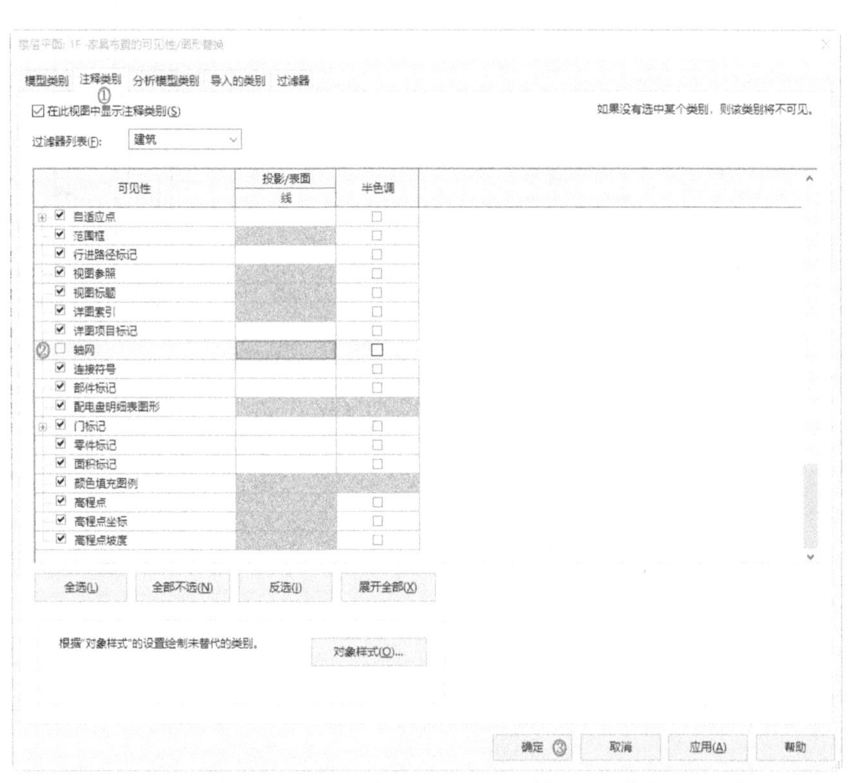

图 15-14　“楼层平面：1F—家具布置的可见性 / 图形替换”对话框

（6）单击“模式”面板中的“载入族”按钮，打开“载入族”对话框，选择“查找范围”，选择“China”→“建筑”→“家具”→“3D”→“桌椅”→“桌椅组合”文件夹中的“餐桌 - 圆形带餐椅 .rfa”族文件，如图 15-16 所示。单击“打开”按钮，载入餐桌—圆形带餐椅文件。

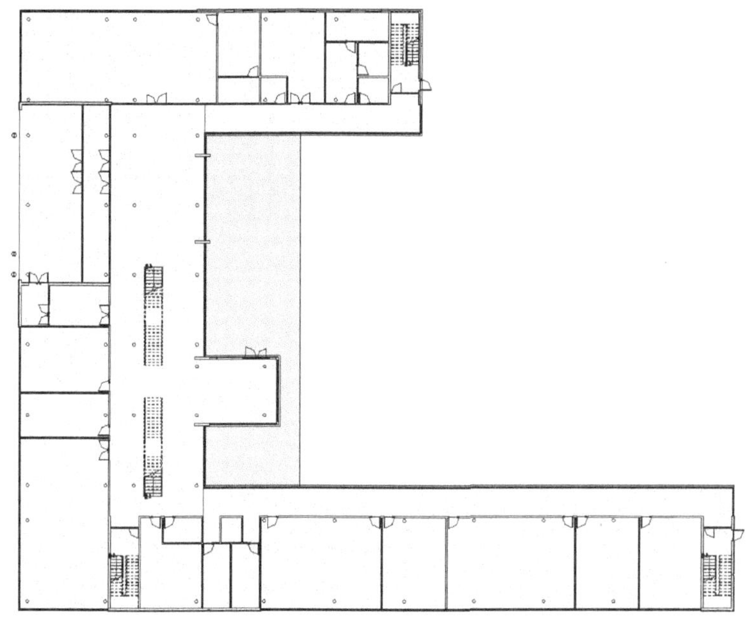

图 15-15 隐藏轴线

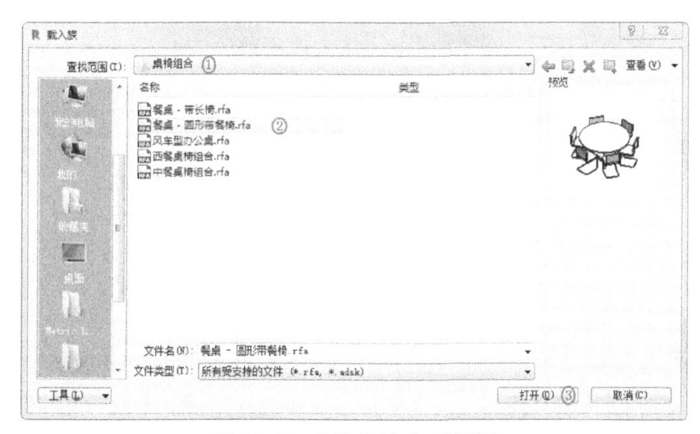

图 15-16 “载入族”对话框

（7）单击“修改 | 放置构件”选项卡“属性”面板中的“编辑类型”按钮，打开“类型属性”对话框，在类型下拉列表中选择“1525mm 直径”类型，椅子个数自动更改为 6，其他采用默认设置，如图 15-17 所示。单击“确定”按钮。

（8）将餐桌组合放置在自动餐厅中适当位置，如图 15-18 所示。

（9）单击“修改”选项卡“修改”面板中的“阵列”按钮，在视图中选择餐桌，按 Enter 键确认，打开选项栏，单击“线性”按钮，选择移动到“第二个”选项，如图 15-19 所示。

（10）选择餐桌的下端点为起点，向左移动，当临时尺寸显示为 3000 时，单击鼠标左键，然后输入项目数为 5，按 Enter 键确认，完成餐桌的阵列，如图 15-20 所示。

（11）按住 Ctrl 键选择阵列后的餐桌椅，单击“修改”选项卡“修改”面板中的“复制”按钮，将其向下复制，距离为 2500，结果如图 15-21 所示。

（12）单击“建筑”选项卡“构建”面板中“构件”下拉列表中的“放置构件”按钮，打开“修改 | 放置 构件”选项卡和选项栏，在属性选项板中选择“餐桌—圆形带餐椅 0915mm 直径”类型，将其放置在如图 15-22 所示的位置。

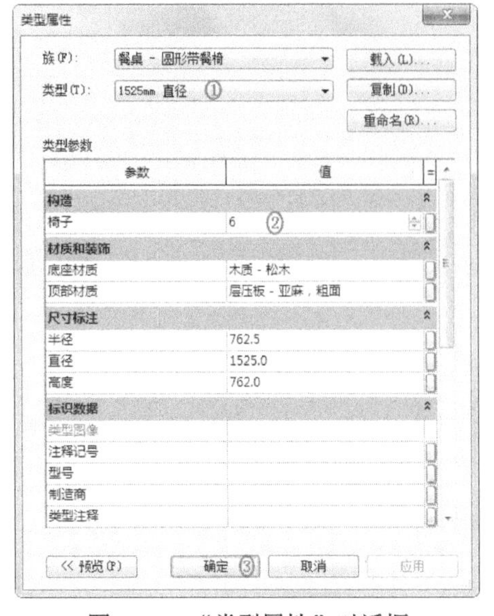

图 15-17 “类型属性”对话框

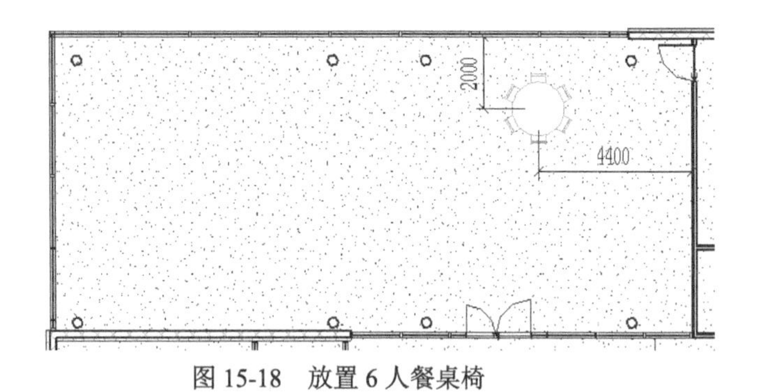

图 15-18 放置 6 人餐桌椅

图 15-19 阵列选项栏

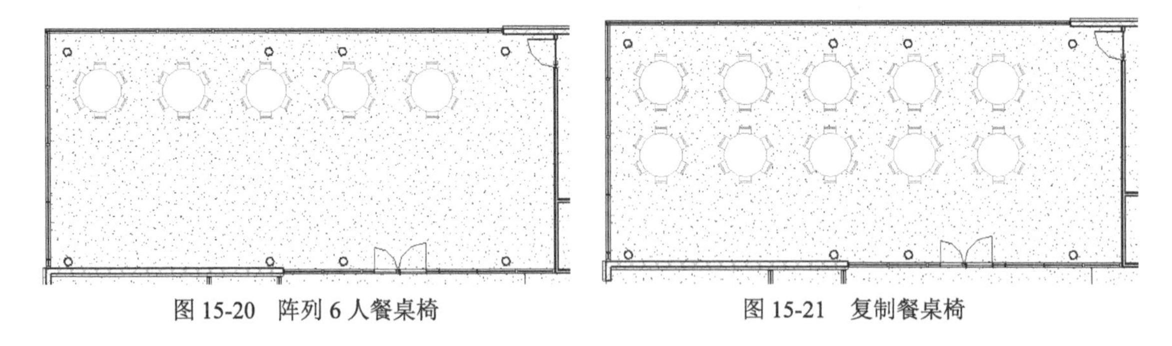

图 15-20 阵列 6 人餐桌椅　　图 15-21 复制餐桌椅

（13）单击“修改”选项卡“修改”面板中的“阵列”按钮，在视图中选择餐桌，按 Enter 键确认，打开选项栏，单击“线性”按钮，选择移动到“第二个”选项。

（14）选择餐桌的下端点为起点，向左移动，当临时尺寸显示为 2000 时，单击鼠标左键，然后输入项目数为 5，按 Enter 键确认，完成餐桌的阵列，如图 15-23 所示。

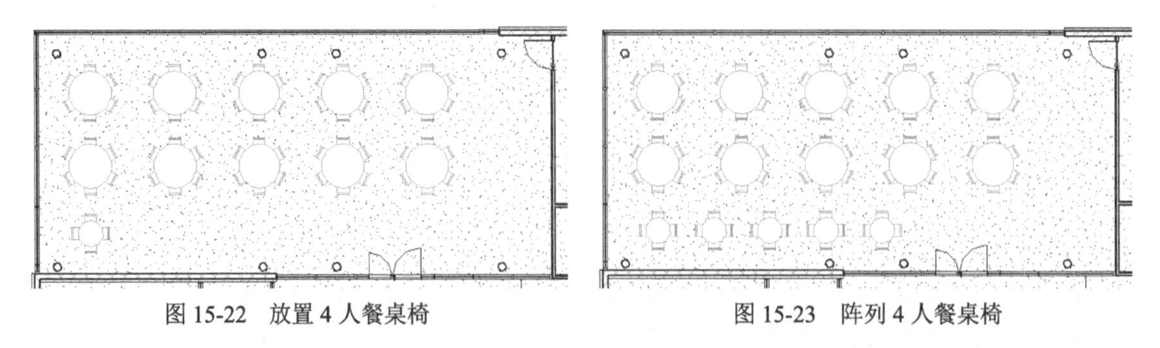

图 15-22 放置 4 人餐桌椅　　图 15-23 阵列 4 人餐桌椅

其他楼层的家具布置就不再一一介绍，读者可以自己进行布置。

第 16 章 渲染视图

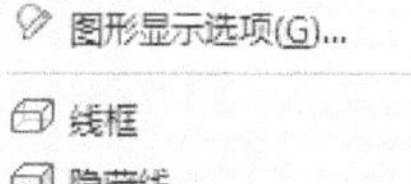

知识导引

Revit 可以生成使用“真实”视觉样式构建模型的实时渲染视图，也可以使用“渲染”工具创建模型的照片级真实感图像；Revit 使用不同的效果和内容（如照明、植物、贴花和人物）来渲染三维视图。

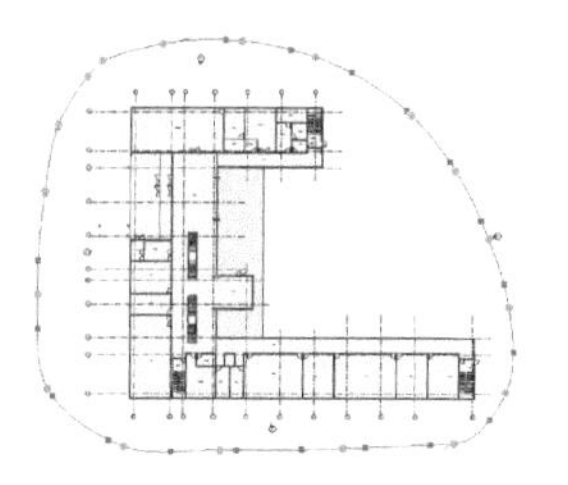

16.1 相机视图

在渲染之前，一般要先创建相机透视图，生成不同地点，不同角度的场景。

16.1.1 创建走廊相机视图

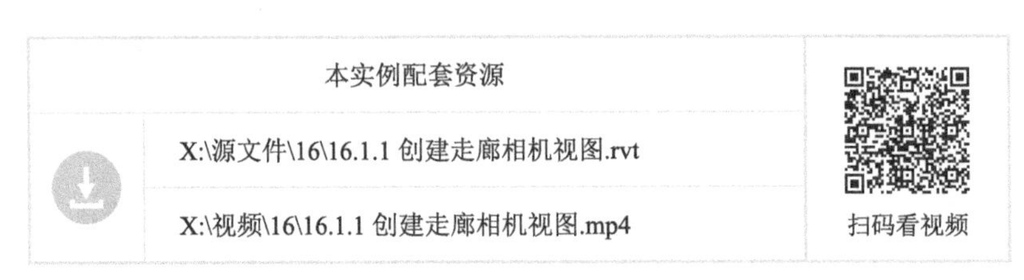

本实例配套资源	
X:\源文件\16\16.1.1 创建走廊相机视图.rvt	扫码看视频
X:\视频\16\16.1.1 创建走廊相机视图.mp4	

具体操作步骤如下。

（1）将视图切换 3F 天花板平面视图。

（2）单击“视图”选项卡“创建”面板“三维视图”下拉列表中的“相机”按钮，在走廊的右下端放置相机，如图 16-1 所示。

（3）移动鼠标指针，确定相机的方向，如图 16-2 所示。

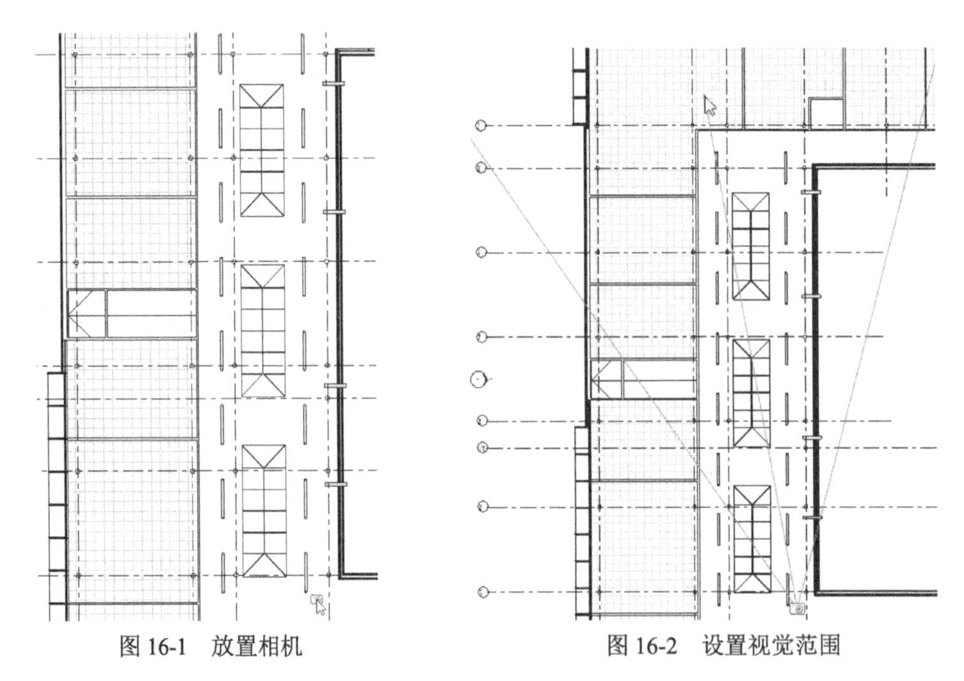

图 16-1　放置相机　　图 16-2　设置视觉范围

（4）单击放置相机视点，系统自动创建一张三维视图，同时在项目浏览器中增加了相机视图：三维视图 1。

（5）在属性选项板中更改视点高度和目标高度为 9350，三维视图如图 16-3 所示。

（6）单击控制栏中的“视觉样式”按钮，在打开的菜单中选择“真实”选项，如图 16-4 所示。真实效果如图 16-5 所示。

（7）在项目浏览器中选择第（6）步创建三维视图 1，用鼠标右键单击，在弹出的快捷菜单中选择“重命名”选项，如图 16-6 所示，输入名称为“3F 走廊视图”。

图 16-3　三维视图

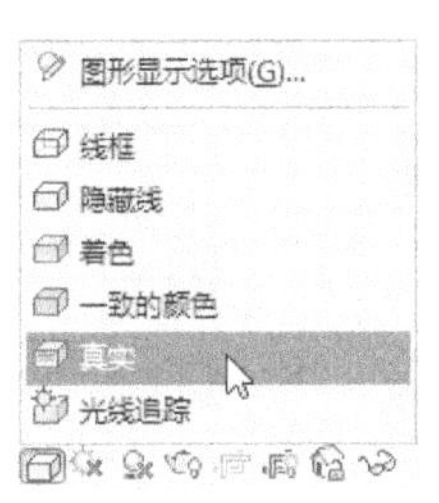

图 16-4　视觉样式

图 16-5　真实效果

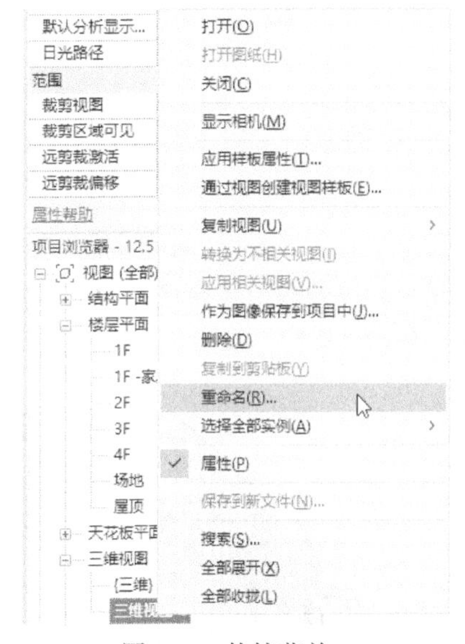

图 16-6　快捷菜单

16.1.2　创建外景相机视图

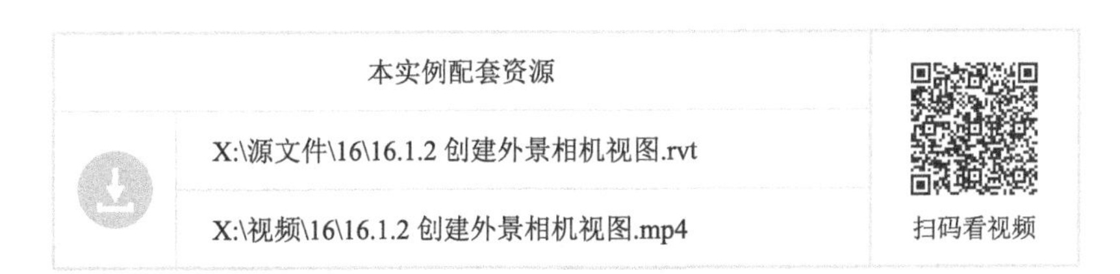

本实例配套资源		
	X:\源文件\16\16.1.2 创建外景相机视图.rvt	扫码看视频
	X:\视频\16\16.1.2 创建外景相机视图.mp4	

具体操作步骤如下。

（1）将视图切换场地平面视图。

（2）单击“视图”选项卡“创建”面板“三维视图”下拉列表中的“相机”按钮，在平面视图的左下角放置相机，如图 16-7 所示。

（3）移动鼠标指针，确定相机的方向，如图 16-8 所示。

（4）单击放置相机视点，系统自动创建一张三维视图，同时在项目浏览器中增加了相机视图：三维视图 1，如图 16-9 所示。

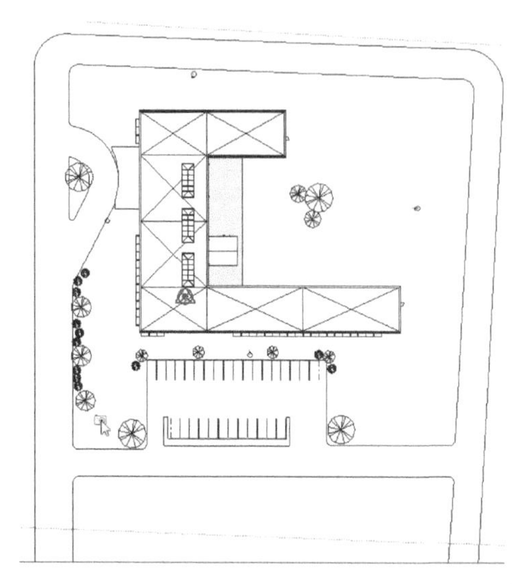

图 16-7　放置相机

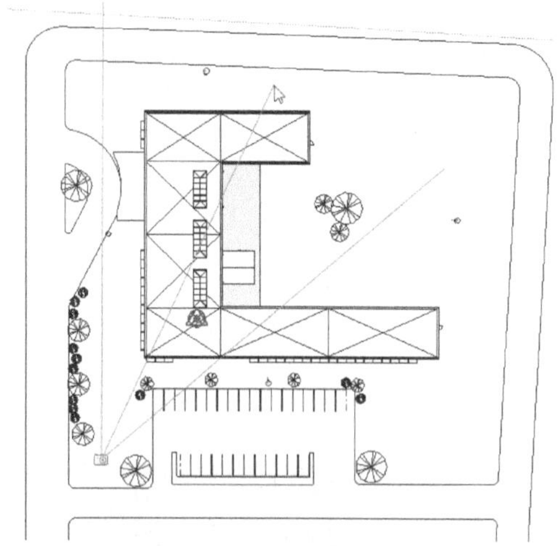

图 16-8　设置视觉范围

（5）单击“修改 | 相机”选项卡“裁剪”面板中的“尺寸裁剪”按钮，打开“裁剪区域尺寸”对话框，更改模型裁剪尺寸的宽度为 310mm，高度为 110mm，如图 16-10 所示，其他采用默认设置。单击“确定”按钮，三维视图如图 16-11 所示。

图 16-9　三维视图

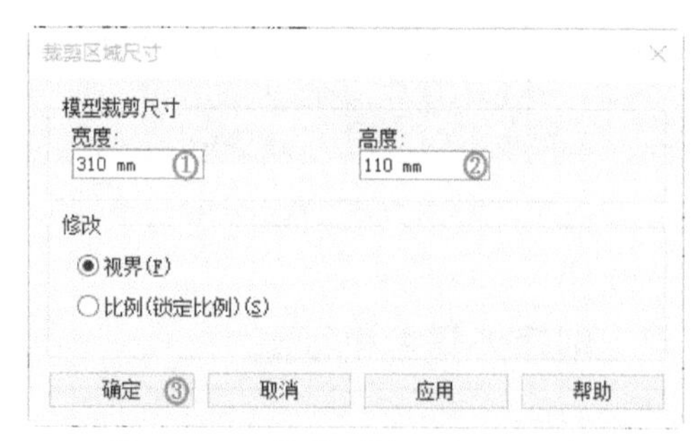

图 16-10　“裁剪区域尺寸”对话框

图 16-11　更改尺寸后的三维视图

（6）将视图切换至场地楼层平面视图，拖曳相机的控制点，调整相机的视图范围，如图 16-12 所示。

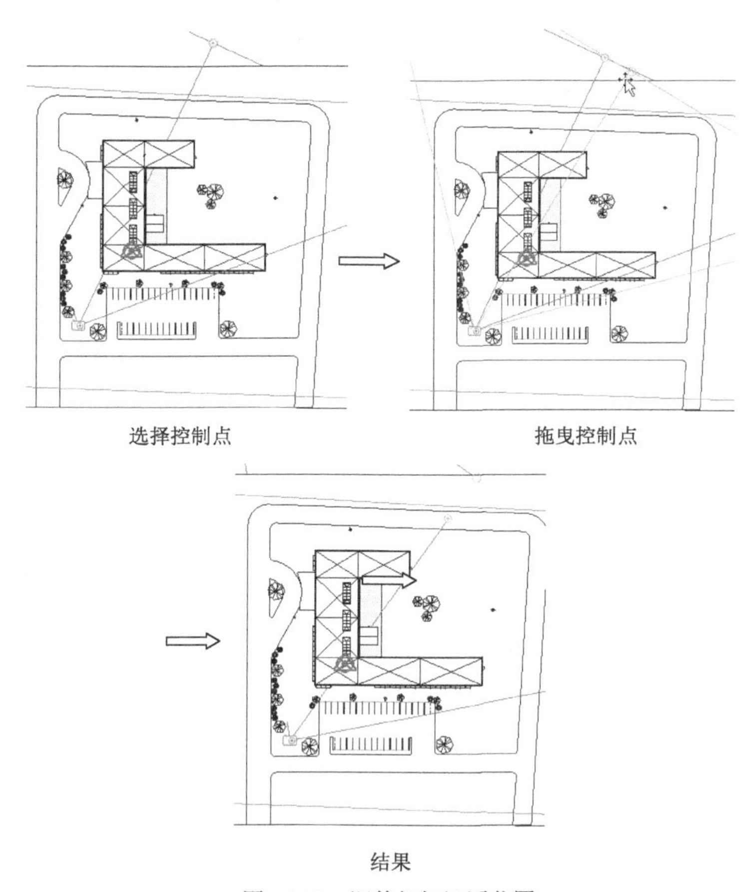

图 16-12 调整相机视图范围

（7）双击三维视图 1，切换至三维视图并选择，拖曳视口上的控制点，调整视图范围，结果如图 16-13 所示。

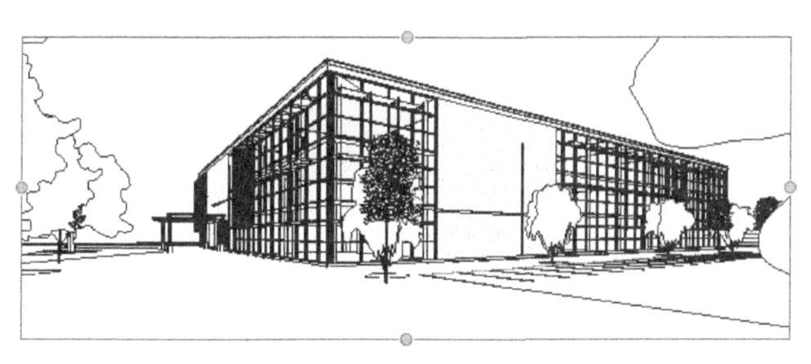

图 16-13 调整视图范围

（8）单击控制栏中的“视觉样式”按钮，在打开的菜单中选择“着色”选项，效果如图 16-14 所示。

（9）在项目浏览器中选择第（8）步创建的三维视图 1，用鼠标右键单击，在弹出的快捷菜单中选择“重命名”选项，输入名称为“外部视图”。

图 16-14　着色效果

16.2　渲染

渲染为建筑模型创建照片级真实感图像。

16.2.1　外景渲染

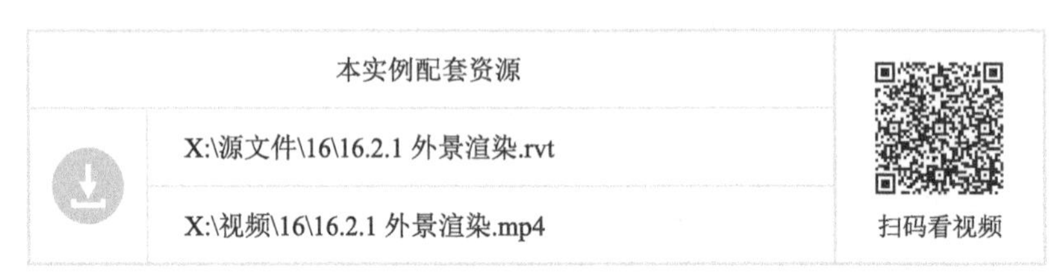

本实例配套资源

X:\源文件\16\16.2.1 外景渲染.rvt

X:\视频\16\16.2.1 外景渲染.mp4

扫码看视频

具体操作步骤如下。

（1）单击“视图”选项卡“演示视图”面板中的“渲染”按钮，打开“渲染”对话框，质量设置为“最佳”，分辨率为“屏幕”，照明方案为“室外：仅日光”，背景样式为“天空：无云”，如图 16-15 所示。单击日光设置栏“选择太阳”按钮，打开“日光设置”对话框，选择“静止”选项，如图 16-16 所示，其他采用默认设置，单击“确定”按钮，返回“渲染”对话框。

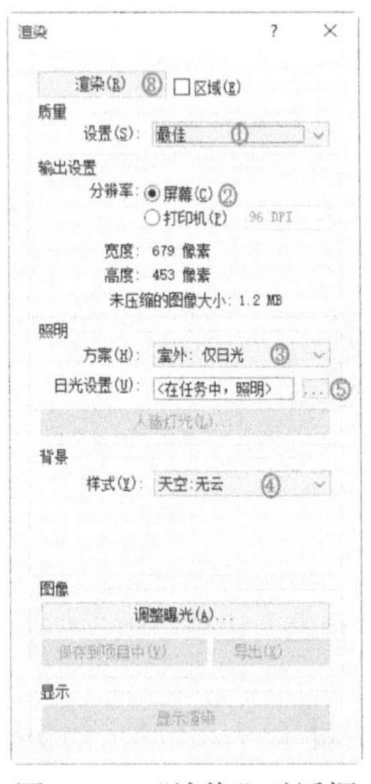

图 16-15　“渲染”对话框

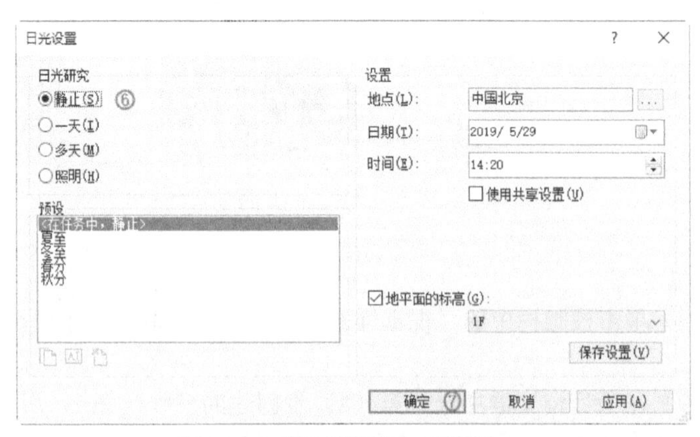

图 16-16　“日光设置”对话框

“渲染”对话框中的选项说明如下。

- 区域：勾选此复选框，在三维视图中，Revit 会显示渲染区域边界。选择渲染区域，并使用软件中的蓝色夹具来调整其尺寸。对于正交视图，也可以拖曳渲染区域，以在视图中移动其位置。
- 质量：为渲染图像指定所需的质量。包括绘图、中、高、最佳、自定义和编辑 6 种。
  - ✓ 绘图：尽快渲染，生成预览图像。模拟照明和材质，阴影缺少细节。渲染速度最快。
  - ✓ 中：快速渲染，生成预览图像，获得模型的总体印象。模拟粗糙和半粗糙材质。该设置最适用于没有复杂照明或材质的室外场景。渲染速度中等。
  - ✓ 高：相对中等质量，渲染所需时间较长。照明和材质更准确，尤其对于镜面（金属类型）材质。对软性阴影和反射进行高质量渲染。该设置最适用于有简单的照明的室内和室外场景。渲染速度慢。
  - ✓ 最佳：以较高的照明和材质精确度渲染。以高质量水平渲染半粗糙材质的软性阴影和柔和反射。此渲染质量对复杂的照明环境尤为有效，生成所需的时间最长。渲染速度最慢。
  - ✓ 自定义：使用“渲染质量设置”对话框中指定的设置。渲染速度取决于自定义设置。
- 输出设置—分辨率：选择“屏幕”选项，为屏幕显示生成渲染图像；选择“打印机”选项，生成供打印的渲染图像。
- 照明：在方案中选择照明方案，如果选择了日光方案，可以在日光设置中调整日光的照明设置。如果选择使用人造灯光的照明方案，则单击“人造灯光”按钮，打开“人造灯光”对话框控制渲染图像中的人造灯光。
- 背景：可以为渲染图像指定背景，背景可以是单色、天空和云或者自定义图像，注意创建包含自然光的内部视图时，天空和云背景可能会影响渲染图像中灯光的质量。
- 调整曝光：单击此按钮，打开“曝光控制”对话框，可帮助将真实世界的亮度值转换为真实的图像，曝光控制模仿人眼对与颜色、饱和度、对比度和眩光有关的亮度值的反应。

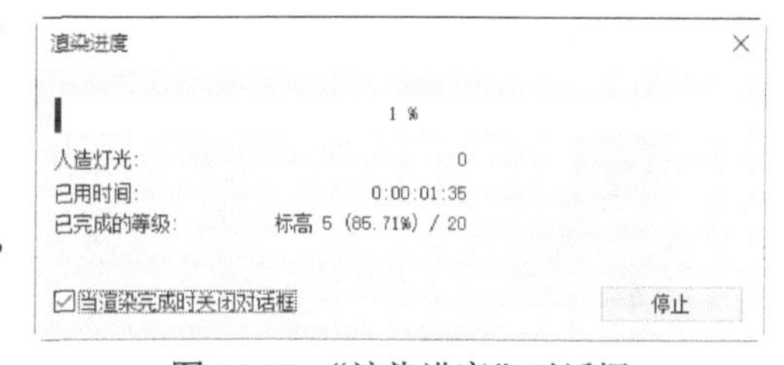

图 16-17　“渲染进度”对话框

（2）单击“渲染”按钮，打开如图 16-17 所示“渲染进度”对话框，显示渲染进度，勾选“当渲染完成时关闭对话框”复选框，则渲染完成后自动关闭对话框，渲染结果如图 16-18 所示。

图 16-18　渲染图形

（3）单击“渲染”对话框中的“调整曝光”按钮，打开“曝光控制”对话框，拖曳各个选项的滑块调整数值，也可以直接输入数值，如图 16-19 所示。单击“应用”按钮，结果如图 16-20 所示。然后单击“确定”按钮，关闭“曝光控制”对话框。

“曝光控制”对话框中的选项说明如下。

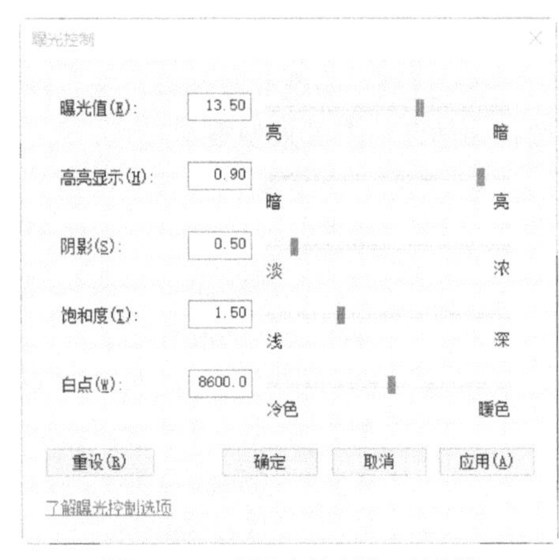

图 16-19 “曝光控制”对话框

- 曝光值：渲染图像的总体亮度。此设置类似于具有自动曝光的摄影机中的曝光补偿设置。输入一个介于 −6（较亮）和 16（较暗）之间的值。
- 高亮显示：图像最亮区域的灯光级别。输入一个介于 0（较暗的高亮显示）和 1（较亮的高亮显示）之间的值。默认值是 0.25。
- 阴影：图像最暗区域的灯光级别。输入一个介于 0.1（较亮的阴影）和 1（较暗的阴影）之间的值。默认值为 0.2。
- 饱和度：渲染图像中颜色的亮度。输入一个 0（灰色 / 黑色 / 白色）到 5（更鲜艳的色彩）之间的值。默认值为 1。
- 白点：应该在渲染图像中显示为白色的光源色温。此设置类似于数码相机上的“白平衡”设置。如果渲染图像看上去橙色太浓，则减小“白点”值。如果渲染图像看上去太蓝，则增大“白点”值。

图 16-20 调整曝光后的图形

（4）单击“渲染”对话框中的“保存到项目中”按钮，打开“保存到项目中”对话框，输入名称为“培训大楼效果图”，如图 16-21 所示，单击“确定”按钮。

（5）将渲染完的图像保存在项目中，如图 16-22 所示。

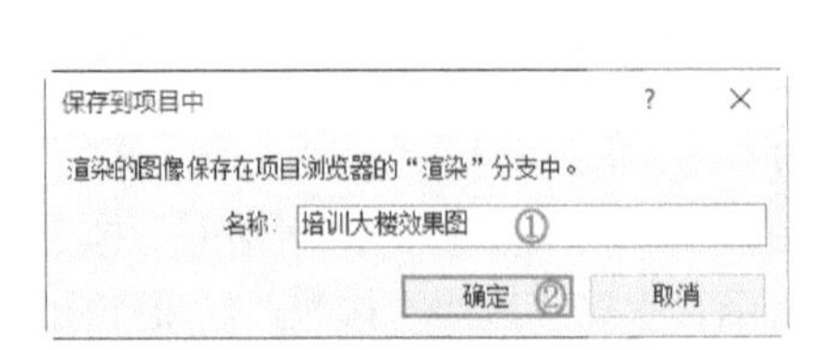

图 16-21 “保存到项目中”对话框

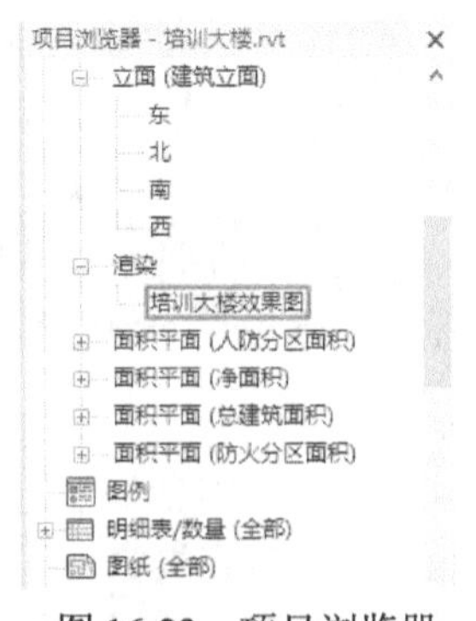

图 16-22 项目浏览器

（6）关闭“渲染”对话框后，视图显示为相机视图，双击项目中的“渲染：培训大楼效果图”，打开渲染图像，如图 16-20 所示。

（7）单击“文件程序菜单”→“导出”→“图像和动画”→“图像”命令，打开“导出图像”对话框，如图 16-23 所示。

“导出图像”对话框选项说明如下。

- 修改：根据需要修改图像的默认路径和文件名。
- 导出范围：指定要导出的图像。
  - ✓ 当前窗口：选择此选项，将导出绘图区域的所有内容，包括当前查看区域以外的部分。
  - ✓ 当前窗口可见部分：选择此选项，将导出绘图区域中当前可见的任何部分。
  - ✓ 所选视图 / 图纸：选择此选项，将导出指定的图纸和视图。单击“选择”按钮，打开如图 16-24 所示的“视图 / 图纸集”对话框，选择所需的图纸和视图，单击“确定”按钮。

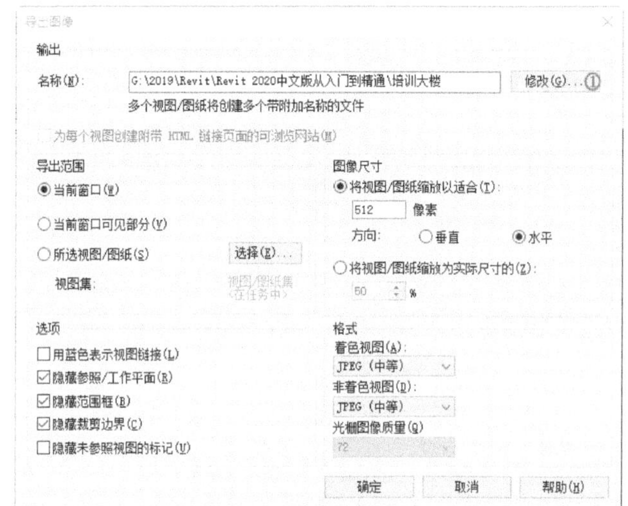

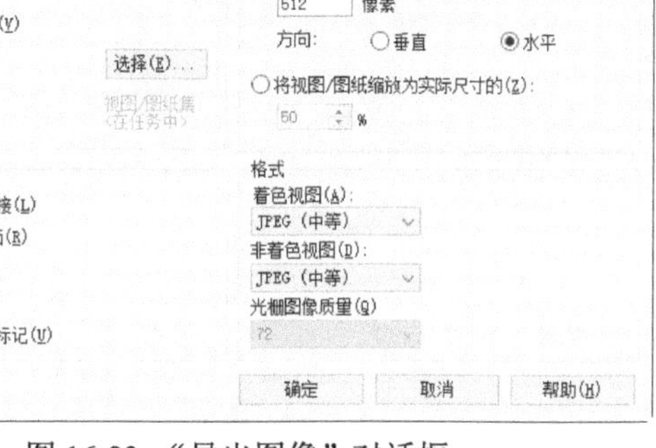

图 16-23 “导出图像”对话框

图 16-24 “视图 / 图纸集”对话框

- 图像尺寸：指定图像显示属性。
  - ✓ 将视图 / 图纸缩放以适合：要指定图像的输出尺寸和方向。Revit 将在水平或垂直方向将图像缩放到指定数目的像素。
  - ✓ 将视图 / 图纸缩放为实际尺寸的：输入百分比，Revit 将按指定的缩放设置输出图像。
  - ✓ 选项：选择所需的输出选项。默认情况下，导出的图像中的链接以黑色显示。选择“用蓝色表示视图链接”选项，显示蓝色链接。选择“隐藏参照 / 工作平面”“隐藏范围框”“隐藏裁剪边界”和“隐藏未参照视图的标记”选项，在导出的视图中隐藏不必要的图形部分。
- 格式：选择着色视图和非着色视图的输出格式。

（8）单击“修改”按钮，打开“指定文件”对话框，设置图像的保存路径和文件名，如图 16-25 所示。单击“保存”按钮，返回“导出图像”对话框。

（9）在“图像尺寸”中设置像素为 1024，方向为水平，在格式中设置着色视图和非着色视图为 JPEG（无失真），其他采用默认设置，如图 16-26 所示。单击“确定”按钮，导出图像。

（10）在保存位置打开保存的图像，如图 16-27 所示。

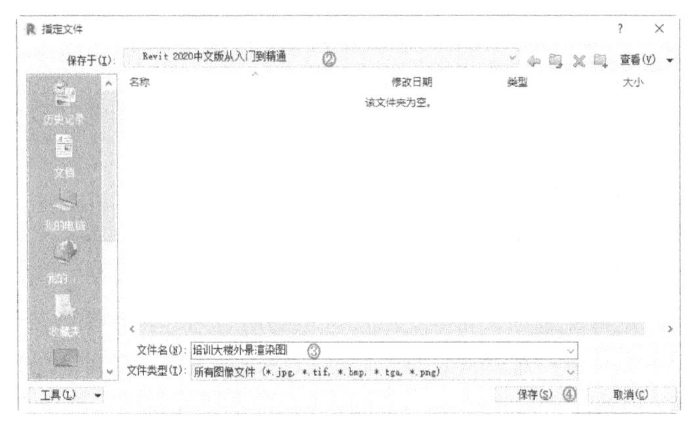

图 16-25 “指定文件”对话框

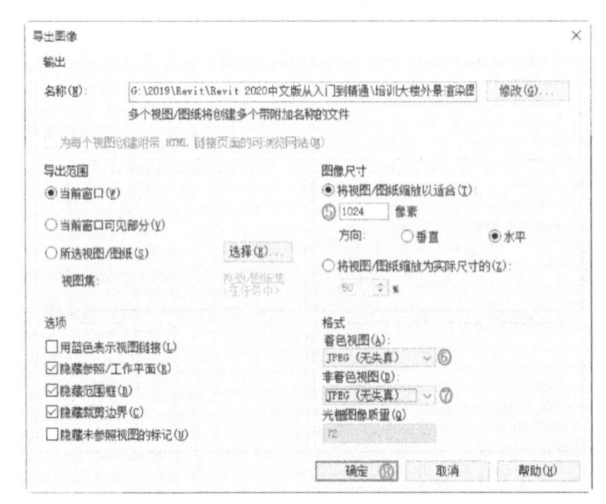

图 16-26 设置导出图像参数

图 16-27 打开图像

16.2.2 走廊场景渲染

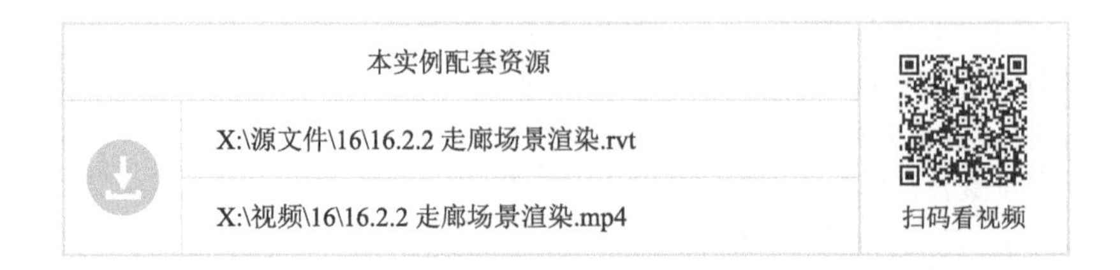

本实例配套资源	扫码看视频
X:\源文件\16\16.2.2 走廊场景渲染.rvt	
X:\视频\16\16.2.2 走廊场景渲染.mp4	

具体操作步骤如下。

（1）双击 3F 走廊视图，将视图切换至 3F 走廊视图。

（2）单击“视图”选项卡“演示视图”面板中的“渲染”按钮，打开“渲染”对话框，在质量设置的下拉列表中选择“编辑”选项，打开“渲染质量设置”对话框，在质量设置下拉列表中选择“自定义（视图专用）”，在光线和材质精度中，选择“高级—精确材质和阴影”单选项，如图 16-28 所示，其他采用默认设置，单击“确定”按钮，返回“渲染”对话框。

（3）在“渲染”对话框中输出设置选择“屏幕”分辨率，照明方案为“室内：日光和人造光”选项，单击日光设置栏中的“选择太阳位置”按钮，打开“日光设置”对话框，选择“照明”单选项，在预设栏中选择“来自右上角的日光”选项，取消“地平面的标高”复选框的勾选，其他采用默认设置，如图 16-29 所示，单击“确定”按钮。

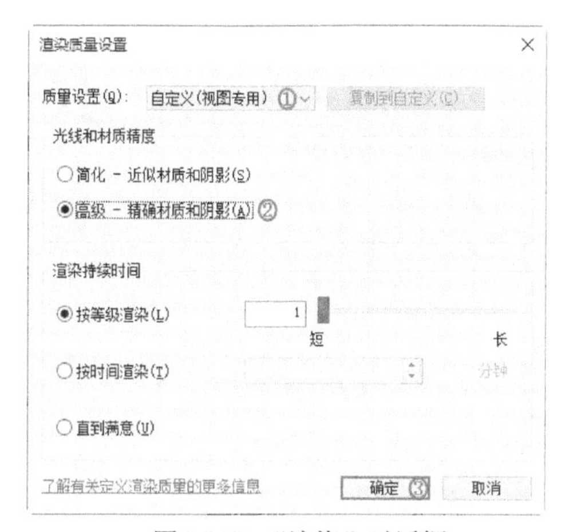

图 16-28　“渲染”对话框

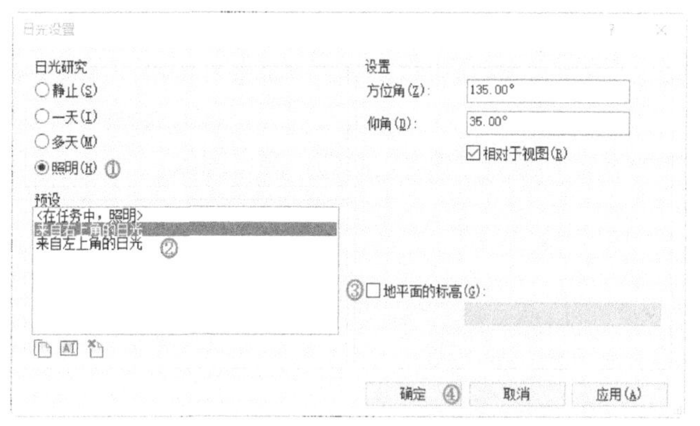

图 16-29　“日光设置”对话框

“日光设置”对话框中的选项说明如下。

- 日光研究：若要基于指定的地理位置定义日光设置，则选择“静止”“一天”或“多天”选项。若要基于方位角和仰角定义日光设置，则选择“照明”单选项。
- 预设：选择某一预定义的日光设置。
- 地平面的标高：选中此复选框时，会在二维和三维着色视图中指定的标高上投射阴影。取消此复选框的勾选，会在地形表面（如果存在）上投射阴影。

（4）单击“渲染”按钮，打开“渲染进度”对话框，显示渲染进度，勾选“当渲染完成时关闭对话框”复选框，则渲染完成后自动关闭对话框，渲染结果如图 16-30 所示。

（5）单击“渲染”对话框中的“调整曝光”按钮，打开“曝光控制”对话框，拖曳各个选项的滑块调整数值，也可以直接输入数值，如图 16-31 所示。单击“应用”按钮，结果如图 16-32 所示。然后单击“确定”按钮，关闭“曝光控制”对话框。

图 16-30　渲染图形

图 16-31 “曝光控制”对话框

图 16-32 调整曝光后的图形

（6）单击“渲染”对话框中的“保存到项目中”按钮，打开“保存到项目中”对话框，输入名称为“三层走廊效果图”，单击“确定”按钮，将渲染完的图像保存在项目中。

（7）单击“导出”按钮，打开“保存图像”对话框，设置图像的保存路径和文件名，如图 16-33 所示。单击“保存”按钮，导出图像。

图 16-33 “保存图像”对话框

16.3 漫游

定义通过建筑模型的路径，并创建动画或一系列图像，向客户展示模型。

漫游是指沿着定义的路径移动的相机。此路径由帧和关键帧组成。关键帧是指可在其中修改相机方向和位置的可修改帧。默认情况下，漫游创建为一系列透视图，但也可以创建为正交三维视图。

16.3.1　创建漫游路径

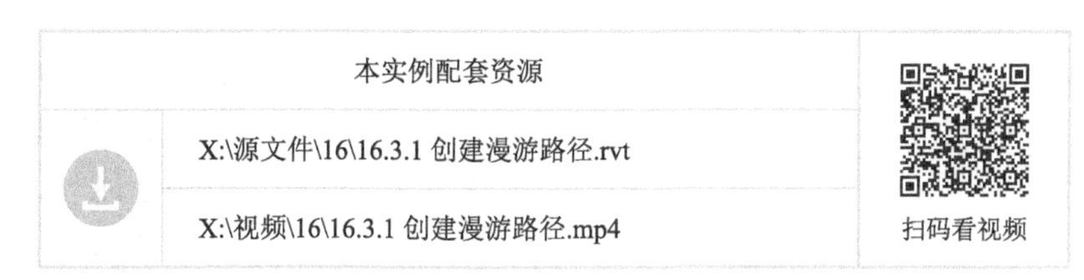

本实例配套资源	扫码看视频
X:\源文件\16\16.3.1 创建漫游路径.rvt	
X:\视频\16\16.3.1 创建漫游路径.mp4	

具体操作步骤如下。

（1）将视图切换 1F 楼层平面，也可以在其他视图（包括三维视图、立面视图及剖面视图）中创建漫游。

（2）单击“视图”选项卡“创建”面板“三维视图”下拉列表中的“漫游”按钮，打开“修改 | 漫游”上下文选项卡和选项栏，如图 16-34 所示。

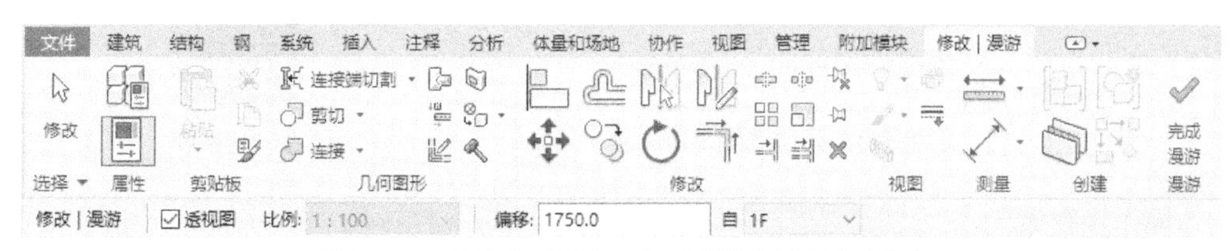

图 16-34　“修改 | 漫游”上下文选项卡和选项栏

（3）在选项栏中取消“透视图”复选框的勾选，设置偏移距离为 1750。

（4）在当前视图的大楼外围任意位置单击作为漫游路径的开始位置，然后单击鼠标左键逐个放置关键帧，如图 16-35 所示。

（5）继续放置关键帧，路径围绕大楼一周完成绘制，如图 16-36 所示。

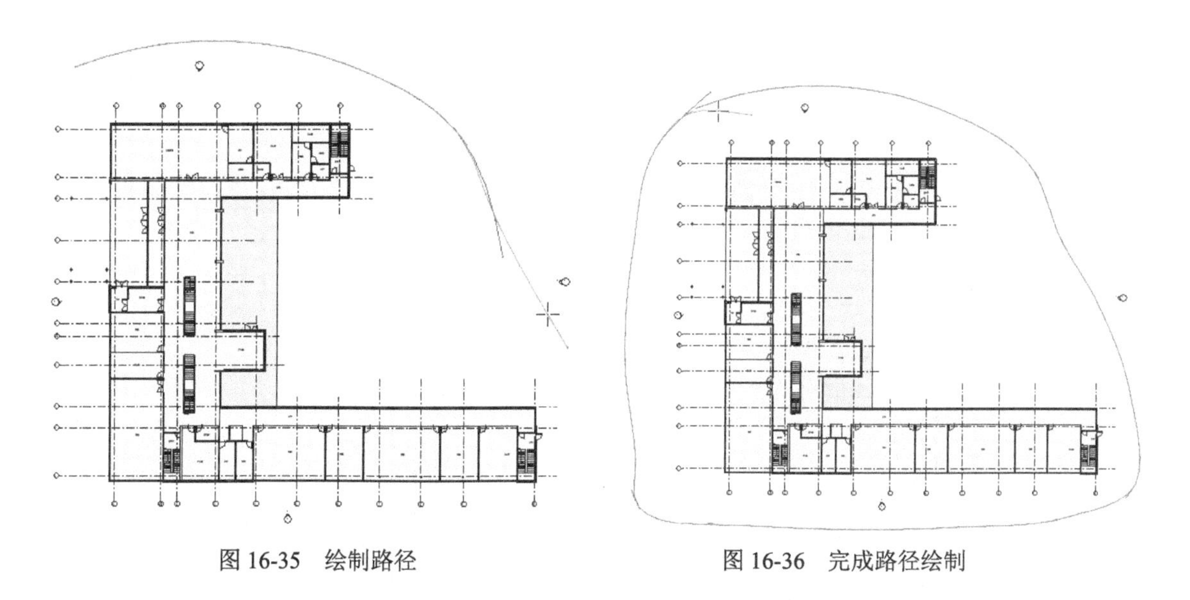

图 16-35　绘制路径　　　　图 16-36　完成路径绘制

（6）单击“漫游”面板中的“完成漫游”按钮，结束路径的绘制。

（7）在项目浏览器中新增漫游视图“漫游 1”，双击漫游 1 视图，打开漫游视图，如图 16-37 所示。

图 16-37　漫游视图

16.3.2　编辑漫游

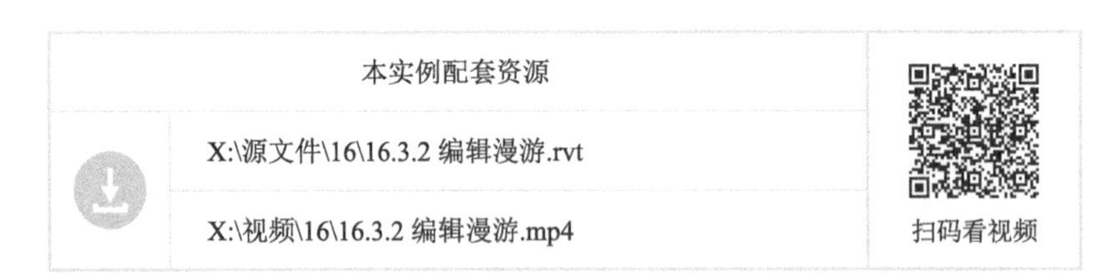

本实例配套资源	扫码看视频
X:\源文件\16\16.3.2 编辑漫游.rvt	
X:\视频\16\16.3.2 编辑漫游.mp4	

具体操作步骤如下。

（1）将视图切换 1F 楼层平面。

（2）单击“修改 | 相机”选项卡“漫游”面板中的“编辑漫游”按钮，如图 16-38 所示，打开“编辑漫游”选项卡和选项栏。

图 16-38　“修改”相机”选项卡

（3）此时漫游路径上会显示关键帧，如图 16-39 所示。

（4）在选项栏中设置控制为“路径”，路径上的关键帧变为控制点，拖曳控制点，可以调整路径形状，如图 16-40 所示。

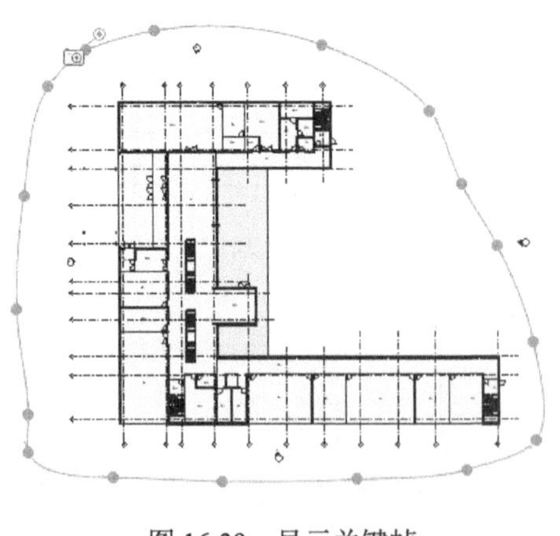

图 16-39　显示关键帧

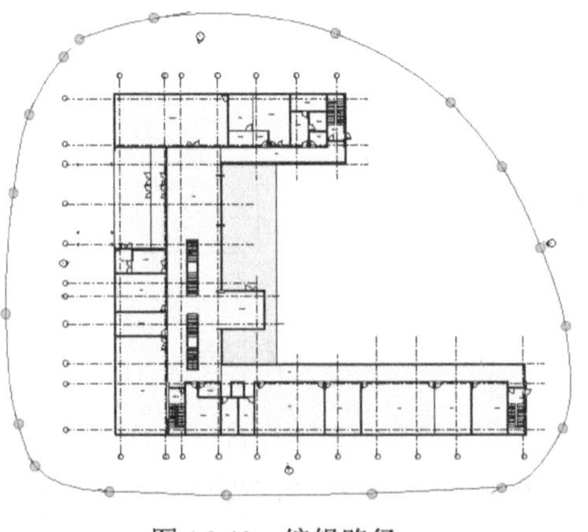

图 16-40　编辑路径

（5）在选项栏中设置控制为“添加关键帧”，然后在路径上单击添加关键帧，如图 16-41 所示。

（6）在选项栏中设置控制为“删除关键帧”，然后在路径上单击要删除的关键帧，删除关键帧，如图 16-42 所示。

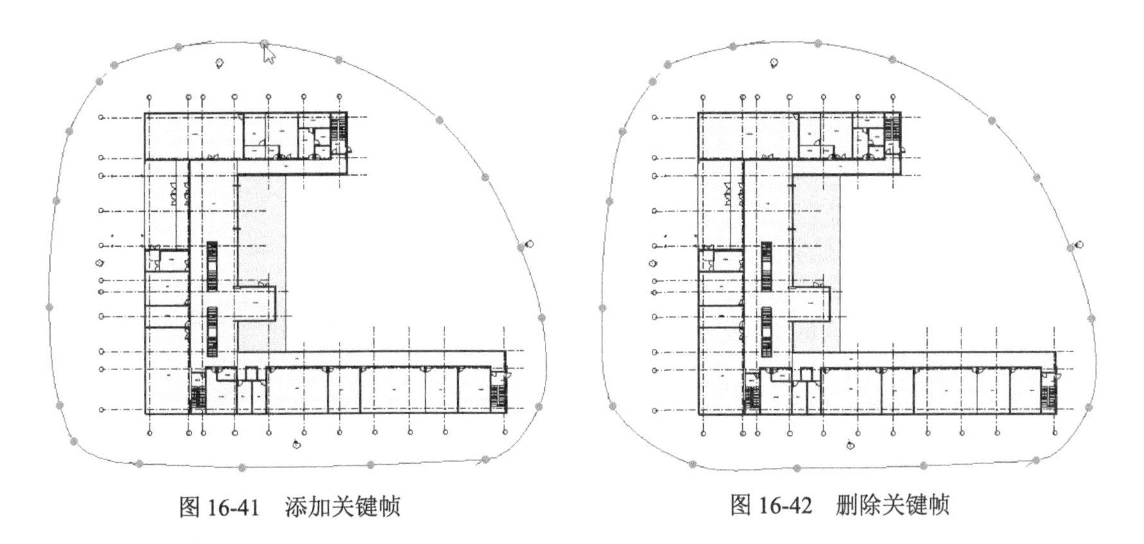

图 16-41　添加关键帧　　　图 16-42　删除关键帧

（7）单击选项栏中的帧后面的“300”字样，打开“漫游帧”对话框，更改总帧数为 200，勾选“指示器”复选框，输入帧增量为 10，如图 16-43 所示。单击“确定”按钮，效果如图 16-44 所示。图中圆点代表自行设置的关键帧，正方形点代表系统添加的指示帧。

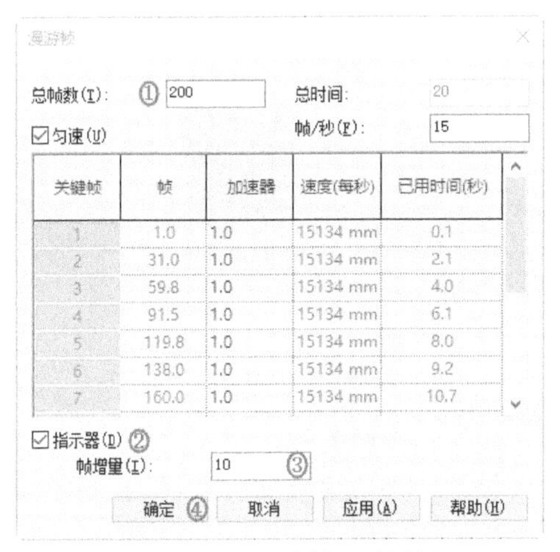

图 16-43　“漫游帧”对话框

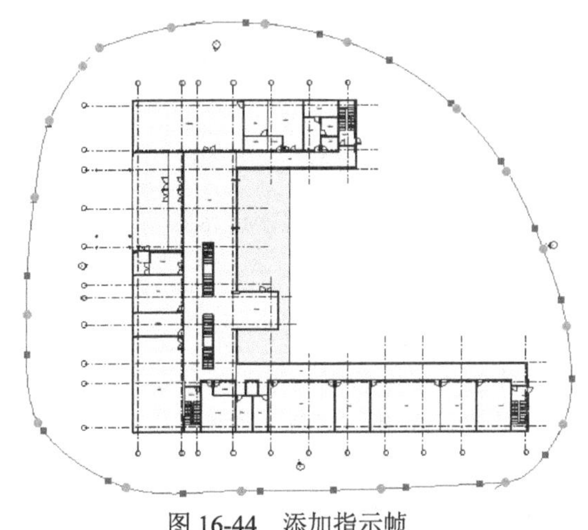

图 16-44　添加指示帧

“漫游帧”对话框中的选项说明如下。

- 总帧数：设置漫游中的总帧数。
- 总时间：显示总漫游持续时间。总时间为只读值，由“总帧数”和“每秒帧数”设置确定。
- 匀速：选中该选项后，相机沿整个路径行进的默认匀速将应用到漫游。
- 帧 / 秒：设置漫游动画的每秒帧数。
- 关键帧：显示漫游路径中每个关键帧的编号。
- 帧：沿路径为每个关键帧标识帧编号。

● 加速器：设置和显示漫游在特定关键帧处的播放速度。

● 速度（每秒）：显示相机沿路径移动通过每个关键帧的速度（每秒距离）。速度（每秒）由加速器值确定。

● 已用时间（秒）：显示从第一个关键帧开始的已用时间。

● 指示器：选择“指示器”可沿漫游路径查看帧分布。

● 帧增量：勾选“指示器”复选框，输入“帧增量”值，以便指示器按此值进行显示。

（8）在选项栏中设置控制为“活动相机”，然后拖曳相机控制相机角度，如图 16-45 所示。单击“下一关键帧”按钮▷⏸，调整关键帧上相机角度，采用相同的方法，调整其他关键帧的相机角度。

（9）在选项栏中输入“1”，单击“漫游”面板中的“播放”按钮▷，开始播放漫游，中途要停止播放，可以按 Esc 键结束播放。

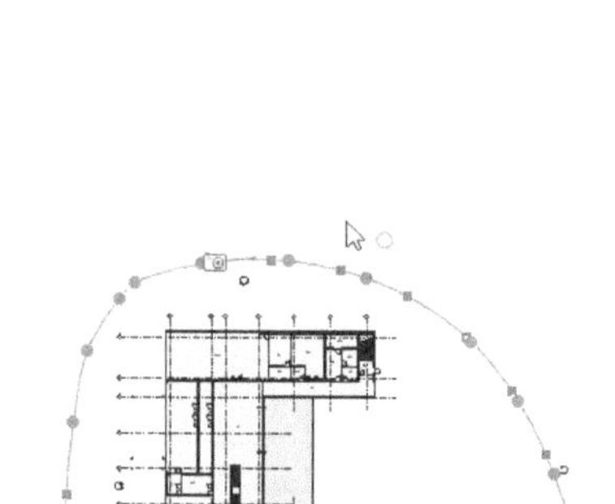

图 16-45 调整相机角度

16.3.3 导出漫游

可以将漫游导出为视频或图像文件。

将漫游导出为图像文件时，漫游的每个帧都会保存为单个文件。可以导出所有帧或一定范围的帧。

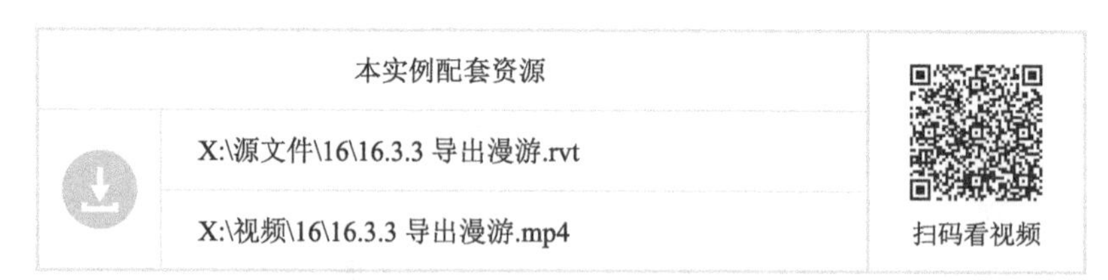

具体操作步骤如下。

（1）将视图切换至漫游 1 视图。

（2）单击“文件程序菜单”→“导出”→“图像和动画”→“漫游”命令，打开“长度 / 格式”对话框，设置视觉样式为“带边框的真实感”，其他采用默认设置，如图 16-46 所示，单击“确定”按钮。

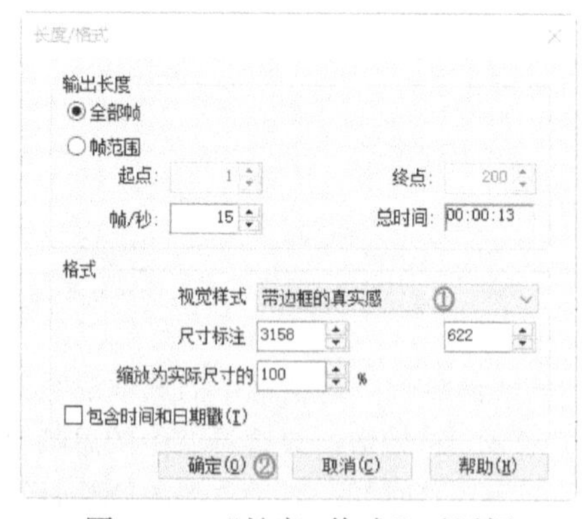

图 16-46 “长度 / 格式”对话框

“长度 / 格式”对话框选项说明如下。

● 全部帧：导出整个动画。

● 帧范围：选择此选项，指定该范围内的起点帧和终点帧。

● 帧 / 秒：设置导出后漫游的速度为每秒多少帧，默认为 15 帧，播放速度比较快，建议设置为 3 ～ 4 帧，速度比较合适。

● 视觉样式：设置导出后漫游中图像的视觉样式，包括线框、隐藏线、着色、带边框着色、一致的颜色、真实、带边框的真实感和渲染。

● 尺寸标注：指定帧在导出文件中的大小，如果输入一个尺寸标注的值，软件会计算并显示另一个尺寸标注的值以保持帧的比例不变。

● 缩放为实际尺寸的：输入缩放百分比，软件会计算并显示相应的尺寸标注。

● 包含时间和日期戳：勾选此复选框，在导出的漫游动画或图片上会显示时间和日期。

（3）打开“导出漫游”对话框，设置保存路径、文件名称和文件类型，如图16-47所示。单击“保存”按钮。

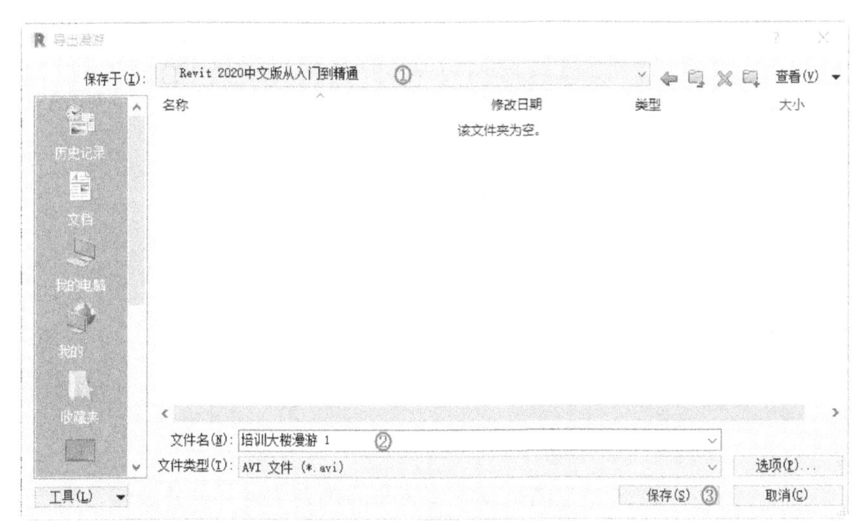

图16-47 “导出漫游”对话框

（4）打开“视频压缩”对话框，默认压缩程序为“全帧（非压缩的）”，产生的文件非常大，选择“Microsoft Video 1”压缩程序，如图16-48所示。单击“确定”按钮，将漫游文件导出为AVI文件。

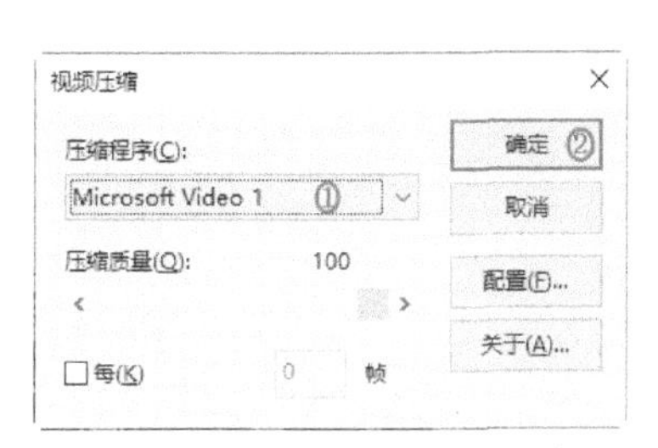

图16-48 “视频压缩”对话框

第 17 章 施工图设计

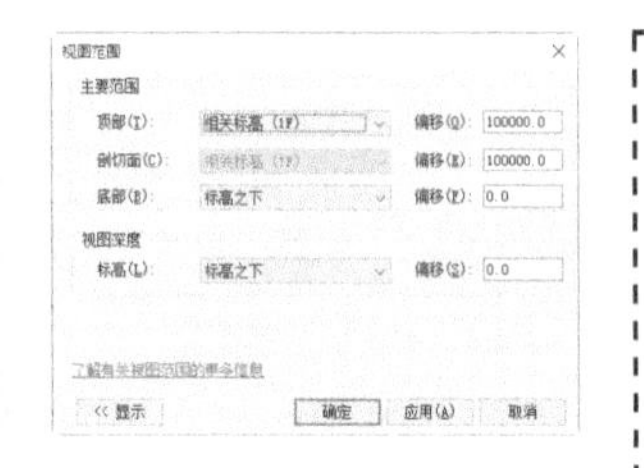

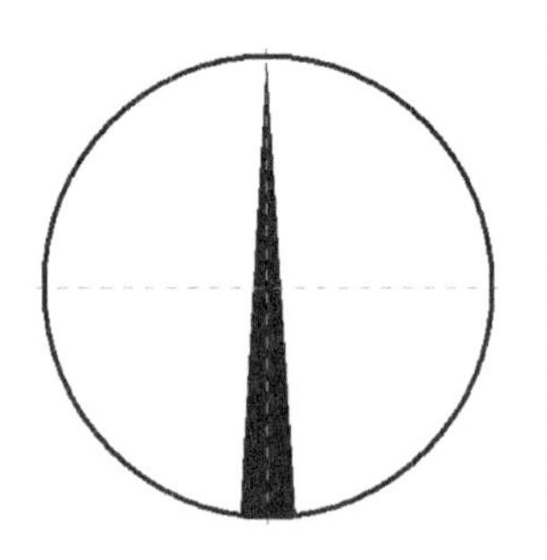

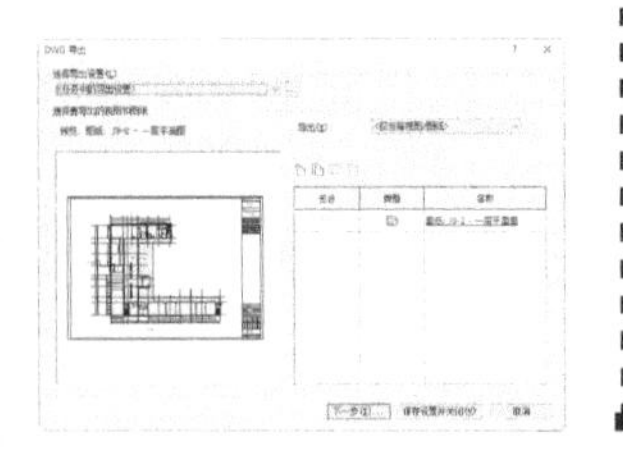

知识导引

建筑施工图是反映建筑物的规划位置、内外装修、构造及施工要求等。包括首页（图纸目录、设计说明）、总平面图、平面图、立面图、剖面图和详图。

施工图设计是根据施工要求，画出一套完整的反映建筑物整体及各细部构造和结构的图样，以及有关的技术资料。

17.1　总平面图

在画有等高线或坐标方格网的地形图上，加画上新设计的以及将来拟建的房屋、道路、绿化等，必要时可以画上各种管线布置以及地表水排放情况，并标明建筑基地方位及风向的图形称为总平面图。总平面图是进行施工组织、场地布置以及对建筑定位放线的依据，也是评价建筑合理性程度的重要依据之一。通常将总平图放在整套施工图的首页。

17.1.1　总平面图内容概括

总平面图用来表达整个建筑基地的总体布局，表达新建建筑物及构筑物位置、朝向及周边环境关系。这也是总平面图的基本功能。总平面图专业设计成果包括设计说明书、设计图纸以及根据合同规定的鸟瞰图、模型等。总平面图只是其中设计图纸部分，在不同设计阶段，总平面图除了具备其基本功能外，表达设计意图的深度和倾向也有所不同。

在方案设计阶段，总平面图着重体现新建建筑物的体量大小、形状及与周边道路、房屋、绿地、广场和红线之间的空间关系，同时传达室外空间设计效果。因此，方案图在具有必要的技术性的基础上，还强调艺术性的体现。就目前情况来看，除了绘制 CAD 线条图，还需对线条图进行套色、渲染处理或制作鸟瞰图、模型等。总之，设计者总在不遗余力地展现自己设计方案的优点及魅力，以在竞争中胜出。

在初步设计阶段，进一步推敲总平面图设计中涉及的各种因素和环节（如道路红线、建筑红线或用地界线、建筑控制高度、容积率、建筑密度、绿地率、停车位数以及总平面布局、周围环境、空间处理、交通组织、环境保护、文物保护、分期建设等），推敲方案的合理性、科学性和可实施性，进一步准确落实各种技术指标，深化竖向设计，为施工图设计做准备。

在施工图设计阶段，总平面专业成果包括图纸目录、设计说明、设计图纸和计算书。其中设计图纸包括总平面图、竖向布置图、土方图、管道综合图、景观布置图及详图等。总平面图是新建房屋定位、放线的以及布置施工现场的依据，因此必须详细、准确、清楚地表达出来。

17.1.2　创建培训大楼总平面图

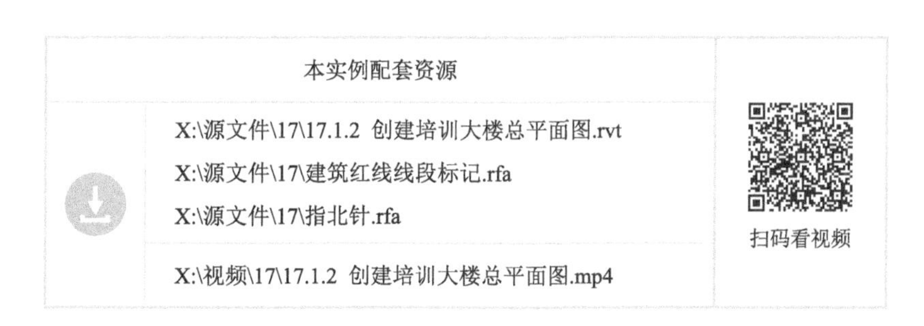

1. 具体绘制步骤

（1）将视图切换至场地楼层视图。

（2）单击属性选项板视图范围栏中的“编辑”按钮 编辑... ，打开“视图范围”对话框，设置主要范围栏中的顶部为“相关标高（1F）”，偏移为 100000，剖切面偏移为 100000，底部为“标高之下”，偏移为 0，视图深度标高为“标高之下”，偏移为 0，如图 17-1 所示。单击“确定”按钮，视图如图 17-2 所示。

（3）单击“视图”选项卡“图形”面板中的“可见性 / 图形”按钮，打开“楼层平面：场地的可见性 / 图形替换”对话框，在“注释类别”选项卡中取消“立面”复选框的勾选，如图 17-3 所示。单击“确定”按钮，场地层中的立面标记不可见，如图 17-4 所示。

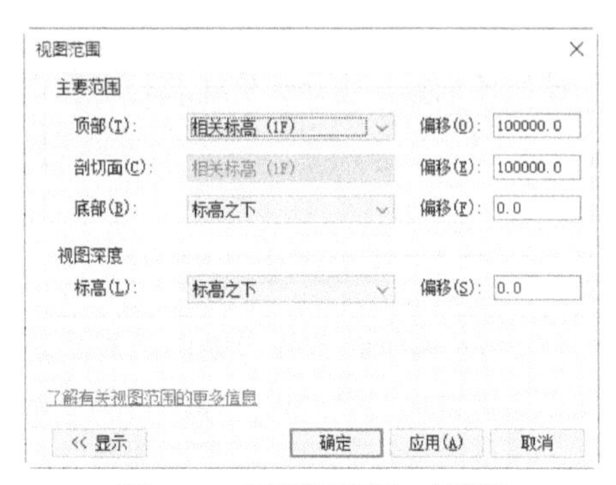

图 17-1 “视图范围”对话框

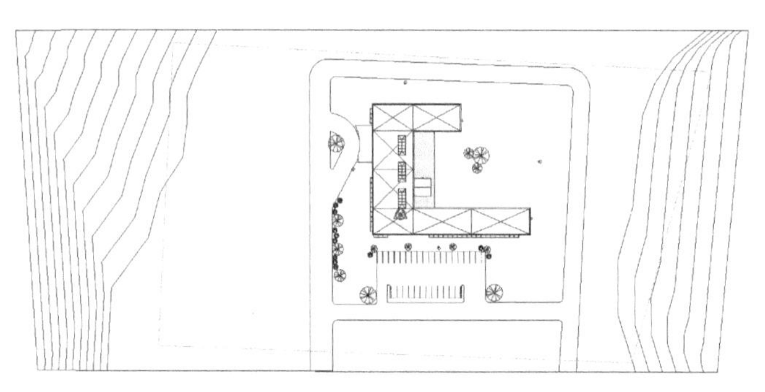

图 17-2 视图

图 17-3 “楼层平面：场地的可见性 / 图形替换”对话框

（4）单击“注释”选项卡“标记”面板中的“按类别标记”按钮，打开“修改 | 标记”选项卡和选项栏，如图 17-5 所示。

（5）单击选项栏中的“标记”按钮 标记... ，打开“载入的标记和符号”对话框，选择“场地”→“建筑红线线段”，如图 17-6 所示，单击“载入族”按钮，打开“载入族”对话框，选择“建筑红线线段标记”族文件，单击“打开”按钮，返回“载入的标记和符号”对话框，其他采用默认设置，单击“确定”按钮，载入建筑红线线段标记。

（6）在选项栏中取消“引线”复选框的勾选，在视图中选择建筑红线添加建筑红线线段标记，如图 17-7 所示。继续添加其他建筑红线标记。

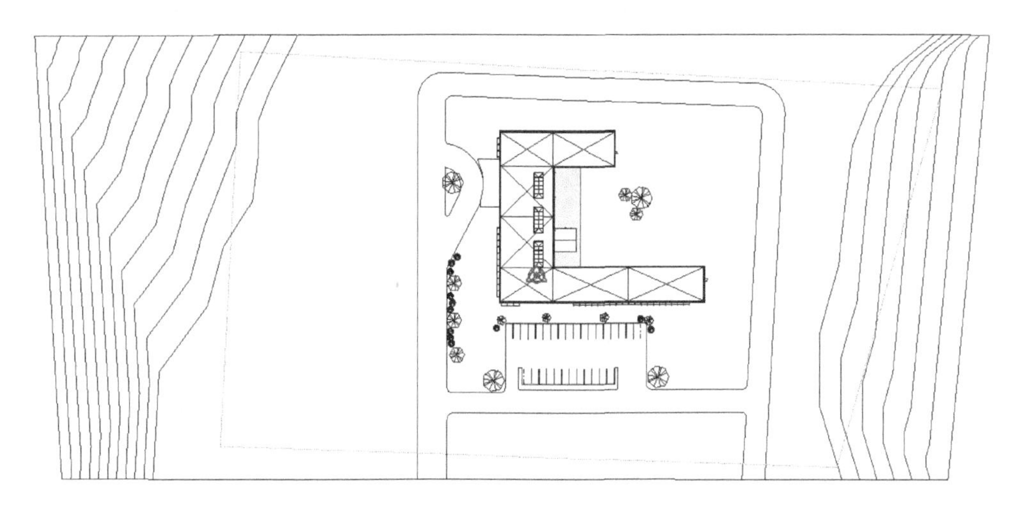

图 17-4　隐藏立面标记

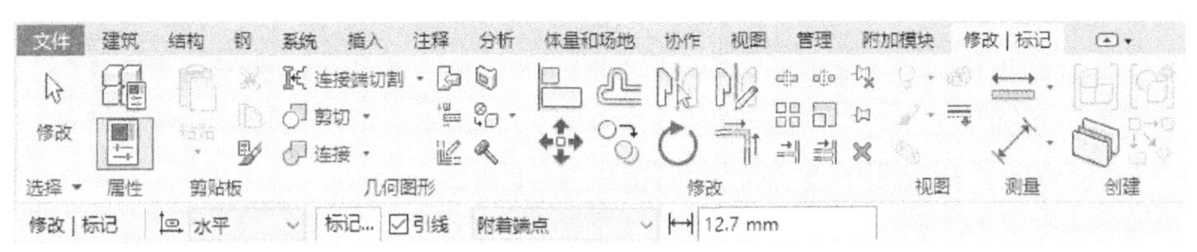

图 17-5　“修改 | 标记”选项卡和选项栏

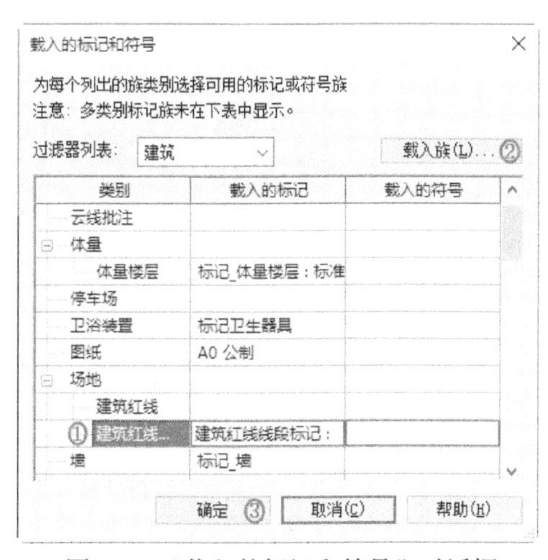

图 17-6　“载入的标记和符号”对话框

图 17-7　添加建筑红线线段标记

（7）在“场地：项目基点”上单击鼠标右键，在打开的快捷菜单中选择“在视图中隐藏”→“图元”选项，如图 17-8 所示，隐藏场地：项目基点；采用相同的方法，隐藏场地：测量点。

（8）单击“注释”选项卡“尺寸标注”面板中的“高程点”按钮，打开“修改 | 放置尺寸标注”选项卡和选项栏，在选项栏中取消“引线”复选框的勾选，显示高程为“实际（选定）高程”，如图 17-9 所示。

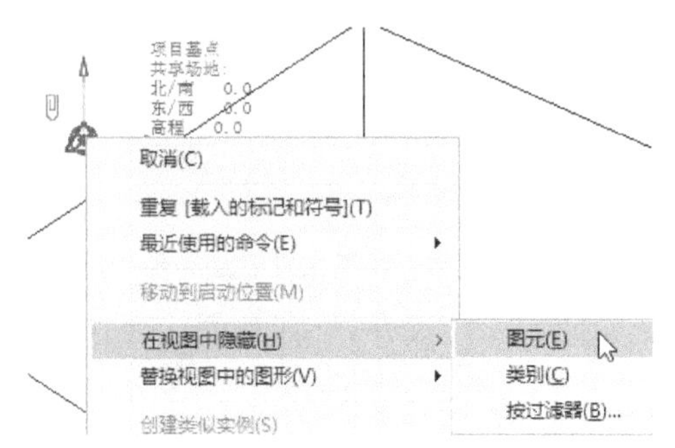

图 17-8 快捷菜单

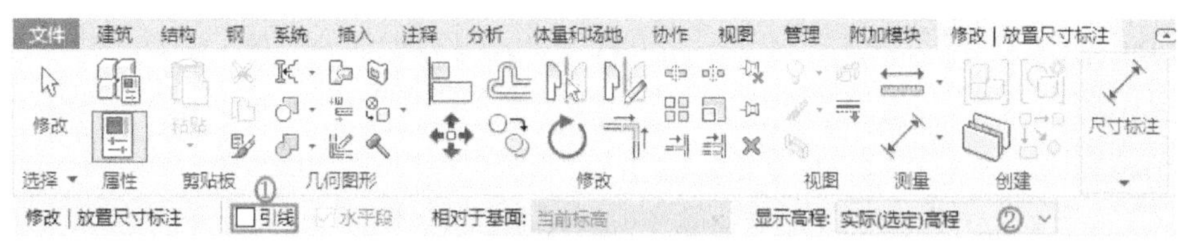

图 17-9 选项栏

（9）在属性选项板中选择“高程点 三角形（项目）”类型，单击“编辑类型”按钮，打开“类型属性”对话框，更改文字大小为 10，如图 17-10 所示，其他采用默认设置，单击“确定”按钮。

（10）将高程点放置在视图中适当位置，如图 17-11 所示。

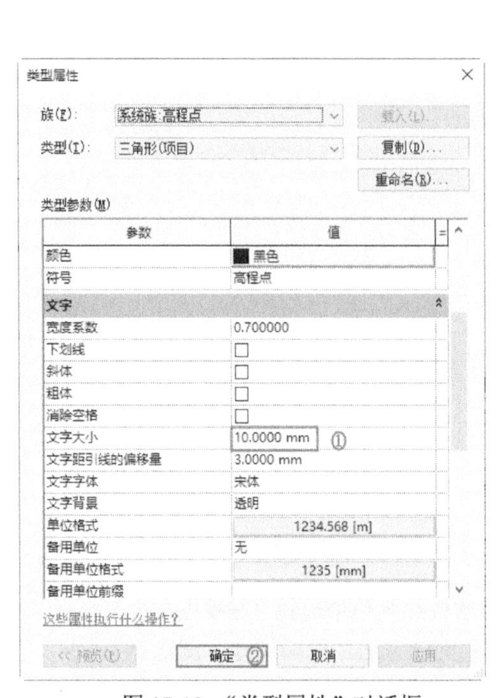

图 17-10 “类型属性”对话框

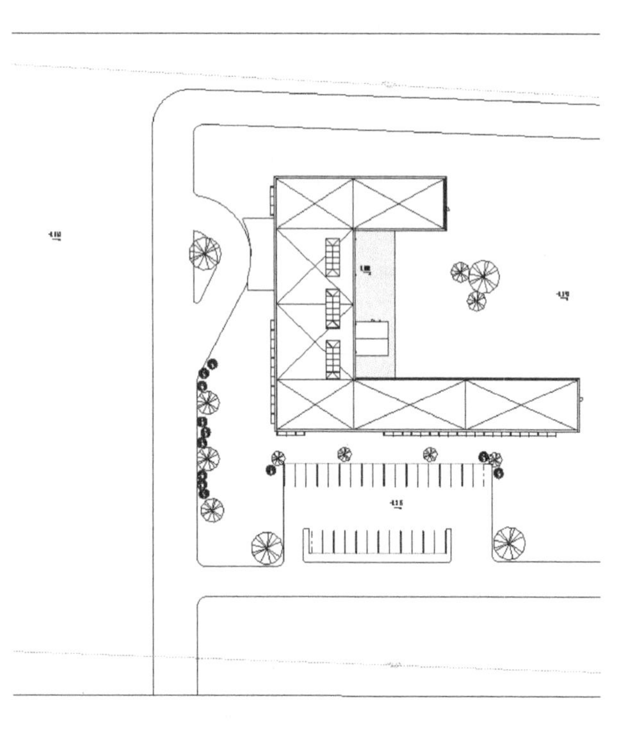

图 17-11 标注高程点

（11）单击“注释”选项卡“尺寸标注”面板中的“对齐”按钮，在属性选项板中选择“线

性尺寸标注样式 对角线—3mm RomanD（场地）—引线—共线文字”类型，单击“编辑类型”按钮，打开“类型属性”对话框，新建“线性尺寸标注样式 对角线—7mm RomanD（场地）—引线—共线文字”类型，更改文字大小为 7mm，其他采用默认设置，如图 17-12 所示，单击“确定”按钮。

（12）标注建筑范围，如图 17-13 所示。

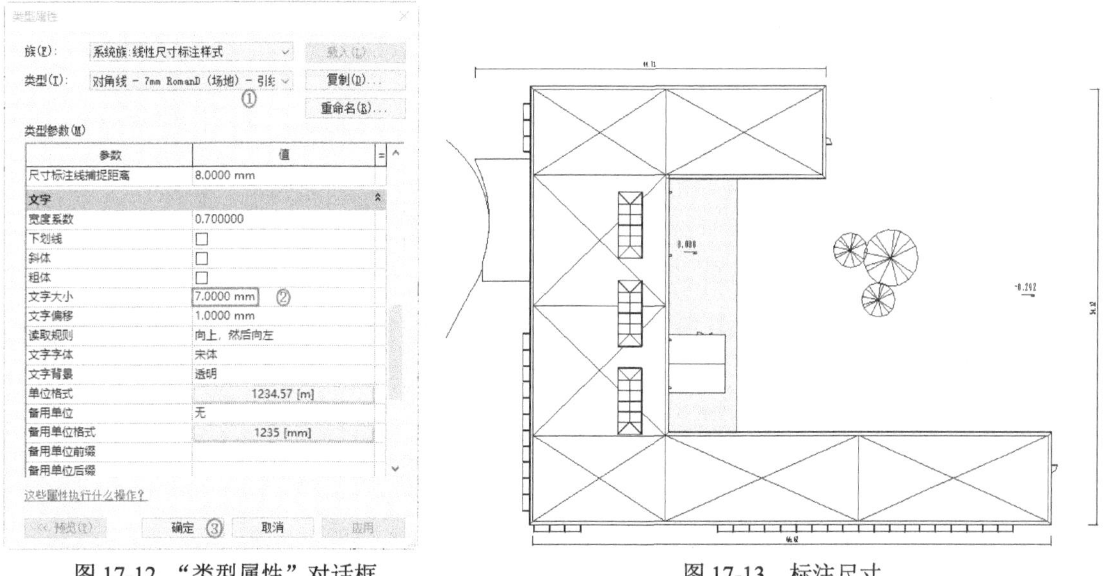

图 17-12　“类型属性”对话框　　　图 17-13　标注尺寸

（13）单击“视图”选项卡“图纸组合”面板中的“图纸”按钮，打开“新建图纸”对话框，在列表中选择 A0 公制图纸，如图 17-14 所示。单击“确定”按钮。

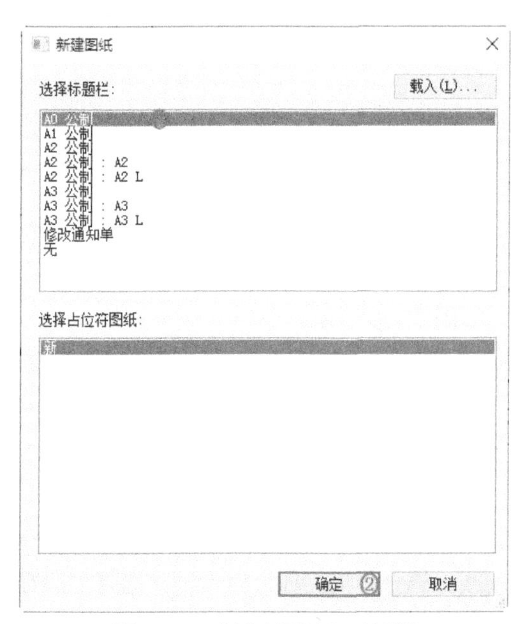

图 17-14　“新建图纸”对话框

（14）新建 A0 图纸，并显示在项目浏览器的图纸节点下，如图 17-15 所示。

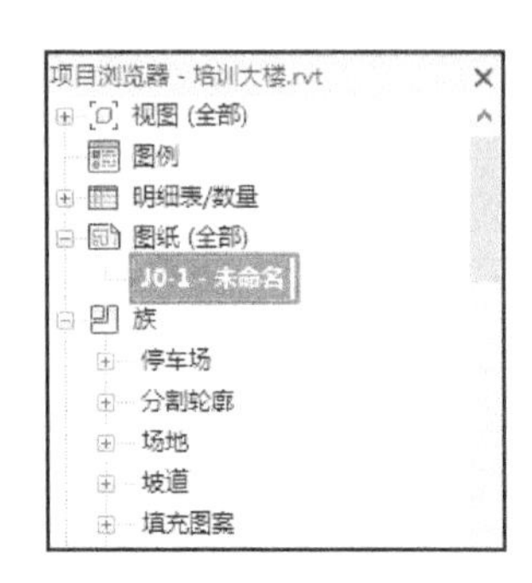

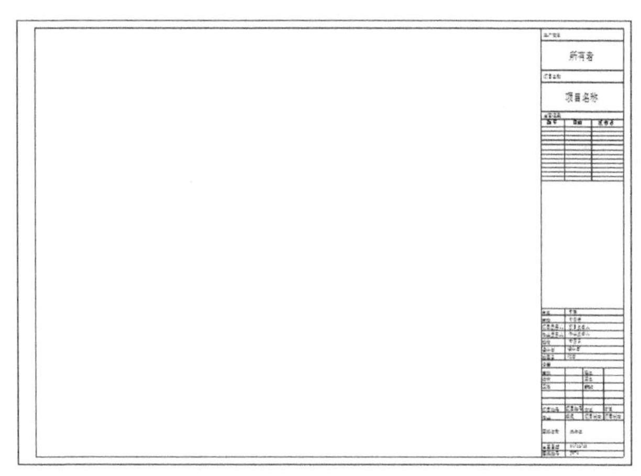

图 17-15　新建 A0 图纸

（15）单击“视图”选项卡“图纸组合”面板中的“放置视图”按钮，打开“视图”对话框，在列表中选择“楼层平面：场地”视图，如图 17-16 所示。然后单击“在图纸中添加视图”按钮，将视图添加到图纸中，如图 17-17 所示。

图 17-16　“视图”对话框

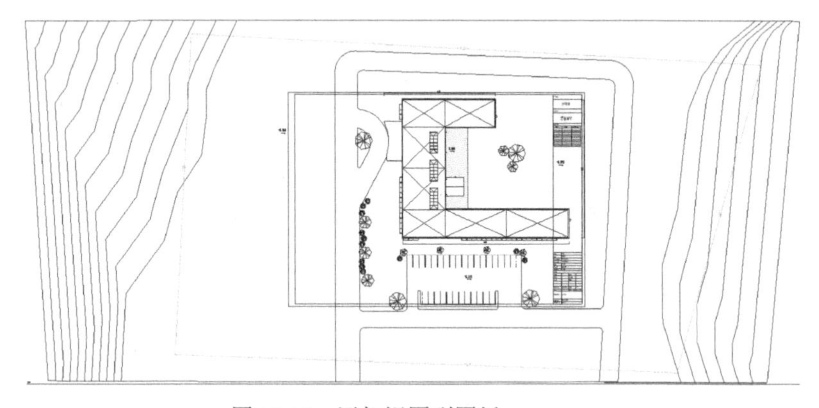

图 17-17　添加视图到图纸

（16）从图 17-13 中可以看出视图比图纸大，所以选择视图，在属性管理器中更改视图比例为自定义，输入比例值 1∶300，如图 17-18 所示。移动视图到图纸中适当位置，如图 17-19 所示。

（17）在图纸中选择标题和视口，单击“修改 | 视口”选项卡“视图”面板“在视图中隐藏”下拉列表中的“隐藏图元”按钮，如图 17-20 所示。隐藏选中的图元，效果如图 17-21 所示。

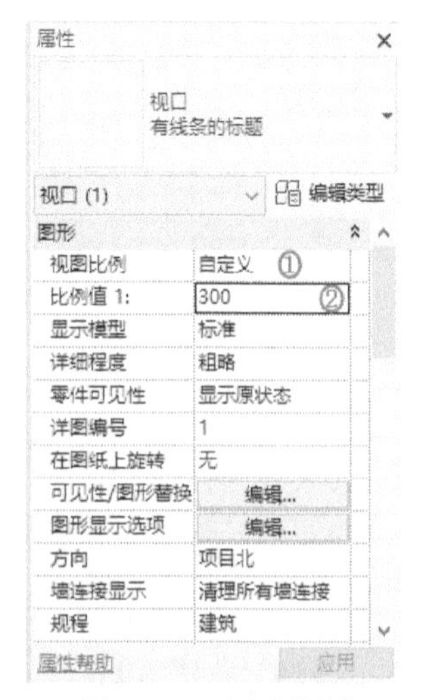

图 17-18　更改比例

2. 创建指北针符号

（1）在主页中单击“族”→“新建”或者单击“文件程序菜单”→“新建”→“族”命令，打开“新族—选择样板文件”对话框，选择“注释”文件夹中的“公制常规注释 .rft”为样板族，如图 17-22 所示，单击“打开”按钮进入族编辑器。

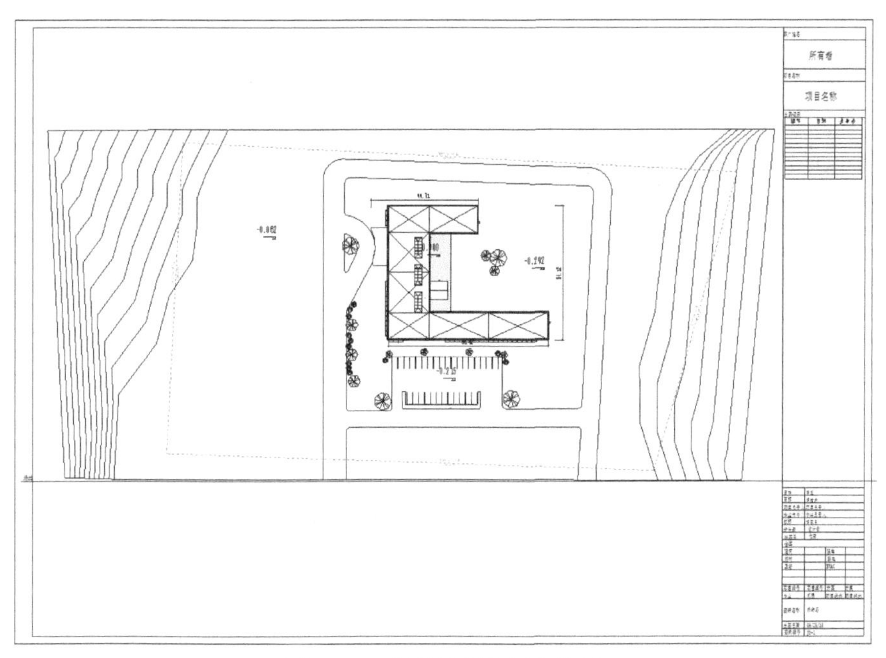

图 17-19　调整视图比例和位置

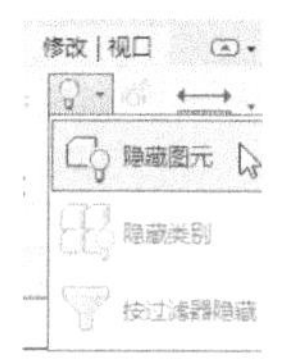

图 17-20　下拉列表

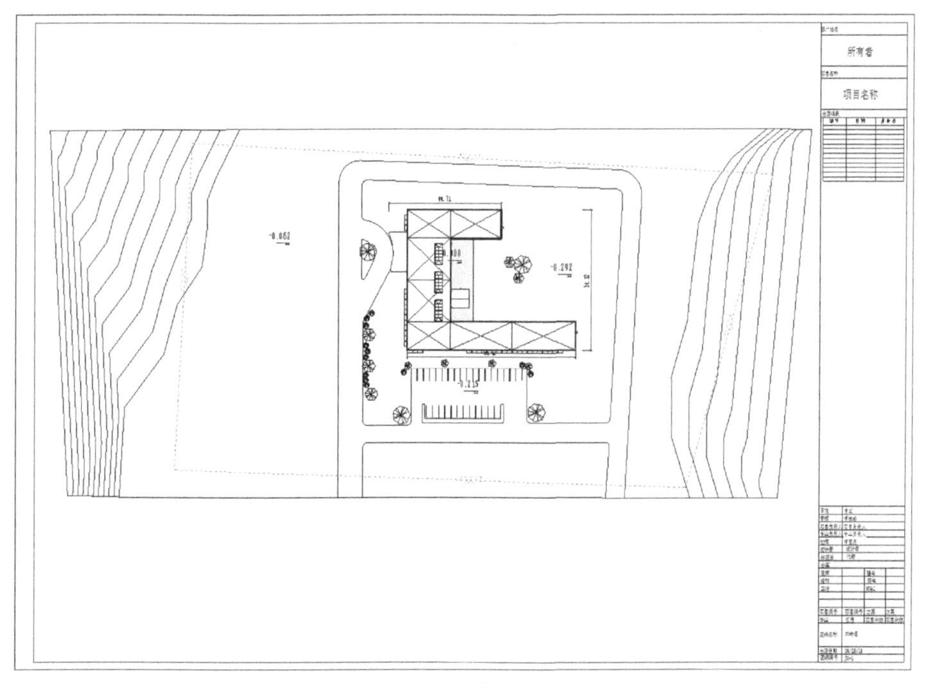

图 17-21　隐藏图元

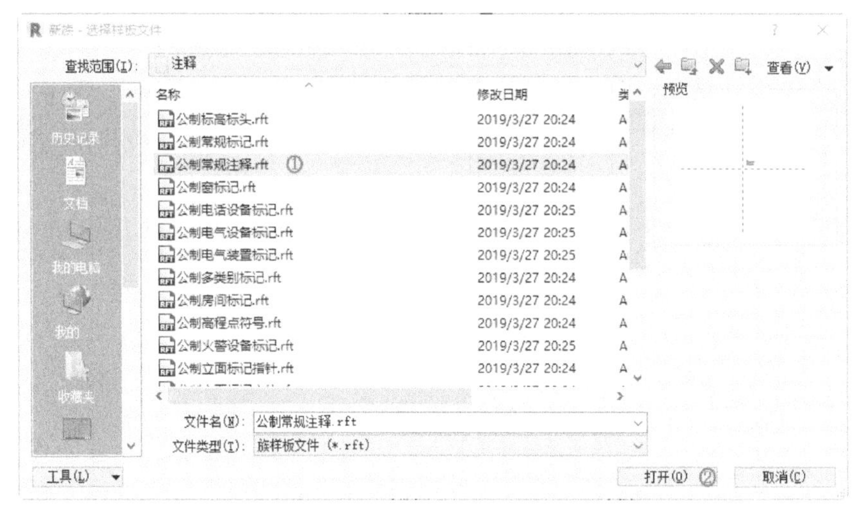

图 17-22 “新族—选择样板文件”对话框

（2）删除族样板中默认提供注意事项文字。

（3）单击“创建”选项卡“详图”面板“线”按钮，打开“修改 | 放置线”选项卡，单击“绘制”面板中的“圆”按钮，在视图中心位置绘制圆，修改半径为 12mm，如图 17-23 所示。

（4）单击“创建”选项卡“详图”面板“线”按钮，打开“修改 | 放置线”选项卡，单击“绘制”面板中的“线”按钮，在选项栏中输入偏移值为 1.5，捕捉上下象限点，绘制竖直线，如图 17-24 所示。

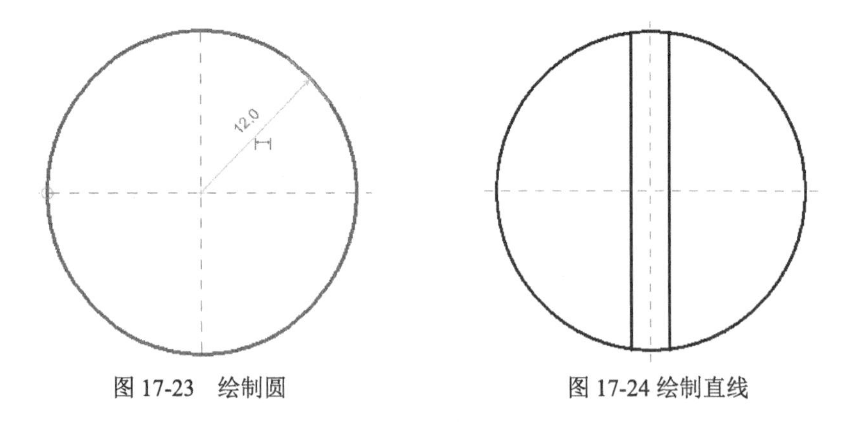

图 17-23 绘制圆　　图 17-24 绘制直线

（5）单击“创建”选项卡“详图”面板中的“填充区域”按钮，打开“修改 | 创建填充区域边界”选项卡，单击“绘制”面板中的“线”按钮，分别捕捉上象限点和竖直线与圆的交点绘制填充边界，如图 17-25 所示。单击“模式”面板中的“完成编辑模式”按钮，然后删除竖直线，如图 17-26 所示。

（6）单击“创建”选项卡“文字”面板中的“文字”按钮 A，在图形上输入文字“北”，单击“放置编辑文字”选项卡中“关闭”按钮，并调整文字位置，结果如图 17-27 所示。

（7）单击“快速访问”工具栏中的“保存”按钮，打开“另存为”对话框，输入名称为“指北针”，单击“保存”按钮，保存族文件。

（8）单击“注释”选项卡“符号”面板中的“符号”按钮，打开“修改 | 放置符号”选项卡，单击“模式”面板中的“载入族”按钮，打开“载入族”对话框，选择第（7）步创建的“指北针 .rfa”族文件，单击“打开”按钮，将其放置在图纸中的右上角，如图 17-28 所示。

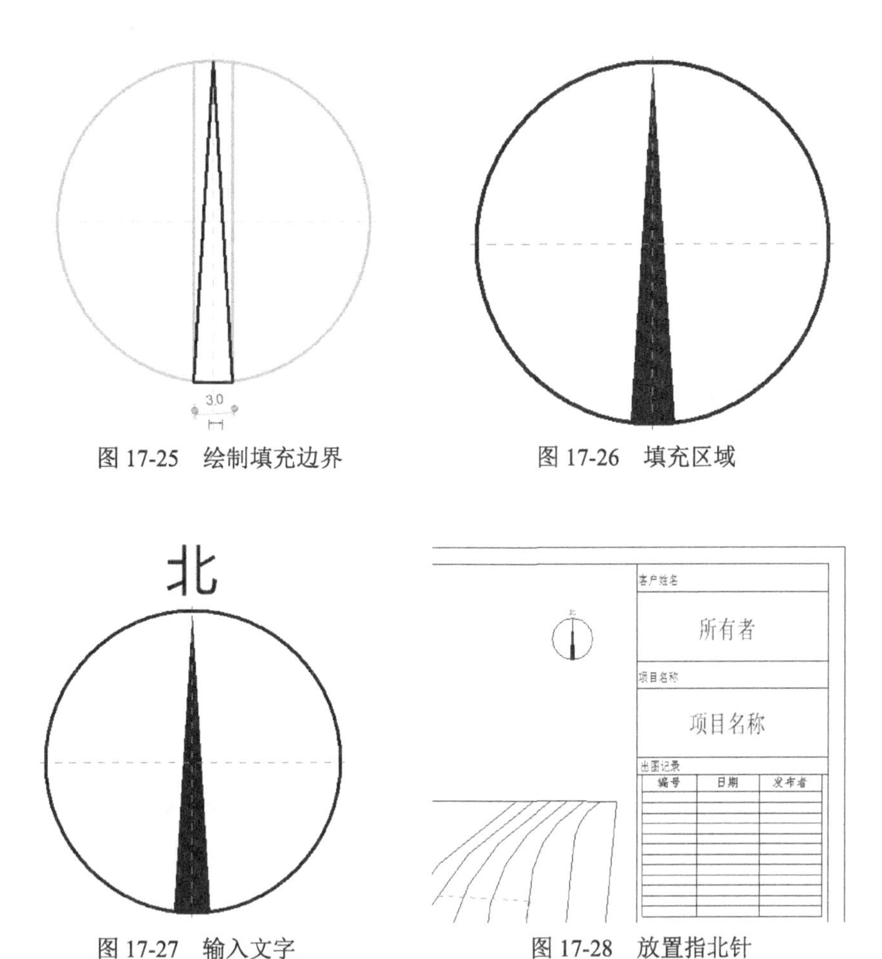

图 17-25　绘制填充边界

图 17-26　填充区域

图 17-27　输入文字

图 17-28　放置指北针

（9）单击“注释”选项卡“文字”面板中的“文字”按钮 A，在属性选项板中选择“文字 宋体 10mm”类型，在图形下方输入“培训大楼总平面图”文字，然后在属性选项板中选择“文字 宋体 7.5mm”类型，输入比例“1∶300”，结果如图 17-29 所示。

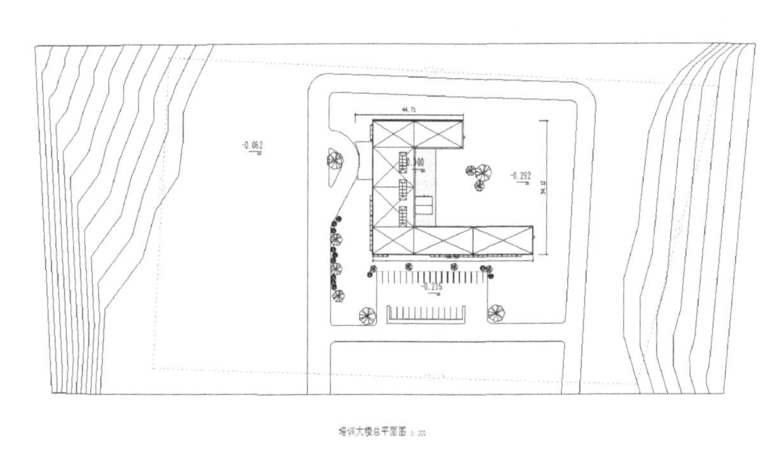

图 17-29　标注文字

（10）双击图框上的文字，对其进行更改。这里更改项目名称为“培训大楼”，更改图纸名称为培训大楼总平面图，如图 17-30 所示。也可以直接在属性选项板中更改图纸名称。

客户姓名		
所有者		
项目名称		
培训大楼		
出图记录		
编号	日期	发布者

审定	审定		
审核	审核者		
项目负责人	项目负责人		
专业负责人	专业负责人		
校核	审图员		
设计者	设计者		
绘图员	作者		
会签			
建筑		强电	
结构		弱电	
卫浴		HVAC	
项目编号	项目编号	方案	方案
专业	规程	项目状态	项目状态
图纸名称	培训大楼总平面图		
出图日期	06/25/18		
图纸编号	J0-1		

图 17-30　更改文字

知识点——总平面图尺寸标注

总平面图上的尺寸应标注新建房屋的总长、总宽及与周围房屋或道路的间距，尺寸以米为单位，标注到小数点后两位。新建房屋的层数在房屋图形右上角上用点数或数字表示。一般低层、多层用点数表示层数，高层用数字表示。如果为群体建筑，也可统一用点数或数字表示。

17.2　平面图

建筑平面图主要反映房屋的平面形状、大小和房间的布置，墙柱的位置、厚度和材料，门窗类型和位置等。建筑平面图是施工过程中施工放线、砌墙、安装门窗、预留孔洞、室内装修及编制预算、施工备料等工作的重要依据，是施工图中最基本、最重要的图样之一。

17.2.1　建筑平面图概述

建筑平面图是假想用一个水平的剖切平面沿着窗台以上的门窗洞口处将房屋剖切开，移走剖切平面以上部分而得的水平剖面图。

1. 建筑平面图的图示要点

（1）每个平面图对应一个建筑物楼层，并注有相应的图名。

（2）可以表示多层的一张平面图称为标准层平面图。标准层平面图各层的房间数量、大小和布置都必须一样。

（3）建筑物左右对称时，可以将两层平面图绘制在同一张图纸上，左右分别绘制各层的一半，同时中间要注上对称符号。

（4）如果建筑平面较大时，可以分段绘制。

2. 建筑平面图的图示内容

（1）表示墙、柱、门、窗的位置和编号，房间名称或编号，轴线编号等。

（2）注出室内外的有关尺寸及室内楼、地面的标高。建筑物的底层，标高为 ±0.000。

（3）表示出电梯、楼梯的位置以及楼梯的上下方向和主要尺寸。

（4）表示阳台、雨篷、踏步、斜坡、雨水管道、排水沟等的具体位置以及大小尺寸。

（5）绘出卫生器具、水池、工作台以及其他重要的设备位置。

（6）绘出剖面图的剖切符号以及编号。根据绘图习惯，一般只在底层平面图绘制。

（7）标出有关部位上节点详图的索引符号。

（8）绘制出指北针。根据绘图习惯，一般只在底层平面图绘出指北针。

3. 建筑平面图类型

（1）按剖切位置不同分类。

根据剖切位置不同，建筑平面图可分为地下层平面图、底层平面图、X 层平面图、标准层平面图、屋顶平面图、夹层平面图等。

（2）按不同的设计阶段分类。

按不同的设计阶段分为方案平面图、初设平面图和施工平面图。不同阶段图纸表达深度不一样。

17.2.2 创建培训大楼平面图

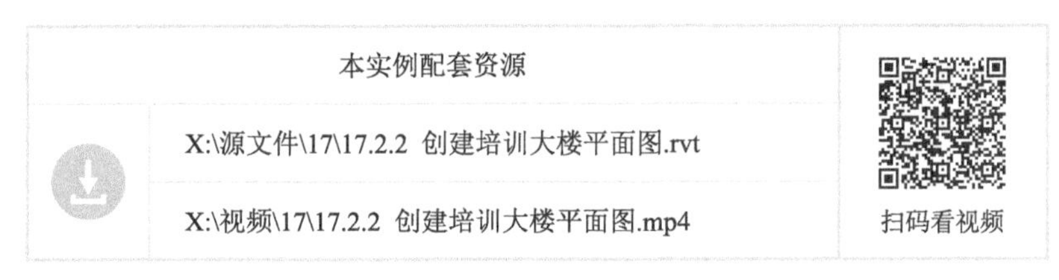

具体绘制步骤如下。

（1）将视图切换至 1F 楼层平面。

（2）在项目浏览器中选择“楼层平面”→“1F”节点，单击鼠标右键，在弹出的快捷菜单中选择“复制视图”→“带细节复制”选项，如图 17-31 所示。

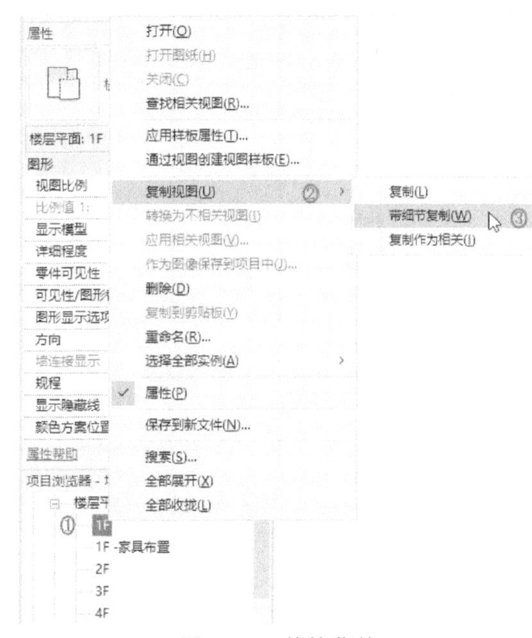

图 17-31　快捷菜单

（3）在项目浏览器中选择“楼层平面”→“1F 副本 1”节点，单击鼠标右键，在弹出的快捷菜单中选择“重命名”选项，输入名称为“一层平面图”，并切换至此视图。

（4）单击“视图”选项卡“图形”面板中的“可见性 / 图形”按钮，打开“楼层平面：一层平面图的可见性 / 图形替换”对话框，在“模型类别”选项卡中取消“地形”“场地”“家具”和“植物”复选框的勾选，如图 17-32 所示。在“注释类别”选项卡中取消“立面”复选框的勾选，单击“确定”按钮，整理后的图形如图 17-33 所示。

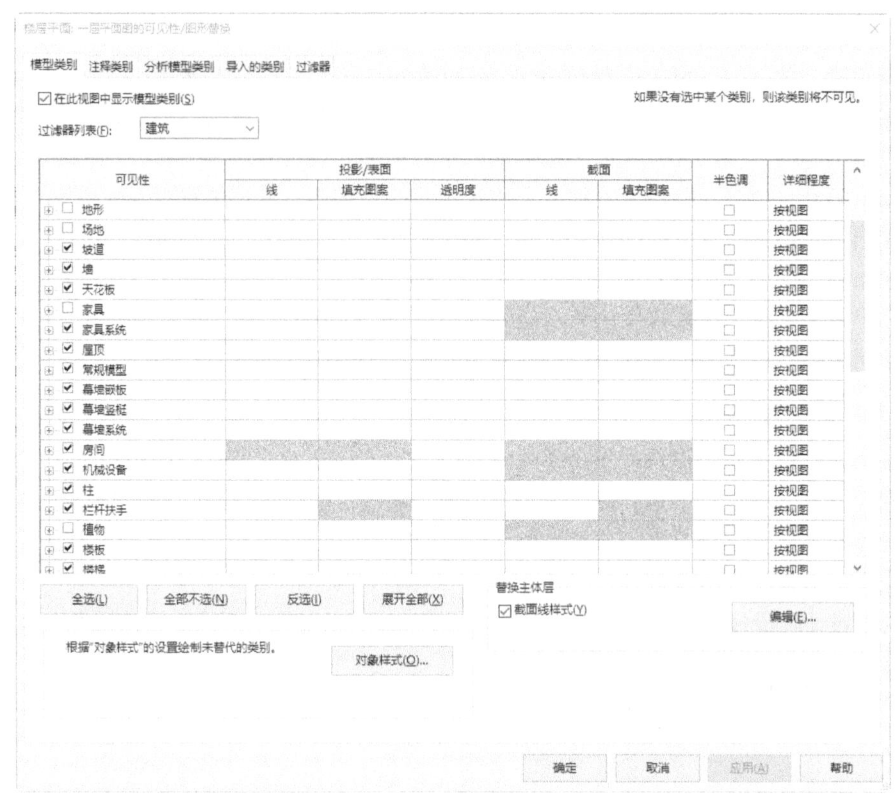

图 17-32 “楼层平面：一层平面图的可见性 / 图形替换”对话框

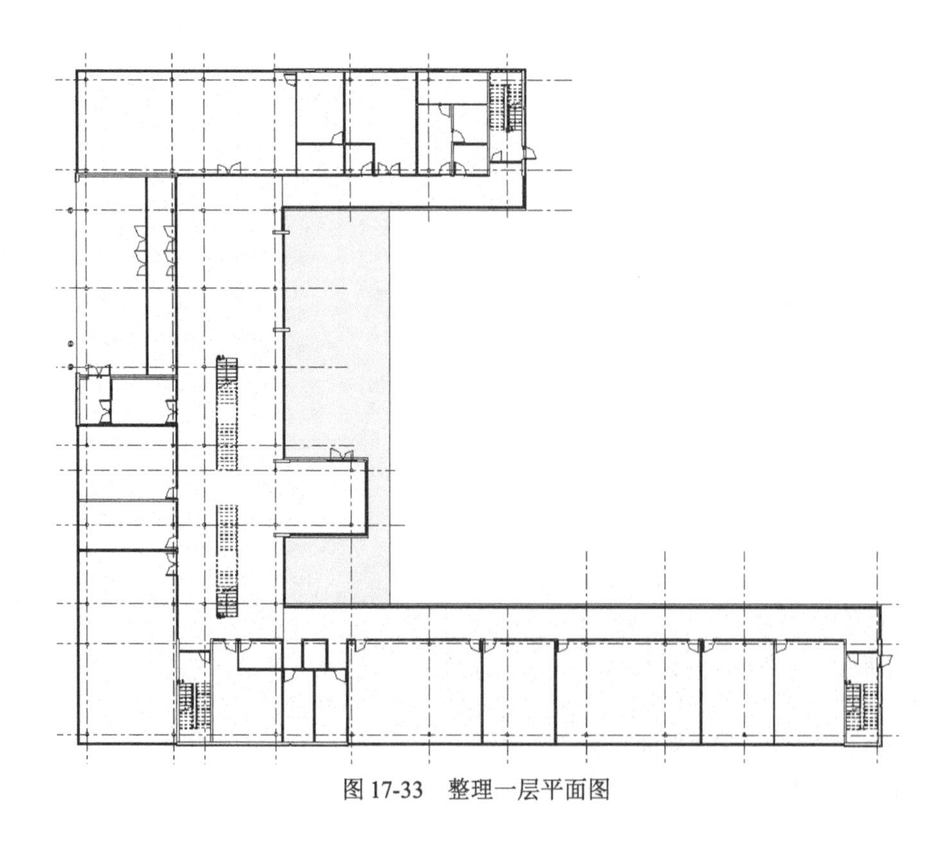

图 17-33 整理一层平面图

（5）在属性选项板中的视图范围栏中单击“编辑”按钮 编辑...，打开“视图范围”对话框，设置顶部为“相关标高（1F）”，偏移为 3300，其他采用默认设置，如图 17-34 所示，单击“确定”按钮，一层平面图显示如图 17-35 所示。

（6）单击“建筑”选项卡“房间和面积”面板中的“房间”按钮，打开“修改 | 放置房间”选项卡和选项栏，如图 17-36 所示。

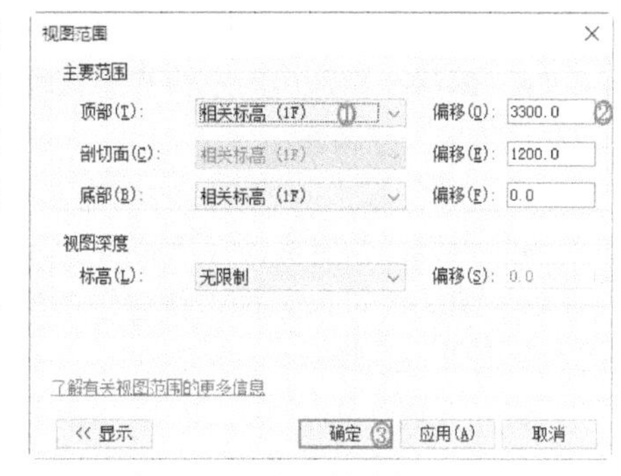

图 17-34 “视图范围”对话框

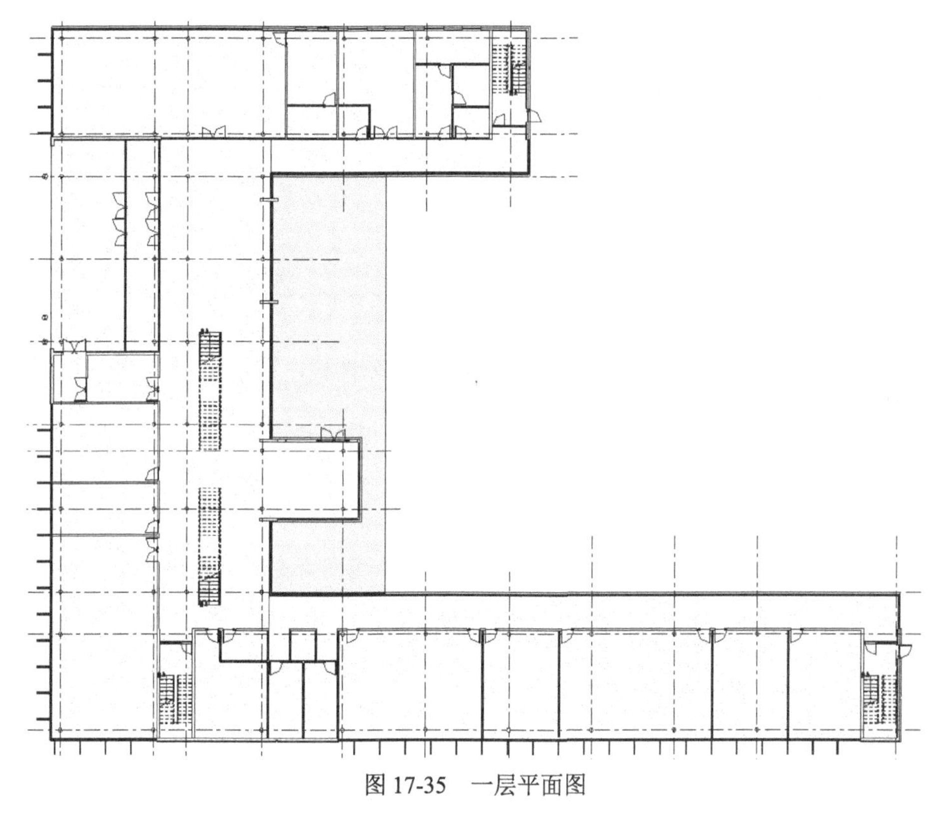

图 17-35　一层平面图

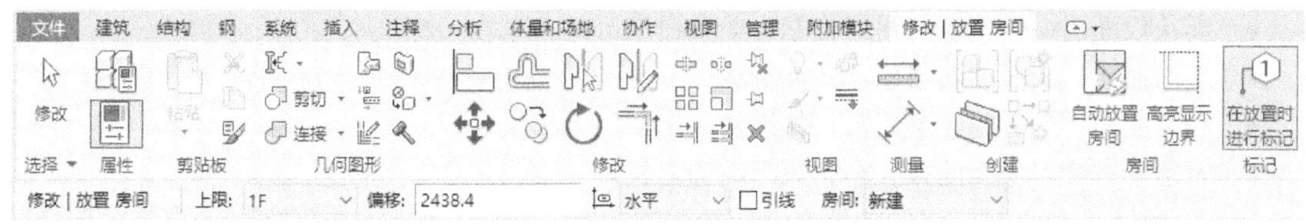

图 17-36 “修改 | 放置房间”选项卡和选项栏

- 在放置时进行标记：如果要随房间显示房间标记，则选中此按钮；如果要在放置房间时忽略房间标记，则取消关闭此按钮。
- 高亮显示边界：如果要查看房间边界图元，则选中此按钮，Revit 将以金黄色高亮显示所有房间边界图元，并显示一个警告对话框。
- 上限：指定将从其测量房间上边界的标高。如果要向标高 1 楼层平面添加一个房间，并希望该房间从标高 1 扩展到标高 2 或标高 2 上方的某个点，则可将“上限”指定为“标高 2”。

- 偏移：输入房间上边界距该标高的距离。输入正值表示向“上限”标高上方偏移，输入负值表示向其下方偏移。
- ：指定所需房间的标记方向，分别有水平、垂直和模型 3 种方向。
- 引线：指定房间标记是否带有引线。
- 房间：可以选择“新建”创建新的房间，或者从列表中选择一个现有房间。

（7）在属性选项板中选择“标记 _ 房间—无面积—施工—仿宋—3mm—0—67”类型，并设置房间的其他属性，如图 17-37 所示。

- 标高：房间所在的底部标高。
- 上限：测量房间上边界时所基于的标高。
- 高度偏移：从“上限”标高开始测量，到房间上边界之间的距离。输入正值表示向“上限”标高上方偏移，输入负值表示向其下方偏移。输入 0（零）将使用为“上限”指定的标高。
- 底部偏移：从底部标高（由“标高”参数定义）开始测量，到房间下边界之间的距离。输入正值表示向底部标高上方偏移，输入负值表示向其下方偏移。输入 0（零）将使用底部标高。

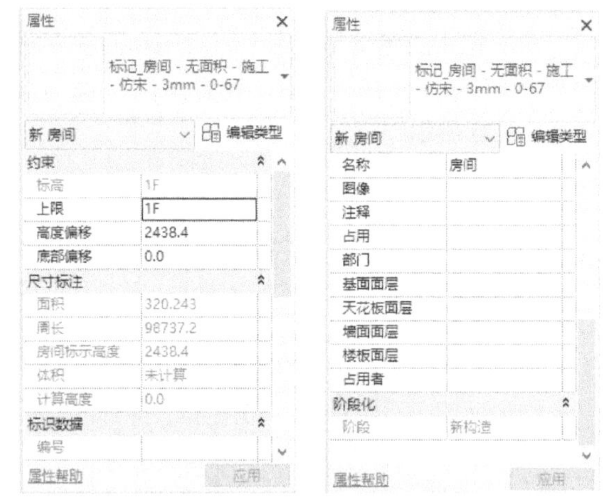

图 17-37 属性选项板

- 面积：根据房间边界图元计算得出的净面积。
- 周长：房间的周长。
- 房间标示高度：房间可能的最大高度。
- 体积：启用了体积计算时计算的房间体积。
- 编号：指定的房间编号。此值对于项目中的每个房间都必须是唯一的。如果此值已被使用，Revit 会发出警告信息，但允许继续使用它。
- 名称：房间名称。
- 注释：用户指定的有关房间的信息。
- 占用：房间的占有类型。
- 部门：将使用房间的部门。
- 基面面层：基面的面层信息。
- 天花板面层：天花板的面层信息，如大白浆。
- 墙面面层：墙面的面层信息，如刷漆。
- 楼板面层：地板的面层信息，如地毯。
- 占用者：使用房间的人、小组或组织的名称。

（8）在绘图区中将鼠标指针放置在封闭的房间中高亮显示，如图 17-38 所示。单击放置房间，如图 17-39 所示。

（9）按 Esc 键退出房间命令，双击房间名称进入编辑状态，此时房间以红色线段显示，然后输入房间名称为“楼梯间”，如图 17-40 所示。

（10）单击“建筑”选项卡“房间和面积”面板中的“房间 分隔”按钮，打开“修改 | 放置房间分隔”选项卡和选项栏，如图 17-41 所示。

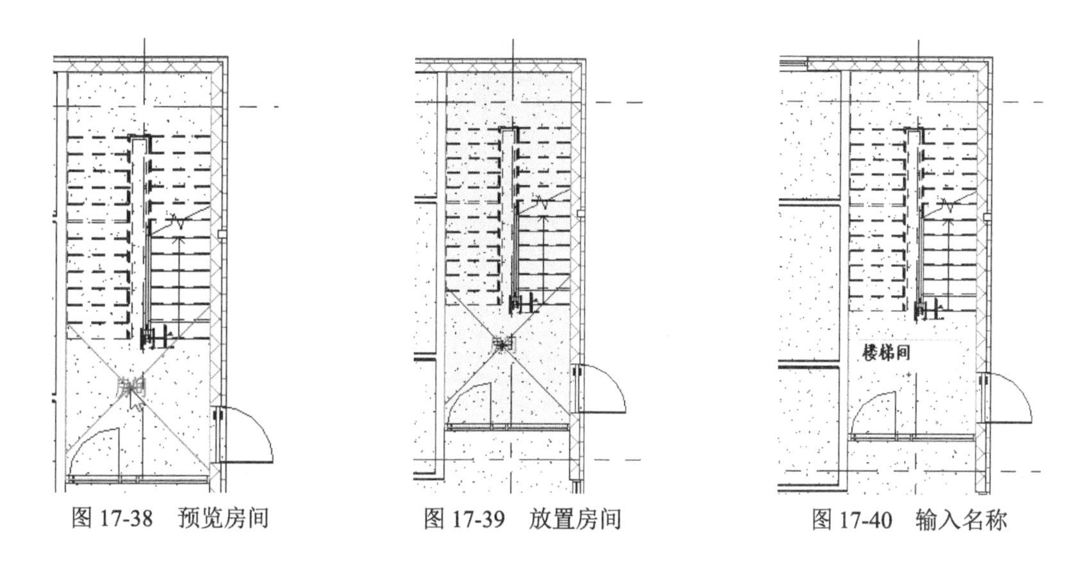

图 17-38　预览房间　　图 17-39　放置房间　　图 17-40　输入名称

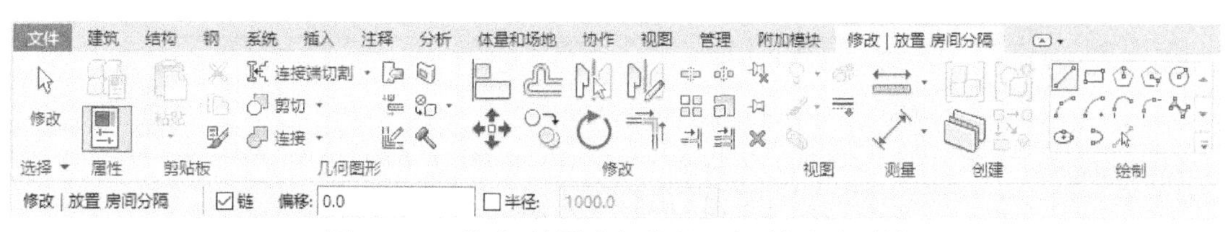

图 17-41 “修改 | 放置 房间分隔”选项卡和选项栏

（11）单击“绘制”面板中的“线”按钮，在走廊区域绘制分隔线将大堂和走廊分隔开，如图 17-42 所示。采用相同的方法，绘制下方大堂与走廊的房间分隔线。

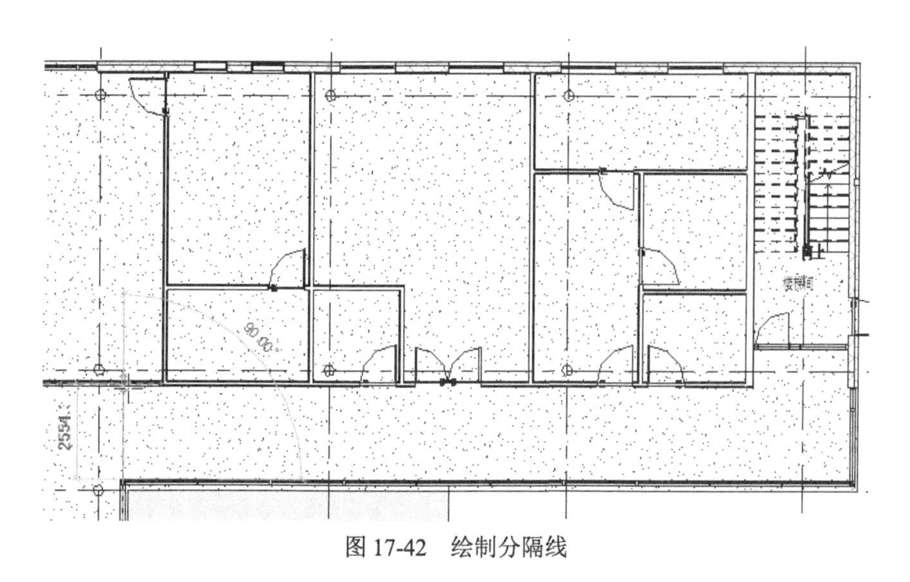

图 17-42　绘制分隔线

（12）单击“建筑”选项卡“房间和面积”面板中的“房间”按钮，添加房间标记，并修改名称，如图 17-43 所示。

（13）单击“注释”选项卡“标记”面板中的“按类别标记”按钮，打开“修改 | 标记”选项卡，取消选项栏中“引线”复选框的勾选，选择视图中的门和窗添加标记，结果如图 17-44 所示。

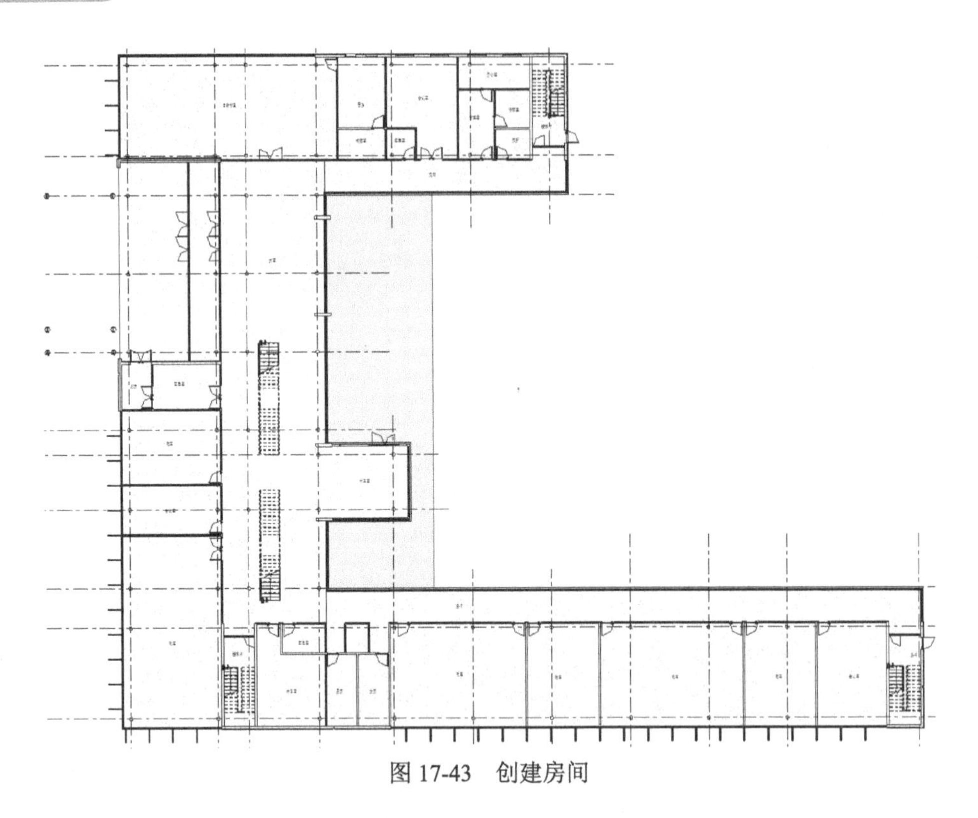

图 17-43　创建房间

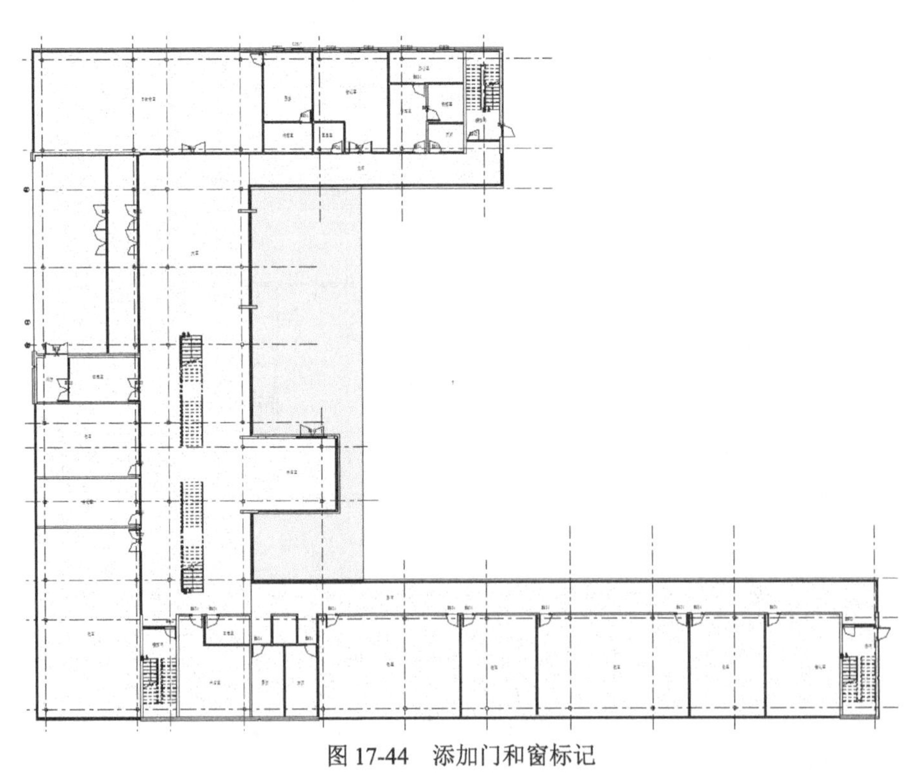

图 17-44　添加门和窗标记

（14）从图 17-44 中可以看出有的门、窗标记没有与窗或门平行，选择标记，在属性选项板中设置方向为垂直，如图 17-45 所示，更改后的标记如图 17-46 所示。

属性

标记_门

门标记 (1) 编辑类型

图形	
引线	☐
方向	垂直
引线类型	附着端点

图 17-45 属性选项板

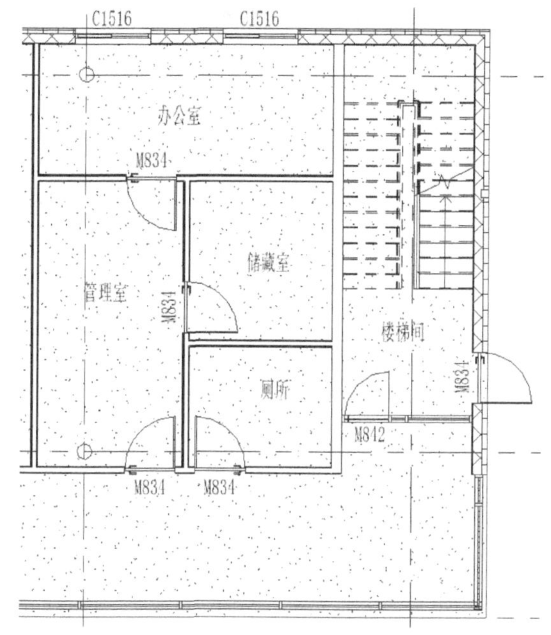

图 17-46 更改标记方向

（15）选择门和窗上的标记，拖曳鼠标指针移动调整门和窗标记的位置，然后更改标记方向，如图 17-47 所示。

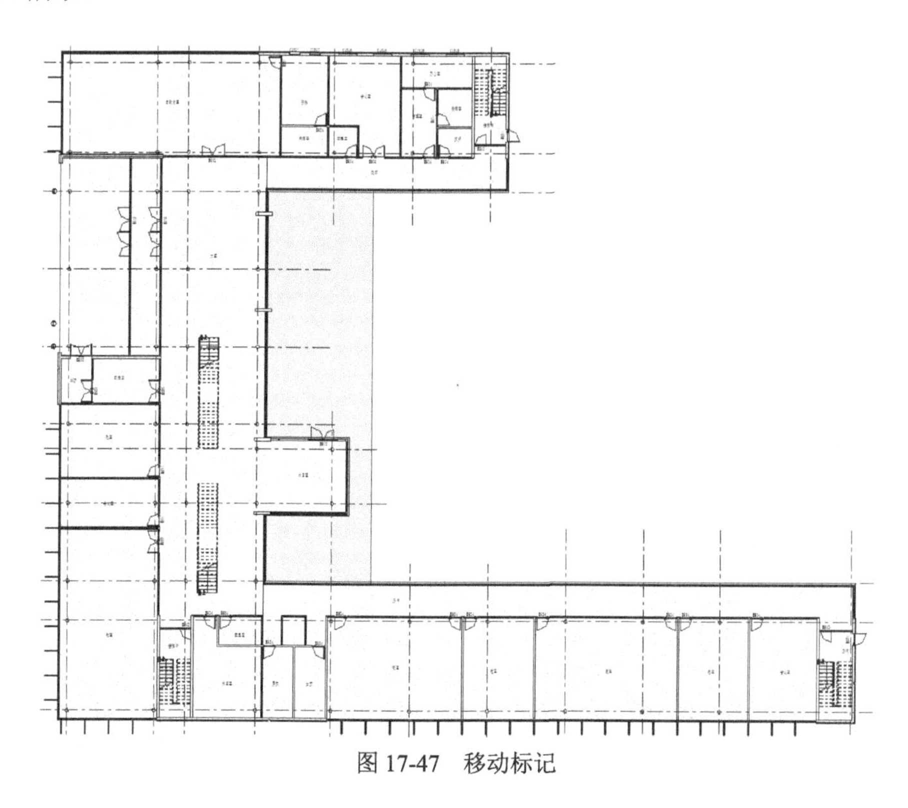

图 17-47 移动标记

（16）单击“注释”选项卡“尺寸标注”面板中的“高程点”按钮，打开“修改 | 放置尺寸标注”选项卡和选项栏，在选项栏中取消“引线”复选框的勾选，显示高程为“实际（选定）高程”。

（17）在属性选项板中选择“高程点 正负零高程点（项目）”类型，将高程点放置在视图中适当位置，如图 17-48 所示。

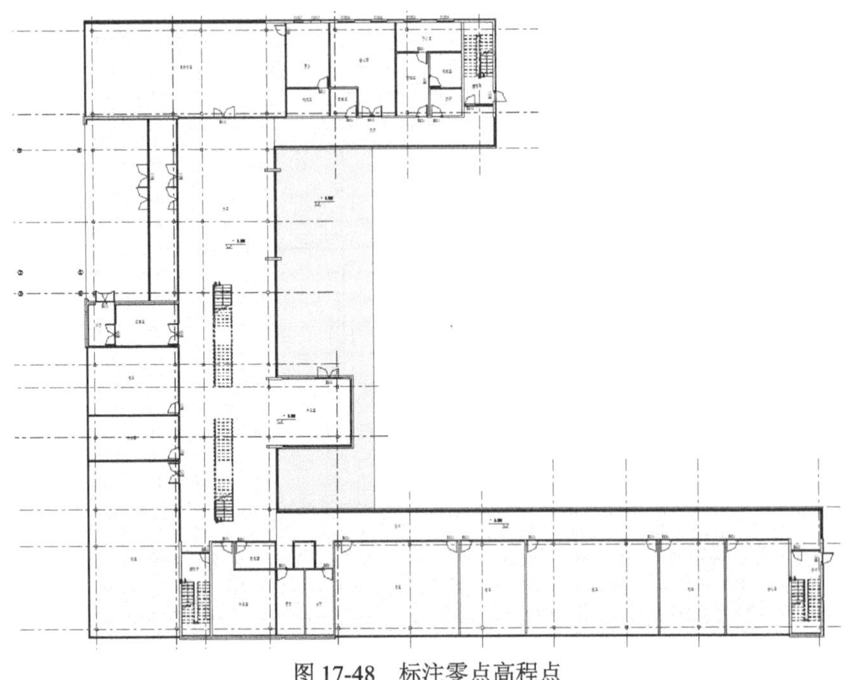

图 17-48　标注零点高程点

（18）单击“注释”选项卡“尺寸标注”面板中的“对齐”按钮，标注细节尺寸，如图 17-49 所示。

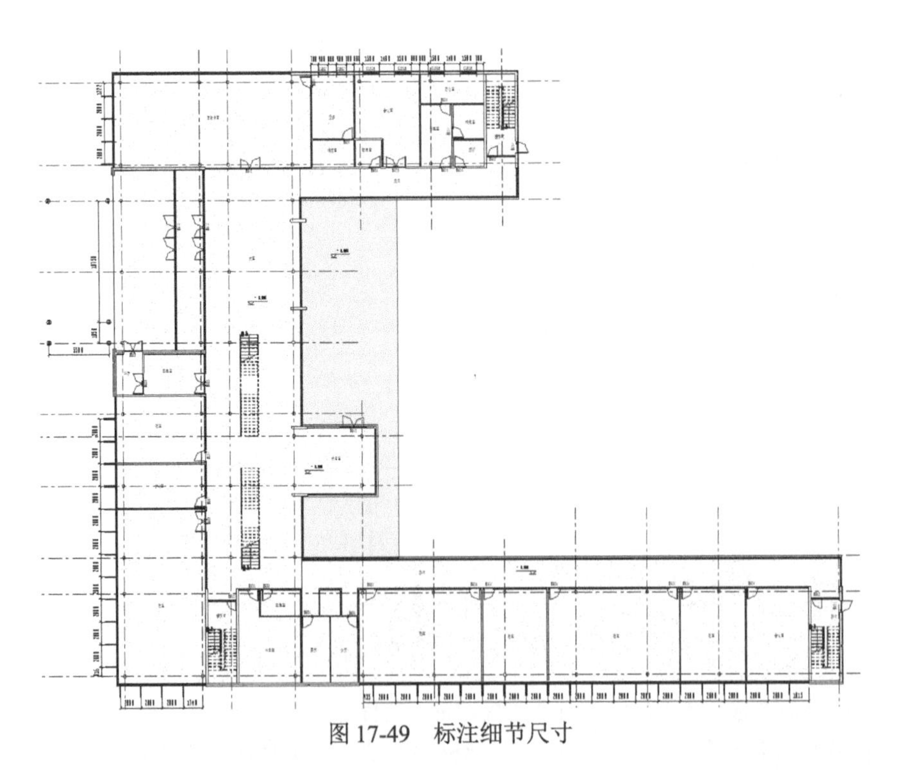

图 17-49　标注细节尺寸

（19）单击“注释”选项卡“尺寸标注”面板中的“对齐”按钮，标注内部尺寸，如图 17-50 所示。

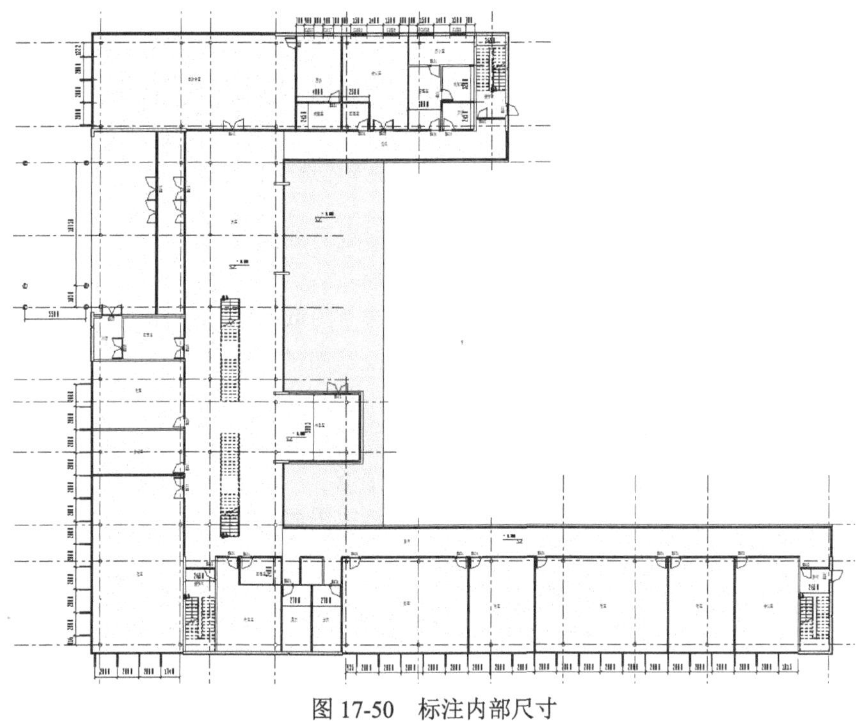

图 17-50　标注内部尺寸

（20）单击“注释”选项卡“尺寸标注”面板中的“对齐”按钮，标注外部尺寸，如图 17-51 所示。

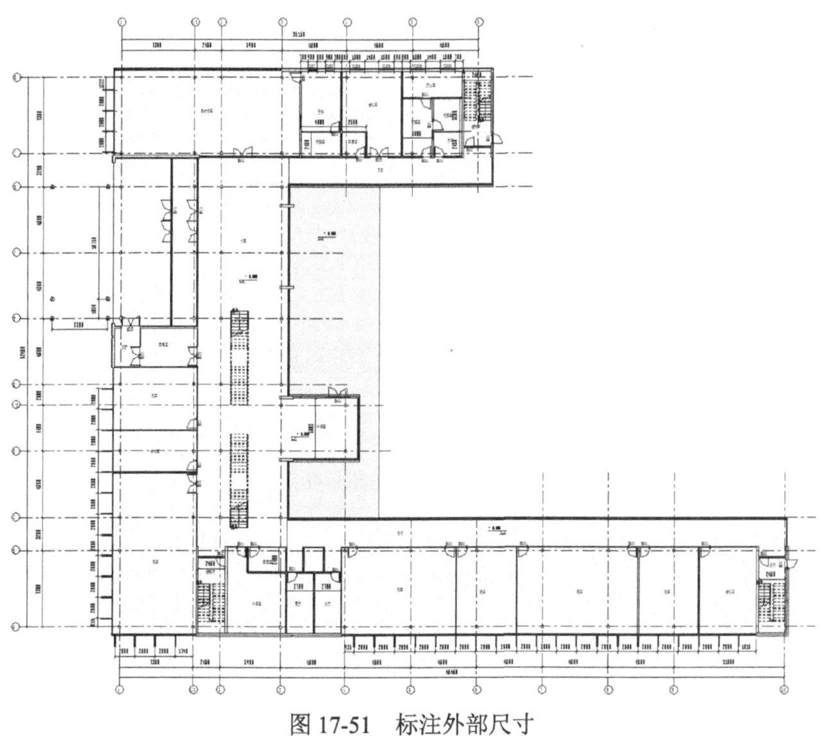

图 17-51　标注外部尺寸

（21）单击“注释”选项卡“文字”面板中的“文字”按钮A，打开“修改 | 放置文字”选项卡，单击“两段”按钮，如图 17-52 所示。

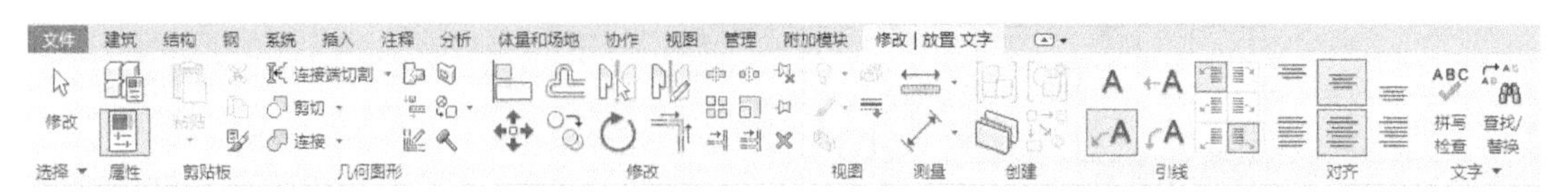

图 17-52 “修改 | 放置文字”选项卡

（22）在属性选项板中选择“宋体 5mm”类型，指定引线的起点和转折点，并输入文字为“室外顶棚”，如图 17-53 所示。

（23）单击“视图”选项卡“图纸组合”面板中的“图纸”按钮，打开“新建图纸”对话框，在列表中选择 A0 公制图纸，单击“确定”按钮，新建 A0 图纸。

（24）单击“视图”选项卡“图纸组合”面板中的“放置视图”按钮，打开“视图”对话框，在列表中选择“楼层平面：一层平面图”视图，然后单击“在图纸中添加视图”按钮，将视图添加到图纸中，如图 17-54 所示。

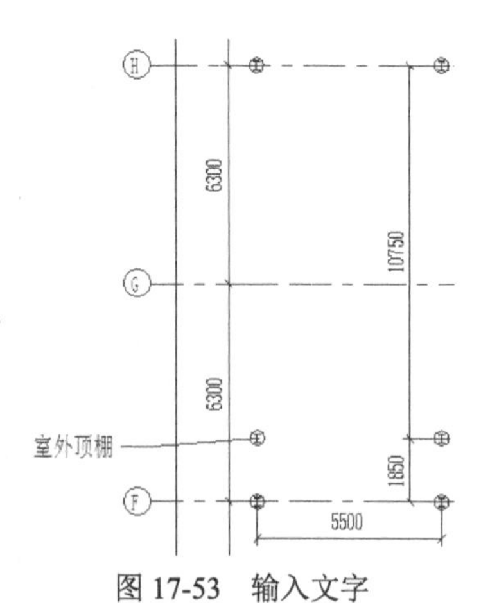

图 17-53 输入文字

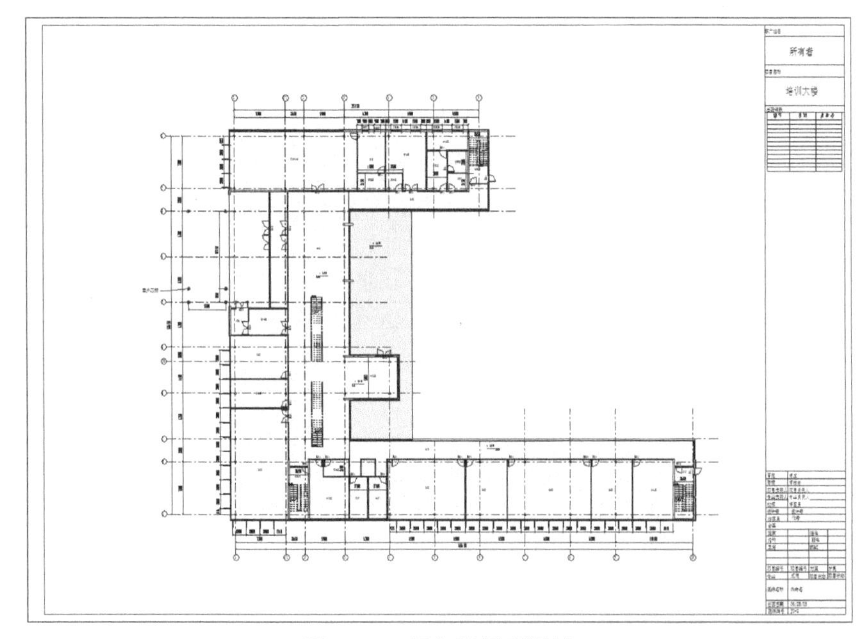

图 17-54 添加视图到图纸

（25）在图纸中选择标题和视口，单击“修改 | 视口”选项卡“视图”面板“在视图中隐藏”下拉列表中的“隐藏图元”按钮，隐藏选中的图元。

（26）单击“注释”选项卡“文字”面板中的“文字”按钮A，在打开的“修改 | 放置文字”选项卡中单击“无引线”按钮，在属性选项板中选择“文字 宋体 10mm”类型，输入文字为一层平面图，输入比例“1：100”，结果如图 17-55 所示。

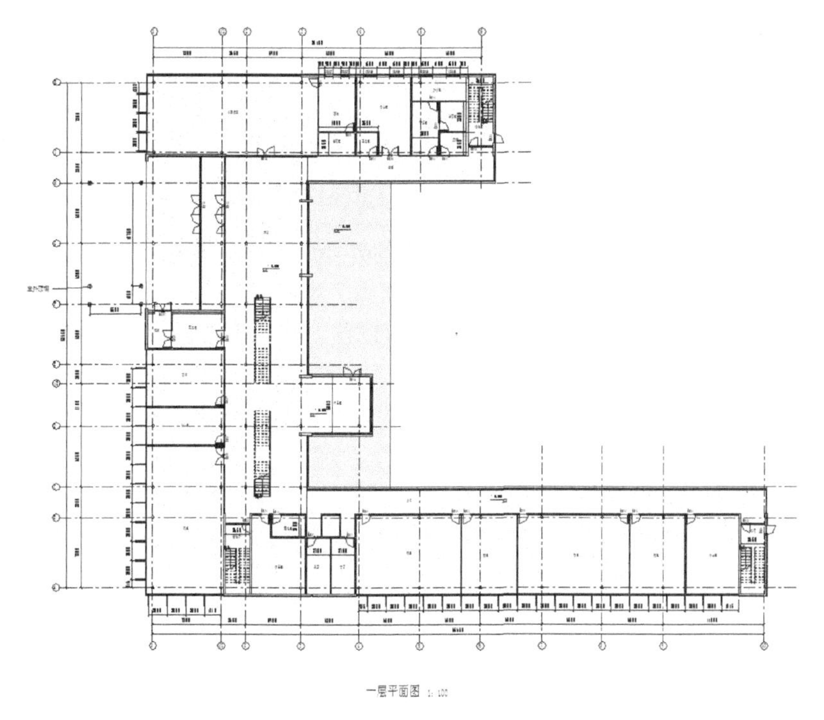

图 17-55　输入文字

（27）在项目浏览器中的“J0-2- 未命名”上单击鼠标右键，在弹出的快捷菜单中选择“重命名”选项，如图 17-56 所示。

（28）打开“图纸标题”对话框，输入名称为“一层平面图”，如图 17-57 所示，单击“确定”按钮，完成图纸的命名。

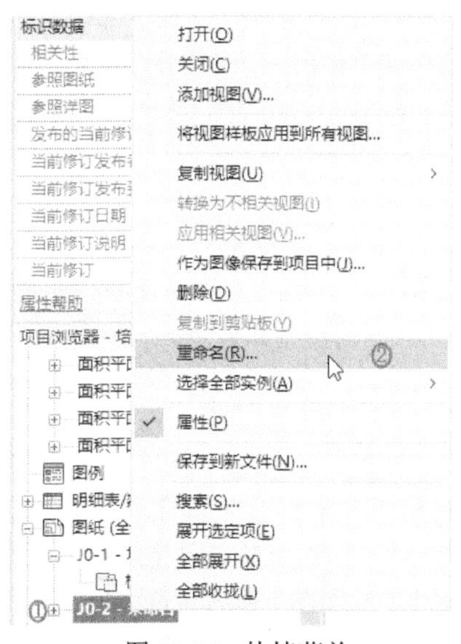

图 17-56　快捷菜单

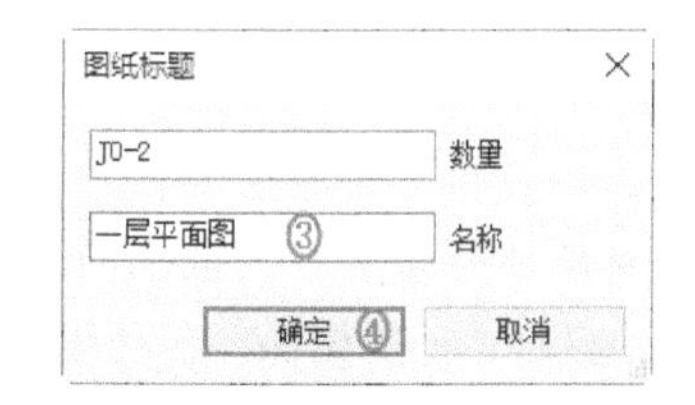

图 17-57　“图纸标题”对话框

读者可以根据一层平面图的创建方法，创建培训大楼的二层平面图和三层平面图，这里就不再一一进行介绍了。

知识点——平面图尺寸标注

建筑平面图标注的尺寸有外部尺寸和内部尺寸。

（1）外部尺寸

标注在建筑平面图轮廓外的 3 道尺寸。

第一道尺寸为房屋外轮廓的总尺寸，即从一端的外墙边到另一端的外墙边的总长和总宽。

第二道尺寸为各定位轴线间的距离。其中横向轴线尺寸叫开间尺寸，纵向轴线尺寸叫进深尺寸。

第三道尺寸为分段尺寸，表达门窗洞口宽度和位置、墙垛分段以及细部构造等。标注这道尺寸应以轴线为基准。

三道尺寸线之间距离一般为 7 ～ 10mm，第三道尺寸线与平面图中最近的图形轮廓线之间距离宜小于 10mm。

当平面图的上下或左右的外部尺寸相同时，只需要标注左（右）侧尺寸与上（下）方尺寸就可以了，否则，平面图的上下与左右均应标注尺寸。外墙以外的台阶、平台、散水等细部尺寸应另行标注。

（2）内部尺寸

内部尺寸指外墙以内的全部尺寸，它主要用于注明内墙门窗洞的位置及其宽度、墙体厚度、房间大小、卫生器具、灶台和洗涤盆等固定设备的位置及其大小。

（3）标高、门窗编号

平面图中应标注不同楼地面高度及室外地坪等标高。为编制概预算的统计及施工备料，平面图上所有的门窗都应进行编号。

（4）剖切位置及详图索引

为了表示房屋竖向的内部情况，需要绘制建筑剖面图，其剖切位置应在底层平面图中标出，其符号为└ ┘，其中表示剖切位置的“剖切位置线”长度为 6 ～ 10mm，剖视方向线应垂直于剖切位置线，长度应短于剖切位置线，宜为 4 ～ 6mm。如剖面图与被剖切图不在同一张图纸内，可在剖切位置线的另一侧注明其所在图纸号。如图中某个部分需要画出详图，则在该部位要标出详图索引标志，表示另用详图表示。平面图中各房间的用途，宜用文字标出，如“卧室”“客厅”“厨房”等。

17.3 立面图

建筑立面图是用来研究建筑立面的造型和装修的图样。立面图主要是反映建筑物的外貌和立面装修的做法，这是因为建筑物给人的美感主要来自其立面的造型和装修。

17.3.1 建筑立面图概述

立面图是用直接正投影法将建筑各个墙面进行投影所得到的正投影图。一般来说，立面图上的图示内容有墙体外轮廓及内部凹凸轮廓、门窗（幕墙）、入口台阶及坡道、雨篷、窗台、窗楣、壁柱、檐口、栏杆、外露楼梯、各种线脚等。从理论上讲，立面图上所有建筑构配件的正投影图均要反映在立面图上。实际上，一些比例较小的细部可以简化或用图例来代替。例如门窗的立面，可以在具有代表性的位置仔细绘制出窗扇、门扇等细节，而同类门窗则用其轮廓表示即可。在施工图中，如果门窗不是引用有关门窗图集，则其细部构造需要绘制大样图来表示，这样就弥补了立面上的不足。

此外，当立面转折、曲折较复杂时，可以绘制展开立面图。对于圆形或多边形平面的建筑物，可分段展开绘制立面图。为了图示明确，在图名上均应注明“展开”二字，在转角处应准确标明轴线号。

建筑立面图命名的目的在于能够一目了然地识别其立面的位置。因此，各种命名方式都是围绕“明确位置”这个主题来实施。至于采取哪种方式，则因具体情况而定。

1. 以相对主入口的位置特征命名

以相对主入口的位置特征命名，则建筑立面图称为正立面图、背立面图、侧立面图。这种方式一般适用于建筑平面图方正、简单，入口位置明确的情况。

2. 以相对地理方位的特征命名

以相对地理方位的特征命名，建筑立面图常称为南立面图、北立面图、东立面图、西立面图。这种方式一般适用于建筑平面图规整、简单，而且朝向相对正南正北偏转不大的情况。

3. 以轴线编号命名

以轴线编号命名是指用立面起止定位轴线来命名，如①—⑥立面图、Ⓔ—Ⓐ立面图等。这种方式命名准确，便于查对，特别适用于平面较复杂的情况。

根据国家标准 GB/T 50104，有定位轴线的建筑物，宜根据两端定位轴线号编注立面图名称。无定位轴线的建筑物可按平面图各面的朝向确定名称。

17.3.2　创建培训大楼立面图

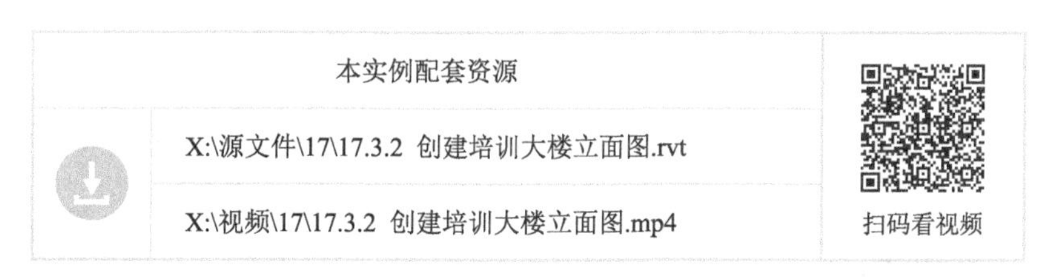

具体绘制步骤如下。

（1）将视图切换至西立面图。

（2）在项目浏览器中选择“立面”→“西”节点，单击鼠标右键，在弹出的快捷菜单中选择“复制视图”→“带细节复制”选项。

（3）将新复制的立面图重命名为“西立面图”，并切换至此视图，如图 17-58 所示。

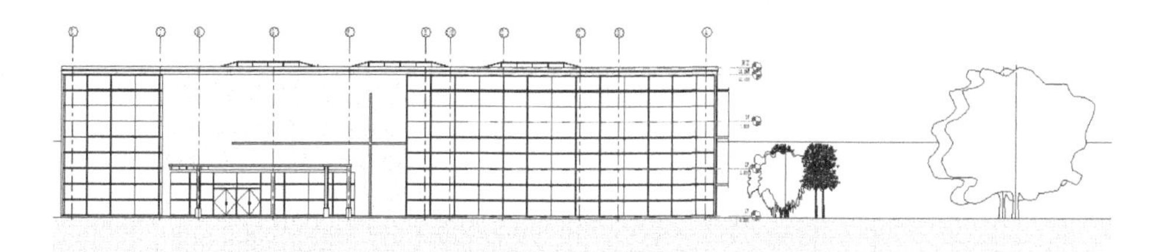

图 17-58　西立面图

（4）单击“视图”选项卡“图形”面板中的“可见性 / 图形”按钮，打开“立面：西立面图的可见性 / 图形替换”对话框，在“模型类别”选项卡中分别取消“场地”“地形”“停车场”和“植物”复选框的勾选，单击“确定”按钮，西立面图如图 17-59 所示。

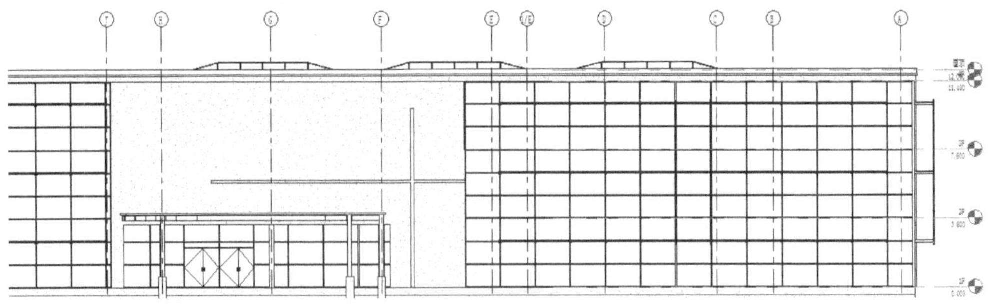

图 17-59　整理后的西立面图

（5）选择轴线调整轴线的长度，然后更改轴号的显示和隐藏，选择标高线调整其长度，然后更改标高线标头的显示和隐藏，如图 17-60 所示。

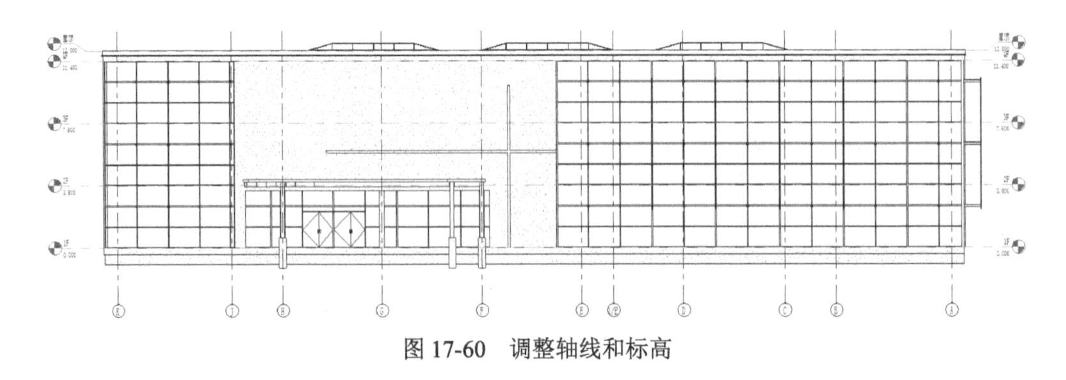

图 17-60　调整轴线和标高

（6）单击“注释”选项卡“尺寸标注”面板中的“对齐”按钮，标注细节尺寸，如图 17-61 所示。

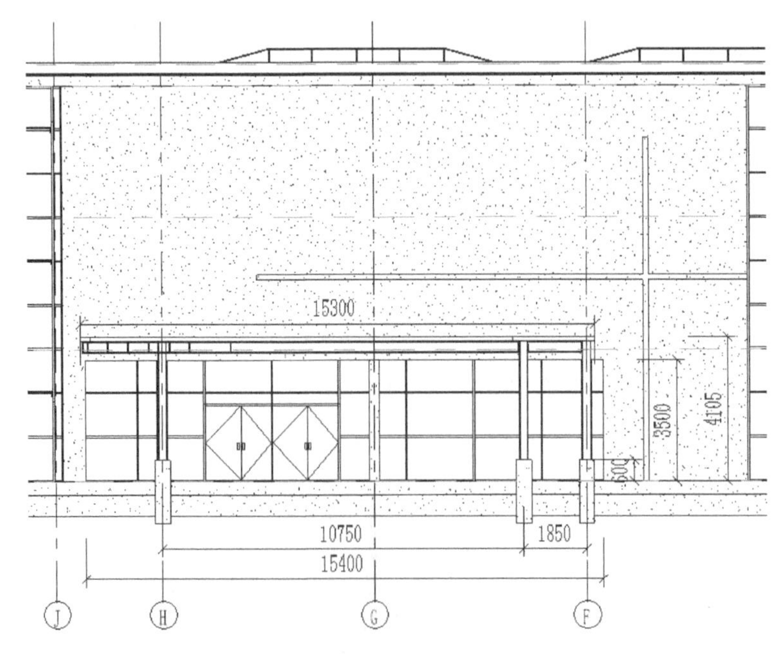

图 17-61　标注细节尺寸

（7）单击“注释”选项卡“尺寸标注”面板中的“对齐”按钮，标注外部尺寸，如图 17-62 所示。

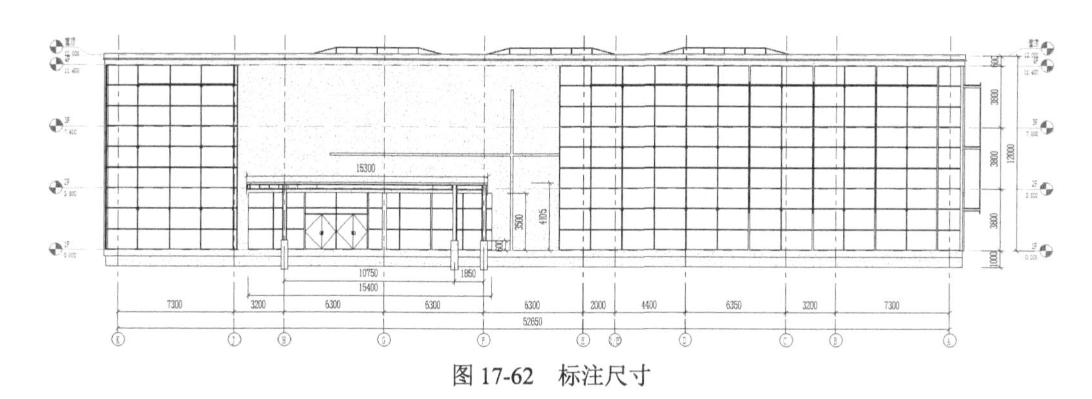

图 17-62　标注尺寸

（8）单击“注释”选项卡“文字”面板中的“文字”按钮，打开“修改 | 放置文字”选项卡，单击“两段”按钮，在属性选项板中选择“宋体 5mm”类型，指定引线的起点和转折点，并输入文字，如图 17-63 所示。

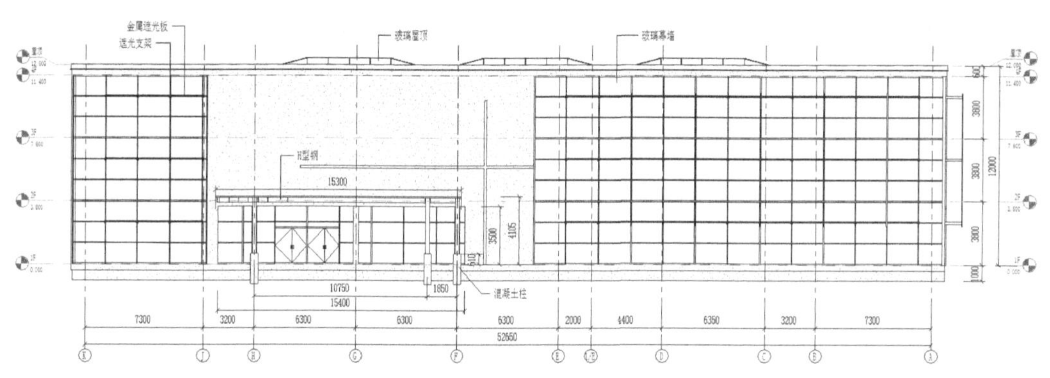

图 17-63　添加文字说明

（9）单击“视图”选项卡“图纸组合”面板中的“图纸”按钮，打开“新建图纸”对话框，在列表中选择 A2 L 公制图纸，单击“确定”按钮，新建 A2 图纸。

（10）单击“视图”选项卡“图纸组合”面板中的“放置视图”按钮，打开“视图”对话框，在列表中选择“立面：西立面图”视图，然后单击“在图纸中添加视图”按钮，将视图添加到图纸中，如图 17-64 所示。

（11）选择图形中视口标题，在属性选项板中选择“视口 没有线条的标题”类型，并将标题移动到图中适当位置。

（12）单击“注释”选项卡“文字”面板中的“文字”按钮，在属性选项板中选择“文字 宋体 5mm”类型，输入比例“1：100”，结果如图 17-65 所示。

（13）在项目浏览器中的“J0-3- 未命名”上单击鼠标右键，在弹出的快捷菜单中选择“重命名”选项，打开“图纸标题”对话框，输入名称为“西立面图”，单击“确定”按钮，完成图纸的命名。

读者可以根据西立面图的创建方法，创建培训大楼的东立面图、南立面图和北立面图，这里就不再一一进行介绍了。

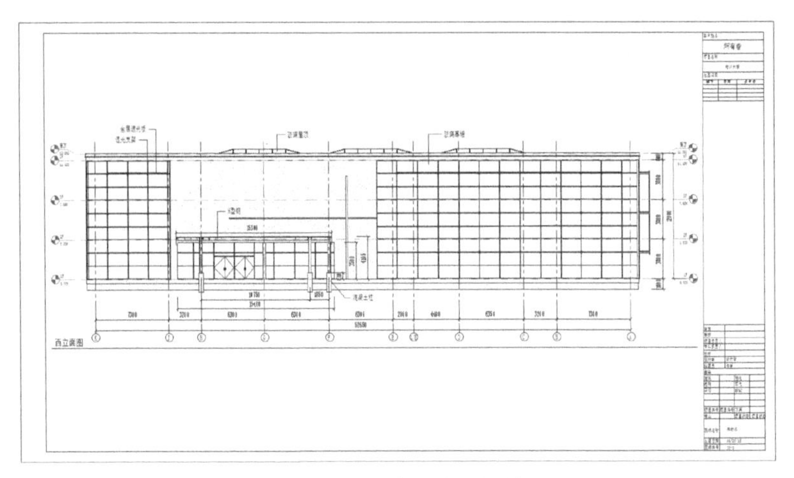

图 17-64　添加视图到图纸

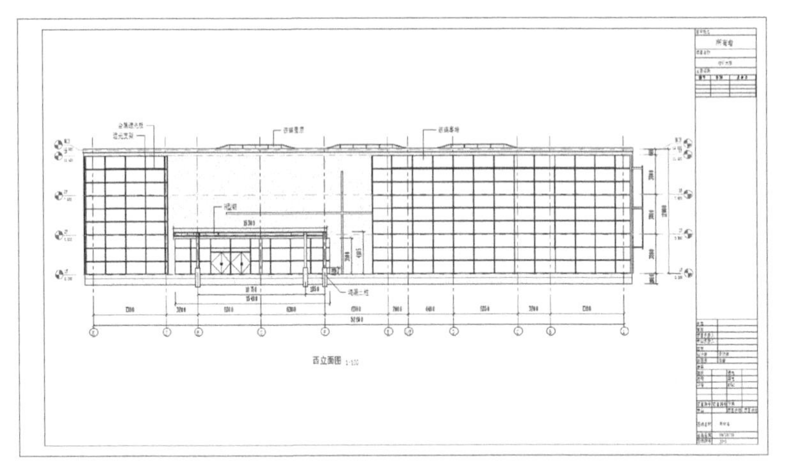

图 17-65　输入文字

17.4　剖面图

剖面图是表达建筑室内空间关系的必备图样，是建筑制图中的一个重要环节，其绘制方法与立面图相似，主要区别在于剖面图需要表示出被剖切构配件的截面形式及材料图案。在平面图、立面图的基础上学习剖面图绘制会方便很多。

17.4.1　建筑剖面图绘制概述

剖面图是指用剖切面将建筑物的某一位置剖开，移去一侧后剩下一侧沿剖视方向的正投影图，用来表达建筑内部空间关系、结构形式、楼层情况以及门窗、楼层、墙体构造做法等。根据工程的需要，绘制一个剖面图可以选择一个剖切面、两个平行的剖切面或相交的两个剖切面（见图 17-66）。对于两个相交剖切面的情形，应在图名中注明“展开”二字。剖面图与断面图的区别在于，剖面图除了表示剖切到的部位外，还应表示出投射方向看到的构配件轮廓（即“看线”）；而断面图只需要表示剖切到的部位。

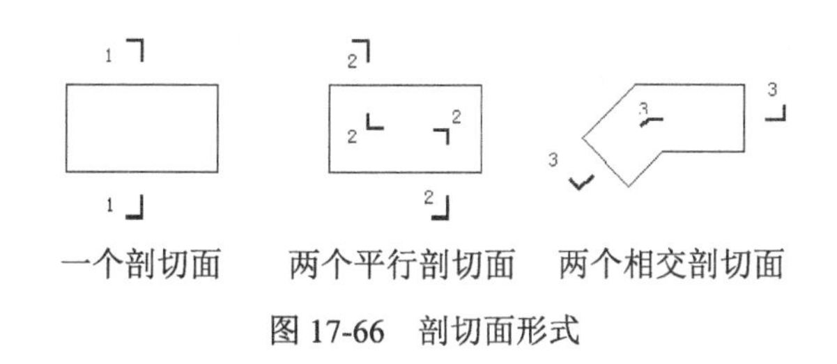

图 17-66　剖切面形式

不同的设计深度，图示内容有所不同。

方案阶段重点在于表达剖切部位的空间关系、建筑层数、高度、室内外高差等。剖面图中应注明室内外地坪标高、楼层标高、建筑总高度（室外地面至檐口）、剖面编号、比例或比例尺等。如果有建筑高度控制，还需标明最高点的标高。

初步设计阶段需要在方案图基础上增加主要内外承重墙、柱的定位轴线和编号，更加详细、清晰、准确地表达出建筑结构、构件（剖到或看到的墙、柱、门窗、楼板、地坪、楼梯、台阶、坡道、雨篷、阳台等）本身及相互关系。

施工图阶段在优化、调整、丰富初设图的基础上，图示内容最为详细。一方面是剖到和看到的构配件图样准确、详尽、到位，另一方面是标注详细。除了标注室内外地坪、楼层、屋面突出物、各构配件的标高外，还要标注竖向尺寸和水平尺寸。竖向尺寸包括外部 3 道尺寸（与立面图类似）和内部地坑、隔断、吊顶、门窗等部位的尺寸；水平尺寸包括两端和内部剖到的墙、柱定位轴线间尺寸及轴线编号。

根据规范规定，剖面图的剖切部位应根据图纸的用途或设计深度，在平面图上选择空间复杂，能反映全貌、构造特征以及有代表性的部位剖切。

投射方向一般宜向左、向上，当然也要根据工程情况而定。剖切符号标在底层平面图中，短线指向为投射方向。剖面图编号标在投射方向一侧，剖切线若有转折，应在转角的外侧加注与该符号相同的编号，如图 17-66 所示。

17.4.2　创建培训大楼剖面图

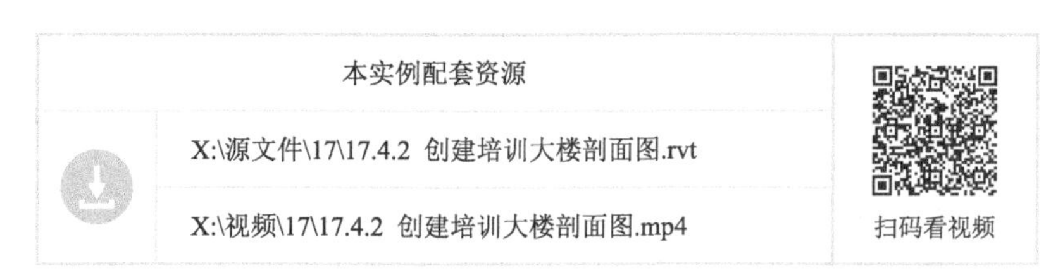

具体绘制步骤如下。

（1）将视图切换到一层平面图楼层平面。

（2）单击“视图”选项卡“创建”面板中的“剖面”按钮，打开“修改 | 剖面”选项卡和选项栏，如图 17-67 所示，采用默认设置。

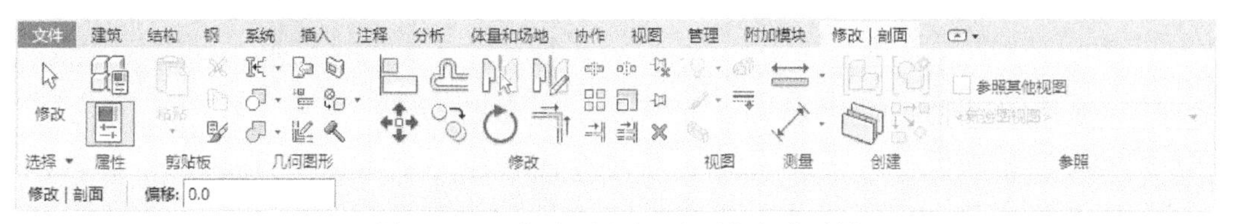

图 17-67　“修改 | 剖面”选项卡和选项栏

（3）在视图中绘制剖面线，然后调整剖面线的位置，如图 17-68 所示。

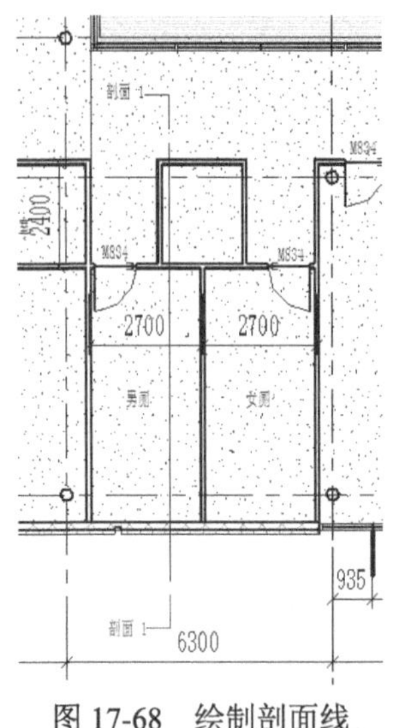

图 17-68 绘制剖面线

（4）选择第（3）步绘制的剖面线，打开“修改 | 视图”选项卡，如图 17-69 所示。单击“剖面”面板上“拆分线段”按钮，在适当的位置拆分剖面线，如图 17-70 所示。

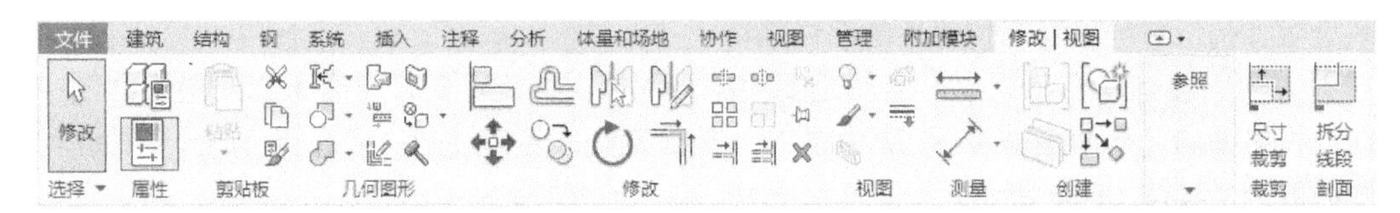

图 17-69 “修改 | 视图”选项卡

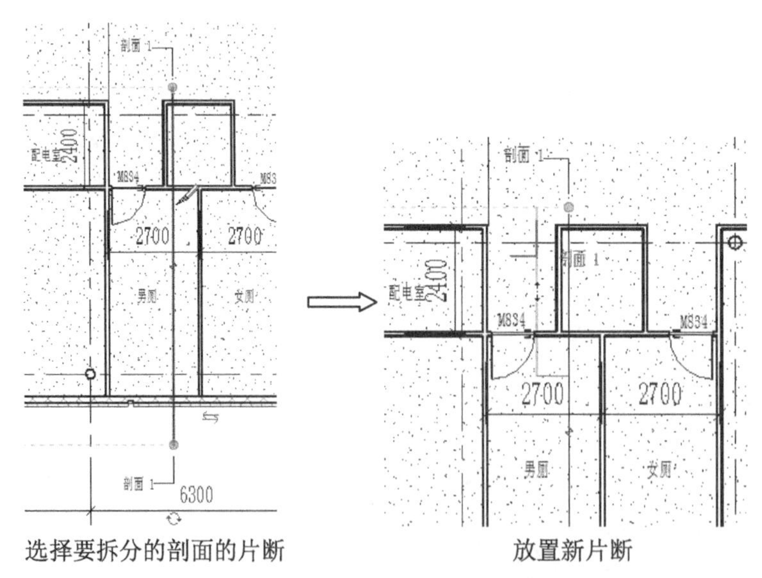

选择要拆分的剖面的片断　　　　放置新片断

图 17-70 拆分剖面线

（5）选择拆分的剖面线，拖曳剖面线上的控制点调整剖面线，如图 17-71 所示。

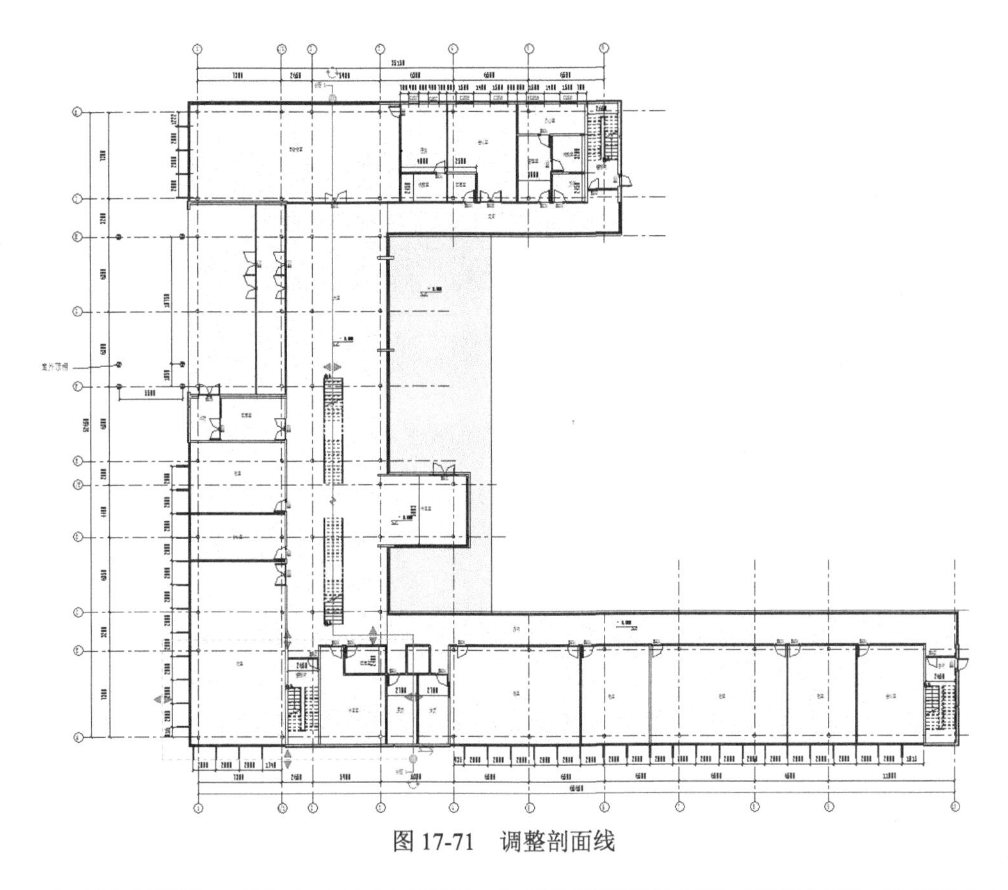

图 17-71　调整剖面线

（6）绘制完剖面线，系统自动创建剖面图，在项目浏览器的剖面（建筑剖面）节点下双击剖面 1 视图，打开此剖面视图，如图 17-72 所示。

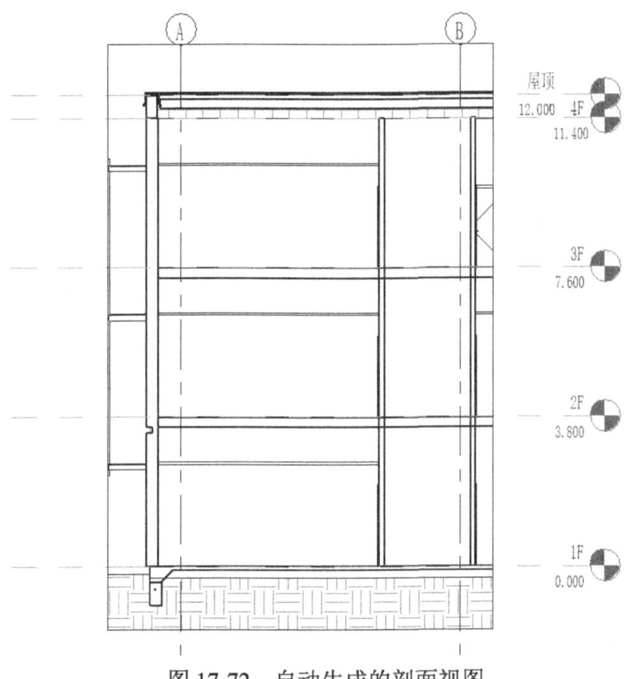

图 17-72　自动生成的剖面视图

（7）拖曳剖面视图的视口，使剖面视图全部显示，如图 17-73 所示。

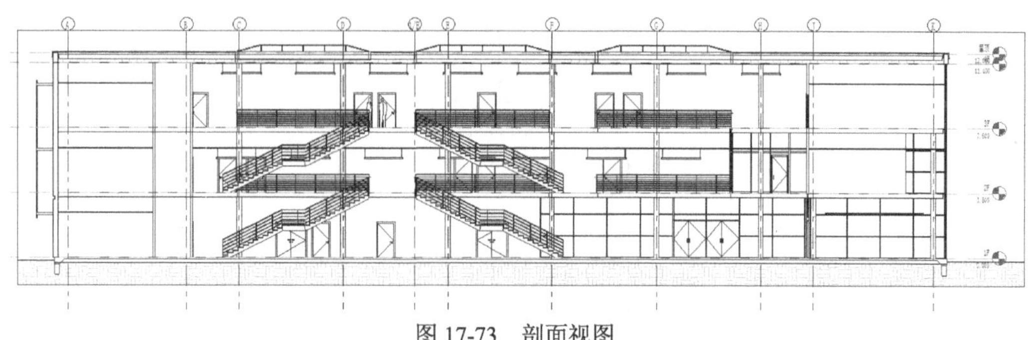

图 17-73　剖面视图

（8）在属性选项板中取消“裁剪区域可见”复选框的勾选，隐藏视图中的裁剪区域，如图 17-74 所示。

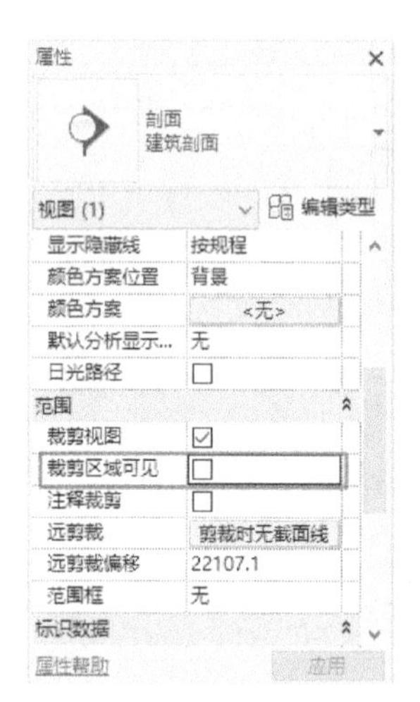

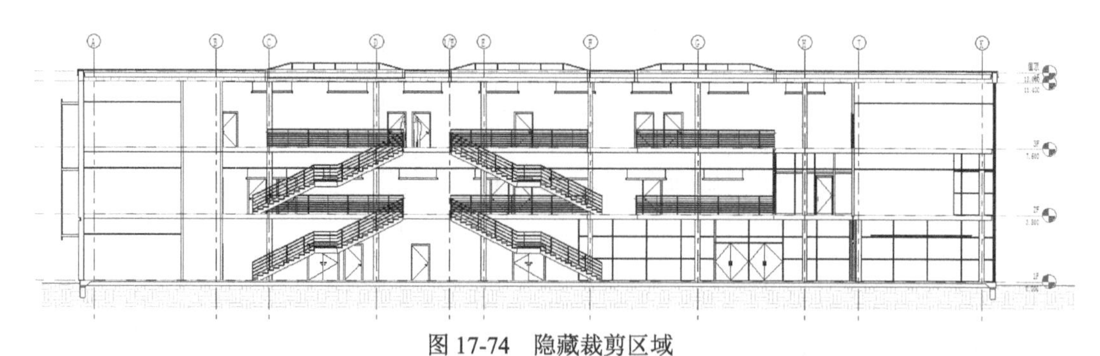

图 17-74　隐藏裁剪区域

（9）分别选择轴号和标高线并拖曳调整其位置，然后更改轴号的显示和隐藏，整理后结果如图 17-75 所示。

提示

在一层平面图中选择剖面线，单击“翻转剖面”按钮⇆，切换剖切方向。本例中的另一个剖切方向视图，如图 17-76 所示。

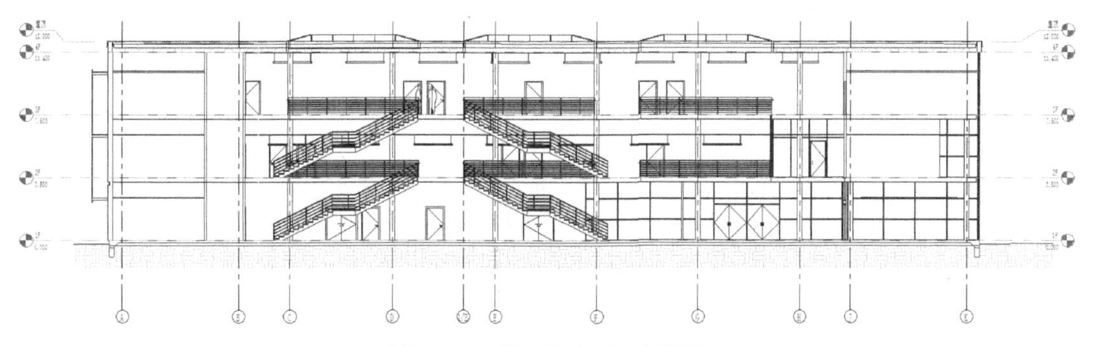

图 17-75　整理轴号和标高位置

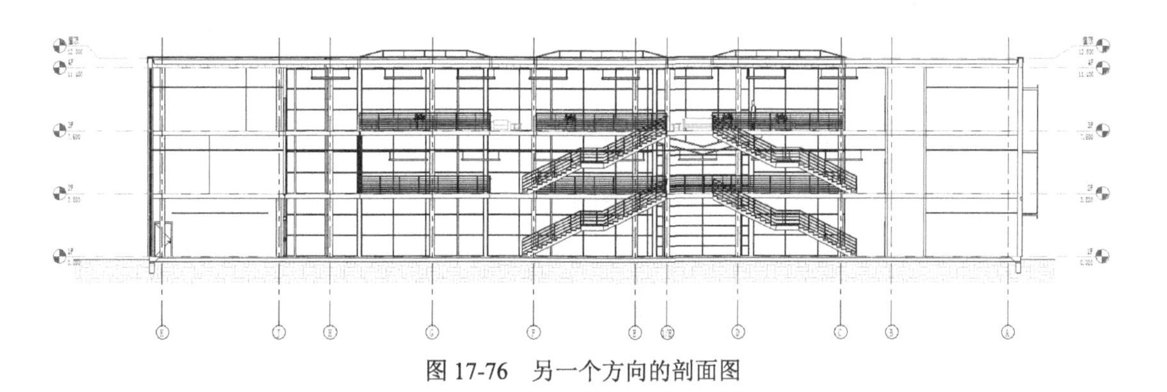

图 17-76　另一个方向的剖面图

（10）单击“注释”选项卡“尺寸标注”面板中的“对齐”按钮，标注尺寸，如图 17-77 所示。

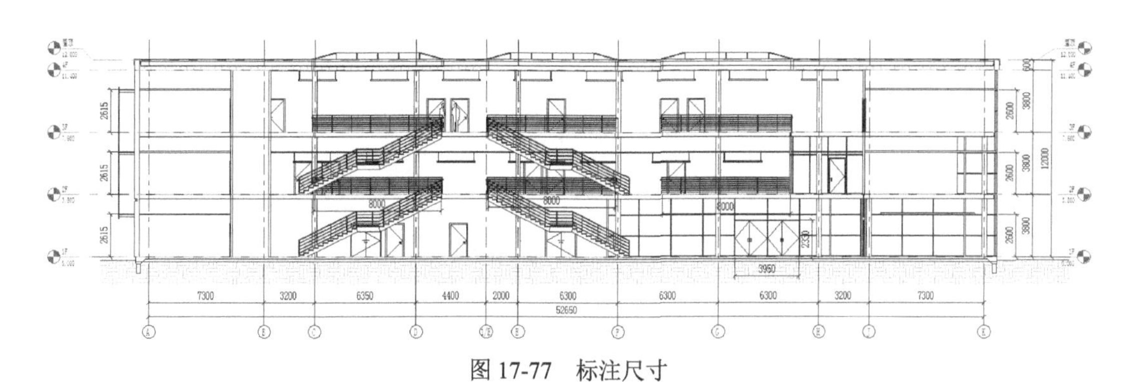

图 17-77　标注尺寸

（11）单击“视图”选项卡“图纸组合”面板中的“图纸”按钮，打开“新建图纸”对话框，在列表中选择 A1 公制图纸，单击“确定”按钮，新建 A1 图纸。

（12）单击“视图”选项卡“图纸组合”面板中的“放置视图”按钮，打开“视图”对话框，在列表中选择“剖面 1”视图，然后单击“在图纸中添加视图”按钮，将视图添加到图纸中，如图 17-78 所示。

（13）选择图形中视口标题，在属性选项板中选择“视口　没有线条的标题”类型，并将标题移动到图中适当位置，然后在属性选项板中更改视图名称为 1-1 剖面图，如图 17-79 所示。

（14）单击“注释”选项卡“文字”面板中的“文字”按钮 A，在属性选项板中选择“文字 宋体 5mm”类型，输入比例“1∶100”，结果如图 17-80 所示。

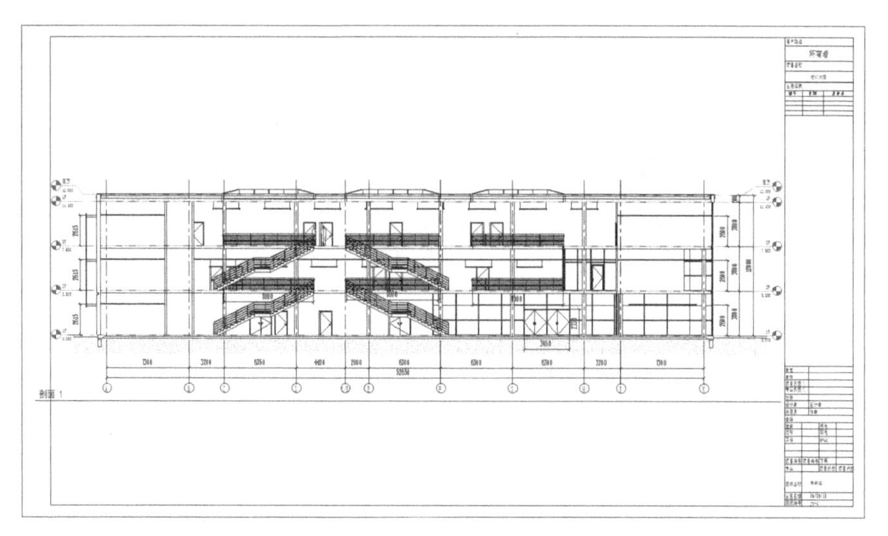

图 17-78　添加视图到图纸

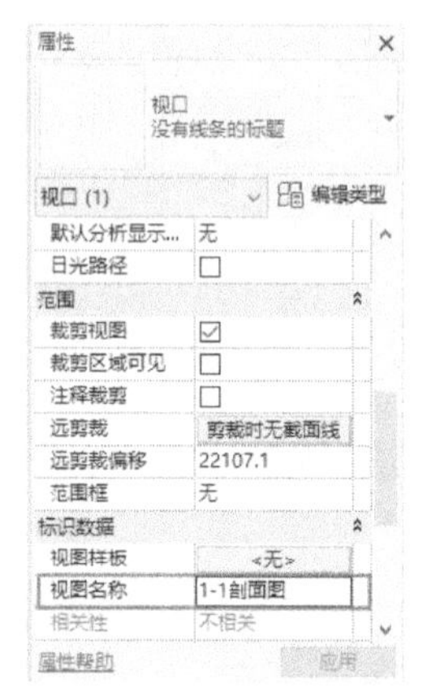

图 17-79　属性选项板

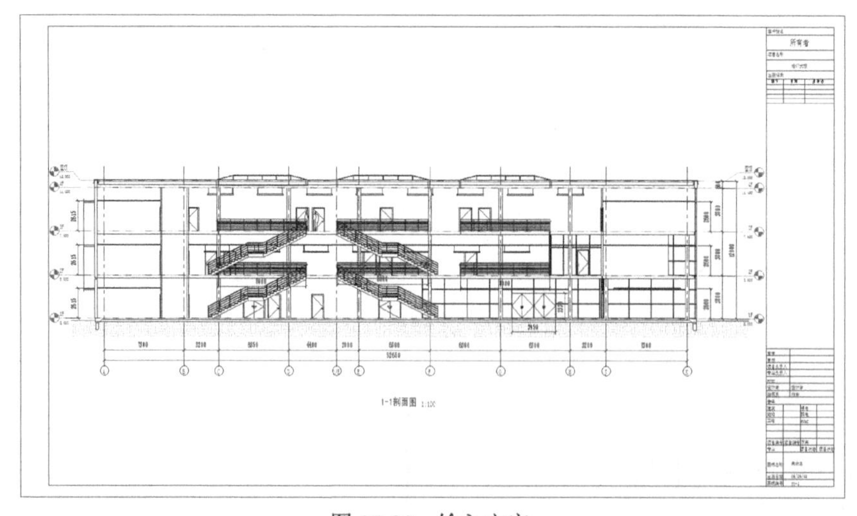

图 17-80　输入文字

（15）在项目浏览器中的“J0-4- 未命名”上单击鼠标右键，在弹出的快捷菜单中选择“重命名”

选项，打开“图纸标题”对话框，输入名称为“1-1 剖面图”，单击“确定”按钮，完成图纸的命名。

读者可以根据 1-1 剖面图的创建方法，创建其他剖面图，这里就不再一一进行介绍了。

知识点——剖面图尺寸标注

建筑剖面图标注的尺寸有外部尺寸和内部尺寸。

（1）外部尺寸

外部尺寸一般标注 3 道。

第一道尺寸：为靠近图样的细部尺寸，表示门窗、洞口、墙体等细部的构造尺寸。

第二道尺寸：即中间一道的层高尺寸。

第三道尺寸：为最外一道的总尺寸，指从建筑室外地坪到建筑物屋顶的高度距离，表示建筑物的总高。

（2）内部尺寸

用来各层标注净空大小、内部门窗洞口的高宽度、墙身厚度以及固定设备大小等。内部尺寸一般用一道。当有些节点构造在建筑剖面图中表达不清楚时，可用详图索引符号引注。

17.5　详图

建筑详图是对建筑的细部或构配件，用较大的比例将其形状、大小、材料和做法，按正投影图的画法，详细地表示出来的图样。

17.5.1　建筑详图绘制概述

前面介绍的平、立、剖面图均是全局性的图纸，由于比例的限制，不可能将一些复杂的细部或局部做法表示清楚，因此需要将这些细部、局部的构造、材料及相互关系采用较大的比例详细绘制出来，以指导施工。这样的建筑图形称为详图，也称大样图。对于局部平面（如厨房、卫生间）放大绘制的图形，习惯叫做放大图。需要绘制详图的位置一般有室内外墙节点、楼梯、电梯、厨房、卫生间、门窗、室内外装饰等构造详图或局部平面放大图。

内外墙节点一般用平面和剖面表示，常用比例为 1∶20。平面节点详图表示出墙、柱或构造柱的材料和构造关系。剖面节点详图即常说的墙身详图，需要表示出墙体与室内外地坪、楼面、屋面的关系，以及相关的门窗洞口、梁或圈梁、雨篷、阳台、女儿墙、檐口、散水、防潮层、屋面防水、地下室防水等构造做法。墙身详图可以从室内外地坪、防潮层处开始一路画到女儿墙压顶。为了节省图纸，在门窗洞口处可以断开，也可以重点绘制地坪、中间层、屋面处的几个节点，而将中间层重复使用的节点集中到一个详图中表示。节点编号一般由上至下编号。

楼梯详图包括平面、剖面及节点 3 部分。平面、剖面常用 1∶50 的比例绘制，楼梯中的节点详图可以根据对象大小酌情采用 1∶5、1∶10、1∶20 等比例。楼梯平面图与建筑平面图不同的是，它只需绘制出楼梯及四面相接的墙体；而且，楼梯平面图需要准确地表示出楼梯间净空、梯段长度、梯段宽度、踏步宽度和级数、栏杆（栏板）的大小及位置，以及楼面、平台处的标高等。楼梯间剖面图只需绘制出楼梯相关的部分，相邻部分可用折断线断开。选择在底层第一跑并能够剖到门窗的位置剖切，向底层另一跑梯段方向投射。尺寸需要标注层高、平台、梯段、门窗洞口、栏杆高度等竖向尺寸，并应标注出室内外地坪、平台、平台梁底面的标高。水平方向需要标注定位轴线及编号、轴线尺寸、平台、梯段尺寸等。梯段尺寸一般用“踏步宽（高）× 级数 = 梯段宽（高）”的形式表示。此外，楼梯剖面上还应注明栏杆构造节点详图的索引编号。

电梯详图一般包括电梯间平面图、机房平面图和电梯间剖面图 3 部分，常用 1∶50 的比例绘制。平面图需要表示出电梯井、电梯厅、前室相对定位轴线的尺寸及自身的净空尺寸，表示出电梯图例及配重位置、电梯编号、门洞大小及开取形式、地坪标高等。机房平面需表示出设备平台位置及平面尺寸、顶面标高、楼面标高以及通往平台的梯子形式等内容。剖面图需要剖在电梯井、门洞处，表示出地坪、楼层、地坑、机房平台的竖向尺寸和高度，标注出门洞高度。为了节约图纸，中间相同部分可以折断绘制。

厨房、卫生间放大图根据其大小可酌情采用 1∶30、1∶40、1∶50 的比例绘制。需要详细表示出各种设备的形状、大小和位置及地面设计标高、地面排水方向及坡度等，对于需要进一步说明的构造节点，需标明详图索引符号，或绘制节点详图，或引用图集。

门窗详图包括立面图、断面图、节点详图等内容。立面图常用 1∶20 的比例绘制，断面图常用 1∶5 的比例绘制，节点详图常用 1∶10 的比例绘制。标准化的门窗可以引用有关标准图集，说明其门窗图集编号和所在位置。根据《建筑工程设计文件编制深度规定》（2008 年版），非标准的门窗、幕墙需绘制详图。如委托加工，需绘制出立面分格图，标明开取扇、开取方向，说明材料、颜色及与主体结构的连接方式等。

就图形而言，详图兼有平、立、剖面的特征，它综合了平、立、剖面绘制的基本操作方法，并具有自己的特点，只要掌握一定的绘图程序，难度应不大。真正的难度在于对建筑构造、建筑材料、建筑规范等相关知识的掌握。

17.5.2 创建培训大楼楼梯详图

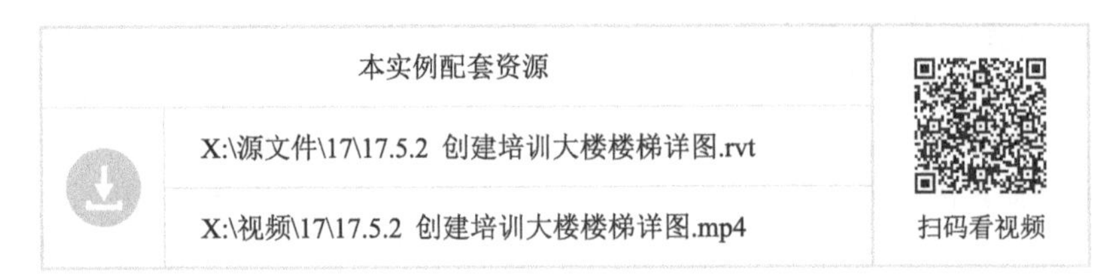

具体绘制步骤如下。

1. 创建楼梯平面详图

（1）将视图切换到 1F 楼层平面视图。

（2）单击“视图”选项卡“创建”面板中的“详图索引”下拉列表中的“矩形”按钮，打开“修改 | 详图索引”选项卡，如图 17-81 所示。

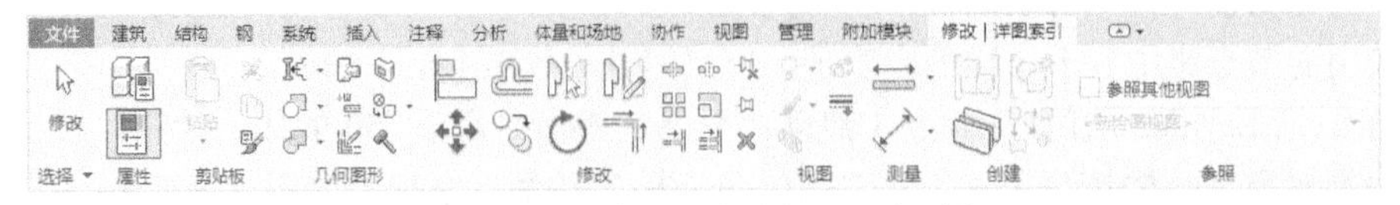

图 17-81 “修改 | 详图索引”选项卡

（3）在视图中的楼梯间位置单击确定详图索引的角点，绘制详图索引范围框，如图 17-82 所示。

（4）系统自动创建 1F—详图索引 1 视图，双击进入此视图，如图 17-83 所示。

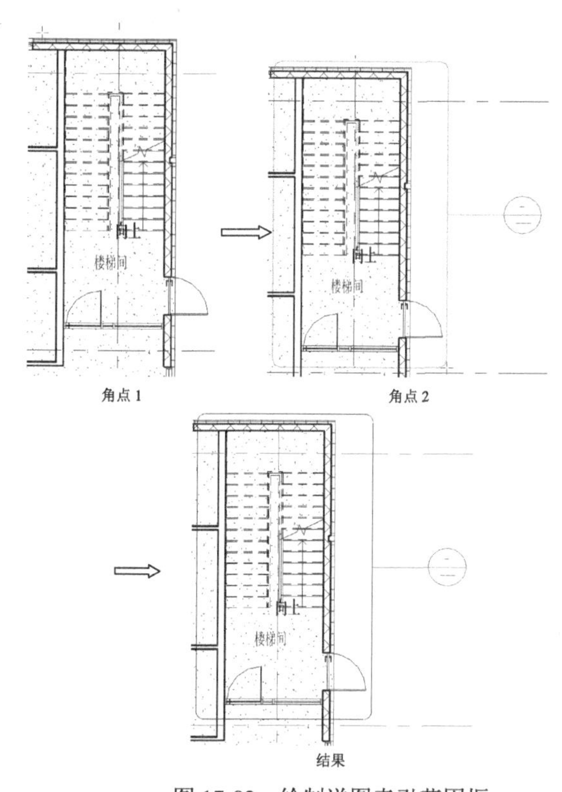

图 17-82　绘制详图索引范围框

（5）在属性选项板的视图样板中单击“无”按钮 <无> ，打开“指定视图样板”对话框，在名称列表中选择“楼梯 _ 平面大样”名称，如图 17-84 所示，单击“确定”按钮，如图 17-85 所示。

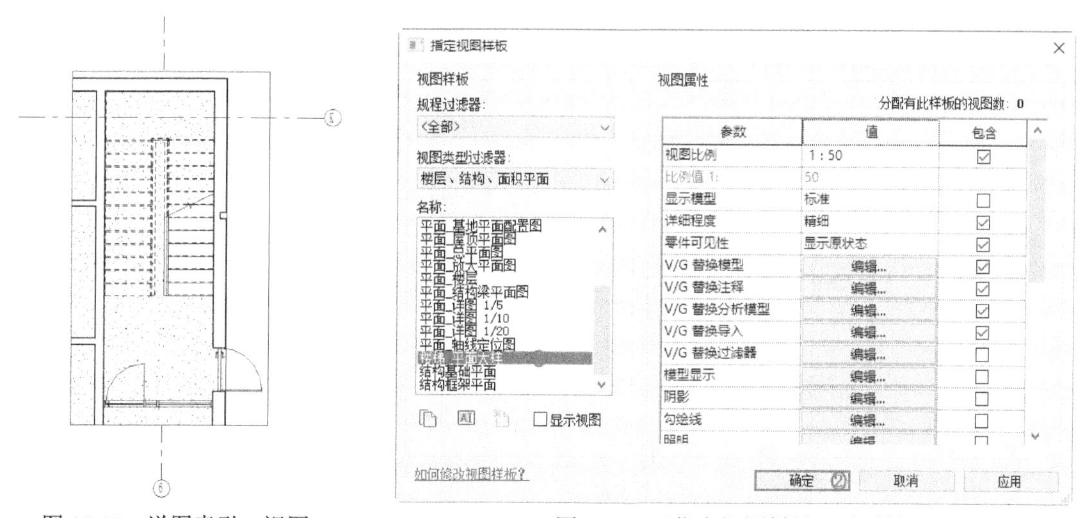

图 17-83　详图索引 1 视图　　　　图 17-84　“指定视图样板”对话框

（6）在属性选项板中取消“裁剪区域可见”复选框的勾选，或者单击“控制栏”中的“隐藏裁剪区域”按钮，隐藏裁剪区域，如图 17-86 所示。

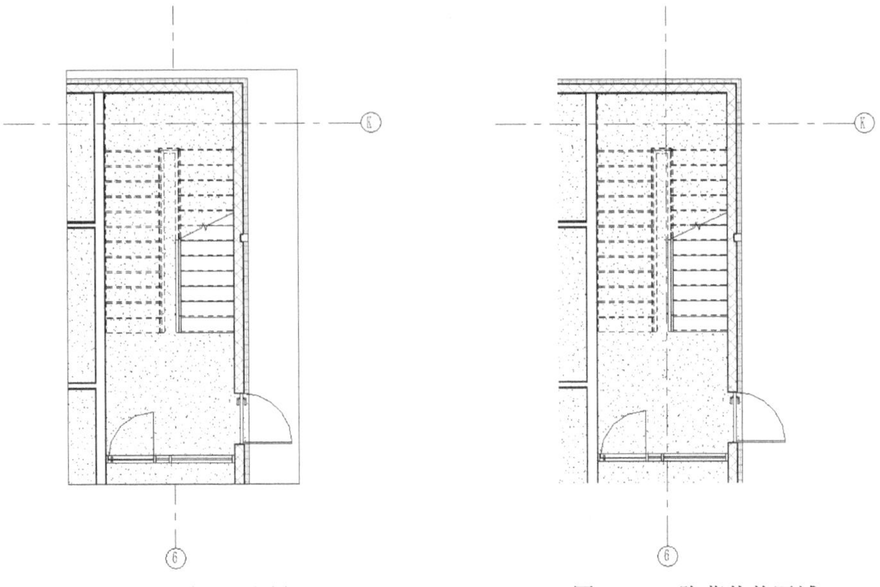

图 17-85　楼梯平面大样图　　　　图 17-86　隐藏裁剪区域

（7）单击“注释”选项卡“符号”面板中的“符号”按钮，在属性选项板中选择“符号剖断线”类型，然后在选项栏中勾选“放置后旋转”复选框，如图 17-87 所示。

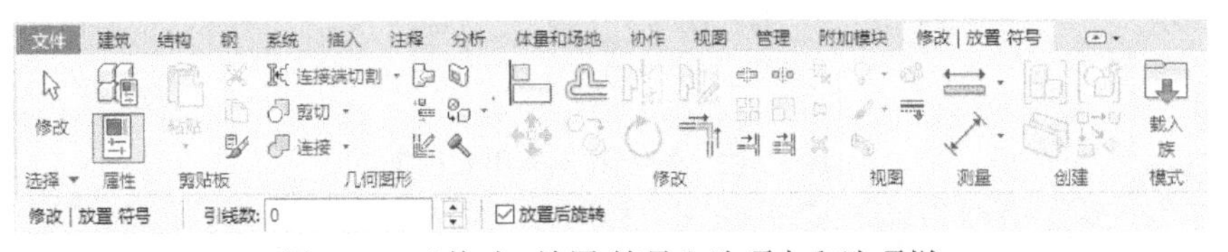

图 17-87　“修改 | 放置 符号”选项卡和选项栏

（8）在视图中左侧放置剖断线，旋转 90°，选择剖断线，在属性选项板中更改虚线长度，然后调整剖断线位置，如图 17-88 所示。

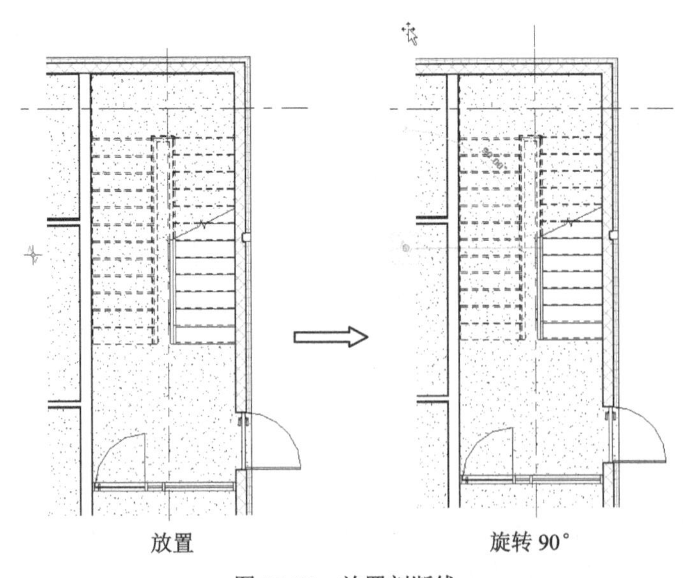

图 17-88　放置剖断线

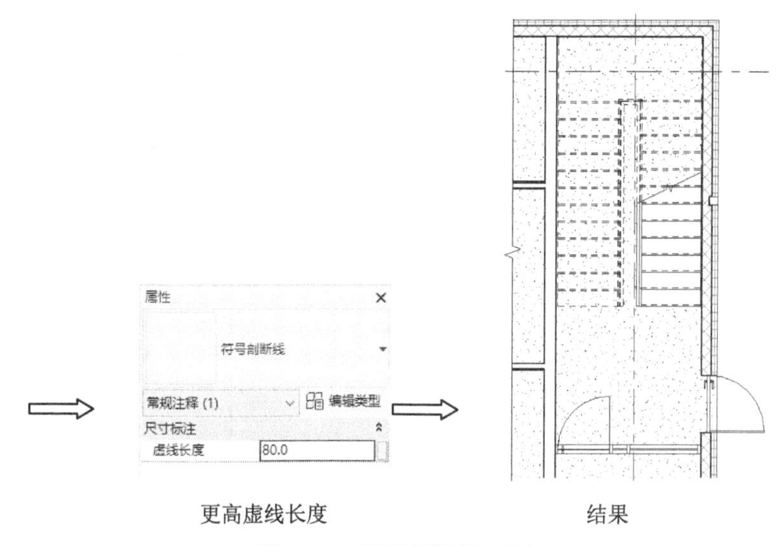

图 17-88　放置剖断线（续）

（9）采用相同的方法，绘制下端的剖断线，虚线长度为 40，如图 17-89 所示。

（10）单击“注释”选项卡“尺寸标注”面板中的“对齐”按钮，标注尺寸，如图 17-90 所示。

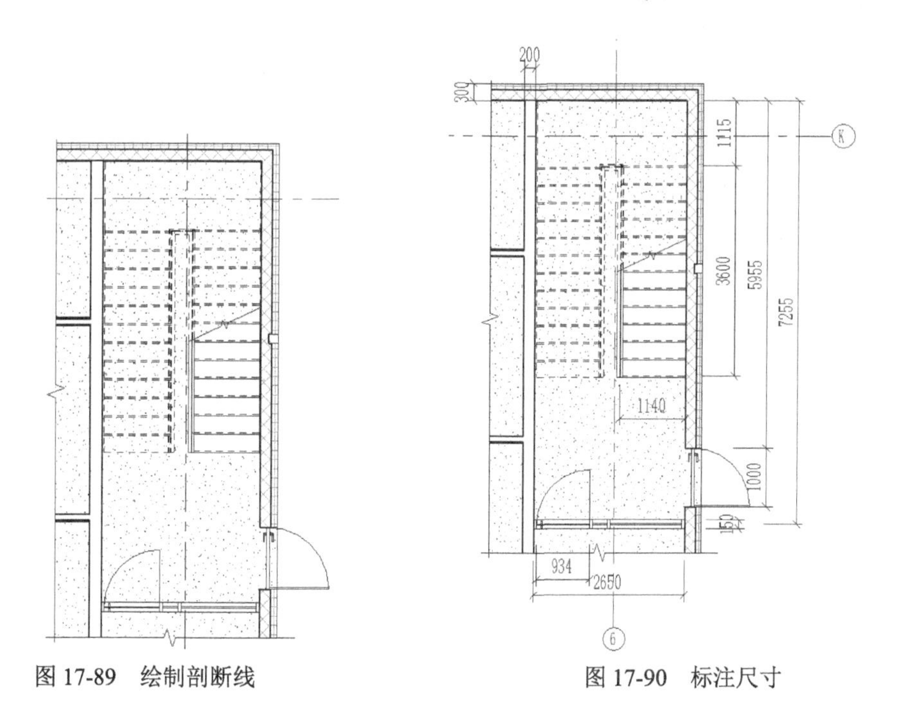

图 17-89　绘制剖断线

图 17-90　标注尺寸

（11）双击楼梯标注中段文字，打开“尺寸标注文字”对话框，选择“以文字替换”单选项，输入“12×300=3600”，其他采用默认设置，如图 17-91 所示，单击“确定”按钮。修改后的结果如图 17-92 所示。

（12）重命名视图名称为“楼梯平面图”。

2. 创建楼梯剖面详图

（1）单击“视图”选项卡“创建”面板中的“剖面”按钮，打开“修改 | 剖面”选项卡和选项栏，采用默认设置。

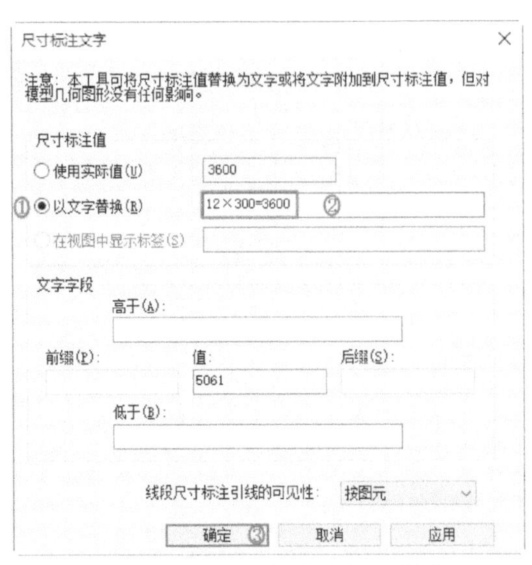

图 17-91 “尺寸标注文字”对话框

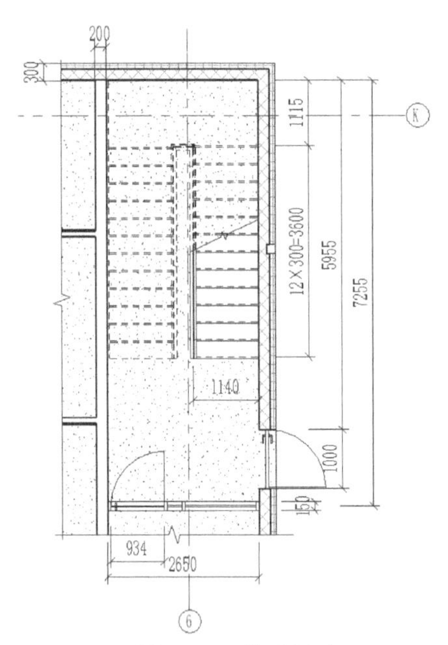

图 17-92 修改尺寸

（2）在视图中楼梯左侧绘制剖面线。

（3）绘制完剖面线系统自动创建剖面图 1，在项目浏览器的剖面（建筑剖面）节点下双击剖面 1 视图，打开此剖面视图，如图 17-93 所示。

（4）在视图控制栏中将视图详细程度调整为“精细”，然后拖曳裁剪框调整到适合的大小，并隐藏裁剪框，如图 17-94 所示。

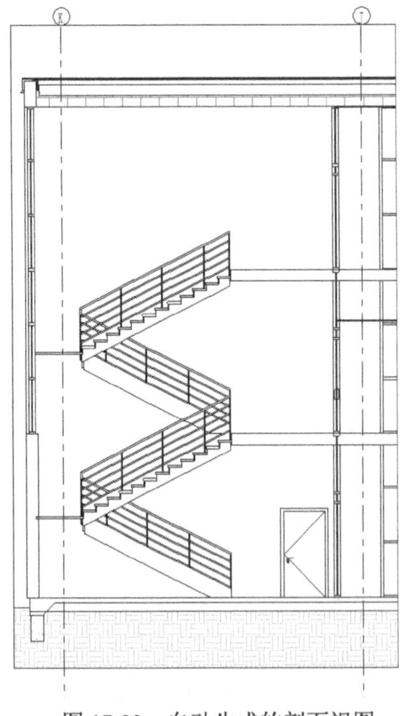

图 17-93 自动生成的剖面视图

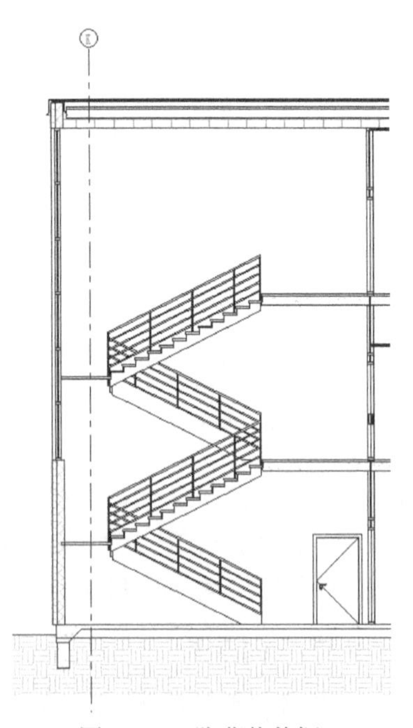

图 17-94 隐藏裁剪框

（5）单击“注释”选项卡“尺寸标注”面板中的“对齐”按钮，标注尺寸，如图 17-95 所示。

（6）单击“注释”选项卡“尺寸标注”面板中的“高程点”按钮，打开“修改 | 放置尺寸标注”选项卡和选项栏，在选项栏中取消“引线”复选框的勾选，显示高程为“实际（选定）高程”。

（7）在属性选项板中选择“高程点 三角形（项目）”类型，将高程点放置在房间地面和楼梯平台上，结果如图 17-96 所示。

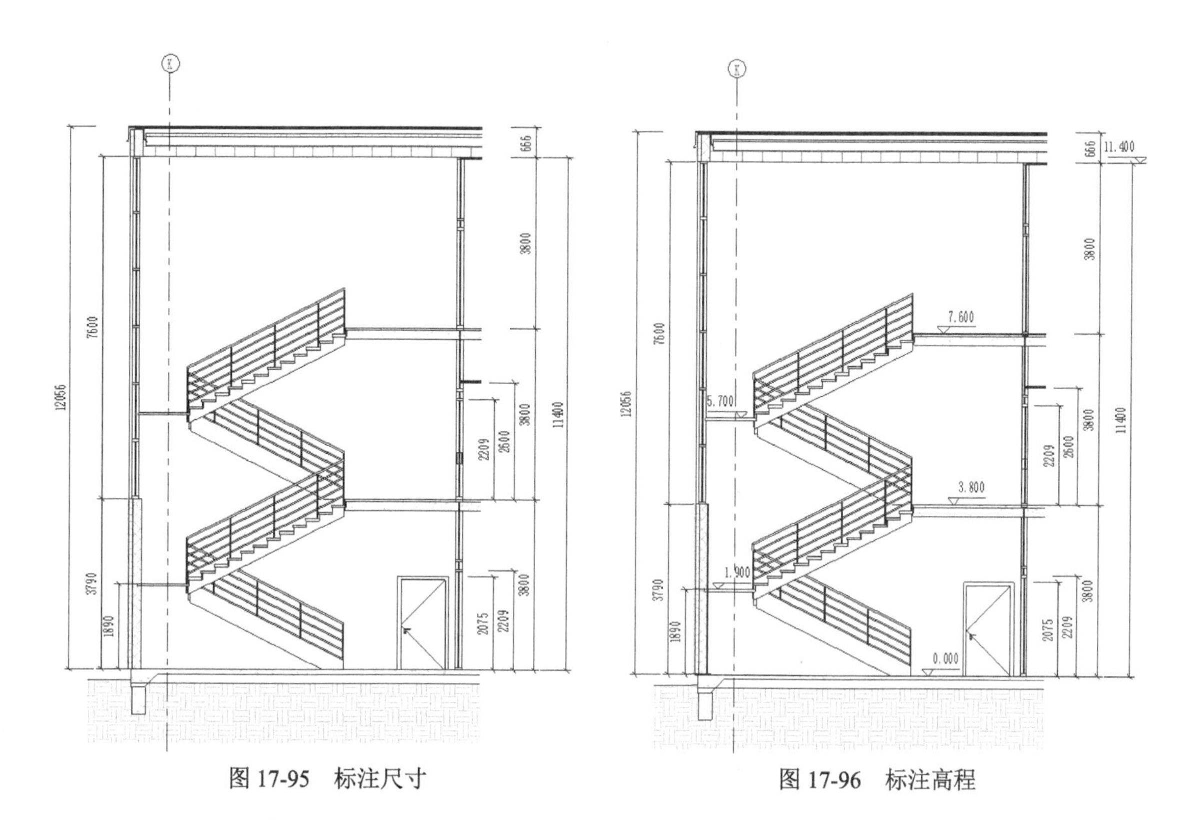

图 17-95　标注尺寸　　　　图 17-96　标注高程

（8）调整轴线上轴号的显示与隐藏，更改视图名称为“楼梯剖面图”。

3. 创建楼梯详图图纸

（1）单击“视图”选项卡“图纸组合”面板中的“图纸”按钮，打开“新建图纸”对话框，在列表中选择 A2 公制图纸，单击“确定”按钮，新建 A2 图纸。

（2）单击“视图”选项卡“图纸组合”面板中的“放置视图”按钮，打开“视图”对话框，在列表中分别选择“楼层平面：楼梯平面图”和“剖面：楼梯剖面图”视图，然后单击“在图纸中添加视图”按钮，将视图添加到图纸中，如图 17-97 所示。

（3）选择图形中视口标题，在属性选项板中选择“视口 没有线条的标题”类型，并将标题移动到图中适当位置。

（4）单击“注释”选项卡“文字”面板中的“文字”按钮 **A**，在属性选项板中选择“文字 宋体 5mm”类型，输入比例“1：100”，结果如图 17-98 所示。

（5）在项目浏览器中的“J0-5-未命名”上单击鼠标右键，在弹出的快捷菜单中选择“重命名”选项，打开“图纸标题”对话框，输入名称为“楼梯详图”，单击“确定”按钮，完成图纸的命名。

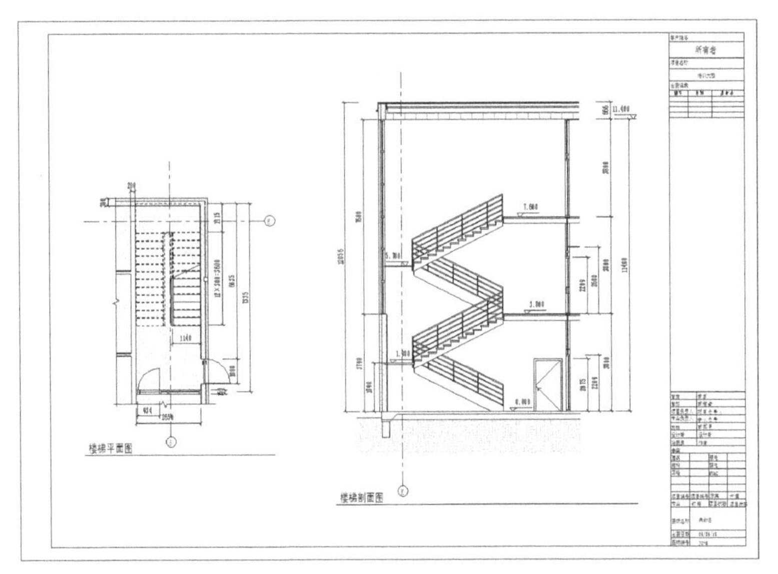

图 17-97　添加视图到图纸

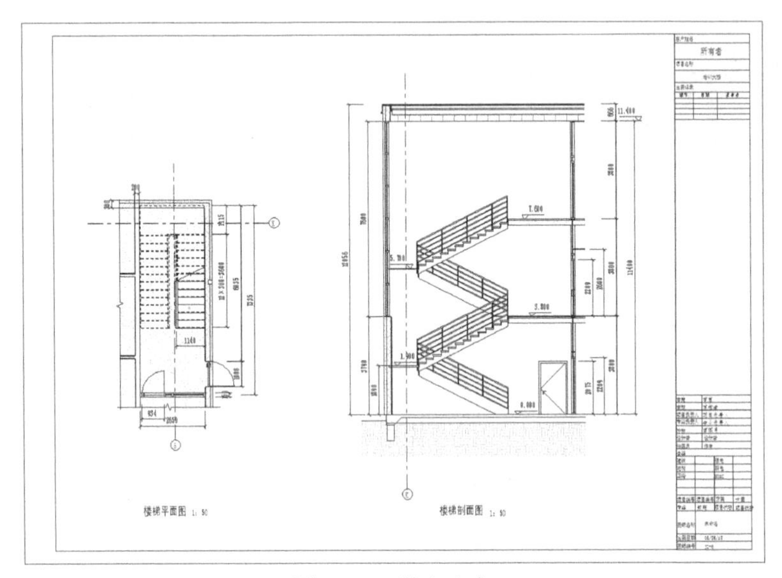

图 17-98　输入文字

17.6　打印图纸

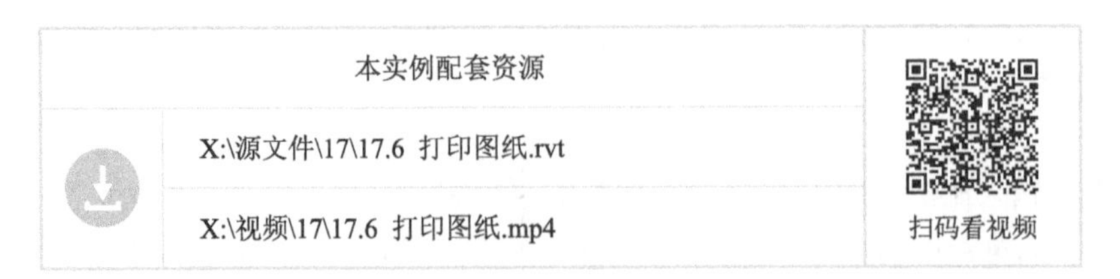

本实例配套资源	扫码看视频
X:\源文件\17\17.6 打印图纸.rvt	
X:\视频\17\17.6 打印图纸.mp4	

（1）双击 J0—2—一层平面图，打开一层平面图图纸。

（2）单击“文件程序菜单”→“打印”→“打印设置”命令，打开“打印设置”对话框，如

图 17-99 所示。

“打印设置”对话框中的选项说明如下。

- 打印机：要使用的打印机或打印驱动。
- 名称：要用作起点的预定义打印设置。
- 纸张：从下拉列表中选择纸张尺寸和纸张来源。
- 方向：选择“纵向”或“横向”进行页面垂直或水平定向。
- 隐藏线视图：选择一个选项，以提高在立面、剖面和三维视图中隐藏视图的打印性能。
- 缩放：指定是将图纸与页面的大小匹配，还是缩放到原始大小的某个百分比。
- 外观：
  - ✓ 光栅质量：控制传送到打印设置的光栅数据的分辨率。质量越高，打印时间越长。
  - ✓ 颜色：包括黑白线条、灰度和彩色。

黑白线条：所有文字、非白色线、填充图案线和边缘以黑色打印。所有的光栅图像和实体填充图案以灰度打印。

灰度：所有颜色、文字、图像和线以灰度打印。

彩色：如果打印支持彩色，则会保留并打印项目中的所有颜色。

- 选项
  - ✓ 用蓝色表示视图链接：默认情况下，用黑色打印视图链接，但是也可以选择用蓝色打印。
  - ✓ 隐藏参照 / 工作平面：勾选此复选框，不打印参照平面和工作平面。
  - ✓ 隐藏未参照视图标记：如果不希望打印不在图纸中的剖面、立面和详图索引视图的视图标记，勾选此复选框。
  - ✓ 区域边缘遮罩重合线：勾选此选项，遮罩区域和填充区域的边缘覆盖和它们重合的线。
  - ✓ 隐藏范围框：勾选此复选框，不打印范围框。
  - ✓ 隐藏裁剪边界：勾选此复选框，不打印裁剪边界。
  - ✓ 将半色调替换为细线：如果视图以半色调显示某些图元，则勾选此复选框将半色调图形替换为细线。

（3）在对话框中设置纸张尺寸为 A0，方向为纵向，页面设置为中心，缩放为匹配页面，其他采用默认设置，如图 17-100 所示，单击“确定”按钮。

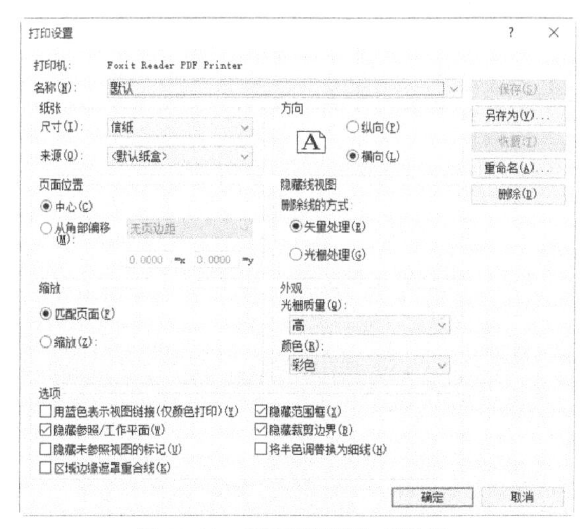

图 17-99 “打印设置”对话框

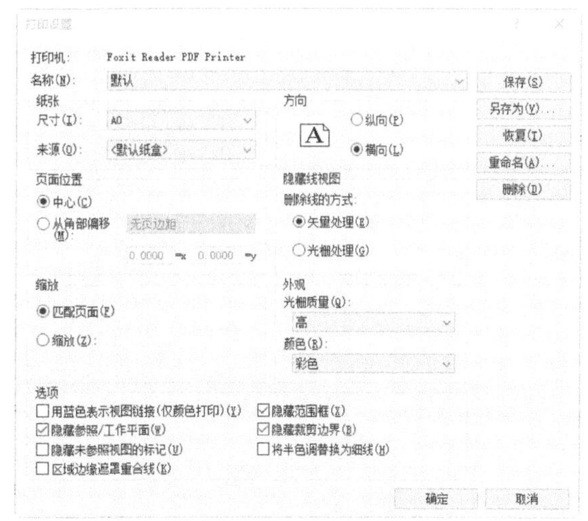

图 17-100　打印设置

（4）单击“文件程序菜单”→“打印”→“打印”命令，打开“打印”对话框，选择第（3）步设置的 Foxit Reader PDF Printer 打印机，设置文件的路径和名称，如图 17-101 所示。

（5）在“打印范围”下，指定要打印的是当前窗口。

（6）单击“属性”按钮 属性(P)... ，打开“Foxit Reader PDF Printer 属性”对话框，在“布局”选项卡中设置方向为“横向”，页面大小为 A0，在“常规”选项卡中设置颜色为“黑白”，如图 17-102 所示。其他采用默认设置，单击“确定”按钮。

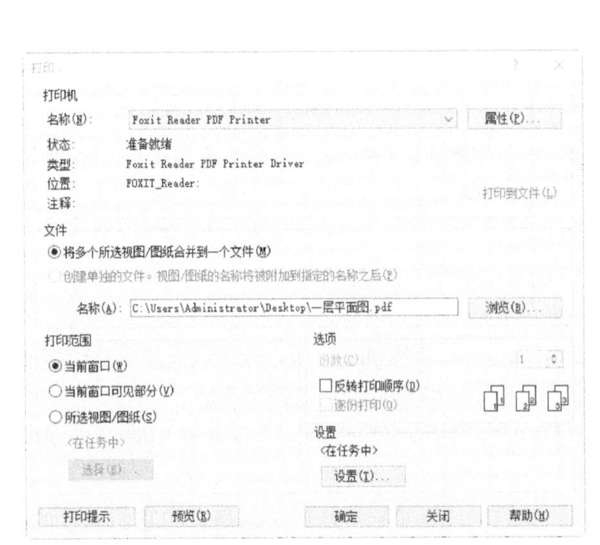

图 17-101 “打印”对话框

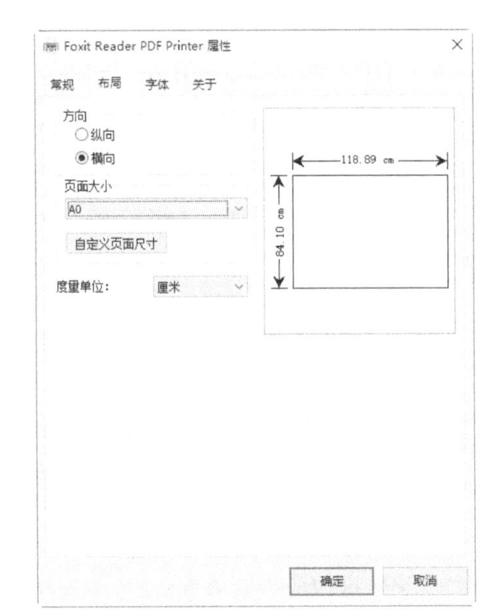

图 17-102 “Foxit Reader PDF Printer 属性”对话框

（7）单击“预览”按钮，预览视图打印效果，如图 17-103 所示。

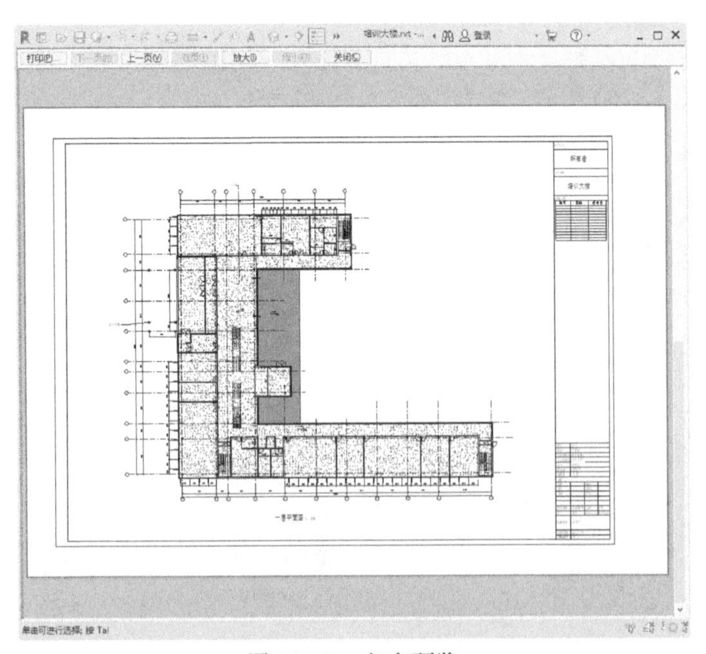

图 17-103 打印预览

（8）查看没有问题可以直接单击“打印”按钮，进行打印。

如果打印多个图纸或视图，则不能使用打印预览。

17.7　导出 DWG 图纸

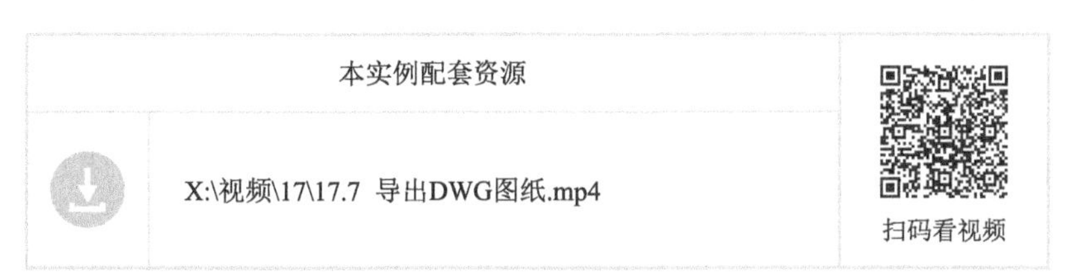

（1）双击 J0—2——一层平面图，打开一层平面图图纸。

（2）单击“文件程序菜单”→“导出”→“CAD 格式”→“DWG”菜单命令，打开“DWG 导出”对话框，如图 17-104 所示。

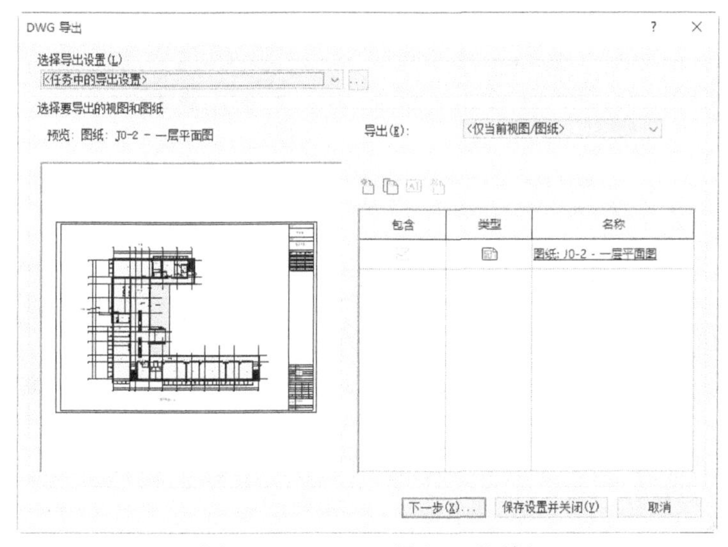

图 17-104　“DWG 导出”对话框

“DWG 导出”对话框中的选项说明如下。

- 导出：确定要在“视图 / 图纸”列表中显示的集，该列表中包括“仅当前视图 / 图纸”和“任务中的视图 / 图纸集”两个集。
  - ✓ 仅当前视图 / 图纸：显示当前活动中的视图或图纸。
  - ✓ 任务中的视图 / 图纸集：启用“按列表显示”可对整个项目或已建立集的视图和图纸进行过滤。
- 新建集：创建空集。
- 复制集：创建活动集的副本。
- 重命名集：重命名活动集。

- 删除集：删除活动集。
- 视图 / 图纸列表：显示按“导出”和“按列表显示”选项过滤的视图和图纸。
  - ✓ 包含：将视图导出为输出文件。
  - ✓ 类型：显示用来表示视图类型的图标，包括平面视图、剖面视图、立面视图、三维视图和图纸。
  - ✓ 名称：视图的名称，双击该名称可在左侧的预览窗格中查看该视图的缩略图。

（3）单击按钮，打开如图 17-105 所示的“修改 DWG/DXF 导出设置”对话框，在选择导出设置列表中选择要修改的设置，在左侧面板中列出所有现有的导出设置，根据需要在选项卡中指定导出选项。

图 17-105 “修改 DWG/DXF 导出设置”对话框

“修改 DWG/DXF 导出设置”对话框中的选项说明如下。

- 新建导出设置：单击此按钮，打开“新的导出设置”对话框，输入名称，创建新的导出设置。
- 复制导出设置：使用当前选定的设置中的设置，创建新设置。
- 重命名导出设置：为当前选定的设置指定新名称。
- 删除导出设置：删除选定的设置。
- “层”选项卡：可自定义 DWG 或 DXF 导出设置的图层映射设置。
- “线”选项卡：指定用来控制 Revit 线型定义导出方式的线型比例。也可根据需要将 Revit 线型图案映射到 DWG/DXF 线型。
- “填充图案”选项卡：可将 Revit 填充图案映射到 DWG 中的影线填充图案。
- “文字和字体”选项卡：将 Revit 文字字体映射至特定的 DWG/DXF 文字字体。
- “颜色”选项卡：指定颜色导出为 DWG 或 DXF 文件的方式。
- “实体”选项卡：指定三维视图中实体几何图形的导出方式。
- “单位和坐标”选项卡：指定 DWG 单位和坐标系基础。
- “常规”选项卡：可指定导出到 DWG 和 DXF 的相应设置。

（4）单击“确定”按钮，返回“DWG 导出”对话框，单击“下一步”按钮，打开“导出 CAD

格式一保存到目标文件夹”对话框，设置保存路径，输入名称为一层平面图，如图 17-106 所示。单击“确定”按钮，导出文件。

图 17-106 “导出 CAD 格式—保存到目标文件夹”对话框

“导出 CAD 格式—保存到目标文件夹”对话框中选项说明如下。

- 文件类型：为导出的 DWG 文件选择 AutoCAD 版本。
- 命名：选择一个选项用于自动生成文件名。
- 将图纸上的视图和链接作为外部参照导出：取消此复选框的勾选，项目中的任何 Revit 或 DWG 链接导出为单个文件，而不是多个彼此参照的文件。

（5）在 AutoCAD 软件中打开刚保存一层平面图的 DWG 图纸，如图 17-107 所示。

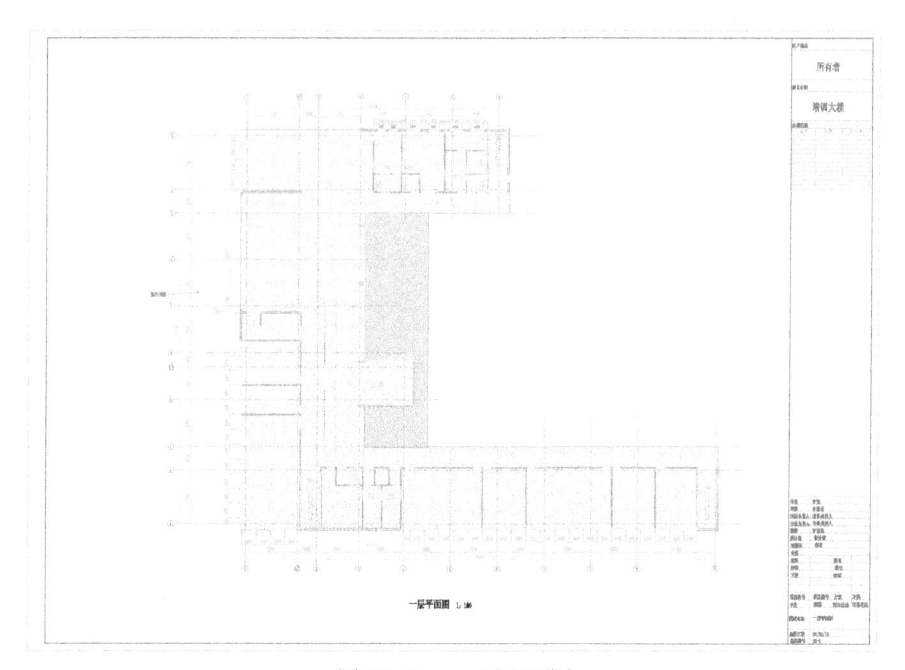

图 17-107 一层平面图

附录 I
快捷命令

A

快捷键	命令	路径
AR	阵列	修改→修改
AA	调整分析模型	分析→分析模型工具；上下文选项卡→分析模型
AP	添加到组	上下文选项卡→编辑组
AD	附着详图组	上下文选项卡→编辑组
AT	风管末端	系统→HVAC
AL	对齐	修改→修改

B

快捷键	命令	路径
BM	结构框架：梁	结构→结构
BR	结构框架：支撑	结构→结构
BS	结构梁系统；自动创建梁系统	结构→结构；上下文选项卡→梁系统

C

快捷键	命令	路径
CO/CC	复制	修改→修改
CG	取消	上下文选项卡→编辑组
CS	创建类似	修改→创建
CP	连接端切割：应用连接端切割	修改→几何图形
CL	柱；结构柱	建筑→构建；结构→结构
CV	转换为软风管	系统→HVAC
CT	电缆桥架	系统→电气
CN	线管	系统→电气
Ctrl+Q	关闭文字编辑器	上下文选项卡→编辑文字；文字编辑器

D

快捷键	命令	路径
DI	尺寸标注	注释→尺寸标注；修改→测量；创建→尺寸标注；上下文选项卡→尺寸标注
DL	详图 线	注释→详图
DR	门	建筑→构建
DT	风管	系统→HVAC
DF	风管管件	系统→HVAC
DA	风管附件	系统→HVAC
DC	检查风管 系统	分析→检查系统
DE	删除	修改→修改

E

快捷键	命令	路径
EC	检查 线路	分析→检查系统
EE	电气设备	系统→电气
EX	排除构件	关联菜单
EW	弧形导线	系统→电气

续表

快捷键	命令	路径
EW	编辑 尺寸界线	上下文选项卡→尺寸界线
EL	高程点	注释→尺寸标注；修改→测量；上下文选项卡→尺寸标注
EG	编辑 组	上下文选项卡→成组
EH	在视图中隐藏：隐藏图元	修改→视图
EU	取消隐藏 图元	上下文选项卡→显示隐藏的图元
EOD	替换视图中的图形：按图元替换	修改→视图
EOG	图形由视图中的图元替换：切换假面	
EOH	图形由视图中的图元替换：切换半色调	

F

快捷键	命令	路径
FG	完成	上下文选项卡→编辑组
FR	查找/替换	注释→文字；创建→文字；上下文选项卡→文字
FT	结构基础：墙	结构→基础
FD	软风管	系统→HVAC
FP	软管	系统→卫浴和管道
F7	拼写检查	注释→文字；创建→文字；上下文选项卡→文字
F8/Shift+w	动态视图	
F5	刷新	
F9	系统浏览器	视图→窗口

G

快捷键	命令	路径
GP	创建组	创建→模型；注释→详图；修改→创建；创建→详图；建筑→模型；结构→模型
GR	轴网	建筑→基准；结构→基准

H

快捷键	命令	路径
HH	隐藏图元	视图控制栏
HI	隔离图元	视图控制栏
HC	隐藏类别	视图控制栏
HR	重设临时隐藏/隔离	视图控制栏
HL	隐藏线	视图控制栏

I

快捷键	命令	路径
IC	隔离类别	视图控制栏

L

快捷键	命令	路径
LD	荷载	分析→分析模型
LO	热负荷和冷负荷	分析→报告和明细表

续表

快捷键	命令	路径
LG	链接	上下文选项卡→成组
LL	标高	创建→基准；建筑→基准；结构→基准
LI	模型线；边界线；线形钢筋	创建→模型；创建→详图；创建→绘制；修改→绘制；上下文选项卡→绘制
LF	照明设备	系统→电气
LW	线处理	修改→视图

M

快捷键	命令	路径
MD	修改	创建→选择；插入→选择；注释→选择；视图→选择；管理→选择等
MV	移动	修改→修改
MM	镜像	修改→修改
MP	移动到项目	关联菜单
ME	机械 设备	系统→机械
MS	MEP设置：机械设置	管理→设置
MA	匹配类型属性	修改→剪贴板

N

快捷键	命令	路径
NF	线管配件	系统→电气

O

快捷键	命令	路径
OF	偏移	修改→修改

P

快捷键	命令	路径
PP/Ctrl+1/VP	属性	创建→属性；修改→属性；上下文选项卡→属性
PI	管道	系统→卫浴和管道
PF	管件	系统→卫浴和管道
PA	管路附件	系统→卫浴和管道
PX	卫浴装置	系统→卫浴和管道
PT	填色	修改→几何图形
PN	锁定	修改→修改
PC	捕捉到点云	捕捉
PS	配电盘 明细表	分析→报告和明细表
PC	检查管道 系统	分析→检查系统

R

快捷键	命令	路径
RM	房间	建筑→房间和面积
RT	房间 标记；房间标记	建筑→房间和面积；注释→标记
RY	光线追踪	视图控制栏

续表

快捷键	命令	路径
RR	渲染	视图→演示视图；视图控制栏
RD	在云中渲染	视图→演示视图；视图控制栏
RG	渲染库	视图→演示视图；视图控制栏
R3	定义新的旋转中心	关联菜单
RA	重设分析模型	分析→分析模型工具
RO	旋转	修改→修改
RE	缩放	修改→修改
RB	恢复已排除构件	关联菜单
RA	恢复所有已排除成员	上下文选项卡→成组；关联菜单
RG	从组中删除	上下文选项卡→编辑组
RC	连接端切割：删除连接端切割	修改→几何图形
RH	切换显示隐藏 图元模式	上下文选项卡→显示隐藏的图元；视图控制栏
RC	重复上一个命令	关联菜单

S

快捷键	命令	路径
SA	选择全部实例：在整个项目中	关联菜单
SB	楼板；楼板：结构	建筑→构建；结构→结构
SK	喷头	系统→卫浴和管道
SF	拆分面	修改→几何图形
SL	拆分图元	修改→修改
SU	其他设置：日光设置	管理→设置
SI	交点	捕捉
SE	端点	捕捉
SM	中点	捕捉
SC	中心	捕捉
SN	最近点	捕捉
SP	垂足	捕捉
ST	切点	捕捉
SW	工作平面网格	捕捉
SQ	象限点	捕捉
SX	点	捕捉
SR	捕捉远距离对象	捕捉
SO	关闭捕捉	捕捉
SS	关闭替换	捕捉
SD	带边缘着色	视图控制栏

T

快捷键	命令	路径
TL	细线	视图→图形；快速访问工具栏
TX	文字标注	注释→文字；创建→文字
TF	电缆桥架 配件	系统→电气
TR	修剪/延伸	修改→修改
TG	按类别标记	注释→标记；快速访问工具栏

U

快捷键	命令	路径
UG	解组	上下文选项卡→成组
UP	解锁	修改→修改
UN	项目单位	管理→设置

V

快捷键	命令	路径
VV/VG	可见性/图形	视图→图形
VP	视图属性	→
VR	视图 范围	上下文选项卡→区域；属性选项卡
VH	在视图中隐藏类别	修改→视图
VU	取消隐藏 类别	上下文选项卡→显示隐藏的图元
VOT	图形由视图中的类别替换：切换透明度	
VOH	图形由视图中的类别替换：切换半色调	
VOG	图形由视图中的图元替换：切换假面	

W

快捷键	命令	路径
WF	线框	视图控制栏
WA	墙	建筑→构建；结构→结构
WN	窗	建筑→构建
WC	层叠窗口	视图→窗口
WT	平铺窗口	视图→窗口

Z

快捷键	命令	路径
ZZ/ZR	区域放大	导航栏
ZX/ZF/ZE	缩放匹配	导航栏
ZC/ZP	上一次平移/缩放	导航栏
ZV/ZO	缩小两倍	导航栏
ZA	缩放全部以匹配	导航栏
ZS	缩放图纸大小	导航栏

数字

快捷键	命令	路径
32	二维模式	导航栏
3F	飞行模式	导航栏
3W	漫游模式	导航栏
3O	对象模式	导航栏

附录 II
Revit 常见问题

1. Revit 视图中默认的背景颜色为白色，能否修改?

答：能。单击“文件程序菜单”→“选项”命令，打开“选项”对话框，在“图形”选项卡的“颜色”选项组中单击背景色块，打开“颜色”对话框，选择需要的背景颜色即可。

2. 文件损坏出错时如何修复?

答：在“打开”对话框中勾选“核查”选项。若数据仍存在问题，可以使用项目的备份文件，如“××× 项目 .0001.rvt”。

3. 如何控制在插入建筑柱时不与墙自动合并?

答：定义建筑柱族时，单击其“属性”中的“类别和参数”按钮，打开其对话框，不勾选“将几何图形自动连接到墙”选项。

4. 如何合并拆分后的图元?

答：选择拆分后的任意的一部分图元，单击其操作夹点，使其分离，然后拖曳到原来的位置松手，被拆分的图元就会重新合并。

5. 如何创建曲面墙体?

答：通过体量工具创建符合要求的体量表面，再将体量表面以生成墙的方式创建异形墙体。

6. 如何改变门或窗等基于主体的图元位置?

答：选择需要改变的图元，然后单击“修改 |××”选项卡中的“拾取新主体”按钮。

7. 若不小心将面板上的“属性”或者“项目浏览器”关闭，怎么处理?

答：单击“视图”选项卡“窗口”面板中的“用户界面”按钮，在打开的如图 1 所示下拉菜单中勾选“属性”或“项目浏览器”即可。

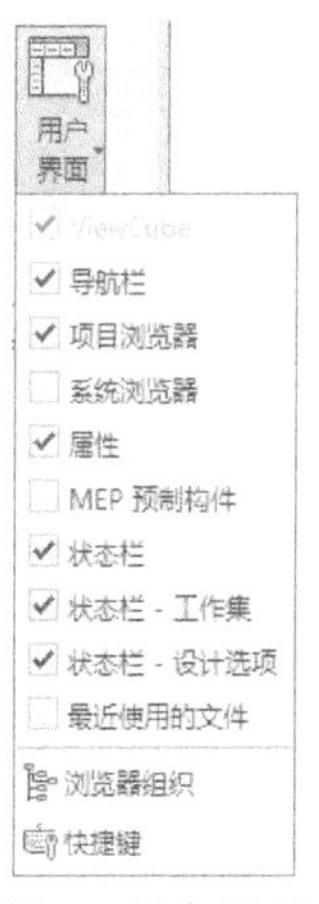

图 1 用户界面下拉菜单

8. 如何查看建筑模型内部某一部分?

答：在属性选项卡中勾选“剖面框”，调整剖面框的大小来查看建筑模型内部。

9. 渲染场景时，为什么生成的图像或材质呈黑色?

答：① 验证光源定义没有被任何几何模型挡住并且没有位于天花板平面之上。

② 在“可见性图形替代”对话框中单击“照明设备”，勾选“光源”。

③ 尝试添加另一个光源，最好是“照明设备”和“落地灯 – 火炬状 .rfa”。

④ 渲染场景查看光线是否相同。

10. 如何实现多人多专业协同工作?

答：要实现多人多专业协同工作，将涉及专业间协作管理的问题，仅仅借 Revit 自身的功能操作是无法完成高效的协作管理的，在开始协同前，必须为协同做好准备工作。准备工作的内容：确定协同工作方式、确定项目定位信息、确定项目协调机制等。确定协同工作方式：是链接还是工作集的方式。工作集的注意事项：明确构件的命名规则、文件保存的命名规则等。

11. Revit 中链接 CAD 和导入 CAD 的区别?

答：链接 CAD 有点类似于 Office 软件里的超链接功能，也就是说，一定要有 CAD 原文件，复制的时候，CAD 原文件也要一起附带过去，否则，Revit 中的文件就会丢失。通俗点说就是，链接

CAD 相当于借用 CAD 文件，如果在外部将 CAD 移动位置或者删除，Revit 中的 CAD 也会随之消失。导入 CAD 就是相当于直接把 CAD 文件变为 Revit 本身的文件，而不是借用，不管外部的 CAD 如何变化，都不会对 Revit 中的 CAD 产生影响，因为它已经成为 Revit 项目的一部分，与外部 CAD 文件不存在联系。

12. CAD 在视图中找不到？

答：在 Revit 使用过程中，常遇到导入的 CAD 图纸在视图中找不到的问题，此时可以双击鼠标滚轮迅速进入视图中心，找到图纸再进行解锁、移动等操作。

13. 创建的柱在视图中不显示？

答：在进行柱的创建的时候默认放置方式为深度，表示柱是由放置高度平面向下布置，在建筑样板创建的项目当中默认的视图范围只能看到当前平面向上的图元，也就导致了所创建的柱显示不出来。所以，一般在创建柱的时候，将放置方式深度改为高度。

14. 创建的标高没有对应的视图？

答：通过复制创建的标高不会在楼层平面自动生成楼层平面视图，需要通过视图选项卡创建面板中的平面视图下拉列表中的楼层平面选项创建新的楼层平面视图 。

15. 创建的图元在楼层平面不可见？

答：导致创建的图元在视图中不显示的原因有很多，第一，检查视图范围，检查创建的图元是否在当前视图范围内；第二，检查视图控制栏中的显示隐藏图元选项，检查该图元是否能够显示；第三，检查属性框内图形选项中的规程是否为协调；第四，检查属性框内范围选项中的“裁剪视图”复选框是否勾选；第五，通过快捷键 VV 进入“可见性 \ 图形替换”对话框检查该图元是否选中“可见性”复选框。

16. 标高偏移与 Z 轴偏移的区别？

答：在创建结构梁过程中，可以通过起点、终点的标高偏移和 Z 轴偏移两个参数来调整梁的高度，在结构梁并未旋转的情况下，这两种偏移的结果是相同的。但如果梁需要旋转一个角度，两种方式创建的梁就会产生差别。

因为标高的偏移无论是否有角度，都会将构件垂直升高或降低。而结构梁的 Z 轴偏移在设定的角度后，将会沿着旋转后的 Z 轴方向进行偏移。从而得到上图中的区别。另外用起点终点偏移的方式可以创建斜梁。

17. 怎样避免双击误操作？

答：在使用 Revit 建模过程中，常会由于双击模型中构件进入族编辑视图中，有时不需要进行族的编辑工作，为了避免由于双击导致的不确定性后果，可以在选项菜单中的用户界面选项卡双击选项，将族的双击操作设置为无反应。

18. Revit 中测量点、项目基点、图形原点 3 者的区别？

答：测量点：项目在世界坐标系中实际测量定位的参考坐标原点，需要和总图专业配合，从总图中获取坐标值。

项目基点：项目在用户坐标系中测量定位的相对参考坐标原点，需要根据项目特点确定此点的合理位置（项目的位置是会随着基点的位置变换而变化的，也可以关闭其关联状态，一般以左下角两根轴网的交点为项目基点的位置，所以链接的时候，一定是原点到原点的链接）。

图形原点：默认情况下，在第一次新建项目文件时，测量点和项目基点位于同一个位置点，此点即为图形原点，此点无明显显示标记。

当项目基点、测量点和图形原点不在同一个位置的时候，我们用高程点坐标可以测出 3 个不同的值来，当然在高程点的类型属性里面要把测量点改一下，看是相对于哪一个。

19. Revit 轴网 3D 和 2D 的区别?

答：如果轴网都是 3D 的信息，那么其影响的是：标高 1、标高 2 都会跟着一起移动。

如果轴网是 2D 的信息，那么其影响的是：在标高 1 移动，只在标高 1 移动，对其标高 2 平面的轴网没有移动。

20. CAD 部分不可见?

答：现在的多数图纸在用 CAD 打开后可能出现部分不可见的现象，不可见的部分是用天正画的，可以将图纸用天正打开后另存为 t3 格式，然后再导入 Revit 中，就能够显示出来之前不可见的部分。如果显示的图形有错误，可以 RE，然后空格重生成图形，并刷新当前视口。

21. 怎样避免双击误操作?

答：在使用 Revit 建模过程中，常会由于双击模型中构件进入族编辑视图中，有时不需要进行族的编辑工作，为了避免由于双击导致的不确定性后果，可以在选项菜单中的用户界面选项卡双击选项，将族的双击操作设置为无反应。

22. 视图总是灰显下一层的解决办法?

答：将属性选项板中“基线 范围：底部标高”设置为“无”，如图 2 所示，就不会看到下层楼层的图元。

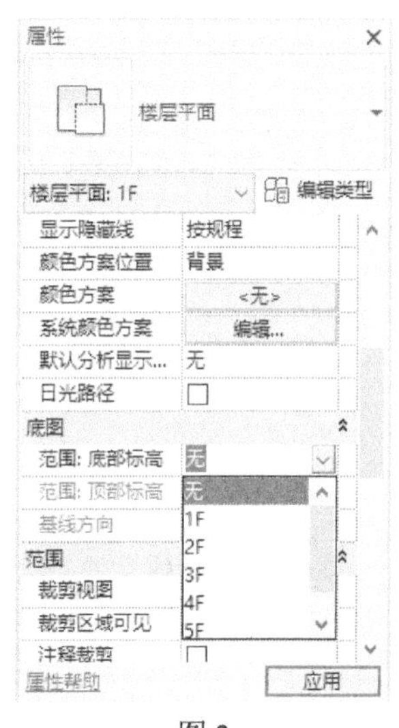

图 2

23. 巧用 Shift 和 Ctrl。

答：在 Revit 中，常把 Shift 键和 Ctrl 键当作功能键来使用，今天教大家如何巧用 Shift 键和 Ctrl 键，熟练运用会节省大量时间。

（1）在使用复制或移动命令的时候，可以通过按住 Shift 键，勾选或取消勾选选项栏中的“约束”，可以达到 CAD 中正交的效果（仅能在水平或者垂直方向被复制或移动）。

（2）若图元为倾斜状态，使用复制或移动命令的时候，按住 Shift 键，图元也可以沿着垂直方向进行移动或复制。

（3）在使用偏移、镜像、旋转命令的时候，Revit 默认将复制勾选上了，按住 Ctrl 键就能勾选或取消勾选选项栏中的“复制”。

（4）使用 Ctrl 键可以达到快速复制的目的（先选中所要复制的图元，再按住 Ctrl 键，之后单击鼠标左键拖曳所选中的图元，即可完成复制）。

（5）在使用复制或移动命令的时候，可以通过按住 Ctrl 键，在复制和移动命令之间切换。

（6）使用 Ctrl+Tab 组合键可以在打开的视图之间切换。

24. 门窗插入的技巧。

答：（1）在平面中插入门窗时，在键盘中输入 SM 门窗会自动定义在墙体的中心位置。

（2）空格键可以快速调整门开启的方向。

（3）在三维视图中调整门窗的位置时需要注意，选择门窗后使用移动命令调整时只能在同一平面上进行修改，重新定义主体后，可以使门窗移动到其他墙面上。

25. 在幕墙中添加门窗的方法。

答：方法一：在项目中插入一个窗嵌板族，然后通过 Tab 键切换选择幕墙中要替换的嵌板，替换为门窗嵌板即可。

方法二：把幕墙中的一块玻璃替换成墙，然后在墙的位置插入普通的门窗。

26. 如何在斜墙中放置垂直窗?

答：可以创建基于屋顶的公制常规模型的窗进行放置，在给定的屋顶中通过洞口和拉伸工具新建需要的窗，载入项目中放置即可。

27. 梁连接不上?

答：首先用修剪延伸为角的工具，尝试将两个梁进行连接，如果梁没有按照理想的方式连接。再用梁连接工具，发现梁的连接处有小箭头，单击小箭头，就可以将梁连接在一起。